# MATHEMATIQUES
# &
# APPLICATIONS

Directeurs de la collection:
J. M. Ghidaglia et X. Guyon

25



Springer
*Paris*
*Berlin*
*Heidelberg*
*New York*
*Barcelone*
*Budapest*
*Hong Kong*
*Londres*
*Milan*
*Santa Clara*
*Singapour*
*Tokyo*

# MATHEMATIQUES & APPLICATIONS

## Comité de Lecture / Editorial Board



---

Directeurs de la collection:
J. M. GHIDAGLIA et X. GUYON

Instructions aux auteurs:

Les textes ou projets peuvent être soumis directement à l'un des membres du comité de lecture avec copie à J. M. GHIDAGLIA ou X. GUYON. Les manuscrits devront être remis à l'Éditeur *in fine* prêts à être reproduits par procédé photographique.

Paul Rougée

# Mécanique des grandes transformations

Springer

Paul Rougée
Laboratoire de Mécanique et Technologie
ENS de Cachan
61, Av. du Président Wilson
94235 Cachan, France
rougee@lmt.ens-cachanfr

---

Mathematics Subject Classification:

73-01, 73-02, 73A05, 73B05, 73G05, 73G20

---

ISBN 3-540-62691-3 Springer-Verlag Berlin Heidelberg New York


*Imprimé en Allemagne*

SPIN: 10513958 46/3142 - 5 4 3 2 1 0 - Imprimé sur papier non acide

# TABLE DES MATIÈRES

**Avant propos** 1

**PO - LE CADRE CLASSIQUE**

**Ch I - Le cadre classique** 8
1. L'espace et ses référentiels....9
2. Points, vecteurs, etc., en mouvement....12
3. Instant de référence et référentiel "fixe"....14
   3.1 La pré-vision de référence....14
   3.2 Positions de référence et déplacements des référentiels....15
   3.3 Le référentiel "fixe", ou de travail....17
   3.4 Utilisation conjointe de r et de $\mathcal{E}_f$....17
4. Trièdres O.N.D. et observateurs....19
5. Vitesses et dérivees temporelles....22
6. Composition des vitesses....24

**Ch II - La physique dans l'espace-temps cinématique** 27
1. Les variables spatiales de la physique....27
2. Objectivité et indifférence matérielle....29
3. Dimensions physiques....32
4. Modélisation des corps matériels....33

**P1 - LE MOUVEMENT**

**Ch III - Milieu continu en mouvement** 38
1. Hypothèses cinématiques....38
2. La configuration de référence....40
3. Le mouvement....41
4. Travail en coordonnées....42
5. Les grandeurs champs....43
6. Le formalisme "grandeurs liées"....43
7. Les opérateurs différentiels....45
8. Les différentielles....46
9. Les mesures....47

**Ch IV - Étude locale des vitesses** 48
1. Le gradient spatial des vitesses....48
2. Le référentiel corotationnel....49
3. Les solides suiveurs....52

4. Le taux de déformation ........ 53
5. Objectivité de D et de $\mathcal{E}_c$ ........ 55
6. Cas des petits déplacements ........ 57

**Ch V - Étude locale de la transformation** **60**
1. La transformation locale ........ 60
2. Expression en coordonnées ........ 62
2. La décomposition polaire ........ 64
4. Les directions principales de déformation ........ 66
5. Le référentiel en rotation propre ........ 69
6. Le solide suiveur en rotation propre ........ 71
7. Transformation des éléments matériels ........ 73
8. Une autre décomposition de F ........ 76

**Ch VI - L'équilibre** **79**
1. Rappel ........ 79
2. Commentaires ........ 81
3. L'équilibre sur $\Omega_r$ ........ 84
4. Les problématiques ........ 86
5. L'écriture matérielle de l'équilibre ........ 89

**P2 - LE MODÈLE MATIÈRE**

**Ch VII - Le modèle matière** **92**
1. Pourquoi un modèle matière ........ 92
2. La variété milieu continu ........ 94
3. Le placement spatial ........ 96
4. La configuration de référence ........ 97
5. Les tranches ........ 99
6. Les tenseurs et leurs transports ........ 101
7. Masse et dimension matière ........ 103
8. Les éléments de surface ........ 105
9. Les éléments de cylindre ........ 107
10. Les masse-tenseurs ........ 109
11. L'élément de matière ........ 111

**Ch VIII - Les dérivées matérielles** **113**
1. L'enjeu ........ 113
2. Les dérivées convectives premières ........ 115
3. Le modèle espace-temps non euclidien ........ 117
4. Les dérivées convectives secondes ........ 118
5. Dérivée des masse-éléments ........ 119
6. Les difficultés ........ 121

**Ch IX - Le référentiel matière** **123**
1. Antécédents des t.e. spatiaux ........ 123
2. La métrique matérielle variable ........ 125
3. Le mouvement sur la matière des t.e. spatiaux ........ 128
4. Définition du référentiel matière ........ 130
5. Tout dans le référentiel matière ........ 131
6. Corotationnel et rotation propre ........ 134
7. Approches matérielles et spatiales ........ 136

**Ch X - Dérivée matérielle des tenseurs euclidiens** **139**
1. Position du problème ........ 139
2. Une première approche ........ 140

3. Propriétés ....................................................141
4. Une seconde approche ....................................................143

**P3 - LA FORME**

**Ch XI - Approche spatiale du comportement** **146**
1. Généralités ....................................................146
2. Lois entières et lois non entières ....................................................148
3. Les grandeurs duales fondamentales ....................................................151
4. La vitesse de contrainte ....................................................153
5. Le référentiel suiveur ....................................................155
6. Exemples de comportements isotropes ....................................................157
7. Isotropie ....................................................160
8. Et anisotropie ....................................................162
9. Hypoélasticité non isotrope ....................................................163
10. Travail en grandeurs tournées ....................................................165
11. Approche thermodynamique ....................................................167
12. Plasticité et viscoplasticité parfaites ....................................................170
13. Écrouissage ....................................................176

**Ch XII - Élasticité et élastoplasticité** **181**
1. L'état métrique ....................................................181
2. Élasticité ....................................................183
3. Approche énergétique ....................................................185
4. La configuration relâchée ....................................................187
5. Composition des mouvements plastique et élastique ....................................................190
6. Les comportements élasto(visco)plastiques ....................................................195
7. Les déformations tensorielles cumulées ....................................................200

**Ch XIII - Intégration de D** **205**
1. Introduction ....................................................205
2. Les variables d'état métrique ....................................................207
3. La déformation cumulée ....................................................209
4. La nature tensorielle de D ....................................................211
5. La métrique ....................................................213

**Ch - XIV - La variété des métriques** **216**
1. Définition ....................................................216
2. Les plans tangents à **M** ....................................................218
    2.1 Signification mécanique ....................................................218
    2.2 Équation et structure ....................................................219
3. La forme quadratique fondamentale ....................................................222
4. Les fibrés de base **M** et leurs sections ....................................................223
5. La dérivation $\nabla$ des champs euclidiens sur **M** ....................................................226
6. Caractère intrinsèque de la dérivation $\nabla$ ....................................................230
7. Le transport parallèle au dessus de **M** ....................................................233

**Ch XV - Taille, forme et triaxialité** **237**
1. Décomposition du paramétrage de **M** ....................................................237
2. Décomposition de **M** ....................................................239
3. Décomposition des géodésiques de **M** ....................................................241
4. Décomposition de la dérivation covariante ....................................................242
5. Métrique des masse-éléments ....................................................243
6. Les sous variétés triaxiales ....................................................245
7. Propriétés des $M_B$ ....................................................246

**Ch XVI - Cinématique de la déformation** **250**
1. Le mouvement de déformation ........ 250
2. Le placement local de m ........ 251
3. Accélération de déformation ........ 254
4. Les processus de déformation uniformes ........ 255
5. Les géodésiques de M ........ 257
6. Les déformations cumulées ........ 259
7. Cas des petits déplacements ........ 262

**Ch XVII - Approche matérielle du comportement** **263**
1. Le tenseur matériel des contraintes ........ 263
2. Aspects généraux des lois de comportement ........ 264
3. Horizontalité et isotropie ........ 266
4. Comportements horizontaux et non horizontaux ........ 268
5. Horizontalité en forme ........ 270
6. Élasticité ........ 271
7. Élasto(visco)plasticité avec état relâché ........ 274
8. Cinématique du monocristal ........ 276
9. Conclusion ........ 280

**P4 - LA DÉFORMATION**

**Ch XVIII - Approche spatiale de la déformation** **282**
1. La déformation pure ........ 283
2. La dilatation des segments ........ 284
3. Le tenseur de cauchy-green droit ........ 287
4. Le tenseur de cauchy-green gauche ........ 290
5. L'épaississement des tranches ........ 292
6. La dualité segments-tranches ........ 293
7. Cas des autres éléments matériels ........ 295
8. La déformation quotient ........ 296
9. La déformation-différence ........ 297
   9.1 Le tenseur des déformations de Green ........ 298
   9.2 Le tenseur des déformations d'Almansi ........ 299
   9.3 Autres mesures de déformation ........ 300
10. La mesure logarithmique ........ 302
11. Les tenseurs euclidiens de déformation ........ 305
12. Objectivité ........ 307

**Ch XIX - Approche matérielle de la déformation** **308**
1. L'approche segments ........ 308
2. Les mesures euclidiennes ........ 310
3. L'approche tranches ........ 311
4. La mesure des déplacements ........ 313
5. Les groupes d'automorphismes ........ 314
6. Les tenseurs de Green et d'Almansi ........ 316
7. Le tenseur de Cauchy-Green ........ 318
8. La mesure logarithmique ........ 320

**Ch XX - Les approches matérielles classiques** **322**
1. Cinématique ........ 322
2. La contrainte associée ........ 324
3. Le comportement ........ 325
4. Quelques remarques ........ 328

5. Cas de la déformation logarithmique ........................................330
6. Le cas général des mesures $e_f$ ........................................333
7. Élasticité........................................334
8. Interprétation matérielle ........................................337
9. Étude des projections Πe........................................338
10. Les déformations tensorielles cumulées ........................................341
11. L'hypothèse de covariance de l'espace ........................................342

**P5 - COMPLÉMENTS**

**A - Annexe : Cisaillement simple et déformation triaxiale** **348**
**M - Mathématiques** **361**
**Math 1: Les espaces euclidiens** **361**
a - Produit scalaire et tenseur métrique........................................361
b - Identification de E et E*. Tens. euclidiens d'ordre 1...............362
c - La transposition euclidienne........................................362
d - Symétrie, antisymétrie........................................363
e - Isométries et rotations ........................................363
f - Les espaces affines euclidiens de dimension trois ................364
**Math 2: Calcul linéaire** **364**
a - Calcul matriciel........................................364
b - Opérateur matriciel. ........................................364
c - Les espaces R, R*, $R^n$ et $(R^n)^*$ ........................................365
d - Opérateur base ........................................366
e - Base duale ........................................366
f - Matrice de changement de base........................................366
g - Matrice d'une application linéaire........................................367
h - Base de L(U;V) ........................................367
i - Matrice de Gram........................................367
**Math 3: Calcul différentiel** **368**
a - Dérivée ........................................368
b - Composition des dérivées. ........................................368
c - Dérivées lignes........................................368
d - Dérivées colonnes. ........................................368
e - Dérivées matrices. ........................................369
f - Gradient........................................369
g - Dérivée covariante ........................................369
**Math 4: Tenseurs et calcul tensoriel** **369**
a - Les tenseurs affines........................................369
b - Bases tensorielles........................................371
c - Variance........................................371
d - Dérivation covariante........................................372
e - Aspect intrinsèque du formalisme indiciel ..........................372
**Math 5: Les tenseurs sur E euclidien** **373**
a - Quelques transposées euclidiennes ou adjointes ....................373
b - La base réciproque ........................................374
c - Composantes premières et secondes des tenseurs affines..........375
d - Les tenseurs euclidiens ........................................375
e - Les tenseurs euclidiens d'ordre un ........................................376
f - Les tenseurs euclidiens d'ordre deux........................................377
g - Remarque........................................378

**Math 6 : Travail en base propre** 378
a - Matrices diagonales 378
b - Bases parallèles. 379
c - Applications linéaires diagonales 379
d - Structure de $\mathcal{D}$(V) 379
e - Attention 380
f - Critère de commutativité dans $\mathcal{D}$(V) 380
g - Quelques résultats 380
**Math 7: Jauges et déterminants** 382
a - Définition 382
b - Propriétés 382
c - Jauge du dual d'un espace jaugé 383
**Math 8: Trace, déviateur, ...** 383
**Math 9: L'espace euclidien L(E)** 384
**Math 10: Divergence et formule de stokes** 385
a - Cas des champs de vecteur 385
b - Divergence d'un champ d'endomorphismes 386
c - Propriétés 386
**Math 11: Transports** 387
a - Définition 387
b - Isomorphismes 387
c - Identifications 388
**Math 12: La transposition** 388
a - Définition et premières propriétés 388
b - Cas euclidien 388
c - Exemples 389
d - Opérateur-base pour la base duale 389
e - Matrice d'une application transposée 389
f - Symétrie 390
g - Cas des tenseurs euclidiens 390
f - Déterminant du transposé 390
h - Une remarque 390
**Math 13 : Les tenseurs euclidiens (suite)** 391
a - Tenseurs euclidien d'ordre un 391
b - Définition des tenseurs euclidiens d'ordre deux 392
c - Propriétés des tenseurs euclidiens d'ordre deux 393
c - Le produit tensoriel U⊗V 395
**Bibliographie** 397
**Index** 403

# AVANT-PROPOS

La Mécanique des Grandes Transformations (MGT) n'est pas un chapitre additionnel, spécialisé et optionnel, de la Mécanique des Milieux Continus (MMC). Il s'agit en fait de la MMC abordée dans sa plus grande généralité. Ceci, et son implication croissante dans l'approche scientifique des problèmes industriels, explique l'intérêt qu'elle a suscité ces dernières décennies.

Trois mots clé caractérisent la bibliographie sur le sujet : complexité, diversité et contradiction. Complexité et diversité du formalisme : on parle beaucoup par exemple de tenseurs ou de référentiels, mais sans en donner un statut mathématique précis. Tout article nouveau est sur ce plan une énigme dont la clé n'est pas donnée, et l'apparition de notations réputées intrinsèques est loin d'avoir amélioré les choses. Diversité des approches, qui sont eulériennes (spatiales) ou lagrangiennes (matérielles), avec telle mesure de déformation, écrites en taux,... Et donc diversité et souvent contradiction des théories.

Ici comme ailleurs, l'expérimentation devrait évidemment être l'arbitre. Mais elle est difficile à mettre en oeuvre. Certes, un essai est toujours le fruit d'une compréhension théorique et ne peut être extrapolé et exploité que dans le cadre d'une telle compréhension. Mais en MGT, cette compréhension préalable nécessaire à tout essai est importante.

Le résultat est un champ théorique difficile d'accès pour un étudiant et difficile à dominer pour un chercheur, même confirmé. La MGT reste une science en gestation, où donc la précision, l'impartialité et la sérénité scientifiques n'ont pas encore succédé à l'intuition et à la passion, certes nécessaires, mais aussi à l'erreur, à la courte vue et à l'intolérance. Mais c'est aussi ce qui en fait le charme...

Dans ce contexte, cet ouvrage est d'abord une réflexion sur les fondements de la MGT, et donc de la MMC, et nous souhaiterions qu'il soit un instrument de *compréhension* et de *proposition*. Il s'adresse aux débutants en MGT, qui y trouveront exposés avec la minutie nécessaire tout l'attirail classique dont ils auront besoin pour accéder à la littérature. Il s'adresse aussi aux habitués de la MGT : à ceux qui ne considèrent pas qu'un retour sur les fondements soit une perte de temps, et à ceux dont la part plus originale de proposition dont nous avons parlé éveillera la curiosité critique.

La part de proposition de cet ouvrage, que nous dirons non classique, se manifeste sur trois points. Le premier concerne la modélisation et la formalisation mathématique. Nous pensons que, sous sa forme achevée, la physique est un discours de statut mathématique sur le monde matériel (les mathématiques sont constitutives de la physique), et nous avons choisi l'approche structuraliste. C'est à dire par des structures mathématiques modélisantes postulées au départ et non dissimulées derrière des propriétés d'invariance, ou de variance d'un type particulier, par action d'un groupe pour les présentations d'inspiration mathématique, ou, pour les présentations d'inspiration plus physique, par changement d'un ingrédient contingent introduit dans le formalisme, tel qu'une base, un système de coordonnées, un référentiel de travail, une configuration de référence non physiquement significative, etc. Ce sont alors ces structures elles-mêmes, qui évidemment doivent être minimales, ou plutôt optimales, qui expriment la théorie.

Le second point est la mise en oeuvre consciente et revendiquée d'une approche matérielle autonome, c'est à dire d'une modélisation du milieu en lui même et non à travers ses positions spatiales. Dans ce *modèle matière*, le comportement peut être pensé et formalisé exactement comme l'on se place dans le référentiel lié à un solide rigide pour en traiter la géométrie des masses. Ce point de vue rapproche le discours de l'objet d'étude. Il permet le "parler vrai". Comme le point précédent, il n'est pas vraiment nouveau, mais il est très peu pratiqué dans la littérature. Mis en oeuvre ici essentiellement au niveau local, il demande simplement de s'extraire un peu des pratiques exclusivement euclidiennes de la géométrie élémentaire.

Bien que totalement absente des approches classiques, cette perte d'exclusivité de l'euclidien nous paraît logique et indispensable quand on passe des solides rigides aux corps déformables, l'euclidien ne reprenant ses droits que pour ce qui est de décrire l'état variable de ces corps. Et aussi bien sûr pour tout ce qui relève de l'espace, et donc pour la modélisation des efforts et l'écriture de l'équilibre. Nous pensons en particulier sur ce point, abandonnant les facilités du simple recours au dual, que toute fonctionnelle puissance doit s'exprimer par un produit scalaire interne, dans un espace euclidien dont la métrique procède de celle de l'espace. Ceci nous a amené à porter une attention toute particulière à la définition et la compréhension des tenseurs euclidiens.

Le troisième point est plus original. Il consiste à placer au coeur de nos préoccupations théoriques, dûment *modélisée* et intégrée dans le formalisme calculatoire, pour la première fois à notre connaissance, la grandeur cinématique fondamentale que constitue l'état de *forme*, ou *état métrique*, du milieu en un de ses points. Ce concept est généralement pensé uniquement sur un plan géométrique et non calculatoire. Ou alors, il est simplement *caractérisé* par un tenseur métrique, qui, nous le verrons, ne saurait le *modéliser*. Mais le plus souvent, il est escamoté au profit du concept de *déformation* à partir d'une configuration de référence, dont la modélisation et l'introduction dans le formalisme calculatoire paraît plus facile, mais dont nous montrerons les insuffisances.

Notre point de départ a été, sur ce plan, de penser que le taux de déformation, partie symétrique du gradient des vitesses, unanimement apprécié, ne pouvait que représenter la dérivée temporelle d'une telle grandeur. Le problème de l'"intégration" de ce taux, dont on peut s'étonner qu'il soit si peu apparu comme fondamental dans la littérature, est ainsi devenu notre fil conducteur.

Ces questions sont situées très en amont de la théorie et conditionnent tout l'aval qui est à ré-interpréter et à reconquérir. Les fruits de cet effort se mesurent d'abord à la qualité et l'intérêt de la compréhension nouvelle qu'il apporte. Sur ce plan, nous pensons avoir mis peu à peu en place un paysage sinon plus simple, cela ne dépendait pas de nous, du moins plus authentique, unifié et connexe sur le plan théorique, dans lequel viennent s'insérer les approches classiques et contradictoires dont on distingue mieux les spécificités ou les a priori, les antagonismes et le caractère approché. L'aspect proposition de l'ouvrage participe donc pleinement à son aspect compréhension

Un tel travail sur le corps de la théorie néglige fatalement l'exploitation que l'on en fait. Après avoir parlé de ce que contient l'ouvrage, il faut donc dire ce qu'il ne contient pas. Il n'a jamais voulu être une compilation de ce qui se fait, bien ou mal, actuellement, en grandes transformations. Le lecteur n'y trouvera donc pas les derniers raffinements pour le traitement du contact dans les problèmes d'emboutissage, ni une façon économique et performante pour passer les points critiques dans les calculs de post-flambage, ni même une bibliographie à vocation exhaustive. Il n'y trouvera pas non plus des "modèles" divers directement utilisables et dont il n'aurait qu'à recopier les équations pour les utiliser. Notre objectif final est bien sûr de se donner les moyens d'aller plus loin dans le traitement des problèmes, mais même la simple reconquête que nous avons évoquée n'a pu être menée aussi loin que nous l'aurions souhaité : il nous a fallu nous limiter dans l'espace et dans le temps. C'est ainsi que, à tort sans doute, nous nous sommes limité à des comportement purement mécaniques (la température et l'entropie, variables scalaires, ne posent pas de gros problèmes en MGT).

Pour ce qui est de faire de cet ouvrage un outil de compréhension, nous n'avons pas le pouvoir de rendre simple ce qui ne l'est pas et de dispenser ainsi le lecteur d'un certain effort. Mais nous avons tenté de lui aplanir les difficultés du chemin, ce qui ne signifie pas les escamoter. En plus d'une attention particulière portée à l'élaboration des concepts, ce qui se fait avec des mots et des phrases dont nous pensons avoir été prolixe, nous avons fait porter notre effort sur deux axes.

Le premier concerne ce que, dans une partie préliminaire **P0** (dont il n'est pas indispensable de prendre préalablement connaissance dans le détail) nous avons appelé le cadre classique. Compte tenu de l'importance que les référentiels et les changements de référentiels ont en MGT, il était en particulier indispensable d'avoir une vue précise de ces questions. Dans le cadre restreint de la Mécanique classique, à laquelle nous nous limitons strictement, une modélisation de l'espace-temps cinématique, traitant à égalité les différents référentiels et rendant compte de leurs rapports mutuels, a donc été proposée.

Elle permet de poser avec précision la problématique de l'objectivité, encore que notre approche intrinsèque et matérielle rende pour nous secondaire cette question. Elle fournit aussi le cadre idéal dans lequel nous insérons un milieu continu en mouvement et le comprenons comme référentiel d'espace particulier, non rigide, par rapport auquel on peut organiser l'espace-temps comme on le fait classiquement par rapport à un référentiel rigide, approche qui est en rapport direct avec la méthode expérimentale des grilles. Par contre, dans ce cadre classique, le temps est intrinsèque et l'utilisation du fibré univers, de dimension quatre, ne s'est pas imposée à nous. Notre objectif n'était pas de ménager le passage à la Relativité, mais de cerner au plus près la pratique classique.

Le second concerne le formalisme, qui doit être explicité et précis sur deux plans. D'abord sur le plan des concepts physiques qu'il représente : nous serions surpris et attristé si un lecteur n'avait pas compris par exemple que les covecteurs représentent des tranches ou des éléments de surface, matériels ou spatiaux, ou encore que l'espace dual a un rapport avec les cotes à fournir pour faire fabriquer un parallélépipède oblique. Ensuite sur le plan de leur statut mathématique : un chapitre spécial de compléments mathématiques, avec lecture guidée au cours de l'étude, y a veillé.

Dans ce chapitre, situé dans la partie complémentaire **P5**, les outils mathématiques utilisés ont été définis avec précision, et leurs principales propriétés ont été listées. Nous avons tenté de concilier authenticité (la modélisation met en oeuvre des structures dont nous ne sommes pas maître) et simplicité. Nous avons donné quelques éclairages sur les pratiques usuelles du "calcul tensoriel", surtout d'ailleurs pour que les habitués de ce calcul se situent par rapport à notre propre démarche, nous avons utilisé le mot tenseur, mais nous n'avons pas fait usage de la chose : la notion d'application linéaire nous a suffi. Par ailleurs, les quelques notions de géométrie différentielle que nous utilisons, qui ne concernent que des sous-variétés d'un espace vectoriel de dimension finie, sont élémentaires et ont été longuement expliquées. A notre avis, le transport parallèle d'un plan tangent n'est pas un concept hors de portée d'un mécanicien rompu à la cinématique.

Un souci d'efficacité calculatoire nous a aussi guidé. C'est ainsi qu'une technique de traitement des bases en tant qu'opérateurs, permettant un passage facile et purement calculatoire des objets géométriques de l'algèbre linéaire à leurs matrices dans une base, y compris au niveau des espaces duaux, à été développée et utilisée. Elle était d'autant plus indispensable que notre approche théorique est intrinsèque et géométrique, le travail dans une base particulière n'étant que le moyen pratique de la mettre en oeuvre.

Le corps de l'ouvrage comporte quatre parties, numérotées de 1 à 4. Nous avons suivi une progression d'origine cinématique, mais en intégrant à chaque étape la partie duale concernant les efforts. En outre, et bien que ce ne soit pas ce que la logique pure aurait exigé, nous avons d'abord traité l'approche classique et argumenté ensuite la part de proposition sur l'analyse que nous en faisions.

Dans les parties **P1** et **P2**, outre la modélisation des milieux continus et la mise en place du *modèle matière*, nous avons traité du mouvement, c'est à dire de la cinématique des positions, mais aussi de l'application des lois de la dynamique régissant ces mouvements, avec une petite incursion dans les problématiques spécifiques en MGT. Nous limitant à des phénomènes purement mécaniques, nous n'avons pas traité des principes de la Thermodynamique.

En **P3**, nous avons traité de la cinématique des formes, ou plutôt, dans notre terminologie, des états métriques, et du comportement. Les modèles de comportement en MGT sont essentiellement des adaptations des modèles classiques en petites transformations. Ceux-ci sont supposés connus, et donc notre préoccupation n'a pas été d'inspiration "matériau". Elle a été d'illustrer sur quelques exemples classiques les, ou des, techniques pour procéder à ces adaptations, la difficulté principale étant le choix des bonnes variables à injecter dans les lois de forme connue.

En tout premier lieu, un effort important a donc été fait sur la modélisation des concepts fondamentaux d'état métrique, de vitesse de déformation, de contrainte et de vitesse de contrainte. On sait que les efforts pris en compte sont déterminés par la cinématique envisagée. Les préoccupations cinématiques ont donc été pour nous prépondérantes. Nous montrons que si l'état métrique est bien, comme l'on sait, *caractérisé* par un tenseur métrique, il ne saurait être *modélisé* ni par celui-ci pensé comme tenseur affine deux fois covariant, ni par le tenseur euclidien unité d'ordre deux qui lui est associé. Une définition simple et rigoureuse des tenseurs euclidiens nous a pour cela été nécessaire, et la variété courbe des états métriques locaux a priori possibles a été définie et étudiée.

Enfin, en **P4**, nous avons étudié la déformation et son aspect dual qui se manifeste essentiellement dans les approches lagrangiennes classiques de la MGT. Il est connu que la déformation ne s'appréhende en MGT qu'à travers des *mesures de déformation* diverses et donc non intrinsèques. Nous nous sommes attaché d'une part à replacer dans le cadre intrinsèque étudié en **P3** les théories approchées auxquelles le choix d'une mesure de déformation comme variable cinématique fondamentale conduit, ce qui permet précisément d'en apprécier le caractère approché, et d'autre part à montrer en quoi la mesure de déformation logarithmique semble être la moins mauvaise dans ce rôle.

La partie complémentaire **P5**, enfin, outre la bibliographie, un index et le chapitre de mathématique, qui regroupe treize sections **M1**,..., **M13** auxquelles il est renvoyé dans tout l'ouvrage, contient une annexe **A** concernant deux types particuliers de cinématiques, le cisaillement simple et la déformation triaxiale. Conçue comme illustration des premiers développements, surtout de la partie **P1**, cette annexe est incomplète. Le lecteur est invité à la compléter au fur et à mesure de sa lecture.

Enfin, en plus du *lecteur du premier type*, qui suit l'ordre des chapitres en profitant au maximum de notre cheminement intellectuel, nous avons prévu un *lecteur du second type* qui, éventuellement en première lecture, s'intéresserait aux seuls éléments classiques et éprouvés (?) via la lecture successive des chapitres **III, IV, V, VI, XI, XII, XVIII,** et **XX**. Pour tenir cet objectif, quelques redites et quelques ruptures du discours ont été nécessaires.

*

* *

Ce livre a ses racines dans une réflexion très ancienne menée à propos de mon enseignement, à l'Université Paris Nord. Pardon aux étudiants qui auraient préféré avoir le loisir d'être des lecteurs du second type. Et merci à ma collègue N. Toupance, qui m'a assisté dans cet enseignement : elle a géré avec une vigilance critique, constructive et stimulante une évolution constante du "poly" qui ne lui simplifiait pas la tâche.

Il a été réalisé au Laboratoire de Mécanique et Technologie (E.N.S. de Cachan / C.N.R.S. / Université Paris 6). J'en remercie les responsables divers et successifs, qui ont accueilli puis toléré ma différence. Et aussi tous les membres : leurs travaux m'ont beaucoup appris et leur sympathie m'a été précieuse. Qu'ils m'excusent de n'évoquer que quatre d'entre eux, à des titres divers. Jean-Pierre PELLE : averti dans sa jeunesse mathématicienne de mon penchant pour un soi-disant espace vectoriel des petites (?) fibres matérielles (!), il ne m'a retiré ni son estime scientifique ni son amitié. Noël DAHAN : adepte de la méthode des grilles et promoteur de la matrice de Gram, j'ai trouvé chez lui une compréhension et un écho. En plus, lui, il réalise des essais en MGT. Pierre GILORMINI : comme Thomas, il veut voir pour croire, et quelques uns de mes arguments ont été forgés pour tenter de le convaincre. Son aide pour la bibliographie et le traitement de texte m'a été précieuse. En plus, lui, il calcule en MGT. Pierre LADEVÈZE enfin, à qui je dois ma venue au L.M.T. et qui m'a fait confiance pour ce travail. J'ai été heureux de constater que, avec seulement quelques bonnes années de retard et infiniment moins d'efficacité pratique, j'étais en bon accord avec ses intuitions, ses choix et ses travaux en MGT.

Enfin, il a été accepté pour publication par la Société de Mathématiques Appliquées et Industrielles (S.M.A.I.). J'en suis très honoré et lui présente mes vifs remerciements.

**Partie préliminaire:**

# LE CADRE CLASSIQUE

La physique classique procède par étapes. La mécanique des milieux continus dont nous entreprenons l'étude va ainsi se dérouler dans un contexte théorique bien balisé. En particulier, la géométrie, la cinématique et la dynamique des solides rigides, les référentiels de temps et d'espace, galiléens et non galiléens, la loi fondamentale de la dynamique, ont été élaborés et sont supposés connus.

Dans cette partie un peu préliminaire **P0**, quelques éclairages qui nous paraissent utiles sont toutefois donnés sur certains aspects de ce *cadre classique* dans lequel s'inscrira notre étude.

En Ch **I**, nous explicitons le modèle que, dans une optique cinématique, c'est à dire non restreinte aux référentiels galiléens, ce cadre classique met en scène pour l'Espace-Temps. Cela nous semble en effet indispensable, car la théorie des grandes transformations en fait grand usage et les variantes possibles dans la représentation souvent implicite que chacun en a sont sources d'incompréhension.

En Mécanique Classique, le Temps est un concept absolu, et le découplage entre le Temps et l'Espace est presque intrinsèque. Bien que nous l'introduisions succinctement, nous ne ferons donc pas usage du fibré des événements, réunion des espaces instantanés (Univers, de dimension quatre). Par contre, nous mettrons l'accent sur la collection des référentiels d'espace vus comme espaces euclidiens de dimension trois attachés aux solides rigides et en mouvement relatif. Notre présentation ne privilégie aucun de ces référentiels. Elle les met au contraire tous en scène à égalité et traite de leurs rapports mutuels.

En Ch **II**, nous développons quelques considérations sur la pratique de la physique des corps matériels dans le théâtre préalable que constitue cet Espace-Temps. En particulier, l'objectivité y est traitée, et les dimensions physiques y sont évoquées.

Soulignons enfin le caractère un artificiel de la séparation en catégories *espace* d'une part et *corps matériels* d'autre part : dans la pratique expérimentale générant la construction théorique et la branchant sur le monde matériel, le concept de référentiel d'espace est en effet indissociable de celui de solide matériel rigide.

CHAPITRE I

# L'ESPACE-TEMPS CINÉMATIQUE

Il est classique de présenter les différents référentiels comme des solides rigides en mouvement relatif rapportés à des trièdres orthonormés directs (O.N.D.), et de représenter les points et vecteurs spatiaux par le triplet de leurs coordonnées ou composantes dans tel ou tel de ces trièdres. Toute la partie calculatoire se fait alors dans la seule structure mathématique que constitue l'espace $R^3$ dans lequel évoluent ces triplets.

Sans contester son efficacité pratique, soulignons que cette méthode introduit dans chaque référentiel un repère contingent et passe sous silence, dans le discours comme dans la formalisation, le fait qu'elle repose sur une *modélisation* de chacun des solides rigides en question et de l'Espace qui l'entoure par un *espace euclidien* (**M1**)[1]. Nous pensons que l'on ne peut se contenter de cette introduction intuitive de trièdres géométriques, et que, pour une théorie physique aussi achevée que celle qui nous occupe, la reconstruction du monde extérieur à laquelle elle procède doit être plus explicite.

Une pratique également courante consiste à faire choix d'un référentiel d'Espace particulier, dit fixe par abus de langage, ou de travail, d'introduire l'espace euclidien $\mathscr{E}$ (ou $\mathscr{E}_f$) qui modélise ce référentiel "fixe", et de voir ensuite les autres solides rigides, et donc les autres référentiels d'Espace, chacun comme une collection de points en mouvement dans cet $\mathscr{E}$, c'est à dire de points de cet espace fonctions du temps, conservant des distances relatives constantes. Le seul espace mathématique introduit est alors $\mathscr{E}$, et toute la pratique calculatoire est censée s'y dérouler. Il y a alors évidemment dissymétrie de traitement des référentiels, et les indispensables changements de référentiel de travail sont des changements de modélisation et non internes à la structure modélisante.

Dans ce chapitre, nous mettons au contraire en scène collectivement et à égalité, non seulement les espaces euclidiens modélisant les différents référentiels d'Espace, mais aussi ceux modélisant l'Espace à chaque instant, où se fait une géométrie instantanée pouvant porter sur des solides rigides différents, et nous formalisons leurs relations mutuelles. On obtient ainsi une modélisation intrinsèque de l'Espace-Temps cinématique de

---

[1]Nous notons "Espace" l'espace physique qui nous entoure et "espace" différents ensembles mathématiques structurés, qu'ils modélisent ou non l'Espace.

la physique classique, ne faisant usage ni d'un référentiel particulier, ni d'un instant (initial) particulier, ni, comme le font curieusement certaines axiomatiques [Noll 1967], d'un espace euclidien particulier réputé absolu (?). Dans ce cadre, les pratiques habituelles sont peu à peu retrouvées au termes de choix successifs. Les outils mathématiques utilisés, très classiques, sont succinctement rappelés en **M1**.

## 1. L'ESPACE ET SES RÉFÉRENTIELS

● En Cinématique Classique le Temps est un concept *absolu*, modélisé par une variable réelle t, plus ou moins pensée comme étant le présent, décrivant une variété réelle à une dimension, orientée, T. Ce concept de temps cinématique nous suffira dans ce chapitre, mais le lecteur peut d'ores et déjà penser en termes de temps galiléen et voir dans T un intervalle d'un espace affine orienté de dimension un, l'*axe des temps*.

Par contre, l'Espace est un concept *relatif*. La géométrie propose, au terme d'un processus de conceptualisation basé sur l'utilisation de la règle, de l'équerre, du compas, etc. [Rougée 1982], une modélisation de l'Espace qui nous entoure par un espace affine euclidien à trois dimensions $\mathcal{E}$ auquel est associé un espace vectoriel euclidien E (nous dirons *espace géométrique*). Mais elle ne le fait pas de façon absolue et unique comme pour le temps, mais de façon relative par rapport à un solide indéformable particulier. Cela conduit à l'introduction dans le modèle Espace-Temps de *référentiels d'espace* divers, associés chacun soit à un corps matériel réputé solide indéformable, soit à une figure abstraite indéformable comme par exemple un trièdre orthonormé.

● Chacun des référentiels d'espace associés aux divers solides rigides propose une *modélisation permanente* de l'Espace par un espace affine euclidien à trois dimensions $\mathcal{E}_i$, d'espace vectoriel associé $E_i$. On considérera une famille $\{\mathcal{E}_i, i \in I\}$ de référentiels, et on confondra sous la notation $\mathcal{E}_i$ le référentiel d'espace, l'espace géométrique qui le modélise et parfois aussi le solide qui le définit. Chaque $\mathcal{E}_i$ modélise l'Espace, pensé dans la durée, comme s'il était figé par rapport au solide rigide particulier utilisé, et entraîné par lui. La rigidité supposée, ou plutôt postulée, du solide est ici fondamentale, et l'on est déjà en pleine modélisation d'un comportement mécanique! C'est la présence de matière qui fait prendre conscience de l'Espace et c'est l'existence de corps matériels ayant avec une bonne approximation ce que l'on appelle un comportement de solide rigide, matériau indispensable pour construire règles équerres et compas, qui permet sa modélisation. La géométrie, en tant que physique de l'Espace qui nous entoure, est de ce fait le premier chapitre de la mécanique.

Si l'Espace était à deux dimensions, les $\mathcal{E}_i$ pourraient être comparés à des feuilles (rigides) transparentes collées sur les différents solides et les prolongeant à l'infini. Ces diverses feuilles sont ainsi superposées et en mouvement relatif les unes par rapport aux autres dans leur plan commun. Sur chacune d'elles on peut à chaque instant "décalquer" (transport par isométrie) ce qui se passe dans cet "Espace" plan. Les figures obtenues dans les diverses feuilles par ce décalque instantané sont identiques, mais on sait que leurs évolutions, chacune dans sa feuille, sont différentes. A priori les feuilles doivent être pensées illimitées, ou avec des contours différents et aléatoires, sans haut ni bas, afin d'interdire toute possibilité de "mise en ramette" par la pensée qui générerait un positionnement relatif privilégié des feuilles. Cette image plane est commode et sera abondamment utilisée dans la suite.

A l'opposé, l'espace instantané à un instant t est une modélisation de l'Espace, toujours par un "espace géométrique", $\mathcal{E}^t$, qui est cette fois *absolue,* en ce sens qu'elle ne dépend pas d'un référentiel, mais *instantanée* : l'espace euclidien $\mathcal{E}^t$ dépend de t. Dans l'image utilisée précédemment, cet espace pourrait être comparé à la photo à t des feuilles $\mathcal{E}_i$ telles qu'elles sont superposées à cet instant. Ces photos prises à chaque instant seraient elles aussi illimitées ou sans contour précis, de façon à ce qu'il n'y ait pas une façon privilégiée de coller les négatifs l'un en dessous de l'autre pour constituer un film. Un tel film dénoncerait en effet un mouvement de caméra particulier, donc un référentiel.

● A chaque instant t un "point de l'Espace à t" (les relativistes diraient un *événement*) se trouve ainsi modélisé d'une part par un point $M_i \in \mathcal{E}_i$ dans chaque référentiel d'espace (les trous faits dans les feuilles-référentiel par une aiguille perçant leur liasse instantanément à t) et d'autre part par un point $M \in \mathcal{E}^t$ de l'espace instantané (l'image sur la photo à t de ces trous superposés). Ces points sont ses positions dans les différents référentiels et dans $\mathcal{E}^t$. Ces diverses modélisations à t donné sont équivalentes et donc, pour tout i et tout t, l'application $i_i^t$ ci dessous est une isométrie:

(1) $$i_i^t : \quad M \in \mathcal{E}^t \rightarrow M_i \in \mathcal{E}_i.$$

Il en résulte que pour tout t l'application

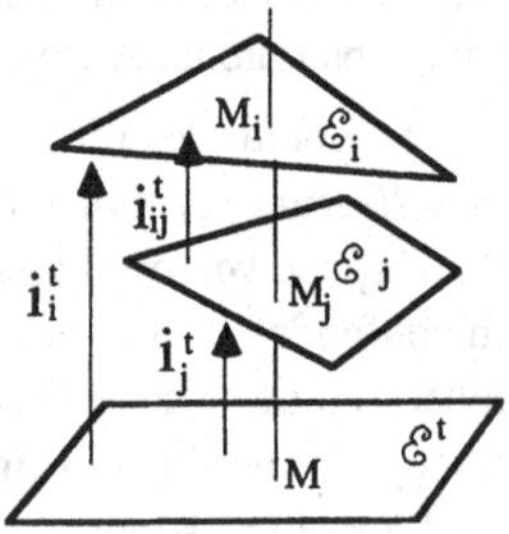


(2) $$i_{ij}^t = i_i^t \circ i_j^{t-1} : \ \mathcal{E}_i \leftarrow \mathcal{E}_j$$

qui transforme un point de $\mathcal{E}_j$ en le point de $\mathcal{E}_i$ qui, à t, a la même position dans l'espace instantané, est une isométrie. Cette application constitue le *placement* à t du référentiel $\mathcal{E}_j$ dans le référentiel $\mathcal{E}_i$. C'est le décalque de la feuille $\mathcal{E}_j$ sur la feuille $\mathcal{E}_i$ effectué dans la position relative que ces feuilles occupent à l'instant t. Elle et son inverse décrivent les positions relatives à t de $\mathcal{E}_j$ et $\mathcal{E}_i$. Ces isométries vérifient les relations de transitivité:

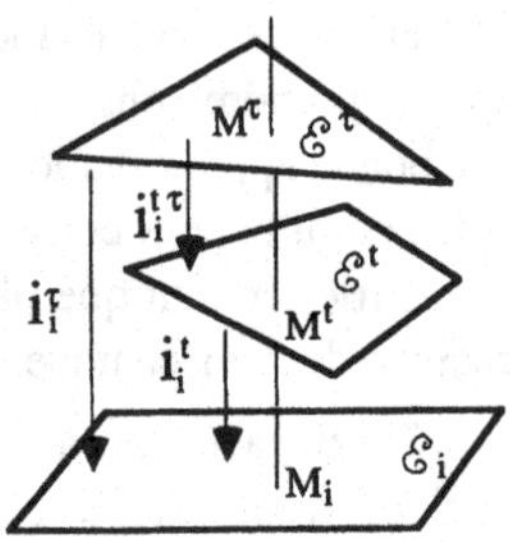


(3) $$(\forall t) \quad i_{ik}^t = i_{ij}^t \circ i_{jk}^t , \quad i_{ji}^t = i_{ij}^{t\,-1} , \quad i_{ii}^t = 1$$

De même, en changeant les rôles de T et I,

(4) $$i_i^{t\tau} = i_i^{t-1} \circ i_i^{\tau} : \mathcal{E}^t \leftarrow \mathcal{E}^{\tau} ,$$

qui pour tout i décrit la correspondance entre les espaces instantanés aux instants t et τ qu'établit le référentiel d'espace $\mathcal{E}_i$, est une isométrie. Un point $M^t \in \mathcal{E}^t$ et un point $M^{\tau} \in \mathcal{E}^{\tau}$ sont homologues dans cette correspondance ssi ils ont même position $M_i$ dans le référentiel $\mathcal{E}_i$, ou encore ssi $M^t$ est la position dans $\mathcal{E}^t$ à t du point de $\mathcal{E}_i$ qui à τ était en $M^{\tau}$ dans $\mathcal{E}^{\tau}$. En termes de film enregistré par une caméra fixe dans $\mathcal{E}_i$, $M^t$ et $M^\tau$ sont projetés sur le même point de l'écran. Ces isométries vérifient les relations de transitivité

$$(5) \qquad (\forall i) \qquad i_i^{t\theta} = i_i^{t\tau} \circ i_i^{\tau\theta}, \qquad i_i^{\tau t} = i_i^{t\tau -1}, \qquad i_i^{tt} = 1$$

● Il y a au moins trois possibilités de *construction axiomatique* de cet édifice, à base de feuilles-référentiel en mouvement relatif par les $i_{ij}^t$ et d'espaces instantanés en correspondance relative par les $i_i^{t\tau}$, avec des rôles symétriques joués par $t \in T$ et $i \in I$, que nous venons de décrire. Contrairement par exemple à [Noll 1967], ces axiomatiques ne mettent pas en scène un mystérieux "espace absolu" sans correspondant physique.

La première consiste à se donner les espaces $\mathcal{E}_i$ et $\mathcal{E}^t$, et la famille d'isométries (1), avec simplement les conditions de régularité en temps nécessaires. Simple sur le plan mathématique, elle traite à égalité les $\mathcal{E}_i$ et les $\mathcal{E}^t$.

La deuxième consiste à se donner au départ la famille des espaces géométriques $\mathcal{E}_i$, et la famille des isométries $i_{ij}^t$ vérifiant (3), c'est à dire les solides et leurs mouvements relatifs, puis à définir à chaque instant t l'espace instantané $\mathcal{E}^t$ comme *résultat de l'identification* à t des $\mathcal{E}_i$ par les $i_{ij}^t$ ainsi corrélés. Les points $M \in \mathcal{E}^t$ sont alors définis comme étant les ensembles de points $\{M_i \in \mathcal{E}_i, i \in I\}$ homologues par les $i_{ij}^t$ à t, et l'isométrie $i_i^{t-1}$ est l'application qui à $M_i$ dans $\mathcal{E}_i$ associe l'ensemble de ses homologues à t dans les autres référentiels[2]. Il s'agit de la traduction mathématique pure et simple de la vision, ou de la photo, à t des feuilles superposées. Cette construction est très proche de la sensibilité physique du mécanicien classique.

La troisième enfin, est l'analogue de la seconde par permutation de I et T. Elle consiste à se donner au départ la famille des espaces $\mathcal{E}^t$ et celle des isométries $i_i^{t\tau}$ vérifiant (5), puis à définir pour tout i l'espace $\mathcal{E}_i$ comme résultat de l'identification des $\mathcal{E}^t$ par les $i_i^{t\tau}$ ainsi corrélés. Les points $M_i \in \mathcal{E}_i$ sont alors les ensembles de points $\{M^t \in \mathcal{E}^t, t \in T\}$ homologues par les $i_i^{t\tau}$, et l'isométrie $i_i^t$ est l'application qui à $M^t \in \mathcal{E}^t$ associe l'ensemble de ses homologues dans les autres espaces instantanés. Reprenant notre image à deux dimensions, on peut comprendre cette construction comme suit. Pour un i donné, le jeu des isométries $i_i^{t\tau}$ définit une façon particulière de superposer les différentes photos (ou plutôt les diapositives) instantanées en mettant l'un au dessus de l'autre les points homologues par $i_i^{t\tau}$. On peut alors, dans la pile ainsi constituée, découper au massicot un rectangle, puis coller l'un au dessous de l'autre dans l'ordre chronologique les diapos rectangulaires obtenues pour confectionner un film. Ce film, par la façon dont il fera défiler le paysage, simulera, par le mouvement inverse, le mouvement du référentiel utilisé, assimilable au référentiel lié à la caméra qui aurait produit le film directement.

Pour reprendre une terminologie classique en Relativité, les couples (t,M) avec $t \in T$ et $M \in \mathcal{E}^t$ sont des *événements* et leur ensemble $\mathcal{U}$ est l'*univers*. L'application qui à l'événement $(t,M) \in \mathcal{U}$ (avec $t \in T$ et $M \in \mathcal{E}^t$) associe $(t,M_i) \in T \times \mathcal{E}_i$ est la trivialisation de l'univers définie par le référentiel d'espace $\mathcal{E}_i$. L'univers apparaît ainsi comme un fibré

[2] Noter que $\mathcal{E}^t$ ainsi défini est le graphe des isométries $i_{ij}^t$ liées par (3). Ce mode d'identification par le graphe ne privilégie aucun des identifiés. Nous en ferons ultérieurement un usage décisif.

de base T structuré par les différentes trivialisations associées aux référentiels, lesquelles, pour ce qui est de la cinématique classique, assurent la conservation des distances en temps et en espace quand on passe d'une trivialisation à une autre. Le Temps étant intrinsèque en Mécanique Classique nous n'aurons pas à utiliser cette structure d'univers en elle même, et nous privilégierons plutôt la vision de la deuxième construction. Le lecteur intéressé pourra consulter [Cartan, 1923 et 1924].

● Les référentiels ici mis en oeuvre sont purement cinématiques. Certains, en mouvement relatif mutuel de translation rectiligne uniforme, seront, en dynamique et dans un contexte donné, réputés galiléens. Par ailleurs, il est possible d'orienter de façon corrélée les espaces géométriques $\mathcal{E}^t$ et $\mathcal{E}_i$ afin que toutes les isométries introduites, et toutes celles que nous définirons par la suite, soient positives, ce que nous faisons bien que ce choix d'une orientation parmi les deux à priori possibles soit non intrinsèque. Nous ne reviendrons plus par la suite sur ce point.

## 2. POINTS, VECTEURS, ETC., EN MOUVEMENT

● Un *point* M *en mouvement* (sous entendu: dans l'Espace), c'est à chaque instant $t \in T$ un point $M^t$ de l'espace instantané $\mathcal{E}^t$. Pour les gens avertis (ce qui n'est absolument pas nécessaire pour la suite) il s'agit d'une *section* du fibré univer*s*. Pour les autres, qu'ils notent bien que ça n'est pas une application de T dans $\mathcal{E}^t$, car $\mathcal{E}^t$ dépend de t.

A un tel point en mouvement M est, pour tout i, associé l'application de T dans $\mathcal{E}_i$

$$t \in T \quad \rightarrow \quad M_i^t = i_i^t M^t \in \mathcal{E}_i \tag{6}$$

Le point $M_i^t$ est la position à t du point M dans le référentiel $\mathcal{E}_i$ et l'application $t \rightarrow M_i^t$ décrit le *mouvement de* M *par rapport au référentiel* $\mathcal{E}_i$. Derrière un point en mouvement (dans l'Espace) il y a donc autant de points en mouvement dans un espace géométrique que l'on considère de référentiels, avec pour chacun sa trajectoire, sa vitesse, sa position initiale, etc. Si $M_i^t$ est indépendant de t le point M est dit fixe dans le référentiel $\mathcal{E}_i$. On dit aussi qu'il est lié à $\mathcal{E}_i$, ou encore que c'est un point de $\mathcal{E}_i$, et l'on a alors $M^t = i_i^{t\tau} M^\tau$. Évidemment, il suffit de se donner le mouvement du point par rapport à un référentiel particulier pour déterminer le point en mouvement M et son mouvement par rapport à tout autre référentiel. On aura ainsi par exemple, pour tout point en mouvement, $M_j^t = i_{ji}^t M_i^t$.

Nous dirons plus simplement que "M est un point de l'espace $\mathcal{E}$", et écrirons

$$M \in \mathcal{E}, \quad M_i = i_i M \in \mathcal{E}_i\,, \quad M_j = i_{ji} M_i \in \mathcal{E}_j$$

que l'on peut interpréter de deux façons. Soit, le plus simple et qui suffit, comme des relations entre grandeurs dépendant du *paramètre* temps omis dans les notations, avec la particularité que l'espace euclidien $\mathcal{E}$ (qui en fait est alors $\mathcal{E}^t$) est lui même dépendant de ce paramètre (mais pas les espaces euclidiens $\mathcal{E}_i$). Il s'agit alors exactement de ce qui précède débarrassé pour simplifier de la référence à t : la dépendance en temps est devenue implicite. Soit comme des relations entre fonctions de t et sections de fibrés de base T. Alors $M_i$ est l'application $t \to M_i^t$, $i_i$ prend à t la valeur $i_i^t$, isométrie de $\mathcal{E}^t$ dans $\mathcal{E}_i$, et donc est une section d'un certain fibré, etc. Il faut alors voir dans $\mathcal{E}$ l'ensemble des sections de l'univers, et la notation $M_i \in \mathcal{E}_i$ devient impropre et devrait être remplacée par $M_i \in \mathcal{E}_i^T$ où $\mathcal{E}_i^T$ désigne l'ensemble des applications de T dans $\mathcal{E}_i$.

● Un *vecteur* $\vec{U}$ *en mouvement* (dans l'Espace) est défini exactement de la même façon, à ceci près que les espaces affines $\mathcal{E}^t$, $\mathcal{E}_i$ et $\mathcal{E}$ sont remplacés par les espaces vectoriels associés $E^t$, $E_i$ et E, que les isométries ponctuelles $i_i^t$, $i_{ij}^t$ (ou $i_i$ et $i_{ji}$) et $i_i^{t\tau}$ sont remplacées par les isométries vectorielles associées, notées $I_i^t$, $I_{ij}^t$ (ou $I_i$ et $I_{ji}$) et $I_i^{t\tau}$, et que l'univers $\mathcal{U}$ des événements ponctuels est remplacé par l'univers U des événements vectoriels (ensemble des couples $(t,\vec{U})$ avec $\vec{U} \in E^t$).

Pour un tenseur d'un autre type il faut adapter les espaces et surtout les "transports" par décalque-isométrie. Par exemple, transporter une application d'un premier espace dans lequel elle opère dans un second dans lequel l'application transportée opérera, par une application réversible du premier espace dans le second, c'est transporter son graphe. On aura donc en particulier pour toute "application linéaire en mouvement $A \in L(E)$":

(7) $\boxed{A_i = I_i A I_i^{-1}} \in L(E_i)$, $\boxed{A_j = I_{ij}^{-1} A_i I_{ij}} \in L(E_j)$

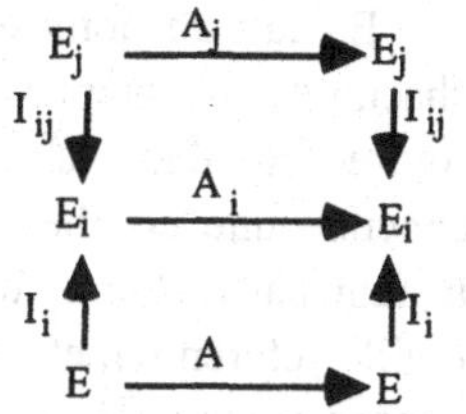


Nous ferons grand usage de cette notion de transport d'un espace E vers un autre espace F par un transport I, isométrique comme ici ou non, et du transport de l'algèbre tensorielle de E (réunissant E, son dual E*, L(E), et tous les espaces vectoriels de l'algèbre linéaire de E) dans celle de F que ce transport I engendre. Nous noterons de façon générale $\overset{*}{I}X$ le tenseur "de" F transporté par I du tenseur X de E. Le $\overset{*}{I}$ pour les éléments de E est I, celui pour ceux de L(E) est explicité ci-dessus par (7), et les autres le seront progressivement .

● Avec ces ingrédients on construit des figures que l'on suit dans l'Espace au cours du temps, fixes dans un référentiel particulier ou non, déformables ou non, et on écrit des relations géométriques (entières en temps; nous excluons pour l'instant toute relation intégro-différentielle en temps, ce qui n'interdit pas au $\vec{V}$ ci dessous d'être par exemple la vitesse de M dans un certain référentiel) relevant du travail classique dans un espace euclidien. On écrira par exemple la relation

(8) $\vec{OM} = \vec{U} + A\vec{V}$ , avec $(O, M, \vec{U}, \vec{V}, A) \in \mathcal{E}^2 \times E^2 \times L(E)$,

qui multipliée à gauche par $I_i$ donnera dans le référentiel $\mathcal{E}_i$ la relation équivalente

(8i) $\vec{O_i M_i} = \vec{U_i} + A_i \vec{V_i}$ avec $(O_i, M_i, \vec{U}_i, \vec{V}_i, A_i) \in \mathcal{E}_i^2 \times E_i^2 \times L(E_i)$,

On a là des écritures équivalentes de la même relation, chacune pouvant être comprise en temps aux deux sens indiqués précédemment : soit paramétrée par t dans des espaces eux même paramétrés par t pour (8) et indépendants de t pour (8i), soit comme des relations entre sections d'univers pour (8) et des fonctions de t pour (8i).

Les écritures (8) et (8i) sont homogènes, la première entre éléments de l'espace instantané et la seconde entre éléments de $\mathcal{E}_i$. Il en résulte que les isométries permettant de passer d'un à l'autre de ces espaces n'y figurent pas. Mais les concepts et notations introduits permettent des écritures équivalentes non homogènes comme par exemple:

$$\vec{OM} = I_1^1\,\vec{U}_1 + A\vec{V} \qquad (\Leftrightarrow \quad \vec{O_iM_i} = I_{i1}\vec{U}_1 + A_i\vec{V}_i\,)$$

Une telle écriture sera par exemple indiquée lorsque parmi tous les $\vec{U}_i$ se profilant derrière le vecteur en mouvement $\vec{U}$, c'est $\vec{U}_1$ et pas les autres $\vec{U}_i$ qui est la *variable* modélisant le concept physique intéressant (voir **II-1**).

● Cette unité formelle entre (8) et (8i) peut se justifier par le fait que regardant l'Espace, c'est à dire les feuilles-référentiel superposées, on ne voit à chaque instant qu'un point M, un vecteur $\vec{U}$, une figure F. Mais c'est parce que l'on ne regarde à t que les positions à t de ces éléments. Les choses se compliquent si dans cette *vision directe* à t on veut voir (ou imaginer) aussi les positions à d'autres instants, donc les trajectoires, les positions initiales, et aussi les vitesses qui sont définies en utilisant des positions à des instants voisins, donc différents, de l'instant actuel.

En fait un point en mouvement a une trajectoire dans chacun des $\mathcal{E}_i$, graphe de l'application $t \rightarrow M_i^t$, constituant une figure fixe dans la feuille-référentiel $\mathcal{E}_i$, mais générant chacune une courbe en mouvement. Il a aussi, pour tout instant particulier $t_1$ une position particulière dans chaque feuille-référentiel, et ces points, chacun dans sa feuille, vont engendrer autant de points en mouvement différents entre eux et différents de M.

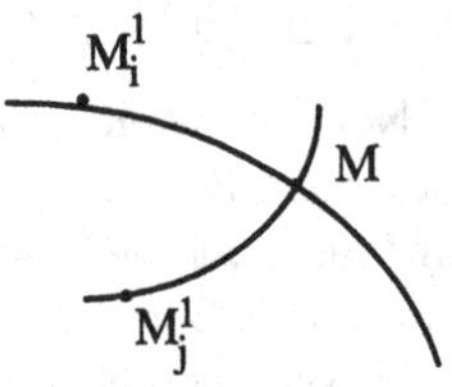


Si l'on imagine ces éléments tracés sur chaque feuille, on verra pour tout point en mouvement M, dans le regard porté à t sur l'Espace, certes les positions à t du point dans les différents référentiels toutes superposées, mais autant de trajectoires et de positions à $t_1$ dans $\mathcal{E}_i$ constituant des courbes et des points en mouvement, non superposés, que l'on considérera de référentiels. Le tout apparaît en mouvement relatif. Les trajectoires gardent des formes constantes dans le temps, mais différentes entre elles, et sont à chaque instant concourantes au point unique représentant les positions à t de M.

## 3. INSTANT DE RÉFÉRENCE ET RÉFÉRENTIEL "FIXE"

Le choix d'un instant et d'un référentiel particuliers permettent des représentations simplifiées, mais non intrinsèques si les ingrédients introduits ne le sont pas.

### 3.1 La pré-vision de référence

Introduisons dans le modèle un instant particulier, noté r et appelé *instant de référence* (instant initial aurait été possible; nous nous en expliquerons prochainement). Pour tout point M en mouvement, on peut, pour tout i, lui associer l'application:

(9) $$t \to M^{r\,t}_{\{i\}} = i^{rt}_{i} M^{t} = i^{r-1}_{i} M^{t}_{i} \in \mathcal{E}^{r} \qquad (\Leftrightarrow \qquad M^{r}_{\{i\}} = i^{r-1}_{i} M_{i})$$

Il s'agit d'un point fonction de t dans l'espace instantané $\mathcal{E}^r$, que nous dirons aussi en mouvement dans $\mathcal{E}^r$ bien que cela puisse paraître bizarre puisque $\mathcal{E}^r$ n'a physiquement de sens qu'à l'instant r. C'est en fait une copie conforme du point en mouvement dans $\mathcal{E}_i$ que constitue $M^t_i$ car il s'en déduit par l'isométrie indépendante du temps $i^{r-1}_i$, isomorphisme de $\mathcal{E}_i$ sur $\mathcal{E}^r$: le point $M^{r\,t}_{\{i\}}$ évolue dans la photo à r exactement comme $M^t_i$ évolue dans la feuille-référentiel $\mathcal{E}_i$. On obtient ainsi, en considérant tous les référentiels, une collection de points fonctions du temps $M^r_{\{i\}}$ dans $\mathcal{E}^r$. Ils ont l'avantage sur les points $M^t_i$ en mouvement dans les $\mathcal{E}_i$ d'être tous dans le même espace géométrique $\mathcal{E}^r$.

Il peut paraître étrange de considérer des points fonctions de t dans un espace qui n'a de réalité physique qu'a l'instant de référence. Il faut, pour le comprendre, adopter une autre vision que la vision directe, en temps réel, qui précède. La photo à r représente toutes les feuilles-référentiel dans une position relative figée, et les $M^{r\,t}_{\{i\}}$ décrivent, sur cette photo, où seront arrivés à t les $M_i$ chacun dans sa feuille. Les trajectoires des $M^r_{\{i\}}$ sont identiques à celles des $M_i$, mais elles apparaissent ici fixes sur la photo et se coupant toutes en un point qui est la position de M dans $\mathcal{E}^r$ à l'instant de référence. On débouche ainsi sur une seconde vision globale du point en mouvement, mais aussi de toute figure, de tout vecteur ou tenseur. La première était la vision directe à chaque instant t, continue dans le temps, que l'on effectue naturellement en temps réel, avec *mémoire* des trajectoires tracées dans chaque référentiel. La seconde, constituée par les $M^r_{\{i\}}$dans $\mathcal{E}^r$, est une vision instantanée à l'instant de référence, avec *prémonition* de ce qui va se passer. Nous l'appellerons pré-vision de référence.

Passé et futur sont ici pris au sens algébrique. En fait, c'est toute l'histoire du mouvement sur l'intervalle de temps pris en compte qui est observée. On peut sous cet angle imaginer la seconde vision ainsi : dans le cadre d'un briefing avant que le mouvement ne se soit produise (ou après en cas de dé-briefing!) on met les feuilles référentiel dans les positions relatives qu'elles ont à l'instant de référence r, et on joue dans chacune d'elles le film qui s'y déroule pendant leur mouvement relatif. On peut aussi remarquer que si l'on fige t, ou encore si l'on n'imagine plus que r est une constante, la vision à t et la pré-vision à r sont de nature tout à fait semblable. On est dans une modélisation de l'Espace-Temps à deux instants t et r. La différence s'installe du fait que l'instant de référence est réputé constant alors que t (le présent ?) est par essence variable.

### 3.2 Positions de référence et déplacements des référentiels

● Le choix d'un instant de référence r met à notre disposition, pour toute paire de référentiels $\mathcal{E}_i$ et $\mathcal{E}_j$, une isométrie positive particulière $j_{ij} = i^r_{ij}$ de $\mathcal{E}_j$ dans $\mathcal{E}_i$, *indépendante du temps*, permettant un placement-décalque particulier et indépendant de t de la feuille $\mathcal{E}_j$ sur la feuille $\mathcal{E}_i$. Cette isométrie définit une position particulière dans $\mathcal{E}_i$ des divers points de (ou fixes dans) $\mathcal{E}_j$, que nous dirons *de référence*. Il s'agit là d'un outil et d'une terminologie très utilisés pour les milieux continus, ce qui explique l'appellation instant de référence au détriment de instant initial plus classique. De par leur définition, ces positions relatives de référence vérifient les relations de transitivité :

(10) $$j_{ik} = j_{ij} \circ j_{jk}\,, \quad j_{ji} = j_{ij}^{-1}\,, \quad j_{ii} = 1$$

On peut imaginer qu'à l'instant r, donc dans leurs positions relatives de référence, un massicot a découpé les feuilles-référentiel, dont nous avons dit qu'elles étaient de contour aléatoire, pour les mettre à un format standard. Les isométries constantes $j_{ij}$, déterminées par le choix de r mais qui peuvent être utilisées à tout instant, sont alors les opérations de décalque que l'on aurait en remettant par la pensée les feuilles en ramette à cet instant.

● Pour tout couple (i,j), l'application $(r_{i|j})_j$ , dépendant de t, définie par

(11) $$(r_{i|j})_j = i_{ji} \circ j_{ji}^{-1} : \ \mathcal{E}_j \to \mathcal{E}_j$$

est une isométrie positive de $\mathcal{E}_j$ dans lui même, c'est à dire un déplacement (euclidien) de $\mathcal{E}_j$ (ce qui justifie son second indice j). Ce déplacement décrit le déplacement[3] que subissent les positions dans $\mathcal{E}_j$ des points de $\mathcal{E}_i$ en passant de leur position de référence, donnée par $j_{ji}$, à leur position actuelle, donnée par $i_{ji}$. Fonction du temps, il peut parfaitement se substituer à l'isométrie $i_{ji}$ pour décrire le mouvement de $\mathcal{E}_i$, ou d'un solide définissant ce référentiel, par rapport à $\mathcal{E}_j$. L'étude de ce mouvement devient alors une affaire se passant dans le groupe des déplacements de $\mathcal{E}_j$. On retrouve la vision classique dans un seul espace géométrique indiquée dans le chapeau de ce chapitre.

Le déplacement $(r_{i|j})_j$ agit dans $\mathcal{E}_j$. Il peut être transporté (décalqué) en les

$$(r_{i|j})_k = i_{jk}^{-1} \circ (r_{i|j})_j \circ i_{jk} = i_{ik}^{-1} \circ j_{ij} \circ i_{jk}\,,$$

déplacements agissant dans chacun des autres $\mathcal{E}_k$, et en un déplacement $r_{i|j}{}^t$ de $\mathcal{E}^t$. Il apparaîtra donc dans les relations du type (8) sous forme de "déplacement $r_{i|j}$ de $\mathcal{E}$", dit déplacement de $\mathcal{E}_i$ par rapport à $\mathcal{E}_j$, sous entendu entre les instants r et t, vérifiant

(12) $$\boxed{r_{i|j} = i_i^{-1} \circ j_{ij} \circ i_j} \quad \text{et} \quad \boxed{r_{i|j}{}^t = i_i^{rt\,-1} \circ i_j^{rt}}$$

et donc aussi les relations de transitivité:

$$r_{k|j} = r_{k|i} \circ r_{i|j}\,, \quad r_{j|i} = r_{i|j}^{-1}\,, \quad r_{i|i} = 1\,.$$

Noter que $r_{i|j}$ transforme tout point en mouvement (mais aussi toute figure, tout tenseur,...) fixe (ou constant) dans $\mathcal{E}_j$ en un élément isométrique fixe dans $\mathcal{E}_i$.

● Inversement, tout déplacement r de $\mathcal{E}$ (nécessairement dépendant du temps puique $\mathcal{E}$ en dépend) définit, à partir d'un premier référentiel $\mathcal{E}_j$, un second référentiel $\mathcal{E}_i$ qui n'est autre que le référentiel attaché à la figure indéformable déduite par r d'une figure donnée quelconque fixe dans $\mathcal{E}_j$. On peut définir le $\mathcal{E}_i$ de ce référentiel, et son mouvement par:

$$\mathcal{E}_i = \{M_i\,;\ M_i = t \to r^t(M_j)\,;\, M_j \in \mathcal{E}_j\}, \qquad i_{ji}^t = M_i \ \to r^t(M_j)$$

[3] Au sens transformation géométrique de changement de place et non au sens vecteur déplacement.

### 3.3 Le référentiel "fixe", ou de travail

La vision instantanée est difficile à soutenir en continu sans plus ou moins consciemment se solidariser avec l'un ou l'autre des référentiels, matérialisé par exemple par une des trajectoires que l'on voit évoluer sans se déformer, ou encore par le cadre du viseur dans lequel on regarde et par rapport auquel ou voit le reste bouger. C'est le principe même du choix d'un référentiel particulier, dit *fixe* ou *de travail* et que nous noterons $\mathcal{E}_f$, dans lequel on regarde tout évoluer et donc en particulier dans lequel on place-décalque tout à chaque instant. On peut interpréter ce que l'on obtient ainsi comme étant l'Espace filmé par une caméra qui y serait embarquée et fixe.

L'analogie déjà remarquée entre $t \in T$ et $i \in I$, conduit à des considérations homologues à celles qui précèdent concernant le choix d'un instant initial. Réintroduisant la référence à t dans les notations, l'homologue de la pré-vision à r d'un point en mouvement M, qui avait fourni "le" point (fonction de t) $M_{\{i\}}^{r\,t}$ de $\mathcal{E}^r$ fonction de i (en fait autant de points fonctions de t que de référentiels) est tout simplement la lecture de M dans le référentiel fixe, à savoir le $M_f^t = i_f^t M^t$ de $\mathcal{E}_f$ fonction de t (en fait ici un seul point en mouvement). Les homologues des positions relatives de référence $j_{ij} = i_{ij}^r$ des espaces $\mathcal{E}_i$, indépendantes de t, sont les positions relatives de référence $k^{\tau t} = i_f^{\tau t}$ des $\mathcal{E}^t$ indépendantes de i. Enfin, les homologues des déplacements $(r_{i|j})_j{}^t$ de $\mathcal{E}_j$, fonctions de t, et des déplacements $r_{i|j}{}^t$ de $\mathcal{E}^t$, sont les déplacements $(r_i^{t|\tau})^\tau$ de $\mathcal{E}^\tau$ fonctions de i et $r_i^{t|\tau}$ de $\mathcal{E}_i$ définis par:

$$(r_i^{t|\tau})^\tau = i_i^{\tau t} \circ k^{\tau t\,-1} \qquad\qquad r_i^{t|\tau} = i_i^t \circ k^{t\tau} \circ i_i^{\tau-1}$$

On notera que $(r_i^{t|\tau})^\tau$ est un déplacement de $\mathcal{E}^\tau$ qui suffit à décrire le "déplacement" de $\mathcal{E}^t$ dans $\mathcal{E}^\tau$ que provoque le "placement" $i_i^{\tau t}$, et que les $r_i^{t|\tau}$ sont transitifs :

$$r_i^{t|\theta} = r_i^{t|\tau} \circ r_i^{\tau|\theta}$$

### 3.4 Utilisation conjointe de r et $\mathcal{E}_f$

• Grâce au choix de r, on trouve dans la feuille $\mathcal{E}_f$, pour toute paire de référentiels $\mathcal{E}_i$ et $\mathcal{E}_j$, le déplacement $(r_{i|j})_f$, fonction de t. On peut alors associer à tout point en mouvement M, en plus de $M_f$, la famille de points en mouvement dans $\mathcal{E}_f$ :

$$M_f^{[i]} = (r_{i|f})_f^{-1} M_f = j_{fi} M_i$$

Le point $M_f$ se déduit de chacun des points $M_f^{[i]}$ dans le déplacement $(r_{i|f})_f$ modélisant dans $\mathcal{E}_f$ le déplacement par lequelle $\mathcal{E}_i$ se déduit du référentiel fixe. On en déduit que :

> *Le mouvement de* $M_f^{[i]}$ *dans le référentiel fixe est le reflet exact du mouvement de* M *dans le référentiel* $\mathcal{E}_i$.

Utilisant (12-1) on déduit d'ailleurs de la précédente relation

$$M_f^{[i]} = j_{fi} M_i$$

qui confirme ce résultat car les $j_{fi}$ sont des isométries indépendantes de t. Le point $M_f^{[i]}$ est l'image de M prise par une caméra télé embarquée dans $\mathcal{E}_i$ et projetée en direct sur un récepteur fixe dans $\mathcal{E}_f$. Il peut aussi être obtenu en décalquant à chaque instant dans $\mathcal{E}_f$ le $M_i$ de la feuille $\mathcal{E}_i$ après avoir mis à cet instant les feuilles en ramette par les $j_{fi}$.

En fait, les $M_f^{[i]}$ sont les positions dans $\mathcal{E}_f$ des points en mouvement

(13) $$\boxed{M^{[i]} = r^{(i)-1} M} \quad \text{avec} \quad \boxed{r^{(i)} = r_{i|f}}$$

● Avec des notations simplifiées, obtenues en ne référant plus à l'indice f du référentiel de travail, on a en définitive, fonctions de t dans un espace géométrique $\mathcal{E}$ (ex $\mathcal{E}_f$):

- pour tout i un déplacement de $\mathcal{E}$, $r^{(i)}$ (ex $(r_{i|f})_f$ décrivant le déplacement du référentiel $\mathcal{E}_i$ (sous entendu : par rapport à $\mathcal{E}_f$ réputé fixe et depuis l'instant r)

- Pour tout couple (i,j) un déplacement de $\mathcal{E}$, $r_{i|j}$ (ex $(r_{i|j})_f$), décrivant le déplacement de $\mathcal{E}_i$ par rapport à $\mathcal{E}_j$ depuis l'instant r, vérifiant

$$r_{i|j} = r^{(i)} \circ r^{(j)-1} \qquad \text{et} \qquad r_{i|j} = r_{i|j} \circ r_{i|j}$$

- Pour tout point en mouvement, un point M (ex $M_f$) en mouvement dans $\mathcal{E}$ qui en est le mouvement dans le référentiel $\mathcal{E}$, et des points $M^{[i]}$ (ex $M_f^{[i]}$) en mouvement dans $\mathcal{E}$ qui sont des copies conformes de ses mouvements par rapport aux $\mathcal{E}_i$, avec :

$$M^{[i]} = r^{(i)-1} M$$

Dans la pratique, nous travaillerons souvent dans le référentiel de travail et avec ces notations simplifiées. On aura ainsi en gros des écritures ($8_f$) qui par suppression de l'indice f se transformeront en écritures (8) avec une nouvelle lecture. Évidemment, nous ne considérerons pas que des points en mouvement, mais aussi et surtout, des vecteurs et plus généralement des tenseurs. Les isométries et *rotations* vectorielles associées aux isométries et déplacements ponctuels i, r,.. seront notées I, R,.. On aura ainsi pour tout vecteur en mouvement, d'une part un vecteur $\vec{U}$ (ex $\vec{U}_f$) fonction du temps dans $\mathcal{E}$, qui est le mouvement du vecteur par rapport au référentiel de travail, et d'autre part des vecteurs $\vec{U}^{[i]}$) (ex $U_f^{[i]}$ ) = $R_f^{(i)-1}\vec{U}$, (dé-) tournés de $\vec{U}$ par $R^{(i)-1}$ avec $R^{(i)} = (R_{i|f})_f$), qui sont des copies conformes dans $\mathcal{E}$ de ses mouvements dans les référentiels $\mathcal{E}_i$. Pour les tenseurs d'ordre supérieur on utilisera la "rotation" $\overset{*}{R}{}^{(i)}$ adaptée à la nature du tenseur (en faisant tourner les graphes, donc par des formules du type (7) avec les rotations remplaçant les isométries). Rappelons encore que deux référentiels $\mathcal{E}_i$ et $\mathcal{E}_j$ en mouvement relatif de translation définissent le même référentiel vectoriel : $E_i = E_j$.

Comme pour les points, l'introduction d'un tenseur $X^{[i]}$ tourné d'un tenseur X par $R^{(i)-1}$ a essentiellement pour intérêt de donner dans le référentiel fixe une représentation exacte de l'évolution de X dans le référentiel tournant par $r^{(i)}$, c'est à dire de $X_i$ évoluant dans $\mathcal{E}_i$. On pourra ainsi réunir dans un référentiel commun, le référentiel fixe, pour les composer dans des opérations diverses, des variables géométriques équivalentes à des variables initialement définies dans des référentiels divers (voir **II-1** ci après).

● La feuille-photo initiale $\mathcal{E}^r$ est un second espace géométrique dans lequel on peut, par pré-vision, considérer des points, des figures, des vecteurs, des tenseurs, fonction du temps. En **3.1** ci dessus on y a déjà introduit, pour tout point en mouvement M, des points en mouvement (dans $\mathcal{E}^r$) $M^r_{\{i\}}$ dont on a déjà dit qu'ils étaient eux aussi des copies conformes des mouvements de M par rapport aux $\mathscr{E}_i$. On vérifie que l'on a entre ces points, grâce au choix d'un référentiel fixe, les relations :

$$M^r_{\{i\}} = r^{(r)\,-1}_i M^r \qquad \text{avec } M^r = M^r_{\{f\}} \quad \text{et} \quad r^{(r)}_i = (r^{r|t}_i)^r$$

( $r^{(r)}_i$ est un déplacement de $\mathscr{E}^r$ fonction de t), et que l'on a en outre entre ces ingrédients en mouvement dans $\mathscr{E}^r$ et ceux qui viennent d'être introduits dans $\mathscr{E}_f$, les relations :

$$M^{[i]} = i^r_f M^r_{\{i\}} \qquad M = i^r_f M^r \qquad r^{(i)} = i^r_f \circ r^{(r)}_i \circ i^{r-1}_f$$

L'isométrie $i^r_f : \mathscr{E}^r \to \mathscr{E}_f$ étant indépendant de t et de i, on en déduit:

*Les deux représentations obtenues pour le mouvement dans l'Espace d'un point (ou d'un tenseur), chacune sous forme de collection de points (ou de tenseurs) en mouvement dans un unique espace géométrique et décrivant les mouvements de ce point (ou tenseur) par rapport aux divers référentiels, sont équivalentes car homologues dans l'isomorphisme constant entre $\mathscr{E}^r$ et $\mathscr{E}_f$ qu'est l'isométrie $i^r_f : \mathscr{E}^r \to \mathscr{E}_f$.*

Ce résultat n'est au fond pas surprenant, car l'une est la vision dans la feuille-référentiel de travail $\mathscr{E}_f$ suivie en temps réel, tandis que l'autre est la vision à l'instant r mais avec pré-vision de ce qui va se passer, dans cette même feuille qui à cet instant de référence est confondue (par $i^r_f$) avec $\mathscr{E}^r$.

## 4. TRIÈDRES O.N.D. ET OBSERVATEURS

● Il est classique de rapporter systématiquement chaque référentiel $\mathscr{E}_i$ à un trièdre orthonormé direct (OND), $t^i = O^i b^i$, fixe dans $\mathscr{E}_i$. L'indice i en haut indique ici que le point en mouvement $O^i$ et la base en mouvement $b^i$ sont associés à $\mathscr{E}_i$, dans lequel d'ailleurs ils sont fixes[4]. Alors, lire les relations telles que (8) dans un référentiel $\mathscr{E}_i$ équivaut d'une certaine manière à travailler en projetant toutes les relations exclusivement dans ce trièdre. Mais on a aussi tendance à identifier chaque $\mathscr{E}_i$ à $R^3$ par ce biais[5]. Cette pratique ne nous paraît pas indiquée au niveau de la modélisation car on perd de l'information et de la précision en pensant ainsi à priori tout dans $R^3$ systématiquement[6].

Ceci explique notre approche géométrique, que nous privilégions avec d'autant moins de regret que ce point de vue "tout dans $R^3$ " se trouve déjà en fait, comme nous

---

[4]Ils n'ont donc rien à voir avec une numérotation des vecteurs constituant une base et il serait stupide d'effectuer des sommations de 1 à 3 sur de tels indices répétés en invoquant la convention d'Enstein. De même, leur place haute ou basse n'a aucun lien avec les notions de variance.

[5]Et même de ne penser le concept de référentiel qu'en termes de projection dans $R^3$ associée au choix d'un tel trièdre. Mais que peuvent alors bien être ces "trièdres OND" *préexistant à tout début de modélisation de l'espace*?

[6]*Modéliser* un concept par un élément x dans un ensemble X, et pas simplement le repérer sur une échelle (Cf la distinction classique entre échelle de température et température thermodynamique), c'est lui conférer le statut mathématique souhaité. Cela confère à X un statut spécifique à ce concept et étranger aux autres. Quand tout est ramené dans $R^3$, on ne retrouve ces spécificités non affichées à priori qu'en s'imposant certaines limitations à l'utilisation de la structure mathématique de $R^3$ ; par exemple on s'interdit, parce que "non physique" (?), d'ajouter les coordonnées d'un même point de l'espace dans deux trièdres-référentiel différents.

allons le voir et avec quelques précautions, dans les visions équivalentes "tout dans $\mathcal{E}_f$" ou "tout dans $\mathcal{E}^r$" qui précèdent. Il s'agit toutefois aussi d'une pratique absolument inévitable au niveau de l'intendance et que donc nous devons préciser, d'autant plus que de nombreux auteurs ne formalisent vraiment que dans $R^3$.

Nous n'envisageons ici que des trièdres, donc des bases, OND, qui donc instaurent entre nos espaces géométriques et $R^3$ des bijections qui sont des isomorphismes d'espaces euclidiens orientés. Nous sommes donc toujours dans la logique de manipulation et de composition d'isométries positives qui est la notre dans ce chapitre.

● Rapporter ainsi chaque référentiel à un trièdre OND, introduit un jeu particulier d'isométries constantes entre les $\mathcal{E}_i$, obtenu en superposant les feuilles-référentiel de façon à ce que les trièdres $t^i$ soient superposés. Il n'est évidemment pas question que ce jeu doublonne celui $j_{ij} = i^r_{ij}$ déjà évoqué. Aussi, *les trièdres seront choisis superposés à l'instant de référence r* (où les feuilles sont en ramette). On pourra par exemple les imaginer disposés selon deux cotés des feuilles mises instantanément au format standard par le massicot à l'instant de référence.

Avec ce choix, on a (évidemment sans sommation en i)

(14-1) $\boxed{b^i = I_i^{-1}\, b^i_i}$ , $\boxed{b^j_j = J_{ji} b^i_i}$ , $\boxed{b^j = R_{j|i} b^i}$

où $b^i_i$ est la position dans $E_i$ de $b^i$, base en mouvement fixe dans $\mathcal{E}_i$, et où $R_{j|i}$ est la rotation vectorielle associée au déplacement ponctuel $r_{j|i}$. Par hypothèse les $b^i_i$ sont indépendants de t, mais en tant que "bases en mouvement" les $b^i$ désignent à chaque instant des bases $b^{it}$ dans l'espace instantané $\mathcal{E}^t$.

On pourra vérifier que les coordonnées dans $t^f$ de $M^{[i]} = r^{(i)^{-1}}M$ sont identiques à celles de M dans $t^i$ (le couple $(M,t^i)$ est le déplacé par $r^{(i)}$ du couple $(M^{[i]},t^f)$), et à celles de $M^r_{\{i\}}$ dans le trièdre $t^r$ de $\mathcal{E}^r$ superposition à l'instant de référence des $t^i$. Au niveau des tenseurs, on vérifie de même que le vecteur $\vec{U}^{[i]} = R^{(i)^{-1}}\vec{U}$, tourné de $\vec{U}$ par $R^{(i)^{-1}}$ avec $R^{(i)} = R_{i|f}$, a dans $b^f$ les mêmes composantes que $\vec{U}$ dans $b^i$, et que le prè-vu $\vec{U}^r_{\{i\}}$ dans $b^r$. Et résultat analogue pour $A^{[i]} = R^{(i)^{-1}}AR^{(i)}$, tourné de $A \in L(E)$ par $R^{(i)^{-1}}$, etc. On voit donc que les grandeurs tournées permettant une vision "tout dans le référentiel de travail", équivalente à la pré-vision de référence, équivaut au point de vue "tout dans $R^3$" évoqué précédemment.

● Pour un bon usage calculatoire il convient de penser les bases comme applications linéaires transformant des colonnes de composantes en des vecteurs. Ceci se met simplement en place en les écrivant sous forme de matrices lignes de vecteurs (**M2**), si bien que (14-1) se lit en termes de produits d'applications linéaires. On en déduit d'abord :

(14-2) $\boxed{I_i = b^i_i b^{i^{-1}}}$ $\boxed{J_{ji} = b^j_j b^{i\ -1}_i}$ $\boxed{I^{t\tau}_i = b^{it} b^{it-1}}$ $\boxed{R_{j|i} = b^j b^{i^{-1}}}$ $\boxed{(R_{j|i})_k = b^j_k b^{i\ -1}_k}$

($b^{it}$ est la position à t dans $\mathcal{E}^t$ de la base en mouvement $b^i$).

Par exemple, la première de ces relations équivaut à $I_i = b^i_i(1_{R^3})b^{i^{-1}}$ qui indique que en utilisant la base $b^i = b^{it}$ dans $\mathcal{E}^t$ et la base $b^i_i$ dans $\mathcal{E}_i$, l'application $I_i : E^t \to E_i$ a pour matrice la matrice unité. Des interprétations analogues peuvent être données pour les autres. Avec des bases adaptées, les opérations de décalque et de rotation diverses que nous utilisons, disparaîtront donc en calcul matriciel. Il en résulte ainsi par exemple que, en notant $[X]^i$ le jeu de composantes[7] dans la base $b^i$ (respt: $b^i{}_k$) d'un tenseur x en mouvement (respt: d'un tenseur X en mouvement dans $\mathcal{E}_k$), on a pour tout tenseur en mouvement X: $[X]^i = [X_k]^i$. Noter encore que les bases utilisées étant OND les "opérateurs bases" $b^i$ et leurs inverses, opérateurs de projection dans les bases, sont des isométries positives. Ceci est compatible avec le fait que tous les membres de gauche dans (14-2) sont des isométries positives ou des rotations.

On déduit aussi de (14-1) les deux relations suivantes. D'abord :

(15-1) $$\boxed{I_{ij} \equiv I_i I_j^{-1} = b^i{}_i Q_{j|i} b^j{}_j^{-1}} \quad \text{avec} \quad \boxed{Q_{j|i} = b^{i^{-1}} b^j = b^i{}_k{}^{-1} b^j{}_k} \in O^+(R^3)$$

qui fait apparaître $Q_{j|i}$, rotation de $R^3$ (matrice orthogonale positive), comme étant la matrice, dans les bases $b^i{}_i$ pour $\mathcal{E}_i$ et $b^j{}_j$ pour $\mathcal{E}_j$, de l'opération de décalque instantané de la feuille $\mathcal{E}_j$ sur la feuille $\mathcal{E}_i$. Ensuite :

(15-2) $$\boxed{R_{j|i} = b^i Q_{j|i} b^{i^{-1}} = b^j Q_{j|i} b^{j^{-1}}} \qquad \boxed{(R_{j|i})_k = b^i{}_k Q_{j|i} b^i{}_k{}^{-1} = b^j{}_k Q_{j|i} b^j{}_k{}^{-1}}$$

qui montre que $Q_{j|i}$ est aussi, dans les bases qui s'imposent, la matrice de la rotation $R_{j|i}$ sous toutes ses formes.

Évidemment, la matrice $Q_{j|i}$ apparaîtra partout en contrepoint lorsqu'une isométrie $I_{ij}$ apparaît, ou lorsque une rotation $R_{j|i}$ est utilisée pour "tourner une base" (14-1-3) ou tourner un tenseur. Soit par exemple $\vec{U}$ un vecteur en mouvement. On a, entre ses positions $\vec{U}_i$ et $\vec{U}_j$ dans $\mathcal{E}_i$ et $\mathcal{E}_j$ d'une part, et, en utilisant (14-2), entre ses composantes $[\vec{U}]^i$ dans $b^i$ et $[\vec{U}]^j$ dans $b^j$ d'autre part, les relations homologues:

(15-3) $$\boxed{\vec{U}_i = I_{ij}\vec{U}_j} \quad \Leftrightarrow \quad \boxed{[\vec{U}]^i = Q_{j|i}[\vec{U}]^j}$$

On a aussi, en considérant les vecteurs tournés $\vec{U}^{[i]}$ ainsi que les vecteurs $\vec{U}_{\{i\}}^{r}$ prévus dans $\mathcal{E}^r$ et dont les composantes dans la base $b^r$ de $\mathcal{E}^r$ sont notées $[\vec{U}_{\{i\}}^{r}]^r$:

(15-4) $$\boxed{\vec{U}^i = R_{i|f}{}^{-1}\vec{U}} \quad \Leftrightarrow \quad \boxed{[\vec{U}^{[i]}]^f = Q_{i|f}{}^{-1}[\vec{U}]^f}$$

et $$\boxed{[\vec{U}]^i = [\vec{U}_i]^i = [\vec{U}^{[i]}]^f = [\vec{U}_{\{i\}}^{r}]^r}$$

La dernière de ces relations montre que le fait que $\vec{U}_i$, $\vec{U}^{[i]}$ et $\vec{U}_{\{i\}}^{r}$ modélisent le même phénomène physique, à savoir l'évolution de $\vec{U}$ par rapport à $\mathcal{E}_i$, mais sous des formes différentes, se retrouve par le fait que projetés chacun dans la base assignée à (et fixe dans) son espace de variation, ils ont le même jeu de composantes.

Ces relations se généralisent aux tenseurs de type différent simplement en substituant aux rotations R et Q les transports par rotation $\overset{*}{R}$ et $\overset{*}{Q}$ adaptés au type de tenseur consi-

[7]Colonne pour un vecteur, matrice pour une application linéaire, tableau à n entrées pour un tenseur

déré. Le lecteur pourra, en utilisant (7), développer en exercice ces relations pour $A \in L(E)$ au lieu de $\vec{U} \in E$.

● Il est aussi classique d'associer à chaque référentiel rapporté à un trièdre, un "observateur" censé observer ce qu'il voit dans son trièdre et communiquer avec ses semblables. La corrélation des trièdres, ou, en l'absence de trièdre, le choix d'un jeu d'isométries indépendantes du temps, est, avec le réglage des montres, le moyen d'assurer la nécessaire cohérence entre eux. Ces observateurs sont toutefois un peu stupides, ou chauvins, en ce sens qu'ils sont supposés adopter des points de vue partiaux, privilégiant chacun son référentiel sans sembler s'en rendre compte. Ils sont donc incompatibles entre eux, partiaux, mais toutefois également partiaux puisqu'ils sont aussi supposés opérer chacun pour soi, certes, mais *de la même façon*. Nous n'apprécions guère cette approche qui manque d'un observateur en chef pensant le tout dans sa cohérence. Quoiqu'il en soit, il faut, si on désire les utiliser, bien délimiter et préciser ce que ces observateurs ont dans la tête et ce qu'ils sont censés faire.

## 5. VITESSES ET DÉRIVEES TEMPORELLES

● Le *déplacement*, d'un point, d'un vecteur,..., n'a de sens *absolu* que instantanément. Il correspond alors à des *transformations géométriques* instantanées, dans un $\mathcal{E}^t$ ou un $\mathcal{E}_i$, étrangères à la notion de mouvement. Par contre le déplacement *entre deux instants successifs*, donc aussi la *vitesse* et la *dérivée (temporelle)* d'éléments géométriques (point, vecteur, application linéaire,..), n'ont de sens que relativement au choix préalable d'un référentiel d'espace mettant en relation les espaces instantanés à des instants différents[8].

Si donc on entend par "point" un point en mouvement (dans l'Espace) au sens défini ci-dessus, et pas seulement le concept plus restreint de point en mouvement dans un référentiel d'Espace, il est abusif ou redondant de dire comme cela est fréquent que "la vitesse d'un point, et la dérivée (temporelle) d'un vecteur, d'un tenseur,..., dépendent du référentiel", car en soit "vitesse d'un point" et "dérivée (temporelle) d'un vecteur" n'ont pas de sens. Il s'agit là d'une réminiscence des observateurs définissant chacun ce qu'il appelle "la" vitesse bien qu'il s'agisse d'une quantité variant de l'un à l'autre.

● Pensé par une seule et même cervelle, la vôtre, la nôtre, celle du super observateur évoqué précédemment, ce qui a un sens c'est le déplacement, la vitesse, la variation et la dérivée, *par rapport à* (ou *dans*) *un référentiel d'Espace* $\mathcal{E}_i$ *donné* :

**Définition**

***a*** - *La vitesse par rapport à (ou dans) un référentiel d'Espace* $\mathcal{E}_i$ *d'un point en mouvement est le vecteur en mouvement dont la position dans* $\mathcal{E}_i$ *est la dérivée de celle de ce point.*

---

[8]Le fait que la vitesse "dans un référentiel" soit liée à la trivialisation par ce référentiel d'une "vitesse d'univers" qui, elle, ne dépend pas de ce référentiel (mais qui est définie dans une structure très pauvre), n'apporte rien en Mécanique Classique.

***b** - La dérivée (temporelle) par rapport à (ou dans) un référentiel d'Espace $\mathcal{E}_i$ d'un vecteur en mouvement, et plus généralement d'un tenseur, est le tenseur en mouvement dont la position dans $\mathcal{E}_i$ est la dérivée de celle de ce tenseur.*

Il vient ainsi, successivement pour un point M et un vecteur $\vec{U}$ :

$$(16\text{-}1)\qquad \boxed{\vec{V}_{M|\mathcal{E}_i} = I_i^{-1}[\frac{d}{dt}(i_iM)]} = I_i^{-1}(\frac{d}{dt}M_i) \quad\Leftrightarrow\quad (\vec{V}_{M|\mathcal{E}_i})_i = \frac{d}{dt}M_i$$

$$(16\text{-}2)\qquad \boxed{\frac{d^{\mathcal{E}_i}}{dt}\vec{U} = I_i^{-1}[\frac{d}{dt}(I_i\vec{U})]} = I_i^{-1}(\frac{d}{dt}\vec{U}_i) \quad\Leftrightarrow\quad (\frac{d^{\mathcal{E}_i}}{dt}\vec{U})_i = \frac{d}{dt}\vec{U}_i$$

On se souvient que M et $\vec{U}$ ne sont pas des fonctions du temps puisque l'espace instantané dépend du temps (ce sont des sections d'univers). On ne saurait donc les dériver comme on dérive une fonction. En fait, on obtient de véritables fonctions du temps $M_i$ et $\vec{U}_i$ en les projetant dans $\mathcal{E}_i$ par $i_i^{-1}$ (en les lisant dans $\mathcal{E}_i$), en dérivant ensuite les fonctions du temps ainsi obtenues (au sens mathématique premier du terme - nous dirons "vraie dérivée"), ce qui donne de nouvelles fonctions du temps dans $\mathcal{E}_i$ que l'on transforme enfin en vecteurs en mouvement (en sections d'univers) par $I_i$.

Pour les tenseurs d'un autre type il faut, pour effectuer les transports aller et retour entre $\mathcal{E}$ et $\mathcal{E}_i$, ou plutôt entre leurs espaces vectoriels E et $E_i$, utiliser le transport $\overset{*}{I}_i$ induit par l'isométrie vectorielle $I_i$ adapté au type de tenseur qui est dérivé (nous apprendrons à le faire). Cela donne, dans le cas général puis par exemple pour $A \in L(E)$ en utilisant (7) :

$$\boxed{\frac{d^{\mathcal{E}_i}}{dt}X = \overset{*}{I}_i^{-1}[\frac{d}{dt}(\overset{*}{I}_iX)]} = \overset{*}{I}_i^{-1}\frac{d}{dt}(X_i) \quad\Leftrightarrow\quad (\frac{d^{\mathcal{E}_i}}{dt}X)_i = \frac{d}{dt}X_i$$

$$(16\text{-}3)\qquad \boxed{\frac{d^{\mathcal{E}_i}A}{dt} = I_i^{-1}[\frac{d}{dt}(I_iAI_i^{-1})]I_i} = I_i^{-1}[\frac{d}{dt}(A_i)]I_i \quad\Leftrightarrow\quad (\frac{d^{E_i}A}{dt})_i = \frac{dA_i}{dt}$$

● Bien évidemment, ainsi définies, ces vitesses et dérivées par rapport à $\mathcal{E}_i$ ne peuvent que dépendre de $\mathcal{E}_i$. On notera plus simplement $d^i/dt$ au lieu de $d^{\mathcal{E}_i}/dt$. On remarquera aussi que la propriété mathématique classique qui veut que lorsque la dérivée existe elle est unique n'est nullement contredite : un vecteur a autant de "dérivées" temporelles que l'on a considéré de référentiels, mais qui sont en fait générées par les vraies dérivées uniques de fonctions du temps différentes. Noter encore qu'étant le transport par isométrie-décalque de vraies dérivées, les dérivées ici définies vérifient toutes les propriétés classiques des vraies dérivées (dérivée d'une somme, d'un produit, etc.).

Les relations de définition qui précèdent, comme toutes les relations d'ailleurs, peuvent être et sont souvent lues dans le référentiel fixe choisi. La dérivée par rapport à celui ci est alors la vraie dérivée. Aussi, les vitesses et dérivées par rapport au référentiel fixe sont souvent appelées vitesse et dérivée sans plus de précision, et l'indice f est supprimé des notations: on écrit d/dt au lieu de $d^f/dt$ et $\vec{V}_M$ ou $\vec{V}$ au lieu de $\vec{V}_{M|\mathcal{E}_f}$.

Signalons encore, car à lire la littérature cela semble confidentiel, que l'opération inverse, à savoir *l'intégration en temps d'un point ou d'un tenseur, n'a également de sens que par rapport à un référentiel donné.* Pour un point, elle donne tout simplement la courbe en mouvement trajectoire du point dans le référentiel dans lequel on intègre, paramétrée par le temps, c'est à dire son mouvement dans le dit référentiel.

● Tout point ou tenseur dont la position dans un référentiel est constante a une vitesse ou dérivée nulle dans ce référentiel. Il est dit fixe ou constant dans le référentiel.

**Théorème.**

*Le tenseur métrique de l'espace instantané,* g, *son inverse* $g^{-1}$, *et les applications identiques* $1_E$ *et* $1_{E*}$, *sont des tenseurs constants dans tout référentiel.*

**Preuve**. Les isométries "conservent" l'application identique, en ce sens que dans la formule de transport (7-1), $1_E$ a pour transporté $1_{Ei}$. La position de $1_E$ dans chaque $E_i$ est donc à chaque instant $1_{Ei}$ . Celui ci étant évidemment un élément de $E_i$ indépendant du temps on en déduit que le tenseur en mouvement $1_E$ est fixe dans tout référentiel $\mathcal{E}_i$. Concernant g, $g^{-1}$et $1_{E*}$, le théorème résulte de ce que les isométries "conservent" aussi les produits scalaires, donc les tenseurs métriques, ainsi que $1_{E*}$ ■

● Quand les référentiels $\mathcal{E}_i$ sont rapportés à des trièdres $t^i$, la vraie dérivée de $\vec{U}_i$ est obtenue en dérivant ses composantes dans le trièdre $t^i$, puisque celui ci est fixe dans $\mathcal{E}_i$:

*On dérive ou intègre par rapport au temps dans un référentiel d'espace un point, un vecteur, un tenseur, en dérivant ou intégrant ses coordonnées ou composantes dans un trièdre fixe dans ce référentiel.*

$$[\frac{d^{\mathcal{E}i}}{dt}\vec{U}]^i = \frac{d}{dt}[\vec{U}]^i$$

On évitera toutefois d'associer à l'opération de dérivation ou d'intégration par rapport à un référentiel, qui est intrinsèque et indépendante de tout choix d'un trièdre, une quelconque nécessité de projeter le résultat dans un trièdre fixe dans ce référentiel. Il s'agit là d'une idée fausse, réminiscence des observateurs embarqués et sectaires. Cette projection, est une opportunité intéressante pour l'opération de dérivation ou d'intégration elle même, mais elle peut s'avérer indésirable pour l'usage que l'on fera du résultat. Elle ne relève que de l'intendance, qui doit suivre et non précéder.

## 6. COMPOSITION DES VITESSES

● Si un instant de référence r a été choisi, définissant un jeu $j_{ij}$ de positions relatives de référence, on déduit des relations de définition (16), utilisant (12-1) et tenant compte de ce que les $j_{ji}$ sont constants, la relation de composition des dérivées de vecteurs :

$$\boxed{\frac{d^i}{dt}\vec{U} = R_{i|j}\,[\frac{d^j}{dt}(R_{i|j}^{-1}\vec{U})]} \qquad (17\text{-}1)$$

et une relation analogue pour un tenseur quelconque en substituant $\overset{*}{R}_{i|j}$ à $R_{i|j}$. Ces relations montrent que pour dériver un tenseur (ou un point) dans $\mathcal{E}_i$, on peut le tourner par $R_{i|j}^{-1}$, dériver ce tourné dans $\mathcal{E}_j$, puis retourner la dérivée en sens inverse.

On en déduit, si en outre un référentiel fixe $\mathcal{E}_f$ a été choisi

$$(17\text{-}2)\qquad \boxed{\frac{d^i}{dt}\vec{U} = R^{(i)}\,[\frac{d}{dt}(R^{(i)-1}\vec{U})]} = R^{(i)}\frac{d}{dt}\vec{U}^{[i]} \quad\Leftrightarrow\quad R^{(i)-1}[\frac{d^i\vec{U}}{dt}] = \frac{d}{dt}[R^{(i)-1}\vec{U}]$$

$$(17\text{-}3)\qquad \boxed{\frac{d^iA}{dt} = R^{(i)}[\,\frac{d}{dt}(R^{(i)-1}AR^{(i)})]\,R^{(i)-1}} = R^{(i)-1}[\frac{d}{dt}A^{[i]}]\,R^{(i)}\ ,$$

avec $\frac{d}{dt} = \frac{d^f}{dt}$ et $R^{(i)} = R_{i|f}$ et où $\vec{U}^{[i]}$ et $A^{[i]}$ sont les tournés par $R^{(i)-1}$ de $\vec{U}$ et A.

Alors qu'avec (16) on allait dériver dans la feuille $\mathcal{E}_i$, avec (17) on obtient le même résultat en dérivant dans la feuille de travail les (dé-)tournés par $R_i^{-1}$.

● La dérivation des produits dans le membre de droite de (16-2) en y faisant $\vec{U}_i = I_{ij}\vec{U}_j$, et dans celui de (17-1), fait apparaître les quantités

$$(18)\qquad \Omega_{j|i} = \vec{\omega}_{j|i}\wedge = R_{j|i}^{-1}(\frac{d^j}{dt}R_{j|i}) = I_i^{-1}\frac{dI_{ij}}{dt}I_j \in L_A(E)\ ,$$

Les éléments $\Omega_{j|i}$ et $\vec{\omega}_{j|i}$ ainsi introduits sont manifestement liés à la vitesse relative des référentiels entre eux et sont appelés tenseur et vecteur *taux de rotation* du référentiel $\mathcal{E}_j$ par rapport au référentiel $\mathcal{E}_i$. Il est important de remarquer qu'*ils sont indépendants du choix de l'instant de référence*, alors que les rotations elles mêmes ne le sont pas. Ils vérifient les relations de transitivité (additives)

$$(19)\qquad \Omega_{k|i} = \Omega_{k|j} + \Omega_{j|i}\ ,\qquad \Omega_{i|j} = -\,\Omega_{j|i}\ ,\qquad \Omega_{i|i} = 0\ ,$$

et des relations analogues pour les vecteurs taux de rotation. De la seconde de ces relations et de (14-2-4) on déduit encore, puisque l'opérateur base $b^j$ est fixe dans $\mathcal{E}_j$ :

$$(20)\qquad \Omega_{j|i} = \vec{\omega}_{j|i}\wedge = (\frac{d^i}{dt}R_{j|i})\ R_{j|i}^{-1} = (\frac{d^i}{dt}b^j)\ b^{j-1}$$

*En abrégé, dans un référentiel (de travail) donné, on a pour le taux de rotation* Ω *d'un référentiel mobile rapporté à une base OND* b *et dont la rotation est* R:

$$(21)\qquad \boxed{\Omega = \vec{\omega}\wedge = \frac{dR}{dt}R^{-1} = \frac{db}{dt}b^{-1}}$$

● Développant la dérivation du produit dans (17-1), il vient

$$(22\text{-}1)\qquad \boxed{\frac{d^i}{dt}\vec{U} = \frac{d^j}{dt}\vec{U} + \Omega_{j|i}\vec{U}}$$

La dérivée (absolue) par rapport à $\mathcal{E}_i$ est ainsi décomposée en somme d'une dérivée (relative) par rapport à $\mathcal{E}_j$ et d'une dérivée (d'entraînement) due au mouvement de $\mathcal{E}_j$ par rapport à $\mathcal{E}_i$. On en déduit successivement les résultats suivants.

Pour les vitesses de points, A étant un point de $\mathcal{E}_j$ (c'est à dire fixe dans $\mathcal{E}_j$) :

(22-2) $(\forall M)\ (\forall A \in \mathcal{E}_j)$ $$\boxed{\vec{V}_{M|\mathcal{E}i} = \vec{V}_{M|\mathcal{E}j} + (\vec{V}_{A|\mathcal{E}i} + \vec{\omega}_{j|i} \wedge \vec{AM})}$$

Pour les points et vecteurs de $\mathcal{E}_j$ (fixes dans $\mathcal{E}_j$) :

(22-3) $(\forall \vec{a} \in E_j)\ (\forall B \in \mathcal{E}_j)(\forall A \in \mathcal{E}_j)$ $$\boxed{\frac{d^i}{dt}\vec{a} = \Omega_{j|i}\vec{a}} \quad \boxed{\vec{V}_{B|\mathcal{E}i} = \vec{V}_{A|\mathcal{E}i} + \vec{\omega}_{j|i} \wedge \vec{AB}}$$

caractéristique du fait que le champ des vitesses d'un solide (ici lié à $\mathcal{E}_j$) par rapport à un référentiel quelconque est un torseur.

Nous l'avons dit, nous utiliserons fréquemment des éléments de l'espace dual E* (covecteurs). Soit $\overleftarrow{U}$ un tel covecteur. Appliquant (22-1) au vecteur $g^{-1}\overleftarrow{U}$, où g est le tenseur métrique, et se souvenant que ce dernier est constant dans tout référentiel, on déduit la loi suivante pour la dérivation des covecteurs:

(22-4) $(\forall \overleftarrow{U} \in E^*)$ $$\boxed{\frac{d^i}{dt}\overleftarrow{U} = \frac{d^j}{dt}\overleftarrow{U} + g\Omega_{j|i}g^{-1}\overleftarrow{U}}$$

On utilisera aussi des tenseurs d'ordre supérieur qu'il nous faudra dériver par rapport à tel ou tel référentiel. Il s'agira essentiellement de tenseurs d'ordre deux sous forme d'applications linéaires. Soit par exemple à dériver $X \in L(E;E^*)$. On obtiendra la loi de composition des dérivations de X en dérivant pour tout $\vec{U} \in E$ le covecteur $X\vec{U}$ selon (22-4), en utilisant la règle de dérivation d'un produit pour $X\vec{U}$ ainsi que (22-1) pour $\vec{U}$, puis en identifiant en $\vec{U}$. Procédant de façon analogue pour tous les tenseurs du second ordre, on obtient les relations:

(22-5) $(\forall X \in L(E))$ $$\boxed{\frac{d^i}{dt}X = \frac{d^j}{dt}X - X\Omega_{j|i} + \Omega_{j|i}X}$$

$(\forall X \in L(E;E^*))$ $$\boxed{\frac{d^i}{dt}X = \frac{d^j}{dt}X - X\Omega_{j|i} + g\Omega_{j|i}g^{-1}X}$$

$(\forall X \in L(E^*;E))$ $$\boxed{\frac{d^i}{dt}X = \frac{d^j}{dt}X - Xg\Omega_{j|i}g^{-1} + \Omega_{j|i}X}$$

$(\forall X \in L(E^*;E^*))$ $$\boxed{\frac{d^i}{dt}X = \frac{d^j}{dt}X - Xg\Omega_{j|i}g^{-1} + g\Omega_{j|i}g^{-1}X}$$

CHAPITRE II

# LA PHYSIQUE DANS L'ESPACE-TEMPS CINÉMATIQUE

En physique classique, l'Espace-Temps que nous venons de re-visiter constitue le théâtre général dans lequel vont être mis en scène les corps matériels et leurs évolutions. Il s'agit là d'une commode et classique séparation des catégories, selon laquelle le Temps et l'Espace constitueraient le cadre dans lequel serait ensuite introduite la Matière[1].

De ce fait, certains concepts de la physique, comme, en ce qui va nous concerner, la vitesse de déformation, l'état de contrainte en un point, etc., sont traditionnellement représentés, ou caractérisés, ou même modélisés, dans une acception un peu dévaluée du terme, par des grandeurs spatiales : points, figures, vecteurs, covecteurs ou autres tenseurs des espaces géométriques introduits au chapitre précédent, ce décalage étant quelque peu rattrapé par la considération des dimensions physiques. Nous donnons dans ce chapitre quelques éclaircissements sur cette pratique.

## 1. LES VARIABLES SPATIALES DE LA PHYSIQUE.

• L'objet de la modélisation des concepts physiques, c'est d'abord de décrire à chaque instant les caractères géométriques du phénomène. Cela peut être fait par un vecteur ou un tenseur en mouvement, défini donc à chaque instant dans l'espace instantané et constituant une section d'univers.

Mais c'est aussi de représenter les phénomènes physiques évolutifs par des *variables* décrivant leur *évolution* dans le temps. Or *ceci ne peut être obtenu que par un élément* x *fonction du temps évoluant dans un ensemble donné* X *lui même indépendant du temps* et constituant pour le phénomène la *variété des états a priori possibles.* Or, peut-être un peu paradoxalement, les vecteurs, tenseurs,..., *en mouvement* que nous venons de définir, ne sont pas de ce type puisque l'espace instantané dépend du temps.

---

[1] Cette vision, que nous adopterons, est commode mais spéculative. Dans la pratique induisant la théorie et la mettant en oeuvre, il n'y a en effet pas de référentiel d'espace sans choix d'un premier référentiel défini par un corps *matériel* reconnu ou postulé rigide, et il n'y a pas de temps sans définition d'une première horloge *matérielle* de référence : Terre tournant sur elle même, oscillation d'un atome,... Même en physique classique, les concepts ne se découplent pas si facilement.

Ne pourront donc constituer de telles *variables spatiales* pour représenter les phénomènes physiques, que les lectures dans un référentiel particulier des tenseurs en mouvement (et, de façon équivalente, les tenseurs fonction de t dans un espace instantané particulier $\mathcal{E}^r$). Un tenseur en mouvement dissimule donc autant de variables spatiales possibles que l'on introduit de référentiels pour l'observer. On en conclut :

***S'il est inutile de particulariser la lecture dans un référentiel particulier des tenseurs en mouvement considérés tant que l'on se contente de visions instantanées, cela devient indispensable pour une représentation des concepts physiques dans la durée.***

● Si un phénomène évolutif est modélisé par une variable x évoluant dans un espace X, et si Y est un second espace isomorphe à X par un isomorphisme f indépendant du temps, $y = f(x) \in Y$ peut être utilisé à la place de $x \in X$ pour le modéliser. Les variables $x \in X$ et $y \in Y$ sont des *variables équivalentes* pour le phénomène étudié en ce sens qu'elles attribuent la même structure mathématique à la variété des états, et des valeurs homologues à chaque instant. Ce sont des copies conformes l'une de l'autre. Il est évident que l'indépendance en temps de f est ici essentielle. Ainsi, les feuilles-référentiel sont isomorphes par les isométries $i_{ij}$, mais celles-ci étant dépendantes du temps, les deux vecteurs en mouvement $\vec{U}_i$ dans $\mathcal{E}_i$ et $\vec{U}_j = i_{ji}\vec{U}_i$ dans $\mathcal{E}_j$ définis par un vecteur en mouvement $\vec{U}$ ne sont pas des variables équivalentes : l'un peut par exemple, dans sa feuille, rester constant alors que l'autre variera dans la sienne.

Par contre, un instant de référence ayant été choisi, le jeu de positions relatives de référence $j_{ij}$ établit des isomorphismes constants entre les feuilles référentiel. Il en résulte que, par exemple, une famille $\{\vec{u}_i \in \mathcal{E}_i , i \in I\}$ de vecteurs en mouvement chacun dans son $\mathcal{E}_i$ et homologues par les $J_{ji}$ constitue une famille de variables spatiales équivalentes entre elles. De $J_{ij} = I^r_{ij} = I^{r\;-1}_j I^r_i$ on déduit que l'on a $I^r_i \vec{u}_i = I^r_j \vec{u}_j$, et donc que *les pré-visions à* r *de ces* $\vec{u}_i$ *constituent un même vecteur* $\vec{u}$ *fonction du temps dans* $\mathcal{E}^r$. De même, les tournés $R_{ilf}{}^{-1}\vec{u}_i$ lus dans le référentiel fixe constituent un même vecteur fonction de t dans celui ci, résultat homologue du précédent dans l'isométrie $I^r_f$.

● Bien entendu, toutes ces *variables spatiales équivalentes* entre elles sont en surnombre. Les propriétés physiques qu'elles modélisent devant évidemment être composées entre elles dans les lois physiques, il sera nécessaire de leur imposer d'être toutes des objets fonctions de t dans un unique espace géométrique qui, compte tenu de ce qui précède pourra être soit la feuille $\mathcal{E}_f$ quand un tel référentiel de travail a été choisi, soit $\mathcal{E}^r$ quand un instant de référence a été choisi. On pourrait parler dans ces deux cas respectivement de *variable spatiale de travail* et de *pré-variable spatiale*.

Évidemment, plusieurs choix sont possibles entre divers jeux de variables équivalents, pouvant conduire à des théories en apparence différentes mais en fait équivalentes. Cette multiplicité peut amener à douter de la démarche modélisante. En fait, elle résulte de ce que l'on traduit les propriétés physiques du corps matériel étudié dans une structure mathématique qui à priori n'était pas destinée à modéliser ce corps et ses propriétés, au risque d'ailleurs d'introduire certains ingrédients non intrinsèques. Le remède sera pour nous une modélisation autonome du corps matériel, ce que nous appellerons le *modèle matière*, éliminant ainsi toute ambiguïté.

## 2. OBJECTIVITÉ ET INDIFFÉRENCE MATÉRIELLE

Le choix d'un référentiel de travail $\mathcal{E}_f$, feuille unique dans laquelle on modélise et calcule par le biais de points, vecteurs et tenseurs de $\mathcal{E}_f$ fonction de t, est *contingent* pour un certain nombre de considérations et en particulier pour celles relatives à la physique du milieu. Quelques garde-fous, que nous examinons maintenant, ont été développés pour se protéger du caractère non intrinsèque de ce choix.

● Considérons par exemple un vecteur $\vec{\mathcal{U}} \in E_f$, fonction de t, représentant un certain concept physique intrinsèque indépendant du référentiel de travail choisi. Il est bon que d'une certaine façon $\vec{\mathcal{U}}$ soit indépendant de ce référentiel. Bien évidemment ceci semble impossible puisqu'il s'agit d'un vecteur évoluant dans $E_f$. Il y a donc là difficulté.

Pour en sortir, il faut d'abord plonger le référentiel de travail dans le contexte élaboré en Ch I. Sont alors associés à $\vec{\mathcal{U}}$ le vecteur en mouvement et la pré-variable :

$$\vec{U} = I_f^{-1}\,\vec{\mathcal{U}} \qquad (\Leftrightarrow \vec{U}_f = \vec{\mathcal{U}}) \qquad \text{et} \qquad \vec{u} = I_f^{r-1}\,\vec{\mathcal{U}},$$

Il faut ensuite réaliser que la démarche modélisante effectuée en utilisant un premier référentiel comme référentiel de travail peut être reprise *à l'identique* avec un autre référentiel. C'est là précisément la fonction des observateurs qui tous ont le même savoir faire qu'ils mettent en oeuvre chacun dans son référentiel.

Au bout du compte, correctement analysée, cette démarche modélisante à l'identique des observateurs est la mise en oeuvre d'une application qui à tout f dans l'ensemble I des référentiels, qui tous peuvent a priori être choisis comme référentiel de travail, associe un vecteur $\vec{\mathcal{U}}$ en mouvement dans $\mathcal{E}_f$, et donc un vecteur en mouvement $\vec{U}$ et une pré-variable spatiale $\vec{u}$ *dépendant à priori tous deux de* f. On notera d'ailleurs que $\vec{U}$ et $\vec{u}$ ne sauraient être tous deux indépendants du f choisi dans I : si $\vec{U}$ est indépendant de f, alors $\vec{u}$, qui est la pré-vision de son mouvement dans $\mathcal{E}_f$, va en dépendre.

Contrairement à $\vec{\mathcal{U}}$, les éléments $\vec{U}$ et $\vec{u}$ appartiennent à des ensembles indépendants de f. Il y a donc pour $\vec{\mathcal{U}}$ deux façons possibles de désigner quelque chose qui soit indépendant du référentiel de travail : en définissant soit un $\vec{U}$ soit un $\vec{u}$ indépendant de f. Si au contraire $\vec{U}$ et $\vec{u}$ dépendent tous deux de f, l'avenir de $\vec{\mathcal{U}}$ dans le processus de modélisation est gravement compromis. On est ainsi amené à poser la définition suivante:

**Définition**

*Soient, obtenus au cours d'un processus de modélisation utilisant un référentiel de travail* $\mathcal{E}_f$, $\mathcal{X}$ *un tenseur en mouvement dans* $\mathcal{E}_f$, X *le tenseur en mouvement qu'il définit* ($\mathcal{X} = X_f$) *et* x *la pré-vision dans* $\mathcal{E}^r$ *du mouvement de* $\mathcal{X} = X_f$.

*On dit que* $\mathcal{X}$ (ou X) *est une grandeur objective lorsque* X *est indépendant du référentiel de travail utilisé, et donc lorsque* $\mathcal{X}$ *se transforme par changement de référentiel de travail, de* f *à* f', *selon la loi :*

$$\mathcal{X}' = \overset{*}{\mathrm{I}}_{f'f}\mathcal{X}$$

*On dit que $\mathcal{X}$ (ou X) est une grandeur $\mathcal{E}^r$-matérielle lorsque* x *est indépendant du référentiel de travail utilisé, et donc quand $\mathcal{X}$ se transforme selon la loi*

$$\mathcal{X}' = \overset{*}{\mathrm{J}}_{f'f}\mathcal{X}$$

● **Exemple 1** : la dérivée par rapport au référentiel de travail d'un vecteur en mouvement $\vec{U}$ indépendant de $\mathcal{E}_f$ ( objectif), conduit à

$$X = \frac{d^f}{dt}\vec{U} \qquad \mathcal{X} = X_f = \frac{d}{dt}(\vec{U}_f) \qquad x = I_f^{rt}\frac{d^f}{dt}\vec{U}$$

et l'on vérifiera que $\mathcal{X}$ (ou X) n'est ni objectif ni $\mathcal{E}^r$-matériel.

**Exemple 2** : la dérivée par rapport à un référentiel $\mathcal{E}_0$ donné d'un vecteur $\vec{U}$ en mouvement, $\mathcal{E}_0$ et $\vec{U}$ étant eux mêmes indépendants de $\mathcal{E}_f$ (objectifs) conduit à

$$X = \frac{d^0}{dt}\vec{U} \qquad \text{et} \qquad \mathcal{X} = X_f = \left(\frac{d^0}{dt}\vec{U}\right)_f$$

et donc $\mathcal{X}$ (ou X) est ici une grandeur objective.

**Exemple 3** : à propos de l'exemple précédent, considérons

$$X = R_0^{-1}\frac{d^0}{dt}\vec{U} \quad \Leftrightarrow \quad \mathcal{X} = X_f = \left(R_0^{-1}\frac{d^0}{dt}\vec{U}\right)_f \quad \Leftrightarrow \quad x = I_0^{rt}\frac{d^0}{dt}\vec{U}$$

Le tenseur en mouvement X est ici le tourné par l'inverse de $R_0 = R_{0|f}$ de la dérivée dans $\mathcal{E}_0$ de $\vec{U}$, et donc dépend de $\mathcal{E}_f$. Par contre, x est exactement la pré-vision de l'évolution de cette dérivée dans $\mathcal{E}_0$. Non seulement cet x est indépendant de $\mathcal{E}_f$, et donc $\mathcal{X}$ (ou X) est une grandeur $\mathcal{E}^r$-matérielle, mais en plus, parmi toutes les pré-variables spatiales définies par cette dérivée, c'est celle qui décrit véritablement l'évolution de $\vec{U}$ dans $\mathcal{E}_0$, phénomène physique concerné par la dérivation de $\vec{U}$ dans $\mathcal{E}_0$.

● Il faut prendre conscience que lorsque, comme dans l'exemple 2, X et $\mathcal{X} = X_f$ sont simultanément dites objectives, c'est en fait seulement X qui est indépendant de f et donc qui peut être physiquement significatif. Or, comme déjà dit, un tel tenseur en mouvement peut fournir diverses variables spatiales par observation dans les différents référentiels. Dans la pratique très peu de ces variables auront un sens physique intéressant, et en général une seule un sens fondamental. Il s'agira de savoir lesquelles, et donc :

*Dans le processus de modélisation, la constatation de ce qu'un $\mathcal{X}$ ou/et le* X *qu'il définit sont des grandeurs objectives ne dispense pas d'un complément de réflexion pour sa compréhension physique.*

Dans l'exemple 2, le complément de réflexion est simple. Il est en effet évident que c'est l'observation dans $\mathcal{E}_0$ du X obtenu qui a dans ce cas un sens physique intéressant (car dériver X dans $\mathcal{E}_0$ signifie que c'est la variable spatiale $X_0$ qui est privilégiée), et c'est ce dont l'exemple 3 rend compte. Ces exemples 2 et 3 illustrent le résultat général:

**Théorème 1**

*Si un tenseur en mouvement* X *est objectif, le tenseur* $\overset{*}{R}_i^{-1}$ X *(dé-) tourné par* $R_i^{-1}$ *de* X *est $\mathcal{E}^r$-matériel pour tout i indépendant de* f.

Noter pour bien accepter ce théorème que le $R_i$ qui y figure est une notation abrégée de $R_i|_f$ qui évidemment dépend de f. Bien entendu, il reste dans ce cas à savoir quel i utiliser pour avoir une variable physiquement significative.

● Dans les exemples précédents, les choses sont simples. Avec un peu de soin, et surtout avec l'aide de la modélisation de l'Espace-Temps qui a été faite, nous pourrons continuer à contrôler facilement le caractère intrinsèque des modélisations réalisées dans un référentiel non intrinsèque. Il faudra pour cela utiliser assez largement les notions introduites. Par exemple, il est évident qu'un référentiel dépendant du référentiel de travail, à commencer par celui-ci lui-même, est non objectif, affirmation que l'on peut justifier par exemple en remarquant que la base OND $b^f$ qui le définit ne l'est pas. Il devient ainsi évident, dans l'exemple 1, que la dérivée dans un tel référentiel non objectif d'une grandeur objective ne pouvait conduire à une grandeur objective. Par contre, il est aussi évident que le référentiel $\mathcal{E}_0$ de l'exemple 2 est objectif et que cet exemple 2 est une illustration du résultat général:

**Théorème 2**

*La dérivée dans un référentiel objectif d'un tenseur objectif est objective.*

Noter à propos de ce théorème que si l'on a été amené à dériver un tenseur objectif dans un référentiel objectif particulier, c'est probablement que les variables spatiales physiquement intéressantes dans cette affaire sont précisément ce tenseur et cette dérivée lues dans ce référentiel.

A l'opposé, le référentiel de travail est $\mathcal{E}^r$-matériel : la pré-vision de la base $b^f$ qui le caractérise est la base $b^r$ qui ne dépend pas de f. Il en résulte que

**Théorème 3**

*La dérivée dans le référentiel de travail d'une grandeur $\mathcal{E}^r$-matérielle est $\mathcal{E}^r$-matérielle.*

● Dans les exposés des grandes transformations qui ne font pas cet effort de clarification préalable, la recherche du caractère objectif, et celle, beaucoup moins fréquente car le concept est beaucoup moins répandu, du caractère $\mathcal{E}^r$-matériel, des grandeurs introduites, passe par des considérations diverses adaptées aux conventions initiales, plus ou moins précisées, de ces exposés. Nous n'entrons pas ici dans ces considérations pour nous inutiles.

Donnons toutefois un critère simple faisant usage des bases OND introduites en **I-4**. De (**I**-15-4) on déduit que l'on a

$$[X]^i = [X_f]^i \quad \text{et} \quad [X_f]^f = [x]^r,$$

et il en résulte le théorème:

**Théorème 4**

*Une grandeur $X = X_f$ est objective ssi ses composantes dans une (donc dans toute) base $b^i$ indépendante de f sont indépendantes de f. Elle est $\mathcal{E}^r$-matérielle ssi ses composantes dans la base de $\mathcal{E}_f$ sont indépendantes de f*

Dit autrement, il y a objectivité ssi les observateurs, qui modélisent chacun le phénomène en prenant son référentiel comme référentiel de travail, obtiennent tous les mêmes composantes quand ils utilisent la même base pour projeter chacun son $\mathcal{X}$, et $\mathcal{E}^r$-matérialité ssi ils obtiennent les mêmes composantes en le projetant chacun dans sa base.

● Remarquons enfin que la prise en compte du plongement du référentiel de travail dans l'Espace-Temps n'est nécessaire que pour étudier le statut par rapport au changement de référentiel fixe d'une grandeur $\mathcal{X} = X_f$ mise en oeuvre. Une fois ce statut connu, on cesse d'envisager de faire varier le référentiel fixe et l'on se remet à travailler exclusivement dans le référentiel de travail qui a été choisi. Simplement on emploie $\mathcal{X}$ dans le processus de modélisation en fonction du statut qui lui a été reconnu. Et bien entendu, ce travail exclusif dans le référentiel de travail se fait avec suppression de l'indice f.

## 3. DIMENSIONS PHYSIQUES

Ce qui précède est tout à fait classique sur le plan strictement mathématique. Mais le physicien, sans pour autant changer le formalisme calculatoire, introduit systématiquement dans ce paysage quelques ingrédients et règles supplémentaires, du genre équations aux dimensions ou respect de l'homogénéité des formules, lui permettant de gérer l'importante question des *dimensions physiques* des grandeurs manipulées.

Bien que, dans leur pratique courante, la plupart des professionnels des mathématiques considèrent généralement ces considérations comme étant de la physique échappant à leur compétence, ce "plus" est le signe d'une structure algébrique plus complexe que celle communément admise. Nous ne doutons pas que le lecteur mécanicien soit averti de ce genre de question. Il peut sans préjudice pour la suite continuer à vivre cette structure à son habitude. Il peut aussi en trouver en [Rougée 1974 et 1982] une description et une axiomatique dont nous ne donnons ici que les très grandes lignes.

● D'abord, la Mécanique met en oeuvre les dimensions fondamentales longueur L, temps T et masse M, qu'elle combine en dimensions $L^aM^bT^c$ où a, b, et c sont des entiers relatifs, se composant selon la loi produit

$$(L^aM^bT^c)(L^{a'}M^{b'}T^{c'}) = L^{a+a'}M^{b+b'}T^{c+c'} \tag{1}$$

Il est clair que l'ensemble $\mathcal{D}$ des dimensions physiques, ainsi constitué et organisé, est un *groupe commutatif*, dont l'élément neutre $L^0M^0T^0$, qui désigne l'absence de dimension physique, sera noté I.

● A tout scalaire $\lambda$ utilisé en mécanique est attribuée une dimension physique $D(\lambda)$. Il existe donc une application de l'ensemble R de ces scalaires réels dans l'ensemble $\mathcal{D}$ des dimensions, et R se stratifie en sous ensembles R(D) regroupant chacun les scalaires de même dimension D. L'addition de scalaires ne se fait qu'entre scalaires de même dimension. C'est une loi de groupe interne à chaque R(D), d'élément neutre le scalaire de dimension D nul $0_D$. La multiplication se fait entre scalaires de dimensions quelconques. C'est une loi interne à R qui vérifie la classique règle de dimension d'un produit :

(2) $$D(\lambda\mu) = D(\lambda)\, D(\mu)$$

Ce produit est une loi de groupe dans $R\text{-}\{0_D\}$. On vérifie que ces deux lois font de l'ensemble R(I) des scalaires sans dimension un corps, qui n'est autre que le classique corps des réels, et de chaque R(D) un espace vectoriel de dimension un sur R(I).

● De façon tout à fait analogue, à tout vecteur spatial $\vec{U}$ est attribuée une dimension physique $D(\vec{U})$. Il existe donc une application de l'ensemble E des vecteurs dans l'ensemble $\mathcal{D}$, et E se stratifie en sous ensembles E(D) regroupant chacun les vecteurs de même dimension D. L'addition de vecteurs ne se fait qu'entre vecteurs de même dimension : c'est une loi de groupe interne à chaque E(D). Quant à la multiplication, elle se fait entre un vecteur et un scalaire de dimensions quelconques, elle est distributive par rapport à l'addition et vérifie la classique règle de dimension d'un produit

(3) $$D(\lambda\vec{U}) = D(\lambda)\, D(\vec{U})$$

On vérifie que ces lois font de chaque E(D) un espace vectoriel sur le corps R(I). On notera que bien qu'étant dans des espaces vectoriels différents, deux vecteurs de dimensions physiques différentes pourront être décrétés parallèles si l'un est le produit de l'autre par un scalaire.

● C'est en fait toute l'algèbre tensorielle qui peut être ainsi organisée, à commencer par le dual E* qui sera organisé comme espace des applications linéaires de E dans R et se stratifiera en espaces vectoriels E*(D). Tous les produits, par un scalaire, tensoriels contractés ou non, vérifient l'équation aux dimensions qui dit que la dimension d'un produit est le produit des dimensions des facteurs. Le dual au sens classique de l'espace vectoriel E(D) est l'espace vectoriel $E^*(D^{-1})$:

(4) $$E(D)^* = E^*(D^{-1}).$$

On peut ainsi, en ajoutant seulement quelques règles concernant les dimensions à un formalisme classique qu'il n'est pas question de modifier, faire vivre toute une algèbre linéaire prenant en compte les dimensions physiques. Évidemment, le simple fait d'utiliser un système cohérent d'unités permet de tout ramener dans les E(I) classiques

● Signalons enfin, concernant les espaces géométriques $\mathcal{E}$ modélisant référentiels d'espace et espaces instantanés, que, stricto sensu, leur espace vectoriel associé est l'espace vectoriel E(L) des vecteurs de dimension L. Leur métrique est à valeurs dans l'espace R(L) : ils sont de dimension physique L, tout comme l'axe des temps est de dimension T. La longueur des courbes est donc de dimension L. Le produit scalaire dans E(L) est à valeur dans $R(L^2)$, mais le tenseur métrique g est sans dimension physique. Il est dans [L(E;E*)](I) et envoie en particulier E(L) dans $E^*(L) = [E(L^{-1})]^*$.

## 4. MODÉLISATION DES CORPS MATÉRIELS

● Les variables spatiales de la physique dont il a été question dans ce chapitre sont à valeur dans des espaces euclidiens, adaptés à la structure des solides indéformables mais mal adaptés à priori à celle des milieux déformables qui nous intéressent. En outre, elles servent à exprimer des propriétés des *corps matériels* en termes de grandeurs du modèle mathématique de l'*Espace* qui ne représentent que les positions de ceux-ci. Cela est anormal. Par exemple, on ne dit pas que l'envergure des positions dans l'Espace d'un oiseau est de un mètre, mais que l'envergure de l'oiseau est de un mètre, ce qui est le signe que l'on manipule un concept oiseau indépendamment de sa position dans l'Espace.

Aussi, nous serons amené à dépasser ces variables spatiales très présentes dans les pratiques courantes en grandes transformations. Notre objectif véritable est la modélisation des milieux continus en eux-mêmes et l'expression dans ce *modèle matière* de leurs propriétés constantes ou variables. Il s'agit là d'un des aspects originaux de cet ouvrage, dont nous donnons les prémices dès ce paragraphe.

● Bien que tout corps matériel soit constamment dans l'Espace, donc en mouvement (dans l'Espace), il ne faut pas confondre modélisation d'un corps matériel et modélisation d'un corps matériel en mouvement. Indépendamment de toute idée de mouvement dans l'Espace, un *corps matériel* est toujours, de façon plus ou moins explicite, pensé et modélisé en lui même par un ensemble $\Omega_0$ d'éléments $M_0$, doté d'une structure mathématique $s_0$. Un *mouvement de ce corps matériel* est alors décrit en affectant à chaque instant t et pour chaque élément $M_0$ une position $M = p(t,M_0) = p^t(M_0)$ dans le référentiel de travail $\mathcal{E} = \mathcal{E}_f$ choisi, donc des positions $M_i = p_i^t(M_0)$ avec $p_i^t = i_{if}^t \circ p^t$ dans chacun des référentiels d'espace $\mathcal{E}_i$.

Ainsi, pour un point matériel, $\Omega_0$ est constitué d'un seul élément, $s_0$ est constituée uniquement d'une masse affectée à cet unique élément, et les positions de cet élément sont des points de l'Espace. Un mouvement d'un point matériel est donc modélisé par un point en mouvement tel qu'il a été défini précédemment, auquel un scalaire masse est affecté. Pour le système solaire considéré comme un ensemble de n points matériels, $(\Omega_0,s_0)$ sera un n-uplet avec une masse par élément, structure pauvre mais permettant néanmoins des opérations d'intersection, de réunion, de complémentation, de dénombrement et de masse-mesurage des sous systèmes, et d'intégration des champs sur $\Omega_0$.

Pour un solide indéformable, $\Omega_0$ est un domaine d'un espace géométrique $\mathcal{E}_0$, ses éléments sont les points de ce domaine et $s_0$ est constitué de la structure de domaine d'un espace géométrique (c'est à dire affine, euclidien de dimension trois), complétée par la donnée d'une mesure masse, par exemple par sa densité volumique. Cette structure permet tous les développements classiques dits de géométrie des masses (centre de masse, ellipsoïde ou opérateur d'inertie en un point, pour le solide lui même et pour ses parties,...) effectués directement sur le solide sans aucune référence à un éventuel mouvement dans l'Espace de celui ci. Quand, au contraire, un tel mouvement dans l'Espace est considéré, chaque point de $\Omega_0$ engendre un point en mouvement. Ces points en mouvement gardent dans toute position et tout référentiel les distances mutuelles qu'ils ont dans $\Omega_0$ : les applications *placement* $p_i^t$ sont alors des isométries de $\Omega_0$ dans $\mathcal{E}_i$, et les *déplacements* $p_i^t \circ p_i^{\tau\,-1}$ dans chaque référentiel $\mathcal{E}_i$ sont des rotations de $\mathcal{E}_i$.

● En fait, c'est l'observation des propriétés de leurs déplacements spatiaux qui est au départ de la modélisation des corps matériels. Par exemple, c'est la conservation des distances relatives de ses points qui pour un solide rigide est à l'origine de sa modélisation par un domaine d'un espace géométrique. Et pour les systèmes discrets de points matériels, c'est la conservation de leur cardinal dans toute position. Ces deux exemples sont extrêmes en ce sens que dans le premier il y a conservation, dans tout déplacement du corps matériel, de la totalité de la structure algébrique attribuée à l'Espace, tandis que dans le second il n'y a conservation que du seul aspect ensembliste de cette structure.

Or, la structure d'espace géométrique possède d'autres sous-tructures que celle d'ensemble, ce qui laisse la place pour d'autres mécaniques entre celle des solides rigides et celle des points matériels. *Il y a en fait parallélisme entre les différents chapitres de la mécanique et ces sous-structures.* C'est en particulier par la caractérisation des propriétés de leurs déplacements spatiaux, isomorphismes pour une sous structure particulière, que nous définirons les milieux continus au prochain chapitre.

A titre de dernier exemple, lui aussi extrême, les déplacements du contenu d'une bouteille à demi pleine que l'on secoue violemment ne conservent guère que le volume et la masse. Il s'agit donc d'une cinématique où les déplacements seraient des applications uniquement mesurables. Cela relève plus de la théorie ergodique que de la mécanique.

● Signalons enfin que pour un solide rigide les isométries $p^t$ peuvent être extrapolées en isométries de $\mathcal{E}_0$ sur $\mathcal{E}$. Notant alors $i_{f0}$ l'isométrie p on constate que le solide en mouvement engendre un nouveau référentiel d'espace caractérisé par l'indice 0. Il constitue, extrapolé par la pensée à tout l'Espace, une nouvelle feuille-référentiel en mouvement dans l'Espace et par rapport aux autres feuilles. C'est d'ailleurs ainsi que, pratiquement, celles ci ont été introduites préalablement: *on ne prend conscience de l'Espace que par la matière qui s'y trouve, et on ne le modélise au départ là où il n'y a pas de matière qu'en le situant par rapport à des corps matériels solides indéformables.* Le modèle Espace-Temps que l'on a rappelé au chapitre précédent peut être considéré comme constituant la cinématique de certains corps matériels à comportement dit de solide parfait.

Comme nous l'avons dit dans le chapeau de ce chapitre, et en rappelant une dernière fois qu'il ne s'agit là que d'une vue de l'esprit, nous continuerons à parler d'*espace* pour les référentiels et de *matière* pour les milieux continus que nous allons maintenant étudier.

**Point d'ordre**. Prises toutes en considération, les notions et notations introduites dans cette partie préliminaire **P0** qui s'achève conduiraient à une complexité formelle impossible à mettre en oeuvre. Nous adopterons dans la suite un point de vue plus restreint et plus classique. Sauf avis contraire, dans nos approches spatiales nous choisissons un référentiel de travail noté $\mathcal{E}$, d'espace vectoriel associé E, et, comme son nom l'indique, nous travaillons dedans, sans nulle part faire apparaître l'indice f. En outre, vitesses et dérivées temporelles sont considérées par rapport à lui, sans que cela soit systématiquement rappelé ni dans le vocabulaire ni dans les notations. Ce n'est que si nécessaire, et en des paragraphes bien localisés, que nous évoquerons les autres référentiels, les autres dérivées, l'espace instantané, etc. De même, nous ne ferons allusion aux dimensions physiques, et n'introduirons les notations R(D), E(D),..., que très localement.

**Première partie:**

# LE MOUVEMENT
## Cinématique et dynamique des positions

Cette première partie **P1** est consacrée d'abord à la *cinématique des positions* d'un milieu continu dans l'Espace, étudiée dans un référentiel de travail particulier. C'est le biais par lequel nous introduirons à ces milieux au chapitre **III**. Elle modélise et conjugue les concepts de *position* ou *placement*, de *déplacement* ou *transformation*, et de *vitesse* ou *taux de déplacement*.

Dans le cas de solides rigides, cette cinématique des positions suffit. Dans le cas des milieux continus elle a deux particularités. D'une part, elle s'intéresse non seulement, au chapitre **III**, au mouvement des points du milieu, ce qui est élémentaire, mais aussi et surtout, aux chapitre **IV** et **V**, localement en chaque point, au mouvement du *voisinage de ces points*. D'autre part, elle ne suffit pas et doit être complétée par une *cinématique de la forme et des déformations*, qui ne sera étudiée que dans les parties **P3** et **P4**. La cinématique des positions et celle de la forme et des déformations pourraient aussi être dites externe et interne respectivement.

Cette première partie traite également, au chapitre **VI**, à titre évidemment d'élément essentiel d'explication et de prévision du mouvement, de l'application du Principe fondamental de la dynamique aux milieux continus, ce qui nécessite la mise en place d'outils modélisant leurs efforts internes.

Le lecteur averti aura évidemment remarqué qu'au terme de cette partie **P1** il ne nous restera plus à traiter que du comportement des milieux continus, c'est à dire de ce que le mécanicien considère comme étant la physique, ou plutôt les physiques possibles, des corps matériels qui dans les conditions d'utilisation envisagées relèvent de la modélisation continue.

CHAPITRE III

# MILIEU CONTINU EN MOUVEMENT

Dans ce chapitre nous introduisons aux milieux continus par le biais classique de l'étude du mouvement d'un tel milieu dans un référentiel de travail. On se limite à l'étude du mouvement des points du milieu, l'étude locale du mouvement du voisinage des points étant traitée dans les deux chapitres suivants. La notion de milieu continu y est définie par les hypothèses cinématiques qui les caractérisent, et l'on introduit les tout premiers outils classiques de leur étude : configuration de référence, transformation-déplacement, représentations matérielles et spatiales des grandeurs, le formalisme, etc .

## 1. HYPOTHÈSES CINÉMATIQUES.

● Comme tout corps matériel, un milieu continu déformable sera finalement modélisé par un ensemble $\Omega_0$ doté d'une structure mathématique $s_0$ (**II-4**). Les éléments $M_0$ de $\Omega_0$ seront appelés points car leurs positions seront des points. Un mouvement du milieu sera donc modélisé par un ensemble de points en mouvement. Nous n'envisagerons qu'exceptionnellement les cas plus généraux où une microstructure en chaque point vient enrichir ce modèle. Il ne s'agit toutefois ni d'un ensemble discret de points matériels cinématiquement indépendants, ni de points rigidement liés comme dans le cas d'un solide rigide. Ils sont soumis aux *liaisons cinématiques internes* suivantes, intermédiaires entre ces cas extrêmes :

**Hypothèses cinématiques:**

**H1** - *Les différentes positions dans l'espace, occupées successivement ou considérées à priori comme possibles compte tenu des liaisons internes, dans le référentiel de travail donc aussi dans tout autre référentiel, sont des ouverts* $\Omega$ *à frontières* $\Gamma$ *suffisamment régulières*

**H2** - *Les applications déplacement d'une position à une autre,*

$$d: M'\in\Omega' \rightarrow M''\in\Omega''$$

*où* $M'\in\Omega'$ *et* $M''\in\Omega''$ *sont les positions d'un même point* $M_0$ *du milieu, sont bijectives, de classe* $C^n$ *(n à fixer selon les besoins) et positives.*

● La bijectivité exprime que deux points différents du milieu ne se superposent jamais en un même point de l'Espace. Le reste traduit des propriétés de continuité des positions spatiales se conservant d'une position à une autre : un voisinage d'un point du milieu dans une position reste voisinage de ce point dans une autre position, la frontière reste la frontière, etc.

Cette continuité géométrique sera complétée par des hypothèses de continuité mécanique. Ainsi, la masse sera supposée avoir une densité volumique continue dans chaque position. Noter à ce sujet qu'un point d'un milieu continu n'a pas de dimension donc *pas de masse*. Il n'est d'ailleurs pas appelé "point matériel". Pour avoir une masse, il faut considérer un sous-ensemble de points dont les positions ont un volume.

Nous n'insisterons ici ni sur le caractère artificiel de l'hypothèse de continuité, dont l'intérêt est de masquer une réalité physique trop complexe que l'on ne désire pas prendre en compte, ni sur quelques moyens de s'en affranchir partiellement développés ces dernières décennies (cadre de régularité élargi, microstructures, mécanique de la rupture,...). En outre, nous ne traiterons pas des conditions de régularité, qui relèvent du traitement mathématique. Disons pour bien préciser notre état d'esprit, que si nous dérivons une application c'est que nous la supposons dérivable en un certain sens.

● Les mots clé des hypothèses cinématiques, sont *continuité* et *déformabilité*. On peut alors, dans notre image d'un Espace à deux dimensions, voir un milieu continu en mouvement dans l'Espace comme une feuille supplémentaire, glissée entre les feuilles-référentiel et bougeant comme elles, mais qui contrairement aux précédentes se déformerait comme une membrane souple (mais pas nécessairement élastique).

Cette "feuille molle" $\Omega_0$ peut à chaque instant être décalquée sur la feuille référentiel de travail et sur les autres feuilles rigides, par les applications placement $p^t$ et $p_I^t = i_{If}^t \circ p^t$ décrivant le mouvement (**II-4**), mais ces décalques ne sont plus des isométries et ne sauraient d'ailleurs l'être *puisque la structure* $s_0$ *de la feuille* $\Omega_0$ *ne sera pas celle d'un (domaine d') espace géométrique*. Ne figureront en effet dans $s_0$ que les propriétés *constantes* du corps matériel, constituant son *essence*. N'y figureront donc pas les distances relatives des points qui, contrairement aux solides rigides, dépendent du temps et donc ne participent que de l'*état* actuel. Inversement, les feuilles rigides pourraient être décalquées sur le milieu à chaque instant, au moins la partie où se trouve le milieu.

On retrouve ainsi tous les ingrédients que l'on avait avec les référentiels d'espace, c'est à dire en fait avec les solides rigides, l'indéformabilité et le caractère isométrique des décalques en moins. Le milieu continu peut ainsi être interprété comme constituant un *référentiel d'Espace mou*, utilisable uniquement dans la portion d'espace qu'il occupe. Dans cette optique on peut parfaitement envisager d'étudier le mouvement de points par rapport à lui. Et aussi, nous le verrons, localement en chaque point, le mouvement de (petits) vecteurs ou tenseurs plus généraux. Cette vision, qui ne sera développée qu'en **P2**, n'a rien de surprenant. Par exemple, c'est une idée toute naturelle de penser qu'une barque a un mouvement précis par rapport à l'eau sur laquelle elle se déplace, même si, traversée de courants, cette eau ne se déplace pas comme un corps rigide.

● Traduites mathématiquement dans l'ensemble $\Omega_0$, les propriétés physiques du milieu continu qu'expriment les hypothèses cinématiques fournissent un début de structure

$s_0$, exactement comme les distances relatives constantes d'un solide sont à l'origine de sa structure euclidienne. Et évidemment les décalques sur le milieu continu n'auraient au départ que les éléments de cette structure comme possibilité d'expression. Ce sont là les prémices de la construction de ce que nous appellerons le ***modèle matière***, qui, la structure mathématique ($\Omega_0$, $s_0$) étant plus pauvre que celle de $\mathcal{E}$, demandera l'abandon de quelques habitudes prises au cours d'un travail exclusif dans l'Espace.

Pour l'heure, nous restons dans le style des exposés traditionnels. Nous abandonnons provisoirement la modélisation *explicite* ($\Omega_0$, $s_0$) des milieux continus en eux mêmes pour une modélisation *implicite* résultant de l'étude de leurs mouvements. Certes, nous évoquerons encore le milieu et ses points (comment faire autrement!) mais *uniquement au niveau du langage et non à celui du formalisme calculatoire.*

## 2. LA CONFIGURATION DE RÉFÉRENCE

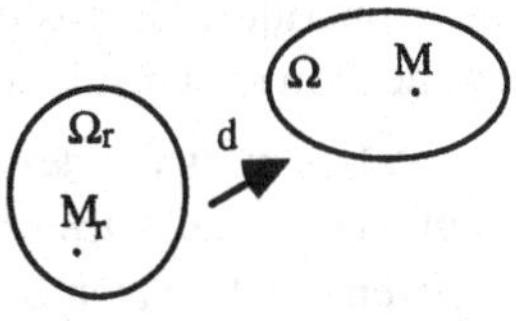


● Pour étudier un milieu continu en mouvement exclusivement par ses représentations dans un référentiel (de travail) $\mathcal{E} = \mathcal{E}_f$, nous reprenons l'artifice de la position de référence qui pour un solide rigide nous a permis en **I-3.2** de substituer une rotation-déplacement r à l'isométrie-placement-décalque i. Nous choisissons donc un placement particulier du milieu continu (dans le référentiel de travail, nous ne le répéterons plus), dit *placement de référence*, positionnant le milieu sur un ouvert $\Omega_r \subset \mathcal{E}$, dit *configuration de référence*[1], et nous caractérisons toute autre position par l'*application* d : $\Omega_r \rightarrow \Omega$ , de classe $C^n$ et inversible, décrivant le passage des points du milieu de la configuration de référence à cette autre position. Cette application est un déplacement (non euclidien), mais elle est en général appelée *transformation*, le mot déplacement étant réservé au vecteur déplacement défini ci dessous. Noter qu'elle donne non seulement la position globale Ω du milieu mais aussi la position de chacun de ses points : pour un solide rigide une isométrie ou un déplacement (euclidien) sont définis par l'image de trois points non alignés, mais vu ses faibles liaisons cinématiques il faut pour un milieu continu la position ou le déplacement de *chacun* de ses points.

Comme pour les $j_{ij}$ du chapitre précédent, ce placement de référence, application particulière de $\Omega_0$ dans $\mathcal{E}$, sera pensé comme étant la position du milieu dans le référentiel de travail à un instant "de référence" r. Celui ci sera soit un instant précis de l'intervalle d'étude et pourra alors être qualifié d'instant initial (sans que cela implique que ce soit nécessairement la borne inférieure de cet intervalle), soit un instant non précisé hors de cet intervalle auquel le milieu serait censé être dans un état particulier remarquable dont rend compte la position de référence[2].

---

[1]Le mot "configuration" est à prendre pour l'instant au sens de "position".

[2] Il faut remarquer à ce sujet qu'en Ch I l'instant r n'intervient qu'exceptionnellement par lui même. Il n'intervient presque exclusivement que par le biais du jeu des $j_{ij}$ qu'il détermine.

Imposant à tous les observateurs de choisir le même r, et rétablissant l'indice f momentanément, la configuration de référence se transformera par changement de référentiel de travail selon la loi

$$\Omega_r' = j_{f'f}\, \Omega_r.$$

*Il s'agit donc d'une grandeur $\mathcal{E}^r$-matérielle.* A ce titre sa pré-vision dans $\mathcal{E}^r$ est indépendante de f et constitue la position du milieu dans l'espace instantané $\mathcal{E}^r$. Dans [Ladevèze 1996], on dit $\Omega_r$*-matériel* au lieu de $\mathcal{E}^r$*-matériel.* Nous adopterons cette terminologie dans la suite.

● La chose importante à remarquer concernant la configuration de référence est qu'elle est par essence indépendante de t dans le référentiel de travail. Il s'agit donc d'une représentation invariable dans le temps du corps matériel étudié. Les différents points du milieu peuvent donc être repérés et caractérisés par leur position dans la configuration de référence. On parlera ainsi du "point du milieu qui dans la configuration de référence est en $M_r \in \Omega_r$ ", ou en abrégé du "point référencé en $M_r$". Il en résulte que :

*L'ensemble $\Omega_r$ représente la matière dans sa durée, et donc constitue un substitut pour le modèle matière $\Omega_0$ que nous avons provisoirement abandonné.*

Les $\Omega_0$ et $M_0$ manquent et sont, de fait sinon consciemment, remplacés par $\Omega_r$ et $M_r$. Dans cette optique on dira non plus "point référencé en $M_r$", mais, abusivement, "point $M_r$" (on dit d'ailleurs aussi, très abusivement cette fois, "point M" au sens de "point du milieu actuellement en M"). Mais ce substitut peut être dangereux car $\Omega_r$ représente la matière *dans un état géométrique particulier*, ce qui est une notion plus riche, le supplément de richesse pouvant être indésirable pour certaines considérations.

## 3. LE MOUVEMENT

● Ce choix de $\Omega_r \in \mathcal{E}$ étant fait, un mouvement particulier du milieu continu est caractérisé par une transformation (application déplacement dans $\mathcal{E}$) fonction du temps :

(1) $$d: \; (t,M_r) \in T \times \Omega_r \;\rightarrow\; M = d(t,M_r) = d^t(M_r) \in \mathcal{E}$$

Tout ce qui au cours du mouvement est relatif à l'instant t, plus ou moins assimilé au présent, est dit actuel. Le point $M = d(t,M_r)$ de l'espace est donc la *position actuelle du point du milieu référencé en* $M_r$, et $\Omega = d^t(\Omega_r)$ est la *configuration actuelle.* L'application $d(.,M_r)$ décrit le mouvement "du point $M_r$", et donc

(2) $$\boxed{\vec{V} = \frac{\partial}{\partial t} d(t,M_r)} \qquad \text{et} \qquad \boxed{\vec{\Gamma} = \frac{\partial^2}{\partial t^2} d(t,M_r)}$$

sont sa vitesse et son accélération (actuelles et par rapport au référentiel de travail), évidemment indépendantes de la c.r. (configuration de référence) choisie.

● Le vecteur $\vec{U} = \overrightarrow{M_r M}$ est appelé *vecteur déplacement* (à l'instant t du point référencé en $M_r$, ou, en abrégé, actuel de $M_r$, et lui aussi par rapport au référentiel de travail). Une autre façon de décrire le mouvement, équivalente à (1), consiste à se donner l'application vecteur déplacement

(3) $\Delta: \ (t,M_r) \in T \times \Omega_r \ \rightarrow \ \vec{U} = \overrightarrow{M_r M} = d(t,M_r) - M_r = \Delta(t,M_r) = \Delta^t(M_r) \in E$

Évidemment, vitesse et accélération sont aussi les dérivées en t de $\Delta$. Noter que le mot "déplacement" doit dans ces affaires être pris au sens géométrique et non cinématique car la c.r. peut n'être jamais réellement occupée par le milieu.

● Enfin, par changement de référentiel de travail, et en réintroduisant l'indice f, on a

$$M_{f'} = i_{f'f}\, M_f \qquad \text{et} \qquad \Omega_{f'} = i_{f'f}\, \Omega_f.$$

et donc les positions actuelles du milieu et de chacun de ses points sont des grandeurs objectives. Il n'en va pas de même de $\vec{V}$ et de $\vec{\Gamma}$, qui sont en fait la vitesse et l'accélération par rapport au référentiel de travail non objectif, ni de $\vec{U}$ différence entre M qui est objectif et $M_r$ qui est $\Omega_r$-matériel.

## 4. TRAVAIL EN COORDONNÉES

● Les points $M_r$ et M peuvent être repérés chacun par ses coordonnées, $X = (X^i) \in R^3$ pour $M_r$ et $x = (x^\alpha) \in R^3$ pour M, dans des systèmes de coordonnées $c_r$ et c éventuellement curvilignes, éventuellement différents, mais que nous supposerons toujours indépendants du temps dans le référentiel de travail :

(4) $\boxed{M_r = c_r(X)} \qquad \boxed{M = c(x)}$,

Si un tel double paramétrage est utilisé, le mouvement sera représenté par l'application *transformation en coordonnées*, déduite de (1) :

(5) $(t,X) \ \rightarrow \ x = \bar{d}(t,X) \equiv c^{-1}(d(t, c_r(X)))$

Les coordonnées X et x sont respectivement appelées coordonnées *matérielles* (ce qui renvoie au rôle de substitut du modèle matière joué par la configuration de référence; on dit aussi *lagrangiennes*) et *spatiales* (on dit aussi *eulériennes*) du point du milieu référencé en $M_r$ et dont la position actuelle est M. Nous utiliserons des indices latins pour les coordonnées matérielles X, et des indices grecs pour les coordonnées spatiales x.

Dans la pratique on utilise peu un tel double paramétrage. On se contente des coordonnées matérielle X, sur la c.r. que l'on s'est donnée, et on utilise (3) en projetant le vecteur déplacement $\vec{U} = \overrightarrow{M_r M}$ dans la base locale en $M_r$ associée à ces coordonnées. Avec **M2**, dont nous conseillons la lecture maintenant, cela se traduit par

$$\boxed{\vec{U} = [\vec{B}_1 \vec{B}_2 \vec{B}_3] \begin{bmatrix} U^1 \\ U^2 \\ U^3 \end{bmatrix} = B\,U} \quad \boxed{\vec{B}_i = \frac{\partial M_r}{\partial X^i}} \quad \boxed{B = [\vec{B}_1 \vec{B}_2 \vec{B}_3]} \quad \boxed{U = \begin{bmatrix} U^1 \\ U^2 \\ U^3 \end{bmatrix}}$$

et le mouvement peut alors être décrit par l'expression de U en fonction de t et X:

(6) $$\boxed{U = \bar{\Delta}(t,X) \equiv B^{-1}\,\Delta(t,c_1(X))}\ .$$

## 5. LES GRANDEURS CHAMPS

● Pour notre milieu en mouvement nous avons introduit un certain nombre de "grandeurs": l'instant présent t, un point dont nous avons renoncé à utiliser le nom $M_0$, sa référence $M_r$, sa position actuelle M, son vecteur déplacement $\vec{U}$, sa vitesse $\vec{V}$ et son accélération $\vec{\Gamma}$, ses coordonnées matérielles X et spatiales x, les bases locales associées, la matrice des composantes de $\vec{U}$, etc. Ces grandeurs, et d'autres nombreuses qui suivront, sont liées au cours du mouvement du milieu. Elles le sont par l'application d définissant le mouvement, par les applications c et $c_r$ définissant les coordonnées, par des applications dérivées des précédentes comme en (2) ou (5), ainsi que par toutes les relations non écrites qui résultent des précédentes.

Toutes ces grandeurs g sont des grandeurs de type *champ* en ce sens que compte tenu des relations qui les lient, chacune d'elles peut être exprimée comme fonction de t et du point du milieu considéré, donc comme fonction de ce que l'on appelle les *variables de Lagrange*, à savoir t et $M_r$ ou t et X. Ces relations

(7-1) $$g = f_L(t,M_r) = f_l(t,X)$$

sont les *représentations matérielles* (ou lagrangiennes) de la grandeur g. Ainsi, (1), (2), (3) et (5) sont des représentations matérielles de M, $\vec{V}$, $\vec{\Gamma}$, $\vec{U}$ et x.

● Mais les déplacements étant supposés bijectifs on peut, en inversant (1) ou (5) à t fixé, exprimer les variables de Lagrange $(t,M_r)$ ou (t,X) en fonction de (t,M) ou de (t,x), appelés *variables d'Euler*, et donc par substitution dans les représentations matérielles obtenir des *représentations spatiales* (ou eulériennes) de la forme

(7-2) $$g = f_E(t,M) = f_e(t,x).$$

Par exemple, en notant $d'_1$ la dérivée partielle de l'application d par rapport à sa première variable, la vitesse a pour représentation spatiale:

(8) $$\boxed{\vec{V} = v(t,M) \equiv d'_1(t,\ d^{t-1}(M))}$$

La vitesse ainsi pensée comme fonction de la position actuelle et de t est le très important *champ spatial des vitesses*, évidemment indépendant de la c.r. utilisée.

## 6. LE FORMALISME "GRANDEURS LIÉES"

● Devant la quantité de relations qui peuvent être écrites entre ces grandeurs liées, il est préférable de renoncer à formaliser les *applications* servant à les écrire. Les applications $f_L$, $f_E$, $f_l$, $f_e$, v ci-dessus sont évoquées pour faire prendre conscience de leur existence, qu'il est primordial de garder à l'esprit, mais *elles n'apparaîtront pas dans le formalisme que nous développerons.* Pas même déguisées sous des écritures hybrides, lourdes et inutiles du type $\vec{V}(t,M)$ ou $\vec{U}(t,M_r)$. Ceci est possible parce que :

> *Les relations algébriques entre grandeurs, comme par exemple* $\vec{U} = \overrightarrow{M_rM}$, *sont vérifiées que l'on considère ces grandeurs comme fonctions de* $(t,M_r)$, *de* $(t,X)$ *ou de* $(t,M)$ *ou* $(t,x)$. *Elles ne supposent donc nullement un choix préalable de représentation matérielle ou spatiale, intrinsèque ou en coordonnées, de ces grandeurs.*

Ce sont ces relations, directement écrites entre les grandeurs liées sans préjuger d'une particulière représentation, qui constitueront le corps de la théorie. Nous suivons en cela une pratique courante qui a fait ses preuves en physique, et qui sur le plan mathématique consiste à travailler sur les graphes plutôt que sur les applications[3].

• Par contre, des conventions précises deviennent nécessaires concernant les grandeurs obtenues par dérivation ou intégration d'autres grandeurs, car ce qui est alors dérivé ou intégré, c'est une certaine application sous-jacente qui ne peut souffrir d'indétermination. Nous intégrerons peu et préciserons au cas par cas. Pour les dérivées, nous adoptons la convention de notation qui suit : lorsque, du fait des relations qui lient trois grandeurs x, y, z (éventuellement multiples : n-uplets de grandeurs), il existe des applications *uniques* f ou g telles que l'on ait $y = f(x)$ ou $z = g(x,y)$, on pose

(9-1) $$\frac{dy}{dx} := f'(x), \qquad \frac{\partial z}{\partial x}\Big|_y := \frac{\partial}{\partial x}\, g(x,y)$$

Il ne s'agit pas là des applications dérivées, mais de leur valeur en x et en (x,y), qui sont de nouvelles grandeurs, liées aux précédentes. Les dérivées par rapport au temps de grandeurs géométriques peuvent être prises dans un référentiel bien précisé. Des conventions simplifiées seront passées dans les cas usuels. Les opérateurs différentiels

(9-2) $$\frac{\partial}{\partial x}\Big|_y \quad \text{et} \quad \frac{\partial}{\partial y}\Big|_x$$

commutent, car ce sont les dérivations partielle d'une même fonction de deux variables, mais *deux opérateurs différentiels quelconques ne commutent pas.*

La seule question un peu délicate qui se pose est évidemment celle de l'existence de ces applications *uniques* f , g,... Par exemple, g ne saurait être unique si on a par ailleurs la liaison $y = 2x$. On vérifiera sans peine que quand l'existence de f ou g est assurée, son unicité l'est si et seulement si le n-uplet x est constitué de *grandeurs indépendantes* (c'est à dire liées entre elles par aucune relation) en ce qui concerne f, et si et seulement si (x,y) est un système de variables indépendantes en ce qui concerne g.

• Deux remarques pour terminer. La première est qu'une application particulière f liant par exemple deux grandeurs par $y = f(x)$ peut toujours figurer dans le formalisme si

[3] Graphes évidemment un peu complexes, généralisant par exemple, f étant donnée, le graphe

$$\{ (x,y,z) \in R^3 ,\ y = f(x) ,\ z = dy/dx = f'(x)\}.$$

Même pour une simple application, il est faux de dire que son graphe lui est équivalent. Il est plus intrinsèque. Il exprime certaines relations entre les grandeurs tandis que l'application est une façon parmi plusieurs possibles de caractériser ces relations. En ce qui nous concerne nous avons à la base les applications d, c et $c_r$, mais d'autres choix, comme par exemple $\bar{d}$, $c^{-1}$ et $c_r$, auraient été possibles.

on le souhaite, par exemple quand on la considère comme étant une variable ou une inconnue. Elle apparaît alors comme étant elle-même une grandeur, liée aux autres grandeurs, et ce qui alors n'apparaît pas dans le formalisme c'est l'application F (parfaitement connue cette fois) qui à f et x associe la valeur de f en x: $F(f,x) = f(x)$.

La seconde est que l'aspect représentation matérielle ou spatiale, qui est sans intérêt au niveau de l'énoncé des lois et relations, ne devient réellement important qu'au niveau des *problèmes* : ce ne sont pas les grandeurs déplacement ou vitesse qui sont alors les inconnues, mais par exemple le champ matériel des déplacements en mécanique des solides ou le champ spatial des vitesses en mécanique des fluides.

## 7. LES OPÉRATEURS DIFFÉRENTIELS

Différentes propriétés concernant les dérivées, en particulier pour les opérateurs matriciels, sont rappelées en **M3** dont nous conseillons la lecture maintenant.

● Les grandeurs champs relevant toutes de possibles représentations matérielles et spatiales on peut faire agir sur elles les opérateurs différentiels suivants[4] :

**a** - $\boxed{\frac{\partial}{\partial t}\Big|_{M_r}}$ $\left(= \frac{\partial}{\partial t}\Big|_X\right)$, noté $\frac{d}{dt}$ ou encore " $\dot{}$ "

qui consiste à dériver en temps à $M_r$, ou à X, fixé. Fixer $M_r$ équivaut à fixer le point (ou la particule) du milieu (pas au sens immobiliser dans $\mathcal{E}$!). Cet opérateur est de ce fait appelé *dérivée particulaire*. Il renseigne sur l'évolution des grandeurs en un point du milieu. Son intérêt mécanique est grand. On a par exemple:

$$\text{(10)} \qquad \boxed{\vec{V} = \frac{\partial M}{\partial t}\Big|_{M_r} = \dot{M} = \frac{d}{dt} M = \frac{d}{dt}\vec{U}} \qquad \boxed{\vec{\Gamma} = \frac{d}{dt}\vec{V}}$$

**b** - $\boxed{\frac{\partial}{\partial t}\Big|_{M}}$ $\left(= \frac{\partial}{\partial t}\Big|_x\right)$. Exemple : $\vec{V}_r = \frac{\partial M_r}{\partial t}\Big|_M$

On dérive ici à M, ou de façon équivalente à x, fixé ce qui donc renseigne sur l'évolution des grandeurs en chaque point de l'espace. Son intérêt se révèle surtout dans l'étude des écoulements (de fluides). Noter toutefois que appliqué à $M_r$ il donne une grandeur $\vec{V}_r$ qui a une signification intéressante: c'est le vecteur vitesse du mouvement inverse, ou plus précisément du mouvement de l'espace $\mathcal{E}$ par rapport à la matière représentée par la configuration de référence.

**c** - $\boxed{\frac{\partial}{\partial M_r}\Big|_t}$ (noté $\frac{\partial}{\partial M_r}$ et même $\frac{d}{dM_r}$). Exemple: $F = \frac{dM}{dM_r}$

Utile pour une étude locale des grandeurs champ au voisinage d'un point du milieu; la dernière notation considère en quelque sorte le temps comme un paramètre.

---

[4]Pour les dérivées par rapport au temps de grandeurs tensorielles il conviendra d'ajouter la référence au référentiel par rapport auquel elles sont prises quand il ne s'agit pas de $\mathcal{E} = \mathcal{E}_f$

**d** - $\boxed{\frac{\partial}{\partial M}\Big|_t}$ (noté $\frac{\partial}{\partial M}$ et même $\frac{d}{dM}$). Exemple: $L = \frac{d\vec{V}}{dM}$

Utile pour une étude locale au voisinage d'un point de l'espace; F et L seront étudiés dans les prochains chapitres.

Ces opérateurs sont intrinsèques. Appliqués aux grandeurs déjà introduites ils permettent d'obtenir de nouvelles grandeurs intrinsèques. Par contre:

$$\frac{\partial}{\partial X}\Big|_t \text{ et } \frac{\partial}{\partial x}\Big|_t \quad (\text{ notés } \frac{\partial}{\partial X} \text{ et } \frac{\partial}{\partial x}, \text{ et même } \frac{d}{dX} \text{ et } \frac{d}{dx})$$

ne sont pas intrinsèques car ils dépendent du choix des coordonnées.

• Signalons enfin que tout opérateur différentiel D peut être exprimé en tenant compte que toute grandeur g est susceptible de représentations matérielle et spatiale. On a ainsi les dérivations de fonctions composées

$$Dg = \frac{\partial g}{\partial t}\Big|_{M_r} Dt + \frac{\partial g}{\partial M_r}\Big|_t DM_r = \frac{\partial g}{\partial t}\Big|_M Dt + \frac{\partial g}{\partial M}\Big|_t DM$$

c'est à dire, avec nos notations abrégées,

$$(11) \qquad \boxed{Dg = \frac{dg}{dt} Dt + \frac{dg}{dM_r} DM_r = \frac{\partial g}{\partial t}\Big|_M Dt + \frac{dg}{dM} DM}.$$

et des relations analogues en utilisant x au lieu de M et X au lieu de $M_r$. Par exemple, appliquant (11) à $g = \vec{V}$, pour D = d/dt puis pour D = d/dM, et tenant compte de

$$(12) \quad \boxed{\frac{dt}{dt} = \frac{\partial t}{\partial t}\Big|_M = 1} \quad \boxed{\frac{dM_r}{dt} = \frac{\partial M}{\partial t}\Big|_M = 0} \quad \boxed{\frac{d}{dt}\frac{d}{dM_r} = \frac{d}{dM_r}\frac{d}{dt}} \quad \boxed{\frac{dM_r}{dM} = \left(\frac{dM}{dM_r}\right)^{-1}}$$

il vient les relations classiques

$$(13) \qquad \boxed{\vec{\Gamma} = \frac{d}{dt}\vec{V} = \frac{\partial \vec{V}}{\partial t}\Big|_M + \frac{d\vec{V}}{dM}\vec{V}} \qquad \text{et} \qquad \boxed{L = \dot{F}F^{-1}}$$

## 8. LES DIFFÉRENTIELLES

Concernant les différentielles nous adopterons la même convention de notation "grandeurs liées" que pour les grandeurs champ. Ainsi, dans notre ensemble de grandeurs liées $x \in X, y \in Y, \ldots$, les notations dx, dy, ..., ne représenteront pas les applications linéaires dérivées des applications identiques $1_X : x \to x$, $1_Y : y \to y, \ldots$, comme cela est souvent indiqué. Ce seront les valeurs de ces applications. Plus précisément :

> *Différentier un ensemble de grandeurs liées* x,y,..., *c'est lui ajouter de nouvelles grandeurs notées* dx, dy, ..., *liées entre elles et aux précédentes par toutes les relations obtenues en différentiant les relations liant les grandeurs initiales.*

Plusieurs différentielles, notées d, ∂, ... peuvent ainsi être introduites. Par exemple, la différentielle d, caractérisée par dt quelconque et $dM_r = 0$, qui est telle entre autres que $d\vec{M} = \vec{V}dt$, fournit pour chaque grandeur x sa variation élémentaire $dx = \dot{x}dt$ entre t et t +

dt quand on suit les points du milieu. Par exemple encore, un "déplacement virtuel arbitraire à t fixé", et les variations virtuelles des grandeurs qu'il provoque, est obtenu en considérant l'application transformation-déplacement d comme grandeur et en définissant une différentielle $\delta$ par: $\delta$d quelconque, $\delta t = 0$ et $\delta M_r = 0$.

## 9. LES MESURES

Les grandeurs mesures sont non plus relatives à un "point" du milieu continu, mais à certaines parties convenablement choisies de ce milieu (dont les positions sont mesurables). Ce sont des grandeurs qui, comme l'aire des surfaces, le volume, la masse, la quantité de mouvement ou l'énergie des corps matériels, s'ajoutent quand on réunit des parties disjointes. Les mesures fondamentales que nous utiliserons, et à partir desquelles on en définit de nombreuses autres par leurs densités, sont : la masse m, indépendante du temps et de la position, le volume dans la configuration de référence $v_r$, le volume actuel v, l'aire actuelle s et l'aire de référence $s_r$ des surfaces, les longueurs actuelle et de référence des courbes.

Les parties du milieu continu dont on considère la masse, le volume, etc., peuvent être désignées soit par leur position de référence, soit par leur position actuelle, et donc les grandeurs mesures sont elles aussi susceptibles de représentations matérielles et spatiales, c'est à dire comme fonctions définies à chaque instant sur l'ensemble des parties mesurables de $\Omega_r$ ou de $\Omega$, sans oublier les représentations non intrinsèques en coordonnées. Ainsi, le volume actuel par exemple peut aussi bien être vu comme une mesure définie sur $\Omega_r$ que sur $\Omega$. Mais plutôt que de traiter les mesures sous cet aspect fonctionnel, nous préférons comme pour les grandeurs champs, et d'autant plus que mesures et champs se mélangent, privilégier l'aspect "grandeurs liées" aux multiples applications sous-jacentes.

Nous introduirons donc, sans précaution mathématique excessive, au point du milieu considéré, référencé en $M_r$ et situé en M à t, des "éléments" (différentiels) quelconques, volumiques (positions $d\Omega_r$ et $d\Omega$), surfaciques, linéiques (positions $d\vec{M}_r$ et $d\vec{M}$), dont nous noterons dm, dv, $dv_r$, ds, etc., les mesures diverses. Par un abus de langage classique, encore qu'il soit tout à fait cohérent avec certaines définitions de la notion d'intégrale, ces éléments et leurs mesures seront réputés petits.

Ces mesures présentent d'éventuelles densités entre elles, qui évidemment seront de nouvelles grandeurs champs. C'est ainsi qu'il résulte des hypothèses cinématiques qu'il existe une densité de volume actuel par rapport au volume de référence, que l'on note J. On fait en outre l'hypothèse qu'il existe une densité volumique de masse dans au moins une configuration, par exemple dans la configuration de référence, $\rho_r$. Il en existe alors une dans toute configuration, ainsi qu'une densité massique de volume encore appelée volume spécifique. Dans la configuration actuelle ces grandeurs sont notées $\rho$ et $\tau$. On a :

$$(14) \qquad \boxed{dm = \rho dv = \rho_r dv_r} \quad , \quad \boxed{dv = J dv_r = \tau\, dm} \quad , \quad \boxed{\rho = \tau^{-1} = J^{-1}\rho_r}$$

CHAPITRE IV

# ÉTUDE LOCALE DES VITESSES

Contrairement au cas des solides rigides, où tous les points sont solidaires, les hypothèses cinématiques de continuité n'introduisent que des solidarités locales entre les points. Ce qui se passe en un point est très largement indépendant de ce qui se passe en un autre point, et est influencé surtout par ce qui se passe dans son voisinage. Ce n'est donc pas avec les applications globales transformation-déplacement d et champ spatial des vitesses v introduites au chapitre précédent que nous travaillerons. C'est avec leurs développements limités au voisinage d'un point, à l'ordre un en mécanique du premier gradient, qui traduisent de façon linéarisée le mouvement du voisinage de ce point. Nous étudions ces développements dans ce chapitre pour ce qui est des vitesses, et dans le suivant pour ce qui est de la transformation.

## 1. LE GRADIENT SPATIAL DES VITESSES

- A l'ordre un, pour les points P du voisinage de M, on a pour les vitesses

$$(1) \qquad \boxed{v(t,P) - v(t,M) \equiv \frac{d\overrightarrow{MP}}{dt} = L\,\overrightarrow{MP}} \quad \text{avec} \quad \boxed{L = \frac{d\vec{V}}{dM}} \in L(E),$$

Cette différentiation fait naturellement apparaître le vecteur $\overrightarrow{MP}$, position d'un petit "segment matériel", et la dérivée de cette position. La relation (1) donne donc à l'ordre un la vitesse de déplacement d'un tel segment matériel en fonction de sa position actuelle. Il s'agit du champ spatial (ou eulérien) des vitesses des segments matériels "issus" du point du milieu qui est en M.

L'application $M \rightarrow \vec{V}$ allant de $\mathcal{E}$ dans E, sa dérivée L est une application linéaire de l'espace vectoriel E, tangent en M à $\mathcal{E}$, dans lui même. Tout comme la vitesse, L est un élément de l'algèbre tensorielle tangente en M à $\mathcal{E}$. On dit de ce fait que $\vec{V}$ et L sont des *grandeurs définies sur la configuration actuelle*, ou *spatiales*, par opposition à de futures grandeurs éléments de l'algèbre tensorielle tangente à $\mathcal{E}$ en $M_r$, c'est à dire bâtie sur l'espace vectoriel $E_r$ tangent à $\mathcal{E}$ en $M_r$, qui, elles, seront dites *définies sur la configuration de référence, ou de référence, ou matérielles (non intrinsèques)* (et à d'autres qui ne seront d'aucun de ces deux types)[1]. On ne confondra pas cette qualification des grandeurs de par la nature des espaces dans lesquels elles prennent leurs valeurs avec les possibilités de représentations matérielles et spatiales évoquées en **III-5**. Ce sont des notions résultant de considérations analogues, mais différentes car globales sur les champs pour les unes, et locales, portant sur les linéarisations telles que L lues comme applications agissant sur les petits segments au point considéré, pour les autres.

● Travaillons en projection dans la base locale b associée aux coordonnées spatiales x. La vitesse projetée dans cette base s'écrit :

(2) $$\vec{V} = [\vec{b}_1 \vec{b}_2 \vec{b}_3] \begin{bmatrix} V^1 \\ V^2 \\ V^3 \end{bmatrix} = bV, \quad \text{avec} \quad \boxed{b = c'(x) = \frac{dM}{dx}} \quad \Leftrightarrow \quad \vec{b}_\alpha = \frac{\partial M}{\partial x^\alpha}$$

Si x est un système de coordonnées cartésiennes (coordonnées dans un trièdre) la base locale b est indépendante de M et l'on a en différentiant par rapport à M à t fixé:

(3) $$d\vec{V} = b\,dV = b\frac{dV}{dx}\frac{dx}{dM}d\vec{M} = b\frac{dV}{dx}b^{-1}d\vec{M} \quad \Leftrightarrow \quad \boxed{L = \frac{d\vec{V}}{dM} = b\frac{dV}{dx}b^{-1}}$$

qui montre que la matrice de L dans la base b est alors la matrice des $V^\alpha{}_{,\beta} = \partial V^\alpha / \partial x^\beta$. Par contre, dans le cas général de coordonnées curvilignes il faut en plus tenir compte de la variation de la base locale b quand M varie. Il vient :

(4) $$\boxed{L = \frac{d\vec{V}}{dM} = bV_{|x}b^{-1}} \quad \text{avec} \quad V_{|x} = \left[V^\alpha{}_{|\beta}\right]$$

où les coefficients $V^\alpha{}_{|\beta}$ de la matrice notée $V_{|x}$ sont les "dérivées covariantes des $V^\alpha$ par rapport aux $x^\beta$" explicitées en **(M4**-b).

Ce type de calcul et cette terminologie relèvent de ce que l'on appelle souvent le *calcul tensoriel,* qui a tendance à (trop) occuper le devant de la scène en mécanique des grandes transformations. Nous conseillons sur ce point la lecture de **M4** maintenant.

## 2. LE RÉFÉRENTIEL COROTATIONNEL

Dans le cas d'un solide rigide, définissant donc un référentiel d'espace, le champ spatial des vitesses est un torseur (**I-22-3**). Il existe donc, après choix d'un point A quelconque, deux vecteurs fonctions de t seul, $\vec{a}$ (vitesse en A du solide) et $\vec{\omega}$ (taux de rotation du solide), tels que l'on ait, pour v et sa différentielle à t fixé

$$\vec{V} = v(t,M) = \vec{a} + \vec{\omega} \wedge \vec{AM} \qquad \text{et} \qquad d\vec{V} = \vec{\omega} \wedge d\vec{M},$$

qui montre que L est ici l'application, indépendante de M et antisymétrique, $L = \vec{\omega}\wedge$.

● Ceci nous incite à examiner deux cas particuliers pour un milieu continu :

---

[1] $\mathscr{E}$ est affine, et donc $E_r$ et E peuvent être identifiés. Nous évitons de le faire tant que cela n'est pas nécessaire, à cause du rôle de substitut du modèle matière joué par la configuration de référence. Cela confère à $E_r$ un rôle caché très spécifiquement matériel et non spatial, qui explique aussi la terminologie.

**Cas 1 :** L est antisymétrique, et donc (1) est le champ des moments d'un torseur : *au premier ordre, et au point et à l'instant considérés*, le voisinage du point se déplace "comme un solide": il tourne mais ne se déforme pas.
**Cas 2 :** L est au contraire symétrique. Le propre d'un tel tenseur symétrique est de posséder au moins un trièdre orthonormé de directions propres, et (1) montre alors que tous les segments matériels qui à l'instant et au point considérés sont parallèles à ces directions propres ont à cet instant une vitesse (ou dérivée) qui leur est parallèle. Il existe donc au moins trois directions matérielles, deux à deux orthogonales à l'instant et au point considérés, qui à cet instant évoluent parallèlement à elles mêmes et donc *ne tournent pas*. Les autres directions matérielles en M, par contre, tournent par rapport au référentiel de travail, mais on conçoit que leur rotation soit limitée par le fait qu'au moins trois d'entre elles ne tournent pas. En outre, le fait que ces dernières sont deux à deux orthogonales est optimum pour limiter la rotation des autres. D'une certaine façon, on peut estimer qu'il y a un *blocage maximal de la rotation du voisinage dans ce cas 2.*

● Dans le cas général L dépend de M et n'est ni symétrique ni antisymétrique. Les vitesses s'ajoutant avec assez de bonheur, on le décompose en somme de sa partie antisymétrique et de sa partie symétrique (**M1**-f), et (1) s'écrit sous la forme:

(5) $$\boxed{v(t,P) = [v(t,M) + \vec{\omega}\Lambda\overrightarrow{MP}] + D\overrightarrow{MP} + \ldots},\qquad \text{avec}$$

(6) $$\boxed{L = \Omega + D}\quad \boxed{\Omega = L_A = \frac{1}{2}(L-L^T) = \vec{\omega}\Lambda}\quad \boxed{\vec{\omega} = \frac{1}{2}\,\mathrm{Rot}\vec{V}}\quad \boxed{D = L_S = \frac{1}{2}(L+L^T)}$$

Les grandeurs $\Omega$ et $\vec{\omega}$ sont appelées *tenseur taux de rotation* et *vecteur taux de rotation,* ou *vorticité*, du milieu au point considéré (il s'agit de taux de rotation *par rapport au référentiel de travail).* Comme L et D, ils sont de dimension physique $T^{-1}$. Ce sont des tenseurs spatiaux, indépendants de la configuration de référence.

● Lorsque l'on suit les points du milieu, c'est à dire quand on regarde (5) au cours du temps à $M_r$ et $P_r$ fixés, la partie entre crochets, qui est le moment en P d'un torseur dont le moment en M est $\vec{V}$ et dont le vecteur est $\vec{\omega}$, peut s'interpréter comme étant la vitesse d'entraînement du point référencé en $P_r$, dans le mouvement du référentiel d'espace $\mathcal{E}_c$ dont le vecteur taux de rotation est $\vec{\omega}$ (suivi à $M_r$ fixé) et dans lequel la particule référencée en $M_r$ est immobile (ce dernier point n'a qu'un intérêt mineur : c'est essentiellement le référentiel vectoriel $E_c$ associé qui nous intéresse).

Avec les notations de **I**, on aura donc pour ce référentiel, en notant $R^{(c)}$ sa rotation (par rapport à et lue) dans le référentiel de travail depuis l'instant de référence:

(7) $$\boxed{(\Omega_{c|f})_f = \Omega}\ ,\quad \boxed{\dot{R}^{(c)}R^{(c)-1} = \Omega},\quad (R^{(c)})_{t=r} = 1_E\,,\quad \text{avec } R^{(c)} \equiv (R_{c|f})_f$$

Il s'agit là d'un référentiel associé à chaque point du milieu au cours de son mouvement, dépendant de ce point, appelé *référentiel corotationnel* (c'est à dire tournant comme le milieu) au point considéré. En tant que "feuille-référentiel" il serait épinglé au dit point du corps matériel et tournerait en fonction de la valeur du vecteur $\vec{\omega}$ en ce point. Évidemment, en deux points différents du milieu ces référentiels bougent en général l'un par rapport à l'autre, ne serait ce que parce que $\Omega$ comme L dépend du point.

• Le théorème ci dessous précise la signification physique de ce référentiel $\mathcal{E}_c$ :

**Théorème**

**a** - *En un point du milieu, le référentiel corotationnel $\mathcal{E}_c$ est, en plus du fait que le point y est fixe, le référentiel d'espace par rapport auquel le taux de rotation du milieu est nul, et donc par rapport auquel, à chaque instant, un triplet de directions matérielles deux à deux orthogonales, disposées selon les directions principales de D, ne tourne pas.*

**b** - *La moyenne spatiale des taux de rotation par rapport à $\mathcal{E}_c$ des directions matérielles au point considéré est nulle.*

**c** - *Le taux de rotation du milieu en un point est égal à la moyenne spatiale des taux de rotation des directions matérielles en ce point.*

**Preuve.** Étudions le mouvement (relatif) du voisinage de $M_r$ par rapport au référentiel corotationnel, en affectant d'un indice c ce qui lui est relatif. Interprétant (5) en termes de composition des vitesses (I-22-2), le second terme $D\vec{MP}$ apparaît comme étant, au premier ordre en $\vec{MP}$, la vitesse $\vec{V}_c$ dans ce mouvement relatif du point référencé en $P_r$. Il en résulte qu'en M le gradient $L_c = d\vec{V}_c/dP$ de ce champ spatial de vitesse relative est égal à D, donc symétrique, et donc que $\Omega_c$ est nul, ce qui établit le point a. Il en résulte aussi, en posant $\vec{MP} = \vec{u}\ell$ avec $\vec{u}$ unité et $\ell$ positif :

$$\ell\, D\vec{u} = D\vec{MP} = \frac{d^c\vec{MP}}{dt} = \ell\,\frac{d^c\vec{u}}{dt} + \frac{d\ell}{dt}\,\vec{u}\ ,\ \text{d'où}\ \frac{d^c\vec{u}}{dt} = \vec{\alpha}\wedge\vec{u}\ \ \text{avec}\ \ \vec{\alpha} = -(D\vec{u})\wedge\vec{u} \perp \vec{u}$$

Le vecteur $\vec{\alpha}$ ainsi défini apparaît comme étant pour chaque $\vec{u}$ *le vecteur taux de rotation par rapport à* $E_c$ *de la direction matérielle actuellement parallèle à* $\vec{u}$ en M (l'orthogonalité de $\vec{\alpha}$ à $\vec{u}$ est essentielle pour définir le taux de rotation d'un axe).
La moyenne spatiale $\vec{\alpha}_m$ de ces $\vec{\alpha}$ est la moyenne pour toutes les directions spatiales $\vec{u}$ Elle est obtenue en intégrant $\vec{\alpha}$ sur la sphère vectorielle unité. Ce qui, en faisant $\vec{u} = \vec{OK}$, en notant B la boule unité de centre O et $\vec{n}$ la normale unité extérieure en un point K de sa sphère frontière $\partial B$, donne

$$4\pi\vec{\alpha}_m = -\int_{K\in\partial B}(D\vec{OK})\wedge\vec{n}\,dS = -\int_B \mathrm{Div}_K(D\vec{OK})\wedge dv = \int_B \mathrm{Rot}_K(D\vec{OK})dv = \int_B 2D_A dv = 0$$

puisque D est symétrique (les indices K indiquent qu'il s'agit de la divergence et du rotationnel des champs K→). Ceci établit donc le point b. Le point c, où les taux de rotation sont sous entendus par rapport au référentiel de travail, semble en résulter immédiatement par composition des taux de rotation en ajoutant $\vec{\omega}$ à $\vec{\alpha}$. Malheureusement le vecteur ainsi obtenu n'est pas orthogonal à $\vec{u}$ et ne peut être considéré comme étant son vecteur taux de rotation. Pour aboutir et terminer la démonstration du théorème, il faut utiliser une notion de moyenne au sens d'une mesure opérateur d'inertie. Nous renvoyons à [Gilormini, Rougée, 1994] pour ce résultat et d'autres propriétés complétant ce théorème ■

● Au risque de nous répéter, insistons sur quelques aspects importants :

**a** - *A tout point* $M_0 \in \Omega_0$ *(ou* $M_r \in \Omega_r$*) d'un milieu continu en mouvement, est associé un référentiel* $\mathcal{E}_c$ *dépendant de ce point et dit corotationnel en ce point.*

**b** - *Un tel référentiel d'espace est un objet défini sur tout l'intervalle de temps de l'étude et non à un instant particulier ou dans une position particulière.*

**c** - *Le triplet de directions matérielles en* M *ne tournant pas par rapport à* $\mathcal{E}_c$ *qui a été évoqué, varie en général avec le temps.*

**d** - *Le référentiel* $\mathcal{E}_c$ *n'est donc pas en général celui défini par le point* M *et les directions propres de* D.

*e - Pour qu'il en soit ainsi il faudrait que ce soit toujours les mêmes segments matériels qui soient positionnés selon les directions propres de* D, *ce qui est un type de mouvement particulier, dit tri-axial, que nous retrouverons ultérieurement.*

● Enfin, en tant qu'éléments de L(E), L, D et Ω sont des tenseurs sur l'espace euclidien E. A ce stade de notre étude, nous conseillons une lecture attentive de **M5**. On y trouvera en particulier une définition précise des *tenseurs euclidiens*, qui sera pour nous ultérieurement un outil essentiel.

## 3. LES SOLIDES SUIVEURS

● Il résulte du dernier théorème que le champ des vitesses par rapport au référentiel corotationnel est du type étudié dans le second cas particulier du début du **2**. Dans le mouvement par rapport à $\mathcal{E}_c$, les "segments matériels" qui à l'instant et au point considérés sont disposés selon les directions propres de D se déplacent donc à cet instant parallèlement à eux mêmes. Ils ne tournent pas par rapport à $\mathcal{E}_c$. On est de ce fait, justifiant ainsi les noms donnés à Ω, $\vec{\omega}$, et $\mathcal{E}_c$, en droit d'émettre l'opinion que :

*De tous les référentiels d'espace,* $\mathcal{E}_c$ *est celui par rapport auquel, le voisinage du point du milieu considéré, durant tout le mouvement, tourne le moins à chaque instant, et même ne tourne pas "en moyenne".*

Le référentiel corotationnel constitue donc une sorte de solide fictif qui, localement et *au sens qui vient d'être précisé*, suivrait le milieu *le plus fidèlement possible*. Nous dirons qu'il s'agit d'un *solide suiveur* du milieu au point considéré (expression qu'il est inutile de chercher dans la littérature). On trouvera à la fin de **V-1** quelques précisions supplémentaires sur la façon dont ce solide suit le milieu.

● La notion de solide suiveur est au coeur de bien des développements en grands déplacements. A défaut de se placer dans le modèle matière pour traiter des propriétés du milieu, et en premier lieu de son comportement, il est courant en effet que l'on se place, avec un certain bonheur, dans le référentiel défini par un solide censé le suivre.

Nous disons "un", et non pas "le" solide suiveur, et nous avons aussi parlé d'opinion, car malgré la pertinence des arguments que nous avons développés en faveur du corotationnel, d'autres *solides suiveurs*, censés mieux suivre au plus près le milieu localement, ou le suivant au mieux mais selon d'autres critères, sont recherchés et proposés. L'un d'eux, dit en rotation propre, sera proposé dès le prochain chapitre.

Des raisons d'ordre physique peuvent expliquer cette quête. On peut remarquer que la définition et les propriétés du corotationnel sont la conséquence logique de la modélisation cinématique, laquelle a été fondée sur une hypothèse de continuité idéale du milieu. Avec D et Ω, issus du gradient L où l'on compare les vitesses en des points de plus en plus voisins, nous exploitons cette continuité dans son extrême, là où l'on sait très bien qu'elle n'est physiquement plus réaliste. En fait, le milieu a un "grain", comme l'on dirait d'un papier photographique, sur lequel le passage à la limite du gradient vient certainement buter, ce qui est certainement un argument susceptible de modérer l'opinion péremptoire qui précède. Il est radicalement différent de la simplicité du modèle continu. Ce grain est parfois pensé en termes de micro-structure plus ou moins prise en compte dans la modélisation. Certaines tentatives pour rechercher un "solide suiveur" passent par la considération de cette micro-structure, quand elles ne sont pas carrément des recherches de solide suiveur de la micro-structure et non du milieu continu.

Mais ces raisons physiques ne sont pas les seules. Même en restant dans l'hypothèse de continuité, le corotationnel peut présenter certains aspects négatifs qui suffisent à expliquer que l'on ne doive pas, et même que l'on ne puisse pas, ne jurer que par lui dans le rôle de solide suiveur. Nous verrons un de ces aspects dès le prochain chapitre où nous le comparerons à son principal concurrent, le solide suiveur en rotation propre. Le mouvement de cisaillement simple étudié en annexe **A**, exemple très exploité pour l'étude comparée des référentiels réputés suiveurs, en présente un autre. Toutefois, prolongé indéfiniment, cet exemple provoque en fait une déformation du milieu très sévère et qui tend à devenir singulière. Cela excuse peut être l'apparente mise en défaut du corotationnel qu'il présente. Et puis enfin, le corotationnel n'est défini qu'au cours d'un mouvement et fait défaut en (élasto) statique.

## 4. LE TAUX DE DÉFORMATION

● La part Ω de L a été reconnue comme représentant une vitesse de déplacement de solide du voisinage. Tout ce qui au niveau des vitesses est relatif à son processus de déformation se trouve donc contenu dans sa part symétrique D. Le second terme de la décomposition des vitesses (5), c'est à dire les vitesses du voisinage de $M_0$ par rapport au corotationnel en $M_0$, peut donc être considéré comme fournissant ce que l'on pourrait appeler les *vitesses déformantes* du voisinage.

La terminomogie usuelle est toutefois plus forte : D est en effet appelé *tenseur des taux* (au sens de taux horaire, donc de *vitesse*) *de déformation*, ce qui laisse supposer que D mesure la vitesse d'évolution d'un phénomène cinématique qui serait le changement de forme du milieu au point considéré. Cette dénomination est donc l'affirmation d'une *propriété forte pour* D, *qui pour l'instant reste à justifier dans la mesure où* D *n'est pas, comme toute vitesse qui se respecte, défini comme étant la dérivée d'une quantité qui ici serait la "forme locale".*

Sans anticiper sur le programme de **P3** et **P4**, la remarque et le théorème qui suivent vont commencer à apporter cette justification. Mais celle-ci ne sera totale que lorsqu'en **P3** nous aurons répondu à la question suivante, absolument *fondamentale pour nous* :

| |
|---|
| **De quelle variable modélisant localement la forme du milieu D est-il la dérivée, ou au moins une copie fidèle de la dérivée?** |

Cette question, à laquelle il ne sera pas aisé de répondre, n'est pas formulée explicitement dans la littérature, mais elle y est sous-jacente. Ce sera une des originalités de cet ouvrage de la prendre comme pierre angulaire de notre démarche.

● La remarque annoncée est que l'on déduit de la démonstration de 2-Th1, puisque la dérivée d'un segment unité dans un référentiel quelconque lui est orthogonale:

(8-1) $$D\vec{u}.\vec{u} = \dot{\ell}\ell^{-1} = \frac{d}{dt}\mathrm{Log}\ell = \frac{1}{dt}\frac{d\ell}{\ell}$$

Sous sa dernière forme, le second membre de cette relation s'interprète comme étant le *taux d'allongement relatif*, c'est à dire l'allongement relatif par unité de temps, des (petits) segments matériels disposés en M selon la direction $\vec{u}$. Il en résulte en particulier :

> *Le taux d'allongement relatif des segments matériels dont la direction actuelle est une direction principale de D est la valeur propre de D associée.*

Nous établirons aussi ultérieurement, en **XIII**, pour une (petite) "tranche matérielle" d'épaisseur $e$ qui à l'instant considéré serait, au point considéré, située entre deux plans parallèles orthogonaux à $\vec{u}$, l'expression du *taux d'épaississsement relatif*:

(8-2) $$D\vec{u}.\vec{u} = \dot{e}e^{-1} = \frac{d}{dt}\mathrm{Log}e = \frac{1}{dt}\frac{de}{e}$$

La notion de tranche, partie d'espace comprise entre deux plans parallèles, *totalement absente des approches classique*, juxtaposée à (et prise en considération à égalité avec) celle de segment qu'introduit automatiquement en (1) la différentiation, sera un élément essentiel de notre approche. Pour justifier ce point de vue, remarquons simplement ici que, par les deux relations (8), D renseigne autant sur la déformation des deux types d'éléments, et que les directions propres de D, qui ont joué un rôle important, désignent aussi bien des directions matérielles orthogonales de tranches que de segments.

● Le théorème est quant à lui une réciproque du premier cas particulier du **2** :

**Théorème**

> *Si à un instant donné* D *est nul en tout point, alors* Ω *est à cet instant le même en tout point, et le champ spatial des vitesses est un torseur. Au niveau des vitesses le milieu total se déplace donc comme un solide rigide à cet instant.*

**Preuve.** Il suffit d'intégrer l'équation différentielle en variable d'espace D = 0 exprimée dans un système de coordonnées spatiales cartésiennes OND. En vertu de (6-4), (3) et de (**M5**-f), elle s'écrit $1/2(V^{\alpha}_{,\beta} + V^{\beta}_{,\alpha}) = 0$ et s'intègre sans peine ∎

**Corollaire**

*Les référentiels corotationnels aux différents points du milieu constituent un seul et unique référentiel ssi au cours du mouvement le milieu total se déplace comme un solide rigide.*

**Preuve.** La proposition directe est évidente. Réciproquement, si tous les corotationnels sont identiques, la vitesse $\vec{V} + L\overrightarrow{MP}$ d'un point voisin de M actuellement en P, lié à son corotationnel, est égale à $\vec{V} + \Omega\overrightarrow{MP}$, vitesse en P du corotationnel en M. On en déduit que $D\overrightarrow{MP}$ est nul pour tout $\overrightarrow{MP}$, donc que D est nul en tout point et à tout instant. La réciproque est donc une conséquence du théorème précédent ∎

● Remarquons encore que la partition de L en somme de Ω et D fournit *au niveau des vitesses, donc localement en temps comme en espace,* une réponse à un problème clef de la cinématique des grandes transformations : *la partition du mouvement en une part de déplacement solide et une part de déformation.* C'est dans cette problématique que s'insère la notion de solide suiveur : la part de déplacement de solide est le mouvement de ce solide suiveur, et la part de déformation est le mouvement par rapport au solide suiveur. Comme nous le verrons, ce problème n'est pas aussi simple qu'il y paraît. Plusieurs réponses lui seront données. L'extraction de la cinématique de la déformation de la cinématique du mouvement n'est pas franche.

## 5. OBJECTIVITÉ DE D ET DE $\mathcal{E}_c$

● Les vitesses $\vec{V}$ utilisées ici pour définir L, Ω et D, sont les vitesses par rapport au référentiel de travail. Elles ne sont donc pas objectives (**II-2** Exemple 1). Défini à partir de ces vitesses, D a donc à priori toutes les chances d'être lui aussi non-objectif. Par ailleurs, le champ spatial des vitesses et son gradient étant indépendants de tout choix d'un instant ou d'une configuration de référence, il n'est pas question non plus d'$\Omega_r$-matérialité pour D. Il en résulte que, qu'il soit considéré au sens restreint de tenseur du référentiel de travail ou au sens de tenseur en mouvement agissant dans l'espace instantané et pouvant être lu dans chaque référentiel, D est a priori susceptible de dépendre du référentiel de travail utilisé.

Or, pour une grandeur censée décrire les vitesses de déformation, une telle dépendance serait irrecevable. En effet, contrairement au placement, au déplacement et à la vitesse, qui dépendent du référentiel par rapport auquel on les considère, on a l'intuition que la forme, la déformation et la vitesse de déformation n'en dépendent pas. Il faut donc que les grandeurs qui représentent ou modélisent ces concepts n'en dépendent pas non plus. Pour justifier le nom qui lui a été donné, il est donc indispensable de vérifier que le tenseur D, partie symétrique du gradient des vitesses par rapport à un référentiel de travail particulier, est bien, d'une certaine façon, indépendant de celui-ci. Suivant **II-2**, et l'$\Omega_r$-matérialité n'étant pas envisageable, il n'a pas d'autre choix pour cela que d'être objectif.

● La vérification de cette objectivité de D a priori non évidente, est élémentaire. Considérant un second référentiel $\mathcal{E}'$, et notant avec un exposant ' ce que nous aurions obtenu en prenant les vitesses par rapport à $\mathcal{E}'$, il vient en composant les vitesses

$$\vec{V}' = \vec{V} + (\vec{A} + \vec{\omega}_e \wedge \vec{OM})$$

où la parenthèse est la vitesse d'entraînement en M de $\mathcal{E}$ par rapport à $\mathcal{E}'$ ($\vec{\omega}_e$ est le taux de rotation dans ce mouvement d'entraînement, $\vec{A}$ et O sont indépendants de M). Il en résulte, en différentiant en M:

$$L' = L + \vec{\omega}_e \wedge \quad \Leftrightarrow \quad \boxed{\Omega' = \Omega + \vec{\omega}_e \wedge} \quad \text{et} \quad \boxed{D' = D}$$

La dernière de ces relations est la propriété espérée. La précédente montre par contre que $\Omega$ n'est pas objectif. Mais, de par la composition des taux de rotation, elle traduit aussi l'égalité des taux de rotation par rapport à $\mathcal{E}'$ de $\mathcal{E}_C'$ et de $\mathcal{E}_C$, et donc montre que *le référentiel corotationnel est quant à lui objectif.* On a donc établi le théorème qui suit.

**Théorème.**

*En tout point du milieu, le tenseur des taux de déformation* D *et le référentiel corotationnel* $\mathcal{E}_C$ *sont objectifs. En d'autre termes,* D, *en tant que tenseur en mouvement dans l'espace, et* $\mathcal{E}_C$, *sont indépendants du référentiel de travail utilisé.*

**Preuve.** On peut donner une seconde démonstration, moins calculatoire. Ayant pris soin en **2** de dégager la signification physique du référentiel corotationnel par une analyse de la spécificité du mouvement qu'a localement le milieu par rapport à lui (référentiel par rapport auquel le voisinage du point considéré ne tourne pas en moyenne), *il est clair qu'il ne dépend pas du référentiel de travail*, et donc qu'il est objectif. Dans (5), $D\vec{MP}$ apparaît comme étant la vitesse par rapport à ce référentiel objectif du segment matériel, à priori indépendant du référentiel de travail, dont la position actuelle est $\vec{MP}$ et, la relation étant vérifiée pour tout segment, D ne peut qu'être objectif ▪

● Ce problème de l'*objectivité* de certaines grandeurs mises en oeuvre (on parle aussi d'*indifférence matérielle*) se rencontre fréquemment dans la littérature. Il se pose essentiellement, et même exclusivement, dans les approches spatiales, avec les outils spatiaux, tels que D, qui parlent de la matière et de ses propriétés en n'appréhendant celle-ci dans le formalisme que par le biais de sa position spatiale dans le référentiel de travail. Par contre, il ne se pose pas dans les approches matérielles.

Ce que nous venons de faire concernant D dans la seconde démonstration, est exemplaire : l'objectivité ne constitue un problème, demandant vérification calculatoire avec application de critères pour confirmation ou infirmation, que si les grandeurs ont été introduites formellement, sur un plan mathématique, sans se préoccuper de leur signification physique, ce qui malheureusement est beaucoup trop souvent le cas. Au contraire, une démarche conceptuelle consciente et raisonnée ne laissera pas s'introduire une dépendance indésirée par rapport à un référentiel contingent.

A défaut de pratiquer cette hygiène, élémentaire dans l'élaboration d'une théorie physique, certains auteurs élèvent de façon emphatique l'objectivité au rang usurpé de Principe. Un principe d'ailleurs de formulation purement mathématique, formel, sans explicitation physique. En outre, la notion de référentiel objectif est très peu pratiquée dans ce cadre car le critère d'objectivité promu par le principe ne traite que des grandeurs tensorielles. Notre objectif étant au contraire de dominer constamment la compréhension physique du formalisme mathématique, nous n'utiliserons pas ces faux principes.

● Nous avons signalé en **II-2** qu'une grandeur spatiale reconnue objective nécessite encore un complément de compréhension physique, car elle ne constitue une variable susceptible de décrire l'évolution d'un phénomène physique intéressant que lue dans un référentiel particulier. En (5), D apparaît comme étant le distributeur des vitesses du voisinage d'un point du milieu par rapport au référentiel corotationnel en ce point. Or ces vitesses, donc aussi D, prennent leur véritable sens physique lorsqu'elles sont lues dans ce référentiel : la vitesse par rapport à un référentiel n'est réellement une dérivée physiquement limpide, s'annulant ou restant constante quand le mouvement s'arrête ou est uniforme, que lue dans ce référentiel. On peut donc penser que :

> *La variable spatiale qui modélise le concept physique de vitesse de déformation est celle obtenue en lisant le tenseur en mouvement D dans le référentiel corotationnel en chaque point.*

Cette opinion nous permettra de penser par exemple que le processus de déformation en un point du milieu est uniforme si D est constant dans le référentiel corotationnel en ce point, ou encore que l'accélération de déformation est la dérivée de D dans ce corotationnel. Nous prouverons par la suite que ce qui est ici présenté comme une opinion, ou comme un choix de modélisation, se déduit rigoureusement et logiquement de l'hypothèse de continuité. Ce qui ne signifie pas pour autant que ce soit physiquement réaliste pour tous les milieux pour lesquels la modélisation continue a été adoptée.

## 6. CAS DES PETITS DÉPLACEMENTS

● Une vitesse n'est qu'un déplacement infiniment petit divisé par la petite durée de ce déplacement. On peut donc espérer passer très simplement de l'étude locale des vitesses à celle des déplacements lorsqu'ils sont petits.

Notons $\vec{u}$ le petit déplacement, au premier ordre égal à $\vec{V}dt$, que subit entre deux instants infiniment voisins t et t + dt le point du milieu continu qui est en M à t, et u le champ spatial $M \to \vec{u}$. On déduit, en multipliant (5) par dt, qu'en P voisin de M :

$$(9) \quad u(t,P) = (\vec{u} + \vec{\alpha}\wedge\vec{MP}) + \delta\vec{MP}, \quad \text{avec } \vec{\alpha}\wedge = \vec{\omega}dt\wedge = \left(\frac{d\vec{u}}{dM}\right)_A \text{ et } \delta = Ddt = \left(\frac{d\vec{u}}{dM}\right)_S.$$

De la composition des vitesses on est passé à la composition tout à fait équivalente des déplacements infinitésimaux (dits élémentaires). Le petit déplacement (absolu) du voisinage de M apparaît ainsi somme d'un déplacement (d'entraînement) infinitésimal de solide, qui n'est autre que le déplacement du référentiel corotationnel, et d'un petit déplacement (relatif) "déformant". L'intérêt de cette démarche est qu'elle fournit une décomposition portant uniquement sur le champ des petits déplacements, ici entre t et t+dt, que l'on peut extrapoler à tout petit déplacement d'un milieu continu, qu'il soit de nature cinématique comme ci dessus ou pensé comme transformation géométrique.

● Il vient ainsi, pour le champ *matériel* $M_r \rightarrow \vec{U} = \overrightarrow{M_rM} = u(t,M_r)$, des déplacements à partir de la configuration de référence, *quand il est petit*, le développement ci dessous, bénéficiant bien entendu des mêmes propriétés que celles qui ont été reconnues ci-dessus au développement limité en M du champ spatial des vitesses :

$$(10) \qquad \boxed{u(t,P_r) = \vec{U} + \frac{d\vec{U}}{dM_r}\overrightarrow{M_rP_r} = (\vec{U} + \vec{\theta}\wedge\overrightarrow{M_rP_r}) + \varepsilon_L\, \overrightarrow{M_rP_r}} \quad , \text{ avec}$$

$$(11) \qquad \boxed{\vec{\theta}\wedge = \left(\frac{d}{dM_r}\vec{U}\right)_A} \quad \text{et} \quad \boxed{\varepsilon_L = \left(\frac{d}{dM_r}\vec{U}\right)_S} \ ,$$

La première partie de ce développement décrit un petit déplacement solide, composé d'une petite translation de vecteur $\vec{U}$ et d'une petite rotation autour de l'axe orienté par $\vec{\theta}$, de petit angle la norme de $\vec{\theta}$ (le petit arc de cercle décrit par $P_r$ est au premier ordre égal au petit vecteur tangent $\vec{\theta}\wedge\overrightarrow{M_rP_r}$ : l'hypothèse petit déplacement est ici essentielle).

La seconde est un petit déplacement déformant complémentaire. Le tenseur symétrique $\varepsilon_L$ est appelé *tenseur des déformations*, et ses directions principales sont les *directions principales de déformation*. Le déplacement déformant minimise les rotations dans la mesure où il déplace les points $P_r$ situés sur les trois directions propres de $\varepsilon_L$ parallèlement à eux-mêmes donc sans tourner. Tout comme pour D concernant les vitesses, il provoque une rotation moyenne des fibres matérielles nulle. Par ailleurs, pour tout vecteur unité $\vec{u}$ (désignant aussi bien une direction matérielle dans $E_r$ que sa position actuelle dans E puisqu'en petits déplacement ces directions sont pratiquement identiques), $\varepsilon_L\vec{u}.\vec{u}$ est égal à l'allongement relatif $\Delta\ell/\ell$ des segments matériels disposés selon cette direction, ainsi qu'au petit épaississement des tranches matérielles orthogonales.

> *Nous sommes ainsi passés, dans le cas particulier de petits déplacements, des vitesses aux déplacements et donc du concept de vitesse de déformation à celui de (petite) déformation, la déformation en question étant celle qui se produit quand on passe de la configuration de référence à la configuration actuelle.*

Un passage analogue sera bien moins aisé en grands déplacements.

● La notion de petitesse pour un champ demande à être précisée. Sur le plan local, c'est surtout la rotation $\vec{\theta}$ et le champ local déformant $\varepsilon_L$ que nous avons supposés petits, ce qui a un sens en soi puisque ces grandeurs sont sans dimension physique. Donc :

*C'est non seulement le champ des déplacements lui même mais aussi et surtout son gradient qui ont à être petits pour satisfaire à ce que nous appelons l'hypothèse des petits déplacements.*

On notera que dans cette hypothèse les déformations $\Delta\ell/\ell$ sont petites, mais que la proposition inverse est fausse : on peut avoir de grands déplacements (déplacements *finis* serait plus correct) ne provoquant que de petites déformations. C'est le cas par exemple pour les corps métalliques flexibles (arcs, plaques) en service dans le domaine élastique, ou pour un solide métallique rigide ou élastique dont le déplacement n'est pas limité par ses liaisons. Malgré cela, il est fréquent que les grands déplacements, que l'on appelle aussi *grandes transformations* , soient (à tort) dénommés grandes déformations.

● Enfin, une conséquence de l'hypothèse de petit déplacement est que les points $M_r$ et M peuvent être confondus : du point de vue géométrique le déplacement est négligé. Il n'intervient que par l'intermédiaire d'un petit champ $\vec{U}$ générant le petit champ $\varepsilon_L$ qui sera utilisé dans les loi de comportement, mais en dehors de cela on l'oublie. En particulier, il est négligé dans l'écriture de l'équilibre.

Une conséquence est que les dérivations par rapport à $M_r$ et à M, à t fixé, sont équivalentes. Il en résulte que, dans les approches classiques où la configuration de référence est prise comme ersatz du modèle matière, *il n'y a plus lieu de distinguer entre les représentations matérielles et spatiales des grandeurs, ni même entre grandeurs matérielles* (tenseurs sur $E_r$) *et spatiales* (tenseurs sur E). Et avec cette ubiquité des représentations disparaît aussi la nécessité du transport matière/espace dont il sera question dans la suite.

On en déduit aussi, en prenant la dérivée particulaire (par rapport à t à $M_r$ fixé) de (11-2) et en commutant d/d$M_r$ et d/dt (commutables, alors que d/dM et d/dt ne le sont pas dans le cas général (**III.6**)):

(12) $$\boxed{\dot{\varepsilon}_L = \left(\frac{d}{dM_r}\vec{V}\right)_S \approx \left(\frac{d}{dM}\vec{V}\right)_S = D},$$

*Cette relation répond de façon simple et évidente, dans ce cas particulier, à la question fondamentale du* **4** *: en petites tranformations, la grandeur appelée taux de déformation est, tout simplement et tout à fait logiquement, la dérivée temporelle de celle modélisant la déformation.*

CHAPITRE V

# ÉTUDE LOCALE DE LA TRANSFORMATION

Rappelons que la *transformation* est la transformation géométrique, déplacement non euclidien, faisant passer, dans le référentiel de travail, de la position de référence du milieu à sa position actuelle. Contrairement au champ spatial des vitesses étudié au chapitre précédent, elle dépend évidemment de la configuration de référence choisie.

## 1. LA TRANSFORMATION LOCALE

● Un développement limité à l'ordre un en $M_r$ (et au point $M_r$) de la transformation globale à t, d: $(t,M_r) \rightarrow M$, définissant le mouvement (**III**-1), fournit de cette transformation, ou plus précisément de sa restriction au voisinage de $M_r$, l'approximation affine, dite *transformation locale* :

(1) $$P = d(t,P_r) = M + F\,\overrightarrow{M_rP_r} \qquad (\Leftrightarrow \qquad \overrightarrow{MP} = F\,\overrightarrow{M_rP_r})$$

avec $$\boxed{F = \frac{dM}{dM_r}} \in L(E_r;E)$$

L'application F est linéaire de l'espace vectoriel $E_r$, tangent en $M_r$ à $\mathscr{E}$, dans E, tangent en M à $\mathscr{E}$ (on rappelle que compte tenu du rôle "modèle matière" qu'il assume, $E_r$ n'est pas systématiquement identifié à E). L'écriture (1-2) indique que cette transformation locale s'exprime presque exclusivement avec F qui transforme le rayon vecteur $\overrightarrow{MP}$ caractérisant le point P du voisinage en le rayon vecteur $\overrightarrow{M_rP_r}$ caractérisant $P_r$. Et de ce fait, c'est généralement F lui même qui est appelé transformation locale.

Ceci est un peu abusif, car F a un sens géométrique qui va au delà de la transformation de points. En effet, à $\overrightarrow{dM_r}$, (petit) vecteur de $E_r$, et à $\overrightarrow{dM} = F\overrightarrow{dM_r}$ son homologue par F, sont associés des segments orientés en $M_r$ et en M, les ensembles de points

$$\{P_r,\ \overrightarrow{M_rP_r} = \lambda\,\overrightarrow{dM_r},\ \lambda \in [0,1]\} \qquad \text{et} \qquad \{P,\ \overrightarrow{MP} = \lambda\ \overrightarrow{dM},\ \lambda \in [0,1]\},$$

et il est évident que le second est l'image du premier dans l'approximation affine (1-1). Il est tout à fait classique d'identifier un (petit) segment orienté issu d'un point au vecteur qui le caractérise. On conclura donc, ne faisant là qu'exploiter les classiques vertus du calcul différentiel, que :

*La position actuelle d'un ensemble de points du milieu dont la référence est un (petit) segment* $\vec{dM}_r$ *en* $M_r$ *est, au premier ordre, un segment* $\vec{dM}$ *en* M, *image par F de la référence* $\vec{dM}_r$ . *On dira d'un tel ensemble de points du milieu qu'il constitue un (petit) segment matériel, ou une fibre matérielle, au point considéré.*

Ainsi, en plus de rentrer dans l'expression de la transformation des points, F *transforme les segments matériels*. Il est sans dimension physique et positif (Dét F >0). Enfin, utilisant le vecteur déplacement, défini par $M = M_r + \vec{U}$, il vient, en notant $1_E$ l'application identique de $E_r = E$ dans E (on ne peut plus ici distinguer E et $E_r$) :

$$(2) \qquad \boxed{F = \frac{dM}{dM_r} = 1_E + \frac{d\vec{U}}{dM_r}} \in L(E)$$

et l'on notera que l'hypothèse des petits déplacements correspond à une transformation locale F voisine de $1_E$ et que l'on dira aussi petite.

● Contrairement à L, Ω et D, F *dépend de la configuration de référence choisie*. Notant avec des ' ce que l'on aurait en partant d'une autre c.r. $\Omega_r'$ se déduisant de $\Omega_r$ par une transformation indépendante de t, on a en effet:

$$F' = F\Phi^{-1} \qquad \text{avec} \quad F' = \frac{dM}{dM_r'} \quad \text{et} \quad \Phi = \frac{dM_r'}{dM_r}$$

Comme L, Ω et D cette fois, F dépend généralement du point, sauf lorsque l'application déplacement $d^t$ est affine, auquel cas F est en tout point égale à son application vectorielle associée ($d^t(M_r) = d^t(A_r) + F\vec{A_rM_r}$). C'est le cas en particulier lorsque le milieu est un solide rigide: $d^t$ est alors une rotation $r^t$ de E, et F est identique à la rotation vectorielle $R^t$, de $E_r = E$ dans lui même, qui lui est associée. Nous retrouvons alors exactement les ingrédients introduits au **I** pour les solides.

Ces cas où F est indépendant du point, où donc le déplacement global est affine, sont intéressants. D'une part ils conduisent à des états de déformation homogènes, dont l'intérêt est bien connu, et d'autre part ils constituent un zoom de ce qui se passe localement en chaque point. Les deux exemples traités dans l'annexe **A** sont de ce type.

● Suivie au cours du temps en un point du milieu (à $M_r$ fixé), F décrit le mouvement du voisinage de ce point. Pour les études purement locales en Espace que sont généralement les modélisations du comportement, F constitue donc la *variable de position*, ou plutôt de déplacement depuis la c.r., dont tous les aspects cinématiques locaux seront déduits. Par exemple, la description locale du champ spatial des vitesses s'en déduit par la relation (**III**-13-2). On a donc:

$$(3) \qquad \boxed{\dot{F}F^{-1} = L = \Omega + D = \vec{\omega}\wedge + D}$$

se réduisant dans le cas d'un solide rigide à (**I**-21) établie à propos des référentiels :

$$(4) \qquad \boxed{\dot{R}R^{-1} = \Omega_R = \vec{\omega}_R\wedge}$$

où $\Omega_R$ et $\vec{\omega}_R$ sont le tenseur et le vecteur taux de rotation de ce solide. Dans la suite nous oublierons d au profit de F en chaque point.

On notera que si l'on fait dans (3) le changement de configuration de référence du point précédent, $\Phi$, indépendant de t, disparaît, ce qui est heureux car L est évidemment indépendant de la c.r.

● Pour ce mouvement local décrit par F fonction du temps, on peut séparer la trajectoire, ou trajet de transformation, qui est la courbe décrite par F dans $L(E_r;E)$, orientée par le sens de parcours, et la loi horaire sur cette trajectoire. On établit alors les résultats :

**Théorème 1.**

**a** - *La rotation du référentiel corotationnel entre deux instants, au cours du mouvement, ne dépend que du trajet de transformation (locale) entre ces instants, et pas du mode de parcours*

**b** - *Le long de deux trajets constitués de la même courbe parcourue dans les deux sens, les rotations du référentiel corotationnel sont opposées*

**Preuve**. La rotation dont il est ici question est la rotation vectorielle $R_{c/f}$ du corotationnel par rapport au référentiel de travail. Et travaillant dans ce dernier, nous en considérons la lecture $(R_{c/f})_f$ dans $E = E_f$, que nous noterons $R^{(c)}$. Le théorème résulte tout simplement de ce que $R^{(c)}$ est relié à F par la loi ci dessous, dont la seconde écriture ne fait pas intervenir la loi horaire de F :

$$\dot{R}^{(c)}R^{(c)-1}\ (=\Omega) = (\dot{F}F^{-1})_A \quad \Leftrightarrow \quad dR^{(c)}R^{(c)-1} = (dFF^{-1})_A \qquad ■$$

**Théorème 2.**

**a** - *La façon dont le solide suiveur corotationnel suit le milieu ne dépend que du trajet de transformation et pas du mode de parcours*

**b** - *Le long d'un trajet donné, il le fait réversiblement : il revient à sa position de départ si le milieu revient à sa position de départ en suivant le même chemin*

**c** - *Mais il ne le fait pas en général : il peut ne pas reprendre sa position initiale quand le retour se fait par un autre chemin.*

**Preuve**. Les deux premiers points ne sont qu'une autre façon d'exprimer le théorème qui précède. Pour établir le troisième, il suffit d'exhiber un exemple dans lequel, dans deux chemins de déplacement différents conduisant tous deux d'une même position initiale à une même position finale, les rotations du corotationnel sont différentes. Un tel exemple est exposé en **A-7-3** ■

Le point c de ce théorème ne plaide pas en faveur du corotationnel comme solide suiveur. Le nouveau solide suiveur qui sera défini en **5** n'aura pas cet inconvénient.

## 2. EXPRESSION EN COORDONNÉES

● Considérant la transformation à t sous la forme composée $M_r \rightarrow X \rightarrow x \rightarrow M$, où X et x sont des coordonnées matérielles et spatiales, il vient:

(5) $F = \frac{dM}{dx}\frac{dx}{dX}\frac{dX}{dM_r}$ ⇔ $\boxed{F = b\frac{dx}{dX}B^{-1}}$ ⇔ $\boxed{F^\alpha{}_i = \frac{\partial x^\alpha}{\partial X^i}}$ (noté $x^\alpha{}_{,i}$) , où

(6) $\boxed{b = \frac{dM}{dx} = [\vec{b}_1\vec{b}_2\vec{b}_3]}$ $\boxed{\vec{b}_\alpha = \frac{\partial M}{\partial x^\alpha}}$ et $\boxed{B = \frac{dM_r}{dX} = [\vec{B}_1\vec{B}_2\vec{B}_3]}$ $\boxed{\vec{B}_i = \frac{\partial M_r}{\partial X^i}}$

sont les bases locales en M et en $M_r$ associées à ces coordonnées. On en déduit que, dans ces bases de $E_r$ et E, la matrice de F est la matrice jacobienne de l'application X→ x. Noter que F apparaît comme un *tenseur mixte*, ni spatial comme L, ni matériel, mais bâti sur $E_r$ et E dotés chacun d'une base pouvant varier de façon autonome. Il s'en suit au niveau des composantes une alchimie spéciale où il convient de se souvenir que les indices grecs et latins sont relatifs aux coordonnées spatiales et matérielles.

Nous utiliserons dans la suite les applications $F^{-1}$, $F^T$ et $F^{-T}$, dont on peut aussi calculer les matrices dans les bases locales B et b. De (5-1) et (**M3-f**) on déduit:

(7) $\boxed{F^{-1} = B\frac{dX}{dx}b^{-1}}$ ⇔ $\boxed{(F^{-1})^i{}_\alpha = \frac{\partial X^i}{\partial x^\alpha}}$ (noté $X^i{}_{,\alpha}$) (⇔ $X^i{}_{,\alpha}x^\alpha{}_{,j} = \delta^i_j$)

$\boxed{(F^T)^i{}_\alpha = g_r{}^{ij}F^\beta{}_j\, g_{\beta\alpha} = g_r{}^{ij}x^\beta{}_{,j}\, g_{\beta\alpha}}$ $\boxed{(F^{-T})^\alpha{}_i = g^{\alpha\beta}(F^{-1})^j{}_\beta\, g_{rji} = g^{\alpha\beta}X^j{}_{,\beta}\, g_{rji}}$

● On peut n'utiliser que des coordonnées matérielles X en caractérisant M par le vecteur déplacement $\vec{U}$ projeté dans B, ce qui est courant dans la pratique. On obtient ainsi, en partant de (2-2), F par sa matrice dans les bases B de $E_r$ et B de E = $E_r$ :

(8) $\boxed{F = B[1_{R^3} + U_{|X}]B^{-1}}$ ⇔ $\boxed{F^i{}_j = \delta^i_j + U^i{}_{|j}}$

où $U_{|X}$ est la matrice des dérivées covariantes $U^i{}_{|j}$ des $U^i$ par rapport aux $X^j$ (**M4-d**). Noter qu'ici l'utilisation de $\vec{U}$ contraint de fait à identifier E et $E_r$, et F apparaît comme un tenseur sur $E_r$ = E (on peut aussi maintenir la distinction entre E et $E_r$, et dire que la base B de $E_r$ et la base B de E sont corrélées).

Mais on peut aussi transporter la base B en M, c'est à dire dans E, en utilisant F. On obtient ainsi une base de E *dépendant du temps*, appelée *base convectée* et que nous noterons $B_C$. La base réciproque de cette base convectée est la transportée par $F^{-T}$ de la base réciproque de B (**M5-b**):

(9) $\boxed{B_C = FB = [F\vec{B}_1\ \ F\vec{B}_2\ \ F\vec{B}_3]}$ $\boxed{B_C{}^r = B_C{}^{-T} = F^{-T}B^r}$

Des identités $\boxed{F = B_cB^{-1}}$ et $\boxed{F^{-T} = B_c{}^rB^{r\,-1}}$

on déduit que lorsque l'on utilise dans $E_r$ et E respectivement les bases B et $B_C$ la matrice de F est la matrice unité de rang trois, et qu'il en est de même pour $F^{-T}$ quand on utilise les bases $B^r$ et $B_C{}^r$.

● On pourrait aussi travailler en coordonnées spatiales, ce qui est toutefois beaucoup moins usuel. On obtiendrait des résultats analogues, mais en remplaçant B, $U = B^{-1}\vec{U}$, X et les indices latins, par b, $u = b^{-1}\vec{U}$, x et des indices grecs respectivement.

Remarquons pour terminer que nous avons exhibé pour F de nombreuses matrices différentes (tout en n'utilisant que les composantes premières!). Notre souci était de montrer sur cet exemple simple qu'il peut être dangereux d'identifier une application linéaire (et plus généralement un tenseur) à sa matrice qui dépend des bases utilisées.

## 3. LA DÉCOMPOSITION POLAIRE

● Deux cas particuliers sont, comme pour D, à signaler à propos de F :

**Cas 1:** C'est celui où F est une rotation ($F^T = F^{-1}$). Alors, la position actuelle du voisinage d'un point se déduit de sa position de référence dans un déplacement de solide: ce voisinage garde sa forme, il ne fait que tourner.

**Cas 2:** C'est celui où F, en tant qu'application positive de $E_r = E$ dans E, est symétrique définie positive : $F \in L_S^+(E)$. Ses directions propres désignent alors (au moins) trois directions de segments matériels (on dit directions matérielles) qui sont deux à deux orthogonales à la fois dans la configuration de référence et dans la configuration actuelle, qui en plus ont même direction dans ces deux configurations, et donc qui n'ont pas tourné dans la transformation géométrique F.

Il y a une analogie certaine entre ces cas particuliers et ceux exhibés pour D au début de **IV.2**. Il faut toutefois bien remarquer qu'il s'agit ici d'une comparaison entre deux positions du voisinage qui peuvent être très éloignées l'une de l'autre, et que, si par exemple la c.r. est la position à l'instant initial, le passage de la c.r. à la position actuelle a pu se faire par un long trajet au cours duquel le voisinage a pu évoluer et se déformer de façon quelconque. Nous sommes là dans une optique de transformation finie (ou grande), alors que dans l'étude de D, les vitesses ne faisant que comparer les positions entre deux instants voisins t et t+dt, on était dans une optique de petit déplacement.

● Tout comme L a été décomposé en *somme* de Ω et de D, le théorème qui suit montre l'existence et l'unicité d'une décomposition de la transformation F en *produit* de deux transformations des types particuliers ci dessus :

(10-1) $$\boxed{F = RU} \qquad \text{avec } U \in L_S^+(E_r)\,, \qquad R : E_r \to E, \qquad R^T = R^{-1}$$

On notera que la dernière relation exprime que R est une isométrie (**M1**-g), et que F et U étant positifs il serait redondant d'imposer à R d'être positif.

Cette décomposition, dite *décomposition polaire*, interprète la transformation F de la position de référence à la position actuelle en produit de deux transformations successives. Une première U dans l'espace initial $E_r$, qui en quelque sorte "déformerait sur place" le milieu puisque, laissant invariant en direction trois axes deux à deux orthogonaux, elle sera de rotation minimale et pourra être considérée comme constituant la *trans-*

*formation déformante*. La seconde R est une isométrie positive (en fait une rotation de $E_r = E$) venant ensuite positionner dans E le milieu préalablement déformé.

Comme celle de L relatif aux *vitesses*, mais cette fois pour la transformation-*déplacement*, ce qui explique qu'elle soit multiplicative comme la composition des mouvements et non additive comme la composition des vitesses, elle apportera donc une réponse au problème de la décomposition du mouvement local en une part de déplacement de solide et une part minimisant sinon annulant la rotation. Mais une réponse qui se fait sur la base du passage entre la c.r et la c.a., très éloignées l'une de l'autre, et qui évidemment dépendra de la c.r., alors que la décomposition de L portait sur les vitesses, c'est à dire sur les déplacements infinitésimaux entre t et t + dt, indépendantes de la c.r.

● A toute décomposition de ce type en est associée une seconde du même type:

(10-2) $\boxed{F = VR}$ avec $V = RUR^{-1} = FUF^{-1} \in L_S^+(E)$

qui transporte d'abord isométriquement dans l'espace d'arrivée E, par la même isométrie positive R, et qui déforme ensuite sur place dans E par $V = RUR^{-1}$. On notera que V est le transporté de U par R, ce qui suffit à assurer que V soit dans $L_S^+(E)$, mais aussi par F.

La rotation R est appelée *rotation propre*. Les tenseurs U et V sont appelés *tenseurs des déformations pures*, respectivement et pour des raisons évidentes, à droite et à gauche. Plutôt que *déformation*, nous dirions quant à nous *transformation déformante*, mettant entre ces deux appellations la même nuance importante que, pour D, entre vitesse déformante et vitesse de déformation. Et ce d'autant plus que, contrairement à ce que nous avons annoncé pour D en **IV-4**, l'appellation *déformation* donnée à U et V ne pourra pas être justifiée.

Signalons enfin, même si nous en userons très peu pour l'instant, que si la décomposition polaire est considérée ici comme une affaire géométrique concernant le passage d'une position de référence à la position actuelle, elle peut se transposer telle quelle au passage entre deux positions quelconques (même situées dans des référentiels d'espace différents : l'isométrie R n'est alors plus une rotation). Aussi, plutôt que positions de référence et actuelle, il nous arrivera de dire positions de départ et d'arrivée.

● L'existence et l'expression de cette décomposition sont données par le théorème :

**Théorème**

*Il existe une et une seule (double) décomposition polaire* (10), *et l'on a:*

$$\boxed{U = C^{1/2}},\quad \boxed{R = FC^{-1/2}} \text{ et } \boxed{V = RUR^{-1}},\ \text{avec } \boxed{C = F^TF}$$

*ou encore, de façon équivalente :*

$$\boxed{V = B^{1/2}},\quad \boxed{R = B^{-1/2}F} \text{ et } \boxed{U = R^{-1}VR},\ \text{avec } \boxed{B = FF^T}$$

**Preuve**. Considérant (10-1) comme une équation en R et U, et éliminant l'inconnue R, on déduit que les U solutions sont solutions de l'équation

(11) $U \in L_S^+(E_1)?\,,\ (FU^{-1})^T = (FU^{-1})^{-1} \iff \boxed{U^2 = C}$

Quand U est défini positif, $U^2$ l'est aussi. Cette équation n'aura donc de solution que si C, égal par définition à $F^TF$, est lui même défini positif, ce qui est réalisé, car

$$C\vec{u}.\vec{u} = = F^T F\vec{u}.\vec{u} = F\vec{u}.F\vec{u}$$

Compte tenu de (**M6**-Th 4), (11) équivaut à $U = C^{1/2}$, et le reste de la première ligne de relations en découle. La seconde serait obtenue de la même façon en partant de (10-2) ▪

Nous retrouverons les tenseurs C et B en Ch **XVIII**, dans un autre rôle, et nous en ferons alors une étude plus détaillée.

● Tout ce qui concerne la décomposition polaire est, comme F, local, en un point du milieu. On a donc, pour le milieu total, des champs de R, de U, de V, etc. Ce caractère local se traduit par le fait que si F est un gradient, celui de la transformation-déplacement globale $M_r \rightarrow M$, il n'en va pas de même pour R, U et V. Par exemple, le champ $M_r \rightarrow U$ n'a aucune raison d'être la dérivée d'un champ $M_r \rightarrow \bar{M}$. Il n'existe en général pas de décomposition polaire de la transformation globale.

Dans le cas d'un solide rigide, F est une rotation, donc C est l'application identique (**M1**-g), ainsi donc que U et V, et F est égal à R. C'est un exemple où la décomposition est globale, mais très particulier.

Remarquons encore qu'un auteur, probablement inspiré par la fructueuse décomposition du gradient des vitesses, a tenté de résoudre le problème de la séparation des déplacements solides et des déformations par une décomposition additive de F en parties symétrique et antisymétrique [Chen 1979]. Nous ne voyons pas comment cette approche peut être justifiée a priori, et son application au cas d'un solide rigide est loin d'être probante.

● Le partage entre rotation et déformation des petits déplacements a été obtenu en (**IV-6**) sur un mode additif comme pour les vitesses. On peut toutefois en déduire une décomposition du type (10), avec pour facteurs, au premier ordre et compte tenu de la petitesse de $\vec{\theta}\wedge$ et de $\varepsilon_L$ :

(12) $$R = (1_E + \vec{\theta}\wedge) \qquad \text{et} \qquad U = V = (1_E + \varepsilon_L)$$

On vérifie en effet, avec ces définitions, d'une part que (10) est bien vérifié puisque le produit $(\vec{\theta}\wedge)\varepsilon_L$ est un infiniment petit du second ordre donc négligeable, et d'autre part que les facteurs ont les qualités requises : U, égal ici à V, ne dépend que de la part déformante du déplacement et laisse invariant en direction les segments parallèles aux directions principales de déformation, et R ne dépend que de la part déplacement solide: c'est (au premier ordre) une (petite) rotation vectorielle.

## 4. LES DIRECTIONS PRINCIPALES DE DÉFORMATION

● La symétrie de U lui assure l'existence d'au moins une base OND, $\Delta = [\vec{\Delta}_1 \vec{\Delta}_2 \vec{\Delta}_3]$, constituée de vecteurs propres. Une telle "base propre" définit dans $E_r$ trois directions d'axes deux à deux orthogonales qui sont les positions de référence de directions matérielles dont les positions après la transformation par U sont encore deux à deux orthogonales. Mais dans R qui suit U, et qui est une isométrie, ces trois directions demeurent deux à deux orthogonales. Finalement :

*La base Δ définit les directions de référence d'un triplet de directions matérielles qui sont deux à deux orthogonales à la fois dans la position de départ et dans la position d'arrivée de la transformation F. Les segments matériels parallèles à ces directions matérielles changent toutefois de longueur, dans un rapport égal à la valeur propre de U associée.*

La transformation V étant la transportée de U par R, ses vecteurs propres sont les transportés par R de ceux de U, avec des valeurs propres associées égales. Il en résulte que la base OND $\delta = [\vec{\delta}_1 \vec{\delta}_2 \vec{\delta}_3]$ transformée de Δ par R,

(14) $$\boxed{\delta = R\Delta} \quad \Leftrightarrow \quad \vec{\delta}_i = R\vec{\Delta}_i \,,$$

qui caractérise la direction finale du triplet de directions matérielles ci dessus, est constituée de vecteurs propres de V.

● En général, la base Δ est unique, et donc aussi δ, aux évidentes permutations et changements d'orientation des axes possibles près. Dans les cas particuliers où deux, ou trois, des valeurs propres communes de U et V sont égales, c'est l'ensemble des directions propres de U et de V qui jouit d'une propriété analogue : ce sont les positions initiales et finales d'un ensemble de directions matérielles qui sont transportées par F de $E_r$ dans E sans changement de leurs angles relatifs (noter que nous parlons ici de *directions*, c'est à dire d'axes vectoriels; globalement, l'image par F d'un *axe* propre de U est identique à celle par R, et c'est un axe propre de V; mais évidemment, les images par F et R d'un *vecteur* propre de U sont deux vecteurs propres parallèles mais différents de V).

Il serait logique d'appeler ces directions matérielles remarquables, directions principales de la transformation F. Mais il est évident qu'elles ne dépendent que de U, c'est à dire de la part déformante de F, et pas de R (seule leur position actuelle dépend de R). Elle sont de ce fait appelées *directions principales de déformation matérielles* (dpdm) (sous entendu : dans le passage de la c.r. à la c.a.). Leurs positions initiales, directions propres de U, et finales, directions propres de V, sont les dpd initiales et finales (dpdi et dpdf), ou encore spatiales de référence et actuelles (dpdsr et dpdsa), ou encore lagrangiennes et eulériennes. Compte tenu du rôle d'ersatz du modèle matière, les dpdsr sont aussi dites matérielles, mais il s'agit d'un matériel non intrinsèque.

● Dans tous les cas, nous utiliserons une base Δ qui sera simplement une des bases OND de vecteurs propres de U possibles, choisie arbitrairement mais suivie continûment tant que faire se peut en cas de mouvement. Cette base étant généralement unique, nous dirons par abus de langage que c'est *la base principale de déformation initiale* (bpdi) (ou *matérielle* non intrinsèque, ou de référence,...). La base δ sera quant à elle la bpd finale (bpdf). Dans ces bases propres de nombreux tenseurs auront des matrices diagonales, ce qui simplifie de nombreux calculs. Nous conseillons au lecteur de lire maintenant **M6**, ou tout au moins son début.

En fait nous nous placerons à priori dans le cas général où il n'y a que trois dpd. Nous ne traiterons donc pas systématiquement les petites difficultés qui peuvent se présenter du fait de la non unicité de Δ, et en particulier l'indépendance des résultats annoncés par rapport à la base Δ choisie et utilisée dans les démonstrations, car elles se résolvent très simplement. Il n'y a que trois types de multiplicité des éléments propres de U possibles: le cas général à un seul trièdre de directions propres, le cas cylindrique avec un axe et le plan orthogonal, et le cas sphérique. Un mouvement régulier est donc une succession de phases au cours desquelles la multiplicité est constante, séparées par des instants discrets où elle change éventuellement en passant par un état de symétrie supérieure ou égale à ce qu'il est avant et après. Ce sont ces instants qui sont un peu délicats à gérer.

● Travaillant dans $E_r$ avec la base Δ choisie, et dans E avec δ, et notant $U_i$ les valeurs propres communes de U et V, on a, avec les notations de **M6** :

(15) $\boxed{U = \Delta[[U_i]]\Delta^{-1}}$ $\boxed{F = RU = \delta[[U_i]]\Delta^{-1}}$ $\boxed{R = \delta\Delta^{-1}}$ $\boxed{V = \delta[[U_i]]\delta^{-1}}$

$$\boxed{C = \Delta[[U_i^2]]\Delta^{-1}} \quad \boxed{B = \delta[[U_i^2]]\delta^{-1}}$$

Les directions propres de C et B sont respectivement identiques à celles de U et de V. Ce sont donc les directions principales de déformation, respectivement initiales et finales. C'est par le calcul de C, qui se déduit aisément de celui de F, et de ses éléments propres que l'on déterminera successivement les ingrédients entrant dans ces relations. Noter que U provoquant la totalité de la déformation, on vérifie sans peine que chacune de ses valeurs propres $U_i$ est égale aux dilatations $\lambda = \ell/\ell_r$ des segments matériels situés selon la dpd associée ($U_i = \lambda_i$)

Décomposant leur matrice commune $[[\lambda_i]]$ en le produit commutatif

$$(16) \qquad \begin{bmatrix} \lambda_1 & 0 & 0 \\ 0 & \lambda_2 & 0 \\ 0 & 0 & \lambda_3 \end{bmatrix} = \begin{bmatrix} \lambda_1 & 0 & 0 \\ 0 & 1 & 0 \\ 0 & 0 & 1 \end{bmatrix} \begin{bmatrix} 1 & 0 & 0 \\ 0 & \lambda_2 & 0 \\ 0 & 0 & 1 \end{bmatrix} \begin{bmatrix} 1 & 0 & 0 \\ 0 & 1 & 0 \\ 0 & 0 & \lambda_3 \end{bmatrix}$$

on constate que les déformations pures U et V sont, chacune dans l'espace où elles opèrent, le produit commutatif de trois affinités orthogonales par rapport aux plans principaux de déformation, de rapports les dilatations des segments dans les dpd orthogonales.

● La figure ci contre décrit, en deux dimensions, le déplacement d'un petit élément matériel $S_0$ au voisinage du point considéré, dont la position initiale $S_r$ est un disque sur lequel on a représenté les deux rayons dirigés selon les vecteurs de la base locale B d'un système de coordonnées matérielles, et quelques rayons intermédiaires. On note $\overline{S} = US_r$, $S_r^p = RS_r$ (p pour propre) et $S = FS_r$ les transformés de $S_r$ par U, R et F respectivement. Pour alléger la figure nous avons éclaté les quatre origines de ces figures. Dans la position actuelle S de l'élément, les deux diamètres sont disposés selon la base convectée $B_c = FB$. La rotation R transforme $S_r$ en $S_r^P$, mais aussi $\overline{S}$ en S, et V transforme $S_r^P$ en S. Les figures $\overline{S}$ et S sont deux ellipses égales (non dessinées mais suggérées par les quelques

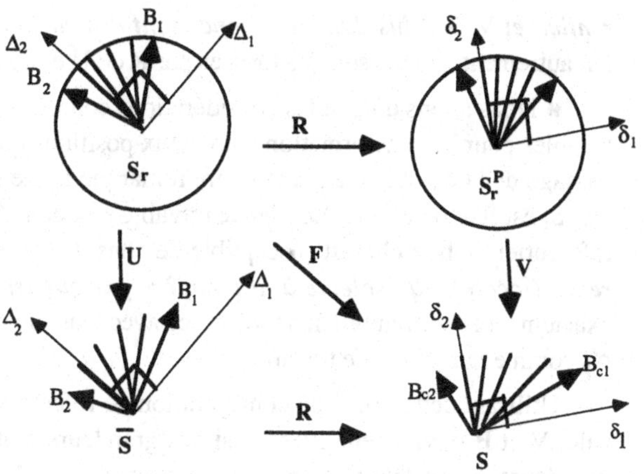


rayons matériels), dont les axes de symétrie orthogonale sont les dpd initiales $\vec{\Delta}_i$ et finales $\vec{\delta}_i$ respectivement.

Les déplacements par R, de $S_r$ à $S_r^P$ et de $\overline{S}$ à S, ne provoquent pas de déformation. Ceux par U de $S_r$ à $\overline{S}$ et par F de $S_r$ à S provoquent la même déformation, ce qui se traduit par le même U sur leur configuration initiale commune. Enfin, les déplacements par F de $S_r$ à S et par V de $S_r^P$ à S provoquent la même déformation, ce qui se traduit par le même V sur leur configuration finale commune, et la même déformation que les deux précédents, ce qui se traduit par les mêmes dpdm avec les mêmes allongements relatifs. L'intérêt des deux déplacements par U de $S_r$ à $\overline{S}$ et par V de $S_r^P$ à S, qui provoquent la même déformation que le déplacement initial par F de $S_r$ à S, objet de l'étude, est de se produire sans rotation propre et donc de n'être composés que de déplacement déformant du type du second cas particulier du début de **3**.

## 5. LE RÉFÉRENTIEL EN ROTATION PROPRE

• Quittons l'approche géométrique instantanée de la décomposition polaire qui précède, simple décomposition de la transformation géométrique F, et prenons en compte les évolutions au cours du temps lorsque l'on suit un point du milieu. Tout comme, au chapitre précédent, le taux de rotation $\Omega$ nous a permis d'introduire localement un référentiel d'espace dit corotationnel $\mathcal{E}_c$, la rotation propre R, qui est une rotation du référentiel de travail $\mathcal{E} = \mathcal{E}_f$, définit un référentiel d'espace $\mathcal{E}_p$, à savoir le *référentiel en rotation propre* au point considéré, dans lequel le point du milieu où l'on se trouve est fixe et dont la rotation par rapport au référentiel de travail, lue dans celui-ci, est R.

Tout comme le référentiel corotationnel, $\mathcal{E}_P$ dépend du point du milieu que l'on suit, et, contrairement au corotationnel, il dépend de la c.r. choisie. Enfin, notant $\Omega^{(p)}$ son taux de rotation dans (par rapport à et lu dans) le référentiel fixe, on aura pour ce référentiel, avec les notations du **I** et à rapprocher de (**IV**-7) :

$$(17) \qquad \boxed{(R_{p|f})_f = R} \qquad \text{et} \qquad \boxed{\Omega^{(p)} = \dot{R}R^{-1}}, \quad \text{avec } \Omega^{(p)} \equiv (\Omega_{p|f})_f$$

Les mouvements de $S_r$ et $\overline{S}$ dans $\mathcal{E}$ sont identiques à ceux de $S_r^P$ et S dans $\mathcal{E}_p$ : ils se superposent si on imagine les deux feuilles-référentiel superposées dans leur position relative de référence. *Il en résulte que* U *et donc aussi* $C = U^2$ *lus dans le premier réfé-*

*rentiel, et* V *et* B *lus dans le second, sont des variables spatiales équivalentes* (**II-1**). Dit autrement, V et B sont les tournés par R de U et C.

● Nous avons dit que les considérations concernant la décomposition polaire étaient valables pour la transformation entre deux positions quelconques. Quand on se limite au passage de la c.r. à la c.a., la dernière remarque a une conséquence importante. Dans ce cas, $S_r$ est fixe dans le référentiel de travail $\mathcal{E}_f$, et donc $S_r^p$ est fixe dans $\mathcal{E}_p$ et, lue dans ce référentiel mobile elle est susceptible de constituer une *nouvelle configuration de référence (locale), équivalente à la première puisque isométrique à elle.* C'est en fait très exactement la configuration de référence avec laquelle on aurait travaillé si on avait utilisé $\mathcal{E}_p$ comme référentiel de travail.

Utilisant cette nouvelle configuration de référence, qui remarquons le n'est que locale, V et B deviennent elles aussi des grandeurs matérielles (au sens de substituts de grandeurs du modèle matière, mais seulement "localement matérielles"), *mais à condition d'être lues dans le référentiel mobile* $\mathcal{E}_p$ (tout comme U et C ne le sont qu'en lecture dans le référentiel de travail qui est le seul où la configuration de référence initiale, étant fixe, peut jouer le rôle de substitut du modèle matière).

● Le théorème qui suit confirme ces analyses.

**Théorème**

| *Les grandeurs* U *et* C *sont* $\Omega_r$*-matérielles. Les grandeurs* V *et* B *sont objectives.*

**Preuve**. Soit $F' \in L(E_{f'})$ le F obtenu en utilisant un autre référentiel de travail. On a, en rétablissant quelques indices f et f' et en différentiant à t fixé (on rappelle que les positions actuelles sont objectives, c'est une évidence, et que les positions de référence sont $\Omega_r$-matérielles (**III-2**)) :

$$d\vec{M}_f = F d\vec{M}_{rf}, \qquad d\vec{M}_{f'} = F' d\vec{M}_{rf'}, \qquad d\vec{M}_{f'} = I_{f'f}\, d\vec{M}_f\ , \qquad d\vec{M}_{rf'} = J_{f'f}\, d\vec{M}_{rf}$$

et donc, F élément de $L(E_f)$ dépend du référentiel de travail selon la loi

(18) $$F' = I_{f'f}\, F J_{f'f}^{\ -1}$$

On en déduit, $I_{f'f}$ et $J_{f'f}$ étant des isométries ($I_{f'f}^{\ T} = I_{f'f}^{\ -1}$):

(19) $$C' = F'^T F' = J_{f'f}\, C\, J_{f'f}^{\ -1} \qquad \text{et} \qquad B' = F'F'^T = I_{f'f}\, B\, I_{f'f}^{\ -1}$$

d'où résulteront des lois de transformations analogues pour U et V ∎

On constate au passage que F n'est ni objectif ni $\Omega_r$-matériel. En tant que tenseur d'ordre deux il a une variance d'un type et une variance de l'autre type. C'est un tenseur mixte, construit sur les deux espace $E_r$ et E qui, même si mathématiquement ils peuvent être identifiés, ont des vocations physiques différentes. Il s'agit bien là en effet de physique car, rappelons le, la dépendance de F par rapport au référentiel de travail exprime la logique commune aux observateurs modélisant chacun dans son référentiel (**II-2**).

Nous avons signalé en **II-2** qu'une grandeur objective nécessite un complément d'analyse pour pouvoir fournir une variable physique spatiale. Concernant V et B cette analyse est claire : lus dans le référentiel en rotation propre ce sont deux variables spatiales équivalentes aux variables spatiales de travail U et C.

## 6. LE SOLIDE SUIVEUR EN ROTATION PROPRE

● Tout comme pour le référentiel corotationnel au chapitre précédent, on peut voir dans $\mathscr{E}_p$ un solide suiveur, dans lequel on pourra comme nous l'avons dit, *à défaut de travailler dans le modèle matière lui même*, envisager de se résigner à traiter des propriétés de la matière. Lorsque, à partir de sa position de référence, le milieu se positionne par F = RU = VR, ce solide se positionne par R. Quand le milieu se déplace par $F_{21} = F_2F_1^{-1} = R_{21}U_{21} = V_{21}R_{21}$ d'un premier positionnement $F_1$ à un second $F_2$, avec $F_i = R_iU_i = V_iR_i$, il se déplace donc par la rotation $\mathrm{r}_{21} = R_2R_1^{-1}$ qui en général diffère de $R_{21}$. Par contre, on a l'indispensable relation de transitivité $\mathrm{r}_{31} = \mathrm{r}_{32}\,\mathrm{r}_{21}$.

Tout comme précédemment le corotationnel, ce solide suiveur tourne (par rapport au référentiel de travail, donc par rapport à tout référentiel) comme le fait en moyenne le voisinage du point considéré. Mais alors que, pour le corotationnel, l'identité de rotation avec le milieu se faisait continûment au cours du chemin suivi, au niveau des petites rotations successives entre deux positions infiniment voisines, elle se fait maintenant au niveau de la rotation totale que présente la configuration actuelle par rapport à la configuration de référence.

Cette propriété de rotation *en moyenne* comme le milieu a été justifiée en (**IV-2** Th1) pour ce qui est du suiveur corotationnel. Pour celui-ci, elle l'est par le théorème (de moindre portée) suivant.

**Théorème 1**

*Dans le déplacement* V *du voisinage d'un point par rapport au référentiel en rotation propre associé à ce point, la moyenne des rotations des directions matérielles est nulle. Il en va de même dans le déplacement* U *de* $\overline{S}$ *par rapport au référentiel de travail.*

**Preuve.** Les deux propriétés sont évidemment équivalentes. Faisons la démonstration pour U. La première chose à faire est de définir ce qui "mesure" la rotation d'une direction matérielle dont les directions au départ dans $S_r$ et à l'arrivée dans $\overline{S}$ sont définies par les vecteurs unité $\vec{u}$ et $\vec{v} = \|U\vec{u}\|^{-1}U\vec{u}$. Convenons que ce sera le vecteur $r(\vec{u})$ normal au plan de $\vec{u}$ et $\vec{v}$, de norme égale à l'angle θ de ces vecteurs (angle de vecteurs dans l'espace, c'est à dire défini par $\theta\in[0,\pi]$ et $\cos\theta = \vec{u}.\vec{v}$ ) et tel que la base $[\vec{u},\vec{v},r(\vec{u})]$ soit directe. Ce vecteur est égal à $\theta(\sin\theta\,\|U\vec{u}\|)^{-1}\,\vec{u}\wedge U\vec{u}$, et l'on vérifie aisément, en exploitant les symétries de U, que son intégrale quand $\vec{u}$ décrit la boule unité est nulle. Ce qui établit la propriété ■

● Alors que le corotationnel n'est défini que le long d'un chemin de déplacement, et que sa rotation entre deux positions successives du milieu n'est définie qui si un chemin les joint et dépend de ce chemin comme on l'a vu en (**1**-Th 2), le solide suiveur en rotation propre est défini quand le milieu "passe" (par transformation géométrique et non par un mouvement continu) d'une position à une autre, et sa rotation $R_2R_1^{-1}$ entre ces deux positions ne dépend que de celles-ci. C'est un solide suiveur au cours des déplacements, disons *géométrique*, donc bien sûr aussi au cours des mouvements, alors que le corotationnel n'était suiveur qu'au cours des mouvements.

Il s'agit là d'un avantage, dont on peut par exemple prévoir l'intérêt en statique, essentiellement en élastostatique, là où, en l'absence d'évolution, il n'est plus question ni de référentiel ni de solide suiveur corotationnels. Mais un avantage qu'il nous faut tout de suite tempérer par un inconvénient :

**Théorème 2**

*La façon dont le solide suiveur en rotation propre suit le milieu dépend de la configuration de référence qui a été choisie, ou plus précisément de sa métrique*

**Preuve**. Notant $F_1'$ et $F_2'$ les transformations locales définissant les mêmes positions que $F_1$ et $F_2$ mais à partir d'une autre position de référence se déduisant de la première localement par $\Phi$ de décomposition polaire $\Phi = \mathbf{ru}$, et en notant avec des ' les éléments correspondants, on a successivement:

$$R_i = V_i^{-1}F_i = V_i^{-1}F_i'\Phi = V_i^{-1}V_i'R_i'\mathbf{ru}, \quad \text{et} \quad \mathbf{r}_{21} = V_2^{-1}V_2'R_2'R_1'^{-1}V_1'V_1^{-1}$$

et donc $\mathbf{r}_{21} \neq \mathbf{r}_{21}'$, sauf lorsque $\Phi$ est une rotation, auquel cas $V_i' = V_i$ ■

Cette dépendance peut légitimement paraître inopportune. La question est évidemment d'abord de savoir si l'état métrique du milieu dans la position de référence est physiquement significatif, et ensuite, à propos de tel ou tel développement utilisant le solide suiveur en rotation propre, pour par exemple écrire le comportement, si l'insinuation furtive de ce paramètre que cela provoque est judicieuse ou non.

● Au cours d'un mouvement, travailler (pour traduire le comportement) dans le solide suiveur en rotation propre, c'est à dire dans le référentiel $\mathcal{E}_p$, se fera en utilisant les tenseurs de déformation pure V et de dilatation B lus et donc dérivés dans $\mathcal{E}_p$. Mais cela pourra aussi être fait en utilisant leurs tournés par $R^{-1}$, U et C, lus et donc dérivés dans $\mathcal{E}_f$ qui en fournissent une image équivalente. L'intérêt de cette seconde méthode est double : se ramener à travailler dans le référentiel ...de travail, et dans le même référentiel pour tous les points du milieu, ce qui ne serait pas le cas si l'on restait dans $\mathcal{E}_p$.

On voit ainsi revenir, mais d'une manière différente, la configuration de référence comme endroit où l'on va pouvoir parler des propriétés de la matière. Dans la première manière, c'est à dire en tant que substitut au modèle matière que nous n'avons qu'évoqué en **III-2** mais qui se précisera en **P2** et **P3**, il faut s'interdire d'utiliser sa métrique propre. Mais, *dans cette seconde manière où elle joue le rôle d'écran dans lequel on vient projeter ce que voit le référentiel en rotation propre, lui même choisi à défaut de travailler dans le modèle matière, il faut au contraire prendre en compte cette métrique.* Les importantes propriétés de symétrie des endomorphismes U et C, et la rotation R, n'ont d'ailleurs de sens que dans l'espace euclidien $E_r$.

● Il peut être assez troublant de voir ainsi apparaître en chaque point du milieu, au cours d'un mouvement, deux référentiels tournant tous deux "comme le milieu continu" au point considéré, mais tournant néanmoins à priori l'un par rapport à l'autre. Et l'on pense évidemment d'abord à vérifier si par hasard ils ne seraient pas identiques. Il n'en est rien en général, comme les qualités différentes qu'ils présentent le laissent présumer, et comme le démontre le théorème suivant.

**Théorème 3**

*Au cours d'une phase du mouvement dans laquelle, au point considéré, la multiplicité des dpd est invariable, les taux de rotation des référentiels corotationnel et en rotation propre sont égaux ssi les dpdm sont invariantes. Dans le cas général où il n'y a que trois dpd, on dit qu'il s'agit d'un mouvement de déformation triaxiale, et d'un mouvement de déplacement triaxial si ces référentiels sont, en outre, confondus avec le référentiel de travail.*

**Commentaires.** La propriété "dpdm invariantes" signifie que ce sont toujours les mêmes éléments matériels dont les positions sont vecteurs propres de U dans la c.r. et de V dans la c.a. La condition équivaut donc, puisque la c.r. est indépendante du temps dans le référentiel fixe, à "dpdr constantes", et aussi à "dpda, c'est à dire les directions principales de V, constantes dans le référentiel en rotation propre". Une définition des mouvements de déformation triaxiale sera donnée en Ch **XV**. Les mouvements de déplacement triaxial sont étudiés dans l'annexe **A**.

**Preuve.** Les taux de rotation de $\mathcal{E}_c$ et $\mathcal{E}_p$ par rapport au référentiel de travail sont respectivement $\Omega = (\dot{F}F^{-1})_A$ (3) et $\dot{R}R^{-1}$ (17). On en déduit, au terme d'un petit calcul, que le taux de rotation de $\mathcal{E}_c$ par rapport à $\mathcal{E}_p$ est

$$(20) \qquad (\dot{F}F^{-1})_A - \dot{R}R^{-1} = R\,(\dot{U}U^{-1} - U^{-1}\dot{U})\,R^{-1}$$

et donc qu'il s'annule si et seulement si $\dot{U}$ et $U^{-1}$ commutent. Le théorème est alors une conséquence directe de (**M6** Th 6) ■

Ces comparaisons de taux de rotation n'induisent une comparaison des rotations que si celles ci sont comptées à partir d'un instant commun. Pour R, il s'agit de la rotation entre l'instant initial de référence et l'état actuel. Pour obtenir la rotation $R^{(c)}$ du corotationnel, il faut intégrer l'équation différentielle avec condition initiale (**IV**-7).

Enfin, dans certains cas, et en particulier quand l'évolution se cale sur un mode particulier sans beaucoup varier, il peut y avoir une différence très grande entre $R^{(p)} = R$ et $R^{(c)}$. Dans le cas du cisaillement simple, étudié dans l'annexe **A**, suivi sur l'intervalle de temps $[0;\infty]$, l'angle de $R^{(p)}$ évolue de 0 à $\pi/2$ alors que celui de $R^{(c)}$ va de 0 à l'infini.

## 7. TRANSFORMATION DES ÉLÉMENTS MATÉRIELS

● Dès le début de ce chapitre nous avons tenu, au prix de considérations sur la distinction entre un segment et un vecteur peut être un peu puériles aux yeux du lecteur, à marquer la différence entre d'une part la transformation affine des *points* $P_r$ (1), plus ou moins confondue avec F vu comme transformant les *rayons vecteurs* $\overrightarrow{M_rP_r}$ qui les définissent à partir de l'origine $M_r$, et d'autre part la transformation des *figures géométriques* que constituent les *segments* d'origine $M_r$ qu'elle engendre.

Or, les segments issus du point considéré ne sont pas les seules figures géométriques qui dans la transformation affine (1) sont conservées, c'est à dire transformées en des figures de même nature géométrique. Il en va de même pour toutes les figures relevant de la structure linéaire: les parallélogrammes, les parallélépipèdes, les ellipsoides, etc. Dans la foulée de la définition des segments matériels qui a été donnée en **1**, on pourra donc introduire d'autres types d'éléments *matériels*, comme des parallélogrammes et des parallélépipèdes, admettant le point considéré comme sommet, ou encore des ellipsoides qui y seraient centrés.

Tout comme les points du milieu qui ont disparu du formalisme, ces éléments matériels ne sont ici évoqués qu'au niveau des concepts géométriques mais n'apparaissent pas dans le formalisme. Ils n'y apparaîtront qu'en **P2**, lorsque nous élaborerons le modèle matière. Nous en ferons alors une étude, et une modélisation, systématique.

● Il en est toutefois d'essentiels pour nous, dont nous ne désirons plus différer l'introduction. Ce sont les *tranches*, contingents de matière contenus entre deux plans matériels parallèles (dont un passe par le point dont on étudie le voisinage), déjà évoquées en **IV-4**. Elles permettent d'accéder à une *vision duale* du voisinage d'un point du milieu qui sera au coeur de cette construction du modèle matière. Dans ce chapitre qui se veut relativement classique, disons simplement que cette vision duale consiste à remarquer qu'un parallélépipède de sommet le point considéré peut être considéré soit comme le produit cartésien des trois segments que constituent ses arêtes issues de ce sommet, soit comme intersection des trois tranches que définissent ses paires de faces parallèles.

Et ajoutons que si d'aventure on désire fabriquer par usinage un tel parallélépipède selon une géométrie bien définie, il est beaucoup plus simple de se définir cette géométrie en se donnant la géométrie des tranches, par leurs épaisseurs respectives et leurs angles (de dièdre) relatifs, que celle des segments, par leurs longueurs et leurs angles (de segments) relatifs.

Notons encore, toujours dans ce registre géométrique, que si les trois affinités composantes de U (ou de V) mises en évidence en (16) peuvent être comprises chacune comme étant un allongement uniforme sur lui même des segments parallèles à une dpd, on peut aussi les voir comme étant des épaississements, algébriques et orthogonalement à elles mêmes, des "tranches matérielles" parallèles aux plans principaux de déformation, sans rotation des directions de ces tranches. Les déplacements déformant U et V laissent donc invariants en direction trois directions de tranches matérielles deux à deux orthogonales, exactement comme ils laissent invariants en direction trois directions de segments matériels deux à deux orthogonales.

● Exactement comme, en **1**, nous sommes passé d'une vision géométrique des segments à une caractérisation algébrique par un vecteur entrant dans le formalisme calculatoire, qui a fait que F est apparu comme l'opérateur transformant le segment de référence en le segment position actuelle, les divers (petits) éléments matériels que nous introduirons localement en un point du milieu recevront leur caractérisation, voire leur modélisation, algébrique qui les fera de même entrer dans le formalisme calculatoire.

Notant $\vec{t}_r$ son vecteur normal, dirigé de son plan origine (passant par $M_r$) vers son plan extrémité et de norme égale à l'inverse de son épaisseur, on vérifiera aisément qu'une tranche en $M_r$ est l'ensemble des points $P_r$ vérifiant $\vec{t}_r.\overrightarrow{M_rP_r} \in [0,1]$, propriété que l'on rapprochera de celle des segments donnée en **1**. Le vecteur $\vec{t}_r$ caractérise donc très bien la tranche en question.

Dans la transformation locale (1), cette tranche se transforme en l'ensemble des points P tels que $\vec{t}_r.F^{-1}\overrightarrow{MP} \equiv F^{-T}\vec{t}_r.\overrightarrow{MP} \in [0,1]$, qui n'est autre que la tranche en M caractérisée par le vecteur $\vec{t} = F^{-T}\vec{t}_r$. On en conclut que :

> *Alors que F transforme les segments, c'est l'application* $F^{-T} \in L(E_r;E)$ *qui, via la caractérisation par un vecteur qui vient d'en être donnée, transforme la position de référence d'une tranche matérielle en sa position actuelle.*

Nous renvoyons à Ch **VII** pour plus de détails.

● Transformant les (positions des) éléments matériels, F transforme leurs caractéristiques géométriques, et en particulier la longueur des segments, l'aire et la direction des parallélogrammes, et le volume des parallélépipèdes. Notant $\vec{l}_r = \vec{u}_r \ell_r$ et $\vec{l} = \vec{u}\ell$, avec $\vec{u}_r$ et $\vec{u}$ unités et $\ell_r$ et $\ell$ positifs, les positions de référence et actuelle d'un segment matériel, la transformation des longueurs est donnée par la relation :

(21) $$\ell = (F\vec{u}_r.F\vec{u}_r)^{1/2}\ell_r \equiv (C\vec{u}_r.\vec{u}_r)^{1/2}\ell_r$$

La transformation des volumes, déjà évoquée en (**III**-14) avec la densité J de volume actuel par rapport au volume de référence, est quant à elle donnée par le déterminant, dont on trouvera un rappel des principales propriétés en **M**-7:

(22) $$\boxed{V = JV_r} \quad \text{avec} \quad \boxed{J = \text{Dét}\,F = \text{Dét}\,B\ \text{Dét}\frac{dx}{dX}\,\text{Dét}\,b^{-1} = \text{Dét}\,(\delta^i_j + U^i{}_{|j})}$$

On notera que l'on a aussi, pour le volume spécifique $\tau$ et la densité volumique $\rho$ :

(23) $$\boxed{J = \tau\tau_r^{-1} = \rho^{-1}\rho_r}$$

Enfin, pour les parallélogrammes, associons leur un segment matériel arbitraire $\vec{l}$. Le volume du parallélépipède obtenu en translatant de $\vec{l}$ le parallélogramme est égal à $S\vec{n}.\vec{l}$ où $\vec{n}$ est le vecteur unité orientant le plan du parallélogramme et où S est son aire algébrique dans ce plan orienté (il n'intervient que l'*élément de surface* matériel défini par le parallélogramme). Appliquant (22) à ce volume, ce qui donne

$$S\vec{n}.\vec{l} \equiv S\vec{n}.F\vec{l}_r \equiv F^TS\vec{n}.\vec{l}_r = \text{Dét}\,F\,(S_r\vec{n}_r.\vec{l}_r),$$

et remarquant que cette relation est vérifiée quel que soit le segment matériel utilisé, on déduit la formule de transformation des éléments de surface matériels :

(24) $$\boxed{S\vec{n} = \text{Dét}\,F\;F^{-T}(S_r\vec{n}_r)}$$

## 8. UNE AUTRE DÉCOMPOSITION DE F

● Si le milieu est *incompressible*, il est soumis à la liaison cinématique interne

(25) $$\boxed{J = \text{dét}\;F = 1}$$

Il y a alors conservation du volume dans tout déplacement, et le volume actuel est égal au volume de référence. La masse des corps matériels étant invariante, la densité volumique $\rho$ et le volume spécifique $\tau$ sont alors aussi des constantes en chaque point du milieu.

Dans le cas général, F se décompose en le produit

(26) $$\boxed{F = J^{1/3}\mathring{F}} = \mathring{F}(J^{1/3}1_{Er}) = (J^{1/3}1_E)\mathring{F}$$

Le facteur $\mathring{F} = J^{-1/3}F$, de déterminant égal à 1, est une transformation *à volume constant*. L'autre est une homothétie de rapport $J^{1/3}$, agissant dans $E_r$ et précédant $\mathring{F}$ ou agissant dans E et suivant $\mathring{F}$, constituant une simple expansion radiale isotrope du voisinage du point considéré, sans changement ni de la direction des segments et des tranches ni donc de leurs angles relatifs.

Ces deux composantes de F sont *les transformations locales de rotation-distorsion et d'expansion isotrope.* Ultérieurement $\mathring{F}$ sera décomposé en une composante de rotation et une composante dite de distorsion. Le produit des composantes d'expansion isotrope et de distorsion constitueront alors la composante de déformation, qui se composera avec la composante de rotation pour constituer F. Le bien-fondé de ces appellations apparaîtra progressivement.

● Cette décomposition est uniquement locale. Elle ne correspond pas à une décomposition globale du mouvement, car en général aucun des facteurs n'est compatible : ce ne sont pas comme F des dérivées d'applications.

Remarquant que, dans (24), $\text{Dét}\,F\;F^{-T}$ est encore égal à $J^{2/3}\mathring{F}^{-T}$, on notera que dans l'expansion isotrope les coefficients de dilatation des volumes, des longueurs et des surfaces sont respectivement les scalaires J, $J^{1/3}$ et $J^{2/3}$. Mais il s'agit là de considérations concernant la déformation qui n'est pas encore à l'ordre du jour.

Enfin, une dernière remarque s'impose. Séduisante en apparence, cette décomposition ne présente probablement pas d'intérêt en cas d'anisotropie des matériaux. Dans ce cas, l'expansion isotrope est en effet un phénomène physique complexe, et c'est d'autres décompositions de la cinématique locale, introduisant d'autres composantes, qui s'imposeront éventuellement.

● Cette composition multiplicative du mouvement local engendre, en portant (26) dans (3), localement donc par leur gradient, la composition des vitesses en somme d'une vitesse de dilatation isotrope et d'une vitesse de rotation et distorsion :

(27) $$\boxed{L = \frac{1}{3}\dot{J}J^{-1}1_E + L_D = \frac{1}{3}\dot{\tau}\tau^{-1}1_E + L_D}, \quad \text{avec} \quad \boxed{L_D = \dot{\mathring{F}}\mathring{F}^{-1}}$$

La part symétrique de cette relation fournit une composition analogue pour les vitesses par rapport au référentiel corotationnel :

(28) $$\boxed{D = \frac{1}{3}\dot{J}J^{-1}1_E + D_D = \frac{1}{3}\dot{\tau}\tau^{-1}1_E + D_D}, \quad \text{avec} \quad \boxed{D_D = (L_D)_S}$$

Compte tenu de (**M7**-f), et puisque le déterminant de $\mathring{F}$ est constant, $L_D$ et $D_D$ sont de trace nulle, c'est à dire sont des déviateurs (**M8**). On en conclut en particulier que :

*La décomposition de* D *en somme d'un tenseur taux d'expansion isotrope et d'un tenseur taux de distorsion, c'est à dire de changement de forme non cotée, coïncide avec sa décomposition en parties sphérique et déviatorique.*

● Soit $\mathcal{V}$ (= dv = $\tau$dm) le volume actuel d'un (petit) élément matériel au point considéré. On a

(29) $$\boxed{\mathrm{Tr}D = \dot{J}J^{-1} = \dot{\tau}\tau^{-1} = -\dot{\rho}\rho^{-1} = \dot{\mathcal{V}}\mathcal{V}^{-1} = \frac{1}{dt}\frac{d\mathcal{V}}{\mathcal{V}} = \frac{1}{dt}\frac{d\tau}{\tau}}$$

*La trace de* D *est donc la vitesse d'augmentation relative de volume, donc aussi de volume spécifique, au point considéré, dans le mouvement total et donc aussi dans sa part expansion isotrope.*

Il est évident que dans cette part expansion isotrope, qui est une simple homothétie, la vitesse d'allongement relatif des segments matériels, et aussi la vitesse d'épaississement relatif des tranches matérielles (**IV**-8-2), sont : indépendantes de la direction de ces éléments, égales entre elles, et égales au tiers de la vitesse relative de dilatation des volumes. Elles sont donc égales au taux de déformation moyen $D_m = 1/3\,\dot{\tau}\tau^{-1}$ (= $1/3\dot{J}J^{-1}$). Ces propriétés ne sont par contre pas vérifiées en général dans le mouvement local complet. Toutefois, procédant comme en (**IV-2** Th 1) pour le vecteur taux de rotation des segments, on établit que la moyenne de $D\vec{u}.\vec{u}$ lorsque $\vec{u}$ décrit la boule unité (encore égale à $1/4\pi$ fois le flux du champ de vecteur $P \rightarrow D\overrightarrow{MP}$ sortant à travers la sphère de rayon unité centrée en M) est, par la formule de Stokes, égale à 1/3 TrD. D'où :

*La vitesse* $1/3\,\dot{J}J^{-1}$ *d'allongement ou d'épaississement relatif dans la part expansion isotrope du mouvement local est égale à la moyenne, pour toutes les directions de segment ou de tranche, de cette vitesse dans le mouvement complet.*

● Compte tenu de ce que $\tau^{-1}d\tau = (\tau/\tau_r)^{-1}d(\tau/\tau_r) = d[\,\mathrm{Ln}(\tau/\tau_r)]$, on a aussi :

(30) $$\boxed{D_{sph} = D_m 1_E = \frac{d}{dt}(\nu\,\frac{1_E}{\sqrt{3}})} \quad \text{avec} \quad \boxed{\nu = \frac{1}{\sqrt{3}}\mathrm{Ln}(\tau/\tau_r)}$$

où nous avons fait apparaître $1_E/\sqrt{3}$ plutôt que $1_E$ car il est normé dans l'espace euclidien L(E) (**M9**). On remarquera que :

*Cette relation est un premier pas dans la réponse à la question fondamentale posée en* **IV-4**. *La réponse n'est apportée que pour la partie sphérique de* D .

● Enfin, il est intéressant de conjuguer la présente décomposition de F avec la décomposition polaire. Remarquant que DétU = DétV = J, les décompositions de U et V en leurs parts de dilatation radiale et de distorsion, et celle de $\mathring{F}$ en sa part de rotation et de distorsion, s'écrivent

$$(31) \quad \boxed{U = J^{1/3}\,\mathring{U}}\ ,\ \boxed{V = J^{1/3}\,\mathring{V}}\ ,\ \boxed{\mathring{F} = R\mathring{U} = \mathring{V}R},\ \boxed{\text{Dét}\mathring{U} = \text{Dét}\mathring{V} = 1}$$

où $\mathring{U}$ et $\mathring{V}$ pourraient être appelés *tenseurs des distorsions pures* à droite et à gauche. Ces décompositions sont réunies dans le tableau ci dessous:

| | **Rotation** | **Dist. mat** | **Expansion** | | **Expansi** | **Dist.spati** | **Rotation** |
|---|---|---|---|---|---|---|---|
| F = | $\mathring{F}$ | | $J^{1/3}$ | = | $J^{1/3}$ | $\mathring{F}$ | |
| F = | R | U | | = | V | | R |
| F = | R | $\mathring{U}$ | $J^{1/3}$ | = | $J^{1/3}$ | $\mathring{V}$ | R |

CHAPITRE VI

# L'ÉQUILIBRE

Dans les trois précédents chapitres, nous avons élaboré des outils de *description* du mouvement d'un milieu continu. Dans ce chapitre, nous passons aux outils de *compréhension* et de *prévision* de ces mouvements qu'apporte la dynamique. Les éléments de départ, à savoir la modélisation des efforts internes par le tenseur des contraintes de Cauchy et l'écriture de l'équilibre sont absolument classiques et conformes à ceux dont le lecteur a pu prendre connaissance dans tout exposé de mécanique des fluides ou des solides en petits déplacements. Nous ne ferons que les rappeler, avant d'exposer les développements spécifiques à la Mécanique des Grandes Transformations.

L'écriture de l'équilibre nécessite la prise en considération du milieu dans sa globalité, et pas seulement localement, et avec son environnement qui le sollicite. Nous en profiterons pour faire une brève incursion dans les *problèmatiques* spécifiques des milieux en grandes transformations. Bien entendu, les problèmes évoqués ne sauraient être totalement mis en équations et résolus pour l'instant puisque nous n'avons pas encore parlé de comportement.

## 1. RAPPEL

● L'équilibre, c'est à dire la traduction de la loi fondamentale de la dynamique, est une question spatiale, concernant le milieu continu dans sa globalité. Il se traite en priorité sur la position actuelle globale du milieu dans un référentiel galiléen. Celui-ci étant choisi, considérons donc un milieu continu occupant à chaque instant, dans ce référentiel galiléen pris comme référentiel de travail ($\mathcal{E} = \mathcal{E}_f = \mathcal{E}_g$), un domaine $\Omega$ de frontière $\partial\Omega = \Gamma$, et soumis à des forces extérieures de masse et de surface de densités volumique $\vec{f}$ et surfacique $\vec{F}$. Le référentiel de travail prend ainsi une signification physique précise. Cela en réduit à priori l'arbitraire, et même totalement pour les tenseurs et les études locales en un point puisque, étant entre eux en mouvement relatif de translation (rectiligne uniforme), les référentiels galiléens définissent un unique référentiel vectoriel ($E_g = E_f = E$).

Nous n'oublions évidemment pas que l'artifice des "forces" d'inertie d'entraînement et de Coriolis, que l'on fait entrer dans le $\vec{f}$, permet de "faire comme si" tout référentiel était galiléen. Mais il s'agit là d'une analogie formelle qui sur le plan de l'élaboration conceptuelle est un trompe l'oeil dangereux que nous éviterons (les forces d'inertie ne peuvent pas être conceptuellement présentées comme actions mécaniques d'un type physique donné exercées par un corps matériel sur un autre [Rougée 1982]). Et puis cet artifice présente un intérêt non pas au niveau de la physique, mais au niveau des problématiques : il permet de poser plus simplement, et donc d'en faciliter la résolution, les problèmes particuliers dans lesquels un référentiel de travail non galiléen, mais en mouvement connu par rapport à un référentiel galiléen, se trouve être mieux adapté.

Cette signification physique qui restreint l'arbitraire du référentiel de travail demeure aussi en quasi statique, où l'on néglige les forces d'inertie, car ce n'est pas par rapport à n'importe quel référentiel que celles-ci sont négligeables.

● Comme tout corps matériel, un milieu continu doit vérifier la loi fondamentale de la dynamique. Mieux, chacune de ses parties doit aussi vérifier cette loi. Contrairement à ce qui se passe pour un solide rigide, les efforts que ces parties exercent entre elles, internes au milieu et appelés contraintes internes ou *contraintes*, vont donc se trouver impliquées, et il importe de les modéliser.

Négligeant toute action interne à distance dans le milieu, la modélisation spatiale de ces efforts, à chaque instant et en chaque point du milieu, est, au terme d'un certain nombre d'hypothèses et/ou de démonstrations que nous ne rappelons pas, la suivante:

**Tenseur des contraintes de Cauchy**

*En un point du milieu et à un instant donné, la densité surfacique* $\vec{T}$ *de forces (de contact, de cohésion) exercées, à travers une surface imaginaire passant par ce point et y admettant le vecteur unité normal* $\vec{\nu}$, *par la matière située du coté de* $\vec{\nu}$ *sur celle située du coté opposé, est*

(1) $$\boxed{\vec{T} = \sigma\vec{\nu}}$$

*où* $\sigma$ *est un élément de* $L_S(E)$ *appelé tenseur des contraintes de Cauchy, fonction évidemment du point et de l'instant.*

Ce tenseur des contraintes de Cauchy a une grande évidence physique, unanimement reconnue. Il est, sur ce plan de la modélisation spatiale, aussi efficace et incontesté pour les contraintes que l'est D pour les vitesses de déformation. En particulier, ses plans propres sont les plans deux à deux orthogonaux selon lesquels les forces en question sont normales, et ses valeurs propres sont les densités surfaciques associées. Sa symétrie est une propriété tout à fait particulière, sur laquelle nous reviendrons à propos de l'étude du comportement. Dans tout ce chapitre on peut l'oublier.

Ce n'est pas sans arrière-pensée que nous avons rapproché les tenseurs D et $\sigma$, qui vont jouer un rôle essentiel dans l'étude du comportement. Bien que de dimensions physiques différentes, puisque D est de dimension $T^{-1}$ et que $\sigma$ a la dimension d'une pression, ils sont tous deux éléments de l'espace $L_S(E)$ inclus dans L(E). On trouvera en **M8**, que l'on peut par exemple étudier maintenant, les compléments nécessaires concernant la structure de ces espaces, et en particulier le produit scalaire utilisé ci-dessous dans le premier intégrant de (3).

● Avec cette modélisation des efforts internes, l'application de la loi fondamentale de la dynamique à un milieu continu, se traduit, de façon équivalente,

- soit, dans $\Omega$ et au bord, par les équations dites d'équilibre :

**Equations d'équilibre**

*A tout instant, et en tout point de $\Omega$ et de sa frontière $\Gamma$, on a:*

(2) $\boxed{\mathrm{Div}_M \sigma + \vec{f} = \rho \vec{\Gamma}}$ *dans* $\Omega$ et $\boxed{\sigma \vec{n} = \vec{F}}$ *sur* $\Gamma$

*où $\vec{n}$ est la normale unité extérieure à $\Gamma$, et où $\vec{\Gamma}$ est l'accélération (galiléenne).*

- soit globalement par l'énoncé dit de d'Alembert, théorème ou principe selon le sens de la visite :

**Enoncé de d'Alembert**

*A chaque instant et quel que soit le champ vectoriel* $V^*$: $M \in \Omega \to \vec{V}^* \in E$, *suffisamment régulier,*

(3) $$\boxed{\int_\Omega [-\sigma : \frac{d\vec{V}^*}{dM}]\, dv + \int_\Omega \vec{f}.\vec{V}^*\, dv + \int_\Gamma \vec{F}.\vec{V}^*\, dS = \int_\Omega \rho \vec{\Gamma}.\vec{V}^*\, dv}$$

La compréhension et l'exploitation de ces équations nécessite quelques notions d'analyse des champs tensoriels sur un espace euclidien que l'on trouvera en **M10**.

## 2. COMMENTAIRES

● Pour les lecteurs encore trop spécialisés en mécanique des solides en petits déplacements, insistons d'abord et avant tout sur le fait que les considérations du paragraphe précédent sont relatives à l'état spatial actuel du milieu : $\Omega$ et $\Gamma$ sont les positions actuelles (qui en grande transformation ne sauraient être, comme en petite, identifiées à une position invariable), $\vec{f}$ et $\vec{F}$ sont des densités par rapport au volume et à la surface actuels, $\rho$ est la densité actuelle et, la notation l'indique, $\mathrm{Div}_M$ est l'opérateur divergence des champs spatiaux (ou eulériens) définis sur $\Omega$.

Avec, spécificité des grandes transformations que nous traiterons en **4** ci dessous, le gros inconvénient que tout ceci est inconnu dans la quasi totalité des problèmes concrets, ou plus précisément n'est connu qu'en fonction du mouvement qui, lui, est inconnu.

● Le théorème de la résultante dynamique appliqué à une partie $\Omega'$ de $\Omega$ s'écrit, en partageant sa frontière $\partial\Omega'$ en sa partie $\Gamma' \subset \Gamma$ et sa partie $(\partial\Omega' - \Gamma') \subset \Omega$, en notant $\vec{n}$ la normale unité à $(\partial\Omega' - \Gamma')$ dirigée vers l'extérieur de $\Omega'$ et en utilisant (1) pour évaluer la résultante des forces exercées par $\Omega - \Omega'$ sur $\Omega'$ :

(4) $$\int_{\Omega'} \vec{f}\, dv + \int_{\Gamma'} \vec{F} dS + \int_{(\partial\Omega' - \Gamma')} \sigma \vec{n}\, dS = \int_{\Omega'} \vec{\Gamma}\, \rho dv$$

Appliquant la formule de Stokes (**M10**-h) à l'intégrale sur $\partial\Omega'$ obtenue, il vient la relation équivalente

(5) $$\int_{\Omega'}(\mathrm{Div}_M\sigma + \vec{f} - \rho\vec{\Gamma})\, dv + \int_{\Gamma'}(\vec{F} - \sigma\vec{n})\, dS = 0$$

qui, étant vérifiée pour toute partie $\Omega'$ de $\Omega$ conduit tout naturellement à (2).

On peut aussi comprendre les équations d'équilibre (2), en les multipliant respectivement par $dm = \rho dv$ et dS, comme exprimant le théorème de la résultante dynamique appliqué à un élément de volume et un élément de surface du milieu. Dans la première, $\mathrm{Div}_M\sigma\, dm$ apparaît alors comme étant la résultante des forces de contact exercées sur l'élément de volume par le reste du milieu. Dans la seconde, il faut comprendre que les forces d'inertie sur l'élément de surface, de masse nulle, sont nulles.

Enfin, c'est l'application du théorème du moment cinétique à un $\Omega'$ quelconque qui, compte tenu de (2), impose la symétrie de $\sigma$ (mais aucune équation supplémentaire).

● L'équivalence entre les formulations (2) et (3) n'existe qu'à des nuances ou des conditions mathématiques près (régularité, dérivées distributions,...) que nous n'expliciterons pas. Elle est indépendante du fait que $\sigma$ soit symétrique. Très rapidement, elle résulte de ce que, utilisant (**M10**-j) pour modifier sa première intégrale, (3) s'écrit :

$$\int_{\Omega}(\mathrm{Div}_M\sigma + \vec{f} - \rho\vec{\Gamma}).\vec{V}^*\, dv + \int_{\Gamma}(\vec{F} - \sigma\vec{n}).\vec{V}^*\, dS = 0$$

dont l'équivalence avec (2) vient de ce que le champ $V^*$ est arbitraire.

Pour comprendre la dialectique entre ces deux formulations, il peut être intéressant de considérer le cas d'un point matériel soumis à une force résultante $\vec{F}$. Les formulations (2) et (3) s'écrivent dans ce cas, compte tenu de (**M1-a**) :

(6) $$\boxed{\vec{F} = m\vec{\Gamma}} \quad \text{et} \quad [(\forall\vec{V}^* \in E)\ \boxed{\vec{F}.\vec{V}^* = m\vec{\Gamma}.\vec{V}^*}\ , \Leftrightarrow\ \boxed{g\vec{F} = mg\vec{\Gamma}}\ ]$$

Elles constituent une équation dans E et sa transportée par le tenseur métrique g dans le dual E*. Dans le cas d'un milieu continu, il s'agit encore de dualisation, mais au niveau des champs, et les champs arbitraires $V^*$ s'apparentent aux fonctions test de la théorie des distributions (on aura évidemment noté la linéarité par rapport à $V^*$ des termes de (3)).

● Cette fonction test $V^*$ n'est à priori rien d'autre que ce qui a été dit : un champ vectoriel arbitraire. Toutefois, pour les besoins de certaines causes, on est amené à leur prêter des interprétations diverses. Les causes en question sont la nécessité, ou l'intérêt, d'interpréter $V^*$ comme variation arbitraire d'un champ particulier constituant l'inconnue cinématique principale du problème que l'on se pose : champ des vitesses ou des déplacements, défini sur la position actuelle ou de référence. On débouche ainsi sur ce que l'on appelle des *formulations variationnelles*, exprimant l'annulation d'une certaine forme différentielle (de cette inconnue). L'intérêt peut être à la fois théorique au niveau le plus fondamental, comme par exemple pour les théorèmes de l'énergie en élasticité, et mathématique pour la résolution numérique.

Quant aux interprétations mécaniques et au vocabulaire qu'elles engendrent, ils sont issus des deux formes équivalentes du théorème de l'énergie obtenues en donnant à $\vec{V}^*$ dans (3) les valeurs successives $\vec{V}$, vitesse actuelle, et $\vec{dM} = \vec{V}dt$ :

$$\int_\Omega [-\sigma : \frac{d\vec{V}}{dM}]\,dv + \int_\Omega \vec{f}.\vec{V}\,dv + \int_\Gamma \vec{F}.\vec{V}\,dS = \int_\Omega \rho\vec{\Gamma}.\vec{V}\,dv \tag{7}$$

$$\int_\Omega [-(\sigma : \frac{d\vec{V}}{dM})dt]\,dv + \int_\Omega \vec{f}.\vec{dM}\,dv + \int_\Gamma \vec{F}.\vec{dM}\,dS = \int_\Omega \rho\vec{\Gamma}.\vec{dM}\,dv \tag{8}$$

La première met en jeu des vitesses et des puissances, et la deuxième, qui n'en diffère que par un facteur dt, des déplacements et des travaux infinitésimaux, dits aussi élémentaires. Par analogie, le vecteur $\vec{V}^*$ et (3) sont interprétés soit en termes de vitesses et de puissances, dites virtuelles, soit, avec adaptation des notations, en termes de déplacements et de travaux, dits virtuels.

• Adoptant l'optique vitesse-puissance, les termes de (3) apparaissent comme étant les puissances que les divers types d'efforts auraient développées dans un champ de vitesse (virtuelle) arbitraire. En tant que scalaire dépendant linéairement du champ V*, ils décrivent les *potentialités de puissance* de ces efforts tels qu'ils existent réellement à t au cours du mouvement considéré, potentialités qui ne sont bien sûr effectivement utilisées que par les valeurs qu'elles prennent dans le champ V* = V des vitesses, dites réelles, régnant effectivement au cours de ce mouvement. Nous dirons qu'il s'agit des *fonctionnelles puissance* des divers efforts. On peut alors faire le commentaire :

*La formulation* (3) *met en équilibre à chaque instant les fonctionnelles puissance galiléennes, c'est à dire par rapport au référentiel galiléen, des différents types d'efforts exercés, efforts intérieurs, extérieurs et d'inertie, alors que* (2) *équilibre les modélisations géométriques dans le référentiel galiléen de ces efforts.*

On s'intéressera beaucoup, ultérieurement, au premier terme de la relation (3), qui représente la fonctionnelle puissance des efforts internes, ou contraintes, modélisés par le champ des σ. Suivant en cela une pratique courante dans la littérature anglo-saxonne, nous n'introduirons pas systématiquement la double notation réel/virtuel. Il en résultera que, selon le contexte, V et $\vec{V}$ seront à lire comme étant soit les vitesses au cours d'un mouvement particulier considéré, soit, en particulier dans l'écriture des fonctionnelles puissance, éventuellement précédé d'un (∀V), simplement des vitesses à priori possibles à partir d'un état considéré.

• Pour terminer, replaçons ce qui précède dans le cadre des préoccupations de **II-1**. Nous avons travaillé dans un référentiel galiléen. Les $\vec{T}$, $\vec{v}$, σ, $\vec{f}$, $\vec{F}$, $\vec{\Gamma}$ figurant dans (1), (2) et (3) sont des tenseurs de l'unique feuille-référentiel vectoriel galiléen $E_g$. Pour être conforme aux notations du chapitre **I**, nous aurions dû les noter avec des indices $_g$, et nous le ferons ci-après lorsque cela s'avérera nécessaire. Les fonctions du temps obtenues en les suivant à $M_0$ fixé sont des variables au sens donné à ce terme en **II-1**.

La variable $t \rightarrow \sigma_g \in L_S(E_g)$ (à $M_0$ fixé, nous ne le répéterons pas systématiquement) décrit l'évolution au cours du temps de la position dans le référentiel galiléen des densités surfaciques $\vec{T}$ d'efforts internes dans toutes les directions $\vec{v}$. ***Une différence fondamentale avec la mécanique des petits déplacements est que en aucun cas elle ne saurait modéliser l'évolution de l'état de contrainte du milieu.*** Pour s'en convaincre, imaginons une éprouvette élastique tendue dans une machine de traction arrêtée mais entraînée dans un mouvement quelconque de solide rigide : négligeant les effets d'inertie sur l'éprouvette, son état de contrainte ne change pas, et la variable $t \rightarrow \sigma_g$, qui elle varie, ne décrit que le changement de la position dans $E_g$ de cet état en lui-même invariant.

Dans cet exemple il est évident que pour retrouver l'évolution nulle de l'état de contrainte de l'éprouvette, il faut regarder son évolution par rapport au référentiel tournant que constituent la machine et l'éprouvette. Ce qui signifie que l'on introduit le tenseur en mouvement dans l'Espace $t \rightarrow \sigma^t \in L_S(E^t)$ dont la variable $t \rightarrow \sigma_g$ est la lecture dans le référentiel galiléen, et que la variable décrivant l'évolution de l'état de contrainte est la fonction du temps (ici constante) $t \rightarrow \sigma_m = i^t_{mg} \sigma_g \in L_S(E_m)$ obtenue en lisant ce tenseur en mouvement dans le référentiel $E_m$ lié à la machine.

Dans le cas général, il conviendra de même de voir dans le $\sigma$ associé à chaque point du milieu un tenseur en mouvement dans l'Espace dont, selon les besoins, on utilise telle ou telle lecture dans un référentiel particulier pour obtenir telle ou telle variable modélisant tel ou tel concept physique, ces concepts étant différents puisque les variables ne sont pas équivalentes. La variable $t \rightarrow \sigma_g$ est parfaite pour, avec (1) et en fonction de la position, décrire l'évolution de la distribution spatiale dans le référentiel galiléen des forces, concept relevant de l'univers du référentiel galiléen, entre parties du milieu concourant à l'équilibre à travers le principe fondamental de la dynamique. Mais pour décrire un concept différent d'*état de contrainte* évolutif, sorte de propriété physique du milieu intervenant dans l'écriture du comportement de celui-ci, il sera nécessaire de lire $\sigma$ autrement. Il faudra le lire dans la matière, ce que rendra concevable l'approche matérielle que nous entreprendrons au prochain chapitre, ou à défaut et par approximation, comme en petits déplacements d'ailleurs, dans un des référentiels suiveurs que nous avons évoqués dans les précédents chapitres.

Terminons en rappelant que lire un tenseur dans un référentiel a pour corollaire de le dériver par rapport à celui-ci, et en rappelant aux amateurs de travail en composantes que cela signifie, pour eux, considérer sa matrice dans une base fixe dans le référentiel en question. Et aussi, enfin, en faisant remarquer que :

> *N'ayant pas utilisé un référentiel de travail arbitraire pour l'introduire, la question ne se pose pas de savoir si le tenseur des contraintes de Cauchy est objectif ou non : il l'est sans aucun doute possible.*

### 3. L'ÉQUILIBRE SUR $\Omega_T$

• Tout naturellement, l'équilibre a été exprimé d'abord en termes spatiaux, privilégiant les représentations spatiales en fonction de (t,M) et les opérateurs différentiels associés (**III-7**) : domaine d'intégration $\Omega$, mesures surface et volume actuels, opérateur $\text{grad}_M$. Un simple changement de variables au profit de $(t, M_r)$, après choix d'une configuration de référence, va nous donner une formulation de l'équilibre qui d'une part, compte tenu du rôle d'ersatz du modèle matière que nous avons reconnu à cette référence, sera plus matérielle, et qui d'autre part, compte tenu du premier point de **2**, aura en **4** l'avantage de porter sur des champs définis sur un domaine $\Omega_r$ généralement connu.

Le premier terme de (3), qui utilise l'opérateur différentiel d/dM, se transforme en :

$$\sigma : \frac{d\vec{V}^*}{dM} = \text{Tr}\,(\sigma^T \frac{d\vec{V}^*}{dM}) = \text{Tr}\,(\sigma^T \frac{d\vec{V}^*}{dM_r} F^{-1}) = (\sigma F^{-T}) : \frac{d\vec{V}^*}{dM_r} \ ,$$

On est alors en mesure, en utilisant (**III**-14) et (**V**-22-24) pour introduire les mesures volume et surface de la configuration de référence, et en remarquant qu'à t donné tout champ $V^*: \Omega \to E$ définit un champ $V_r^* = V^* \circ p^t : \Omega_r \to E_r = E$, de transformer (3) en :

**Énoncé de d'Alembert "écrit sur $\Omega_r$"**

*A chaque instant et quel que soit le champ vectoriel* $V_r^*$: $M_r \in \Omega_r \to \vec{V}^* \in E_r = E$, *suffisamment régulier,*

(9) $$\int_{\Omega_r} (- P : \frac{d\vec{V}^*}{dM_r})\, dv_r + \int_{\Omega_r} \vec{f}_r . \vec{V}^*\, dv_r + \int_{\Gamma_r} \vec{F}_r . \vec{V}^*\, dS_r = \int_{\Omega_r} \rho_r \vec{\Gamma} . \vec{V}^*\, dv_r$$

(10) *avec* $$P = J \sigma F^{-T}$$

*où* $\vec{f}_r$ *et* $\vec{F}_r$ *sont les densités de forces extérieures exercées sur le milieu par rapport au volume et à la surface dans la configuration de référence :*

(11) $$\vec{f}_r = J\vec{f} \quad \text{et} \quad \vec{F}_r = J \left\| F^{-T} \vec{n}_r \right\| \vec{F} = J \left\| F^T \vec{n} \right\|^{-1} \vec{F}, \quad \text{avec} \quad J = \rho_r / \rho$$

*où* $\rho_r$ *est la densité volumique dans la configuration de référence.*

Utilisant encore la relation (**M10**-j) (attention, contrairement à $\sigma$, P n'est pas symétrique), mais pour les champs définis sur $\Omega_r$ cette fois, on vérifie comme précédemment pour (1) et (2) et toujours aux nuances mathématiques près, que cet énoncé est équivalent au système ci dessous, où $\text{Div}_{M_r}$ est la divergence des champ lagrangiens $M_r \to$, et où $\vec{n}_r$ est la normale unité extérieure à $\Gamma_r$ :

**Équations d'équilibre "écrites sur $\Omega_r$"**

*A tout instant, et en tout point de* $\Omega_r$ *et de sa frontière* $\Gamma_r$ *, on a :*

(12) $$\text{Div}_{M_r} P + \vec{f}_r = \rho_r \vec{\Gamma} \quad \text{dans } \Omega_r \quad \text{et} \quad P\vec{n}_r = \vec{F}_r \quad \text{sur } \Gamma_r$$

● Grâce à l'introduction de P défini par (10), cette nouvelle écriture de la loi fondamentale a une grande analogie formelle avec la première. Le tenseur P est de ce fait réputé être lui aussi un tenseur des contraintes. Il est appelé *tenseur des contraintes de Piola-Lagrange,* ou de *Piola-Kirchhoff*-1. Cette appellation "tenseur des contraintes" demande toutefois une mise en garde, car F dépendant du champ de déplacement U, si une des deux grandeurs σ et P liées par (10) exprime l'état de contrainte au point considéré, l'autre est une grandeur hybride mélangeant contraintes et déplacements. Après le bien qui a été dit de σ sur ce plan, P risque d'être perdant dans la comparaison.

Compte tenu de (1), (10) et (V-24), on a le résultat suivant :

*La petite force de cohésion actuelle exercée, au point du milieu considéré, à travers un petit élément de surface orienté dont les positions actuelle et de référence sont* $\vec{dS} = \vec{v}dS$ et $\vec{dS_r} = \vec{v}_r dS_r$, *par le coté positif sur le coté négatif, est :*

(13) $$\vec{dF} = \vec{T}dS = \sigma\vec{dS} = P\vec{dS_r}$$

qui donne la véritable signification physique de P. C'est un élément de $L(E_r;E)$ qui "distribue" les forces de cohésion actuelles à travers les éléments de surface en fonction de leur position de référence, alors que σ le faisait en fonction de leur position actuelle.

Certes, P est un outil ayant son intérêt. Mais, comme cela était prévisible, ses propriétés géométriques seront le fruit commun de l'état de contrainte actuel, de la position de référence utilisée et du déplacement par rapport à elle. Par exemple, ses directions propres donneront les éventuels éléments de surface pour lesquels la force de cohésion actuelle est orthogonale à la position de référence, ce qui n'a qu'un intérêt très relatif, pour ne pas dire nul, sans commune mesure avec la signification forte des éléments propres de σ. On peut d'ailleurs remarquer à ce sujet que P est en fait, de par sa définition (10), un élément de $L(E_r;E)$, et que la notion d'élément propre n'a de sens pour lui que par la possible identification de $E_r$ à E qui est tout à fait acceptable sur le plan géométrique mais l'est moins sur le plan de la physique qui se dissimule derrière les éléments géométriques introduits.

## 4. LES PROBLÉMATIQUES

Comme dans toute théorie, il faut distinguer la modélisation, c'est à dire la physique et ses lois, et son utilisation dans des problèmes divers. La physique se traduit par des relations entre grandeurs modélisant des concepts : (2) et (3) en sont des illustrations. Dans un problème, les grandeurs se partagent en données et en inconnues, et les lois deviennent des équations permettant le calcul des inconnues en fonction des données. Avec les problématiques, on quitte donc la physique pour s'orienter vers le traitement mathématique. Nous ne faisons dans ce paragraphe qu'une brève, mais essentielle, incursion sur le plan des problématiques dominantes en grandes transformations.

● L'équilibre est une question spatiale, alors que le comportement, nous le verrons, relève du modèle matière. Leur juxtaposition dans les problèmes nécessite des rapprochements, éventuellement sur terrain neutre. L'écriture de l'équilibre sur une configuration de référence qui précède est un pas important dans ce sens. Une spécificité des problèmes de solide en grandes transformations étant que la position actuelle Ω est très généralement inconnue (alors qu'en petits déplacements de solide Ω peut être identifié à une configuration de référence connue et qu'en fluide il s'agit souvent d'un domaine d'écoulement donné), elle présente en effet un avantage certain sur les formulations sur la configuration actuelle du **1**. Elle se traduit par l'écriture de relations entre champs inconnus définis sur un domaine $\Omega_r$ qui, lui, est connu (champs lagrangiens - dits aussi matériels dans la mesure où $\Omega_r$ est utilisé comme ersatz du modèle matière $\Omega_0$). Et l'inconnue cinématique principale est précisément le champ lagrangien des déplacements

$$U: M_r \in \Omega_r \to \vec{U} = \overrightarrow{M_r M} \in E$$

généralement fonction du temps, déterminant la position actuelle inconnue par rapport à la position de référence que l'on s'est donnée.

● Les équations (9) ou (12) doivent évidemment être complétées par les conditions aux limites et initiales, et surtout par l'écriture du comportement dont nous n'avons pas encore parlé. Tout ceci conduit à des problèmes qui, formulés en déplacements, présentent des non-linéarités d'origine géométrique s'ajoutant aux non-linéarités physiques déjà bien connues en petits déplacements. Sur le plan numérique, cette approche des problèmes conduit à ce que l'on appelle l'écriture en *lagrangien total.*

D'autres méthodes de résolution, dites en *lagrangien réactualisé* sur le plan numérique, consistent à procéder par incréments de chargement successifs, que ceux-ci correspondent à une cinématique réelle (problèmes d'évolution avec conditions initiales) ou non (élastostatique). Dans ces secondes méthodes, la position atteinte à la fin d'un incrément devient la configuration de référence pour l'incrément suivant, et chacun des incréments successifs est suffisamment petit pour autoriser des approximations sur le plan des non-linéarités géométriques. Les relations (9) et (12) sont alors remplacées par des approximations tenant compte de cette opportunité, et qui peuvent aller jusqu'à la forme utilisée en petits déplacements (ces dernières sont évidemment les équations que l'on obtient en faisant $M = M_r$ dans (2) et (3), ou $F = 1$, qui entraîne $P = \sigma$, $\vec{f_r} = \vec{f}$ et $\vec{F_r} = \vec{F}$, dans (9) et (12)). Ces secondes méthodes font évidemment penser aux approches spatiales (eulériennes) utilisées en mécanique des fluides. Elles en diffèrent toutefois de façon essentielles en ce qu'elles organisent toujours un suivi lagrangien du milieu.

● Les techniques de résolution numérique, mais aussi l'étude de la stabilité des mouvements solution (les écoulements), demande parfois de considérer ce que l'on appelle le *problème en vitesse.* Il consiste, connaissant l'état et les sollicitations à t, à calculer les vitesses à $t^+$. En plus d'une écriture en taux du comportement, on a alors besoin d'une forme "dérivée en temps à $M_0$ fixé" ($= d/dt = \dot{}$ ) (ce que sont les vitesses) de la loi fondamentale. Les équations (9) et (12) sont parfaitement adaptées à cette dérivation : elles sont écrites sur des domaines $\Omega_r$ et $\Gamma_r$ indépendants de t, et les dérivations $d/dt = (\partial/\partial t)_{M_r}$ et $d/dM_r = (\partial/\partial M_r)_t$ commutent (**III-6**). Il vient, en dérivant (9) (écrit avec des champs $V_r^*$ indépendant de t) et (12):

**Dérivée en temps de l'énoncé de d'Alembert**

*A chaque instant et quel que soit le champ* $V_r^* : \Omega_r \to E_r$ *suffisamment régulier et indépendant du temps :*

$$(14)\quad \int_{\Omega_r}(-\dot{P}:\frac{d\vec{V}^*}{dM_r})\,dv_r + \int_{\Omega_r}\dot{\vec{f}}_r.\vec{V}^*\,dv_r + \int_{\Gamma_r}\dot{\vec{F}}_r.\vec{V}^*\,dS_r = \int_{\Omega_r}\rho\dot{\vec{\Gamma}}.\vec{V}^*\,dv_r$$

**Dérivée en temps de l'équilibre**

$$(15)\quad \mathrm{Div}_{M_r}\dot{P}+\dot{\vec{f}}_r = \rho_r\dot{\vec{\Gamma}} \quad \textit{dans } \Omega_r \qquad \text{et} \qquad \dot{P}\vec{n}_r = \dot{\vec{F}}_r \quad \textit{sur } \Gamma_r$$

Noter que ces dérivations en temps sont évidemment effectuées par rapport au référentiel de travail galiléen utilisé puisque c'est dans ce référentiel que la configuration de référence est choisie fixe. Ce sont donc les variables constituées par P, $\vec{f}_r$, $\vec{F}_r$,.. lus dans ce référentiel qui sont dérivées. Et P étant relié à $\sigma$ par (10), c'est la variable $\sigma_g$ du **2**, celle qui intervient dans l'écriture de l'équilibre, qui sera dérivée.

Par contre, dans l'écriture du comportement, c'est une autre variable, à savoir $\sigma$ lu sur la matière ou dans un référentiel lié à la matière, qui interviendra et qui sera dérivée en cas d'écriture du comportement en loi en taux. Pour le traitement du système d'équations obtenu il conviendra évidemment d'exprimer cette dérivée par rapport à la matière ou à un référentiel lié à la matière, de mouvement inconnu, en fonction de la dérivée par rapport au référentiel de travail galiléen qui figure dans (14) et (15) après expression de P en fonction de $\sigma$. Et rappelons encore que toutes ces dérivées en temps sont à $M_0$ et donc à $M_r$ fixés. Ce sont des dérivations partielles en t de fonctions inconnues de $(t,M_r)$.

Signalons aussi les difficultés qui dans cette affaire peuvent naître d'une partition de $\Gamma_r$ en zones à déplacement imposé et à forces imposées qui dépendrait du temps.

● Il n'est évidemment pas question de faire ici une revue détaillée des types de problèmes que l'on rencontre en mécanique des solides en grandes transformations, d'autant d'ailleurs qu'elle ressemblerait à celle que l'on pourrait faire en petits déplacements. Nous avons voulu par contre attirer l'attention sur les difficultés particulières auxquelles elles conduisent. Examinons simplement pour terminer, sur quelques exemples, ce que devient la notion classique en petits déplacements de forces extérieures *données*, ou *connues*.

Prenons d'abord le cas de forces de pesanteur de champ non uniforme mais parfaitement connu, $\vec{g} = g(M)$. Elles conduiront dans (12), puis dans (9) en interprétant $\vec{V}^*$ comme étant une variation virtuelle $\delta\vec{U}$ de l'inconnue $\vec{U}$, à :

$$\vec{f}_r = \rho_r(M_r)\,g(M_r+\vec{U}) \quad \text{et} \quad \int_{\Omega_r}\vec{f}_r.\vec{V}^*\,dv_r = \int_{\Omega_r}\rho_r(M_r)\,g(M_r+\vec{U}).\delta\vec{U}\,dv_r$$

alors qu'en petit déplacement, où $\vec{U}$ est négligeable, on aurait eu $\vec{f}_r = \rho_r(M_r)\,g(M_r)$, égal à $\vec{f}$ et, surtout, indépendant de $\vec{U}$, et donc

$$\int_{\Omega_r}\vec{f}_r.\vec{V}^*\,dv_r = \int_{\Omega_r}\rho_r(M_r)\,g(M_r).\delta\vec{U}\,dv_r = \delta\left[\int_{\Omega_r}\rho_r(M_r)\,g(M_r).\vec{U}\,dv_r\right]$$

On constate donc que ces "forces connues" apparaissent en fait dans les équations comme des fonctions connues de l'inconnue $\vec{U}$. Ce ne sont plus des "seconds membres" donnés comme en petits déplacements. Non seulement elles introduisent l'inconnue $\vec{U}$, mais en plus elle le font de façon à priori non-linéaire et leur fonctionnelle puissance ne dérive plus systématiquement d'un potentiel.

Un second exemple est celui des forces de surface résultant d'une pression extérieure donnée p. On a alors $\vec{F} = p\vec{n}$ et donc , compte tenu de (V-24):

$$\vec{F}_r = pJ\, F^{-T}\, \vec{n}_r \qquad \text{avec} \quad J = \text{Dét}\, F \quad \text{et} \quad F = 1_E + \frac{d}{dM_r}\vec{U}$$

Non seulement l'inconnue $\vec{U}$ intervient comme dans l'exemple précédent, mais en plus elle intervient par son gradient et dans les conditions aux limites (12-2), ce qui complique sérieusement la forme mathématique du problème.

## 5. L'ÉCRITURE MATÉRIELLE DE L'ÉQUILIBRE

Les considérations de ce paragraphe seraient plus compréhensibles si elles intervenaient plus loin dans l'ouvrage. Le lecteur les appréciera donc mieux en seconde lecture. Nous les présentons toutefois maintenant car nous ne reviendrons plus sur la question de l'écriture de l'équilibre.

● Compte tenu de la vocation de la configuration de référence à jouer le rôle d'ersatz du modèle matière, on peut se demander si l'équilibre sur $\Omega_r$ du **3** peut être interprété comme étant une *écriture matérielle de l'équilibre* acceptable. Il n'en est rien, car, avec le transposé de F et les propriétés d'analyse vectorielle euclidienne sur $\Omega_r$, nous avons fait une large place à la métrique de la configuration de référence, ce qui, nous le verrons, est incompatible avec l'approche matérielle intrinsèque.

Une présentation matérielle satisfaisante de l'équilibre, en termes de champs définis sur $\Omega_0$, avec un tenseur des contraintes donnant comme P les vecteurs force *spatiaux* en fonction d'éléments de surface matériels, est possible dans le cadre du modèle matière que nous développerons bientôt. Mais elle nécessiterait l'utilisation du modèle matière *global* $\Omega_0$, variété mesurée par la masse, et de l'analyse (non euclidienne) des champs qui lui est associée, technique mathématique qui serait à préciser. Nous n'entendons pas entreprendre cette étude dans cet ouvrage. Nous pensons qu'elle serait loin de présenter un intérêt aussi grand que celui qu'apporte à la compréhension de la formulation du comportement la prise en considération du modèle matière *local* que nous allons entreprendre. Nous renvoyons le lecteur intéressé à [Rougée 1980] : ce qui y a été fait à ce sujet, avant les résultats de [Rougée 1991] qui ont introduit la variété **M** et ses deux cartes privilégiées $\overline{c}$ et $\underline{c}$ que nous définirons en Ch **XIV**, peut être considéré comme l'expression de cet équilibre matériel dans la carte $\overline{c}$ .

● Nous l'avons dit, le comportement relève du modèle matière et l'équilibre du modèle spatial, et la résolution des problèmes nécessite le choix d'un terrain commun. On peut alors se demander si, au lieu d'un compromis entraînant une certaine perte d'authenticité physique des grandeurs manipulées, il ne serait pas possible de traduire l'équilibre, comme le comportement, totalement dans le modèle matière et avec les mêmes grandeurs fondamentales matérielles, en particulier de contrainte. Une plus grande homogénéité, et une plus grande authenticité physique seraient ainsi obtenues.

Il s'agirait d'une écriture différente de celle évoquée au point précédent, car nous parlons ici d'une modélisation des contraintes totalement dans le modèle matière, que nous mettrons en place en **P3**, et non pas d'outils mixtes donnant les forces spatiales en fonction des caractéristiques matérielles dont, avec P, nous avons vu le caractère hybride.

Dans la mesure où, nous l'avons fait remarquer (**II-4**), la distinction entre espace et matière est en fait arbitraire, une telle expression ne serait pas du tout contre nature : ce ne serait qu'une lecture de l'équilibre, qui est spatial, dans le référentiel d'Espace "mou" que constitue la feuille déformable milieu continu glissée entre les feuilles rigides constituant les référentiels rigides classiques (**III-1**), (alors que traiter le comportement dans le modèle d'espace est, quant à lui, indubitablement contre nature en ce sens qu'il consiste à traiter ce qui concerne le milieu étudié dans le modèle mathématique d'un autre corps matériel, rigide).

L'entreprise est donc parfaitement saine et réalisable. Anticipant sur la suite, il s'agirait de transporter (2) et (3), par le placement global isométrique $p^t$, de l'espace euclidien $\mathcal{E} = \mathcal{E}_g$ dans l'espace euclidien que constitue à chaque instant $\Omega_0$ muni du champ des métrique **m** en chacun de ses point $M_0$. On déboucherait ainsi sur une approche des milieux continus s'apparentant à l'approche de la relativité générale. Mais ce serait au prix d'un investissement mathématique du même ordre que pour l'approche du point précédent et auquel nous renonçons dans cet ouvrage. On peut toutefois prévoir que la mise en oeuvre de (2) et (3) en coordonnées matérielles et en projection sur la base convectée en donnerait l'expression en coordonnées.

• Signalons pour terminer une toute nouvelle écriture de l'équilibre en grands déplacements introduite en [Ladevèze 1991] et [Ladevèze 1996]. Le terrain de compromis est celui des grandeurs (dé-) tournées par la rotation du corotationnel, qui permettent une expression que l'on peut estimer physiquement satisfaisante du comportement. Elle est matérielle dans son esprit ($\Omega_r$-matérielle), et, même, il n'est pas impossible qu'elle réalise, de manière cachée et par une voie indirecte, l'objectif du point précédent. Nous reviendrons sur cette écriture nouvelle de l'équilibre en fin de **XI-9**. Nous serons alors mieux armés pour la décrire et en voir l'intérêt pratique, mais elle est trop technique pour que nous envisagions de l'exposer en détail.

**Point d'ordre**. Les lecteurs du second type continuent leur lecture en **P3** Ch **XI**

**Deuxième partie**

# APPROCHE MATÉRIELLE

Nous avons mis en place la description du *mouvement* d'un milieu continu par rapport à un référentiel en nous astreignant à n'utiliser que l'espace géométrique $\mathcal{E}$ modélisant ce référentiel. Pour exprimer la loi physique que constitue le principe fondamental de la dynamique, nous avons choisi comme référentiel de travail un référentiel galiléen. Il ne nous reste plus, pour en terminer avec les approches classiques, qu'à exprimer le comportement mécanique, ce que nous ne ferons qu'en **P3** et **P4**.

Reprenant la démarche abandonnée au début de Ch **III**, nous procédons dans cette seconde partie **P2** à la modélisation du milieu continu en lui-même, indépendante de ses positionnements possibles dans tel ou tel référentiel d'Espace, qui résulte implicitement de l'étude cinématique faite en **P1**. Exactement comme la modélisation d'un solide rigide par une partie d'un espace euclidien de dimension trois résulte de ce que les positions de ses points dans un référentiel gardent des distances relatives constantes.

*On obtiendra ainsi la structure mathématique dans laquelle il sera naturel de faire la physique du milieu que constitue sa loi de comportement.* Exactement comme l'on fait la géométrie et la géométrie des masses d'un solide rigide dans l'espace géométrique qui le modélise, sans se préoccuper de son mouvement dans l'espace, c'est à dire de sa position à chaque instant dans un autre référentiel. Nous élaborons ainsi au chapitre **VII** ce que nous appelons le *modèle matière,* et, en parallèle car il serait fastidieux de dissocier, nous procédons aux adaptations de la présentation du mouvement du milieu dans un référentiel d'Espace particulier $\mathcal{E}$ que cela implique.

Reprenant l'image des feuilles-référentiel, nous aurons ainsi, dans notre reconstruction théorique du monde matériel, fabriqué la feuille déformable milieu continu et nous l'aurons insérée parmi les feuilles-référentiel rigides. Le chapitre **VIII** est alors consacré à l'étude de la dérivée de certaines grandeurs par rapport à ce référentiel, mais ce n'est qu'au chapitre **IX** que nous analyserons véritablement le *référentiel d'Espace* d'un type nouveau, non rigide, ainsi obtenu, constituant le *référentiel matière* déjà évoqué. Bien qu'introduites d'abord globalement, ces considérations serons exclusivement développées et exploitées au niveau local en chaque point du milieu. Ce n'est en effet qu'à ce niveau qu'elles nous seront utiles, pour traduire le comportement. Enfin, le chapitre **X** sera consacré à la délicate et importante question de la dérivée matérielle, c'est à dire par rapport au *référentiel matière*, des tenseurs euclidiens.

CHAPITRE VII

# LE MODÈLE MATIÈRE

Ce chapitre est autant consacré à la modélisation du milieu continu en lui-même, le modèle matière, qu'à sa mise en oeuvre dans la description d'un mouvement de ce milieu dans un référentiel de travail particulier.

## 1. POURQUOI UN MODÈLE MATIÈRE

● Dans la première partie, que nous avons voulue très classique, le milieu continu et ses "points", et le milieu local en un point et ses (petits) "segments", dits matériels, sont toujours désignés et manipulés non pas directement mais par le biais d'une de leurs positions dans l'espace, soit dans la configuration de référence, soit dans la configuration actuelle. Même si les palliatifs que sont les abus de *langage* que nous avons signalés, du genre "point $M_r$ (voire point M) du milieu", font allusion au milieu en lui-même, qui évidemment est bien présent avec ses divers éléments au niveau conceptuel, au niveau du *formalisme calculatoire*, nous n'avons mis en scène, dans nos relations, strictement que des points, des vecteurs ou des tenseurs appartenant à des structures mathématiques modélisant l'Espace.

Or, la mécanique met en scène les catégories Temps, Espace vu à travers le référentiel de travail choisi (Espace-Temps serait plus correct) et Matière. Les deux premiers de ces ingrédients ont chacun leur modélisation mathématique propre, reconnue, revendiquée, nommée et formalisée : l'axe des temps et l'espace géométrique que nous avons noté $\mathcal{E}$, avec leurs structures mathématiques respectives d'où procède tout le protocole calculatoire régissant les éléments temporels et spatiaux. Par contre, sauf exceptions rarissimes, rien de tel n'apparaît ouvertement pour la matière. On a calculé avec des points ou vecteurs de l'espace, dans les ensembles $\mathcal{E}$, E ou $E_r$ modélisant des concepts spatiaux (éventuellement extrapolés à des dimensions physiques diverses mais ayant toujours des directions spatiales) et avec les règles de calcul régissant ces éléments spatiaux. Mais même si on a *raisonné* avec eux, on n'a pas *calculé* avec les points, segments, etc., matériels, dans des ensembles représentant spécifiquement la matière en elle même.

● Si ils étaient mis en oeuvre, de tels ensembles seraient munis de structures mathématiques spécifiques, conscientes et affichées, représentant les propriétés *permanentes* reconnues ou attribuées au milieu continu matériel en lui même, indépendamment des particularités supplémentaires et *variables* qu'il peut présenter dans telle ou telle position dans l'espace. Ils constitueraient le point de départ du *modèle matière*, juxtaposé aux modèles temps et espace et en relation avec eux.

Le cas du solide rigide, qui, lui, reçoit une telle modélisation autonome (domaine d'espace euclidien), avec sa géométrie et sa géométrie des masses qui ne traitent que du corps matériel en évacuant toute idée de position particulière et de mouvement dans l'Espace, donne une idée de ce que pourrait être, dans son esprit, le travail dans ce modèle matière. On peut aussi, pour réaliser le manque de formalisation dans lequel on est, imaginer ce que serait le formalisme de la mécanique si le concept de temps n'avait pas reçu sa modélisation autonome par une variable réelle t décrivant un axe, et si il n'intervenait que par le biais, spatial à nouveau, de l'angle d'aiguilles d'horloges diverses.

• Certes le mécanicien a en tête un tel modèle pour la matière. L'objet même de son travail, et donc des pages qui précèdent en ce qui nous concerne, est d'ailleurs de l'élaborer et de le faire vivre. Mais il le fait de manière détournée, presque sans en avoir conscience et presque toujours sans formalisation spécifique débouchant sur des pratiques calculatoires. On est alors contraint à un recours constant aux véritables périphrases que sont les représentations de la matière dans le miroir déformant (sur-formant serait le mot juste) que constitue l'espace, et soumis aux pièges que cela pose sur le plan calculatoire. Cette situation fait penser à l'époque où, avant l'invention du formalisme algébrique, on ne disposait que du langage courant pour formuler et résoudre une simple équation du second degré, ce qui demandait plusieurs pages de laborieux raisonnements. L'algèbre n'est peut-être qu'un codage de ces raisonnements, une autre façon de faire la même chose, mais dont il est inutile de décrire ici l'intérêt, et qui surtout est l'essence même des mathématiques en tant que moyen d'expression de la pensée.

Cette absence de représentation autonome pour la matière est en fait invivable. Aussi, nous l'avons dit, le mécanicien utilise plus ou moins consciemment des *substituts* pour le modèle matière non élaboré, ou plutôt non explicité : la configuration de référence $\Omega_r$, les coordonnées de Lagrange,... Mais un substitut médiocre et dangereux pour ce qui est de $\Omega_r$, car il exprime les propriétés de la matière *dans le placement de référence considéré*, c'est à dire les propriétés relevant effectivement du modèle matière *augmentées de celles propres à la configuration de référence* choisie. Et un substitut franchement mauvais pour ce qui est des coordonnées de Lagrange car exprimant en plus les propriétés du système de coordonnées utilisé.

• Remarquons enfin qu'il résulte de ces réflexions que les développements de **P1** ont déjà *implicitement* élaboré un début de modèle pour la matière. La première chose à faire est donc d'en prendre conscience, de l'*expliciter* et de le formaliser. Or, la matière n'ayant été représentée que par ses positions dans l'espace, les propriétés que ce modèle implicite lui attribue sont tout simplement les propriétés qui sont également présentes dans chacune des configurations (ou positions) envisagées comme possible et qui donc sont *conservées dans les transports que sont les opérations de déplacement autorisées.*

Nous rejoignons là les considérations de **II-4**. Le lecteur peu habitué aux notions de transport de structure peut prendre maintenant connaissance de **M11**.

## 2. LA VARIÉTÉ MILIEU CONTINU

● Dans cet esprit, il suffit de relire les hypothèses cinématiques de **III-1** pour tirer les premières conclusions suivantes concernant le modèle matière :

**La variété $\Omega_0$**

**a** - *Les déplacements spatiaux* d *étant supposés bijectifs, ce qui conserve la structure d'ensemble, le milieu continu est modélisé par un ensemble* $\Omega_0$. *Les éléments* $M_0$ *de cet ensemble sont les "points" du milieu, ainsi appelés parce que leurs positions spatiales sont des points*

**b** - *Les déplacements et leurs inverses étant en outre supposés de classe* $C^n$ ($n > 0$)*, ce qui conserve la structure de variété différentiable, cet ensemble* $\Omega_0$ *est doté d'une structure de variété différentiable homéomorphe à un ouvert de* $R^3$*: la variété matière.*

Une position particulière du milieu continu dans un référentiel d'espace $\mathcal{E}$ est définie par la donnée de la position de chacun de ses points, donc par une injection p de $\Omega_0$ dans $\mathcal{E}$. Cette injection doit conserver la structure de variété et donc être de classe $C^n$ ainsi que son inverse. Nous dirons que c'est un *placement* du milieu. Bien que $\mathcal{E}$ ne soit pas exactement $R^3$, les placements donnent de $\Omega_0$ des représentations dans des espaces plats et donc *jouent exactement le rôle de cartes pour la variété* $\Omega_0$ (plus précisément : d'atlas à une carte), tandis que les déplacements sont assimilables à des changements de carte. On peut aussi dire que $\Omega_0$ *est une variété modelée sur* $\mathcal{E}$.

Cette modélisation par une variété, aussi notée $\mathcal{B}$ pour body, constitue le début de l'explicitation de la structure ($\Omega_0$,$s_0$) modélisant un milieu continu. Cette structure des milieux continus est reconnue depuis un certain temps déjà [Moreau 1945] [Noll 1955] et à été utilisée pour certains usages spécifiques où elle s'est révélée utile, comme par exemple pour la modélisation des dislocations [Wang 1968]. Elle exprime les hypothèses cinématiques de départ. D'autres propriétés seront attribuées à la matière, en particulier celles qui seront exprimées par la loi de comportement, qui viendront *enrichir* cette structure et en quelque sorte *géométriser la variété* $\Omega_0$.

En cela le cas des milieux rigides, cas limite du comportement, est exemplaire. Les points d'un tel solide gardant des distances relatives constantes, la variété $\Omega_0$ se voit doter dans ce cas, d'une structure d'ouvert d'espace géométrique. *On retrouve là la feuille-référentiel associée à chaque solide.*

● Que le lecteur non familier avec la structure de variété différentiable se rassure, nous n'aurons pas véritablement à utiliser la variété $\Omega_0$. En effet, nous intéressant essentiellement à ce qui se passe en un point, pour y traduire le comportement dans une approche strictement locale, nous ne ferons usage que de ses approximations linéaires locales par ses plans tangents:

**Le plan tangent $T_0$**

> *Soit* $M_0$ *un point de* $\Omega_0$, *et soit, en ce point,* $T_0$ *l'espace vectoriel tangent à la variété* $\Omega_0$, *dit aussi plan tangent bien qu'il soit de dimension trois. En première approximation, on peut représenter le voisinage de* $M_0$ *dans* $\Omega_0$ *par le voisinage de* $M_0$ *dans l'espace affine*[1] $M_0+T_0$. *L'espace vectoriel* $T_0$ *représentera alors quant à lui l'espace des (petits) segments matériels orientés d'origine* $M_0$.

La justification de l'introduction de $T_0$ dans le modèle matière est évidemment le fait qu'une transformation F (déplacement local), linéarisation locale de la transformation globale d, conserve la structure vectorielle des espaces $E_r$ et E : si dans une configuration-position un segment matériel infinitésimal occupe une position qui est la somme des positions de deux autres segments, il en est de même en toute autre configuration. Dit autrement, c'est parce que les transports-déplacements locaux F conservent la structure vectorielle des segments *d'espace*, manifestation des propriétés de continuité et dérivabilité postulées, que le modèle matière peut être doté d'un espace vectoriel de segments *matériels* en chaque point. Mais bien entendu, les longueurs et les angles de ces segments varient d'une position à l'autre, si bien que, *contrairement à* E *et* $E_r$, $T_0$ *n'est pas un espace euclidien* (rappelons que la structure $s_0$ que nous affichons pour le modèle matière ne contient que les propriétés *constantes* reconnues ou attribuées à la matière).

On peut résumer ce point en remarquant que, dans la classification des mécaniques en fonction des sous structures de la structure d'espace euclidien amorcée en **II-4** :

> *La mécanique des milieux continus dans son aspect global s'insère au niveau de la sous-structure de variété différentiable, mais dans son aspect local, qui va essentiellement nous intéresser, elle s'insère au niveau beaucoup plus simple de la sous-structure vectorielle (linéaire non euclidienne).*

● En tant que transports, les applications de classe $C^n$ conservent un certain nombre d'éléments: les courbes, les surfaces, les ouverts,... On pourra de ce fait introduire des courbes, des surfaces, des ouverts matériels, sous-variétés de dimension un, deux, trois de la variété $\Omega_0$, qui se placeront et se déplaceront dans l'espace en restant des courbes, des surfaces, des ouverts,....

Au niveau local, on a déjà les segments matériels, mais on aura aussi tous les éléments relevant de la structure affine de $M_0+T_0$ : les directions (d'axe) matérielles, les plans matériels, les directions de plan matérielles, les parallélogrammes, parallélépipèdes, ellipsoides matériels, les éléments de surface matériels (uniquement au sens géométrique et sans considération d'aire qui, elle, n'est pas conservée), etc. Sans oublier les tranches matérielles, dont nous avons déjà parlé, qui vont jouer un rôle aussi important que, et dual à, celui des segments. Tous ces éléments locaux seront évidemment réputés petits pour garder un intérêt physique. Nous ne préciserons pas systématiquement ce caractère petit. En fait, nous invitons le lecteur à vivre l'étude de ces éléments matériels locaux, que

---

[1]Ne pas confondre affine ici employé au sens "plan sans origine", avec son utilisation dans "tenseur affine", qui signifie "tenseur ne relevant que de la structure linéaire" et s'oppose à "tenseur euclidien".

nous allons mener dans ce chapitre, en faisant un zoom sur $M_0$ et ses positions M et $M_r$, ce qui fait disparaître les critères petit et grand, et en acceptant pleinement la modélisation linéaire des voisinages et de leurs transports. C'est là le principe même de la différentiation par laquelle nous avons accédé à ce niveau local.

Nous n'ignorons pas que pour des grandeurs ayant une dimension physique, la notion de petit ou de grand n'a pas de sens. Le calcul différentiel, quant à lui, parle seulement de limite. Disons, sans prétendre nous mettre ainsi à l'abri de toute critique, que la petitesse ou la grandeur des éléments matériels ou de telle de leur position doivent s'apprécier par rapport aux dimensions de la zone dans laquelle, vu la continuité, le milieu et son état peuvent raisonnablement être considérés comme uniformes.

## 3. LE PLACEMENT SPATIAL

• Un mouvement du milieu continu est défini par la donnée d'un placement spatial à chaque instant, donc par une *application placement* dans un référentiel (de travail) $\mathcal{E}$:

(2) $$p:\ (t, M_0)\in T\times\Omega_0 \ \rightarrow\ M = p^t(M_0) = p(t,M_0) \in \mathcal{E},$$

La vitesse et l'accélération de ce mouvement sont obtenues en dérivant partiellement cette application par rapport à t à $M_0$ fixé. Ainsi, par rapport à ce que nous avons fait en **P1** :

> *L'application placement* p *se substitue au déplacement à partir d'une configuration de référence d, et la variable* $M_0$ *se substitue à* $M_r$ *pour, avec* t, *engendrer des représentations matérielles qui cette fois sont intrinsèques.*

Partant de ce placement global on obtient le *placement local* en dérivant, à t fixé, M par rapport à $M_0$ et non plus par rapport à $M_r$. Cette dérivée, que nous noterons a et qui se substitue à F, est une application linéaire de $T_0$, tangent à $\Omega_0$ en $M_0$, dans E tangent en M à $\mathcal{E}$. C'est l'application qui pour chaque (petit) segment matériel $\vec{dM_0} = \vec{l_0} \in T_0$ en $M_0$ détermine sa position actuelle $\vec{dM} = \vec{l} \in E$ en M:

(3) $$\vec{dM} = a\vec{dM_0} \quad \text{avec} \quad \boxed{a = \left(\frac{\partial M}{\partial M_0}\right)_t} \quad \left(\text{noté } \frac{\partial M}{\partial M_0} \text{ ou } \frac{dM}{dM_0}\right)$$

Il est possible d'orienter de façon corrélée $\Omega_0$ et $\mathcal{E}$ pour que ces placements locaux a soient, tout comme les déplacements F, des applications positives.

• Si le milieu continu avait été un solide rigide, $\Omega_0$ serait un ouvert d'un espace géométrique $\mathcal{E}_0$, p une isométrie que dans la ligne du chapitre **I** nous aurions notée $i_0$ (pour $i_{0f}$), a l'isométrie vectorielle associée $I_{0f}$, et ces applications auraient, dans notre image à deux dimensions, installé $\mathcal{E}_0$ comme nouvelle feuille-référentiel de l'Espace-temps. Ici, a dépend de $M_0$, si bien que p et a installent $\Omega_0$ globalement et $T_0$ localement en $M_0$ comme "référentiels" non rigides liés à la matière. Dans l'image à deux dimensions, nous avons déjà assimilé le premier à une membrane souple glissée entre les feuilles rigides et nous l'avons qualifié de "référentiel mou". Le second, à usage local, et

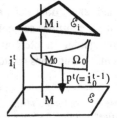

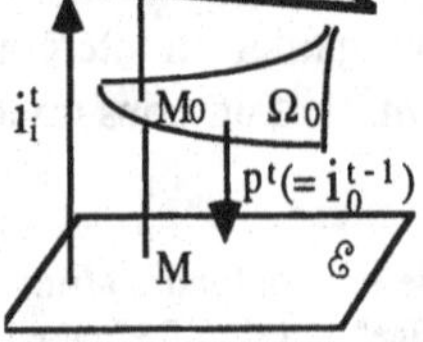

qui est le seul que nous développerons, est moins mou. La seule chose qui le différentie des référentiels rigides est que l'espace qui le modélise, à savoir l'espace affine $M_0+T_0$, n'est pas euclidien.

Disons encore que les placements $p^t$ et a, qui sont à tout instant les opérations de décalque instantané, dans leur position relative actuelle, de ces référentiels-matière sur le référentiel de travail, sont ces applications que l'on ne "voit" pas en vision directe à t où l'oeil confond un point ou un segment du milieu et le point ou le segment de l'Espace où ces éléments matériels se trouvent. Mais on peut, dans cette vision directe instantanée, focaliser par la pensée soit sur les éléments matériels soit sur les éléments spatiaux où ils se trouvent, et les applications $p^t$ et a sont le passage de la première vision à la seconde.

Enfin, en dérivant d'abord $\vec{V}$ par rapport à $M_0$ à t fixé en commutant les dérivations, puis M par rapport à t à M fixé (ce qui donne zéro) et en utilisant (**III**-11), il vient :

(4) $$\boxed{L = \dot{a}a^{-1}} \quad \text{et} \quad \boxed{\vec{V} = -\,a\vec{V}_0} \quad \text{avec } \vec{V}_0 = \frac{\partial M_0}{\partial t}\Big|_M ,$$

à savoir l'analogue de (**III**-13-2) et l'opposition (dans la vision directe) des vitesses dans les deux mouvements réciproques entre le référentiel de travail et le milieu.

## 4. LA CONFIGURATION DE RÉFÉRENCE.

● Ayant introduit des ensembles représentant la matière en elle-même, nous avons été en mesure de nous affranchir du substitut que représente une configuration de référence. Il reste toutefois nécessaire de continuer à introduire une telle c.r., définie par un placement particulier $p_r$ indépendant de t, ne serait-ce que pour comparer les considérations matérielles intrinsèques aux développements usuels. La transformation-déplacement actuelle à partir de cette c.r. est alors l'application composée $d^t = p^t \circ p_r^{-1}$, qui par dérivation à t fixé fournit le déplacement local actuel:

(5) $$\boxed{F = \frac{dM}{dM_r} = a\,a_r^{-1}} \quad \text{avec } a = \frac{dM}{dM_0} \text{ et } a_r = \frac{dM_r}{dM_0}$$

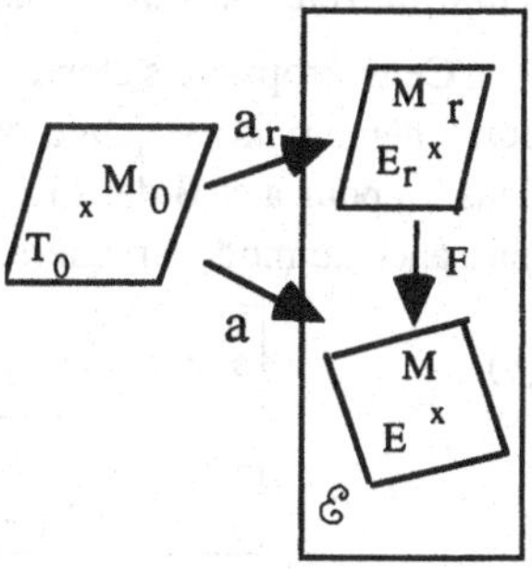


On pourrait parfaitement envisager d'utiliser $(\Omega_r,E_r)$ comme substitut pour le modèle matière $(\Omega_0,T_0)$ avec lequel il est en bijection indépendante de t par les applications $(p_r,a_r)$. Celles-ci se réduiraient alors à des identités, et F serait égal à a. *Mais il faudrait le faire en s'astreignant à n'utiliser dans ce substitut que la structure de variété pour $\Omega_r$ et celle d'espace vectoriel pour* $E_r$, *et pas leur structure euclidienne.* En particulier, au niveau local qui nous intéresse, *il importerait de ne pas utiliser le produit scalaire dans l'espace euclidien* $E_r$, c'est à dire le tenseur métrique $g_r$. Notant $T_r$ l'espace vectoriel support de $E_r$, c'est à dire considérant $E_r$ comme étant un espace vectoriel $T_r$ doté d'un produit scalaire défini par un tenseur métrique $g_r \in L_S(T_r;T_r^*)$ $(E_r = (T_r,g_r))$, $a_r$ est un isomorphisme d'espace vectoriel entre $T_0$ et $T_r$. L'utilisation de la configuration de référence sans sa métrique comme substitut du modèle matière équivaut localement à utiliser cet isomorphisme constant pour identifier $T_0$ à $T_r$.

C'est en fait ce que dans la pratique on est plus ou moins contraint de faire, en particulier par le biais des coordonnées matérielles dont nous allons parler, si bien que la configuration de référence reste un ingrédient indispensable. Simplement, à travers le modèle matière que nous tentons de formaliser de façon autonome, nous en donnerons une vision beaucoup plus fondamentale que celle généralement donnée, et nous en ferons un usage beaucoup plus circonspect.

• Les coordonnées matérielles X repérant la configuration de référence constituent tout naturellement un système de coordonnées pour la variété $\Omega_0$, c'est-à-dire une carte classique dans $R^3$. Nous noterons $B_0$ la base locale (de $T_0$) associée:

(6) $$\boxed{B_0 = \frac{dM_0}{dX} = [\vec{B}_{01}\vec{B}_{02}\vec{B}_{03}]} \quad , \quad \boxed{\vec{B}_{0i} = \frac{\partial M_0}{\partial X^i}}$$

La base $B_0$ a une base duale dans $T_0^*$ mais, l'espace vectoriel $T_0$ n'étant pas euclidien, n'a pas de base réciproque dans $T_0$ . On en conclut que :

> *Les tenseurs de l'algèbre tensorielle de* $T_0$ *n'ont, dans l'unique base* $B_0$ *introduite dans* $T_0$, *qu'un seul jeu de composantes. Il n'y a dans* $T_0$ *ni tenseur euclidien ni composantes secondes pour les tenseurs affines.*

En outre, on a :

(7) $$\frac{dM_r}{dX} = \frac{dM_r}{dM_0}\frac{dM_0}{dX} \quad , \quad \text{c'est à dire} \quad \boxed{B = a_r B_0}$$

si bien que quand on utilise ces bases, ce que l'on fait systématiquement :

> *Les composantes de tout vecteur de* $T_0$ *et les composantes premières de sa position de référence sont identiques.*

Cette propriété s'étend aux tenseurs d'ordre quelconque. Les applications a et F ont donc même matrice quand on utilise pour les deux la même base dans E, et les bases $B_0$ dans $T_0$ pour a et B dans $E_r$ pour F : le travail en composantes ne favorise pas la reconnaissance du modèle matière! On aura en particulier, déduit de (V-5 et 8):

(8) $$\boxed{a = b\frac{dx}{dX}B_0^{-1}} \quad \text{et} \quad \boxed{a = B[1_{R^3}+U_{|X}]B_0^{-1}} \quad \Leftrightarrow$$

$$\boxed{a^\alpha{}_i = F^\alpha{}_i = x^\alpha{}_{,i}} \quad \text{et} \quad \boxed{a^i{}_j = F^i{}_j = \delta^i_j+U^i{}_{|j}}$$

Enfin, la base convectée $B_C = FB$ définie en (V-9) est l'image par a de $B_0$ :

(9) $$\boxed{B_C = aB_0}$$

Il en résulte en particulier que les composantes dans $B_0$ d'un segment matériel et les composantes premières dans la base convectée $B_C$ de sa position dans le placement local a sont identiques. Ceci se généralise aux tenseurs d'ordre quelconque : travailler en approche spatiale mais en composantes premières dans la base convectée est une façon indirecte de travailler dans le modèle matière. L'introduction du modèle matière apporte une compréhension nouvelle des formulations en composantes, sans les révolutionner.

• Le fait d'introduire simultanément le modèle matière et l'ersatz de celui-ci que constitue une configuration de référence, peut conduire à certaines confusions dans l'utilisation du qualificatif matériel, dont il faudra se méfier. Considérons par exemple les trois champs $M_0 \rightarrow \vec{V}$, $M_r \rightarrow \vec{V}$ et $M \rightarrow \vec{V}$. Selon la terminologie introduite au **III**, le second et le troisième sont les champs matériel (ou lagrangien) et spatial (ou eulérien) des vitesses. Si cela reste correct pour le troisième, pour le second le qualificatif matériel, introduit parce qu'en l'absence de modèle matière la configuration de référence représentait la matière, devient contestable. D'abord parce que c'est le premier qui a maintenant priorité pour ce qualificatif, et ensuite parce que le second est d'une certaine façon spatial puisque défini sur $\Omega_r$ ouvert du référentiel d'espace utilisé. Nous continuerons à dire matériels les deux premiers, ne serait-ce que parce qu'ils s'identifient si l'on identifie $\Omega_0$ à $\Omega_r$. Si nécessaire, on dira matériel intrinsèque le premier et matériel non intrinsèque le second.

## 5. LES TRANCHES

• Certaines facilités que l'on s'autorise dans un espace géométrique, du genre caractériser un plan ou un élément de surface par un vecteur orthogonal, nous seront interdites dans l'espace non euclidien $M_0+T_0$. Il va devenir nécessaire de se souvenir que les directions de plan d'un espace vectoriel sont les noyaux des formes linéaires sur cet espace. On pressent donc que le dual $T_0^*$ de $T_0$ va dans la suite jouer un rôle primordial. Un outil mathématique va de ce fait devenir nécessaire : la *transposition*, qui permet d'étendre aux espaces non euclidiens certains avantages qu'apporte la transposition euclidienne (ou adjointe) dans les espaces euclidiens. Il est donc indispensable que le lecteur qui ne serait pas familier de cette notion étudie maintenant **M12**.

Intéressons nous donc aux éléments du dual $T_0^*$ de $T_0$, qui sont des *covecteurs matériels*, et au concept matériel qu'ils sont susceptibles de modéliser. Remarquons auparavant qu'un élément $\vec{l_0}$ de $T_0$ n'est pas exactement le segment matériel orienté qu'il modélise. De façon précise, le segment matériel modélisé par lui est l'ensemble des points $N_0$ de l'espace affine $M_0+T_0$ tels que l'on ait $\overrightarrow{M_0N_0} = \lambda \vec{l_0}$ avec $\lambda \in [0,1]$. Dans la logique de la dualité, on peut, de façon analogue, associer à un covecteur $\overleftarrow{t_0} \in T_0^*$ l'ensemble des points $P_0$ du voisinage de $M_0$ vérifiant:

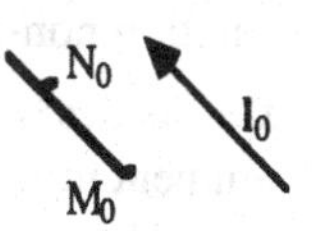


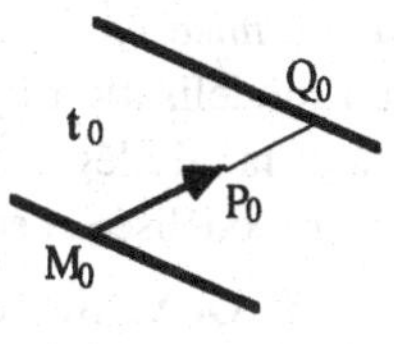


(11) $$\langle \overleftarrow{t_0}, \overrightarrow{M_0P_0} \rangle \in [0,1] \, .$$

Le membre de gauche est évidemment linéaire en $\overrightarrow{M_0P_0}$, si bien que cet ensemble est la partie de l'espace affine $M_0+T_0$ comprise entre les deux plans parallèles d'équations:

$$<\overleftarrow{t_0},\overrightarrow{M_0P_0}> = 0 \qquad \text{et} \qquad <\overleftarrow{t_0},\overrightarrow{M_0P_0}> = 1.$$

C'est donc une *tranche orientée en* $M_0$ de cet espace, et, tout comme on a confondu un segment et le vecteur qui le caractérise, on peut sans inconvénient confondre une tranche et le covecteur qui la représente.

*Si les segments matériels sont d'un usage courant, ces tranches matérielles sont totalement ignorées dans la littérature. Elles vont néanmoins jouer dans la suite un rôle fondamental, parallèle et dual de celui des segments.*

*Quitter le rivage euclidien qui identifie un espace et son dual, c'est se condamner à considérer ces deux espaces conjointement et sur un pied d'égalité. Ceci est la clé de notre approche et des éléments nouveaux qu'elle apporte.*

• La position spatiale d'une telle tranche matérielle, dans le placement local a, est au premier ordre l'ensemble des points P tels que (**M12**-a):

$$<\overleftarrow{t_0},a^{-1}\overrightarrow{MP}> \equiv < a^{-*}\overleftarrow{t_0},\overrightarrow{MP}> \in [0,1]$$

*Il s'agit donc de la tranche d'espace en* M *modélisée par le covecteur* $\overleftarrow{t}$ *transporté par* $a^{-*}$ *de* $\overleftarrow{t_0}$ :

(12) $$\boxed{\overleftarrow{t} = a^{-*}\overleftarrow{t_0}} \quad \in E^*$$

Dans l'espace $\mathcal{E}$ on peut, au lieu du covecteur $\overleftarrow{t}$, utiliser le vecteur $\overrightarrow{t} = g^{-1}\overleftarrow{t}$ et caractériser la tranche par l'équation

$$\overrightarrow{t}.\overrightarrow{MP} \in [0,1],$$

retrouvant ainsi une forme de caractérisation déjà évoquée en **V-7**. *On se trouve ainsi pour les tranches d'espace en présence de deux caractérisations-modélisations possibles.* L'une par un covecteur $\overleftarrow{t} \in E^*$ qui utilise le dual E* mais pas la structure euclidienne de E et que nous appellerons *modélisation hypo-euclidienne*. L'autre par un vecteur $\overrightarrow{t} \in E$, qui ne nécessite pas le recours au dual E* mais qui, par le produit scalaire $\overrightarrow{t}.\overrightarrow{MP}$, utilise pour remplir son office la structure euclidienne de E bien qu'il s'agisse d'une notion non-euclidienne, et que nous appellerons *modélisation hyper-euclidienne.*

Ce cas des tranches est exemplaire, car une telle modélisation hyper-euclidienne est couramment utilisée pour les grandeurs tensorielles spatiales de tous ordres, évitant ainsi le recours au *dual* E* peut être mathématiquement un peu mystérieux. *Mais c'est au prix d'une mise en oeuvre sans réelle nécessité de la structure euclidiènne de l'espace.* La modélisation hypo-euclidienne, par contre, *minimise l'utilisation de la métrique.* Nous la privilégierons : elle est plus intrinsèque, plus liée à la véritable nature de la grandeur modélisée et surtout, contrairement à l'autre, elle se généralise au cas non euclidiens.

• On vérifie sans peine que :

*Le vecteur* $\overrightarrow{t}$ *est orthogonal à la direction de la tranche. Ce vecteur, donc aussi le covecteur* $\overleftarrow{t}$ *puisque g est une isométrie, a pour norme* $e^{-1}$ *où* e *est l'épaisseur de la tranche. Plus généralement, on a pour deux tranches spatiales:*

(13) $$\overleftarrow{t}'.\overleftarrow{t}'' = \overrightarrow{t}'.\overrightarrow{t}'' = e'^{-1}e''^{-1}\sin\alpha$$

*où $\alpha$ est l'angle des vecteurs normaux aux tranches, donc est leur angle de dièdre.*

L'épaisseur e intervenant par son inverse, des "petites" tranches sont modélisées par de "grands" covecteurs, mais on a dit que, par effet zoom, ces remarques sont sans objet.

• Soient $\overleftarrow{t_r} = a_r^{-*}\overleftarrow{t_0}$ et $\overrightarrow{t_r} = g_r^{-1}\overleftarrow{t_r}$ le covecteur et le vecteur références de la tranche considérée. Les transports déplacement de la tranche à partir de la c.r. sont (**M12**):

(14) $$\overleftarrow{t} = F^{-*}\overleftarrow{t_r} \quad \Leftrightarrow \quad \overrightarrow{t} = F^{-T}\overrightarrow{t_r}$$

On notera en particulier que *les vecteurs tranches et les vecteurs segments ne se déplacent pas par la même application*, sauf si F et $F^{-T}$ sont égaux, c'est à dire si F est une rotation (donc en particulier dans le cas des solides). Ceci est dû à ce que en général, un segment matériel qui dans une configuration est orthogonal à une tranche ne l'est plus dans une autre. La moralité est que l'on a intérêt, quand on travaille sur des grandeurs spatiales en utilisant la configuration de référence comme substitut du modèle matière, à garder une idée claire sur la signification physique des vecteurs manipulés. Or, si cela est facile pour les vecteurs, il n'en va pas de même pour les tenseurs d'ordre supérieur.

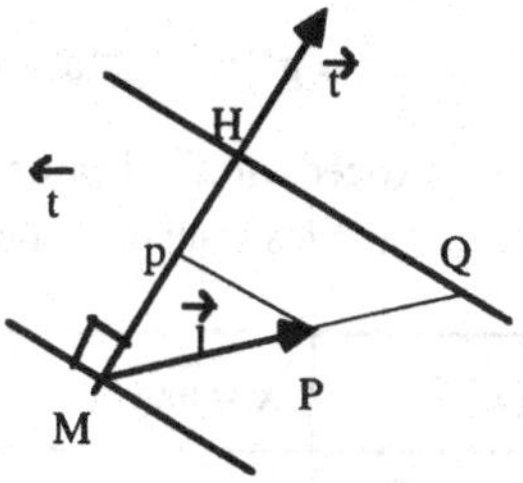


• Enfin, une tranche matérielle $\overleftarrow{t_0}$ et un segment matériel $\overrightarrow{l_0}$ définissent un second segment matériel $\overrightarrow{l_0}'$, parallèle au premier mais dont l'extrémité $Q_0$ est dans le plan extrémité de $\overleftarrow{t_0}$, et une seconde tranche $\overleftarrow{t_0}'$ parallèle à la première mais dont le plan extrémité passe par le point $P_0$ extrémité de $\overrightarrow{l_0}$ (voir figures ci dessus).

On a alors $\langle\overleftarrow{t_0},\overrightarrow{l_0}'\rangle = \langle\overleftarrow{t_0}',\overrightarrow{l_0}\rangle = 1$ et

(15) $$\langle\overleftarrow{t_0},\overrightarrow{l_0}\rangle = \overline{M_0P_0}/\overline{M_0Q_0} = \langle\overleftarrow{t},\overrightarrow{l}\rangle = \overline{MP}/\overline{MQ} = \ell/\ell' = e'/e = \cos\alpha\ \ell/e$$

où, dans le placement considéré, $\ell'$ et $\ell$ sont les longueurs des deux segments, e' et e les épaisseurs des tranches, et $\alpha$ l'angle de $\overrightarrow{l}$ avec la normale à $\overleftarrow{t}$.

## 6. LES TENSEURS ET LEURS TRANSPORTS

• Les segments et les tranches matériels, ou plus précisément les éléments de $T_0$ et $T_0$*, sont les tenseurs (affines) matériels du premier ordre. Récapitulons la façon dont ces éléments matériels se placent et se déplacent dans un référentiel d'Espace, en modélisations hypo et hyper-euclidienne. Nous notons : $x_0$ l'élément, $x = \overset{*}{a}x_0$ et $x_r = \overset{*}{a}_r x_0$ ses positions dans un placement et un placement de référence, et $\overset{e}{x} = \overset{*}{g}x$ et $\overset{e}{x}_r = \overset{*}{g}_r x_r$ les modélisations hyper-euclidiennes de ces positions. Il vient le tableau ci dessous, dans lequel, $\alpha$ désignant a, F, g ou $g_r$, les $\overset{*}{\alpha}$ sont des applications linéaires, ne dépendant que de $\alpha$ et de la nature du tenseur considéré, dont l'expression est donnée dans le tableau : $\overset{*}{a}$ est le transport placement dans E, $\overset{*}{F}$ est le transport déplacement de la position de référence à la position actuelle pour les modélisations hypo-euclidiennes, et $\overset{*}{g}\overset{*}{F}\overset{*}{g}_r^{-1}$ est ce même déplacement pour les modélisation hyper-euclidiennes :

| (16-1) $x_0 \in$ | $x = \overset{*}{a} x_0 =$ | $x = \overset{*}{F} x_r =$ | $\overset{e}{x} = \overset{*}{g} x =$ | $\overset{e}{x} = \overset{*}{g}\overset{*}{a} x_0 =$ | $\overset{e}{x} = \overset{*}{g}\overset{*}{F}\overset{*}{g}_r^{-1} \overset{e}{x}_r =$ |
|---|---|---|---|---|---|
| $T_0$ | $a x_0$ | $F x_r$ | $x$ | $a x_0$ | $F \overset{e}{x}_r$ |
| $T_0^*$ | $a^{-*} x_0$ | $F^{-*} x_r$ | $g^{-1} x$ | $g^{-1} a^{-*} x_0$ | $F^{-T} \overset{e}{x}_r$ |

● Ces transports placements et déplacements des tenseurs matériels (affines) d'ordre un induisent des transports analogues pour les tenseurs matériels (affines) d'ordre supérieur. Nous aurons en particulier à placer et déplacer des "éléments matériels" modélisés par des tenseurs d'ordre deux. Ceux ci, vus comme applications linéaires dont on transporte le graphe (**M11**) seront des éléments $x_0 \in L(T_{01};T_{02})$ où $T_{01}$ et $T_{02}$ sont chacun un des deux espaces $T_0$ et $T_0^*$. Reprenant les notations utilisées pour l'ordre un on aura par exemple pour $x_0 \in L(T_0;T_0^*)$ les placements et déplacements hypo et hyper-euclidiens :

$$x = a^{-*} x_0 \, a^{-1} = F^{-*} x_r F^{-1} \in L(E\,;E^*)$$

$$\overset{e}{x} = g^{-1} x = g^{-1} a^{-*} x_0 \, a^{-1} = F^{-T} \overset{e}{x}_r F^{-1} \in L(E)$$

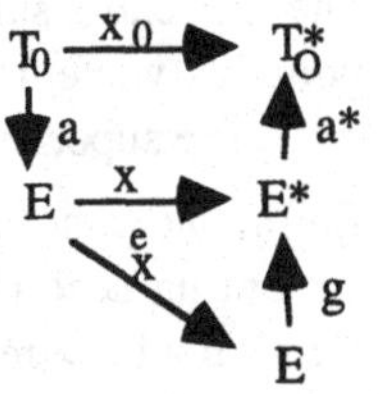


Procédant ainsi pour tous les couples $(T_{01},T_{02})$ possibles, on obtient les transports placements et déplacements suivants:

| (16-2) | $x = \overset{*}{a} x_0 =$ | $x = \overset{*}{F} x_r =$ | $\overset{e}{x} = \overset{*}{g} x$ | $\overset{e}{x} = \overset{*}{g}\overset{*}{a} x_0 =$ | $\overset{e}{x} = \overset{*}{g}\overset{*}{F}\overset{*}{g}_r^{-1} \overset{e}{x}_r =$ |
|---|---|---|---|---|---|
| $x_0 \in L(T_0)$ | $a x_0 a^{-1} = A(x_0)$ | $F x_r F^{-1}$ | $x$ | $a\, x_0\, a^{-1}$ | $F \overset{e}{x}_r F^{-1} = T(\overset{e}{x}_r)$ |
| $L(T_0;T_0^*)$ | $a^{-*} x_0 a^{-1} = \bar{A}(x_0)$ | $F^{-*} x_r F^{-1}$ | $g^{-1} x$ | $g^{-1} a^{-*} x_0 a^{-1}$ | $F^{-T} \overset{e}{x}_r F^{-1} = \bar{T}(\overset{e}{x}_r)$ |
| $L(T_0^*;T_0)$ | $a\, x_0\, a^* = \underline{A}(x_0)$ | $F x_r F^*$ | $x g$ | $a\, x_0\, a^* g$ | $F \overset{e}{x}_r F^T = \underline{T}(\overset{e}{x}_r)$ |
| $L(T_0^*)$ | $a^{-*} x_0 a^* = \underline{\bar{A}}(x_0)$ | $F^{-*} x_r F^*$ | $g^{-1} x g$ | $g^{-1} a^{-*} x_0 a^* g$ | $F^{-T} \overset{e}{x}_r F^T = \underline{\bar{T}}(\overset{e}{x}_r)$ |

Les notations $A$, $\bar{A}$, $\underline{A}$, $\underline{\bar{A}}$ et $T$, $\bar{T}$, $\underline{T}$, $\underline{\bar{T}}$ réfèrent à celles de (**M5-d**), et indiquent, en voyant dans $\overset{e}{x}$ la facette 1 d'un tenseur euclidien, quelle facette est en fait transportée.

Noter enfin que, comme cela a été déjà signalé, quand on utilise un système de coordonnées matérielles générant des bases locales $B_0$, $B_r$ et $B_C$ respectivement dans $T_0$, $E_r$ et $E$, les composantes de $x_0$ dans $B_0$, et les composantes premières de $x_r$ dans $B_r$ et de $x$ dans la base convectée $B_C$, sont identiques. Ce jeu de composantes sera aussi égal à un jeu de composantes secondes bien précis de $\overset{e}{x}_r$ dans $B_r$ et de $\overset{e}{x}$ dans $B_C$.

● Ce qui vient d'être fait pour les transformations-déplacements dans $\mathcal{E}$ entre la position de référence et une autre position, par exemple la position actuelle au cours d'un mouvement, peut être répété pour les déplacements entre les positions à deux instants t et τ au cours d'un mouvement. Il suffit pour cela de remplacer $F = a a_r^{-1}$ par $F^{\tau t} = a^{\tau} a^{t-1}$. On aura alors, pour tout triplet d'instants t, τ et θ , les relations de transitivité :

$$F^{\theta t} = F^{\theta\tau}\, F^{\tau t} \qquad \text{et} \qquad \overset{*}{F}{}^{\theta t} = \overset{*}{F}{}^{\theta\tau}\, \overset{*}{F}{}^{\tau t}$$

Chaque $\overset{*}{F}{}^{\tau t}$ est déterminé par $F^{\tau t}$, et ceux ci sont définis par la donnée pour tout t du déplacement $F^{tt_1}$ à partir d'un instant initial $t_1$ choisi arbitrairement (par exemple r).

Il faut encore remarquer que tous ces déplacements sont des endomorphismes : de E pour F, et d'un espace tensoriel (affine) sur E pour chaque $\overset{*}{F}$. Le mouvement du voisinage d'un point du milieu $\Omega_0$ suggère donc un déplacement de E et de chacun de ses espaces tensoriels affines dans lui même, tout comme le mouvement global suggère un déplacement de $\Omega \subset \mathcal{E}$ dans $\mathcal{E}$. D'une part c'est là la vision purement spatiale "tout dans un référentiel d'Espace" que nous avons abandonnée, et d'autre part cette vision profite de ce que les plans tangents aux différents points de $\mathcal{E}$ sont identifiés à un seul et même E. Si on se refusait cette facilité, il faudrait par exemple voir dans $F^{\tau t}$ une application de $E^t$ tangent à $\mathcal{E}$ en $M^t = p(t,M_0)$ dans $E^\tau$ tangent à $\mathcal{E}$ en $M^\tau = p(\tau,M_0)$.

● Tout ce qui précède concerne le mouvement du milieu par rapport à un référentiel d'espace. Anticipant sur le prochain chapitre, on peut aussi envisager le mouvement inverse, du référentiel par rapport au milieu continu. Au niveau local on aura à chaque instant un transport placement des vecteurs, covecteurs, etc., spatiaux, éléments de E, E*, etc., dans les espaces tensoriels affines analogues de $T_0$, et des transports déplacements de ces tenseurs spatiaux dans les espaces de tenseurs matériels. Les placements de ce mouvement inverse sont les inverses $\overset{*}{a}{}^{-1}$ des placements $\overset{*}{a}$ du mouvement direct. Les transports déplacement des vecteurs spatiaux dans le modèle matière, sont

$$f = a^{-1}a_r \in L(T_0) \qquad \text{ou} \qquad f^{\tau t} = a^{\tau -1}a^t \in L(T_0).$$

et ils engendrent des transports déplacements $\overset{*}{f}$ et $\overset{*}{f}{}^{\tau t}$ pour les autres tenseurs affines. Ces déplacements se font entre espaces associés au même point $M_0$. Ce sont donc des endomorphismes, sans qu'il soit ici nécessaire d'identifier des espaces tangents en des points différents. Comme pour le mouvement direct, ils suggèrent un déplacement de $T_0$ et de ses espaces de tenseurs affines dans eux mêmes : c'est la vision "tout dans le modèle matière", analogue de la vision traditionnelle "tout dans un référentiel d'espace".

● Signalons enfin que $T_0$ n'étant pas euclidien, il n'est pas question de placer dans l'espace des tenseurs matériels euclidiens qui n'existent pas (ceci sera toutefois nuancé par la suite). Par contre, et en relation avec la définition précise des tenseurs euclidiens donnée en **(M4-d)**, rien n'interdit de placer les paires de tenseurs affines qui entrent dans cette définition, en utilisant le $\overset{*}{a}$ relatif à ce type d'objet. Celui-ci consiste à placer chaque élément de la paire par son propre $\overset{*}{a}$. Par exemple, à l'ordre un on définit ainsi le placement de $T_0 \times T_0^*$ dans ExE*, noté **a**, défini par :

(17) $$\mathbf{a}\,(\overrightarrow{U}_0,\overleftarrow{U}_0) = (a\overrightarrow{U}_0, a^{-*}\overleftarrow{U}_0)$$

## 7. MASSE ET DIMENSION MATIÈRE

● La première des relations ( **III**-14),

(18) $\boxed{dm = \rho dv = \rho_r dv_r}$ $\boxed{dv = J dv_r = \tau\, dm}$ $\boxed{\rho = \tau^{-1} = J^{-1}\rho_r}$,

traduit la conservation de la masse de la matière dans tout placement et tout déplacement. C'est là une propriété constante du milieu. La masse constitue donc un premier enrichissement du modèle matière purement cinématique qui précède.

De façon précise, les hypothèses de **III-9** induisent, par transport par $p^{t-1}$, une *mesure positive constante définie sur la variété* $\Omega_0$, qui donc se trouve *mesurée par la masse*. En outre, l'hypothèse d'existence d'une densité volumique de masse continue fait que cette mesure masse est définie dans chaque configuration spatiale par la 3-forme alternée dm = ρdv. Elle est donc définie sur $\Omega_0$ par une 3-forme alternée sur $T_0$ obtenue des précédentes par transport par $a^{-1}$, que nous noterons aussi dm, ou $Vol_m$, et qui constitue donc une jauge pour $T_0$ (**M7**). Il s'agit d'une sorte de produit mixte (mais non construit avec un produit scalaire et un produit vectoriel) qui donnerait non pas le volume, qui n'est pas une constante du corps matériel, mais la masse :

**La masse : point de vue local**

> *L'espace (non-euclidien) tangent* $T_0$ *est jaugé par une trois-forme alternée* $Vol_m$. *Si* $\vec{l_0}$, $\vec{l'_0}$, $\vec{l''_0}$, *éléments de* $T_0$, *sont trois (petits) segments matériels en* $M_0$, $Vol_m(\vec{l_0},\vec{l'_0},\vec{l''_0})$ *est la masse du (petit) élément parallélépipédique construit en* $M_0$ *sur ces segments, multipliée par le signe de la base qu'ils définissent.*

Notons encore que dans le zoom sur l'espace affine $M_0+T_0$, celui-ci doit être considéré comme homogène par rapport à la masse, c'est à dire doté d'une mesure masse, déduite de $Vol_m$, invariante par translation. Ceci revient à considérer la densité ρ constante sur le voisinage de $M_0$ dans toutes les positions. Tout ceci est parfaitement en accord avec la définition de la notion de petitesse des éléments matériels considérés en un point donnée en **2**.

● Cette trois-forme incite à attribuer aux segments matériels une dimension physique spécifique, la *dimension ligne matérielle*, égale à $M^{1/3}$ où M est la dimension masse, et que nous noterons μ. Cela fait alors de $Vol_m$ une *jauge sans dimension* sur $T_0$ :

(19) $\boxed{\mu^3 = M}$ $\boxed{D(Vol_m) = I}$ $\boxed{D(Vol_m(\vec{U_0},\vec{U'_0},\vec{U''_0})) = D(\vec{U_0})D(\vec{U'_0})D(\vec{U''_0})}$

C'est le moment de prêter un peu d'attention aux dimensions physiques en utilisant les quelques indications, et les notations, données en **II-3**. Stricto sensu, le plan tangent à la variété $\Omega_0$, c'est-à-dire l'espace vectoriel des (petits) segments matériels, n'est que le $T_0(\mu)$ d'un $T_0$ plus vaste incluant des vecteurs de toute dimension physique (tout comme, L étant la dimension longueur, l'espace vectoriel tangent en M à $\mathcal{E}$ n'est que le E(L) d'un E contenant des vecteurs de toute dimension : un vecteur n'est un vecteur déplacement que s'il est de dimension L); la variété $\Omega_0$ est de dimension μ; l'espace affine modélisant le voisinage de $M_0$ est $M_0+T_0(\mu)$; les tranches, éléments de $[T_0(\mu)]^* = T_0^*(\mu^{-1})$ (cotangent), sont de dimension $\mu^{-1}$; et enfin, même s'il est classiquement utilisé pour des vecteurs de toute dimension, le placement local a est d'abord défini comme associant à un segment matériel, élément de $T_0(\mu)$, sa position actuelle, élément de E(L), et donc sa dimension physique, tout comme celle de son transposé a*, est $L\mu^{-1}$.

Dans ce qui précède, nous avions donc pudiquement escamoté la question des dimensions physiques. Cela est classique, et nous continuerons à le faire. Au niveau du langage, il serait toutefois préférable d'appeler "vecteurs" et "covecteurs" les éléments de $T_0$ et $T_0^*$ de dimension quelconque, et réserver "segments" et "tranches" pour ceux qui ont la dimension physique requise.

● Une application linéaire entre espaces jaugés a un déterminant (**M7**). Travaillant comme il se doit avec $T_0$ jaugé par la masse et E jaugé par le volume on a :

(20) $$\boxed{\text{Dét } a = \frac{dv}{dm} = \tau = \rho^{-1}} \; .$$

Le volume spécifique $\tau$ a pour dimension physique $(L\mu^{-1})^3$. On peut en prendre la racine cubique et décomposer le placement local a sous la forme

(21) $$\boxed{a = \tau^{1/3}\mathring{a} = \mathring{a}\tau^{1/3}} \; ,$$

où $\mathring{a}$ est une application linéaire de $T_0$ dans E sans dimension physique et de déterminant égal à 1. Le placement local apparaît ainsi comme le produit de deux facteurs dont l'un peut être assimilé à une *prise de volume spécifique* par homothétie, effectué soit d'abord dans le modèle matière soit ensuite dans l'espace, et l'autre à une *prise d'orientation et forme* dans l'espace, en ne retenant dans le concept de forme que les aspects angulaires. On notera que $\mathring{a}$ est un isomorphisme de $T_0$ jaugé par la masse sur E jaugé par le volume. L'application a, qui n'est pas un tel isomorphisme, transporte la mesure masse dans l'espace et son inverse transporte la mesure volume sur la matière.

Enfin, partant de (21), on retrouve la décomposition (V-26), c'est à dire

(22) $$\boxed{F = J^{1/3}\mathring{F}} \; , \qquad \text{avec} \qquad \boxed{\mathring{F} = \mathring{a}\mathring{a}_r^{-1}}$$

## 8. LES ÉLÉMENTS DE SURFACE

La jauge de $T_0$, qui, rappelons le, fait du voisinage linéarisé $M_0+T_0(\mu)$ de $M_0$ un espace affine homogène en masse, permet de définir de nouveaux types d'éléments matériels, que nous appellerons *masse-éléments matériels* et que nous étudions dans ce paragraphe et les suivants.

● L'élément de surface est une notion qui dans l'espace est classique. Un tel élément a alors une aire (on évitera de confondre surface et aire de cette surface) et une normale unité, deux notions euclidiennes qui n'ont plus cours dans le modèle matière. Si donc, dans un plan matériel orienté $\Pi_0$ de $M_0+T_0$ (nous escamotons à nouveau les dimensions physiques dans les notations) nous considérons une (petite) surface $\Sigma_0$ (sous variété de dimension deux), cette surface n'a ni aire ni normale.

Pour tout (petit) segment matériel $\vec{l}_0 \in T_0$, le petit cylindre matériel obtenu en translatant $\Sigma_0$ de $\vec{l}_0$ dans l'espace affine $M_0+T_0$ a par contre une masse, qui dépend de $\vec{l}_0$. Notons $m(\vec{l}_0)$ cette masse, algébrisée en la comptant positive si $\vec{l}_0$ est du coté positif de $\Pi_0$. Considérant la position actuelle de ces éléments matériels, qui, le placement local étant linéaire, ont exactement la même nature géométrique, on a, en notant s l'aire actuelle de $\Sigma_0$, h la hauteur algébrique actuelle du cylindre, $\rho$ la densité actuelle en $M_0$, et $\vec{n}$ le vecteur unité normal à la position actuelle de $\Pi_0$ :

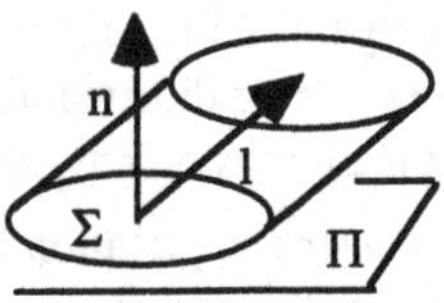


(23) $m(\vec{l}_0) = \rho s h = \rho s \vec{n}.\vec{l} = \rho \vec{s}.a\vec{l_0} = \rho <\overleftarrow{s}, a\vec{l_0}>$

avec $\vec{s} = s\vec{n}$, $\overleftarrow{s} = g\vec{s}$ et $\vec{l}$ position de $\vec{l_0}$. On a donc, en utilisant entre autres (20) :

(24) $\boxed{m(\vec{l}_0) = <\overleftarrow{s}_0, \vec{l}_0>}$ avec $\boxed{\overleftarrow{s}_0 = \text{Dét}a^{-1}\ a^*\overleftarrow{s}}$

qui fait de $m(\vec{l}_0)$ la valeur en $\vec{l}_0$ d'une forme linéaire $\overleftarrow{s}_0 \in T_0^*$ de dimension physique $\mu^2$.

Compte tenu de la signification physique de $m(\vec{l}_0)$, $\overleftarrow{s}_0$ ne peut dépendre que de la surface matérielle $\Sigma_0$ et nullement de sa position et de son aire actuelles, malgré l'utilisation de ces ingrédients dans le calcul précédent. Ce covecteur du modèle matière caractérise simultanément la "taille" de $\Sigma_0$ (plus celle-ci est grande plus la masse et donc $\overleftarrow{s}_0$ sont grands) et sa direction ($\Pi_0$ est le noyau de $\overleftarrow{s}_0$ puisque pour tout $\vec{l}_0$ parallèle à $\Pi_0$ le cylindre est plat et a une masse nulle).

Par contre il ne rend pas compte de sa forme et de sa position dans $\Pi_0$, si bien que deux surfaces différentes peuvent définir le même $\overleftarrow{s}_0$ : il suffit pour cela qu'elles soient parallèles et aient la même "taille". Noter que cette dernière ne saurait se mesurer en mètres carrés dans le modèle matière : elle se caractérise en même temps que la direction par un covecteur de dimension $\mu^2$. Réciproquement, tout covecteur $\overleftarrow{s}_0 \in T_0(\mu^2)$ modélise une certaine quantité de surface dans une direction de plan orientée en $M_0$. Cette direction de plan, ou plan vectoriel, est le noyau de $\overleftarrow{s}_0$. Son coté positif est celui des $\vec{l}_0$ pour lesquels $<\overleftarrow{s}_0, \vec{l}_0>$ est positif. On dira que :

| *Le covecteur $\overleftarrow{s}_0$ est l'élément de surface matériel défini par $\Sigma_0$.*

● Le vecteur $\vec{s} = s\vec{n}$, de dimension $L^2$, qui est apparu ci dessus est le vecteur qui caractérise usuellement l'élément de surface spatial défini par la position actuelle $\Sigma = a(\Sigma_0)$ de $\Sigma_0$. Sa direction est orthogonale à $\Sigma$ et sa norme est égale à son aire (là aussi, la forme et la position ne sont pas traduites). Il le fait cependant en utilisant abondamment la métrique de l'espace (aire s, orthogonalité): *c'est la modélisation hyper-euclidienne de l'élément de surface défini par* $\Sigma$.

Nous lui préférons son image par g dans E*, $\overleftarrow{s} = g\vec{s}$, aussi de dimension $L^2$, qui en est la *modélisation hypo-euclidienne*. En effet, $\overleftarrow{s}$ est tel que, pour tout $\vec{l}$, $<\overleftarrow{s}, \vec{l}>$ est le volume du cylindre, caractérisation qui n'utilise la structure euclidienne que par la trois forme volume. A condition de bien prendre le mot surface au sens géométrique de variété de dimension deux et non à celui d'aire se mesurant en mètres carrés, la notion d'élément de surface relève de la seule structure d'espace vectoriel jaugé, ce qui a permis de l'introduire dans $T_0$ jaugé par la masse et dans E jaugé par le volume.

● Il résulte de (24) que le transport-placement des éléments de surface s'écrit :

(25) $$\overleftarrow{s} = \text{Déta}\ a^{-*}\overleftarrow{s}_0 = \tau^{2/3}\mathring{a}^{-*}\overleftarrow{s}_0$$

On en déduit les transports déplacement spatiaux des éléments de surface matériels, en modélisations spatiales hypo et hyper-euclidiennes :

(26) $$\overleftarrow{s} = JF^{-*}\overleftarrow{s}_r = J^{2/3}\mathring{F}^{-*}\overleftarrow{s}_r \qquad \overrightarrow{s} = JF^{-T}\overrightarrow{s}_r = J^{2/3}\mathring{F}^{-T}\overrightarrow{s}_r$$

On vérifie que, $(\text{Déta})^{-1}a$ étant de dimension $L^{-2}\mu^2$, ces relations sont bien homogènes en ce qui concerne les dimensions physiques. On vérifie aussi que la seconde est bien celle déjà donnée en (V-24).

● Deux segments matériels $\overrightarrow{l'}_0$ et $\overrightarrow{l''}_0$ en $M_0$ définissent un parallélogramme, donc aussi un élément de surface, que nous noterons $\overrightarrow{l'}_0 \overset{m}{\wedge} \overrightarrow{l''}_0$, caractérisé par

(27) $$(\forall \overrightarrow{l}_0 \in T_0) \qquad \langle \overrightarrow{l'}_0 \overset{m}{\wedge} \overrightarrow{l''}_0, \overrightarrow{l}_0 \rangle = Vol_m(\overrightarrow{l}_0, \overrightarrow{l'}_0, \overrightarrow{l''}_0) \quad ,$$

Le produit $\overset{m}{\wedge}$ ainsi défini est une application bilinéaire antisymétrique sans dimension physique de $T_0 \times T_0$ dans $T_0^*$. Notant $\wedge$ le produit vectoriel classique dans E on a:

(28) $$\overleftarrow{s}_0 = \overrightarrow{l'}_0 \overset{m}{\wedge} \overrightarrow{l''}_0 \quad \Leftrightarrow \quad \overrightarrow{s} = \overrightarrow{l'} \wedge \overrightarrow{l''}$$

## 9. LES ÉLÉMENTS DE CYLINDRE

Ignorés dans la littérature, les éléments de cylindre sont les éléments duaux des éléments de surface.

● Considérons, au voisinage de $M_0$ dans l'espace affine $M_0+T_0$, un cylindre $C_0$ de direction un axe vectoriel $\Delta_0$. Pour toute tranche matérielle $\overleftarrow{t}_0 \in T_0^*$, soit $\mathfrak{m}^{-1}(\overleftarrow{t}_0)$ l'inverse de la masse algébrique (positive si $\overleftarrow{t}_0$ est orienté du coté positif de $\Delta_0$) du petit cylindre matériel intersection de $C_0$ et $\overleftarrow{t}_0$. Utilisant la position actuelle, on a :

$$\mathfrak{m}^{-1}(\overleftarrow{t}_0) = \rho^{-1}s^{-1}e^{-1} = \rho^{-1}s_n^{-1}\overrightarrow{n}.\overrightarrow{v}e^{-1} = \rho^{-1}\langle \overleftarrow{t}, \overrightarrow{c} \rangle ,$$

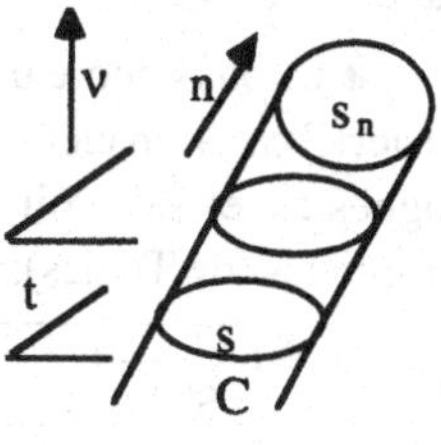


où s et $s_n$ sont, dans la position actuelle, les aires des sections oblique (par la tranche) et droite du cylindre, e est l'épaisseur actuelle de la tranche, $\overrightarrow{n}$ et $\overrightarrow{v}$ unités sont les orientations actuelles du cylindre et de la tranche, et $\overrightarrow{c} = s_n^{-1}\overrightarrow{n}$. On en déduit

(29) $$\mathfrak{m}^{-1}(\overleftarrow{t}_0) = \langle \overleftarrow{t}_0, \overrightarrow{c}_0 \rangle, \text{ avec } \overrightarrow{c}_0 = \text{Déta}\ a^{-1}\overrightarrow{c},$$

qui montre que $\mathfrak{m}^{-1}(\overleftarrow{t}_0)$ est la valeur de $\overleftarrow{t}_0$ en un vecteur $\overrightarrow{c}_0$ de dimension physique $\mu^{-2}$ qui ne peut dépendre que du cylindre matériel $C_0$ et nullement de ses caractéristiques actuelles malgré l'utilisation de ces ingrédients dans le calcul précédent. Ce vecteur du modèle matière caractérise la taille, ou grosseur, de $C_0$, ainsi que sa direction. Par contre, il ne rend pas compte de la forme de sa section et de sa position dans $M_0+T_0$. On dira que

| $\vec{c}_0$ *est l'élément de cylindre matériel défini par* $C_0$.

Deux cylindres différents peuvent définir le même élément de cylindre: il suffit pour cela qu'ils soient parallèles et aient la même "épaisseur".

● Le vecteur $\vec{c} = s_n^{-1}\vec{n}$, de dimension $L^{-2}$, caractérise l'élément de cylindre spatial position actuelle de $\vec{c}_0$, tant par sa direction que par sa norme égale à l'inverse de l'aire $s_n$ de sa section droite. Il est naturellement dans E et il n'est pas question pour lui de deux modélisations hypo et hyper euclidiennes. Ses transports placement et déplacement sont :

(30) $$\boxed{\vec{c} = (\text{Déta})^{-1} a\,\vec{c}_0 = \tau^{-2/3}\mathring{a}\,\vec{c}_0} \qquad \boxed{\vec{c} = J^{-1}F\,\vec{c}_r = J^{-2/3}\mathring{F}\,\vec{c}_r}$$

On vérifie que ces relations sont bien homogènes en dimensions physiques.

L'intersection de deux tranches matérielles $\overleftarrow{t}_0'$ et $\overleftarrow{t}_0''$ en $M_0$ définit un élément de cylindre, que nous noterons $\overleftarrow{t}_0' \overset{m*}{\wedge} \overleftarrow{t}_0''$, caractérisé par:

(31) $$(\forall \overleftarrow{t}_0 \in T_0^*) \qquad \boxed{\langle \overleftarrow{t}_0, \overleftarrow{t}_0' \overset{m*}{\wedge} \overleftarrow{t}_0'' \rangle = \mathrm{Vol}_m^*(\overleftarrow{t}_0, \overleftarrow{t}_0', \overleftarrow{t}_0'')}$$

où $\mathrm{Vol}_m^*$ désigne la jauge duale de $\mathrm{Vol}_m$ (**M7-c**). Le produit $\overset{m*}{\wedge}$ est une application bilinéaire antisymétrique sans dimension de $T_0^* x T_0^*$ dans $T_0$. On a en outre:

(32) $$\boxed{\vec{c}_0 = \overleftarrow{t}_0' \overset{m*}{\wedge} \overleftarrow{t}_0'' \quad \Leftrightarrow \quad \vec{c} = \vec{t}' \wedge \vec{t}''}$$

● Il existe un certain parallélisme entre segments et tranches d'une part et éléments de cylindres et de surface d'autre part. On vérifie en effet qu'en posant:

(33) $$\boxed{a' = (\text{Déta})^{-1}a = \tau^{-1}a} \qquad \boxed{F' = (\text{DétF})^{-1}F = J^{-1}F}$$

(applications dont les inverses $a'^{-1}$ et $F'^{-1}$ sont parfois appelées adverses de a et F), l'application a' régit le placement des éléments de cylindre, et, en (25), $a'^{-*}$ celui des éléments de surface. De même F' et $F'^{-*}$ régissent leurs déplacements. Les applications a' et F' sont donc aux éléments de cylindre et de surface matériels ce que, en (3) et (14), a et F étaient aux segments et tranches matériels. Noter aussi que le vecteur $\rho^{-1}\vec{c}$ est quand à lui déplacé par F, et le covecteur $\rho\overleftarrow{s}$ par $F^{-*}$.

● Citons encore une propriété, que l'on rapprochera de (15). Un élément de cylindre matériel $\vec{c}_0$ et un élément de surface matériel $\overleftarrow{s}_0$ définissent deux nouveaux éléments analogues $\vec{c}_0'$ et $\overleftarrow{s}_0'$ (voir figure). On a alors, entre autres, les propriétés (de Thalès):

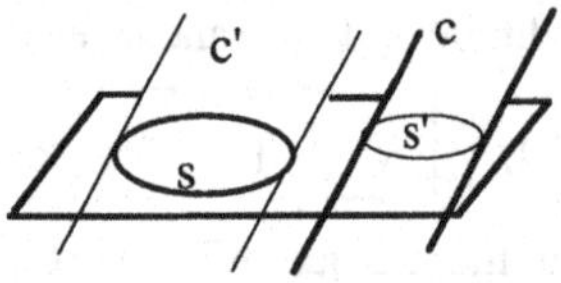


(34) $$\boxed{\langle \overleftarrow{s}_0, \vec{c}_0 \rangle = \langle \overleftarrow{s}, \vec{c} \rangle = s/s' = s_n'/s_n}$$

où s et s' sont les aires des éléments de surface, et $s_n$ et $s'_n$ les aires des sections droites des cylindres.

## 10. LES MASSE-TENSEURS

● Rapprochons le placement des covecteurs tranches et éléments de surface:

(35) $$\boxed{\overleftarrow{t} = a^{-*}\overleftarrow{t_0} = \tau^{-1/3}\mathring{a}^{-*}\overleftarrow{t_0}} \quad \text{et} \quad \boxed{\overleftarrow{s} = \text{Dét}a\ a^{-*}\overleftarrow{s}_0 = \tau^{2/3}\mathring{a}^{-*}\overleftarrow{s}_0}$$

On constate que la part "prise de forme" $\mathring{a}$ du placement local, qui fixe les angles, intervient de la même façon dans ces placements, mais que la part "prise de volume spécifique" joue différemment, avec des exposants cohérents avec la nature géométrique. Le raprochement des placements des vecteurs segments et cylindres:

(36) $$\boxed{\vec{c} = \text{Dét}a^{-1}a\vec{c_0} = \tau^{-2/3}\mathring{a}\vec{c_0}} \quad \text{et} \quad \boxed{\vec{l} = a\vec{l_0} = \tau^{1/3}\mathring{a}\vec{l_0}}$$

conduit à des conclusions identiques, mais c'est $\mathring{a}$ qui joue et non $\mathring{a}^{-*}$.

Sur un simple plan mathématique il peut sembler étrange que deux éléments du même espace, $T_0$ ou $T_0^*$, ne relèvent pas du même transport. C'est que en fait ils sont utilisés pour modéliser des objets géométriques différents et que c'est du transport de ces objets qu'il s'agit. La question qui se pose est alors: comment peut-il se faire que des objets de natures différentes puissent se retrouver modélisés par des éléments d'un même espace? Cette contradiction ne se résoudra pas en évoquant simplement, comme l'idée en vient rapidement, le fait que les dimensions physiques sont différentes, car les transports de segment ou de tranche s'étendent tout naturellement, et tout usuellement en physique, à des vecteurs ou covecteurs de toute dimension physique (en (4-2) par exemple).

L'explication réside en ce que *la modélisation des éléments de surface et de cylindre qui précède, respectivement par des covecteurs et des vecteurs, n'est pas aussi intrinsèque que nous l'avons affirmé.* Une modélisation plus respectueuse de la nature géométrique exacte de ces éléments aurait dû faire appel à ce que l'on appelle l'algèbre extérieure de $T_0$. Par exemple, les éléments de cylindre seraient ainsi apparus comme éléments $\vec{c'_0}$ d'un espace vectoriel $T'_0$ de cette algèbre extérieure à priori différent de $T_0$ mais qui en dimension trois et pour des espaces jaugés se trouve être canoniquement isomorphe à $T_0$ dans une certaine application linéaire $b_0 : T_0 \rightarrow T'_0$.

Profitant de cet isomorphisme *nous avons substitué à la modélisation par* $\vec{c'_0}$ *la modélisation par le vecteur* $\vec{c_0} = b_0^{-1}\vec{c_0}'$, et procédé de façon duale pour les éléments de surface. Exactement comme, dans E euclidien, on profite de l'isomorphisme canonique g entre E et E* pour modéliser des éléments de surface par des vecteurs ne se transportant pas comme les vecteurs segments, ou encore on profite de l'isomorphisme entre E et $L_A(E)$ pour modéliser par un vecteur (par exemple taux de rotation) certains phénomènes qui plus intrinsèquement relèveraient d'une modélisation par un endomorphisme antisymétrique (nous avons vu en (**M1-f**) que cela confère à ces vecteurs un comportement bizarre puisqu'ils changent en leur opposé quand on change l'orientation de l'eEspace).

Nous avons depuis le début tenté de refuser les identifications abusives et réductrices par isomorphisme. Cela était indispensable en ce qui concerne un espace et son dual, afin de sortir du cadre euclidien dans lequel la mécanique des milieux continus est engluée par refus de sortir de l'Espace. Ici, nous ne l'avons pas fait car cela n'est nullement essentiel à notre propos. Nous corrigeons légèrement ce choix en notant $T'_0$ et $T'^*_0$ (respt: E' et E'*) les espaces $T_0$ et $T_0^*$ (respt: E et E*) quand on envisage leurs éléments comme modélisant des objets se plaçant et déplaçant par a' et F'. Nous parlerons alors de masse-vecteurs et de masse-covecteurs, et de simples vecteurs et covecteurs pour ceux relevant du transport par a et F.

Signalons enfin que selon qu'il est transporté comme simple ou masse élément, un vecteur $\vec{u_0}$ du modèle matière se positionne dans l'espace en $\vec{u}$ ou $\tau^{-1}\vec{u}$, avec $\vec{u} = a\vec{u_0}$, et un covecteur $\overleftarrow{v_0}$ en $\overleftarrow{v}$ ou $\tau\overleftarrow{v}$, avec $\overleftarrow{v} = a^{-*}\overleftarrow{v_0}$.

● On peut, reprenant les notations de **6**, regrouper en un tableau les transports placement et déplacement des éléments de $T'_0$ et $T'^*_0$ (tenseurs du premier ordre sur $T'_0$):

| (37) | $x = \overset{*}{a}x_0 =$ | $x = \overset{*}{F}x_r =$ | $\overset{e}{x} = \overset{*}{g}x =$ | $\overset{e}{x} = \overset{**}{g a}x_0 =$ | $\overset{e}{x} = \overset{*}{g}\overset{*}{F}\overset{*}{g}_r{}^{-1}\overset{e}{x}_r$ |
|---|---|---|---|---|---|
| $x_0 \in T'_0$ | $a'x_0 = \tau^{-1}ax_0$ | $F'x_r = J^{-1}Fx_r$ | $x$ | $\tau^{-1}\, a\, x_0$ | $J^{-1}F\overset{e}{x}_r$ |
| $T'^*_0$ | $a'^{-*}x_0 = \tau\, a^{-*}x_0$ | $F'^{-*}x_r = JF^{-*}x_r$ | $g^{-1}x$ | $\tau g^{-1}a^{-*}x_0$ | $JF^{-T}\overset{e}{x}_r$ |

Et aux ordres supérieurs, on obtient

| (38) $x_0 \in$ | $x = \overset{*}{a}x_0 =$ | $x = \overset{*}{F}x_r =$ | $\overset{e}{x} = \overset{*}{g}x =$ | $\overset{e}{x} = \overset{**}{g a}x_0 =$ | $\overset{e}{x} = \overset{*}{g}\overset{*}{F}\overset{*}{g}_r{}^{-1}\overset{e}{x}_r$ |
|---|---|---|---|---|---|
| $L(T_0;T'_0)$ | $\tau^{-1}\, a\, x_0\, a^{-1}$ | $J^{-1}Fx_r\, F^{-1}$ | $x$ | $\tau^{-1}\, a\, x_0\, a^{-1}$ | $J^{-1}\, F\, \overset{e}{x}_r\, F^{-1}$ |
| $L(T_0;T'^*_0)$ | $\tau\, a^{-*}\, x_0\, a^{-1}$ | $J\, F^{-*}x_r F^{-1}$ | $g^{-1}x$ | $\tau\, g^{-1}a^{-*}\, x_0\, a^{-1}$ | $J\, F^{-T}\, \overset{e}{x}_r\, F^{-1}$ |
| $L(T_0^*;T'_0)$ | $\tau^{-1}\, a\, x_0\, a^*$ | $J^{-1}Fx_r\, F^*$ | $xg$ | $\tau^{-1}\, a\, x_0\, a^*g$ | $J^{-1}\, F\, \overset{e}{x}_r\, F^T$ |
| $L(T_0^*;T'^*_0)$ | $\tau\, a^{-*}\, x_0\, a^*$ | $J\, F^{-*}x_r\, F^*$ | $g^{-1}xg$ | $\tau\, g^{-1}a^{-*}\, x_0\, a^*g$ | $J\, F^{-T}\, \overset{e}{x}_r\, F^T$ |
| $L(T'_0;T_0)$ | $a\, x_0\, \tau\, a^{-1}$ | $F\, x_{rr}\, J\ F^{-1}$ | $x$ | $a\, x_0\, \tau\, a^{-1}$ | $F\, \overset{e}{x}_r\, J\, F^{-1}$ |
| $L(T'_0;T_0^*)$ | $a^{-*}\, x_0\, \tau\, a^{-1}$ | $F^{-*}x_rJ\, F^{-1}$ | $g^{-1}x$ | $g^{-1}a^{-*}\, x_0\, \tau\, a^{-1}$ | $F^{-T}\, \overset{e}{x}_r\, J\, F^{-1}$ |
| $L(T'^*_0;T_0)$ | $a\, x_0\, \tau^{-1}\, a^*$ | $Fx_rJ^{-1}F^*$ | $xg$ | $a\, x_0\, \tau^{-1}\, a^*g$ | $F\, \overset{e}{x}_r\, J^{-1}F^T$ |
| $L(T'^*_0;T_0^*)$ | $a^{-*}\, x_0\, \tau^{-1}\, a^*$ | $F^{-*}x_1J^{-1}F^*$ | $g^{-1}xg$ | $g^{-1}a^{-*}\, x_0\, \tau^{-1}\, a^*g$ | $F^{-T}\, \overset{e}{x}_r\, J^{-1}F^T$ |
| $L(T'_0)$ | $a\, x_0\, a^{-1}$ | $F\, x_r\, F^{-1}$ | $x$ | $a\, x_0\, a^{-1}$ | $F\, \overset{e}{x}_r\, F^{-1}$ |
| $L(T'_0;T'^*_0)$ | $\tau^2\, a^{-*}\, x_0\, a^{-1}$ | $J^2F^{-*}x_rF^{-1}$ | $g^{-1}x$ | $\tau^2\, g^{-1}a^{-*}\, x_0\, a^{-1}$ | $J^2\, F^{-T}\, \overset{e}{x}_r\, F^{-1}$ |
| $L(T'^*_0;T'_0)$ | $\tau^{-2}\, a\, x_0\, a^*$ | $J^{-2}Fx_rF^*$ | $xg$ | $\tau^{-2}\, a\, x_0\, a^*g$ | $J^{-2}\, F\overset{e}{x}_r\, F^T$ |
| $L(T'^*_0)$ | $a^{-*}\, x_0\, a^*$ | $F^{-*}x_rF^*$ | $g^{-1}xg$ | $g^{-1}a^{-*}\, x_0\, a^*g$ | $F^{-T}\, \overset{e}{x}_r\, F^T$ |

ou l'on a envisagé non seulement des tenseurs bâtis sur $T'_0$, mais aussi des tenseurs mixtes sur $T_0$ et $T'_0$, ce qui fournit, s'ajoutant aux quatre de (16), les douze tenseurs du second ordre, avec leurs placements et déplacements.

Signalons pour terminer, que si pour les tenseurs d'ordre un on devine assez bien, derrière le transport, l'objet géométrique transporté, pour ceux d'ordre deux, cela est beaucoup plus difficile. Lorsque l'on travaille exclusivement dans un référentiel d'espace avec configuration de référence et modélisation hyper-euclidienne par des $\overset{e}{x}$ systématiquement dans L(E), il peut être difficile de savoir de quels $x_0$ ils sont les transportés, et donc de quel transport de la sixième colonne ils relèvent. Par contre, si l'on a un $\overset{e}{x}$ donné, ou si l'on est amené à lui choisir un transport-déplacement d'un des types de la colonne six, on pourra en utilisant ce tableau et le tableau (16) déterminer son homologue matériel $x_0$, avec toutefois des indéterminations possibles du fait que les sixièmes colonnes ne comportent en fait que douze déplacements différents pour les $\overset{e}{x}_r$ .

## 11. L'ÉLÉMENT DE MATIÈRE

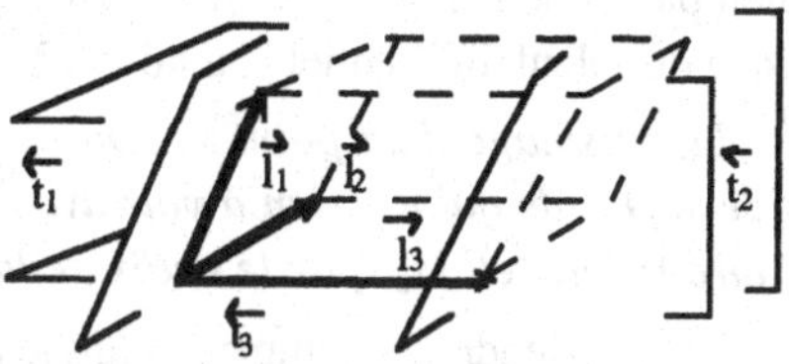


● Considérons dans $T_0$ en $M_0$ une base $l_0$ constituée de trois segments matériels orientés $\overrightarrow{l}_{0i} = \overrightarrow{M_0P_{0i}}$. Ces trois segments déterminent un parallélépipède en $M_0$ dans l'espace affine $M_0+T_0(\mu)$, dont la position dans l'espace sera le classique élément de volume. Les trois paires de faces parallèles de cet *élément de matière* constituent trois tranches $\overleftarrow{t}_{0j}$, donc une base $t_0$ de $T_0^*$. On vérifie que, confirmant la dualité des segments et des tranches, on a (**M2**-c)

| *La base* $t_0$, *convenablement numérotée, est la base duale de la base* $l_0$.

Et pour achever de le convaincre, nous renvoyons le lecteur qui estimerait encore l'espace dual trop abstrait pour être utile, aux quelques remarques développées en (**V-7** -second point).

● Mais ce parallélépipède définit aussi des éléments de surface et de cylindre

$$\overleftarrow{s_{01}} = \overrightarrow{l_{02}} \overset{m}{\wedge} \overrightarrow{l_{03}}, \qquad \overrightarrow{c_{01}} = \overleftarrow{t_{02}} \overset{m*}{\wedge} \overleftarrow{t_{03}} \qquad \text{(et permutations circulaires)}$$

constituant deux nouvelles bases, l'une $s_0$ dans $T_0^*$ et l'autre $c_0$ dans $T_0$. Le covecteur $\overleftarrow{s_{01}}$ est parallèle à $\overleftarrow{t_{01}}$ (même direction de plan). On a donc:

$$\overleftarrow{s_{01}} = k\overleftarrow{t_{01}} \quad \text{et} \quad \mathrm{Vol}_m(\overrightarrow{l_{01}},\overrightarrow{l_{02}}\overrightarrow{l_{03}}) = <(\overrightarrow{l_{02}} \overset{m}{\wedge} \overrightarrow{l_{03}}),\overrightarrow{l_{01}}> = <k\overleftarrow{t_{01}},\overrightarrow{l_{01}}> = k.$$

Les bases $s_0$ et $t_0$ sont donc homothétiques, de rapport la masse m de l'élément. De façon analogue, les vecteurs $\overrightarrow{l_{01}}$ et $\overrightarrow{c_{01}}$ sont parallèles et l'on a

$$\overrightarrow{c_{01}} = k'\overrightarrow{l_{01}} \quad \text{et} \quad \mathrm{Vol}_{m*}(\overleftarrow{t_{01}},\overleftarrow{t_{02}}\overleftarrow{t_{03}}) = m^{-1} = <\overleftarrow{t_{01}}, (\overleftarrow{t_{02}} \overset{m*}{\wedge} \overleftarrow{t_{03}})> = k'$$

et donc les bases $l_0$ et $c_0$ sont homothétiques de rapport $m^{-1}$. Enfin, on a (**M12**-d):

$$s_0^* = mt_0 = ml_0^{\,d} = ml_0^{-*}g_n = c_0^{-*}g_n$$

qui montre que $s_0$ est la base duale de $c_0$. En définitive:

(39) $\boxed{t_0 = l_0^d}$ $\boxed{c_0 = m^{-1}l_0}$ $\boxed{s_0 = mt_0 = c_0^d}$

● Au cours d'un mouvement, l'élément de matière va se placer selon un élément de volume parallélépipédique de l'espace, lequel définit lui aussi quatre bases l, t, s et c, qui sont les positions des précédentes dans le transport-placement adapté à leur nature géométrique, et qui vérifient des relations analogues aux précédentes mais avec le volume actuel v se substituant à la masse m:

(40) $\boxed{t = l^d}$ $\boxed{c = v^{-1}l}$ $\boxed{s = mt = c^d}$

A t et s, bases de E* duales de l et c, on pourra substituer $l^r = g^{-1}l^d$ et $c^r = g^{-1}c^d$ , bases de E réciproques de l et c (**M12**-d).

● La donnée d'une des quatre bases définit l'élément de volume et les autres bases. Le placement de l'élément de matière lui même peut donc être considéré comme régi aussi bien par a que par $a^{-*}$, a', ou $a'^{-*}$. Or, la modélisation continue et la logique mathématique du calcul différentiel conduisent à privilégier le premier de ces transports placement:

*Le voisinage d'un point se voit ainsi crédité à priori d'une structure de faisceau de segments qui n'a rien à voir avec sa réalité physique. Il s'agit d'une micro-structure induite en $M_0$ par le choix de la modélisation mathématique.*

Il conviendra évidemment, dans le traitement des lois de comportement, de se méfier de cette micro-structure sans support physique. Soit en annihilant simplement son effet : *notre arme sur ce plan, et aussi notre originalité, sera de traiter de façon égale les deux aspects duaux que sont les segments et les tranches matériels.* Soit, si l'on décide de tenir compte d'une micro-structure locale argumentée par certaines considérations physiques, en privilégiant l'application de déplacement local la mieux adaptée parmi les précédentes et d'autres éventuelles à définir (on peut ouvrir des perspectives non isotropes en définissant par exemple l'élément comme intersection d'un cylindre et d'une tranche, ou en utilisant des interpolations continues entre les placements précédents, etc.)

● Observer enfin qu'à toute base $l_0$ de $T_0$ s'en trouve associée une seconde $c_0$. Exactement comme à toute base dans un espace euclidien E est associée sa base réciproque, remontée de E* dans E par g de la base duale. Le phénomène est ici tout à fait analogue. Au lieu de jouer avec E et E* mis en bijection par g résultant de la structure euclidienne, on joue sur $T_0$ et $T_0^*$ mis en bijection par l'application linéaire $b_0$ résultant de la structure d'espace jaugé de $T_0$. Si cela apparaissait utile on pourrait envisager d'élaborer dans ce cadre l'analogue de l'outil tenseur euclidien.

CHAPITRE VIII

# LES DÉRIVÉES MATÉRIELLES

Nous avons modélisé un milieu continu, globalement et localement en un point, et nous savons le placer à chaque instant dans l'Espace, où il constituera un référentiel non rigide que nous étudierons dans le prochain chapitre. Qui dit référentiel dit dérivation par rapport à ce référentiel : c'est par ce biais de la dérivée "par rapport au milieu", ou *dérivée matérielle*, question importante et très débattue en pratique, que nous préparons dans le présent chapitre cette quête du référentiel-matière. C'est exclusivement le point de vue local, et donc la dérivation des tenseurs en un point, qui nous intéresse.

## 1. L'ENJEU

● La dérivation temporelle est le moyen d'évaluer la vitesse avec laquelle une quantité dépendant du temps évolue. On parle aussi de taux horaire ou de taux. Nous aurons ainsi à évaluer la vitesse d'évolution de certaines grandeurs *exprimant des propriétés de la matière, ou de phénomènes se passant dans la matière*, d'où le nom de dérivées matérielles. Il s'agit de propriétés et de phénomènes en un point donné du milieu, et donc les dérivées temporelles ici considérées sont toutes des dérivées particulaires, à $M_0$ fixé.

Le mieux serait évidemment de travailler dans le modèle matière, en approche matérielle. La vitesse d'évolution d'une propriété quantifiée par une grandeur $x_0$ fonction du temps de ce modèle matière, est alors modélisée par la dérivée en temps de cette grandeur. L'Espace n'apparaît alors pas, on n'a pas à se soucier de la position du milieu. On peut, comme dans les approches matérielles classiques, utiliser une configuration de référence comme substitut du modèle matière, car l'opération de dérivation n'utilise pas sa structure euclidienne. On est, on reste et on dérive en fait ainsi dans le modèle matière. Mais il faut évidemment éviter de considérer les aspects $E_r$-euclidiens de la dérivée ainsi obtenue.

● Mais ces choses sont souvent abordées dans une approche spatiale. La propriété ou le phénomène considéré n'est alors pas exprimé par un $x_0$ dans le modèle matière, mais par un x dans l'espace (de travail). Et, même si cela n'est pas explicité, il est tout à fait raisonnable de penser que cet x est la position dans le référentiel de travail, ou tout au moins le représentant selon certaines conventions de représentation à expliciter, d'un certain $x_0$ qui, lui, serait la grandeur qui aurait été utilisée dans une approche matérielle. Ce que, ne considérant que des grandeurs locales, nous traduirons en écrivant $x = \tilde{a}\ x_0$ pour indiquer que le transport placement spatial sous-jacent, ou le mode de représentation, ne peut qu'être largement déterminé par le placement local a.

On comprend dès lors que si l'on dérive dans le référentiel de travail $\mathcal{E}$, ou dans tout autre référentiel classique, la grandeur spatiale x qui modélise ainsi la propriété (par exemple la position d'une barque par rapport aux berges d'un fleuve), la dérivée obtenue rendra compte du cumul de la vitesse d'évolution du phénomène dans le milieu (vitesse de la barque par rapport à l'eau, notion tout à fait claire même si, le milieu continu fleuve avec ses rapides et ses tourbillons ne constituant pas un référentiel classique, nous ne savons pas encore l'exprimer mathématiquement), et de la vitesse avec laquelle le milieu évolue dans le référentiel dans lequel on dérive (vitesse de l'eau où se trouve la barque).

• Pour un solide rigide, les choses sont simples. Considérons par exemple le vecteur spatial $\vec{U}$ de $\mathcal{E}$ joignant (en dimension deux) les (positions dans $\mathcal{E}$ des) extrémités d'une fissure rectiligne se développant dans un solide $\Omega_0$ par ailleurs indéformable et définissant un référentiel $\mathcal{E}_0$. Pour évaluer la vitesse du phénomène de fissuration on va d'abord "lire" $\vec{U}$ dans le référentiel $\mathcal{E}_0$, par l'isométrie $\tilde{a} = a = I_0$. Le vecteur $\vec{U}_0$ de $\mathcal{E}_0$ ainsi obtenu est exactement l'objet mathématique qui modélise la fissure. La vitesse d'évolution du phénomène sera alors obtenue en dérivant cet $\vec{U}_0$, et la dérivée obtenue sera ensuite rapatriée dans $\mathcal{E}$ par l'inverse de $I_0$ pour être lue dans $\mathcal{E}$ avec le reste. Le résultat sera alors exactement *la dérivée du vecteur* $\vec{U}$ *par rapport au référentiel d'espace lié au solide* définie en (**I**-16-2). En particulier, si $\vec{U}$ est constant par rapport au solide cette dérivée est nulle, la fissure n'évolue pas, tandis que sa dérivée dans le référentiel de travail ne l'est pas. Cela répond bien à notre projet d'évaluer la vitesse d'évolution d'un phénomène se produisant sur la matière, ici le solide, et non la vitesse avec laquelle on voit la chose évoluer dans $\mathcal{E}$. Dans cet exemple, l'approche matérielle aurait été très simple: elle aurait consisté à se placer dans le référentiel $\mathcal{E}_0$ lié au solide et à ne considérer que $\vec{U}_0$ et sa dérivée.

• Pour un milieu continu on procédera en principe de façon analogue, en utilisant le transport-placement $\tilde{a}$ adapté à la nature de la grandeur spatiale x. Avec ce transport et son inverse on transportera x dans le modèle matière en $x_0$, on dérivera $x_0$ (dérivée sur le milieu), et on transportera en sens inverse dans $\mathcal{E}$ la dérivée obtenue. Cela donnera la "*dérivée matérielle*" de x:

$$(1\text{-}1) \qquad \boxed{D^{mat}\ x = \tilde{a}[\frac{d}{dt}\ (\tilde{a}^{-1}x)]} \quad \Leftrightarrow \quad \boxed{(D^{mat})_0 = \frac{dx_0}{dt}}$$

Dans cette affaire, la physique se passe au niveau de $x_0$ et de sa dérivée, qui sont dans le modèle matière.

Le cas idéal, le seul d'ailleurs qui logiquement devrait se présenter, est celui où le transport $\tilde{a}$ est simplement le placement spatial, obtenu par décalque par a de la feuille $M_0 + T_0$ sur la feuille $\mathcal{E}$, ce que, reprenant une notation du chapitre précédent, nous écrirons $\tilde{a} = \overset{*}{a}$. Alors, (1-1) rapprochée de (**I**-16) apparaît comme une sorte de *dérivée de la* *grandeur spatiale* x *par rapport au "référentiel" que constitue localement le milieu,* ce qui, affectant ce référentiel de l'indice 0, pourrait se noter

$$\text{(1-2)} \qquad \boxed{\frac{d^0}{dt}\,x = \overset{*}{a}\Big[\frac{d}{dt}\,(\overset{*}{a}{}^{-1}x)\Big]} \quad \Leftrightarrow \quad \boxed{\Big(\frac{d^0}{dt}\,x\Big)_0 = \frac{d}{dt}\,x_0}$$

Mais, comme le laissent prévoir les considérations du chapitre précédent sur la diversité des éléments matériels en un point et de leur transport, ainsi que les jeux de cache-cache que permet la pratique des modélisations hyper-euclidiennes, les choses sont plus confuses. Elles ne sont pas toujours simples, ni présentées simplement. *Toute la question est évidemment de savoir quel* $x_0$ *physiquement significatif se cache derrière* x *et donc quel transport* $\tilde{a}$ *utiliser.* Pour certaines grandeurs physiques de nature tensorielle mal précisée, plusieurs dérivées matérielles, correspondant à des transports différents, ont pu être proposées. Certaines approches présentent même le transport $\tilde{a}$ comme un paramètre un peu optionnel, non rigoureusement lié au placement local a [Haupf et Tsakmakis, 1989]

Enfin, la dérivation n'utilisant pas la structure euclidienne, on peut se contenter d'aller sur la configuration de référence pour aller sur la matière, avec donc des transports associés à F au lieu de a. Nous nous limiterons aux tenseurs d'ordre un et deux, mais les généralisations seront immédiates dans leur principe.

## 2. LES DÉRIVÉES CONVECTIVES PREMIÈRES

● Dans son acception commune, la dérivée convective concerne le cas où la grandeur spatiale x à dériver est la modélisation spatiale d'une grandeur matérielle $x_0$ qui serait un tenseur affine sur $T_0$, relevant donc des transports étudiés en **VII-6**. Nous traitons dans ce paragraphe, sous l'appellation de dérivée convective *première,* uniquement le cas, le plus intrinsèque, où x est la modélisation spatiale hypo-euclidienne du $x_0$ physiquement significatif sous-jacent.

Le transport $\tilde{a}$ est alors le placement $\overset{*}{a}$ adapté, à savoir : a pour les vecteurs, $a^{-*}$ pour les covecteurs, et les transports $A$, $\bar{A}$, $\underline{A}$, $\bar{\underline{A}}$ de (**VII**-16-2) pour les tenseurs du second ordre. La dérivée matérielle (1) de x ainsi obtenue est appelée *dérivée convective* de x, et nous la noterons $\mathcal{D}^c x$ (et non $d^0x/dt$). On l'appelle aussi *dérivée de Lie* de x, terminologie relevant de la géométrie différentielle.

Lorsque cette dérivée est nulle, le $x_0$ du modèle matière dont x est la position spatiale est constant dans le modèle matière. On dit alors que x est un *tenseur convecté*: il représente une grandeur invariante sur la matière et qui est "convectée dans l'Espace" par le milieu. Un exemple trivial est celui où x est la position d'un élément matériel particulier, segment, tranche, etc. Quand on utilise un système de coordonnées matérielles, les vecteurs de la base convectée $B_C = aB_0$ sont de ce type. Leur dérivée convective est donc nulle, et l'on en déduit simplement la propriété ci dessous qui, dans un style un peu abrégé, confirme l'aspect dérivée par rapport à un référentiel lié au milieu :

*La dérivée convective (première) d'un tenseur affine spatial* x *s'obtient en dérivant ses composantes premières dans une base convectée*

● Illustrons sur le cas simple d'un vecteur quelques méthodes et résultats, se généralisant sans peine pour des tenseurs quelconques. Le transport à utiliser est a, donc :

(2-1) $$\boxed{\mathcal{D}^c\vec{U} = a[\frac{d}{dt}(a^{-1}\vec{U})]} \quad \Leftrightarrow \quad \boxed{(\mathcal{D}^c\vec{U})_0 = \frac{d}{dt}(\vec{U}_0)}$$

Utilisant une configuration de référence on a $a = Fa_r$ avec $a_r$ constant, et donc:

(2-2) $$\boxed{\mathcal{D}^c\vec{U} = F[\frac{d}{dt}(F^{-1}\vec{U})]} \quad \Leftrightarrow \quad \boxed{(\mathcal{D}^c\vec{U})_r = \frac{d}{dt}(\vec{U}_r)}$$

qui confirme la propriété suivante, que nous allons immédiatement exploiter :

*Le transport sur la matière peut n'être qu'un transport par* F *sur la configuration de référence. La dérivée matérielle ainsi calculée est indépendante de la configuration de référence utilisée.*

● Notons provisoirement t un instant *particulier,* τ l'instant *actuel* et $F^{\tau t}$ le F correspondant au passage de la configuration occupée à t à la position occupée à τ. En prenant la configuration à l'instant particulier t comme configuration de référence, on a:

$$(\forall\tau) \qquad (\mathcal{D}^c\vec{U})_\tau = F^{\tau t}[\frac{\partial}{\partial\tau}(F^{\tau t-1}\vec{U}_\tau)] \text{ , et donc } (\mathcal{D}^c\vec{U})_t = F^{tt}[\frac{\partial}{\partial\tau}(F^{\tau t-1}\vec{U}_\tau)]_{\tau=t}$$

où les indices t et τ en bas indiquent les instants où l'on se place. Or, $F^{tt}$ est égal à $1_E$. Par ailleurs, l'instant particulier t ayant été choisi quelconque, il peut être rétabli dans ses fonctions d'instant actuel. Il en résulte la formule

(3) $$\boxed{\mathcal{D}^c\vec{U} = [\frac{\partial}{\partial\tau}(F^{\tau t-1}\vec{U}_\tau)]_{\tau=t}}$$

On peut comprendre ce petit tour de passe-passe en réalisant que dériver à t c'est examiner comment varie la quantité dérivée aux instants τ voisins de t. Or, *pendant que l'on fait cet examen* l'instant t ne varie pas, et donc la configuration à t ne bouge pas et peut être prise comme configuration de référence. En quelque sorte :

*On utilise la configuration actuelle comme configuration de référence pour examiner ce qui se passe aux instants voisins de l'instant réputé actuel* t.

Cette démarche est très utilisée en mécanique des fluides où l'aspect matériel, et à fortiori le modèle matière, sont totalement occultés et où pratiquement, ou en apparence, on ne travaille que sur la configuration actuelle. On retrouve aussi l'esprit de cette méthode dans les procédures de calcul numérique dites du *lagrangien réactualisé,* où, progressant pas à pas en temps, on utilise la configuration à $t_i$ calculée à la fin d'un pas comme configuration de référence pour l'étude du pas suivant $(t_i,t_{i+1})$ (**VI-4**).

● Remarquant que $\dot{a}a^{-1} = \dot{F}F^{-1} = L = D+\Omega$ (**VII**-4) (**IV**-6), il vient en effectuant les dérivations terme à terme dans (2-1) ou (2-2) :

(4) $(\vec{U} \in E)$ $$\boxed{\mathcal{D}^c\vec{U} = \frac{d}{dt}\vec{U} - L\vec{U} = \frac{d^c}{dt}\vec{U} - D\vec{U}}$$

où d/dt est la dérivée par rapport au référentiel de travail et $d^c/dt$ est celle par rapport au référentiel corotationnel au point considéré (dont le taux de rotation est $\Omega$)[1].

Cette double relation a un double intérêt. Elle donne deux expressions totalement spatiales de la dérivée convective, puisque le transport sur la matière sous-jacent n'apparaît plus, et elle exprime des *compositions de vitesses* (ou de dérivées) :

> *La vitesse par rapport au référentiel de travail (respt: corotationnel) d'un tenseur affine* x *est la somme de sa vitesse par rapport à la matière que constitue sa dérivée convective* $\mathcal{D}^c\vec{U}$, *et d'une vitesse d'entraînement* $L\vec{U}$ *(respt:* $D\vec{U}$*) du mouvement de la matière par rapport au référentiel de travail (respt: corotationnel)*.

Si D est nul au point considéré, la dérivée convective est identique à la dérivée par rapport au référentiel corotationnel. Il n'est pas étonnant de voir apparaître le référentiel corotationnel $\mathcal{E}_c$ dans ce rôle puisque, nous l'avons vu, c'est le référentiel par rapport auquel la matière tourne le moins. Dériver $\vec{U}$ par rapport à $\mathcal{E}_c$, c'est donc presque le dériver par rapport à la matière, et, on le constate, ça l'est même exactement quand le taux de déformation D est nul.

● Passons maintenant à d'autres tenseurs, sans revenir sur toutes les propriétés précédentes qui se généralisent aisément. Pour un covecteur le placement est $a^{-*}$. On en déduit pour $\overleftarrow{U} \in E^*$, en procédant comme ci dessus :

(5) $$\boxed{\mathcal{D}^c\overleftarrow{U} = a^{-*}[\frac{d}{dt}(a^*\overleftarrow{U})] = F^{-*}[\frac{d}{dt}(F^*\overleftarrow{U})] = \frac{d}{dt}\overleftarrow{U} + L^*\overleftarrow{U} = \frac{d^c}{dt}\overleftarrow{U} + gDg^{-1}\,\overleftarrow{U}}$$

Utilisant les transports A, $\bar{A}$, $\underline{A}$, $\bar{\underline{A}}$ de (VII-16-2) on déduit pour le second ordre:

(6) $x \in L(E)$ $$\boxed{\mathcal{D}^c x = \frac{dx}{dt} - Lx + xL = \frac{d^c}{dt}x - Dx + xD}$$

$x \in L(E;E^*)$ $$\boxed{\mathcal{D}^c x = \frac{dx}{dt} + L^*x + xL = \frac{d^c}{dt}x + gDg^{-1}x + xD}$$

$x \in L(E^*;E)$ $$\boxed{\mathcal{D}^c x = \frac{dx}{dt} - Lx - xL^* = \frac{d^c}{dt}x - Dx - x\,gDg^{-1}}$$

$x \in L(E^*;E^*)$ $$\boxed{\mathcal{D}^c x = \frac{dx}{dt} + L^*x - xL^* = \frac{d^c}{dt}x + gDg^{-1}x - x\,gDg^{-1}}$$

## 3. LE MODÈLE ESPACE-TEMPS NON EUCLIDIEN

● A ce stade de notre étude, on peut remarquer que l'*on n'utilise plus la structure euclidienne de l'Espace et de ses référentiels* $\mathcal{E}_i$. On n'utilise que les espaces affines (non euclidiens) sous-jacents de ces référentiels, et les espaces affines $M_0 + T_0$ modéli-

---

[1] On ne confondra pas l'indice c pour convective et l'indice c pour corotationnel

sant le voisinage de chaque point du milieu. Pour ce qui est des x dans E ou L(E), on constate que :

> *On obtient dans ces espaces non euclidiens un jeu relationnel analogue à celui obtenu au chapitre* **I** *entre les* $\mathcal{E}_i$ *euclidiens. Les ingrédients euclidiens que sont les isométries-placement* I, *les rotations-déplacement* R *et les taux de rotation* $\Omega$ *du chapitre* **I**, *sont remplacés par les applications linéaires placement* a *et transformation-déplacement* F, *et par les taux de mouvement relatif* L.
> *Et* $\Omega = \vec{\omega}\Lambda = \dot{I}\,\Gamma^{-1} = \dot{R}\,R^{-1}$ *est remplacé par* $F = \dot{a}\,a^{-1} = \dot{F}\,F^{-1}$.

Le jeu est semblable mais il a régressé de la structure linéaire euclidienne à la structure simplement linéaire. Et l'identification entre l'espace et son dual n'étant de ce fait plus possible, il a été nécessaire d'adjoindre l'étude des covecteurs à celle des vecteurs, et de considérer quatre types de tenseurs du second ordre au lieu d'un seul. Cet outil permet non seulement d'étudier le mouvement local d'un milieu continu, mai aussi le mouvement local relatif de deux milieux continus. Il s'agit d'une modélisation non euclidienne de l'Espace-temps qui, sur un plan purement cinématique, aurait peut-être pu suffire si l'état solide rigide de la matière n'avait pas "existé"...

Ce niveau de régression n'est pas un hasard : c'est celui de la structure mathématique maximale commune à l'espace et, localement, au milieu, pour laquelle le placement local a, application linéaire, est un isomorphisme, tout comme les isométries du chapitre **I** étaient des isomorphismes pour les structures euclidiennes.

Mais on ne saurait pour autant s'en satisfaire et passer par pertes et profits la structure euclidienne de l'Espace. Au paragraphe **4** qui suit nous réutilisons cette structure euclidienne à travers les modélisations hyper-euclidiennes. Mais celles-ci ne sont qu'une commodité, qui ne fait que troubler la limpidité de la modélisation non-euclidienne de l'Espace-temps qui précède, sans l'abandonner sur le fond. Ce n'est qu'au chapitre suivant que nous partirons à la reconquête de l'Espace-temps euclidien et généraliserons ses référentiels pour y inclure les milieux continus en étude locale.

## 4. LES DÉRIVÉES CONVECTIVES SECONDES

● Nous l'avons dit, dans leur majorité les auteurs ignorent le dual $E^*$ et comblent ce manque en utilisant des modélisations spatiales hyper-euclidiennes $y = \overset{e}{x}$. A l'ordre un ils n'utilisent ainsi que des vecteurs $y = \vec{U}$. Soit parce que la grandeur physique qui les intéresse est précisément ce vecteur $x = \vec{U} = y = \overset{e}{x}$, soit parce que la grandeur physique intéressante est le covecteur $x = \overleftarrow{U} = g\vec{U} \neq y = \vec{U} = \overset{e}{x}$. Dans ce second cas, *c'est le covecteur dérivé selon* (5) *de ce covecteur* x *qui est une grandeur physiquement significative*, mais que pour rester en modélisation hyper-euclidienne, on re-transforme en vecteur par $g^{-1}$.

On obtient ainsi, pour les vecteurs, deux façons de définir et calculer une dérivée convective: la façon (4) naturelle (ou première) pour un vecteur, qui sera appelée dérivée convective contravariante car un vecteur est contavariant (**M4-c**), et une seconde obtenue comme il vient d'être dit et qui sera dite covariante. Se souvenant que le tenseur métrique g est constant dans tout référentiel (**I-5-1**), ces deux dérivées sont:

(7)
$$\mathcal{D}_1^c\vec{U} \equiv \mathcal{D}^c\vec{U} = \frac{d}{dt}\vec{U} - L\vec{U} = \frac{d^c}{dt}\vec{U} - D\vec{U}$$

$$\mathcal{D}_2^c\vec{U} = g^{-1}\mathcal{D}^c(g\vec{U}) = \frac{d}{dt}\vec{U} + L^T\vec{U} = \frac{d^c}{dt}\vec{U} + D\vec{U}$$

On peut encore remarquer que la seconde de ces dérivées matérielles de $\vec{U}$ est du type (1-1) avec $\tilde{a} = g^{-1}a^{-*}$, tout à fait en accord avec (**VII**-16-1, ligne 2, colonne 5).

Pour savoir laquelle de ces dérivées matérielles choisir pour un vecteur donné intervenant dans la modélisation, il faut savoir si celui-ci réalise une modélisation hypo-euclidienne (par exemple d'un segment matériel, ou d'une direction de glissement) ou hyper-euclidienne (par exemple d'une tranche, ou d'un plan de glissement).

● De façon analogue, un élément y de L(E) aura quatre dérivées convectives, une première et trois secondes, selon le type du tenseur x dont il est en fait la modélisation hyper-euclidienne $y = \overset{e}{x}$ (numérotation en accord avec celle de (**M5-d**) :

(8) $x = y \in L(E)$
$$\mathcal{D}_1^c y \equiv \mathcal{D}^c y = \frac{dy}{dt} - Ly + yL = \frac{d^c y}{dt} - Dy + yD$$

$x = gy \in L(E;E^*)$
$$\mathcal{D}_2^c y = g^{-1}\mathcal{D}^c(gy) = \frac{dy}{dt} + L^T y + yL = \frac{d^c y}{dt} + Dy + yD$$

$x = yg^{-1} \in L(E^*;E)$)
$$\mathcal{D}_3^c y = [\mathcal{D}^c(yg^{-1})]g = \frac{dy}{dt} - Ly - yL^T = \frac{d^c y}{dt} - Dy - yD$$

$x = gyg^{-1} \in L(E^*)$
$$\mathcal{D}_4^c y = g^{-1}[\mathcal{D}^c(gyg^{-1})]g = \frac{dy}{dt} + L^T y - yL^T = \frac{d^c y}{dt} + Dy - yD$$

Comme cela a déjà été signalé dans d'autres situations, (6) et (8) peuvent conduire à des relations matricielles identiques. En particulier :

*Les quatre dérivées convectives, première et secondes, de y s'obtiennent en dérivant ses quatre jeux, premier et seconds, de composantes dans la base convectée.*

## 5. DÉRIVÉE DES MASSE-ÉLÉMENTS

● A coté des vecteurs et covecteurs, transportés par a et $a^{-*}$, il y a les masse-vecteurs et masse-covecteurs, transportés par $a' = \tau^{-1}a$ et $a'^{-*} = \tau a^{-*}$. Toujours par la méthode (1) et en utilisant ces transports cela conduit aux dérivées:

(9) $(\vec{U} \in E')$
$$\mathcal{D}^{c'}\vec{U} = \frac{d}{dt}\vec{U} - L\vec{U} + (TrD)\vec{U} = \frac{d^c}{dt}\vec{U} - D'\vec{U}$$

$(\overleftarrow{U} \in E'^*)$
$$\mathcal{D}^{c'}\overleftarrow{U} = \frac{d}{dt}\overleftarrow{U} + L^*\overleftarrow{U} - (TrD)\overleftarrow{U} = \frac{d^c}{dt}\overleftarrow{U} + gD'g^{-1}\overleftarrow{U}$$

(10) où $$\boxed{D' = D - (TrD)1_E}$$

est un tenseur qui est aux masse-éléments ce que D est aux simples éléments.

Dans la littérature la distinction n'est pas faite entre simples éléments et masse-éléments. Des dérivées de ce type sont néanmoins proposées (pour les tenseurs du second ordre) mais présentées comme de nouvelles dérivées matérielles possibles. Elles ne sont plus pensées comme de nature convective, c'est à dire du type (1) avec un transport adapté, et ne sont donc pas appelées dérivées convectives bien que dans leur esprit elles le soient. En coordonnées matérielles, on les calcule en dérivant les composantes dans la base a'-convectée : $B'_C = a' B_0 = \tau^{-1} B_C$.

En modélisation hyper-euclidienne, les masse-vecteurs sont comme les vecteurs gratifiés de deux dérivées du type précédent:

(11) $$\boxed{\mathcal{D}^{c'}_1\vec{U} = \mathcal{D}^{c'}\vec{U}} \quad \boxed{\mathcal{D}^{c'}_2\vec{U} = g^{-1}\mathcal{D}^{c'}(g\vec{U}) = \frac{d}{dt}\vec{U} + L^T\vec{U} + (TrD)\vec{U} = \frac{d^c}{dt}\vec{U} + D'\vec{U}}$$

● En fait, ce n'est pas tellement au niveau des tenseurs du premier ordre qu'il y a problème (on sait à peu près vivre avec les éléments de surface et les plans de glissement). C'est au niveau des tenseurs du second ordre. Le tableau (**VII**-38) fournit en effet de nouvelles possibilités de dérivation matérielle pour un tenseur affine du second ordre, se déduisant des dérivées (8) en substituant le tenseur D' à l'un, ou à l'autre, ou aux deux, des D qui y figurent, ce qui a pour effet d'ajouter ou retrancher le terme (TrD)X multiplié par 1, 2, ou 0. Ces nouvelles dérivées matérielles sont toujours convectives dans leur principe bien qu'elles ne soient pas réputées telles.

Considérons par exemple, la dérivée matérielle

(12) $$\frac{d\sigma}{dt} - L\sigma - \sigma L^T + (TrD)\sigma \equiv \frac{d^c\sigma}{dt} - D\sigma - \sigma D + (TrD)\sigma,$$

proposée en [Truesdell 1955] pour le tenseur des contraintes de Cauchy $\sigma \in L(E)$. On peut la comprendre comme étant une des dérivées de cette famille. Les deux signes moins qui y apparaissent correspondent à la troisième ligne de (8), ce qui indique que σ est pensé comme étant la version hyper-euclidienne $\overset{e}{x}$ d'un x deux fois contravariant (c'est d'ailleurs par ses composantes de ce type que σ est présenté). Ensuite, compte tenu du terme supplémentaire (TrD)σ, elle correspond au transport soit de la ligne 3 de (**VII**-38), soit de la ligne 7. La ligne 7 correspond à $x \in L(E'^*;E)$, ce qui semble en parfait accord avec le fait que σ peut être présenté comme transformant un élément de surface en un vecteur densité surfacique de force.

Noter que, on le vérifie, cette dérivée matérielle est aussi égale à $\tau^{-1}\mathcal{D}^c_3(\tau\sigma)$. On peut de ce fait se demander si les quantités physiquement intéressantes dans cette affaire ne seraient pas $z = \tau\sigma = \rho^{-1}\sigma$, ou mieux le x dont il est le $\overset{e}{x}$, et sa dérivée convective (8-3), plutôt que σ. Au jeu de cache-cache des modélisations hypo et hyper-euclidiennes s'ajoute ici un jeu analogue dû à la bijection entre les espaces de simples éléments et de masse-éléments. Seules des considérations sur la physique qui est à modéliser par x, $\sigma$ ou z peuvent apporter une réponse.

## 6. LES DIFFICULTÉS

● Revenons sur le cas du tenseur des contraintes de Cauchy, pour lequel l'enjeu est fondamental puisqu'il s'agit de déterminer la grandeur qui va représenter la vitesse d'évolution de l'état de contrainte du milieu en un point, paramètre dont on sait qu'il peut intervenir dans la modélisation de certains comportements. On peut d'abord signaler que dans ce cas, z est le tenseur des contraintes dit de Kirchhoff dont l'intérêt se manifestera bientôt (Ch **XI**), mais là n'est pas le plus important.

Nous avons signalé la raison qui peut justifier le choix de (12) comme dérivée matérielle pour le tenseur de Cauchy. Mais on peut aussi arguer du fait qu'une force ne donne une puissance que par son produit scalaire avec la vitesse, et donc que, dans la fonctionnelle puissance $\vec{F}.\vec{V}^*$ de (**VI**-6), ce n'est pas nécessairement le vecteur $\vec{F}$ qui est la grandeur physique la plus intrinsèque, mais peut être le covecteur $\vec{F}. = g\vec{F}$. Il faudrait alors privilégier dans le tenseur de Cauchy l'aspect transformation d'un élément de surface en un *covecteur* densité de covecteur force (c'est à dire le voir comme modélisation hyper-euclidienne d'une grandeur dont la modélisation hypo-euclidienne serait $g\sigma g'$) et donc abandonner (12) au profit de la dérivée convective seconde relevant de la ligne 8, et non 7, du tableau (**VII**-38). Comment trancher ce différent ?

Un autre exemple fondamental est celui du taux de déformation D. Nous avons annoncé à la fin de **IV-5**, et nous ne désirons pas le remettre en cause ici, que la bonne variable à considérer était D lu dans le référentiel corotationnel, et que donc l'accélération de déformation serait la dérivée de D dans ce référentiel. Or, bien que, d'une certaine manière que nous avons montrée, solidaire du milieu en ce point au cours du mouvement, le référentiel corotationnel que nous avons introduit en chaque point ne modélise pas en lui même des éléments matériels. La dérivée dans le corotationnel est donc bien du type (1), c'est à dire du type transport-dérivée-retour, mais avec un transport qui en apparence n'est pas sur la matière. Ce n'est qu'en **P3** que nous surmonterons ce paradoxe.

● Deux facteurs font que la recherche de bonnes dérivées matérielles pour les grandeurs spatiales modélisant des phénomènes matériels reste un problème ouvert. Le premier, contre lequel nous luttons dans cet ouvrage, est le manque de technicité dans l'approche matérielle, en particulier dans l'approche non euclidienne avec utilisation du dual qu'elle nécessite. Il faut dire sur ce point que la mode qui s'est répandue d'écritures sans indices, prétendument intrinsèques mais rarement explicitées, a plutôt fait régresser sur ce plan. On pourra relire (**M4-e**) pour se convaincre des vertus intrinsèques des notations avec indices.

La seconde est par contre plus physique et plus difficile à surmonter. C'est que la réalité est toujours plus complexe que ne le laissent supposer les hypothèses, ici de continuité, qui fondent le modèle, et l'on est toujours à la recherche du petit "plus" susceptible d'enrichir à peu de frais le modèle. Un petit exemple simple va nous faire comprendre l'intérêt d'envisager par exemple des "dérivées" matérielles obtenues par interpolation des précédentes.

● Cet exemple est celui d'un fluide dans lequel sont incorporées en suspension de petites particules dont la forme est ellipsoïdale de révolution. La position d'une telle particule est alors repérée par un vecteur unité $\vec{u}$ orientant son axe. Deux cas extrêmes peuvent se produire. Le premier est celui où les particules sont très fines autour de leur axe. Ce sont pratiquement des segments et il est naturel de voir dans $\vec{u}$ un vecteur indiquant une direction d'axe, relevant donc d'un transport par a. Pour évaluer la vitesse d'évolution en direction de la particule par rapport au fluide, on envisagera alors une dérivation matérielle du type (7-1). Le second correspond à un ellipsoïde aplati et réduit en fait à un disque d'axe $\vec{u}$. Il convient alors de voir plutôt derrière celui ci le covecteur $g\vec{u}$ qui définit la direction du plan du disque, et $\vec{u}$ relèvera alors de la dérivation convective (7-2).

Dans les cas intermédiaires il apparaît naturel d'interpoler entre les deux dérivées en ajoutant $\alpha$ fois la première et $(1 - \alpha)$ fois la seconde, où $\alpha$ est un coefficient que l'on reliera au rapport des longueurs des axes de l'ellipsoïde de révolution et qui vaudra 1 pour les segments, 0 pour les disques, et 1/2 pour les sphères. Le vecteur unité sera alors traité comme donnant la direction actuelle d'un "vecteur" admettant la dérivée matérielle

$$\text{(13)} \qquad D^m\vec{U} = \frac{d}{dt}\vec{U} - \alpha L\vec{U} + (1 - \alpha)\, L^T \vec{U} = \frac{d^c}{dt}\vec{U} + (1 - 2\alpha)\, D\vec{U}$$

Cela équivaut à attribuer à $\vec{U}$ un *caractère tensoriel fractionnaire*, $\alpha$ vecteur et $(1-\alpha)$ covecteur. Dans le cas de particules sphériques, ce $D^m\vec{U}$ est égal à la dérivée par rapport au référentiel corotationnel, encore appelée dérivée de Jauman, et qui est la dérivée que l'on utiliserait pour les vecteurs et les covecteurs identifiés si le fluide évoluait comme un solide ($D = 0$). A coté des tenseurs affines qui ont des "tensorialités" entières, des tenseurs euclidiens qui ont des tensorialités multiples, ou "nulles", apparaissent ici des objets de tensorialité "dans R".

Dans le cas des tenseurs du second ordre les justifications de telles interpolations sont plus difficiles à donner. On trouve néanmoins dans la littérature des propositions de dérivées matérielles (surtout pour les contraintes) de ce type. Par exemple :

$$\text{(14)} \qquad D^m X = \frac{d^{E_c}X}{dt} + \alpha\,(DX + XD) + (\mathrm{Tr}D)X \ , \qquad \alpha \in [-1,+1]$$

qui interpole les dérivées convectives des tenseurs deux fois covariants et des tenseurs deux fois contravariants, c'est à dire, comme à l'ordre un ci-dessus pour les particules en suspension, des deux types de tenseurs affines entrant dans la définition donnée en (**M5-f**) des tenseurs euclidiens d'ordre deux. Ce genre de proposition n'est souvent argumenté que sur un plan uniquement mathématique. On pourra par exemple consulter [Spencer et Ferrier, 1972] sur le sujet.

CHAPITRE IX

# LE RÉFÉRENTIEL MATIÈRE

L'espace $T_0$ n'étant pas euclidien, les éléments (locaux) $x_0$ du modèle-matière que nous avons définis, placés et déplacés en Ch **VII**, puis dérivés en Ch **VIII**, et le modèle d'Espace-Temps auquel cela nous a conduit, sont non euclidiens. Mais le modèle-espace a quant à lui une structure euclidienne, plus riche. On peut donc définir des éléments spatiaux x plus sophistiqués : des carrés, des triangles équilatéraux, et bien sûr, pour ce qui nous intéresse, localement, des *tenseurs euclidiens* (t.e.).

De quels concepts matériels, représentés par quels $x_0$ du modèle matière, ces tenseurs euclidiens peuvent-ils être les positions, ou les représentants spatiaux ? C'est ce à quoi nous répondons dans ce chapitre, qui introduira à deux notions nouvelles : celle d'*état métrique local* du milieu et celle de *référentiel d'Espace euclidien non rigide* constitué par le voisinage linéarisé d'un point d'un milieu continu en mouvement.

Notons avant de commencer que le référentiel (rigide) corotationnel ne modélise pas en lui même des éléments matériels. Il ne saurait donc être identifié a priori au référentiel-matière qui nous préoccupe ici. Et signalons qu'il n'est pas indispensable pour la suite de dominer parfaitement les développements un peu techniques des paragraphes **5** et **6**.

## 1. ANTÉCÉDENTS DES T.E. SPATIAUX

Comme leur nom l'indique, les tenseurs euclidiens relèvent de la structure euclidienne des espaces dans lesquels ils sont définis. Une définition précise et quelques propriétés, suffisantes pour ce que nous en ferons dans ce chapitre, en sont données en **M1-b** et **M5-f**. La lecture de **M13**, qui leur est consacré, peut être différée pour l'instant.

● A défaut de placer dans l'espace des tenseurs euclidiens sur $T_0$ qui n'existent pas, on peut étudier la transformation-déplacement spatiale par F, ou par les $F^{t\tau}$, des tenseurs euclidiens de l'Espace. Ces déplacements sont en effet parfaitement définis puisqu'un tenseur euclidien est un couple de deux tenseurs affines relevant chacun d'un des transports-déplacements de **VII-6**. Par exemple, à l'ordre un, le tenseur euclidien sur $E_r$

$$\mathbf{U}_r = (\vec{U}_r, \overleftarrow{U}_r) \in E_r x E_r^* \qquad \text{avec } \overleftarrow{U}_r = g_r\vec{U}_r,$$

est déplacé par F en :

(1) $\overset{*}{F}\mathbf{U}_r = (F\vec{U}_r, F^{-*}\overleftarrow{U}_r) = (\vec{V}, F^{-*}g_rF^{-1}\vec{V}) \in ExE^*$, avec $\vec{V} = F\vec{U}_r$,

Mais on constate que ce déplacé n'est un tenseur euclidien de E pour tout $\mathbf{U}_r$ que ssi $F^{-*}g_rF^{-1}$ est égal à g, c'est à dire ssi $F^T$ est égal à $F^{-1}$. On en conclut que:

*La transformation par* F *ne conserve pas les tenseurs euclidiens en général. Elle ne les conserve que dans le cas particulier où* F *est une isométrie.*

Ceci était prévisible et explique pourquoi la notion de tenseur euclidien n'a pas d'emblée un sens dans le modèle matière. Les tenseurs euclidiens relèvent de la structure euclidienne et ne sont conservés que dans les isomorphismes de cette structure que sont les isométries. On a par contre pour un référentiel d'espace, milieu continu rigide :

*Les décalques isométriques entre référentiels d'espace et les rotations entre deux référentiels du chapitre* **I** *conservent les tenseurs euclidiens.*

Dans la suite, nous appellerons isométrie aussi bien une isométrie I entre deux espaces euclidiens que les isomorphismes $\overset{*}{I}$ qu'elle engendre pour les tenseurs affines et euclidiens de tous ordres. Pour les tenseurs euclidiens du second ordre symétriques, cette isométrie, que l'on pourrait dire d'ordre deux, est telle que des éléments homologues ont mêmes valeurs propres et des vecteurs (et covecteurs) propres homologues par I, éléments géométriques dont on connaît toute l'importance sur le plan physique.

● Toujours à défaut de placer dans l'espace des tenseurs euclidiens matériels qui n'existent pas, on peut aussi étudier ce que sont, dans le placement a, les antécédents des tenseurs euclidiens spatiaux qui, eux, existent. Il s'agit donc d'une étude relative au *mouvement inverse*, dans le placement par $a^{-1}$ du référentiel d'espace de travail sur le milieu continu. A l'ordre un, ce placement inverse se fait par $\mathbf{a}^{-1}$, avec **a** définie en (**VII**-17) : l'antécédent de $\mathbf{U} = (\vec{U}, g\vec{U}) \in \mathbf{E}$ est le couple

$$\mathbf{a}^{-1}\mathbf{U} = (a^{-1}\vec{U}, a^*g\vec{U}) = (\vec{U}_0, \gamma\vec{U}_0), \quad \text{avec } \vec{U}_0 = a^{-1}\vec{U} \in T_0 \text{ et}$$

(2) $$\boxed{\gamma = a^*ga} \in L(T_0;T_0^*),$$

D'après (**VII**-16-2), le tenseur γ qui vient d'être défini est égal $\bar{A}^{-1}(g)$, position sur la matière du tenseur métrique g de l'espace, dans le mouvement inverse du référentiel de travail par rapport au milieu local. Il est symétrique défini positif, puisque g l'est, et donc il constitue un tenseur métrique sur $T_0$. Nous noterons $E_0$ l'espace *euclidien* $(T_0,\gamma)$ ainsi créé, et $\mathbf{E}_0^{(n)}$ les espaces de tenseurs euclidiens d'ordre n sur $E_0$.

● L'application a devient ainsi une isométrie de $E_0$ sur E (**M11**), évidemment bien apte à conserver les tenseurs euclidiens. Ainsi, à l'ordre un, l'antécédent $(\vec{U}_0, \gamma\vec{U}_0)$ de $\mathbf{U} \in \mathbf{E}$ ci dessus est bien un tenseur euclidien d'ordre un, non pas sur l'espace vectoriel $T_0$ nu, mais sur l'espace euclidien $E_0$. A tout ordre, tout tenseur euclidien $\mathbf{x}_0$ sur $E_0$, de facettes $x_{0i}$, se placera en un tenseur euclidien $\mathbf{x}$ sur E, de facettes $x_i$, par le transport-placement isométrique $\overset{*}{\mathbf{a}}$ défini par

(3) $\boxed{\mathbf{x} = \overset{*}{\mathbf{a}}\mathrm{x}_0} \Leftrightarrow \boxed{(\forall i)\ \mathrm{x}_i = \overset{*}{\mathrm{a}}_i\mathrm{x}_{0i}} \Leftrightarrow \boxed{(\exists i)\ \mathrm{x}_i = \overset{*}{\mathrm{a}}_i\mathrm{x}_{0i}}$

où les $\overset{*}{\mathrm{a}}_i$ sont les transports de tenseurs affines de **VII-6**. On vérifiera aisément cette double relation pour les tenseurs euclidiens d'ordre deux, en utilisant la définition qui en a été donnée en (**M5-f**), en faisant varier i soit simplement dans l'ensemble {2,3} des facettes entrant dans leur définition, soit dans l'ensemble {1,2,3,4} de toutes leur facettes. La généralisation aux ordres supérieurs est immédiate.

● Notons $\mathbf{A}^{(n)}$ le placement $\overset{*}{\mathbf{a}}$ des tenseurs euclidiens d'ordre n. A l'ordre un, $\mathbf{A}^{(1)}$ est la restriction à $\mathrm{E}_0 \subset \mathrm{T}_0\mathrm{x}\mathrm{T}_0^*$ de l'application **a** définie en **VII-17**. Avec dans $\mathrm{E}_0$ des conventions de notations analogues à celles de E pour les tenseurs euclidiens, on a :

(4-1) $(\forall \mathbf{U_0} = (\vec{\mathrm{U}}_0,\gamma\vec{\mathrm{U}}_0)) \in \mathbf{E}_0{}^{(1)} = \mathbf{E}_0)$, $\boxed{\mathbf{a}\,\mathbf{U_0} = (\mathrm{a}\vec{\mathrm{U}}_0, \mathrm{a}^{-*}\gamma\vec{\mathrm{U}}_0) = (\mathrm{a}\vec{\mathrm{U}}_0, \mathrm{ga}\vec{\mathrm{U}}_0)}$

$(\forall \mathbf{U} = (\vec{\mathrm{U}},\mathrm{g}\vec{\mathrm{U}})) \in \mathbf{E})$, $\boxed{\mathbf{a}^{-1}\mathbf{U} = (\mathrm{a}^{-1}\vec{\mathrm{U}}, \mathrm{a}^*\mathrm{g}\vec{\mathrm{U}}) = (\mathrm{a}^{-1}\vec{\mathrm{U}}, \gamma\mathrm{a}^{-1}\vec{\mathrm{U}})}$

A l'ordre deux, les $\overset{*}{\mathrm{a}}_i$ sont les A, $\bar{\mathrm{A}}$, $\underline{\mathrm{A}}$, $\bar{\underline{\mathrm{A}}}$ définis en (**VII**-16-2), et le transport $\mathbf{A}^{(2)}$, que nous noterons **A**, vérifie, en choisissant de caractériser les tenseurs euclidiens du second ordre $\mathbf{x}_0$ et **x** par leurs premières facettes $\mathrm{x}_0 \in \mathrm{L}(\mathrm{T}_0)$ et $\mathrm{x} \in \mathrm{L}(\mathrm{E})$:

(4-2) $\boxed{\mathbf{A}\mathbf{x}_0 = [\mathrm{ax}_0\mathrm{a}^{-1}, (\mathrm{gax}_0\mathrm{a}^{-1}, \mathrm{a\,x}_0\mathrm{a}^{-1}\mathrm{g}^{-1}), \mathrm{gax}_0\mathrm{a}^{-1}\mathrm{g}^{-1}]}$

$\boxed{\mathbf{A}^{-1}\mathbf{x} = [\mathrm{a}^{-1}\mathrm{xa}, (\gamma\mathrm{a}^{-1}\mathrm{xa}, \mathrm{a}^{-1}\mathrm{xa}\gamma^{-1}), \gamma\mathrm{a}^{-1}\mathrm{xa}\gamma^{-1}]}$

$\boxed{\equiv [\mathrm{a}^{-1}\mathrm{xa}, (\mathrm{a}^*\mathrm{gxa}, \mathrm{a}^{-1}\mathrm{xg}^{-1}\mathrm{a}^{-*}), \mathrm{a}^*\mathrm{gxg}^{-1}\mathrm{a}^{-*}]}$

Enfin, comme à l'ordre un, les $\mathbf{A}^{(n)}$ sont les restrictions aux tenseurs euclidiens d'applications, encore notées $\mathbf{A}^{(n)}$, définies sur les produits cartésiens des $2^n$ espaces de tenseurs affines d'ordre n par:

(5) $\boxed{(\mathrm{x}_i) = \mathbf{A}^{(n)}(\mathrm{x}_{0i})} \Leftrightarrow \boxed{(\forall i)\ \mathrm{x}_i = \overset{*}{\mathrm{a}}_i\mathrm{x}_{0i}}$ $(\not\Leftrightarrow\ (\exists i)\ \mathrm{x}_i = \overset{*}{\mathrm{a}}_i\mathrm{x}_{0i})$

## 2. LA MÉTRIQUE MATÉRIELLE VARIABLE

● La conclusion de ce qui précède est que :

> *Le placement inverse des tenseurs euclidiens spatiaux sur la matière donne des tenseurs euclidiens, mais à condition d'importer aussi par ce placement la métrique spatiale dans* $\mathrm{T}_0$ *qui en était dépourvu, pour le rendre lui aussi euclidien!*

Il s'agit du transport par $\mathrm{a}^{-1}$ sur la matière, au sens de **M11**, de la structure euclidienne de l'espace. Cela n'est pas un haut fait mathématique. Mais sur le plan de la physique, il s'agit d'un basculement à remarquer : après nous être intéressé aux propriétés (linéaires) communes à l'Espace et localement au milieu, puis, avec les masse-éléments, aux propriétés de mesure-masse que le milieu induit dans l'espace, nous avons avec $\gamma$ une quantité caractérisant les *propriétés métriques que l'espace induit sur le milieu.*

Si l'on retrouve une situation analogue à celle d'un solide rigide, à savoir un placement a qui est une isométrie entre deux espaces euclidiens $E_0$ et E, la différence, essentielle, réside en ce que *le tenseur métrique* $\gamma$ *qui vient d'apparaître dans* $T_0$ *dépend du placement local a et donc du temps au cours d'un mouvement.* Ce n'est donc pas, dans le modèle matière, une constante susceptible d'enrichir la géométrie de ce modèle, comme l'est g pour le modèle espace E :

**Théorème**

*Le tenseur métrique* $\gamma$ *est une variable qui, au point considéré, caractérise l'état métrique local du milieu dans le placement spatial considéré. Il décrit l'état métrique des segments matériels et, par son inverse, des tranches matérielles dans ce placement. Il participe des propriétés variables de forme, ou de déformation, indépendantes du référentiel de travail, conférées à la matière par son placement variable dans l'espace.*

**Preuve.** Seule l'indépendance de $\gamma$ par rapport au référentiel de travail demande démonstration dans cet énoncé. Soit $(\mathcal{E}_1, E_1, g_1)$ un second référentiel de travail, et I le placement isométrique de $E_1$ dans E, on a:

(6) $$g_1 = I^*gI \quad (\Leftrightarrow I^T = I^{-1}), \qquad a = I\,a_1\,, \qquad \gamma = a^*ga = a_1^*\,g_1a_1 = \gamma_1 \quad \blacksquare$$

● Avec cette évocation de la forme et de la déformation du milieu, nous entrons dans les thèmes propres à la prochaine partie **P3** de cet ouvrage. Nous pouvons donc prévoir que la variable $\gamma$ en sera un élément essentiel. Remarquons toutefois ici que :

*Si, comme dans la définition des tenseurs euclidiens, nous voulons traiter symétriquement* $T_0$ *et son dual, nous avons en fait, pour l'instant, deux variables également possibles pour* caractériser *l'état métrique local variable du milieu auquel nous faisons allusion :* $\gamma$ *et son inverse* $\gamma^{-1}$.

C'est trop pour une véritable *modélisation* de ce concept, qui nécessitera une synthèse équilibrée entre les deux, du genre de celle que réalisent les tenseurs euclidiens d'ordre un par rapport aux vecteurs et aux covecteurs.

*On ne confondra donc pas l'état métrique variable de* $T_0$, *concept pour l'instant encore purement géométrique et que nous ne modéliserons qu'en* **P3**, *et* $\gamma$, *tenseur métrique de* $T_0$, *qui n'est qu'un moyen de le caractériser.*

● Travaillant en coordonnées matérielles et spatiales, notant G et $G_0$ (= $G_r$) les matrices de Gram des bases locales (b en M pour les coordonnées spatiales x, $B_0$ en $M_0$ pour les coordonnées matérielles X) il vient en utilisant (**M2**-h), (**VII**-8) et (**M12**-e):

$$\gamma = (b\,\frac{dx}{dX}\,B_0^{-1})^*(\,b^dG\,b^{-1})(b\,\frac{dx}{dX}\,B_0^{-1})\,, \qquad \text{et donc}$$

(7-1) $$\boxed{\gamma = B_0^d\left(\frac{dx}{dX}\right)^T G \frac{dx}{dX}\, B_0^{-1}} \quad \Leftrightarrow \quad \boxed{\gamma_{ij} = \frac{\partial x^\alpha}{\partial X^i}\, g_{\alpha\beta}\, \frac{\partial x^\beta}{\partial X^j}}$$

Par un calcul analogue uniquement en coordonnées matérielles, et en utilisant le vecteur déplacement à partir de la position de référence , il vient

(7-2) $$\boxed{\gamma = B_0^d[1_{R^3}+U_{|X}]^T G_r[1_{R^3}+U_{|X}]B_0^{-1}} \quad \Leftrightarrow \quad \boxed{\gamma_{ij} = \gamma_{rij} + U_{i|j} + U_{j|i} + U_{p|i}U^p{}_{|j}}$$

où les $\gamma_{rij}$ sont les composantes (premières) communes à $g_r$, tenseur métrique de la configuration de référence, et à $\gamma_r = a_r{}^* g_r a_r$, son transporté dans le modèle matière. On remarquera que l'utilisation du vecteur déplacement $\vec{U}$ comme variable fait intervenir la position de référence avec sa métrique $g_r$. Cette intrusion de la métrique de référence par le biais de $\vec{U}$ est contrebalancée par le terme $\gamma_{rij}$ qui apparaît dans les composantes (7-2) de $\gamma$, pour donner des composantes $\gamma_{ij}$ qui, par définition même et comme il apparaît de façon évidente sous la forme (7-1), sont en définitive indépendantes de $g_r$.

Utilisant (**V**-9) qui définit la base convective $B_c = FB = aB_0$ et (**M12**-d) qui donne l'expression de l'opérateur base duale, on déduit

(7-3) $$\boxed{[\gamma_{ij}] = B_0^{d\,-1}\,\gamma\, B_0 = B_c^{d-1} g B_c}$$

qui montre que les composantes de $\gamma$ dans la base (de $T_0$) $B_0$ sont identiques à celles de g dans la base (de E) convectée $B_c = FB = aB_0$. Cette propriété est tout à fait limpide, car $\gamma$ et $B_0$ dans $T_0$, et g et $B_c$ dans E sont homologues par le transport a. Ce qui par contre serait moins normal, ce serait, confondant les tenseurs et leurs composantes, d'en conclure que la variable qui caractérise l'état métrique *du milieu* c'est le tenseur métrique... *de l'espace*! En mécanique classique, le tenseur métrique de l'espace ne peut être qu'une constante physique, et les variations de ses composantes ne peut refléter que les variations de la base utilisée. Nous reviendrons sur ce point en fin de chapitre.

La matrice $[\gamma_{ij}]$ de $\gamma$, que nous noterons aussi $\Gamma$, est donc la matrice de Gram commune aux base $B_0$ de $E_0$ et $B_c$ de E (**M2-i**), et l'on a encore

(7-4) $$\boxed{\gamma = B_0{}^d\,\Gamma B_0^{-1}} \quad \text{avec} \quad \boxed{\Gamma = [\gamma_{ij}] = \vec{B}_{ci}.\vec{B}_{cj}}$$

• Dans la pratique on utilise une configuration de référence, sur laquelle on définit en particulier les coordonnées matérielles. La matrice $\partial x/\partial X$ est alors la matrice de F dans les bases locales B et b (**V**-7). La notant [F], on déduit de (7-1):

(7-5) $$\boxed{\Gamma = [F]^T G[F]} \quad \text{et donc} \quad \boxed{\Gamma = [F]^T[F] \text{ si b est O.N.}}$$

On a aussi $B_c = FB$, et l'on déduit de (7-4) :

(7-6) $$\boxed{\Gamma = F\vec{B}_i.F\vec{B}_j = F^T F\vec{B}_i.\vec{B}_j = [(F^TF)_{ij}]}$$

On remarquera qu'il ne s'agit que de la matrice d'un jeu de composantes *secondes* de $F^TF \in L(E_r)$. On en déduit toutefois (.)ij étant la notation introduite à la fin de **M5-c** :

(7-7) $$\boxed{\Gamma = [(F^TF)ij] \text{ si B est O.N.}}$$

Nous avons déjà rencontré le tenseur $F^TF = C = U^2 \in L(E_r)$ en **V-3** à propos de la décomposition polaire, et il réapparaîtra en **P3** à propos de la déformation. Compte tenu de ce que a est égal à $Fa_r$, il est lié à $\gamma$ par la relation

$$\gamma = a_r{}^*F^*gFa_r = a_r{}^*g_rCa_r$$

Lorsque l'on prend la position de référence comme ersatz du modèle matière, ce qui est inévitable dans la pratique, $a_r$ et $a_r{}^*$ sont les applications unité, et $\gamma$ et $C = F^TF$ sont deux facettes différentes d'un même tenseur euclidien sur $E_r$, ce qui explique le cousinage qui précède entre leurs composantes. Le symbole C, annoncé égal à $F^TF$, est quant à lui omniprésent dans la littérature, mais généralement sans que l'on ait trop de précision sur la nature tensorielle de C et de l'opération $^T$. Selon le jeu de composantes mis en oeuvre on pourra savoir s'il s'agit de notre C ou de notre $\gamma$. Nous reviendrons sur ce point.

## 3. LE MOUVEMENT SUR LA MATIÈRE DES T.E. SPATIAUX

● Nous cantonnant à l'ordre un qui suffit à illustrer notre propos, faisons d'abord quelques remarques sur le modèle matière. Les espaces vectoriels $T_0$ et $T_0^*$ sont invariables. Leurs éléments sont susceptibles de modéliser des éléments matériels, segments ou tranches, dans leur durée. Mais :

*Les espaces euclidiens* $E_0$, $E_0^*$ *(égal à* $T_0^*$ *doté du tenseur métrique* $\gamma^{-1}$*) et* $\mathbf{E}_0$ *sont dépendants de* $\gamma$*, donc du temps au cours d'un mouvement. Les deux premiers ont un espace vectoriel sous-jacent invariant, à savoir* $T_0$ *et* $T_0^*$*, mais pas le troisième.*

Il en résulte en particulier que :

*Un vecteur (respt: un covecteur) constant sur la matière est un élément constant de* $T_0$ *(respt: de* $T_0^*$*). Sa dérivée en temps est nulle, mais la norme de tels éléments, et plus généralement leurs produits scalaires, en tant donc qu'éléments des espaces variables* $E_0$ *(respt:* $E_0^*$*), ne sont pas constants!*

Et aussi que, l'espace vectoriel sous-jacent de $\mathbf{E}_0$ dépendant de $\gamma$ :

*La notion de tenseur euclidien sur* $E_0$ *constant au cours d'un mouvement n'a pas de sens, pas plus que la notion élémentaire de dérivée temporelle d'un tel tenseur.*

On voit apparaître ici un effet "fibré sur l'intervalle de temps T", cousin du fibré sur T des espaces instantanés du **I**, mais qui, passant par la dépendance en $\gamma$, est en fait engendré par un fibré sur l'espace dans lequel évolue l'état métrique local, que nous étudierons au chapitre **XIV**.

Enfin, dans cet ordre d'idée, et justifiant notre souci de mise en avant de l'espace dual, on notera encore l'évidence mathématique suivante :

> *L'isomorphismes* $\gamma$ de $E_0$ *sur* $E_0^*$ *étant ici variable, et donc n'étant pas une constante physique comme pour l'Espace, il ne saurait être question, même d'un simple point de vue mathématique, d'identifier* $E_0$ *et* $E_0^*$ *(ou* $T_0$ *et* $T_0^*$*).*

● La notion de tenseur matériel euclidien, pour un milieu dans son état métrique actuel, a pris sens avec l'introduction de $\gamma$. Mais la notion de tenseur matériel euclidien *constant* au cours du temps n'en a toujours pas. Il n'est donc toujours pas possible d'envisager, au cours d'un mouvement, un tel tenseur euclidien matériel constant qui se placerait et se déplacerait dans un référentiel d'espace. Mais on peut par contre envisager, dans le mouvement inverse du référentiel de travail par rapport au milieu local, un tenseur euclidien spatial constant se plaçant à chaque instant sur la matière, par le $\mathbf{A}^{(n)-1}$ approprié à son ordre n, pour donner un tenseur euclidien sur l'espace euclidien instantané $E_0$ relatif à cet instant, et donc, d'une certaine manière, se déplaçant sur la matière au cours du temps. A propos de ce mouvement inverse, on a le résultat suivant:

**Théorème**

> **a** - *Le déplacement sur la matière, entre deux instants* t *et* $\tau$, *des vecteurs et des covecteurs spatiaux du référentiel de travail*
>
> $$a^{\tau-1}a^t = f^{\tau t} \in L(T_0) \qquad \text{et} \qquad a^{*\tau}a^{-*t} = f^{\tau t *} \in L(T_0^*)$$
>
> *sont à la fois des endomorphismes des espaces vectoriels* $T_0$ *et* $T_0^*$, *et des isométries de* $E_0^t$ *sur* $E_0^\tau \neq E_0^t$ et de $E_0^{*t}$ *sur* $E_0^{*\tau} \neq E_0^{*t}$.
>
> **b** - *Le déplacement* $\mathbf{f}^{\tau t} = \mathbf{a}^{\tau-1}\mathbf{a}^t$ *des tenseurs euclidiens d'ordre un est aussi une isométrie, de* $\mathbf{E}_0^t$ *sur* $\mathbf{E}_0^\tau$ , *mais ce n'est plus un endomorphisme (seul son extension* **a** *à* $T_0 x T_0^*$ *l'est).*
>
> **c** - *Plus généralement, le déplacement* $\mathbf{f}^{(n)\tau t} = \mathbf{A}^{(n)\tau-1}\mathbf{A}^{(n)t}$ *des tenseurs euclidiens d'ordre n est une isométries de* $\mathbf{E}_0^{(n)t}$ *sur* $\mathbf{E}_0^{(n)\tau}$, *mais n'est pas un endomorphisme.*

**Preuve**. Il s'agit de conséquences évidentes de ce que a est une isométrie et de ce que $E_0$ est variable ∎

Oublions la feuille proprement dite du référentiel de travail. La famille des $f^{\tau t}$ et celles des $\mathbf{f}^{(n)\tau t}$ vérifient les relations de transitivité

(8) $$f^{\theta t} = f^{\theta\tau} f^{\tau t} \qquad \text{et} \qquad \mathbf{f}^{(n)\theta t} = \mathbf{f}^{(n)\theta\tau} \mathbf{f}^{(n)\tau t},$$

et permettent de passer de façon isométrique de $E_0$ et des $\mathbf{E}_0^{(n)}$ à un instant t aux $E_0$ et $\mathbf{E}_0^{(n)}$ à un autre instant $\tau$, organisant ainsi un "mouvement" isométrique de $E_0$ et des $\mathbf{E}_0^{(n)}$ dans le modèle matière.

> *Ce mouvement n'est autre que la représentation "tout dans le modèle matière" du mouvement du référentiel (vectoriel) de travail* E, *et de ses tenseurs euclidiens, par rapport au milieu. Contrairement à* $\gamma$, *il dépend du référentiel de travail utilisé.*

Ce dernier point n'a rien d'étonnant : chaque référentiel d'Espace a un mouvement particulier par rapport au milieu. Cela résulte de ce que, avec les notations de (6) :

$$f_1{}^{\tau t} = r^{\tau t} f^{\tau t} = f^{\tau t} r'^{\tau t} \qquad \text{avec} \quad r^{\tau t} = a^{\tau-1} I^{\tau} I^{t-1} a^{\tau} \quad \text{et} \quad r'^{\tau t} = a^{t-1} I^{\tau} I^{t-1} a^{t}$$

Dans ces relations, $I^{\tau}I^{t-1}$ est une rotation de E (c'est la rotation de $E_1$ dans E entre les instants t et $\tau$), et $r^{\tau t}$ et $r'^{\tau t}$ sont des rotations de $E_0^{\tau}$ et $E_0^{t}$ respectivement, transportées de la précédente par les isométries $a^{\tau}$ et $a^{t}$.

## 4. DÉFINITION DU RÉFÉRENTIEL MATIÈRE

Avec ce qui précède, l'aspect euclidien de l'Espace a repris la place qui lui revient. C'est le moment de montrer que la notion de référentiel matière ne se réduit pas à la régression affine décrite en **VIII.3**. Nous nous limitons à l'aspect vectoriel $E_i$ des référentiels, qui suffit pour notre étude locale. Il suffirait d'ajouter un point, en l'occurrence le point du milieu où l'on se place, pour obtenir les référentiels affines $\mathcal{E}_i$.

● En Ch **I**, l'Espace-Temps vectoriel a été modélisé par des espaces vectoriels $E_i$ en bijection par des isométries $I_{ij}$ dépendant du temps et vérifiant des relations de transitivité (deuxième axiomatique). Or, un espace euclidien peut être compris comme étant un espace vectoriel doté *à chaque instant* d'un tenseur métrique *ne dépendant pas du temps.* On peut élargir ce cadre en autorisant le tenseur métrique à dépendre du temps :

**Définition**

*Dans le modèle d'Espace-Temps construit en* **I**, *nous appellerons référentiel (vectoriel) non-rigide tout espace vectoriel* $T_\alpha$ *doté à chaque instant d'un tenseur métrique* $\gamma_\alpha$ *pouvant dépendre du temps, et d'une application linéaire* $I_{i\alpha}$ *dans un référentiel classique particulier* $E_i$, *tels que* $I_{i\alpha}$ *soit à chaque instant une isométrie de l'espace euclidien* $E_\alpha = (T_\alpha, \gamma_\alpha)$ *dans* $E_i$.

Pour tout autre référentiel classique $E_j$, le placement $I_{j\alpha} = I_{ji}I_{i\alpha}$ de $E_\alpha$ dans $E_j$ est aussi isométrique : cette définition ne dépend donc pas du $E_i$ utilisé. La famille des $I_{ij}$ s'étend en une famille plus vaste, obtenue par adjonction des $I_{i\alpha}$ et aussi de $I_{\alpha\beta}$ si plusieurs référentiels non-rigides sont utilisés, vérifiant toujours la relation de transitivité. Enfin, si $\gamma_\alpha$ est constant le référentiel non rigide ici défini est un référentiel classique, que par opposition nous dirons rigide, tous ces référentiels rigides ou non étant euclidiens.

● Avec cette extension de la notion de référentiel pour notre modèle d'Espace-Temps cinématique *euclidien*, il est évident que

*En chaque point d'un milieu continu en mouvement,* $T_0$ *muni du tenseur métrique variable* $\gamma$ *et du placement isométrique a de* $E_0 = (T_0, \gamma)$ *dans E, constitue un référentiel d'Espace non rigide. C'est le référentiel-matière annoncé.*

et que les considérations du paragraphe qui précède n'étaient rien d'autre que l'étude du mouvement du référentiel de travail, et de ses tenseurs euclidiens, par rapport à ce référentiel matière. D'une façon générale :

*Travailler dans le modèle matière local en tenant compte de l'état métrique actuel variable de* $T_0$ *caractérisé par la variable* $\gamma$, *pour par exemple traduire la physique du milieu, n'est rien d'autre que choisir ce référentiel non rigide comme ré-*

*férentiel de travail. C'est une démarche identique à celle consistant à se placer dans le référentiel lié à un solide rigide pour étudier sa géométrie des masses.*

**La méthode des grilles.**

Pour montrer l'intérêt pratique des considérations qui précèdent, il est bon de remarquer que, modulo certains progrès techniques pour atteindre la généralité (en 3-D) et la précision souhaitables :

*Ce référentiel matière est directement accessible expérimentalement par la méthode des gilles imprimées dans le milieu et dont on suit la déformation*

A défaut de $T_0$ lui même, on aura en effet une base $B_0$ de cet espace tout simplement en marquant trois petits segments matériels au point considéré. Le marquage d'un triple réseau de courbes, genre jeu de courbes coordonnées discrétisé, fournira quant à lui un champ de bases discrétisé. Quant à $\gamma$, il suffit, compte tenu de (7-4), de suivre l'évolution métrique de ces bases dans l'espace, en relevant par exemple les longueurs et les angles relatifs variables de leurs éléments, pour avoir sa matrice dans cette base en chaque sommet du réseau. Ceci est d'ores et déjà mis en oeuvre en 2-D, et l'on peut espérer voir un jour une généralisation en 3-D.

## 5. TOUT DANS LE RÉFÉRENTIEL MATIÈRE

● Nous avons rappelé au **I** que, dans l'approche classique, la construction de l'Espace-Temps se fait de proche en proche. On part d'abord d'un premier solide rigide que l'on modélise par un espace géométrique $\mathcal{E}_f$, une première "feuille" pour reprendre notre image, et les autres référentiels ne sont en général perçus que par des figures de cet $\mathcal{E}_f$ évoluant isométriquement au cours du temps (par exemple, des référentiels OND). Il s'agit là d'une approche "tout dans $\mathcal{E}_f$" qui s'avère suffisante et à laquelle on s'arrête généralement. La mise en perspective égalitaire de tous les référentiels (rigides) à laquelle nous avons procédé au **I**, dont l'intérêt est évidemment d'éviter de se laisser piéger par un favoritisme inconscient envers le référentiel de travail, et que nous venons d'étendre en lui adjoignant des référentiels non rigides, n'est à notre connaissance jamais formalisée.

Ce que nous voudrions montrer maintenant, c'est qu'à coté de l'approche classique "tout dans un référentiel (de travail) rigide $\mathcal{E}_f$", qui certes est suffisante et raisonnable (et nécessaire pour l'équilibre), mais qui aussi est toujours non intrinsèque pour les propriétés propres au milieu, comme son comportement mécanique, il est possible d'organiser l'Espace-Temps et ses référentiels rigides et non rigides "tout dans un premier référentiel *non rigide*" modélisant (par exemple) le voisinage d'un point d'un milieu continu. Il en résultera en particulier que si notre environnement n'avait contenu que des corps matériels mous et très déformables, on aurait pu malgré tout, en partant initialement d'un référentiel non rigide associé localement à une Terre molle, bâtir le modèle Espace-Temps euclidien du chapitre **I**.

● La construction du modèle Espace-Temps à partir de, et par un travail "tout dans", une première feuille-référentiel non rigide $E_0 = (T_0,\gamma)$, jouant le rôle de $E_f$ au Ch **I** , résulte simplement du théorème suivant, sorte de réciproque de (**3**-Th 1) :

**Théorème 1**

*Étant donnés* $T_0$ *modélisant le voisinage d'un point d'un milieu continu, et l'application* $t \to \gamma^t$ *caractérisant le processus d'évolution de son état métrique, le tout constituant la feuille non rigide du référentiel matériel, tout mouvement isométrique "de* $E_0$ *sur lui même", c'est-à-dire toute famille* **J** *d'isométries* $J^{\tau t}$: $E_0^t \to E_0^\tau$ *transitive (c'est à dire vérifiant la relation de transitivité en temps) définit un référentiel (vectoriel) d'Espace rigide.*

**Preuve.** Ce référentiel, auquel nous affecterons l'indice J, doit être défini par une "feuille" rigide, à savoir un espace vectoriel euclidien $E_J$ indépendant de t, et par l'isométrie de $E_J$ dans $E_0^t$ donnant son placement à chaque instant dans la feuille (non rigide) du référentiel matière. Nous noterons $a_J^{t-1}$ cette isométrie placement, mettant ainsi en avant l'isométrie inverse $a_J^t$ qui constituera le placement local du milieu dans le référentiel déterminé par la famille J, ce qui explique sa notation. Si le choix de $E_J$ est largement arbitraire, les $a_J^t$ doivent vérifier la relation $J^{\tau t} = a_J^{\tau-1} a_J^t$. D'évidence, on peut, s'inspirant des seconde et troisième constructions axiomatiques de l'Espace-Temps présentées en **I-1**, prendre pour $E_J$ le produit d'identification des $E_0^t$ par les isométries $J^{\tau t}$ de la famille transitive **J**, et pour $a_J^t$ le relèvement canonique de $E_0^t$ dans $E_J$, associant à tout élément de $E_0^t$ la collection de ses homologues par les $J^{\tau t}$ ∎

Toutes ces considérations sont locales en un point, et en conséquence, $a_J^t$ n'est pas un gradient. Pour qu'il le devienne, il faudrait considérer un champ compatible d'applications $t \to \gamma$, ce qui est totalement en dehors de nos préoccupations.

● Utilisant la relation de transitivité sous la forme $J^{\tau t} = J^{r\tau-1} J^{rt}$, on constate que lorsqu'un instant de référence r a été choisi, déterminant aussi un état métrique de référence caractérisé par $\gamma^r$, la famille à deux paramètres **J** des isométries $J^{\tau t}$ est entièrement déterminée par la donnée de la sous famille à un paramètre constituée des seules $J^{rt}$, que nous noterons $J^t$ ($J^t = J^{rt}$), vérifiant la propriété $J^r = 1_{T_0}$. On a alors :

$$(9) \qquad a_J^t = a_J^r J^t \qquad \text{et} \qquad F_J^t = a_J^t a_J^{r-1} = a_J^r J^t a_J^{r-1}$$

où $F_J$ est la transformation locale (de la c.r. à la c.a.) dans $E_J$.

Il est ici important de remarquer que, $E_0^t$ et $E_0^r$ ayant même espace vectoriel sous-jacent $T_0$, $J^t$, défini comme application de $E_0^t$ dans $E_0^r$, est aussi un élément de $L(T_0)$, et c'est ainsi que l'on peut le lire dans (9). C'est aussi un élément de $L(E_0^r)$, mais à ce titre il n'est plus une isométrie comme il l'est en tant qu'élément de $L(E_0^t;E_0^r)$. On notera que $a_J^r$ est une isométrie constante de $E_0^r$ sur $E_J$, et que (9-2) fait apparaître $F_J^t$ comme étant le transporté de $J^t$ par cette isométrie, si bien que :

*En tant que fonctions du temps dans* $L(E_0^r)$, $J^t$ *est une variable équivalente à* $F_J^t$.

On pourrait d'ailleurs (nous ne le ferons pas) utiliser $a_J^r$ pour identifier $E_J$ à $E_0^r$. On serait alors dans une situation où l'espace vectoriel des segments matériels serait identique à l'espace vectoriel sous-jacent à un référentiel rigide, situation que nous avons déjà rencontrée en **VII-4** lorsque nous avions évoqué la possibilité d'identifier $T_0$ à l'espace vectoriel $T_r$ sous-jacent à l'espace euclidien $E_r$, et qui conduit à $a^r = 1_E$ et $F = a$.

On notera aussi que le fait que $J^t$ soit une isométrie de $E_0^t$ sur $E_0^r$ est, compte tenu de (**M1**-g) et (**M12**-c), caractérisé par ,

(10) $$\boxed{J^t \in L(T_0) \qquad \text{et} \qquad J^{t*}\gamma^r J^t = \gamma^t},$$

Dans la suite nous ferons usage de ces outils dépendant d'un instant de référence r. N'ayant alors plus de familles à deux paramètres temps à manipuler nous pourrons à nouveau supprimer la référence à t dans les notations, et donc noter J, $\gamma$, $a_J$, $E_0$,.. au lieu de $J^t$, $\gamma^t$, $a_J^t$, $E_0^t$,..(mais nous garderons les notations $\gamma^r$, $a_J^r$, $E_0^r$,..).

● Soit M la matrice de J dans une base de $T_0$, que nous supposerons par exemple être la base locale $B_0$ associée à un système de coordonnées matérielles. Les conditions imposées à J, en particulier (10), se traduisent pour sa matrice M, en utilisant **M12** et (7-4-1), par les conditions (où $\Gamma^r$ est égal à $1_{R^3}$ quand $B_0$ est ON pour $\gamma^r$ ):

(11) $$\boxed{J = B_0 M B_0^{-1}, \quad M \in L(R^3), \quad M_{t=r} = 1_{R^3}, \quad M^T\Gamma^r M = \Gamma}$$

Le théorème qui suit donne une interprétation de M en termes de matrice de passage entre une base liée au référentiel matière non rigide et une base liée au référentiel $E_J$ :

**Théorème 2**

*La base convectée* $B_c$, *position spatiale actuelle de la base matérielle* $B_0$, *et la base* $\beta$ *liée au référentiel* $E_J$, *donc indéformable, et égale à* $B_c$ *à l'instant de référence* r, *sont liées par la relation :*

(12) $$\boxed{B_c = \beta M}$$

**Preuve**. Travaillant dans le référentiel $E_J$, on a : $B_c = a_J B_0$ et $\beta = a_J^r B_0$. On en déduit, en utilisant (9) : $\beta^{-1}B_c = B_0^{-1} a_J^{r-1} a_J B_0 = B_0^{-1} J B_0 = M$ ∎

● Donnons, pour terminer, quelques propriétés reliant cette pratique "tout dans le référentiel matériel local" à la pratique plus classique "tout dans un référentiel de travail $E = E_f$" (a est le placement local du milieu dans $E_f$ et $F = aa^{r-1}$ est son déplacement à partir de sa position de référence - sa transformation - dans $E_f$).

**Théorème 3**

*Les applications* $I_{fJ}$, *placement actuel du référentiel* $E_J$ *dans* $E_f$, *et* $(R_{J|f})_f$, *noté* $R^{(J)}$, *rotation de* $E_f$ *décrivant "tout dans* $E_f$" *le mouvement de* $E_J$ *par rapport à* $E_f$, *sont reliés à* J *par :*

(13) $$\boxed{I_{fJ} = a J^{-1} a_J^{r-1}} \qquad \text{et} \qquad \boxed{R^{(J)} \equiv (R_{J|f})_f = a J^{-1} a^{r-1}}$$

**Preuve**. La première relation résulte de la composition des placements $I_{fJ} = aa_J^{-1}$ et de (9-1), et la seconde résulte de la première et de (**I**-11) ■

**Théorème 4**

**a** - *L'élément* $U^{(J)}$ *transporté de* J *dans le placement de référence* $a^r$, *défini donc par la première relation ci dessous, vérifie la seconde de ces relations*

(14) $\boxed{U^{(J)} = a^r J a^{r-1}} \in L(E_r{=}E)$, $\boxed{F = R^{(J)} U^{(J)}}$

**b** - *Si, à un instant particulier* r', *le placement local du milieu dans* $E_f$ *reprend la même valeur qu'à l'instant de référence* ($a^{r'} = a^r$)*, alors à cet instant* $J^{-1}$ *est une rotation de* $E_0^r$ *dont la transportée dans* $E_f$ *par l'isométrie* $a^r$ *est la rotation de* $E_J$ *par rapport à* $E_f$ *entre les instants* r *et* r'.

**Preuve**. Pour le premier des deux points, il suffit de réécrire (12-2) sous la forme $R^{(J)} = (aa^{r-1})(a^r J^{-1} a^{r-1})$. Pour le second, il suffit de faire $a = a^r$ dans (13-2) ■

Remarquons que (13-2) décompose la transformation F en produit d'une première transformation, $U^{(J)}$, par la rotation $R^{(J)}$ qui ne provoque plus de déformation. Lorsque le référentiel $E_J$ peut être considéré comme étant un bon référentiel suiveur du milieu, ce type de décomposition, à rapprocher de la décomposition polaire (**V**-10-1), est une façon d'extraire de la transformation F une part de rotation globale $R^{(J)}$ pour ne garder qu'une part $U^{(J)}$ espérée uniquement déformante, et évidemment non symétrique tant que $E_J$ n'est pas le référentiel en rotation propre.

## 6. COROTATIONNEL ET ROTATION PROPRE

Une question venant à l'esprit est : comment choisir la famille **J** des transports isométriques $J^{rt}$, ou encore, un instant et un état métrique de référence ayant été choisis, comment choisir à chaque instant $J = J^t = J^{rt}$, pour que le référentiel d'espace rigide $E_J$ soit tel ou tel solide suiveur au point considéré?

● **Le corotationnel** . Nous avons insisté sur le fait que le référentiel matière cherché ne saurait être confondu avec le référentiel corotationnel $E_c$, bien que celui-ci soit très lié au milieu au point considéré. Ceci est confirmé par le théorème qui suit :

**Théorème 1**

*Le référentiel défini par* J *fonction du temps est le référentiel corotationnel ssi* J *est solution de*

(15) $J \in L(T_0)$, $J_{t=r} = 1_{T_0}$, $\boxed{J^{-1}\dot{J} = \frac{1}{2}\gamma^{-1}\dot{\gamma}}$

**Preuve.** J doit être une isométrie de $E_0 = (T_0,\gamma)$ sur $E_0^r = (T_0,\gamma^r)$. Il doit donc vérifier (10), qui, $\gamma^r$ étant constant et J étant imposé à l'instant r, équivaut en dérivant à :

$$\gamma^{-1}(J^{-1}\dot{J})^*\gamma + I^{-1}\dot{J} = \gamma^{-1}\dot{\gamma}$$

Le référentiel rigide défini par J sera le corotationnel (J = r) ssi le $L_J$ associé, à savoir, d'après (**VII**-4-1) et (9), $\dot{a}_J a_J^{-1} = a_J^r \dot{J} J^{-1} a_J^{r-1}$, est dans $L_S(E_J)$. Puisque $a_J^r$ et J sont des isométries, ceci sera réalisé ssi $\dot{J}J^{-1}$ est dans $L_S(E_0^r)$ et enfin ssi $J^{-1}\dot{J}$ est dans $L_S(E_0)$, ce qui, avec (**M12**-c) se traduit par:

$$\gamma^{-1}(J^{-1}\dot{J})^*\gamma = J^{-1}\dot{J}$$

Il résulte de ces deux relations que J doit vérifier (15). Inversement, $\gamma^{-1}\dot{\gamma}$ étant dans $L_S(E_0)$, on vérifie que toute solution de (15) vérifie les deux conditions ci-dessus ▪

● On retiendra de ce théorème que, travaillant dans le référentiel non rigide lié localement au milieu, on est capable, par résolution de (15), de définir le mouvement, par rapport à ce référentiel de travail d'un genre nouveau, du référentiel rigide par rapport auquel le milieu a un mouvement irrotationnel, c'est à dire du référentiel qui sera corotationnel au point considéré. A propos de ce mouvement, on a le théorème :

**Théorème 2**

*La trajectoire du mouvement du corotationnel par rapport au milieu local ne dépend que de la trajectoire en état métrique, et pas de la loi horaire sur celle-ci.*

**Preuve.** Il suffit de remarquer que (15) entraîne $J^{-1}dJ = 1/2\gamma^{-1}d\gamma$ ▪

● Dans la base locale $B_0$ des coordonnées matérielles, l'équation (15) s'écrit :

$$(16) \quad J = B_0 M B_0^{-1}, \quad M \in L(R^3), \quad M_{t=r} = 1_{R^3}, \quad \boxed{M^{-1}\dot{M} = \frac{1}{2}\Gamma^{-1}\dot{\Gamma}}$$

Compte tenu de **5**-Th2, la matrice M définie par (16) est la matrice permettant de passer d'une base indéformable à la base convectée. Citons deux applications pratiques.

D'abord, puisque Γ s'exprime aisément en fonction de la base convectée (7-4), cette relation permet, dans les approches numériques en lagrangien total, un accès simplifié à une base liée au corotationnel, sans passage obligé par une base orthonormée fixe dans le référentiel de travail. Ceci a été récemment développé, et exploité en théorie des coques, dans [Nefussi et Dahan, 1996] (c'est alors $M^{-1}$ qui est utilisé; les matrices Q et G de ces auteurs sont nos $M^{-1}$ et Γ).

La seconde application est la détermination expérimentale du mouvement local entre le milieu et le corotationnel :

*L'observation expérimentale de la seule déformation d'une base matérielle convectée en un point du milieu, par exemple par une méthode de grille (dont on ne cherche pas à mesurer la position par rapport au laboratoire), qui conduit à la connaissance de Γ, permet, par résolution de (16), la détermination du mouvement relatif entre cette base et une base fixe dans le corotationnel en ce point.*

● **Le référentiel en rotation propre.** Un des intérêts du référentiel corotationnel est qu'il ne dépend pas de l'instant de référence choisi, et donc de l'état métrique du milieu à cet instant, caractérisé par $\gamma^r$. Il n'en ira évidemment pas de même pour le référentiel en rotation propre, comme le confirme le résultat suivant, qui montre comment ce référentiel peut être obtenu en approche "tout dans le référentiel matière" :

**Théorème**

*Le référentiel défini par* $J = (\gamma^{r-1}\gamma)^{1/2}$ *est le référentiel en rotation propre.*

**Preuve.** J doit vérifier $J_{t=r} = 1_{T_0}$ ainsi que (10-1), ce qui est bien le cas. Il doit ensuite vérifier (10-2) et rendre symétrique $F^t_J$ , ce qui, avec (9) et (**M12**-c) s'écrit :

$$J^*\gamma^r J = \gamma \quad \text{et} \quad [F_J^{tT} = F_J^t] \; [g_J^{-1} a_J^{r-*} J^* a_J^{r*} \, g_J = a_J^r J \, a_J^{r-1}] \Leftrightarrow [\gamma^{r-1} J^* \gamma^r = J]$$

système équivalent à : $J^*\gamma^r J = \gamma$ et $J^2 = \gamma^{r-1}\gamma$. Remarquant que $\gamma^{r-1}\gamma$ est dans $\overset{+}{L}_S(E_0^r)$, donc peut s'écrire sous la forme (voir **M6** pour les notations) : $\gamma^{r-1}\gamma = \Delta_0[[\lambda_i{}^2]]\Delta_0^{-1} = U_0{}^2$, avec $U_0 = (\gamma^{r-1}\gamma)^{1/2} = \Delta_0[[\lambda_i]]\Delta_0^{-1}$ et où $\Delta_0$ est une base de $T_0$ OND pour la métrique caractérisée par $\gamma^r$ et orthogonale pour celle caractérisée par $\gamma$, la seconde de ces équations a pour solution $J = U_0 = (\gamma^{r-1}\gamma)^{1/2}$ (voir (**XIX-1**) pour une meilleure compréhension de ces éléments). Or, ce J vérifie aussi la première. Ceci résulte immédiatement de ce que, $\Delta_0^d$ étant la base duale de $\Delta_0$, on a : $\gamma^r = \Delta_0^d \; \Delta_0^{-1}$ puisque $\Delta_0$ est $\gamma^r$ -ON, $\gamma = \Delta_0^d \; [[\lambda_i{}^2]]\Delta_0^{-1}$, ainsi que, en utilisant (**M12**-c dernier exemple) et (**M12**-d), $J^* = \Delta_0^{-*} \; g_3[[\lambda_i]]g_3{}^{-1}\Delta_0{}^* = \Delta_0^d[[\lambda_i]]\Delta_0^{d-1}$ ▪

## 7. APPROCHES MATÉRIELLES ET SPATIALES

● Nous avons donc maintenant des structures mathématiques clairement identifiées, individualisées et étoffées pour le milieu continu et pour chacun des référentiels d'Espace. Le mouvement, qui installe le milieu continu dans l'Espace comme référentiel non rigide parmi les référentiels d'espace classiques, est défini à chaque instant par un transport-placement p dépendant du temps entre ces structures, générant au niveau local le transport-placement a, engendrant lui-même des transports placement divers $\overset{*}{a}$, **a**, $\mathbf{A}^{(n)}$, etc., adaptés à la nature géométrique des objets transportés.

Le transport p est un isomorphisme pour les structures de variété $C^n$ que possèdent initialement $\Omega_0$ et $\Omega \subset \mathcal{E}$. Il a permis au chapitre **VII** de transporter, globalement par p sur $\Omega \subset \mathcal{E}$ et localement par son gradient a sur son espace tangent E, les compléments de structure de $\Omega_0$, à savoir, pour l'instant, la masse et ses dérivés. Il a ensuite permis au début du présent chapitre, par son inverse et l'inverse de son gradient, de transporter sur $\Omega_0$ et $T_0$ les structures euclidiennes de $\Omega$ et E. Ces transports dépendant du temps d'éléments structuraux constants dans les espaces de départ donnent des compléments de structure dépendant du temps dans les espaces d'arrivée. En particulier, la matière, modélisée globalement par $\Omega_0$ et localement par $T_0$, s'est vue conférer des propriétés métriques *dépendantes du temps* participant à la description de son état.

En final les deux structures augmentées des compléments importés, lesquels sont variables parce que importés par un transport variable, sont à chaque instant identiques de part et d'autre de p, ou de a localement, qui deviennent des isomorphismes pour cette structure commune (vision directe superposant le milieu et l'espace qu'il occupe). Deux structures mathématiques isomorphes étant interchangeables, voire indiscernables, l'étude à un instant t peut s'effectuer indifféremment dans l'une ou l'autre. Le travail dans le modèle matière, ou à défaut dans son substitut $\Omega_r$, est le propre des *approches matérielles*.

Le travail dans l'espace, ou un référentiel d'espace, que l'on dit aussi "sur la configuration actuelle", est le propre des *approches spatiales.* L'isomorphisme entre les deux structures fait que tout développement spatial instantané a son homologue matériel et réciproquement. Mais c'est aussi lui qui fait que *tout développement physiquement argumenté sur l'un des modes devrait avoir un homologue aussi physiquement intelligible sur l'autre mode*, ce qui est loin d'être le cas dans la littérature.

Évidemment, p et a dépendant du temps, les choses se compliquent pour les considérations qui ne se localisent pas sur un instant donné, et en particulier pour tout ce qui est vitesse, taux, comportement différentiel en temps, etc. Le prochain chapitre, qui termine cette partie **P2**, illustrera cette remarque. On comprend dès lors que l'identification pour cause d'isomorphisme soit impossible, et que nos applications p et a, qui ne sont autres que le passage, quand nous portons notre regard quelque part dans l'Espace, entre les éléments homologues du milieu et du référentiel qui s'y superposent, soient essentielles et ne puissent s'effacer dans une telle identification.

● L'interchangeabilité, au moins à t donné, évoquée ci-dessus relève de la technique mathématique. Mais elle ne doit pas faire oublier au physicien qu'il manipule des entités différentes qui ont des fonctions de *modélisation* essentielles et diverses. Les catégories ainsi modélisées, ainsi que le statut par rapport à elles des développements qui sont menés, doivent être clairement apparents. C'est ainsi que le transport placement à t permet de "voir", ou représenter, la matière dans l'espace, ce qui est banal, tandis que le transport inverse permet au contraire de représenter l'espace, ou plutôt un référentiel d'espace, sur la matière, ce qui l'est beaucoup moins. *Au cours du temps nous obtenons ainsi deux mouvements inverses, celui de la matière dans l'espace et celui de l'espace sur la matière.* Ce second mouvement n'est pas considéré dans la littérature, mais notre modèle matière, on l'a vu, permet d'y remédier. Selon l'objet de l'étude on aura intérêt à adopter celui de ces deux points de vue le plus proche de ce dont on traite, même si un jeu de miroirs permet parfois, au prix de quelques contorsions ne pouvant qu'obscurcir le propos, de s'y retrouver aussi avec l'autre.

Pour traiter des propriétés exclusives au milieu continu, il est plus sain à notre avis de se placer dans la structure mathématique qui représente celui-ci plutôt que dans son reflet par transport dans l'espace. En particulier, pour le comportement, le seul souci du mécanicien est la traduction des propriétés du milieu puisque celles de l'espace ne lui posent pas problème. Ses formulations spatiales, sur la configuration de référence mais surtout sur la configuration actuelles ne sont qu'une façon de *traduire* sa pensée dans ce domaine. Le modèle matière lui permet au contraire de l'*exprimer*. Il ne lui apporte peut-être aucun plus sur le plan de la technicité mathématique lui permettant de développer des calculs à l'infini, mais nous pensons qu'il lui permet de mieux vivre sa physique dans sa simplicité première, et de mieux comprendre en quoi et comment ses calculs traitent et font vivre ensemble les catégories, espace, temps, milieu matériel, et, plus tard, forme, déformation, etc., qui sont l'objet premier de son étude.

• Comme exemple d'abandon de cette simplicité première, et de recours à des jeux de miroir obscurcissants, il faut citer la méthode consistant à travailler soi-disant sur la configuration actuelle, donc dans le modèle espace, mais en projection dans la base convectée de la base locale des coordonnées matérielles. Le calcul matriciel qui en résulte, est alors le reflet de ce qui se passe dans le modèle matière. On l'a vu en (7-3) où les $\gamma_{ij}$ sont apparus comme étant les composantes à la fois de $\gamma$ dans la base $B_0$ et de g dans la base convectée. La démarche peut alors être argumentée d'un point de vue spatial tout en ayant en fait sa cohérence au niveau matériel, ce qui n'est pas sans danger.

Par exemple, identifiant g et ses composantes dans la base convectée (là est évidemment la faille) cela a pu conduire certains auteurs ([Marsden et Hughes, 1983] et de nombreux auteurs de la même école de pensée) à annoncer que l'énergie de déformation d'un milieu hyper-élastique (qui, nous le verrons, est fonction de son état métrique, donc de $\gamma$, donc des composantes $\gamma_{ij}$ de $\gamma$ dans la base *constante* $B_0$ de $T_0$, égales à celles de g dans $B_c$) est "fonction du tenseur métrique de.. l'Espace", ce qui en bonne logique devrait scandaliser tout physicien. Certes l'initié s'y retrouve, mais convenons que l'on s'éloigne dangereusement du "parler vrai" et de la simplicité première des choses. Travailler avec un jeu de composantes d'un objet géométrique, c'est toujours risquer d'utiliser les propriétés de la réunion de cet objet et de la base dans laquelle il a été projeté, mais on atteint ici un sommet dans ce domaine et ce jeu de miroir ne saurait aider à la compréhension.

CHAPITRE X

# DÉRIVÉE MATÉRIELLE DES TENSEURS EUCLIDIENS

Au chapitre **VIII** nous n'avons envisagé la dérivation matérielle que pour les tenseurs affines. Nous examinons ici le cas des tenseurs euclidiens. Ce chapitre sera court, mais il est important car les tenseurs euclidiens vont vite devenir essentiels dans l'étude du comportement.

## 1. POSITION DU PROBLÈME

● Ayant réglé le problème du transport des tenseurs euclidiens dans le modèle matière, par les inverses des $\mathbf{A}^{(n)}$ de **IX-1**, il semble que nous soyons en position de les dériver par rapport à ce référentiel matière en utilisant (**VIII**-1). Malheureusement, le transporté $\mathbf{x}_0$ d'un tenseur euclidien spatial **x** est un tenseur euclidien sur l'espace euclidien $E_0$ qui, nous l'avons dit, dépend du temps avec a dont dépend γ. Nous sommes de ce fait dans l'embarras pour dériver par rapport au temps ce transporté : ses valeurs à deux instants voisins t et t + dt sont dans des espaces (de tenseurs euclidiens) différents et on ne peut calculer un tenseur euclidien différence pour, en divisant par dt, obtenir une dérivée qui soit un tenseur euclidien. La notion de référentiel non rigide montre vite ses limites! Il s'agit en fait d'un problème du modèle matière : c'est $\mathbf{x}_0$ défini à chaque instant comme tenseur euclidien sur $E_0$ que l'on ne sait pas dériver, et c'est à ce problème précis qu'est consacré ce chapitre, le passage à la dérivée matérielle de **x** étant ensuite immédiat.

Le cas est analogue à celui d'un tenseur spatial en mouvement, c'est à dire défini à chaque instant dans l'espace instantané : on ne sait pas le dériver, on ne le dérive que par rapport à un référentiel d'Espace particulier. Cet effet "fibré sur T" de $E_0$ avait déjà été signalé en **IX-3**. Ajoutons, dans la lignée de **II-1**, que tout comme un tenseur en mouvement, *un tel* $\mathbf{x}_0$ *ne saurait constituer une variable.* Une question se pose alors. Devrons nous, comme pour les tenseurs spatiaux, particulariser sa lecture pour en faire une variable que l'on saura dériver? Ou plutôt, aurons nous l'équivalent des référentiels d'espace qui nous permettra de le faire ? Nous verrons ce qu'il en est, mais la réponse ne sera confirmée définitivement qu'en **P3**.

Rappelant que la dérivation au sens mathématique strict, lorsqu'elle est possible, n'est qu'un *moyen* (qui a certes des références sérieuses!), l'*objectif* final étant d'évaluer la vitesse d'évolution d'un phénomène, nous ne ferons pour l'heure, dans l'impossibilité où nous sommes de dériver, que proposer des constructions de *pseudo dérivées* matérielles diverses, certes argumentées comme on le verra, mais pas forcément de façon totalement convaincante.

● Signalons toutefois auparavant une exception notoire: l'espace euclidien $E_0$ est constant lorsque le tenseur métrique $\gamma$ ne varie pas au cours du temps. Cette condition n'est en générale réalisée que pour des mouvements, ou en des points, très particuliers et en général imprévisibles. Sauf pour des milieux rigides ou elle est la règle, et donc :

*La notion de dérivée d'un tenseur euclidien spatial* $\mathbf{x}$ *par rapport à un milieu continu rigide, donc par rapport à un référentiel d'espace* $\mathcal{E}_0$, *a un sens. C'est la collection des dérivées par rapport à* $\mathcal{E}_0$ *de ses facettes* $x_i$ *:*

$$(1)\qquad \boxed{\mathbf{y} = \frac{d^0}{dt}\mathbf{x}} \Leftrightarrow \boxed{(\forall i)\ y_i = \frac{d^0}{dt}x_i} \Leftrightarrow \boxed{(\exists i)\ y_i = \frac{d^0}{dt}x_i} \Leftrightarrow \boxed{y_1 = \frac{d^0}{dt}x_1}$$

Cela résulte de ce que les facettes de $\mathbf{x}_0$ sont ici liées entre elles par des facteurs $\gamma = g_0$ constants. Il est évidemment superfétatoire de calculer la collection des dérivées de toutes les facettes. Il suffit d'en calculer une, par exemple la première, par les formules données en **I-5**, puis de calculer les autres facettes de la dérivée en utilisant les relations liant les facettes d'un tenseur euclidien. Mieux, il est bon pour la pratique calculatoire de pratiquer l'identification de $E_0^*$ à $E_0$ : on n'a plus alors que la facette $x_1$ à traiter avec les relations de **I-5**. C'est bien sûr ce que fait la mécanique des solides rigides.

## 2. UNE PREMIÈRE APPROCHE

● Un tenseur euclidien sur $E_0$ est aussi, en reprenant la définition précise qui en a été donnée, un ensemble de tenseurs affines. A ce titre il appartient à un produit cartésien d'espaces indépendants de t. Par exemple, à l'ordre un, on a $\mathbf{E}_0 \equiv \mathbf{E}_0^{(1)} \subset T_0 x T_0^*$. En outre, les placements $\mathbf{A}^{(n)}$ sont tout simplement la restriction à $\mathbf{E}_0^{(n)}$ des placements $\overset{*}{a}$ des éléments de ces produits cartésiens (**VII**-17). On peut donc envisager de dériver un tenseur euclidien par rapport au milieu tout simplement en tant que collection de tenseurs affines, procédé qui vient de nous réussir dans le cas d'un milieu rigide.

Dans le modèle matière il viendra ainsi, à l'ordre un, la dérivée matérielle ci dessous qui, on le vérifie aisément, $\gamma$ étant variable, n'est pas un tenseur euclidien sur $E_0$:

$$(2)\qquad \boxed{\frac{d}{dt}\mathbf{x}_0 = (\frac{d}{dt}\mathbf{x}_{01}, \frac{d}{dt}\mathbf{x}_{02})} \in T_0 x T_0^* \quad (\text{mais} \notin \mathbf{E}_0^{(1)})$$

Et en approche spatiale, il viendra la collection des dérivées convectives des facettes affines $x_i$ de $\mathbf{x}$, données donc par les relations (**VIII**-4,5,6)

$$(3)\qquad \boxed{\mathcal{D}^c\mathbf{x} \equiv \mathbf{A}^{(1)}[\frac{d}{dt}(\mathbf{A}^{(1)-1}\mathbf{x})] = (\mathcal{D}^c\mathbf{x}_1, \mathcal{D}^c\mathbf{x}_2)} \Leftrightarrow \boxed{(\forall i)\ \ (\mathcal{D}^c\mathbf{x})_i = \mathcal{D}^c(x_i)}\ ,$$

qui ne constituent pas non plus un tenseur euclidien sur E. A un ordre quelconque on prendrait soit toutes les facettes soit seulement les deux participant à la définition de **x**. Nous retombons là en fait dans les approches non euclidiennes décrites en **VII**.

• Pour remédier à la perte du caractère euclidien[1], on peut penser à ne dériver qu'une seule des facettes, la i-ème, et prendre pour "dérivée" matérielle le tenseur euclidien admettant cette dérivée comme i-ème facette. On définira ainsi $2^n$ "dérivées" différentes pour un tenseur euclidien d'ordre n (deux seulement si on se restreint aux facettes entrant dans la définition):

$$(4) \qquad \boxed{y_0 = \frac{d_i}{dt}x_0} \iff \boxed{y_{0i} = \frac{d}{dt}x_{0i}} \text{ et } \boxed{\mathbf{y} = \mathcal{D}_i^c\mathbf{x}} \iff \boxed{y_i = \mathcal{D}^c(x_i)},$$

Ces dérivées sont certes toutes des tenseurs euclidiens. Mais le propre d'un tenseur euclidien étant de refuser que l'on rompe la symétrie entre E et E*, ce qu'elles font, elles ne présentent pas d'intérêt intrinsèque en tant qu'opérateurs sur un tenseur euclidien.

Pour rétablir cette symétrie, il est naturel de songer à prendre la moyenne de ces dérivées, soit pour toutes les facettes, soit seulement sur les deux entrant dans la définition. En fait, un examen facile, mais peut être un peu fastidieux, dont nous laissons le soin au lecteur, montre que ces deux moyennes sont identiques. On est ainsi amené à proposer, pour les tenseurs euclidiens d'ordre k, la (pseudo) dérivée matérielle

$$(5) \qquad \boxed{\frac{\nabla}{dt}\mathbf{x}_0 = \frac{1}{2^k}\sum_i\left(\frac{d_i}{dt}\mathbf{x}_0\right)} \quad \text{et} \quad \boxed{\mathcal{D}^J\mathbf{x} \equiv \mathbf{A}^{(k)}\left[\frac{\nabla}{dt}(\mathbf{A}^{(k)-1}\mathbf{x})\right] = \frac{1}{2^k}\sum_i(\mathcal{D}_i^c\mathbf{x}\ )}$$

qui jouera un rôle essentiel et dont l'adéquation sera confirmée par la suite.

## 3. PROPRIÉTÉS

• Une "dérivée" matérielle ainsi bricolée ne ressemble à priori plus à une dérivée classique, et sa signification physique n'est pas claire. Mais le résultat qui suit montre qu'une véritable dérivation se cache néanmoins derrière elle :

**Théorème**

*L'opération* $\mathcal{D}^J$ *sur les tenseurs euclidiens spatiaux définie par* (5-2) *n'est autre que la dérivation par rapport au référentiel corotationnel, encore appelée dérivée de Jauman, ce qui explique la notation. Plus précisément, c'est la lecture dans le référentiel de travail de cette dérivée, et donc* $\nabla\mathbf{x}_0/dt$ *en est la lecture dans le référentiel matière.*

**Preuve.** Nous ne démontrons ce résultat que pour les tenseurs d'ordre un et deux. On vérifie aisément que les premières facettes des $2^k$ dérivées non intrinsèques $\mathcal{D}_i^c\mathbf{x}$ sont les dérivées de la facette $x_1$ de **x** calculées par les lois (**VIII**-7) pour l'ordre un et (**VIII**-

---

[1]Afin que la vitesse d'évolution d'une grandeur modélisée par un tenseur euclidien soit un tenseur euclidien. On peut s'interroger sur la pertinence de cette exigence que nous ne justifions pas a priori...

8) pour l'ordre deux. Or, la moyenne de ces dérivées est la dérivée de $x_1$ par rapport au référentiel corotationnel. Le résultat résulte alors de (1) ∎

Ainsi, cherchant à dériver les tenseurs euclidiens par rapport au milieu continu, nous débouchons sur la dérivée par rapport au référentiel corotationnel (nous aurons tendance à substituer la notation $\mathcal{D}^J$ à l'ancienne notation $d^c/dt$ pour cette dérivée dite de Jauman). Nous avions déjà caractérisé ce référentiel comme celui par rapport auquel le milieu tourne le moins au point considéré. On pouvait donc raisonnablement penser que dériver par rapport à lui ne devait pas être très différent de dériver par rapport au milieu lui même. Avec la loi de dérivation matérielle qui précède, c'est strictement la même chose pour les tenseurs euclidiens (mais pas pour les tenseurs affines).

On peut donc estimer que malgré une introduction peu convaincante, cette façon de "dériver" les tenseurs euclidiens par rapport au milieu lui même n'est pas trop stupide. Remarquons aussi qu'adopter cette loi, c'est aussi penser que la grandeur physique qui se cache derrière le tenseur euclidien spatial $\mathbf{x}$ c'est, autant que son transporté $\mathbf{x}_0$, tenseur euclidien sur $E_0$ qui d'ailleurs n'est pas une variable au sens de **II-1**, la lecture $\mathbf{x}^c$ de $\mathbf{x}$ dans le corotationnel qui est une telle variable. Tout ceci sera confirmé en Ch **XIV**, où une signification très forte sera donnée dans le modèle matière à l'opérateur $\nabla/dt$.

● Donnons une autre expression de $\nabla\mathbf{x}_0/dt$. A l'ordre un, on a, puisque $\overleftarrow{U}_0 = \gamma\vec{U}_0$,

$$\frac{d}{dt}\mathbf{U}_0 = \left(\frac{d}{dt}\vec{U}_0, \frac{d}{dt}\overleftarrow{U}_0\right) = \left(\frac{d}{dt}\vec{U}_0, \gamma\frac{d}{dt}\vec{U}_0 + \dot{\gamma}\vec{U}_0\right) = \frac{d_1}{dt}\mathbf{U}_0 + (0, \dot{\gamma}\vec{U}_0) = \frac{d_2}{dt}\mathbf{U}_0 - (\gamma^{-1}\dot{\gamma}\vec{U}_0, 0)$$

et l'on en déduit la relation:

$$\text{(6)} \qquad \boxed{\frac{\nabla}{dt}\mathbf{U}_0 = \frac{d}{dt}\mathbf{U}_0 + \frac{1}{2}(\gamma^{-1}\dot{\gamma}\vec{U}_0, -\dot{\gamma}\gamma^{-1}\overleftarrow{U}_0)}, \quad \text{c-à-d:}$$

$$\boxed{\mathbf{V}_0 = \frac{\nabla}{dt}\mathbf{U}_0} \Leftrightarrow \boxed{\vec{V}_0 = \frac{d}{dt}\vec{U}_0 + \frac{1}{2}\gamma^{-1}\dot{\gamma}\vec{U}_0} \Leftrightarrow \boxed{\overleftarrow{V}_0 = \frac{d}{dt}\overleftarrow{U}_0 - \frac{1}{2}\dot{\gamma}\gamma^{-1}\overleftarrow{U}_0}$$

Au second ordre, où $\mathbf{x}_0 = (\bar{x}_0, \underline{x}_0)$ avec $\bar{x}_0 = \gamma\underline{x}_0\gamma$, un calcul analogue conduit à:

$$\text{(7)} \qquad \boxed{\frac{\nabla}{dt}\mathbf{x}_0 = \frac{d}{dt}\mathbf{x}_0 + \frac{1}{2}(-\dot{\gamma}\gamma^{-1}\bar{x}_0 - \bar{x}_0\gamma^{-1}\dot{\gamma}, \gamma^{-1}\dot{\gamma}\underline{x}_0 + \underline{x}_0\dot{\gamma}\gamma^{-1})}, \quad \text{c-à-d :}$$

$$\boxed{\mathbf{y}_0 = \frac{\nabla}{dt}\mathbf{x}_0} \Leftrightarrow \boxed{\bar{y}_0 = \frac{d}{dt}\bar{x}_0 - \frac{1}{2}(\dot{\gamma}\gamma^{-1}\bar{x}_0 + \bar{x}_0\gamma^{-1}\dot{\gamma})}$$

$$\Leftrightarrow \boxed{\underline{y}_0 = \frac{d}{dt}\underline{x}_0 + \frac{1}{2}(\gamma^{-1}\dot{\gamma}\underline{x}_0 + \underline{x}_0\dot{\gamma}\gamma^{-1})}$$

Multipliant (6) et (7) par dt, il vient les relations différentielles:

$$\text{(8-1)} \qquad \boxed{\nabla\mathbf{U}_0 = \left(\frac{\nabla}{dt}\mathbf{U}_0\right)dt = d\mathbf{U}_0 + \frac{1}{2}(-\gamma^{-1}d\gamma\,\vec{U}_0, d\gamma\gamma^{-1}\,\overleftarrow{U}_0)}$$

(8-2) $$\nabla \mathbf{x}_0 = \frac{\nabla \mathbf{x}_0}{dt}\,dt = d\mathbf{x}_0 + \frac{1}{2}(-d\gamma\gamma^{-1}\bar{x}_0 - \bar{x}_0\gamma^{-1}d\gamma,\ \gamma^{-1}d\gamma\underline{x}_0 + \underline{x}_0 d\gamma\gamma^{-1})$$

qui montrent en particulier que :

*La variation infinitésimale de* $\mathbf{x}_0$ *entre* t *et* t + dt *fournie par la dérivation* (5-1), $\nabla\mathbf{x}_0 = (\nabla\mathbf{x}_0/dt)dt$, *ne dépend que des variations de* $\gamma$ *et du couple de tenseurs affines fonctions du temps qu'est* $\mathbf{x}_0$, *et de la valeur actuelle de* $\gamma$.

## 4. UNE SECONDE APPROCHE

● On peut aussi assumer plus frontalement le fait que le $\mathbf{x}_0 = \mathbf{A}^{(n)-1}\mathbf{x}$ que l'on est amené à dériver en appliquant (**VIII**-1) est dans un espace $\mathbf{E}_0^{(n)}$ dépendant du temps, en voyant dans cet espace variable les positions successives d'un certain espace de tenseurs euclidiens $\mathcal{C}$, indépendant de t, se déplaçant dans le modèle matière, et en dérivant par rapport à cet espace mobile $\mathcal{C}$. Il faut alors, pour cette dérivation, non plus considérer la différence $\mathbf{x}_0^{t+dt} - \mathbf{x}_0^{t}$, qui n'est pas un tenseur euclidien, mais la différence $\mathbf{x}_0^{t+dt} - \mathbf{x}'^{t}_0$ où $\mathbf{x}'^{t}_0$ est le point de $\mathbf{E}_0^{(n)t+dt}$ où, dans le mouvement de $\mathcal{C}$, est entraîné à t+dt le point $\mathbf{x}_0^{t}$ de $\mathbf{E}_0^{(n)t}$. Soit : la différence des positions de **x** dans $\mathcal{C}$, lue sur la position de $\mathcal{C}$ à t +dt.

Il ne s'agirait plus d'une dérivée par rapport à la matière, mais par rapport à un "espace" $\mathcal{C}$ lui même en mouvement par rapport à la matière, cette modification nous étant imposée par notre désir de rester tenseur euclidien. Toute la question est évidemment dans la définition de cet $\mathcal{C}$ en mouvement. Compte tenu de **IX-5**, les espaces de tenseurs euclidiens $\mathcal{C}$ en mouvement qui se déplaceraient isométriquement, ne sont autres que ceux engendrés par les référentiels d'Espace rigides en mouvement par rapport au milieu. Adoptant cette voie, prenant pour $\mathcal{C}$ l'espace $\mathbf{E}^{(n)}$ associé à un référentiel $\mathcal{E}$, et adoptant ce dernier comme référentiel de travail, on a:

$$\mathbf{x}'^{t}_0 = \mathbf{f}^{(n)(t+dt)t}\mathbf{x}_0^{t} = (\mathbf{A}^{(n)t+dt})^{-1}(\mathbf{A}^{(n)t})\mathbf{x}_0^{t}$$

et donc la "dérivée matérielle" de **x** ainsi définie est la limite pour dt tendant vers zéro de

$$\mathbf{A}^{(n)t}\frac{1}{dt}(\mathbf{x}_0^{t+dt} - \mathbf{f}^{(n)(t+dt)t}\mathbf{x}_0^{t}) = \frac{1}{dt}\mathbf{A}^{(n)t+dt}(\mathbf{x}_0^{t+dt} - \mathbf{f}^{(n)(t+dt)t}\mathbf{x}_0^{t}) = \frac{1}{dt}(\mathbf{x}^{t+dt} - \mathbf{x}^{t})$$

*La "dérivée matérielle" de* **x** *construite par cette voie n'est donc autre que la dérivée par rapport au référentiel d'espace utilisé pour organiser le mouvement isométrique de* $\mathbf{E}_0^{(n)}$ *dans le modèle matière.*

● La leçon de ce résultat est que si l'on veut dériver **x** par rapport au milieu "en tant que tenseur euclidien", et ainsi obtenir une dérivée qui soit un tenseur euclidien, il n'y a pas d'autre voie que de dériver **x** par rapport à un référentiel d'espace. Ceci n'a finalement rien d'étonnant, car il n'est de structure euclidienne sur le milieu que celle importée des référentiels rigides: le modèle ne saurait rendre plus que ce que l'on y a mis.

Évidemment une dérivée réputée être par rapport au milieu et calculée ainsi, ne pourra avoir les vertus nécessaires que si le référentiel d'espace par rapport auquel on dérive peut valablement être considéré comme "lié" au milieu au point considéré. La question à laquelle on est maintenant confrontée pour espérer obtenir par cette voie une dérivée matérielle convaincante pour les tenseurs euclidiens, est donc celle du choix d'un référentiel $\mathcal{E}_m$ pouvant être considéré comme localement "lié" (en rotation) au milieu : c'est la question du solide suiveur que nous avons déjà posée.

Une possibilité est évidemment constituée par le référentiel corotationnel. La dérivée de Jaumann et sa version matérielle $\nabla/dt$ de la première approche s'inscrit donc dans cette seconde approche. Mais nous avons dit en **IV-3** que d'autres choix pour $\mathcal{E}_m$ ont pu être envisagés.

Sur un plan pratique, on notera que les versions spatiales de ces dérivées matérielles étant des dérivées par rapport à des référentiels rigides, elles sont régies par (1). Pour les pratiques calculatoires sur ces dérivées il faut résolument pratiquer l'identification de E* à E, et donc l'identification d'un tenseur euclidien à sa première facette, qui est dans E à l'ordre un et dans L(E) à l'ordre deux. Il s'agira alors tout simplement d'utiliser les formules données en **I-5**. Le référentiel $\mathcal{E}_m$ qui est choisi est défini par sa rotation dans le référentiel de travail $\mathcal{E}_f$, ou, comme dans le cas du corotationnel, par son taux de rotation par rapport à ce référentiel. La dérivée par rapport à $\mathcal{E}_m$ s'écrit alors, par exemple pour un tenseur euclidien du premier ordre (**I**-22-a) :

$$\frac{d^m}{dt}\mathbf{U} = \frac{d^f}{dt}\mathbf{U} - \mathbf{\Omega}_{m|f}\mathbf{U} = \mathcal{D}^J\mathbf{U} - \mathbf{\Omega}_{m|c}\mathbf{U} \tag{9}$$

Ces dérivées sont de ce fait aussi appelées *dérivées en rotation*. Indépendamment de l'analyse ici présentée, leur choix s'est peu à peu imposé, en particulier pour les contraintes, parce que les transports par rotation sont les seuls isométriques pour les tenseurs euclidiens. En particulier, ils conservent la symétrie et les valeurs propres des tenseurs du second ordre.

● La relation qui précède s'inscrit dans une approche spatiale "tout dans le référentiel de travail", avec rotation par rapport au référentiel de travail. Une version matérielle "tout dans le référentiel matière.", avec rotation par rapport au référentiel corotationnel que l'on a appris à déterminer en **IX-5**, peut en être donnée. On déduit en effet, en transportant (9) dans $\mathbf{E}_0^{(1)}$ par $\mathbf{A}^{(1)-1} = \mathbf{a}^{-1}$, et en notant $\nabla^m/dt$ la version matérielle $\mathbf{a}^{-1}\, d^m/dt\, \mathbf{a}$ de $d^m/dt$ :

$$\frac{\nabla^m}{dt}\mathbf{U}_0 = \frac{\nabla}{dt}\mathbf{U}_0 - \mathbf{\Omega}_{0m|c}\mathbf{U}_0 \qquad \text{avec} \qquad \mathbf{\Omega}_{0m|c} = \mathbf{a}^{-1}\mathbf{\Omega}_{m|c}\mathbf{a} \tag{10}$$

où $\mathbf{\Omega}_{0m|c}$ est un tenseur euclidien du second ordre antisymétrique sur $E_0$ ($\mathbf{\Omega}_{0m|c} \in \mathbf{E}_{0S}^{(2)}$), lecture matérielle du taux de rotation de $\mathcal{E}_m$ par rapport au corotationnel.

**Troisième partie**

**Cinématique et sthénique de**

# LA FORME

Nous quittons la cinématique des positions pour celle que l'on pourrait dire des *formes* si ce mot, utilisé ici parce qu'on le trouve dans *déformation*, ne prêtait à confusion. Il faudrait le comprendre au sens de *forme cotée*. Aussi, plutôt que *forme*, nous dirons, et nous avons déjà dit, *état métrique* ou simplement *métrique*. Aux concepts de *position* (ou *placement*), de *dé-placement* (ou *transformation*) et de *vitesse* (de déplacement) vont succéder ceux de *métrique*, de *dé-formation* et de *vitesse* (ou taux) *de déformation*. Comme la position, la forme-métrique varie continûment d'un point à un autre du milieu et sera donc étudiée localement.

Ces deux cinématiques sont liées : la forme-métrique est déterminée par la position mais elle n'en est qu'un aspect. L'un des objets de la cinématique des milieux continus est en fait d'extraire la seconde de la première. Commencé en Ch **IV** et Ch**V**, ce travail sera continué dans cette partie **P3** pour la métrique, et dans **P4** pour la déformation.

La *sthénique* est l'étude des forces. Nous nous intéressons ici aux forces associées au phénomène physique de la déformation que sont les contraintes internes. Celles-ci apparaissent en effet comme grandeurs duales des vitesses de déformation. Parallèlement à l'étude cinématique, nous serons donc en mesure de modéliser ces efforts internes, c'est à dire de faire la sthénique des liaisons internes, et de traiter du comportement. Contrairement à l'équilibre, qui était spatial, ce dernier est sans conteste une propriété du milieu, *et donc a vocation à être traité dans le modèle matière*. Cette remarque est pour nous essentielle et guidera notre démarche.

Les éléments spatiaux de cinématique des formes et de modélisation des contraintes déjà obtenus en **P1** permettent toutefois d'amorcer immédiatement, en Ch **XI** et Ch **XII**, l'étude spatiale du comportement. Les compléments cinématiques dont cette étude révélera la nécessité nous amèneront, en Ch **XIII**, à répondre à la question fondamentale posée en **IV-4**. *Nous aurons ainsi modélisé la forme-métrique locale*. Les chapitres **XIV** et **XV** seront consacrés à l'étude de l'espace non-linéaire où évolue cette variable, nous mettant ainsi en mesure de présenter une approche purement matérielle, comme il se doit, de la cinématique interne en Ch **XVI** et du comportement en Ch **XVII**.

Sera alors construit un paysage organisé, dans lequel viendront s'insérer rationnellement les considérations plus classiques, parfois concurrentielles entre-elles sinon contradictoires, qui seront abordées dans la dernière partie **P4**, et qui pourront de ce fait être comparées et mieux comprises.

CHAPITRE XI

# APPROCHE SPATIALE DU COMPORTEMENT

En **IV-4**, nous avons introduit un tenseur des taux de déformation qui est l'outil *spatial* indiscuté rendant compte de la vitesse de déformation. Il est sûr et sans rival déclaré dans sa spécialité. La mécanique des fluides en fait un très grand usage, mais aussi la mécanique des solides en grandes transformations dans ses approches spatiales. En **VI-1**, nous avons introduit une caractérisation spatiale des contraintes internes par le tenseur des contraintes de Cauchy, tout aussi incontesté. Enfin en **V-3**, nous avons, avec la décomposition polaire, commencé l'analyse de la déformation.

Nous sommes ainsi armés pour aborder sans attendre le problème de l'écriture du comportement matériel en grandes transformations sous l'angle des approches spatiales, éventuellement au prix de contorsions et de prises d'options qui seront à apprécier dans le cadre des approches matérielles à venir.

Nous commencerons par des lois très classiques pour les *fluides*, dont les transformations sont évidemment grandes mais qui se passent très bien de l'arsenal développé en théorie des grandes transformations. Nous continuerons par quelques comportements s'exprimant en termes de *lois en taux*, se manifestant au cours de processus d'évolution de type *écoulement*. Enfin, du fait de leur importance mais aussi de leur spécificité, nous changerons de chapitre pour traiter de l'élasticité et de l'élastoplasticité.

Signalons encore que notre objectif n'est pas purement matériau. Nous ne traitons pas du comportement, mais de la spécificité de l'écriture du comportement en grandes transformations et de sa technologie.

## 1. GÉNÉRALITÉS

● Une loi de comportement met en relation, en chaque point du milieu et au cours du temps, certains concepts physiques associés au processus de déformation, aux efforts internes qu'il engendre, aux caractéristiques mécaniques du milieu, constantes ou variables, etc. Sa traduction demande trois types d'ingrédients : un échiquier, avec sa structure (mathématique), où la partie va se jouer, des pions représentant les concepts en jeu, avec pour chacun ses caractéristiques propres de positionnement et de déplacement sur l'échiquier, et enfin, des lois proprement dites.

Nous nous limiterons à des comportements locaux en Espace, ou, plus précisément, en matière donc en Espace, s'exprimant en chaque point du milieu. L'échiquier sera alors défini en chaque point et pourra en dépendre. Pour des comportements non locaux, les pions devraient a priori être pensés comme étant des champs, ce qui nécessiterait un échiquier global, plus complexe.

● En petits déplacements, l'échiquier est en apparence le référentiel de travail ($\mathscr{E}$, E, g), espace euclidien, et son algèbre tensorielle, et tout particulièrement, comme l'on sait, l'espace $L_S(E)$. Les pions y sont le tenseur des (petites) déformations $\varepsilon_L$, qui rend compte de l'état métrique actuel par le biais de sa comparaison à un état de référence, sa dérivée $\dot{\varepsilon}_L$ qui modélise la vitesse de déformation, le tenseur des contraintes de Cauchy $\sigma$, etc.

On notera toutefois que le référentiel de travail n'est pas choisi totalement arbitrairement. En dehors du fait qu'il l'est généralement en fonction du problème que l'on traite, ce qui est tout à fait autre chose, il doit être tel que par rapport à lui les déplacements soient petits. Il est donc choisi de façon à rester proche du milieu au cours du temps : c'est un solide suiveur en chaque point. On peut même considérer qu'il est confondu avec le milieu dans la mesure où sur un plan purement géométrique, par exemple pour écrire l'équilibre, les déplacements sont purement et simplement négligés (**IV-6**).

Plutôt que comme étant le référentiel de travail, toujours marqué d'un certain arbitraire, l'échiquier utilisé peut donc, en petits déplacements, être considéré comme étant un solide suiveur, voire le milieu lui même, ce qui lui confère une qualité essentielle car, nous l'avons dit dans le chapeau de **P3** mais il est bon d'insister :

*Le comportement étant une affaire concernant le milieu et non l'Espace, il doit prioritairement être pensé et exprimé dans le modèle matière.*

● Dans les approches spatiales en MGT, ce qui pose problème, c'est l'échiquier et les pions. Ce n'est pas la loi elle-même entre les pions dans l'échiquier. En d'autres termes, ce qui pose problème, ce n'est pas de relier entre eux la contrainte, sa vitesse d'évolution, la vitesse de déformation, l'état de déformation, le domaine d'élasticité, etc. : tout ceci est facilement obtenu en reprenant ce qui se fait en petites transformations, ce qui, au moins pour les lois en taux, s'impose puisqu'il s'agit de traduire le comportement dans la petite transformation entre deux instants voisins. C'est de savoir quels tenseurs, évoluant dans quels espaces, modélisent ces différents concepts.

C'est pourquoi nous porterons notre attention sur les échiquiers et les pions, et non sur les lois elles-mêmes qui, au moins pour les comportements solides, seront toujours présentées comme des extensions des lois en petites transformation.

● Les échiquiers seront a priori des espaces associés aux espaces géométriques du chapitre **I** : feuilles référentiel et espaces instantanés. Mais afin de satisfaire à l'exigence qui vient d'être proclamée, ils devront suivre le milieu. Ils le feront par exemple en suivant certains de ses éléments, du style élément caractérisant une anisotropie ou direction cristallographique quand ils existent. Mais en l'absence, ou en cas de non prise en compte, de tels éléments, on s'orientera prioritairement vers les *solides suiveurs,* censés rester proches du milieu en chaque point, dont nous avons déjà largement parlé. Ce problème s'estompera pour tout ce qui est loi entière en temps, mais il réapparaîtra de façon essentielle pour tout ce qui est du type loi d'évolution. Nous le traiterons en détail à propos de la vitesse de contrainte.

Certaines techniques permettront toutefois de changer d'échiquier, et de se ramener à un travail équivalent mais dans le référentiel ... de travail. Non pour renier l'aspect matériel du comportement mais parce qu'il est commode et le même pour tous les points.

Sur un autre plan, les concepts en jeu et les lois proprement dites ne sauraient dépendre du choix du référentiel de travail. Ce choix n'est pas arbitraire (il est par exemple choisi galiléen, ou tient compte de l'environnement et des sollicitations de la structure), mais il est systématiquement déconnecté du problème de l'écriture du comportement en un point particulier. Nous aurons donc, pour définir les pions, fortement besoin des considérations développées en **II-2**, que nous conseillons de revisiter, et tout particulièrement des notions de grandeur objective ou $\Omega_r$-matérielle.

Le résultat de ces techniques sera que, par certains jeux de miroir plus ou moins naturels, exploitant en particulier la diversité des moyens pour obtenir des variables différentes mais équivalentes (**II-1**), il y aura pour une loi donnée plusieurs expressions possibles, avec échiquiers et pions différents, *différentes mais équivalentes.* C'est là une nouveauté importante par rapport aux petites transformations.

● Dans ses formalisations les plus générales, le comportement met en scène des relations fonctionnelles portant sur les histoires des différents concepts. Il est donc pensé a priori comme non local en temps. Les pions doivent alors être des fonctions du temps, donc des *variables* au sens défini en **II-1**. Mais l'échiquier et les lois proprement dites devront, eux, être indépendants du temps.

Ces lois fonctionnelles doivent en particulier respecter le principe de causalité, et donc ne sauraient par exemple faire dépendre la valeur actuelle d'une grandeur des valeurs futures d'autres grandeurs. Dans cet esprit, une formulation classique du comportement consiste à dire qu'en chaque point du milieu la contrainte actuelle est fonction de l'histoire actuelle du processus de déformation. Nous n'entrons pas plus avant dans ces considérations pour deux raisons. La première est qu'elles ne sont pas spécifiques des grandes transformations. La seconde est que nous délaisserons cette vision fonctionnelle (du temps) globale des pions au profit de la vision plus proche de la pratique que nous exposons maintenant.

## 2. LOIS ENTIÈRES ET LOIS NON ENTIÈRES

● Souvent, l'aspect fonctionnel se traduit en grande partie par des relations liant à chaque instant les positions actuelles des pions à cet instant. Il s'agit donc de relations entières, ou locales, en temps, et donc en particulier ni différentielles, ni intégrales. D'autres relations, d'un type différent, complètent généralement la traduction du comportement, et font que les pions entrant dans les lois entières peuvent apparaître comme représentant soit des concepts initiaux, soit des concepts seconds déduits des (ou reliés aux) précédents par ces relations non entières en temps. Même si une interprétation physique intéressante peut en être recherchée dans chaque cas, cette classification est dans notre esprit d'abord d'ordre mathématique. En particulier, elle ne s'identifie pas au partage entre lois d'état et lois complémentaires de l'approche thermodynamique (et, surtout, nous nous refusons à modifier celle-ci pour la seule satisfaction formelle d'obtenir cette identification).

Illustrons la chose en examinant le cas de la viscoélasticité en petits déplacements. On présente souvent le modèle de Kelvin-Voigt en disant que le tenseur des contraintes est fonction de la déformation et de la vitesse de déformation. Dans cette présentation on a délibérément choisi d'introduire trois pions-concepts, la contrainte $\sigma$, la déformation $\varepsilon_L$ et la vitesse de déformation v, n'intervenant que par leurs valeurs actuelles dans la fonction $\sigma = f(\varepsilon_L, v)$ que l'on vient d'évoquer, et qui remarquons le n'est pas une loi d'état thermodynamique. Bien entendu, les deux derniers de ces pions ne sont pas indépendants. Ils sont liés par la relation non entière $v = \dot{\varepsilon}_L$. Le pion dérivé v modélise ici la vitesse d'évolution du phénomène physique modélisé par le pion $\varepsilon_L$, et la loi non entière exprime qu'il est la dérivée en temps de ce dernier. Dans une approche plus fonctionnelle en temps, un autre choix aurait pu été fait. Seuls les pions contrainte et déformation auraient été mis en jeu, et l'on aurait annoncé que le processus de contrainte est fonction (le mécanicien dirait alors plutôt qu'il est une fonctionnelle) du processus de déformation, fonction ici évidemment d'un type différentiel et qu'il resterait à préciser.

En approche spatiale du comportement en grandes transformations, ce mode de présentation, privilégiant un maximum de relations entières à chaque instant complétées par quelques inévitables relations non entières, induit quelques conséquences au niveau de la technique d'écriture que nous allons examiner.

● Sous certaines réserves concernant le type de relation que l'on écrit, que nous préciserons le moment venu, les relations entières s'écrivent à chaque instant dans l'espace instantané, sans qu'un suivi dans le temps soit nécessaire, c'est à dire *sans avoir à privilégier une lecture dans un référentiel particulier*. En quelque sorte, et avec la terminologie introduite en **I-1** et **2**, pour cette part du comportement, l'échiquier est le fibré univers et les pions sont des tenseurs en mouvement. Cet échiquier est évidemment indépendant de tout choix d'un référentiel de travail, et les pions devront être des tenseurs objectifs. Mais, il n'est pas nécessaire à ce stade de se préoccuper du référentiel dans lequel ils doivent être lus pour obtenir des *variables* physiquement significatives.

L'absence de référentiel imposé pour l'écriture des lois entières fait que, dans la convention usuelle d'écriture "tout dans le référentiel de travail $\mathcal{E}_f$", on procède systématiquement, et implicitement, à des lectures dans le référentiel de travail. On écrit ainsi correctement les lois entières, mais en les faisant porter sur des variables-fonctions du temps qui, bien que lectures (dans $\mathcal{E}_f$) de grandeurs objectives sont en général physiquement non totalement significatives pour ce qui est du comportement. Nous renvoyons à l'exemple de l'éprouvette dans une machine de traction en mouvement de la fin de **VI-2** pour une meilleure compréhension de cette remarque.

Il en résulte ainsi par exemple que entre le pion lecture dans $\mathscr{E}_f$ d'une grandeur et le pion lecture dans $\mathscr{E}_f$ de la vitesse d'évolution de cette grandeur, la relation non entière ne sera plus, comme ci-dessus pour $\varepsilon_L$ et v en petits déplacement, une simple dérivation, $v = \dot{\varepsilon}_L$, mais une relation plus complexe, à expliciter de façon autonome. Il s'agira en fait d'une dérivation par *rapport au milieu,* dont nous avons vu la diversité des possibilités et la complexité (Ch **VIII** et **X**). C'est évidemment à ce stade que se posera éventuellement la question du solide suiveur, ainsi que celle de la nature tensorielle précise à attribuer aux pions utilisés. Cette question s'est d'abord posée pour la vitesse de contrainte. Nous en traiterons en **3**.

Une conséquence pratique de ceci est que nous allons être amené dans ce chapitre à pratiquer les lectures multiples des relations (à chaque instant dans l'espace instantané, c'est à dire entre sections d'univers, ou dans un référentiel particulier) présentées au chapitre **I**. Nous serons ainsi souvent amené à sortir de la convention "lecture systématique dans le référentiel de travail $\mathscr{E}_f$ avec suppression de l'indice systématique f", et donc à utiliser les notations plus complètes de Ch **I**.

● C'est le moment d'évoquer le taux de déformation D, qui, au **3**, sera le point de départ de tout. Bien qu'il s'agisse d'un pion caractérisant une vitesse, la vitesse de la déformation, nous sommes contraint de le ranger dans les concepts premiers tant qu'une réponse à notre question fondamentale de **IV-4**, qui n'interviendra qu'en Ch **XIII**, ne le fait pas apparaître comme étant le pion qui, en approche spatiale, représente la vitesse d'évolution d'un état métrique bien identifié. On peut aussi évoquer les relations liant D aux diverses mesures de déformations que nous introduirons en Ch **XX**.

C'est aussi le moment de dire que l'absence de réponse à la question de **IV-4**, ainsi que la mise en retrait des variables-fonctions du temps que permet l'écriture en termes de relations entières en temps, ne facilite pas l'écriture thermodynamique du comportement.

● Nous avons longuement insisté, à cause des difficultés spécifiques au cas des grandes transformations, sur les pions-concepts seconds que constituent les vitesses (matérielles) d'évolution des concepts premiers. Peuvent aussi être considérés comme concepts seconds les variables par lesquelles interviennent à chaque instant l'histoire à cet instant d'un concept initial. Elles participent à la mémoire (actuelle) du matériau. Par exemple, les grandeurs qui, en plasticité avec écrouissage, caractérisent le domaine d'élasticité, sont de ce type. Nous n'insistons pas sur cet aspect qui n'est pas propre aux grandes transformations.

Noter au passage que la dérivée de la fonction du temps modélisant ou représentant un concept n'est (à la rigueur, selon nous) assimilable à un élément de mémoire évanescente, comme cela est parfois annoncé, que dans l'hypothèse où elle est continue et où, donc, elle peut être identifiée à la dérivée à gauche, c'est à dire sur le passé. Ce n'est pas le cas dans les lois dites en taux, qui explicitent le devenir à t +dt connaissant l'état à t, et où les dérivées sont au contraire les dérivées à droite, c'est à dire sur le futur. Les lois d'écoulement en plasticité sont de ce second type.

## 3. LES GRANDEURS DUALES FONDAMENTALES

• Comme les vitesses qui entrent dans sa définition, la puissance d'un système d'efforts se définit par rapport à un référentiel d'espace. Ainsi, il s'agit dans (**VI**-7) de puissances par rapport au référentiel galiléen. Toutefois, compte tenu de la symétrie de $\sigma$, que nous prenons maintenant en compte, seule demeure dans le premier terme de (**VI**-7), qui est la puissance Pi des efforts internes, la part symétrique du gradient des vitesses :

(1) $$\boxed{Pi = \int_\Omega (-\sigma : D) dv = \int_\Omega \mathcal{P}\, dm}$$ avec

$$\boxed{\mathcal{P} = -\tilde{\sigma} : D} \qquad \boxed{\tilde{\sigma} = \frac{\sigma}{\rho}} \qquad \boxed{D = \left(\frac{d\vec{V}}{dM}\right)_S}$$

Il en résulte, D étant objectif, que l'on aurait obtenu la même puissance si l'on avait pris des vitesses par rapport à un référentiel quelconque. On en conclut que :

*La puissance des efforts internes est la même par rapport à tous les référentiels.*

Il ne s'agit pas là simplement d'une heureuse coïncidence. C'est une propriété qui peut être considérée comme une forme prise pour les contraintes internes par la propriété d'action-réaction, les choses fonctionnant d'ailleurs plutôt en sens inverse : ce sont ces propriétés qui, en fait, imposent la symétrie de $\sigma$. Nous passons très vite sur ces propriétés non spécifiques à la mécanique des grandes transformations.

• Sous sa première expression dans (1), la puissance interne apparaît à chaque instant comme étant le produit scalaire, au sens des fonctions de carré sommable définies sur $\Omega$ et à valeurs dans $L_S(E)$, des champs $M \rightarrow D$ et $M \rightarrow \sigma$ dont nous avons dit qu'ils modélisent bien les vitesses de déformation et les contraintes internes dans l'approche spatiale. Exactement comme, dans les termes suivant de (**VI**-7), on a le produit scalaire, toujours au sens des fonctions de carré sommable sur $\Omega$ ou sur $\Gamma$, entre les vitesses de déplacement et les champs $\vec{f}$ ou $\vec{F}$. Cela met en évidence la dualité des grandeurs D et $\sigma$ modélisant localement la vitesse d'évolution du phénomène physique que constitue le processus de déformation et les efforts qu'il met en jeu.

La seconde expression utilise, pour le produit scalaire des champs, la mesure masse au lieu de la mesure volume actuel. Elle fait donc apparaître en chaque point la densité massique $\mathcal{P}$ de puissance des efforts internes, ou *puissance interne spécifique*, dont l'intérêt pour l'écriture du comportement, par exemple par la méthode de l'état local en thermodynamique des milieux continus, est connu. Elle fait aussi apparaître, comme variable duale d'effort associée à la vitesse de déformation D, le tenseur $\tilde{\sigma} = \sigma/\rho = \sigma\tau$, que nous appellerons *tenseur des contraintes de Kirchhoff*.

Comme pour le tenseur P introduit en **VI-3**, cette appellation peut inquiéter car l'on a à nouveau un facteur de nature cinématique entre deux grandeurs $\sigma$ et $\tilde{\sigma}$ appelées contraintes. La situation est toutefois beaucoup moins inquiétante ici car ce facteur n'est que le scalaire $\tau$ qui n'affecte pas les directions principales. Celles de $\tilde{\sigma}$ ont donc en ce qui concerne les efforts internes les mêmes vertus que celles de $\sigma$, et seule l'interprétation de ses valeurs propres en termes de contraintes est moins évidente. Par ailleurs, ce facteur $\tau$ ne dépend nullement d'une quelconque configuration de référence[1].

Noter aussi qu'en cas de petite déformation, et a fortiori en cas de petits déplacements, J est équivalent à 1 et les tenseurs de Cauchy et de Kirchhoff, ainsi d'ailleurs que P, sont équivalents.

● Malgré la moindre évidence physique qu'il semble présenter par rapport à $\sigma$,

> *C'est le tenseur de Kirchhoff $\tilde{\sigma}$ que nous considérerons comme étant la grandeur spatiale d'efforts internes duale de D au point considéré.*

Donnons ici quelques arguments en faveur de ce choix dont la justesse sera confirmée ultérieurement. Le premier, tout simple mais d'importance, est que $\sigma$ est déjà lui même une grandeur hybride puisque donnant par (**VI**-1) des forces par unité de surface actuelle. Il n'est donc pas a priori meilleur que $\tilde{\sigma}$ sur ce plan. Le second résulte de la priorité à donner aux approches matérielles de ces questions, dont nous avons déjà souligné la nécessité : à défaut, pour l'instant, de travailler dans le modèle matière, il est bon de favoriser la mesure matérielle masse, au détriment de la mesure spatiale volume actuel. Noter au passage que la variable $\tau$, volume spécifique, prend ainsi le pas sur son inverse $\rho$, masse volumique.

Un troisième argument, tout à fait essentiel, est que $\mathcal{P}$ apparaît comme étant la puissance interne au cours du temps d'un corps simple (nous entendons par là homogène et n'échangeant pas de matière avec l'extérieur) de masse unité qui serait à chaque instant dans le même état que le milieu au point considéré, ce qui ouvre la porte à l'écriture du comportement par la méthode de l'état thermodynamique local. Par opposition, le produit $\sigma : D$ aurait fait appel à un corps homogène de volume unité, donc contraint, en grandes transformations, à un échange de matière avec l'extérieur au cours du temps. Derrière le classique élément de volume des petits déplacements, où les deux voies sont équivalentes puisque $\rho$ est alors, au premier ordre, constant en chaque point du milieu, c'est en fait l'élément matériel qu'il représente, et non l'élément d'espace, qui est considéré, et ceci est tout à fait en accord avec le second point de **1**. Sa généralisation aux grands déplacements est un élément matériel, d'ailleurs identifiable au corps simple évoqué ci dessus en choisissant l'unité de masse assez petite pour qu'il puisse être considéré comme homogène.

Un dernier argument résulte des considérations de la fin de **VIII-5** qui font apparaître $\tilde{\sigma}$ comme étant le simple-élément associé au masse-élément que serait $\sigma$, et donc comme un élément *de même statut mathématique que D* (seule la dimension physique diffère). Il est donc mieux adapté que $\sigma$ pour représenter la forme linéaire puissance des efforts internes sous forme d'un produit scalaire *interne*. Et c'est le moment d'insister sur le fait que, bien que nous utilisions l'expression consacrée de grandeurs *duales*, nous

---

[1] Lorsque l'on utilise une configuration de référence, c'est $\rho_r\sigma/\rho$, égal à $J\sigma$, qui est en fait appelé tenseur des contraintes de Khirchhoff; il ne diffère de $\tilde{\sigma}$ que par le facteur $\rho_r$ qui certes dépend de la configuration de référence, mais qui pour l'écriture locale du comportement est une constante inoffensive.

utilisons ici la métrique de l'Espace pour exprimer $\mathcal{P}$ sous forme d'un produit scalaire interne : $\tilde{\sigma}$ est dans le même espace, euclidien, que D, et non dans son dual.

● Deux remarques encore, et presque deux arguments supplémentaires. La première est que l'on aurait pu envisager de "sacrifier" D au lieu de $\sigma$ et interpréter $\mathcal{P}$ comme étant le produit de $\sigma$ par $D/\rho$ (sans compter une infinité de gradations possibles entre D et $\sigma$). Mais nous n'avons pas réussi, loin s'en faut, à mettre en évidence, pour la nouvelle variable de vitesse de déformation $D/\rho$ que cela aurait introduite, des propriétés aussi démonstratives de sa qualification à modéliser la vitesse de déformation que celles que nous mettrons en évidence pour D au prochain chapitre. Et puis, cela aurait fait intervenir la masse trois fois: dans les masse-éléments $\sigma$ et $D/\rho$ , et dans la mesure dm.

La seconde est que, en petits déplacements, l'utilisation de $\tilde{\sigma}$ au lieu de $\sigma$ conduit à écrire la loi élastique linéaire sous la forme $\tilde{\sigma} = (\rho^{-1}C)\varepsilon_L$, où C désigne le tenseur de Hooke. Or, c'est précisément le tenseur $\rho^{-1}C$, de dimension le carré d'une vitesse, qui intervient dans l'étude des ondes élastiques.

## 4. LA VITESSE DE CONTRAINTE

● Le choix d'un pion, que nous notons ici $\Delta\tilde{\sigma}$, représentant la vitesse d'évolution de l'état de contrainte du milieu au point considéré, est un point qui a été, et qui est encore, objet de controverse. Dans les premières écritures de l'hypoélasticité en MGT, on a vu prendre tout simplement la dérivée du tenseur des contraintes de Cauchy dans le référentiel de travail. Il s'agissait bien sûr d'une erreur grossière, au demeurant vite corrigée, car ce qui intervient dans le comportement, c'est la vitesse avec laquelle le corps matériel voit son état de contrainte évoluer, et en fonction de laquelle il réagira éventuellement. Ce n'est pas la vitesse avec laquelle tel référentiel d'observation, indépendant du mouvement du milieu, par exemple le référentiel galiléen pris comme référentiel de travail, voit évoluer cette contrainte. Il s'agit donc d'une vitesse *par rapport au milieu continu*, question que nous avons traitée en **P2** où plusieurs possibilités nous ont été offertes.

● Nous référant au chapitre **VIII**, où nous avons d'ailleurs évoqué les contraintes (en **VIII-5** et **6**), on peut par exemple arguer de ce que $\tilde{\sigma}$ est, comme D, dans L(E) pour choisir pour $\Delta\tilde{\sigma}$ sa dérivée convective (première) (**VIII**-6-1). Mais on peut aussi voir en lui une modélisation hyper-euclidienne, c'est à dire le $\overset{e}{x} \in L(E)$ d'un x qui pourrait être $g\tilde{\sigma}$, $\tilde{\sigma}g^{-1}$ ou $g\tilde{\sigma}g^{-1}$, et choisir une dérivée convective seconde (**VIII**-8), avec, comme nous l'avons montré à propos de $\sigma$ en **VIII-5** et **6**, des arguments sérieux pour deux d'entre elles, ce qui est évidemment une de trop !

Ces dérivées convectives ont l'avantage de correspondre chacune à, et donc de suggérer, une modélisation matérielle des contraintes par un $\tilde{\sigma}_0$ qui a une nature tensorielle (affine) précise et que l'on dérive pour obtenir la vitesse de contrainte. Leur inconvénient est que les arguments manquent pour choisir parmi les quatre possibilités.

Mais on peut aussi envisager que D, donc aussi $\sigma$ et $\tilde{\sigma}$, définis comme étant des éléments de $L_S(E)$, ne dissimulent pas des tenseurs affines par modélisation hyper-euclidienne, mais des tenseurs *euclidiens* par identification de E* à E, auquel cas ce serait vers les dérivées matérielles de tenseurs euclidiens définies en Ch **X** qu'il faudrait s'orienter. Rappelons qu'il s'agit des dérivées par rapport à un référentiel suiveur convenablement choisi, avec une nette préférence pour le référentiel corotationnel.

● Un autre angle d'attaque consiste à penser en termes de *variables* spatiales (**II-2**). L'analyse du **3** était relative à un instant donné. Considérons maintenant les choses au cours du temps, dans l'esprit et avec les notations de **I**, de **II-1** et de la fin de **VI-2**. Le produit scalaire $\tilde{\sigma}$:D est initialement intervenu, en (**VI**-7), en travaillant dans le référentiel galiléen, donc sous la forme $\mathcal{P} = \tilde{\sigma}_g:D_g$ du produit scalaire des positions (ou lectures) de $\tilde{\sigma}$ et D dans ce référentiel. Mais il est aussi égal au produit scalaire $\tilde{\sigma}_i:D_i$ de leurs positions dans un référentiel d'Espace $\mathcal{E}_i$ quelconque. On a donc le choix du référentiel de lecture, qui toutefois doit être le même pour les deux facteurs, pour tenter de faire apparaître dans $\mathcal{P}$ des *variables* physiquement significatives.

Ayant conclu en **IV-5** que c'était en lisant D dans le corotationnel que l'on obtenait une variable modélisant bien le phénomène physique vitesse de déformation dans sa durée, la logique de cette conclusion implique que :

> *C'est par leur lecture dans le référentiel corotationnel (et toujours à $M_0$ fixé) que les tenseurs des contraintes* σ et $\tilde{\sigma}$ *fournissent des variables spatiales représentant correctement l'état de contrainte évolutif du milieu au point considéré.*

Ceci implique logiquement que l'on aura une bonne grandeur pour modéliser à chaque instant la vitesse d'évolution de l'état de contrainte en un point en dérivant ces tenseurs par rapport au référentiel corotationnel (en tant que simple-élément pour ce qui est de $\tilde{\sigma}$, et en tant que masse-élément pour ce qui est de σ). On débouche donc sur une conclusion tout à fait en accord avec la dernière du point précédent, qui voit dans D, σ et $\tilde{\sigma}$ des tenseurs euclidiens et dans le corotationnel un bon solide suiveur.

● La nature euclidienne sera confirmée au prochain chapitre pour D et donc ipso facto pour σ et $\tilde{\sigma}$. Nous la privilégierons donc dans les exemples que nous présentons dans la suite de ce chapitre. Par contre, les approches matérielles classiques (Ch **XX**) privilégierons plutôt des interprétations affines pour ces tenseurs.

En tant que *solide suiveur*, le corotationnel, qui semble ici s'imposer, a toutefois des défauts et même des détracteurs (**IV-3**, et **5** ci après). En outre, défini au cours d'un trajet de déformation, il est hors jeu en statique. Nous ne devons donc pas abandonner l'idée, suivant en cela la seconde approche développée en Ch **X**, de lire et de dériver les contraintes par rapport à d'autres référentiels estimés proches de la matière, comme par exemple le référentiel en rotation propre après choix d'une position de référence.

● Ce qui vient d'être dit à propos de la contrainte actuelle vaut aussi, évidemment, pour les grandeurs du même type comme par exemple, en plasticité avec écrouissage cinématique, la contrainte centre du domaine élastique (en contraintes). Mais, à l'exception de la priorité donnée à l'hypothèse tenseur euclidien qui est spécifique à D, σ et $\tilde{\sigma}$, cela vaut aussi pour des grandeurs d'un autre type. Les choix retenus pour les diverses grandeurs dont la vitesse est à considérer n'ont pas à être a priori identiques. Comme le cas des contraintes l'a montré, les questions à prendre en compte pour chacune sont la nature tensorielle à privilégier pour la grandeur considérée, ainsi que le référentiel dans lequel on estime que la grandeur doit être lue pour obtenir une variable physiquement significative (Ch **II**).

Deux remarques pour terminer. D'abord, nous avons fondé et argumentés notre recherche d'une vitesse de contrainte sur des considérations intrinsèques qui ne risquaient pas de dépendre subrepticement du référentiel de travail utilisé. Il n'en va pas de même dans la littérature, et de nombreux auteurs se protègent de ce danger en s'assurant que la "loi de dérivation" à laquelle ils font appel est une *dérivée objective*. Il faut entendre par là qu'elle ne dépend pas du référentiel de travail utilisé, et donc qu'elle transforme une grandeur objective en une grandeur objective (Ch **II**). Ensuite, avec ces "dérivées" qui ne sont pas des dérivées, de fonctions du temps qui ne sont pas les bonnes variables, nous sommes en plein dans le jeu de miroirs que constitue le traitement spatial du comportement. Nous tenterons d'en sortir au **7**, avec des grandeurs tournées $\Omega_r$-matérielles.

## 5. LE RÉFÉRENTIEL SUIVEUR

La logique de notre démarche, les arguments que nous développerons dans les prochains chapitres, nous amèneront à privilégier le référentiel corotationnel comme solide suiveur au point considéré, par rapport auquel tout ce qui est tenseur euclidien, à commencer par les contraintes, doit être dérivé pour avoir une grandeur représentant la vitesse d'évolution du phénomène du point de vue du matériau. Or, nous l'avons dit, ce point est controversé, avec de plus ou moins bons arguments, et l'intérêt et la nécessité d'une autre dérivée "en rotation", c'est à dire par rapport à un autre solide suiveur à déterminer et à justifier, ont été soulignés. Il convient donc que nous précisions notre position sur ce point.

● Tout d'abord, l'entrée en force du corotationnel sera la conséquence logique de la modélisation cinématique, laquelle a été fondée sur une hypothèse de continuité idéale du milieu. Avec D, issu du gradient L des vitesses où l'on compare les vitesses en des points de plus en plus voisins, cette continuité est exploitée dans son extrême, là où l'on sait très bien qu'elle n'est physiquement plus réaliste. Il en résulte que le corotationnel peut être contesté dans le rôle de référentiel localement lié à la matière, celle-ci pouvant être freinée dans ses rotations par sa micro-structure locale, qui existe même si le modèle ne la prend pas en compte. On notera au passage que ceci remet aussi D en cause...

Ces remarques valent surtout pour les solides (la fluidité des... fluides, leur manque de cohésion, fait que l'hypothèse de continuité y est mieux respectée, tant bien sûr que n'apparaît pas l'instabilité des écoulements et la turbulence), et pour des processus de déformation qui, trop systématiquement uniformes ou insuffisamment variés, font particulièrement ressortir ce défaut. Le cisaillement simple longuement poursuivi dans une direction, en est une illustration. C'est d'ailleurs sur cette cinématique particulière que la contestation du suiveur corotationnel s'est illustrée [Nagtegal, de Jonc, 1981] [Lee, Mallet et Wertheimer, 1981 et 1983] [Dafalias 1983]. Il faut toutefois relativiser les conclusions tirées de cet exemple car, comme nous le montrons dans l'annexe **A**, c'est déjà la cinématique en elle-même qui y est paradoxale et tout à fait irréaliste.

● S'il est aisé de s'accorder sur les critiques qui peuvent être adressées au suiveur corotationnel, les remèdes sont plus difficiles à mettre en oeuvre. L'utilisation d'un autre référentiel devra être justifiée physiquement. En approche spatiale il s'introduira comme référentiel en rotation par rapport au référentiel de travail, mais avec un taux de rotation différent de celui **Ω** du milieu, tandis que dans l'approche matérielle il sera introduit en rotation par rapport au corotationnel défini par le trajet de déformation (**IX-6**), et la dérivée par rapport à lui sera du type (**X**-10).

Dans les approches ne tentant pas la prise en compte de la microstructure, le principal concurrent du corotationnel dans le rôle de solide suiveur est le référentiel en rotation propre. Nous avons vu qu'il utilise dans sa définition une configuration de référence dont il dépend, et qu'il est d'un type géométrique, et non cinématique, qui nous sera nécessaire en élasticité. C'est aussi le seul que nous ayons à présenter.

Tout candidat devra au moins être objectif, mais cette condition ne saurait suffire. Par exemple, le référentiel objectif défini par la base OND des directions propres de D proposé en [Gilormini, 1994)] ne saurait à notre sens convenir, ce que ne revendique d'ailleurs pas l'auteur. En effet, avec un tel suiveur, il suffirait que les taux de déformation principaux soient constants pour que D soit constant dans le référentiel suiveur, et donc pour que la vitesse de déformation soit déclarée constante par rapport au milieu alors même que ses directions principales matérielles (c'est à dire les positions sur la matière de ses directions principales) pourraient évoluer librement.

● Moins simplistes, mais aussi hélas moins simples, les approches modélisant la microstructure sont évidemment susceptibles de suggérer d'autres solutions au niveau macroscopique. Mais il faut signaler que la problématique est alors plus complexe. Il convient en effet de distinguer le milieu continu, sorte de trame générale constituant la vision macroscopique, et en chaque point une microstructure qui, sans être complètement autonome, ne se réduit pas à la vision différentielle de la trame, même améliorée par la prise en compte des tranches à coté des segments. C'est donc, en chaque point, deux milieux locaux en mouvement relatif qui sont à considérer

Par exemple, dans le cas du monocristal, la contrainte, reliée à une déformation élastique par la loi de Hooke, est manifestement une affaire qui concerne le cristal, c'est à dire la microstructure. Le référentiel suiveur vers lequel il faut alors s'orienter sera plutôt un suiveur du réseau cristallin et non du milieu lui-même. Pour dériver les contraintes en vue de traduire une éventuelle viscoélasticité du cristal (physiquement peu réaliste), cela semble mettre hors course le référentiel corotationnel du milieu au profit du corotationnel de la microstructure. Mais pour traduire une éventuelle viscoplasticité ?

Dans cet exemple du monocristal, le réseau cristallin est constitutif du modèle matière pour la micro-structure cristalline. Il se déforme élastiquement et donc il ne constitue pas un solide suiveur. Mais il se déforme peu et donc il peut, comme le référentiel de travail en petits déplacement, jouer un double rôle de référentiel suiveur et de modèle matière pour le réseau cristallin. C'est par exemple dans cet esprit qu'il est utilisé en [Forest 1995].

Dans le cas du polycristal, les choses sont moins évidentes. Le rôle du réseau cristallin unique y est repris par un trièdre directeur, dont on peut penser que le taux de rotation est une moyenne pondérée des taux de rotations des trièdres directeurs des divers grains dans le voisinage du point considéré [Mandel 1971 et 1982]. Mais l'évidence physique de ce référentiel est loin d'être aussi forte que celle des réseaux cristallins eux mêmes. Ou bien on approche le comportement en s'appuyant sur une étude statistique d'un certain nombre de grains en chaque point [Lipinski, Krier, Berveiller, 1990], et le comportement est alors écrit pour chaque grain muni de son réseau, le trièdre moyen n'ayant plus qu'un éventuel intérêt technique sur le plan calculatoire pour moyenner les comportements des grains. Ou cela n'est pas fait, et l'on peut alors s'interroger sur la façon dont il faut s'y prendre, d'une part pour exprimer un comportement global dans le référentiel moyen, et d'autre part pour postuler la loi d'évolution de ce dernier (spin plastique). Mais il s'agit là d'un point de recherche actuel sur lequel un non spécialiste serait bien téméraire d'avoir des avis définitifs.

## 6. EXEMPLES DE COMPORTEMENTS ISOTROPES

● **Exemple 1**. L'exemple de comportement le plus simple que l'on puisse envisager est celui où l'état de contrainte en un point, modélisé par $\tilde{\sigma}$, serait sphérique et invariant :

$$\text{(2)} \qquad \boxed{\tilde{\sigma} = -k 1_E} \qquad (= -K\, 1_E/\sqrt{3}), \quad k = \text{cste} > 0, \quad K = k\sqrt{3}$$

(l'écriture avec K a l'intérêt de faire apparaître le tenseur sphérique normé $1_E/\sqrt{3}$).

Dans ce comportement, la puissance spécifique interne est (**M8**) (**V** 29 et 30) :

$$\text{(3)} \qquad \mathcal{P} = -\tilde{\sigma} : D = k\mathrm{Tr}D = k\dot{\tau}\tau^{-1} = \frac{d}{dt} k\mathrm{Ln}(\tau/\tau_r) = \frac{d}{dt} K\nu$$

et donc dérive d'un potentiel énergie interne fonction de la variable d'état métrique $\tau$, ce qui nous permettra de le ranger dans le cadre des comportement élastiques.

Ce comportement est celui des *gaz parfaits isothermes*. Relèvent de ce modèle les gaz très raréfiés, pour lesquels un changement de volume ne modifie pas qualitativement la perception que chaque particule a de ses voisines. C'est cette constance, cette absence d'effet d'échelle, que traduit la constance de $\tilde{\sigma}$. On notera que, à un facteur multiplicatif constant K près, inévitable ne serait-ce que pour des questions de dimension physique et que l'on reliera au choix des unités, l'énergie interne spécifique n'est autre que l'opposé de la variable $\nu$, définie à une constante additive près, introduite en (**V**-30) et dont la pertinence dans la modélisation de l'état métrique a été alors signalée.

**Exemple 2**. Le modèle qui précède entre dans le cadre plus général des *fluides parfaits barotropes*, dont le comportement, lui aussi élastique, s'écrit

(4) $\boxed{\tilde{\sigma} = - g(\tau)\, 1_E}$, $\mathcal{P} = - \tilde{\sigma} : D = g(\tau)\mathrm{Tr}D = g(\tau)\dot{\tau}\tau^{-1} = \frac{d}{dt} h(\tau)$

où g est une fonction scalaire et $h(\tau)$ est une primitive de la pression $g(\tau)\tau^{-1}$ exprimée en fonction de $\tau$, et qui lui même est un cas particulier du modèle plus général qui suit.

**Exemple 3**. Dans les *fluides élastovisqueux*, on suppose que les contraintes internes sont la somme de deux types d'efforts, résultant de deux phénomènes physiques qui se juxtaposent sur une même cinématique : des contraintes élastiques du type (4-1) et des contraintes de frottement visqueux. Leur comportement s'écrit

(5) $\tilde{\sigma} = \tilde{\sigma}_e + \tilde{\sigma}_v$ , $\tilde{\sigma}_e = - g(\tau)\, 1_E$, $\tilde{\sigma}_v = f(D)$

où, pour des raisons qui s'éclairciront en **7** et **8**, f est une application *isotrope* de $L_S(E)$ dans lui même, éventuellement fonction du volume spécifique $\tau$, prenant donc lorsqu'elle est linéaire (fluides newtoniens) la forme

$$f(D) = \lambda \mathrm{Tr}D\, 1_E + 2\mu D,$$

où $\lambda$ et $\mu$ sont des scalaires éventuellement fonction de $\tau$.

[● La notion d'application isotrope est supposée connue. Nous ne lui consacrerons pas une annexe mathématique, mais nous en donnerons dans le prochain paragraphe quelques éclairages rarement explicités. Rappelons simplement ici que, sur un plan purement formel, les applications isotropes dans un espace vectoriel euclidien E sont celles qui commutent avec $\overset{*}{R}$ pour toute rotation R,

(6-1) $(\forall R, \text{rotation de } E) \quad f(\overset{*}{R}.) = \overset{*}{R} f(.)$ ,

Par exemple, pour une application h de $L_S(E)$ dans R et une application f de $L_S(E)$ dans lui-même, cette commutation se traduit respectivement par

(6-2) $(\forall \tilde{\sigma} \in L_S(E)) \quad h(R\tilde{\sigma}R^{-1}) = h(\tilde{\sigma}) \quad \text{et} \quad f(R\tilde{\sigma}R^{-1}) = R f(\tilde{\sigma}) R^{-1}$

On montre [Wang 1969,70 et 71] [Smith 1970 et 71] qu'elles admettent des formes réduites bien connues telles que, pour les exemples qui précèdent :

(7) $h(X) = \alpha(X^{I}, X^{II}, X^{III})$

$$f(X) = \alpha_0(X^{I}, X^{II}, X^{III})\, 1_E + \alpha_1(X^{I}, X^{II}, X^{III})X + \alpha_2(X^{I}, X^{II}, X^{III})X^2$$

où les $X^{I}$, $X^{II}$, $X^{III}$ sont un jeu d'invariants de X (par exemple $X^{I} = \mathrm{Tr}X$, $X^{II} = X{:}X$ et $X^{III} = \mathrm{Dét}\, X$), et où $\alpha$ et les $\alpha_k$ sont des applications quelconques de $R^3$ dans R. Noter aussi que compte tenu du théorème de Cayley-Hamilton - qui dit que, en notant $P_X(\lambda)$ le polynôme caractéristique $\mathrm{Dét}(X-\lambda 1_E)$ de $X \in L(E)$, on a $P_X(X) = 0$ pour tout $X \in L(E)$ - ces applications sont susceptibles de se présenter sous une infinité d'autres formes]

● Dans les exemples qui précèdent, nous n'avons pas posé la question de savoir dans quel référentiel les relations écrites, et en particulier (2), (4-1) et (5), doivent être lues. Cette attitude se justifie en remarquant qu'il s'agit de relations entières entre valeurs actuelles, et donc que l'on peut les considérer à chaque instant dans l'espace instantané sans rechercher un suivi dans le temps : nous avons pratiqué les pions tenseurs en mouvement sur l'échiquier univers.

Mais il n'est pas interdit malgré tout de se préoccuper du suivi en temps. Pour (2) et (4), lois de fluides parfaits, les lectures dans tous les référentiels peuvent paraître strictement équivalentes : elles fournissent toutes l'image d'une grandeur $\tilde{\sigma}_i$ à priori variable dans un $L_S(E_i)$, à laquelle on impose de rester égale à - $g(\tau)$ fois l'élément unité $1_{Ei}$. Mais pour (5), où $\tilde{\sigma}$ n'est plus sphériques, et aussi concernant D pour toutes, elles relèvent des quelques remarques qui suivent.

Utilisons la représentation (7-2), et notons $f_i$ les diverses applications (7-2) obtenues dans les différentes feuilles référentiel $E_i$ *pour un jeu donné d'applications* $\alpha_k$. Ce dernier point est important : il fait que les $f_i$ sont les décalques instantanées les unes des autres, $f_i = \overset{*}{I}_{ji}\, f_i$, et donc que, tous les $X_i$ ayant mêmes invariants, si

(8) $$\tilde{\sigma}_i = -\, g(\tau)\, 1_{Ei} + f_i(D_i)$$

est vérifiée pour un i particulier (en pratique, celui du référentiel de travail dans lequel on l'écrit) elle l'est aussi pour tout autre (celui d'un autre référentiel de travail où l'on aurait pu l'écrire). Les différents $D_i$ d'un coté, et les différents $\tilde{\sigma}_i$ de l'autre, exhiberont les mêmes valeurs propres, c'est à dire les mêmes taux de déformation principaux et les même contraintes principales, au cours du temps. Mais l'intensité de la rotation dans un $E_i$ des directions propres communes à $D_i$ et à $\tilde{\sigma}_i$ dépendra de i, et celle constatée dans le référentiel de travail n'a aucune raison de décrire celle que voit le matériau.

Le comportement est certes correctement exprimé en lisant comme il est classique les lois telles que (5-1) dans le référentiel de travail, mais, nous l'avons déjà dit au **1** et nous le répétons tant ce point est curieusement toujours passé sous silence, il l'est par des lois portant sur des *variables*, à savoir $\tilde{\sigma}$ et D lus dans le référentiel de travail, *dont une partie seulement de l'évolution peut prétendre modéliser, partiellement, l'évolution au cours du temps des contraintes et de la vitesse de déformation vus par le matériau.*

● **Exemple 4**. Toutes les lois qui précèdent sont des lois de comportement de fluides. Les fluides subissent certes de grandes transformations... mais la mécanique des grandes transformations que nous développons ne présente aucun intérêt pour eux! En fluide, on se préoccupe en effet très peu, voire pas du tout, de suivre le milieu pour ce qui est d'écrire le comportement. Avec le comportement *hypoélastique linéaire isotrope* que nous présentons maintenant, nous quittons les fluides.

Après choix d'un représentant $\Delta\tilde{\sigma}$ pour la vitesse de contrainte, ce comportement se traduit par une relation entière linéaire isotrope entre cette vitesse et D, donc de la forme :

(9) $$\Delta\tilde{\sigma} = \lambda \mathrm{Tr} D\, 1_E + 2\mu D,$$

où $\lambda$ et $\mu$ sont des scalaires constants ou fonction de $\tau$. Comme pour les exemples précédents, on a le loisir de lire cette loi *entière* en temps dans le référentiel que l'on veut. La nouveauté se situe dans la nécessité de choisir le pion $\Delta\tilde{\sigma}$ pour la vitesse de contrainte, ce qui, nous l'avons vu en **3**, peut parfaitement poser la question de savoir dans quel référentiel les contraintes doivent être lues. Le comportement est donc ici défini par (9) complété par la relation, *non entière en temps*, reliant $\Delta\tilde{\sigma}$ à l'évolution de $\tilde{\sigma}$, définissant $\Delta\tilde{\sigma}$, et il ne pourra être qualifié d'isotrope que si cette relation l'est.

Avec cet exemple, on voit apparaître un premier comportement se décomposant en d'une part des lois entières (algébriques) entre les valeurs à t des représentants des différents concepts, qui lorsqu'elles sont isotropes ne nécessitent pas de se préoccuper du référentiel dans lequel on effectue la lecture de ces représentants, et des lois non entières en temps, qui, au moins pour leur élaboration, ne pourront échapper à cette préoccupation.

## 7. ISOTROPIE

Faisons quelques remarques concernant les applications isotropes.

● Remarquons d'abord que dans l'équivalence des lectures de (2) dans les divers référentiels, le fait que $1_E$ soit constant dans tous les référentiels (**I-5.1**) est évidemment essentiel. Compte tenu en particulier de (**I**-17-3), cette propriété est en liaison directe avec le fait que, dan E euclidien, $1_E$ est un élément isotrope. Il est en effet évident que, en tant qu'application de E dans E, il vérifie la forme

(10) $(\forall R$, rotation de E$)$ $[\ f(R.) = Rf(.)\quad (\Leftrightarrow (\forall \vec{U} \in E)\qquad f(R\vec{U}) = Rf(\vec{U})\ )]$

prise par la caractérisation (6-1) de l'isotropie pour ce type d'applications.[D'une façon générale, les applications isotropes de E dans E, non nécessairement linéaires comme $1_E$, sont les applications de la forme

(11) $$\vec{U} \rightarrow f(\vec{U}) = \alpha(\|\vec{U}\|)\,\vec{U}$$

où $\alpha$ est une fonction scalaire quelconque. Pour s'en assurer, on peut vérifier d'abord que si $f{:}E\rightarrow E$ est isotrope, $\vec{U}\wedge f(\vec{U})$ est à la fois orthogonal à $\vec{U}$ pour tout $\vec{U}$ et fonction isotrope de $\vec{U}$, donc est identiquement nul. Il s'en suit que $f(\vec{U})$ est parallèle à $\vec{U}$, et le résultat vient de ce que les fonctions scalaires de $\vec{U}$ isotropes sont les $\alpha(\|\vec{U}\|)$].

● Dans la vision classique "tout dans le référentiel de travail", les autres référentiels sont perçus par le biais de rotations dans ce référentiel de travail, lesquelles sont aussi la cheville ouvrière de la caractérisation (6) des fonctions isotropes. Essayons d'éclaircir le lien pouvant exister entre les applications isotropes et les changements de référentiel.

La propriété selon laquelle (8) est vérifiée pour tout i ssi elle l'est pour un i, traduit le fait que, tels qu'ils ont été construits (avec un même jeu de $\alpha_k$) les $f_i$ sont homologues dans les isométries-décalques $I_{ij}$ entre les feuilles référentiels. C'est là une propriété forte, car les $f_i$ sont indépendants du temps alors que les $I_{ij}$ en dépendent. En fait :

**Théorème**

*Soit, dans la feuille de travail* $E_f$, g *une application de* $E_f$ *dans* R, *ou de* $E_f$ *dans* $E_f$, *ou de* $L(E_f)$ *dans* R, *dans* $E_f$ *ou dans* $L(E_f)$, *etc., indépendante du temps, et soit* $g_i^t$ *sa transportée dans la feuille-référentiel* $E_i$ *par* $I_{if}$ *à l'instant* t. *L'application* $g_i^t$ *est indépendante du temps si et seulement si* g *est isotrope.*

**Preuve**. Traitons le cas g: $E_f \to E_f$, les autres cas se démontrant de la même façon. Utilisant un instant de référence r et l'homologue pour les vecteurs de (**I**-11),

$$(12) \qquad I_{fi} = (R_{i|f})_f J_{fi}$$

avec pour jeu $J_{ij}$ le jeu $I_{ij}$ à l'instant de référence, l'application $g_i^f$ s'écrit :

$$(\forall \vec{U}_i \in E_i) \qquad g_i^f(\vec{U}_i) = I_{fi}^{-1} g(I_{fi} \vec{U}_i) = J_{fi}^{-1} (R_{i|f})_f^{-1} \; g((R_{i|f})_f J_{fi} \vec{U}_i),$$

et l'on vérifie qu'elle est égale à $g_i^f$, donc constante, pour tout i ssi g est isotrope ■

Une conséquence évidente est qu'une loi de comportement qui, dans un référentiel, s'écrirait par exemple $\tilde{\sigma}_i = g(D_i)$ avec g non isotrope, serait du type $\tilde{\sigma}_j = h(t, D_j)$ dans un autre, c'est à dire ferait intervenir explicitement le temps.

● Une autre caractéristique des applications isotropes, dans un espace euclidien E, est que leur graphe est invariant dans toute rotation de E. C'est ce qu'exprime par exemple (10) pour les applications de E dans E ((10) exprime que si $\vec{V} = f(\vec{U})$, alors $R\vec{V} = f(R\vec{U})$), mais aussi plus généralement (6-1).

Cet aspect des choses est classiquement exploité en voyant dans les éléments de la feuille référentiel (vectoriel) E, pas seulement des segments spatiaux, mais aussi les positions des segments matériels au point considéré. Faire "tourner E" correspond alors à envisager une autre position du voisinage du point considéré, se déduisant de la première par simple rotation c'est à dire sans déformation. L'invariance du graphe de l'application f de (5) signifie alors que si un couple de tenseur $(\tilde{\sigma}_v, D)$ satisfait la loi de comportement pour le milieu dans la position actuelle, il la satisferait aussi si le milieu occupait n'importe quelle position s'en déduisant par rotation. Cela exprime que ces rotations ne modifient pas ce que voit l'Espace, donc que les propriétés mécaniques du matériau sont les mêmes dans toute direction et donc qu'il est isotrope.

Nous n'insistons pas sur ces considérations, qu'il conviendrait d'aborder dans le cadre plus général de l'étude des *groupes de symétrie* des matériaux, car elles sont déjà classiques en petites transformations. Signalons simplement ici, car nous n'y reviendrons pas, que, comme tout ce qui concerne le comportement, l'étude des groupes de symétrie se fait plus naturellement dans l'approche matérielle. Aux rotations du référentiel d'Espace E se substitueront, par l'isométrie a, les rotations de $E_0 = (T_0, \gamma)$. Et le propre des fluides, dont nous venons de donner les principaux comportements, étant d'avoir un comportement isotrope dans toute configuration, donc quel que soit son état métrique caractérisé par $\gamma$, leur groupe de symétrie matérielle sera la réunion des groupes des rotations des $E_0$ pour tous les $\gamma$. Il s'agit du groupe des endomorphismes de $T_0$ de déterminant égal à 1 (groupe unimodulaire), qui est exactement l'ensemble des endo-isomorphismes de l'espace vectoriel *mesuré*, à savoir $T_0$ doté de la trois-forme masse, qui modélise localement un milieu continu [Rougée 1980]. C'est donc le groupe maximal envisageable.

● Revenons aux rotations de E, et non des positions du milieu. Ce sont les isomorphismes de la structure mathématique d'espace vectoriel euclidien (orienté) qui modélise localement l'Espace, lequel, soit dit en passant, est isotrope. Il en résulte que, de par leur caractérisation (6-1) :

> *Les applications isotropes sont exactement les applications* f *que l'on est en mesure de spécifier en n'utilisant que les ingrédients caractérisant et définissant la structure mathématique d'espace vectoriel euclidien, à l'exclusion de tout ingrédient non intrinsèque à cette structure.*

Explicitons ceci sur le cas le plus simple, celui des applications de E dan R. Pour se donner une application f de ce type, quelconque, il faut par exemple choisir une base de E orthonormée ( $\vec{b}_1$, $\vec{b}_2$, $\vec{b}_3$), dans laquelle on note $U^i$ les composantes d'un élément $\vec{U}$ de E, et expliciter f sous la forme

$$f(\vec{U}) = F(U^1,U^2,U^3) = F(\vec{U}.\vec{b}_1,\ \vec{U}.\vec{b}_2,\ \vec{U}.\vec{b}_3) = g(\vec{U},\ \vec{b}_1,\ \vec{b}_2,\ \vec{b}_3) \tag{13}$$

où F est une application quelconque de $R^3$ dans R. Les ingrédients intervenant dans cette explicitation sont une fonction de variables scalaires F, le produit scalaire dans E, mais aussi les vecteurs constituant la base, lesquels n'ont rien à voir avec les ingrédients intervenant dans l'axiomatique des espaces euclidiens. Alors qu'il n'est pas besoin d'avoir recours à de tels éléments géométriques non intrinsèques pour spécifier les fonctions isotropes puisqu'elles sont de la forme $\alpha(\|\vec{U}\|)$. En définitive :

> *En approche spatiale, l'échiquier utilisé pour traduire le comportement est l'algèbre tensorielle des espaces euclidiens qui modélisent l'Espace, et qui sont de ce type précisément parce que l'Espace est isotrope. Et les lois et relations que l'on écrira dans cet échiquier entre les différents pions, ne pouvant utiliser que la structure mathématique de l'échiquier, ne pourront être qu'isotropes.*

## 8. ET ANISOTROPIE

Est-ce à dire qu'en approche spatiale, ne pouvant écrire que des relations isotropes, on ne peut traduire que des comportements isotropes ? Evidemment non.

● Imaginons par exemple une loi physique, de comportement ou autre, prétendument entre deux variables $\vec{U}\in E$ et $x\in R$, qui s'écrirait sous la forme $x = f(\vec{U})$ avec f de la forme non isotrope (13). Elle amènerait immédiatement à s'interroger sur la signification physique des ingrédients $\vec{b}_i$ entrant dans son écriture. Si la loi est physiquement correcte, ceux-ci apparaîtront alors comme physiquement significatifs et désignant les (ou reliés aux) ingrédients constitutifs de l'anisotropie pour le phénomène modélisé. Dans notre image d'échiquier et de pions, ce seront donc des pions à part entière, et la loi cessera de se lire sous la forme $x = f(\vec{U})$ au profit de la forme $x = g(\vec{U},\ \vec{b}_1,\ \vec{b}_2,\ \vec{b}_3)$, où cette fois, il est important de le remarquer, g est une *fonction isotrope de ses quatre arguments.*

Bien évidemment, les éléments constitutifs de l'anisotropie ne constituent pas systématiquement une base de E. Citons à titre d'illustrations les lois

$$e = mgh = f(\vec{OG}) \equiv m\vec{g}.\vec{OG} = g(\vec{OG},\vec{g}) \quad \text{et} \quad \sigma = f(\varepsilon_L) = K\varepsilon_L = g(K,\ \varepsilon_L) \tag{14}$$

donnant d'une part l'énergie potentielle e des forces de pesanteur et exprimant d'autre part le comportement élastique linéaire et éventuellement non isotrope en petits déplacements, et tirons la conclusion qui s'impose :

> *L'anisotropie du matériau, qui ne peut s'introduire ni dans l'échiquier ni dans les relations que celui-ci permet d'écrire entre les pions, s'introduit par le biais de pions spécifiques la caractérisant.*

On trouvera dans [Boehler 1987], la représentation d'une large classe de fonctions isotropes et une analyse du nombre et de la nature des pions d'anisotropie à introduire pour divers types de relation et d'anisotropie. Et l'on notera que le fait que, dans (5), f ait été postulée isotrope exprime que dans cette loi de fluide visqueux, les forces de frottement visqueux ne dépendent effectivement que de D, et pas de variables d'anisotropie.

• L'évolution de ces nouveaux pions sur l'échiquier doit bien sûr être réglementée. Dans le second exemple ci-dessus, cela se fera éventuellement dans le cadre de théories d'élasticité avec endommagement. Un cas relativement fréquent est celui où ils représentent des propriétés constantes de la matière et donc se voient imposer de rester constants. Dans le second exemple ci-dessus, cela conduit à supposer K constant, ce qui est évidemment très courant. Mais en grandes transformations, les pions tenseurs ne sauraient en général être constants dans tous les référentiels (cela est réservé à ceux qui sont ... isotropes!), si bien que :

> *La prise en compte de l'anisotropie réintroduit la nécessité de préciser le référentiel dans lequel certaines grandeurs doivent être lues.*

Ce sera le cas pour les exemples que nous allons maintenant traiter.

## 9. HYPOÉLASTICITÉ NON ISOTROPE

• Nous n'avons pas une considération démesurée envers l'hypoélasticité, au contraire, mais c'est un modèle pratique pour notre propos. Il s'agit d'une loi en taux, reliant les petites variations de contraintes, entre deux instants voisins t et t + dt, aux petites variations d'état métrique concomitantes. En divisant par dt, elle se traduit donc par une loi linéaire entre les vitesses de contrainte et de déformation :

(15) $$\boxed{\Delta\tilde{\sigma} = KD} \quad \text{avec} \quad K \in L(L_S(E))$$

Il s'agit d'une relation isotrope entre les trois pions vitesse de contrainte $\Delta\tilde{\sigma}$, vitesse de déformation D et raideur hypoélastique K, qui doit être complétée par la loi de définition de $\Delta\tilde{\sigma}$, dont nous avons déjà traité, et par les hypothèses concernant l'évolution de K.

Ce type de modèle peut très bien fonctionner avec un K, raideur hypoélastique du matériau, évoluant en fonction de l'état actuel du milieu. Mais pour illustrer notre propos il suffira étudier le cas d'une raideur qui serait constante (éventuellement à un facteur multiplicatif fonction de $\tau$ près).

• Dans cette hypothèse, la question se pose de savoir comment cette constance se traduit pour K. Constant équivaut à dérivée $\Delta K$ nulle, et donc les possibilités qui s'ouvrent pour K sont analogues à celles que nous avons évoquées en **3** pour $\tilde{\sigma}$. Avec les mêmes indéterminées dues aux $2^4$ possibilités (du type (**VII**-16) mais à l'ordre 4) si K est pensé comme un tenseur affine. Et avec choix d'un référentiel suiveur dans lequel K sera choisi constant, si un statut de tenseur euclidien est attribué à K.

En fait, la nature tensorielle de K est déterminée par celles de D et de $\Delta\tilde{\sigma}$, donc au bout du compte par celle de D uniquement puisque celle-ci induit celle de $\tilde{\sigma}$, qui induit celle de $\Delta\tilde{\sigma}$. *Nous sommes donc fortement incités à réfléchir à nouveau sur* D, ce que nous ferons dès Ch **XIII**, et ce qui nous conduira à ne retenir que les interprétations euclidiennes.

● Adoptons ici ce parti de tenseurs euclidiens à dériver dans un référentiel suiveur $E_m$. Le comportement s'écrira alors :

$$\boxed{\frac{d^m\tilde{\sigma}}{dt} = K\,D} \qquad \text{avec K constant dans } E_m \ (\Leftrightarrow \ \frac{d^mK}{dt} = 0) \tag{16-1}$$

où $d^m/dt$ est la dérivation par rapport au référentiel suiveur $E_m$.

Ceci peut se lire dans n'importe quel référentiel. La logique commanderait de le lire dans le référentiel $E_m$ puisque c'est dans ce référentiel que les variables en tant que fonctions du temps, et la dérivation par rapport à $E_m$ en tant qu'opérateur, sont censées être physiquement significatives. Cela conduit, avec les notations de Ch **I**, à l'expression suivante de la loi de comportement, parfaitement claire et limpide :

$$\boxed{\frac{d}{dt}\tilde{\sigma}_m = K_m D_m} \qquad \text{avec} \quad K_m \in L(L_S(E_m)) \text{ constant} \tag{16-2}$$

Mais, nous l'avons dit, les habitudes sont de travailler "tout dans le référentiel... de travail" précisément. On procède donc en fait à une lecture de (16-1) dans celui-ci,

$$\boxed{(\frac{d^m\tilde{\sigma}}{dt})_f = K_f D_f \equiv (\overset{*}{I}_{fm}\, K_m) D_f} \quad \text{avec } K_m \in L(L_S(E_m)) \text{ constant,} \tag{16-3}$$

que nous allons expliciter.

Le membre de droite fait apparaître le $\overset{*}{I}_{fm}$ relatif aux tenseurs d'ordre 4. Mais il est aussi égal à $\overset{*}{I}_{fm}[\,K_m(\overset{*}{I}{}^{-1}_{fm}D_f)]$, expression où ne figure que le $\overset{*}{I}_{fm}$ relatif au transport des endomorphismes de E dont l'expression a été donnée en (**I**-7). Pour le membre de gauche, utilisons (**I**-22-5-1), après choix toutefois d'un instant de référence permettant d'utiliser (12). Il vient, en notant $R^{(m)}$ et $\Omega^{(m)}$ au lieu de $R_{m|f}$ et $\Omega_{m|f}$ la rotation et le taux de rotation de $E_m$ par rapport au référentiel de travail, liés évidemment par (**I**-21), et donc $R^{(m)}_f$ et $\Omega^{(m)}_f$ leurs positions dans le référentiel fixe, l'explicitation suivante de (16-3) :

$$\boxed{\frac{d}{dt}\tilde{\sigma}_f - \Omega^{(m)}_f\tilde{\sigma}_f + \tilde{\sigma}_f\Omega^{(m)}_f = R^{(m)}_f[K_0({R^{(m)}_f}_f{}^{-1}D_f R^{(m)}_f)]R^{(m)-1}_f} \tag{16-4}$$

avec $K_0 \in L[L_S(E_f)]$ constant et égal au transporté par $J_{fm}$ constant de $K_m$ constant.

Cette formulation "tout lu dans le référentiel de travail" (à ce titre, l'indice f systématique pourrait être supprimé) du comportement, porte sur les *variables* $\tilde{\sigma}_f$ et $D_f$ dont nous avons déjà dit et répété que, contrairement aux variables $\tilde{\sigma}_m$ et $D_m$ de (16-2), elles ne modélisent ni le processus de contrainte ***du point de vue du matériau*** ni celui de vitesse de déformation. Elle est en outre formellement plus compliquée et moins évidente physiquement. Nous sommes dans le jeu de miroirs déjà dénoncé.

● Rappelons, bien que nous n'utilisions quant à nous aucune base, que lire une grandeur dans un référentiel se traduit en pratique en projetant les tenseurs dans une base orthonormée (préférable dans le parti euclidien que nous avons pris) fixe dans ce référentiel. Pour les lecteurs ne pensant qu'en composantes, cela consiste même en une identification de la grandeur à la matrice (au sens large) de ces composantes. Ils peuvent alors parfaitement comprendre (16-2) (respt : (16-4)) en voyant dans les $X_m$ (respt : les $X_f$) qui y figurent, les matrices des X dans une base $b_m$ fixe dans $E_m$ (respt : $b_f$ fixe dans $E_f$).

Signalons aussi que la mise en oeuvre dans un problème d'un tel modèle mettant en jeu un référentiel suiveur, nécessite, en plus des équations traduisant l'équilibre et des conditions aux limites et initiales, l'écriture des équations définissant le mouvement de ce référentiel suiveur. Dans le cas des suiveurs corotationnel et en rotation propre, ce mouvement a été complètement défini en fonction du mouvement du milieu en **IV-2** et **V-6** respectivement.

## 10. TRAVAIL EN GRANDEURS TOURNÉES

● D'une façon générale, lire dans un référentiel mobile $E_m$ représente une gymnastique que l'on semble répugner à faire. Cela a d'ailleurs, dans la pratique, l'inconvénient de projeter dans une base dépendant du point, avec tous les problèmes de changement de base que cela pose lorsque l'on est amené à passer d'un point à un autre (gradient, équilibre, ..). Il existe heureusement une méthode générale pour obtenir un résultat équivalent tout en travaillant classiquement "tout dans $E_f$" comme en (16-4).

Cette méthode consiste à tourner les grandeurs par $R^{(m)-1}$ (dé-tourner), technique permettant de reproduire entre les nouvelles grandeurs lues dans $E_f$ exactement ce que l'on avait entre les anciennes lues dans $E_m$ (**I-3.4**). Ainsi, dans l'exemple du paragraphe précédent, on introduira les grandeurs tournées de $\tilde{\sigma}$ et D :

$$(17) \qquad \tilde{\sigma}^{[m]} = \overset{*}{R}{}^{(m)-1}\tilde{\sigma} \equiv R^{(m)-1}\tilde{\sigma}R^{(m)} \qquad \text{et} \qquad D^{[m]} = \overset{*}{R}{}^{(m)-1}D \equiv R^{(m)-1}DR^{(m)}$$

Il suffit alors d'exprimer le membre de gauche de (16-3) en utilisant (**I**-17-3), et de procéder comme précédemment à droite, pour obtenir une nouvelle expression du comportement, formellement identique à (16-2) :

$$(18) \qquad \boxed{\frac{d}{dt}\tilde{\sigma}_f^{[m]} = K_0\, D_f^{[m]}} \qquad \text{avec } K_0 \in L[L_S(E_f)] \text{ constant}$$

● Les *variables* $D_m$ et $D_f^{[m]}$ d'une part, $\tilde{\sigma}_m$ et $\tilde{\sigma}_f^{[m]}$ d'autre part, ainsi d'ailleurs que les variables particulières que sont les constantes $K_m$ et $K_0$, sont équivalentes, et, dans le cadre du modèle, elles représentent correctement les processus physiques en jeu, du moins dans la mesure où la technique du travail dans un solide suiveur et le choix qui sera fait pour celui-ci sont corrects. Un même modèle de comportement a donc été représenté de façon semblable dans deux échiquiers différents par (16-2) et (18), et, remarquons le encore, avec une grande évidence physique en comparaison de (16-4)

Quoique s'inscrivant dans un contexte purement spatial, ces deux formulations sont matérielles dans leur esprit, ce qui d'ailleurs explique leur qualité. La première (16-2) parce que $E_m$ est, sinon le milieu, du moins censé suivre "au mieux" le milieu dans sa rotation. Et (18) parce que, les grandeurs D et $\tilde{\sigma}$ étant objectives, ainsi en principe que le référentiel $E_m$ vu sa signification physique, $D^{[m]}_f$ et $\tilde{\sigma}^{[m]}_f$ sont $\Omega_r$-matérielles (**II-2** Th 1).

Remarquons enfin qu'un changement de variables par rotation tel que (17) est isométrique pour les tenseurs euclidiens qui éventuellement se cachent derrière les éléments de E ou L(E) manipulés. La méthode s'inscrit donc bien dans le cadre d'une vision tenseur euclidien de D et $\tilde{\sigma}$ que nous avons déclaré privilégier à la fin du **3.**

● Pour le lecteur qui travaille dans des bases orthonormées $b_m$ et $b_f$ fixes dans $E_m$ et $E_f$, bases qu'il suppose coïncider à l'instant de référence r, c'est à dire être homologues dans $J_{mf}$, (18) sera perçu comme une redite de (16-2). En effet, il est évident pour lui que $K_m$ et $K_0$, homologues par $J_{mf}$, ont mêmes composantes dans ces bases respectives, et que, $b_m$ se déduisant de $b_f$ dans la rotation R, les matrices de $\tilde{\sigma}$ et D dans $b_m$, et de leurs (dé) tournés dans $b_f$, sont identiques. Ce dernier point lui fera aussi comprendre (17) lu dans $E_f$ comme étant la formule classique du changement de matrice de composantes par changement de base.

Cette diversité d'interprétation illustre bien la difficulté que peut provoquer, en grandes transformations, les interprétations multiples que génèrent les conceptions diverses que chacun a de l'Espace et de ses référentiels. Cela justifie les efforts de mise à plat de ces questions que nous avons déployés en Ch **I**.

● Les grandeurs tournées sont utilisées depuis un certain temps, dans des variantes des théories en grandeurs non tournées [Green-Nagdi 1965], encore qu'il ne soit pas toujours facile de savoir, quand l'auteur travaille en composantes, si dans son esprit il tourne les grandeurs ou la base... La méthode, complétée par l'affirmation qu'il suffit d'écrire entre les grandeurs tournées des lois de comportement formellement identiques aux lois classiques en petites transformations, a été nettement préconisée en tant que telle dans [Ladevèze 1980]. Cet auteur l'a plus récemment complétée par une écriture variationnelle tournée (par la rotation du corotationnel) de l'équilibre, portant donc sur la contrainte tournée [Ladevèze 1991 et 1996].

Cette écriture nouvelle de l'équilibre exploite le fait qu'en dé-tournant les contraintes en chaque point du milieu pour obtenir des éléments de $L(E_r)$, on obtient un champ de contraintes sur la variété plate $\Omega_r$, sur lequel on va pouvoir traduire l'équilibre, ce qui est obtenu par une formulation variationnelle elle même en grandeur cinématique (de vitesse virtuelle) tournée. Compte tenu de l'aspect matériel reconnu aux grandeurs tournées, on obtient ainsi une situation à notre avis analogue à ce que donnerait l'écriture totalement matérielle de l'équilibre que nous avons envisagée en **VI-5**. Ecrite sur la variété plate $\Omega_r$, elle ne fait usage que de l'analyse des champs euclidienne classique. Mais la rotation de (dé-)tournement des grandeurs utilisée, opposée de celle du corotationnel, variant d'un point à un autre, cette analyse injecte dans le formalisme des gradients de cette rotation, qui en font la complexité technique.

Le résultat est que l'on obtient par ce biais des expressions du comportement et de l'équilibre portant sur les mêmes variables (tournées), de signification physique reconnue. La situation est alors analogue et aussi saine que celle rencontrée en petits déplacements, et des méthodes, de résolution numérique ou autres, qui ont fait leur preuve dans ce cadre des petits déplacements peuvent alors être étendues avec la même efficacité en grands déplacements ([Boucard, 1995], [Boucard et al, 1996], [Ladevèze 1996]).

● **Point d'ordre.** Pour tous les modèles de comportement que nous présenterons dans la suite de ce chapitre et dans le suivant, nous donnerons (ou, pour ne pas être fastidieux, nous évoquerons) ses trois formulations équivalentes : initiale dans un $E_m$ comme (16-2), puis traduite dans $E_f$ comme (16-4) et enfin exprimée dans $E_f$ en fonction de variables dé-tournées comme (18).

Nos notations, distinguant bien pour tout tenseur en mouvement X ses lectures différentes $X_f$ et $X_m$ dans des référentiels $E_f$ et $E_m$ différents, peuvent être estimées un peu lourdes. On pourrait revenir à une notation plus légère, aussi précise, portant sur les X eux-mêmes. Par exemple, on pourrait substituer (à (16-2) l'écriture strictement équivalente (16-1). Ce serait alors le fait que l'on dérive par rapport à $E_m$ et que K soit constant dans $E_m$ qui inciterait à lire prioritairement (16-1) dans $E_m$. Par exemple encore, on pourrait substituer à (18) l'écriture strictement équivalente

$$\frac{d^f}{dt}\tilde{\sigma}^{[m]} = K_0\, D^{[m]} \qquad \text{avec } K_0 \in L[L_S(E)] \text{ constant dans } E_f$$

Le lecteur pourra s'exercer à passer à ce type d'écriture. Quant à nous, pour être le plus précis possible, nous continuerons à n'écrire des relations que entre les fonctions du temps obtenues en lisant les X dans des référentiels précis. Dans les approches thermodynamiques que nous utiliserons, cela est presque indispensable.

## 11. APPROCHE THERMODYNAMIQUE

● Dans l'approche thermodynamique du comportement, avec variables internes, dite de l'état local [Germain 1973 et 1986], on travaille, en MGT, sur le corps simple évoqué au **3** : de masse unité dont l'état, homogène, serait celui du milieu au point considéré.

Pour les comportements purement mécaniques, cette approche, dont nous rappelons ici les grandes lignes, débouche sur une compréhension du mécanisme de déformation et des efforts associés en une juxtaposition de différents mécanismes. La puissance interne, ou son opposé $-\mathcal{P} = \tilde{\sigma}{:}D$, se décompose alors en somme des puissances de chacun de ces mécanismes, et des lois de comportement pour chaque mécanisme sont proposées.

Ces mécanismes se rangent dans deux catégories. Ceux, conservatifs, dérivant d'un potentiel global $\Psi$ appelé énergie interne spécifique, dont la puissance sera donc l'opposé de la dérivée en temps de ce potentiel. Et ceux, dissipatifs, dont la puissance sera négative, et donc dont l'opposé de la puissance, que nous notons $\tilde{\mathcal{D}}$ et appelons *dissipation spécifique*, est positif. Ce qui conduit à une première décomposition de $-\mathcal{P} = \tilde{\sigma}:D$ :

$$(19) \qquad \boxed{\tilde{\sigma}:D = \dot{\Psi} + \tilde{\mathcal{D}}} \qquad (\Leftrightarrow \sigma:D = \rho\dot{\Psi} + \mathcal{D}), \quad \text{avec} \quad \boxed{0 < \tilde{\mathcal{D}}} = \mathcal{D}/\rho$$

● L'énergie interne $\Psi$, qu'il n'y a pas lieu de distinguer de l'énergie libre en comportement purement mécanique, est une variable d'état thermodynamique, et se présente donc comme fonction (d'état) d'un système de variables (d'état) $\chi_i$ caractérisant l'état local (potentiel thermodynamique). Ces variables sont généralement à valeurs dans des espaces dotés de produits scalaires $\overset{i}{\cdot}$, si bien que l'on a :

$$(20) \qquad \boxed{\Psi = \overline{\psi}(\chi_1,..,\chi_n)} \text{ et } \boxed{\dot{\Psi} = \eta_1 \overset{1}{\cdot} \dot{\chi}_1 + \ldots + \eta_n \overset{n}{\cdot} \dot{\chi}_n} \text{ avec } \boxed{\eta_i = \text{grad}_{\chi_i}\overline{\psi}(\chi_1,..,\chi_n)}$$

Les $\eta_i$ sont appelés *forces thermodynamiques* associées aux variables d'état $\chi_i$, et (20-3) peut être considérée comme la relation de comportement exprimant ces forces en fonction des variables d'état (ici de statut cinématique, mais une approche avec un potentiel enthalpie pourrait être envisagée).

Dans de nombreux modèles, on a un découplage

$$(21) \quad \boxed{\Psi = \overline{\psi}_1(\chi_1) + \ldots + \overline{\psi}_n(\chi_n)} \quad \boxed{\dot{\Psi} = \eta_1 \overset{1}{\cdot} \dot{\chi}_1 + \ldots + \eta_n \overset{n}{\cdot} \dot{\chi}_n} \quad \boxed{\eta_i = \text{grad}_{\chi_i}\overline{\psi}_i(\chi_i)}$$

(sans sommation en i), traduisant la juxtaposition de plusieurs mécanismes réversibles. En fait, avec les variables multiples $\chi = (\chi_1,\ldots,\chi_n)$ et $\eta = (\eta_1,\ldots,\eta_n)$, (20) s'écrit encore

$$\boxed{\Psi = \overline{\psi}(\chi)} \qquad \boxed{\dot{\Psi} = \eta \cdot \dot{\chi}} \qquad \text{et} \qquad \boxed{\eta = \text{grad}_{\chi}\overline{\psi}(\chi)}$$

et donc, contrairement aux apparences, c'est en fait (20) qui doit être considéré comme un cas particulier de (21), ne mettant en jeu qu'un mécanisme réversible.

● La partie dissipative se présente sous une forme analogue

$$(22) \qquad \boxed{\tilde{\mathcal{D}} = Y_1 \overset{1}{\cdot} X_1 + \ldots + Y_p \overset{p}{\cdot} X_p} \qquad \text{et} \qquad \boxed{\mathcal{R}_i(X_i, Y_i)}$$

partageant la dissipation en somme de p termes, attribués à p mécanismes différents, qui apparaissent chacun comme un produit entre une variable de vitesse d'évolution du mécanisme $X_i$ et une variable d'effort associée $Y_i$, et donnant pour chacun la relation (de comportement, dite *loi complémentaire*) $\mathcal{R}_i$ entre ces variables. Ici encore, pour tout i, $X_i$ et $Y_i$ sont dans un même espace vectoriel doté d'un produit scalaire $\overset{i}{\cdot}$. Par ailleurs, les $\mathcal{R}_i$ peuvent dépendre de paramètres divers.

Chacun des mécanismes est dissipatif, si bien que c'est chacun des produits dont $\tilde{\mathcal{D}}$ est la somme qui doit être positif. Les $\mathcal{R}_i$ assureront cette positivité s'ils vérifient la condition ci dessous, qui est évidemment la forme prise ici par le Second Principe:

(23) $\qquad (\forall i) \quad [(\forall X_i)(\forall Y_i), \quad \mathcal{R}_i(X_i,Y_i) \Rightarrow \quad X_i.Y_i>0 \;]$

Le théorème qui suit, où l'on a supprimé l'indice i pour simplifier, exploitant les propriétés des fonctions convexes, fournit un moyen très utilisé pour remplir cette condition [Moreau 1966, 74 et 75] [Nayroles 1973] [Halphen, Nguyen, 1975] [Nguyen 1984] [Ladevèze 1996]:

**Théorème-définition**

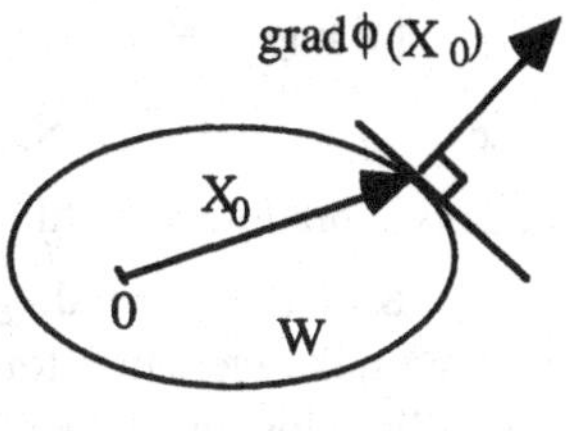


*Les lois :* $\quad \mathcal{R}(X,Y) \quad \Leftrightarrow \quad Y = \mathrm{grad}\varphi(X),$

*où* $\varphi(X)$ *est une fonction scalaire de* X, *convexe, positive et nulle pour* X *nul, vérifient automatiquement la condition* (23). *Elle sont dites normales, et l'on dit que* $\varphi(X)$ *est le potentiel des dissipations du mécanisme ainsi modélisé.*

**Preuve.** Soit $X_0$ un X particulier, et, dans l'espace des X, soit W l'ensemble des X tels que $\varphi(X) \leq \varphi(X_0)$. Ce W est un convexe contenant l'origine, $X_0$ joint cette origine à un point de sa frontière, et $\mathrm{grad}\varphi(X_0)$ est normal en ce point à cette frontière et dirigé vers l'extérieur. On a donc $X_0.\mathrm{grad}\varphi(X_0)>0$.

● **Exemple**. Considérons un milieu dont l'état local thermodynamique serait caractérisé par son volume spécifique $\tau$, et donc dont l'énergie interne spécifique serait de la forme $\Psi = \overline{\psi}(\tau)$. La décomposition (19) s'écrit alors, avec (**V**-29) et (**M**-9-c),

$$\tilde{\sigma}{:}D = \dot{\Psi} + \sigma_v{:}D\,, \qquad \text{avec} \quad \sigma_v = \tilde{\sigma} - g(\tau)1_E \qquad \text{et} \qquad g(\tau) = \tau\overline{\psi}'(\tau),$$

qui suggère la mise en oeuvre d'un mécanisme de dissipation avec X = D comme variable de vitesse et $Y = \sigma_v$ comme variable d'effort associée. Adoptant pour ce mécanisme un potentiel de dissipation quadratique défini positif, c'est à dire de la forme ci dessous, où $\lambda$ et $\mu$, tels que $\lambda+2\mu>0$ et $\mu>0$, sont deux scalaires (éventuellement jonction de $\tau$),

$$g(D) = \frac{1}{2}\,[\lambda\,(\mathrm{Tr}D)^2 + 2\mu\, D{:}D] \;\equiv\; \frac{1}{2}\,[\,(\lambda+2\mu)\,(\mathrm{Tr}D)^2 + 2\mu\, D_D{:}D_D],$$

qui vérifie bien les propriétés requises, il vient la loi complémentaire :

$$\sigma_v = \lambda \mathrm{Tr}D\; 1_E + 2\mu D$$

On reconnaît dans ce comportement celui des fluides élasto-visqueux linéaires (newtoniens) déjà introduits en **6**. Le mécanisme de dissipation est ici le frottement visqueux interne. Le choix d'un potentiel fonction isotrope plus générale de D aurait conduit aux fluides élastovisqueux non newtoniens. Comme en **6**, et pour les mêmes raisons (d'isotropie) que nous ne répétons pas, nous ne nous sommes pas préoccupé ici du référentiel dans lequel les grandeurs étaient lues. Il n'en ira pas toujours ainsi.

● **Remarques**

**1** - Il faut voir dans le théorème qui précède un simple artifice mathématique pour produire des modèles vérifiant la condition (23), sans prétendre rendre ainsi compte d'une quelconque nécessité physique. En particulier, contrairement au potentiel thermodynamique $\Psi = \bar{\psi}(\chi)$ qui précède, le potentiel des dissipations $\varphi(X)$ n'a aucune signification physique. On l'appelle parfois pour cela pseudo-potentiel des dissipations.

**2** - On démontre, toujours sur un simple plan mathématique, que lorsque l'on a un tel potentiel des dissipation $\varphi(X)$, on en a un second $\varphi^*(Y)$, dit dual du premier, inversant le rôle des variables X et Y. De façon précise, on a

$$[Y = \mathrm{grad}\varphi(X), \text{ avec } \varphi \text{ convexe}, g\geq 0, g(0) = 0] \quad \Leftrightarrow \quad [X = \mathrm{grad}\varphi^*(Y)],$$

avec $$\varphi^*(Y) = \mathrm{Sup}_X[X.Y - \varphi(X)], \quad \varphi^* \text{ convexe}, \varphi^*\geq 0, \varphi^*(0) = 0\ ,$$

et dans la pratique, on utilise soit $\varphi$ comme ci-dessus, soit $\varphi^*$ comme ci-après.

**3** - L'utilisation du gradient suppose une régularité assez forte pour les potentiels $\varphi$ et $\varphi^*$, qui s'avère trop forte pour certains comportements, et en particulier en Plasticité. On utilise alors une généralisation de ce qui précède, où le gradient est remplacé par ce que l'on appelle le sous-gradient (ou sous-différentiel), lequel s'identifie au gradient dans les cas réguliers. Nous renvoyons sur ce point aux ouvrages déjà cités.

## 12. PLASTICITÉ ET VISCOPLASTICITÉ PARFAITES

Nous traitons, dans ce paragraphe, de comportements dits *rigide-plastique* (RP) et *rigide-viscoplastique* (RVP), *sans écrouissage*, que nous notons RPp et RVPp, car on parle aussi à leur sujet de plasticité *parfaite*. Dans le paragraphe qui suit nous traiterons de comportements RP et RVP avec écrouissage (RPe et RVPe) et dans le chapitre suivant, de comportements *élasto-plastiques* (EPp et EPe), et *élasto-viscoplastiques* ( EVPp et EVPe). Ces comportements concernent surtout les milieux métalliques. Nous les présenterons dans le cadre de l'approche thermodynamique qui vient d'être rappelée. Pour plus de détails, au moins en petites transformations, on peut consulter [Lemaitre, Chaboche, 1985], [Halphen, Salençon, 1987] et [Ladevèze 1996].

● Les modes de comportement P et VP mettent en scène en chaque point à chaque instant un *domaine de rigidité en contrainte* $\mathcal{C}$. Il s'agit d'un domaine convexe de l'espace des contraintes, généralement défini à chaque instant par son équation

$$(\forall\tilde{\sigma}\in L_S(E)), \qquad \tilde{\sigma}\in\mathcal{C} \qquad \Leftrightarrow \qquad \bar{f}\,(\tilde{\sigma}) <0\ , \qquad \text{avec } \bar{f} : L_S(E)\rightarrow R \text{ convexe},$$

(pour un domaine $\mathcal{C}$ donné, $\bar{f}$ n'est évidemment pas unique). En RP et RVP, ce domaine est dit de rigidité parce que le milieu est censé ne pas se déformer, c'est à dire vérifier la relation $D = 0$, en tout point où la contrainte actuelle $\tilde{\sigma}$ est intérieure à $\mathcal{C}$, c'est à dire où l'on a $f<0$, avec $f = \bar{f}(\tilde{\sigma})$. En EP et EVP, le comportement rigide pour $\tilde{\sigma}$ intérieur à $\mathcal{C}$ est remplacé par un comportement élastique, et $\mathcal{C}$ est appelé domaine élastique

En plasticité, la contrainte ne peut sortir de ce domaine, et donc, en un point, à coté de *phases rigides* (ou élastiques en EP) au cours desquelles la contrainte reste intérieure à $\mathcal{C}$, on aura des *phases plastiques*, ou *d'écoulement plastique*, au cours desquelles elle évoluera sur la frontière de $\mathcal{C}$. Par contre, en viscoplasticité, la contrainte peut sortir de $\mathcal{C}$

au cours des phases plastiques. Dans les deux cas, $f = 0$ est donc le critère de perte de rigidité, et $\overline{f}$ est la fonction critère.

● A priori défini à chaque instant, le domaine $\mathcal{C}$ est, en P comme en VP, censé rester invariant en cas de non-écrouissage, et il est censé n'évoluer que pendant les phases plastiques en cas d'écrouissage[2]. Or, et c'est là la nouveauté en MGT, quand il est de forme quelconque, un domaine de $L_S(E)$ ne saurait rester invariant dans tous les référentiels en même temps.

Si donc pour les fonctions qu'il remplit à un instant donné (et en particulier, pour l'écriture des lois d'écoulement plastique) le suivi dans le temps du domaine de rigidité peut être ignoré, ce qui autorise à lire les relations correspondantes dans n'importe quel référentiel, des problèmes analogues à ceux relatifs à la vitesse de contrainte vont inévitablement se poser pour estimer quelle est l'évolution du domaine d'élasticité, et donc pour traduire la constance de $\mathcal{C}$ en absence d'écrouissage ou son évolution en présence d'écrouissage. Nous avons d'ailleurs déjà envisagé ce problème à la fin du **3**.

Comme précédemment, nous adopterons une vision euclidienne du tenseur des contraintes et supposerons choisi un référentiel suiveur $E_m$ dans lequel nous lirons les contraintes, donc aussi D et le domaine de rigidité. On pourra alors, transposant les modèles classiques en petits déplacement par simple substitution de D à $\dot{\varepsilon}_L$, écrire, comme ci dessus pour l'hypoélasticité, des modèles de comportement RP et RVP, dans l'échiquier $E_m$ avec les lectures $X_m$ des variables X. Et, toujours comme pour l'hypoélasticité, on pourra ensuite traduire ces modèles dans l'échiquier $E_f$ avec les (physiquement non adaptées) lectures $X_f$, puis à nouveau dans l'échiquier $E_f$ mais avec les lectures dans $E_f$ des variables dé-tournées, retrouvant ainsi la limpidité physique de la première écriture.

● Soit donc, en RPp et en RVPp, en travaillant dans le référentiel $E_m$ choisi,

$$\mathcal{C}_m = \{\tilde{\sigma}_m \in L_S(E_m),\ \overline{f}_m(\tilde{\sigma}_m) < 0\},\ \text{avec } \overline{f}_m : L_S(E_m) \rightarrow R \text{ convexe et constant}$$

le domaine de rigidité invariant. On suppose toujours qu'il contient l'origine, donc que $\overline{f}_m(0)<0$.

En RP et RVP, l'état thermodynamique est postulé invariant. Le terme $\dot{\Psi}$ de (19) est donc nul et tout le travail interne est dissipatif ($\mathcal{D} = \tilde{\sigma}:D = \tilde{\sigma}_m:D_m$). Au cours des phases rigides où $\tilde{\sigma}_m$ se déplace à l'intérieur de $\mathcal{C}_m$, cette dissipation est nulle puisque $D_m$ est nul. Une telle phase se produira à $t^+$ si, en posant $f = \overline{f}_m(\tilde{\sigma}_m)$, on a à t, soit $f<0$, soit $f =$

---

[2] Il nous a paru naturel d'introduire un domaine de rigidité en contrainte de Kirchhoff, et non en contrainte de Cauchy comme il est plus classique. Or il est bien évident qu'au cours d'une évolution où ρ ne resterait pas constant au point considéré, si l'un des deux reste constant, l'autre varie, et la question peut se poser de savoir si notre choix est judicieux. Pour les matériaux métalliques, l'écoulement plastique est incompressible, et les déformations élastiques sont petites, si bien que ρ est constant en (visco)plasticité, et pratiquement constant en élasto(visco)plasticité. Les deux voies sont alors pratiquement équivalentes, et compte tenu de la précision atteinte par ces modèles, il n'est nullement nécessaire de s'inquiéter de savoir si notre choix est judicieux. Tous les exemples de comportement que nous donnerons s'inscriront dans ce cadre. Pour d'éventuels matériaux à forte dilatation volumique, nous n'avons pas d'autre argument pour notre choix que ceux qui nous ont fait préférer Kirchhoff à Cauchy pour exprimer le comportement.

0 et $\dot{f} < 0$. Au cours des autres phases, qui se produisent à $t^+$ si $f = 0$ et $\dot{f} = 0$ en plasticité, et si $f = 0$ et $\dot{f} > 0$ ou $f > 0$ en viscoplasticité, un unique mécanisme de dissipation est introduit, avec $D_m$ et $\tilde{\sigma}_m$ comme variables de vitesse X et d'effort Y.

Le comportement se traduit alors par :

RP : $[D_m = 0, f<0]$ ou $[(D_m = 0, f = 0 \text{ et } \dot{f} < 0)]$ (phases rigides)

ou $[\mathcal{R}(D_m,\tilde{\sigma}_m),\ f = 0,\ \dot{f} = 0]$ (phases plastiques)

RVP : $[D_m = 0, f \leq 0]$ (phases rigides) ou $[\mathcal{R}(\tilde{\sigma}_m,D_m), f > 0]$ (phases plastiques),

où $\mathcal{R}(D_m,\tilde{\sigma}_m)$ est la loi complémentaire, dite ici loi d'écoulement plastique, devant évidemment vérifier la relation de positivité (23) et qu'il reste à préciser.

● Une large classe de modèles RVPp est obtenue en prenant pour loi d'écoulement une loi normale, c'est à dire dérivant d'un potentiel des dissipations, de la forme :

(24-1) $$\varphi^*(\tilde{\sigma}_m) = \frac{k}{n+1} (\langle\bar{f}_m(\tilde{\sigma}_m)\rangle_+)^{n+1},$$

$$D_m = \text{grad}\ \varphi^*(\tilde{\sigma}_m) = k(\langle f\rangle_+)^n\ \text{grad}\bar{f}_m(\tilde{\sigma}_m)$$

où k et n sont des constantes scalaires positives caractéristiques du matériau et où $\langle x\rangle_+$ désigne la partie positive de x, c'est à dire x si $x > 0$, et 0 si $x \leq 0$.

Faisons quelques remarques qui éclaireront cette loi :

- Nous écrivons $\text{grad}\bar{f}_m(\tilde{\sigma}_m)$, et non gradf, pour bien indiquer qu'il s'agit du gradient de l'application $\bar{f}_m : L_S(E) \to R$ au point particulier $\tilde{\sigma}_m$ .

- Au voisinage d'un point où $f>0$, on a $\langle f\rangle_+ = f$, ce qui explique la présence du gradient de $\bar{f}_m$, qui en un tel point est identique à celui de $\langle\bar{f}_m\rangle_+$.

- $\varphi^*$ est bien positive, nulle à l'origine puisque nulle sur tout $\mathcal{C}_m$ qui contient le tenseur nul, et convexe puisque $\bar{f}_m$ est convexe et que $n+1 \geq 1$ : (24-1-1) définit donc bien un potentiel des dissipations ayant les propriétés suffisantes énoncées en **11**-Th1. Ce potentiel a été ici défini en utilisant l'équation du domaine de rigidité, qui est une toute autre notion, mais cela n'est qu'une commodité non indispensable. Avec ces modèles nous sommes loin d'une traduction littérale de propriété physiques : le calage sur la réalité des matériaux se fait par une identification expérimentale des coefficients k et n.

- Ecrite à priori pour les phases plastiques, la loi (24-1) se réduirait à $D_m = 0$ pour $f \leq 0$. Elle convient donc aussi en phase rigide, et (24-1) est une écriture qui évite de distinguer les phases rigides et plastiques dans le formalisme. Une autre écriture, que nous privilégierons dans la suite, serait :

(24-2) $f = \bar{f}_m(\tilde{\sigma}_m)$, $D_m = \lambda\ \text{grad}\bar{f}_m(\tilde{\sigma}_m)$ , $[f \leq 0, \lambda = 0]$ ou $[f>0, \lambda = k f^n]$

- Enfin, cette loi postule entre autres que, en phase d'écoulement plastique, $D_m$ est normal à celle des surfaces $\overline{f}_m(x)$ = cste qui passe par la contrainte actuelle $\tilde{\sigma}_m$, et dirigée vers l'extérieur de cette surface (le coté ne contenant pas x = 0).

● Les relations mises en oeuvre dans ce modèle sont toutes entières en temps. Ecrites à t dans le référentiel $E_m$, elles se transposent à l'identique dans l'espace instantané et dans tout autre référentiel $E_i$. Il faut pour cela remarquer que le gradient de la fonction seuil se prend à t fixé, et que en utilisant l'isométrie $I_{im}$ de $E_m$ sur $E_i$ à t, et la décalquée $\overline{f}_i = \overset{*}{I}_{im}\,\overline{f}_m$ de $\overline{f}_m$ par $I_{im}$, les gradients de $\overline{f}_i$ et de $\overline{f}_m$ en des points homologues par $I_{im}$ sont homologues par $I_{im}$.

Il en résulte que, décalqué dans le référentiel fixe $E_f$, le modèle ci dessus s'écrira formellement de la même façon :

| |
|---|
| (24-3) $f = \overline{f}_f(\tilde{\sigma}_f)$, $D_f = \lambda\,\mathrm{grad}\overline{f}_f(\tilde{\sigma}_f)]$, $[f \leq 0, \lambda = 0]$ ou $[f > 0, \lambda = k\,f^n]$ |
| avec $\overline{f}_f = \overset{*}{I}_{fm}\,\overline{f}_m : L_S(E_f) \rightarrow R$ |

mais avec la différence essentielle que le domaine de rigidité lu dans ce référentiel fixe,

$$\mathcal{C}_f = \{x \in L_S(E_f),\ \overline{f}_f(x) < 0\}$$

est toujours convexe, mais, compte tenu de **7**-Th1, *n'est constant dans* $E_f$ *comme* $\mathcal{C}_m$ *l'était dans* $E_m$ *que dans les cas particuliers où il est isotrope, c'est à dire où* $\overline{f}_m$ *et* $\overline{f}_f$ *sont isotropes.*

● Dans ces cas particuliers de RVPp isotrope, le choix d'un référentiel suiveur devient inutile (sauf, comme pour les exemples du **6** dont on est très proche, pour avoir après coup des variables physiquement convenables). On peut affecter de travailler à chaque instant dans l'espace instantané, ou, plus prosaïquement, dans un référentiel de travail choisi arbitrairement, et en supprimant l'indice systématique f :

**Exemple 1 : modèle RVPp isotrope avec critère de Von Mises**

| |
|---|
| (25) $f = \overline{f}(\tilde{\sigma}) = \lVert\tilde{\sigma}_D\rVert - r_0$, ($\tilde{\sigma}_D$ : déviateur de $\tilde{\sigma}$, $\lVert\tilde{\sigma}_D\rVert = (\tilde{\sigma}_D : \tilde{\sigma}_D)^{1/2}$, $r_0 \in R^+$ cst) |
| $D = \lambda \dfrac{\tilde{\sigma}_D}{\lVert\tilde{\sigma}_D\rVert} \left(= \dfrac{\sigma_D}{\lVert\sigma_D\rVert}\right)$, $[f \leq 0, \lambda = 0]$ ou $[f > 0, \lambda = k\,f^n]$ |

Dans cet exemple, le domaine de rigidité $\mathcal{C}$ est un cylindre droit dans $L_S(E)$, parallèle à $1_E$, de section droite la boule de rayon $R_0$ de $L_{SD}(E)$, espace des déviateurs. En phase plastique, D, normal à ce cylindre, est un déviateur : le milieu évolue à volume constant.

● Dans le cas général de RVPp non-isotrope, l'anisotropie du domaine de rigidité s'exprimera à l'aide de paramètres d'anisotropie A comme indiqué en **8**,

$$f = \overline{f}(\tilde{\sigma}) = F(\tilde{\sigma}, A) \qquad \text{avec F isotrope,}$$

relation que l'on pensera dans l'espace instantané mais qu'en pratique on lira dans le référentiel de travail. Il est alors nécessaire de faire choix d'un référentiel suiveur $E_m$, en se souvenant bien sûr que c'est un problème de contraintes, et la constance du domaine de rigidité sera obtenue en imposant à ces paramètres A d'être constants dans ce suiveur. Dans ce cas, il peut être intéressant de travailler en variables tournées :

**Exemple 2 : modèle RVPp anisotrope avec critère de Hill**

$$(26\text{-}1)\quad f = (\tilde{\sigma}_{Dm} : H_m\tilde{\sigma}_{Dm})^{1/2} - r_0, \qquad H_m \in L_S^{\ddagger}(L_{SD}(E_m)) \text{ constant}, \; r_0 \in R^+ \text{cst}$$

$$D_m = \lambda \frac{H_m\tilde{\sigma}_{Dm}}{(\tilde{\sigma}_{Dm} : H_m\tilde{\sigma}_{Dm})^{1/2}}, \qquad [f \leq 0,\ \lambda = 0] \ \boxed{\text{ou}} \ [f > 0,\ \lambda = k\, f^n]$$

Ce modèle est toujours de type (24), avec un critère anisotrope, dit de Hill, se réduisant à celui de Von Mises lorsque H est l'application identité. Il génère encore un domaine de rigidité cylindrique parallèle à $1_E$ conduisant à des écoulements plastiques à volume constant. Il se décalque dans $E_f$ sous la forme

$$(26\text{-}2)\qquad f = \{(\mathbf{r}_f^{-1}\tilde{\sigma}_{Df}\,\mathbf{r}_f) : H_0(\mathbf{r}_f^{-1}\tilde{\sigma}_{Df}\,\mathbf{r}_f)\}^{1/2} - r_0$$

avec $H_0 \in L_S^{\ddagger}(L_{SD}(E_f))$ constant (transporté dans $E_f$ par $J_{fm}$ de $H_m$)

et $\mathbf{r} = R^{(m)} = R_{m|f}$, rotation de $E_m$ par rapport à $E_f$

$$D_f = \lambda \frac{\mathbf{r}_f[H_0(\mathbf{r}_f^{-1}\tilde{\sigma}_{Df}\mathbf{r}_f)]\mathbf{r}_f^{-1}}{[(\mathbf{r}_f^{-1}\tilde{\sigma}_{Df}\,\mathbf{r}_f):H_0(\mathbf{r}_f^{-1}\tilde{\sigma}_{Df}\,\mathbf{r}_f)]^{1/2}}, \qquad [f \leq 0,\ \lambda = 0] \ \boxed{\text{ou}} \ [f > 0,\ \lambda = k\, f^n]$$

qui elle même, en fonction de $\tilde{\sigma}_{Df}^{[m]}$ et $D_f^{[m]}$, lectures dans $E_f$ des (dé-)tournés $\tilde{\sigma}_D^{[m]}$ et $D^{[m]}$) de $\tilde{\sigma}_D$ et D par $\mathbf{r}^{-1}$, s'écrit sous la forme, formellement équivalente à (26-1) :

$$(26\text{-}3)\quad f = [\tilde{\sigma}_{Df}^{[m]} : H_0\tilde{\sigma}_{Df}^{[m]}]^{1/2} - r_0, \quad \text{avec} \qquad H_0 \in L_S^{\ddagger}(L_{SD}(E_f)) \text{ constant},$$

$$D_f^{[m]} = \lambda \frac{H_0\tilde{\sigma}_{Df}^{[m]}}{[\tilde{\sigma}_{Df}^{[m]}:H_0\tilde{\sigma}_{Df}^{[m]}]^{1/2}}, \qquad [f \leq 0,\ \lambda = 0] \ \boxed{\text{ou}} \ [f > 0,\ \lambda = k\, f^n]$$

● **Plasticité**. Étant donnée la convexité de $\varphi^*$, son gradient, et donc la vitesse d'écoulement plastique et avec elle la puissance dissipée, sont d'autant plus grands que la contrainte s'éloigne du domaine élastique. Dans des modèles (24) avec un coefficient n très grand, cette croissance du gradient est très rapide, si bien que, dans la mesure où la puissance fournie aux structure est limitée, la contrainte ne s'éloigne que très peu du domaine élastique. Le modèle VP se rapproche alors fortement des modèles P où la contrainte est astreinte à rester sur la frontière de $\mathfrak{C}$ en phase plastique. On tend ainsi vers un type très général de modèles RPp, de la forme

| | | |
|---|---|---|
| (27) | $f = \bar{f}_m(\tilde{\sigma}_m)\ ,\quad D_m = \lambda\, \mathrm{grad}\bar{f}_m(\tilde{\sigma}_m)$ | |
| | $[f<0,\ \lambda = 0]$ ou $[f = 0,\ \dot{f} < 0,\ \lambda = 0]$ ou $[f = 0,\ \dot{f} = 0,\ \lambda > 0]$ | |

Dans ce type de modèle, les deux premiers termes de la double alternative correspondent à des évolutions rigides. Le troisième correspond à une évolution plastique, la contrainte actuelle restant sur le bord du domaine élastique $\mathcal{C}$. La vitesse d'écoulement plastique D y est normale à $\mathcal{C}$ en $\tilde{\sigma}$, et dirigée vers l'extérieur. Par rapport à (24), la norme de cette vitesse n'est pas déterminée par la loi d'écoulement, mais l'indétermination qui en résulte est levée par l'équation $\dot{f} = 0$ qui traduit le fait que la contrainte reste sur la frontière de $\mathcal{C}$ à $t^+$, qui n'existait pas en VP.

Introduit comme passage à la limite de (24), nous n'avons pas fait dériver ici la loi complémentaire d'écoulement plastique d'un potentiel des dissipations. D'une part, nous l'avons dit, cela n'est nullement indispensable. D'autre part, la positivité (23) requise pour la dissipation est malgré tout assurée, et pour les mêmes raisons mathématiques, explicitées en **11**-Théorème 1, que dans le cas d'un potentiel des dissipations : au lieu de $\mathcal{D} = \tilde{\sigma}_m.\mathrm{grad}\varphi^*(\tilde{\sigma}_m)$ on a $\mathcal{D} = \tilde{\sigma}_m.\lambda\mathrm{grad}\bar{f}_m(\tilde{\sigma}_m)$ avec $\lambda>0$ et $\bar{f}_m$, comme $\varphi^*$ en VP, convexe, positive et nulle à l'origine. Enfin, on peut montrer l'existence ici aussi d'un potentiel des dissipations, avec $\varphi^*$ égal à la fonction indicatrice du domaine de rigidité, en utilisant la notion de sous-gradient pour ce potentiel non différentiable sur le bord de ce domaine.

● Comme en RVPp, on distinguera pour ces modèles RPp, les modèles isotropes pour lesquels $\mathcal{C}$ est isotrope, qui ne nécessitent finalement pas le choix d'un référentiel suiveur, et qui s'écrivent tout bonnement dans le référentiel fixe, et les modèles anisotropes, relevant de trois écritures équivalentes.

**Exemple 3 : modèle RPp isotrope avec critère de Von Mises**

| | | |
|---|---|---|
| (28) | $f = \bar{f}(\tilde{\sigma}) = \lVert\tilde{\sigma}_D\rVert - r_0\ ,\qquad r_0 \in R^+ \text{ cst},\qquad D = \lambda \dfrac{\sigma_D}{\lVert\sigma_D\rVert}$ | |
| | $[f<0,\ \lambda = 0]$ ou $[f = 0,\ \dot{f} < 0,\ \lambda = 0]$ ou $[f = 0,\ \dot{f} = 0,\ \lambda > 0]$ | |

**Exemple 4 : modèle RPp anisotrope avec critère de Hill**

Les trois écritures de ce modèle *plastique* se déduisent des trois écritures (26-1, 2 et 3) du modèle *viscoplastique* correspondant simplement en y substituant à l'alternative

(29) $[f\leq 0,\ \lambda = 0]$ ou $[f>0,\ \lambda = k\, f^n]$

qui y figure, la double alternative

| | |
|---|---|
| (30) | $[f<0,\ \lambda = 0]$ ou $[f = 0,\ \dot{f} < 0,\ \lambda = 0]$ ou $[f = 0,\ \dot{f} = 0,\ \lambda > 0]$ |

## 13. ÉCROUISSAGE

Nous traitons ici de modèles rigide-(visco)plastique avec écrouissage (RPe, RVPe).

● L'écrouissage est un phénomène physique lié au niveau microscopique, à la production et à la migration de ce que l'on appelle les dislocations au cours des phases plastiques, dont la manifestation au niveau macroscopique auquel nous nous cantonnons, est l'évolution du domaine de rigidité. Ce phénomène est caractérisé par une variable interne (d'écrouissage), éventuellement multiple, $p = (p_1,..., p_k)$, participant à la caractérisation de l'état thermodynamique local, et dont dépendra le domaine de rigidité.

Partant des modèles de RPp et RVPp qui précèdent, on passera à des modèles RPe et RVPe prenant en compte ce phénomène grâce aux adaptations suivantes.

- Tout d'abord, l'état thermodynamique local n'est plus invariant : il est fonction de p. L'énergie interne spécifique est donc une fonction de p, à préciser, $\psi = \overline{\psi}(p)$

- On déduit alors de (19) que la dissipation spécifique se présente sous la forme

$$\tilde{\mathscr{D}} = Y.X, \quad \text{avec } X = \begin{bmatrix} D \\ -\dot{p} \end{bmatrix}, \; Y = \begin{bmatrix} \tilde{\sigma} \\ r \end{bmatrix}, \; r = \overline{\psi}'(p), \text{ et } \begin{bmatrix} \tilde{\sigma} \\ r \end{bmatrix} . \begin{bmatrix} D \\ -\dot{p} \end{bmatrix} = \tilde{\sigma} : D + r.(-\dot{p})$$

- Au lieu d'un potentiel des dissipations $\varphi^*(\tilde{\sigma})$, il faudra donc introduire un potentiel $\varphi^*(Y) = \overline{\varphi}^*(\tilde{\sigma}, r)$, ayant évidemment les propriétés requises en tant que fonction de Y, et la loi complémentaire

$$X = \text{grad } \varphi^*(Y) \quad \Leftrightarrow \quad [D = \text{grad}_{\tilde{\sigma}}\, \overline{\varphi}^*(\tilde{\sigma},r) \;,\; -\dot{p} = \text{grad}_r \overline{\varphi}^*(\tilde{\sigma},r)]$$

- Par ailleurs, le domaine élastique, dépendant de l'état d'écrouissage, dépendra de p, ou de r qui dépend de p. Il relèvera donc d'une équation de la forme

$$(\forall x \in L_S(E)), \quad x \in \mathscr{C} \quad \Leftrightarrow \quad \overline{f}(x,r) < 0 \,,$$

avec $\overline{f}(., r) : L_S(E) \rightarrow R$ convexe pour tout r.

- Remarquant que $f = \overline{f}(\tilde{\sigma}, r)$ est une fonction de Y, il suffit de choisir cette fonction convexe et de définir $\varphi^*$ à partir de $\overline{f}$ exactement comme en plasticité parfaite.

● **Exemple 1 : modèles RVPe et RPe isotropes avec critère de Von Mises**

La variable d'écrouissage p, donc aussi sa force thermodynamique associée r, sont deux variables scalaires, que nous notons p et r . Les modèles sont isotropes et s'écrivent (dans l'espace instantané, ou dans le référentiel fixe) :

| | |
|---|---|
| (31) | $\psi = g(p), \quad r = g'(p)>0, \quad g'(0) = 0, \; g''\geq 0, \quad p = 0 \text{ et } r = 0 \text{ à } t = 0$ |
| | $f = \overline{f}(\tilde{\sigma}, r) = \lVert\tilde{\sigma}_D\rVert - r_0 - r\,, \qquad D = \lambda\dfrac{\tilde{\sigma}_D}{\lVert\tilde{\sigma}_D\rVert}, \quad -\dot{p} = \lambda(-1)$ |
| en RVPe : | $[f\leq 0, \lambda = 0]$ **ou** $[f>0, \lambda = k\, f^n]$ |
| en RPe : | $[f<0, \lambda = 0]$ **ou** $[f = 0, \dot{f} < 0, \lambda = 0]$ **ou** $[f = 0, \dot{f} = 0, \lambda > 0]$ |

Dans ces modèles, on a, au cours d'une phase d'écoulement, $\|D\| = \lambda = \dot{p}$ : la variable d'écrouissage p est la déformation scalaire cumulée qui sera définie en **XIII-3**. Par ailleurs, $\mathcal{C}$ est encore un cylindre droit d'axe (0, $1_E$) (mais dont le rayon $r_0 + r$ va en croissant, tout en restant toutefois borné en pratique), et donc l'écoulement plastique se fait encore à volume constant : en tout point, ρ est donc invariant ($\rho = \rho_r$).

● En liaison avec la note de la page 171, on pourra se convaincre que le modèle ci-dessous, que l'on trouve plus fréquemment dans la littérature, où la fonction seuil est exprimée en contrainte de Cauchy et où l'énergie est donnée par sa densité volumique, est équivalent au précédent, avec $\bar{g} = \rho g$ et $\bar{r} = \rho r$:

| | | | |
|---|---|---|---|
| (31-bis) | $\rho\psi = \bar{g}(p)$, $\bar{r} = \bar{g}'(p)>0$, | $\bar{g}'(0) = 0$, $\bar{g}''\geq 0$, | $p = 0$ et $r = 0$ à $t = 0$ |
| | $f = \bar{f}(\sigma, \bar{r}) = \|\sigma_D\| - \bar{r}_0 - \bar{r}$ , | $D = \lambda \dfrac{\sigma_D}{\|\sigma_D\|}$, | $\dot{p} = \lambda$ |
| en RVPe : | $[f\leq 0,\ \lambda = 0]$ ou $[f>0,\ \lambda = k\, f^n]$ | | |
| en RPe : | $[f<0,\ \lambda = 0]$ ou $[f = 0,\ \dot{f} < 0,\ \lambda = 0]$ | ou $[f = 0,\ \dot{f} = 0,\ \lambda > 0]$ | |

On pourra toutefois constater que pour l'établir par l'approche thermodynamique, en calculant la dissipation spécifique à partir de la forme choisie pour le potentiel énergie, il est préférable d'afficher a priori la condition d'incompressibilité, comme liaison cinématique, plutôt que de la déduire de la loi d'écoulement : sinon, un terme en dρ/dt intervient dans le calcul de la dissipation, dont on ne se débarasse pas naturellement.

Pour tous les modèles (visco)plastiques que nous écrirons, le recoupement avec la littérature classique passe par une traduction du même genre que nous ne ferons pas en général, mai que nous conseillons au lecteur de faire.

**● Exemple 2 : modèles RVPe et RPe avec écrouissage cinématique**

L'écrouissage est dit cinématique lorsque l'évolution de $\mathcal{C}$ se résume à une translation dans $L_S(E)$. Notant $X \in L_S(E)$ le vecteur variable de cette translation, $\mathcal{C}$ relèvera d'une équation de la forme

$$\mathcal{C} = \{\tilde{\sigma} \in L_S(E),\ \bar{f}(\tilde{\sigma} - X)) < 0\}, \qquad \text{avec } \bar{f} : L_S(E) \rightarrow R \text{ convexe},$$

et X jouera le rôle de la variable r (noter que $f = \bar{f}(\tilde{\sigma} - X)$ est aussi convexe en tant que fonction de la variable multiple Y réunissant $\tilde{\sigma}$ et $r = X$).

Il peut arriver que, au cours de l'évolution, l'origine de $L_{SD}(E)$ cesse d'être intérieure à $\mathcal{C}$. Par ailleurs, même si, comme dans l'exemple qui suit, $\mathcal{C}$ est initialement isotrope (pour X = 0), il cesse de l'être en général dès le début de l'écrouissage. Les modèles à écrouissage cinématique sont donc par essence anisotropes. On lira donc $\mathcal{C}$ dans un référentiel suiveur $E_m$ choisi préalablement, et, de façon précise, c'est la lecture $X_m$ de X dans $E_m$ qui jouera le rôle de la variable force thermodynamique r.

Dans le $E_m$ choisi, l'exemple 2 que nous avons en vue s'écrit :

(32-1) $\psi = \frac{1}{2} c\alpha_m{:}\alpha_m \ (= \bar{\psi}(p)), \quad X_m = c\alpha_m, \quad c \in R^+, \ \alpha_m \text{ et } X_m \in L_{SD}(Em)$

$$f = \|\tilde{\sigma}_{Dm} - X_m\| - r_0, \quad D_m = \lambda \frac{\sigma_{Dm} - X_m}{\|\sigma_{Dm} - X_m\|}, \quad \dot{\alpha}_m = \lambda \frac{\sigma_{Dm} - X_m}{\|\sigma_{Dm} - X_m\|} \ (= D_m)$$

en RVPe : $[f \le 0, \lambda = 0]$ ou $[f > 0, \lambda = k f^n]$

en RPe : $[f < 0, \lambda = 0]$ ou $[f = 0, \dot{f} < 0, \lambda = 0]$ ou $[f = 0, \dot{f} = 0, \lambda > 0]$

A tout instant, $\mathcal{C}$ est un cylindre parallèle à $1_E$ et donc invariant par translation parallèle à $1_E$. Il a donc suffi d'une variable $X_m$ déviatorique, c'est à dire orthogonale à $1_E$, pour caractériser ses translations effectives. Il en résulte d'une part que $D_m$ est un déviateur, donc que les écoulements plastiques sont à volume constant, et d'autre part que $\dot{\alpha}_m$ est aussi un déviateur. Partant d'une valeur nulle pour $\alpha_m$, ceci justifie que cette variable ait à priori été choisie déviatorique.

Dans cette écriture dans $E_m$, $\dot{\alpha}_m$, dérivée de $\alpha_m$, est la dérivée par rapport à $E_m$ de $\alpha$, lue dans $E_m$ (comme pour la vitesse de contrainte, il a été nécessaire de "choisir une dérivée de $\alpha$" pour traduire la vitesse d'évolution du phénomène d'écrouissage, et $\alpha$ étant une contrainte, on le fait comme pour les contraintes). On déduit alors de la composition des dérivées (**I**-22-5-1) que la lecture de ce modèle dans le référentiel fixe $E_f$ s'écrit, en fonction des lectures $x_f$ dans le référentiels fixe des différentes grandeur tensorielles x ($\Omega^{(m)} = \Omega_{mlf}$ est le taux de rotation de $E_m$ par rapport à $E_f$, lu ici dans $E_f$) :

(32-2) $\psi = \frac{1}{2} c\alpha_f{:}\alpha_f, \quad X_f = c\alpha_f, \quad c \in R^+, \ \alpha_f \text{ et } X_f \in L_{SD}(Ef)$

$$f = \|\tilde{\sigma}_{Df} - X_f\| - r_0, \quad D_f = \lambda \frac{\sigma_{Df} - X_f}{\|\sigma_{Df} - X_f\|} = \frac{d\alpha_f}{dt} - \Omega_f^{(m)}\alpha_f + \alpha_f \Omega_f^{(m)},$$

en RVPe : $[f \le 0, \lambda = 0]$ ou $[f > 0, \lambda = k f^n]$

en RPe : $[f < 0, \lambda = 0]$ ou $[f = 0, \dot{f} < 0, \lambda = 0]$ ou $[f = 0, \dot{f} = 0, \lambda > 0]$

Enfin, en fonction des grandeurs (dé-) tournées, lues dans $E_f$, on obtient la troisième formulation suivante

(32-3) $\psi = \frac{1}{2} c\alpha{:}\alpha, \quad X = c\alpha, \quad f = \|C_D - X\| - r_0, \quad \mathcal{V}_p = \lambda \frac{C_D - X}{\|C_D - X\|} = \frac{d\alpha}{dt},$

avec : $c \in R^+, \quad \alpha \text{ et } X \in L_{SD}(E_f), \quad \mathcal{V}_p = D_f^{[m]} \text{ et } C = \tilde{\sigma}_f^{[m]}$

en RVPe : $[f \le 0, \lambda = 0]$ ou $[f > 0, \lambda = k f^n]$

en RPe : $[f < 0, \lambda = 0]$ ou $[f = 0, \dot{f} < 0, \lambda = 0]$ ou $[f = 0, \dot{f} = 0, \lambda > 0]$

où nous avons introduit quelques modifications de notation dont nous nous expliquons :

- *Les variables* $\alpha$ *et* X *diffèrent des* $\alpha$ *et* X *précédents* : ce sont les lectures dans $E_f$ de leurs (dé-) tournées. Ceci n'a aucun inconvénient : en pratique, on utilise une seule des trois formulations, et ces variables n'apparaissent pas ailleurs.

- Les variables $\mathcal{V}_p$ et C sont les pions représentant la vitesse d'écoulement plastique et la contrainte dans l'échiquier $E_f$ (beaucoup mieux que ne le faisaient $D_f$ et $\tilde{\sigma}_f$ dans (32-2), et aussi bien que $D_m$ et $\tilde{\sigma}_m$ dans (32-1)).

- Contrairement à $\alpha$ *et* X, il était indispensable, pour $\mathcal{V}_p$ et C, de les relier aux grandeurs D et $\tilde{\sigma}$ intervenant par ailleurs (cinématique, l'équilibre), ce qui a été fait.

- Dans la suite nous exprimerons systématiquement les formulations en variables tournées sous cette forme. Outre la simplification de notation, cette écriture facilitera des comparaisons ultérieures avec d'autres modèles

**• Exemple 3**

Nous terminons par un modèle plus complexe, fortement anisotrope et faisant intervenir une fonction seuil non classique :

(33-1) $\psi = \frac{1}{2}\, c\alpha_m{:}\alpha_m + g(p), \qquad X_m = c\alpha_m, \qquad r = g'(p),$

$$f = [(\tilde{\sigma}_{Dm} - X_m)] : H_m(\tilde{\sigma}_{Dm} - X_m)]^{1/2} + \frac{a}{2c}\, X_m{:}X_m - r - r_0,$$

$H_m \in L_S^+(L_{SD}(E_m))$ constant, c et a $\in R^+$ constants, $\alpha_m$ et $X_m \in L_{SD}(E_m)$, r et p $\in R^+$

$$\dot{p} = \lambda, \quad D_m = \lambda \frac{H_m(\tilde{\sigma}_{Dm} - X_m)}{[(\tilde{\sigma}_{Dm} - X_m)] : H_m(\tilde{\sigma}_{Dm} - X_m)]^{1/2}} = \dot{\alpha}_m + \lambda \frac{a}{c}\, X_m,$$

en RVPe : $[f \le 0,\ \lambda = 0]$ ou $[f > 0,\ \lambda = k f^n]$

en RPe : $[f < 0,\ \lambda = 0]$ ou $[f = 0,\ \dot{f} < 0,\ \lambda = 0]$ ou $[f = 0,\ \dot{f} = 0,\ \lambda > 0]$

L'écrouissage est ici à la fois isotrope par le biais de R rendant compte de dilatations de $\mathcal{C}$, et cinématique par le biais de $X \in L_{SD}(E)$ rendant compte d'une translation avec dilatation de $\mathcal{C}$. Le modèle est anisotrope du fait de cet écrouissage cinématique, mais aussi du fait d'un domaine $\mathcal{C}$ initial non isotrope. Nous sommes enfin toujours dans une hypothèse d'écoulement plastique à volume constant.

Ces modèles sont des adaptations en MGT et en RP et RVP : de modèles EP et EVP standards introduits en [Ladevèze 1996] quand $H_m = 1$, de modèles EP et EVP non standards dits de Marquis-Chaboche quand $H_m = 1$ et $a = 0$ dans la définition de f mais $a \neq 0$ dans la loi d'écoulement en $\alpha$, et de modèles standards à écrouissage isotrope et cinématique très classiques quand $H_m = 1$ et $a = 0$ (partout). Lus dans $E_f$, puis exprimés en variables tournées, sous la forme inaugurée en (32-3), il s'écrivent :

(33-2) $\psi = \frac{1}{2}\, c\alpha_f{:}\alpha_f + g(p), \qquad X_f = c\alpha_f, \qquad r = g'(p),$

$$f = \{[\mathbf{r}_f^{-1}(\tilde{\sigma}_{Df} - X_f)\mathbf{r}_f] : H_0[\mathbf{r}_f^{-1}(\tilde{\sigma}_{Df} - X_f)\mathbf{r}_f]\}^{1/2} + \frac{a}{2c}\, X_f{:}X_f - r - r_0,$$

$H_0 \in L_S^+(L_{SD}(E_f))$ constant (transporté dans $E_f$ par $J_{fm}$ de $H_m$)

c et a $\in R^+$ constants, $\alpha_f$ et $X_f \in L_{SD}(E_f)$, r et p $\in R^+$

$$\dot{p} = \lambda, \quad D_f = \lambda \frac{\mathbf{r}_f\{H_0[\mathbf{r}_f^{-1}(\tilde{\sigma}_{Df} - X_f)\mathbf{r}_f]\}\mathbf{r}_f^{-1}}{\{[\mathbf{r}_f^{-1}(\tilde{\sigma}_{Df} - X_f)\mathbf{r}_f]{:}H_0[\mathbf{r}_f^{-1}(\tilde{\sigma}_{Df} - X_f)\mathbf{r}_f]\}^{1/2}}$$

$$= \frac{d\alpha_f}{dt} - \Omega_f^{(m)}\alpha_f + \alpha_f\Omega_f^{(m)} + \frac{a}{c}\, X_m$$

$\mathbf{r} = R^{(m)} = R_{m|f}$ et $\Omega^{(m)} = \Omega_{m/f}$, rotation et taux de rotation de $E_m$ par rapport à $E_f$

en RVPe : $[f \leq 0, \lambda = 0]$ ou $[f > 0, \lambda = k f^n]$

en RPe : $[f < 0, \lambda = 0]$ ou $[f = 0, \dot{f} < 0, \lambda = 0]$ ou $[f = 0, \dot{f} = 0, \lambda > 0]$

(33–3) $\psi = \frac{1}{2}\, c\alpha{:}\alpha + g(p), \qquad X = c\alpha, \qquad r = g'(p),$

$$f = [(C_D - X) : H_0(C_D - X)]^{1/2} + \frac{a}{2c}\, X{:}X - r - r_0,$$

$H_O \in L_S^+(L_S(E_f))$ cstant, c et a $\in R^+$ cstants, $\alpha$ et $X \in L_{SD}(E_f)$, r et p $\in R^+$

$$\dot{p} = \lambda, \quad \mathcal{V}_p = \lambda \frac{H_0(C_D - X)}{[(C_D - X) : H_0(C_D - X)]^{1/2}} = \frac{d\alpha}{dt} + \lambda\frac{a}{c}X$$

$$C = \tilde{\sigma}_f^{[m]} \quad \text{et} \quad \mathcal{V}_p = D_f^{[m]}$$

en RVPe : $[f \leq 0, \lambda = 0]$ ou $[f > 0, \lambda = k f^n]$

en RPe : $[f < 0, \lambda = 0]$ ou $[f = 0, \dot{f} < 0, \lambda = 0]$ ou $[f = 0, \dot{f} = 0, \lambda > 0]$

(les $\alpha$ et X de (33-3) sont les lectures dans $E_f$ des (dé-)tournés des $\alpha$ et X de (33-1 et 2), ce qui importe peu si l'on ne fait usage que d'un de ces systèmes équivalents)

● Pour terminer ces deux paragraphes consacrés à la plasticité, rappelons que, comme déjà signalé à propos de l'hypoélasticité, il convient évidemment d'adjoindre aux équations écrites les informations relatives à la cinématique du référentiel suiveur utilisé.

CHAPITRE XII

# ÉLASTICITÉ ET ÉLASTOPLASTICITÉ

Ce chapitre introduit à l'élasticité dans le cadre des approches spatiales. Il est la continuation du précédent, mais nous avons choisi de l'en séparer car avec l'élasticité nous abordons les comportements de type résolument *solide*, alors que ceux du chapitre précédent mettaient essentiellement en jeu des écoulements. Le paramètre cinématique essentiel y sera l'état de *forme*, que dans la littérature on appellerait état de *déformation* et que nous avons choisi d'appeler *état métrique*, qui est au coeur de cette partie **P3**.

L'élastoplasticité, avec le formage des métaux, est un champ d'application par excellence de la MGT. C'est un comportement complexe, dont la partie élastique, généralement petite, se prête à des approximations diverses, et dans lequel on peut prendre en compte une microstructure. Il nécessiterait à lui seul de longs développements. Nous ne pourrons qu'effleurer le sujet.

## 1. L'ÉTAT MÉTRIQUE

- Adoptons pour l'élasticité la définition tout à fait classique suivante :

**Définition**

*Le comportement est élastique quand l'état de contrainte actuel en un point du matériau n'est fonction que de son état de forme géométrique, ou état métrique, actuel en ce point.*

Nous avons tardé à traiter d'un comportement aussi basique parce que :

*Nous n'avons dans l'approche spatiale aucune variable caractérisant (et encore moins modélisant) le concept d'état métrique local d'un milieu continu.*

En particulier, le tenseur métrique $\gamma$ caractérisant l'état métrique mis en évidence en **IX-2** relève strictement du modèle matière. On pourrait évidemment songer à le transporter à chaque instant dans l'espace, par le transport adapté à sa nature tensorielle. Mais compte tenu de sa définition même (**IX**-2), on obtiendrait ainsi ... le tenseur métrique spatial, qui, constant dans tout référentiel, ne peut en aucun cas caractériser, et encore moins modéliser, spatialement l'état métrique actuel à priori variable du milieu.

• A défaut d'un pion état métrique dans toute sa plénitude, on a toutefois à disposition un pion qui ne décrit qu'un aspect de l'état métrique : le volume spécifique $\tau$. Cette grandeur scalaire, pour laquelle donc la distinction matériel/spatial n'a pas cours, ne dépend en effet que de l'état métrique, donc de $\gamma$. On déduit d'ailleurs de (**M7**-c et h), de (**M12**-i) et de (**VII**-20) que l'on a[1] :

$$\boxed{\tau = (\text{Dét}\,\gamma)^{1/2}} \qquad (1)$$

On pourra remarquer que dans les exemples de comportement hyperélastique que sont le gaz parfait et les fluides parfaits barotropes présentés au chapitre précédent, la contrainte (qui est sphérique et donc se réduit à une pression) et l'énergie élastique sont apparues, en (**XI**-2, 3 et 4), comme fonctions de cette seule variable d'état métrique $\tau$.

• En fait, dans l'approche spatiale, l'état métrique actuel n'intervient pas au grand jour par une variable le caractérisant. Il s'insinue de façon indirecte dans le jeu, car les pions modélisant un concept physique rendent compte de ce concept dans l'état métrique actuel du milieu. Par exemple, les plans principaux de $\sigma$ ou $\tilde{\sigma}$ désignent les trois directions de surface le long desquelles les forces de cohésion sont normales, mais en outre ils les présentent deux à deux orthogonales, ce qui résulte de l'état métrique actuel du milieu. On notera qu'en conséquence il est difficile de ne voir dans $\sigma$ ou $\tilde{\sigma}$ des grandeurs qui ne caractérisent que l'état de contrainte...

Ceci est la faiblesse principale des approches spatiales du comportement. Elle correspond au fait que, au niveau global, la représentation spatiale de la position actuelle d'un milieu occupant tout l'espace est l'application $1_{\mathcal{E}}$ : M→M, totalement impuissante à décrire le mouvement. Ceci n'est pas un problème dans le cas des fluides: le volume spécifique y est une variable d'état métrique suffisante, le champ spatial des vitesses est l'inconnue principale pour beaucoup de problèmes, et la détermination du mouvement proprement dit ne se fait qu'à partir de lui, après coup, si nécessaire. Nous avons d'ailleurs pu traiter des fluides élastiques que sont les fluides parfaits.

Mais il n'en va pas de même pour les solides, et la question non seulement de la caractérisation mais aussi de la modélisation de la forme-état métrique s'y pose avec acuité. L'histoire de la MGT peut d'ailleurs se comprendre comme étant une juxtaposition de tentatives pour lui apporter une réponse.

• Cette question, nous l'avons quant à nous déjà soulevée, sous une forme bien précise et argumentée, dans notre question fondamentale de **IV-4**. Nous lui apporterons

[1]Malgré les apparences, cette relation n'est pas en contradiction avec (**M7**-h) qui affirme que le déterminant d'un tenseur métrique vaut 1 *quant on utilise dans l'espace et son dual les jauges volume induites par le tenseur métrique*. Ici, indépendamment de tout état métrique, $T_0$ est jaugé par la masse, ce qui induit aussi une jauge pour $T_0^*$. Et pour définir le déterminant d'applications de, ou dans, $T_0$ ou $T_0^*$, telles que a, a* ou $\gamma$, il n'est pas question de substituer à ces jauges "d'origine", contantes, les jauges volume variables des espaces euclidiens $E_0 = (T_0, \gamma)$ et $E_0^*$. Il en résulte que, bien que a soit une isométrie de $E_0$ dans E, son déterminant ne vaut pas 1 mais $\tau$, et que celui de $\gamma$ ne vaut pas 1 mais $\tau^2$.

une réponse originale au prochain chapitre et regarderons ensuite, en Ch **XVII**, ce qu'elle apporte en particulier au traitement de l'élasticité.

Dans la littérature on tente de répondre à cette question par le biais de la modélisation de la *déformation* que présente l'état métrique actuel par rapport à celui dans une position de référence. C'est là la caractéristique des approches matérielles classiques, que nous exposerons en Ch **XX**, qui tentent ainsi d'étendre ce que l'on fait classiquement et avec bonheur en petits déplacements. En élasticité, l'état métrique de référence sera l'état relâché. Il est physiquement significatif, ce qui est encourageant. Mais par contre, nous verrons en **P4** qu'en grandes transformationts la modélisation des déformations par une mesure de déformation, pose problème.

Dans ce chapitre, nous introduisons au traitement classique de l'élasticité en grandes transformations en nous contentant de *caractériser*, et non *modéliser*, la déformation par les seuls paramètres que nous ayons à notre disposition, à savoir les déplacements déformants U, grandeur $\Omega_r$-matérielle, et V, grandeur objective, de la décomposition polaire (Ch **V**). Les approches matérielles classiques s'inscriront naturellement dans ce cadre minimal (avec des "améliorations" discutables), car les mesures de déformation, à prétention modélisante, y seront elles mêmes définies comme fonctions de ce déplacement déformant.

Nous exposerons aussi, en fin de chapitre, une approche basée sur une tentative ratée de réponse à notre question fondamentale de **IV-4**. Bien que théoriquement irrecevable dans toute sa généralité, cette approche débouchera sur un modèle intéressant, et utilisé dans la pratique, quand les déplacements sont grands mais les déformations petites. Et puis la tentative ratée sera une bonne introduction à la tentative plus fructueuse que constituera le chapitre suivant.

## 2. ÉLASTICITÉ

● Remarquons d'abord qu'une loi élastique, qui exprime que l'état actuel de contrainte est fonction de l'état métrique actuel, ou d'un paramètre le caractérisant, est une loi entière entre valeurs actuelles du type manipulé au chapitre précédent. Il conviendra alors, entre U et V, de choisir V, qui est objectif, comme paramètre.

Si, dans ce cadre, on impose à la contrainte de ne dépendre strictement *que* de l'état métrique, on ne peut exprimer que le comportement élastique *isotrope*, sous la forme :

| | | |
|---|---|---|
| (2) | $\tilde{\sigma} = f(V)$ | avec $f : L_S(E) \rightarrow L_S(E)$ *isotrope* et constante |

sans indication du référentiel dans lequel elle a à être lue. On la lira donc classiquement dans le référentiel de travail, éventuellement en s'interrogeant sur le référentiel suiveur dans lequel il faudrait la lire pour obtenir des fonctions du temps physiquement significatives, préoccupation d'ailleurs sans objet en élastostatique.

On notera qu'il aurait été équivalent de postuler fonction isotrope de V, non pas $\tilde{\sigma}$, égal à $\sigma\tau$, comme ci dessus, mais le tenseur de Cauchy $\sigma$, ou encore le plus classique tenseur des contraintes de Kirchhoff $\sigma J$. Rappelons aussi, s'il en est besoin, que dans un tel comportement, les directions principales de la contrainte f(V) sont identiques à celles de V, c'est à dire aux direction principales de déformation actuelles. Il en résulte en particulier que f(V) et V commutent, propriété que nous utiliserons.

● Une loi anisotrope, par contre, devra exprimer $\tilde{\sigma}$ comme fonction isotrope de V et de variables d'anisotropie $\mathcal{A}$, $\tilde{\sigma} = g(V, \mathcal{A})$, et elle ne restera une loi élastique que si ces dernières sont d'une certaine façon constantes (sinon on fait de l'endommagement). La question de la loi d'évolution de ces variables, de l'endroit où l'on va aller les lire et les postuler constantes, et donc de leur nature tensorielle précise, question multiforme que nous avons détaillée à propos de la vitesse de contrainte, va alors se poser.

Dans le cadre de l'hypothèse d'une nature euclidienne pour $\tilde{\sigma}$ que nous avons décidé de privilégier, et qui peut valoir aussi pour V dont une des caractéristiques est d'être symétrique au sens de la transposition euclidienne, on peut songer à adopter l'optique de paramètres d'anisotropie euclidiens constants dans un référentiel suiveur particulier $E_m$ qu'il convient évidemment de préciser. Dans cette hypothèse, que nous adopterons, on débouche sur une loi élastique anisotrope à lire obligatoirement dans cet $E_m$.

● Le fait que la contrainte soit fonction de l'état métrique en fait automatiquement une variable d'état (thermodynamique dans le cas hyper-élastique). La traduction du comportement ne peut alors plus être uniquement abordée au cours d'un processus comme au chapitre précédent. Elle doit résulter d'une analyse en termes d'état, donc de position ou de déplacement (géométrique) par rapport à une position de référence, pris isolément. Et une conséquence importante est qu'une exigence supplémentaire va s'imposer pour ce qui est du recours à des solides suiveurs comme ersatz du modèle matière.

Les solides suiveurs qui comme le corotationnel ne seraient définis qu'au cours d'un processus d'évolution se trouvent obligatoirement hors course. Surtout si (mais n'est-ce pas là ce qui les caractérise?), toujours comme le corotationnel, pour toute position du milieu, ils fournissent une position du solide suiveur par rapport au milieu dépendant du chemin suivi par le milieu pour atteindre cette position, effet d'histoire totalement absent du comportement élastique. L'inconvénient du suiveur corotationnel signalé à la fin de **V-1** lui est donc irrémédiablement fatal en élasticité.

● On se trouve ainsi astreint à ne retenir que les solides suiveurs qu'en **V-6** nous avons dit géométriques, qui permettent de suivre le milieu d'une position à une autre sans qu'il soit nécessaire de relier celles-ci par un chemin. Nous avions vu alors que le suiveur en rotation propre $E_p$ possède cette propriété. Et comme c'est le seul que nous ayons à notre disposition, nous l'adoptons. Nous postulons donc, dans $E_p$, un comportement élastique non isotrope sous la forme

| (3-1) | $\tilde{\sigma}_p = f(V_p)$ avec $f : L_S(E_p) \to L_S(E_p)$ constante |
|---|---|

dont les deux expressions dans le référentiel fixe sont, toujours en utilisant (**XI**-12), et puisque V est le trourné par $R = R^{(p)}$ de U ($U = RUR^{-1} = V^{[p]}$, dé-tourné de V),

| (3-2) $\tilde{\sigma}_f = R_f h(U_f) R_f^{-1}$ | avec $h = \overset{*}{J}_{fp} f : L_S(E_f) \rightarrow L_S(E_f)$ constante |
|---|---|

| (3-3) $\tilde{\sigma}_f^{[p]} = h(U_f)$ | avec $h = \overset{*}{J}_{fp} f : L_S(E_f) \rightarrow L_S(E_f)$ constante |
|---|---|

Les applications f et h ne sont plus isotropes : elles dépendent de constantes (respectivement dans $E_p$ et $E_f$) d'anisotropie.

En fait, *ce n'est pas l'absence d'autres exemples de solides suiveurs géométriques qui nous contraint à cette "lecture en rotation propre"*. C'est le fait que la grandeur que nous avons choisie pour caractériser la déformation, à savoir V, s'était au départ inscrite dans la reconnaissance du solide en rotation propre comme suiveur. Une autre théorie, avec un autre solide suiveur, devrait en même temps proposer une autre variable caractéristique de la déformation par comparaison avec cet autre solide suiveur.

Bien évidemment, ce que nous avons dit en **V-6** de l'inconvénient principal de $E_p$, à savoir que la façon qu'il a de suivre le milieu dépend de la configuration de référence choisie, demeure. Le fait qu'en élasticité l'état dans la position de référence soit physiquement significatif en atténue la portée, mais est-ce suffisant? Par ailleurs, pour les contraintes, nous avions plutôt jusque maintenant préconisé la lecture dans le corotationnel[2]...Nous n'avons pas d'exemple d'autre suiveur géométrique à proposer, mais cela n'est pas grave, car nous verrons en **XVII-6** que, sans physique supplémentaire, qui pourrait par exemple s'introduire par le biais d'une microstructure, l'étude qui précède est parfaitement suffisante.

## 3. APPROCHE ÉNERGÉTIQUE

● Adoptons la définition énergétique suivante de l'élasticité :

**Définition**

*Un milieu est dit élastique si sa fonctionnelle puissance spécifique des efforts internes $\mathcal{P}$ est une forme différentielle (d'ordre un) de son état métrique, donc de toute variable caractérisant celui-ci. Et il est dit hyperélatique s'il s'agit d'une différentielle totale (de l'opposé de l'énergie élastique).*

De la décomposition polaire F = VR et de (**V**-17-2) on déduit :

$$\text{(4)} \qquad D = (\dot{F}F^{-1})_S = [(\dot{V} + V\dot{R}R^{-1})V^{-1}]_S = [(\dot{V} + V\,\Omega^{(p)} - \Omega^{(p)}V)V^{-1}]_S$$

A priori écrite, comme toute la partie **P1**, dans le référentiel de travail, ce qui fait que $\dot{V}$ y vaut, avec des notations complètes,

$$\dot{V} = \frac{d}{dt}(V_f) = (\frac{d^f V}{dt})_f,$$

[2]On peut sur ce point s'interroger. La contrainte est-elle un concept monolithique? La contrainte élastique, variable d'état thermodynamique, et la contrainte dans un fluide visqueux doivent-elles obligatoirement relever du même traitement? Nous ne le pensons pas.

cette relation peut être lue à chaque instant dans l'espace instantané, à condition de remplacer $\dot{V}$ par $d^f V/dt$. Il vient alors, en utilisant (**I-22-5-1**)

$$(5) \qquad D = \left(\frac{d^p V}{dt} V^{-1}\right)_S , \qquad \text{et donc} \qquad -\mathcal{P} = \tilde{\sigma} : \left(\frac{d^p V}{dt} V^{-1}\right)_S = \tilde{\sigma}_p : \left(\frac{dV_p}{dt} V_p^{-1}\right)_S$$

où $d^p/dt$ est la dérivation par rapport au référentiel en rotation propre $E_p$ (**V-5**), et où nous avons finalement privilégié la lecture dans $E_p$ pour retrouver une vraie dérivée, qui plus est de $V_p$ qui est exactement la variable choisie pour caractériser l'état métrique.

*La mise en oeuvre de la définition énergétique débouche donc sur la nécessité de caractériser les comportements élastiques par des lois de la forme*

$$(6) \qquad \tilde{\sigma}_p = f(V_p) \quad \textit{avec } f : L_S(E_p) \rightarrow L_S(E_p) \; \textit{constante,}$$

*On retrouve donc la loi* (3-1) *de l'approche non énergétique.*

- Au lieu de $F = VR$, on aurait pu partir de $F = RU$. On aurait alors eu :

$$D = (\dot{F}F^{-1})_S = (\dot{R}R^{-1} + R\,\dot{U}U^{-1}R^{-1})_S = R(\dot{U}U^{-1})_S R^{-1}, \qquad \text{et donc :}$$

$$-\mathcal{P} = \tilde{\sigma} : [R(\dot{U}U^{-1})_S R^{-1}] = (R^{-1}\tilde{\sigma}R) : (\dot{U}U^{-1})_S = \tilde{\sigma}^{[p]} : (\dot{U}U^{-1})_S$$

où $\tilde{\sigma}^{[p]}$ est le (dé-)tourné de $\tilde{\sigma}$ dans la rotation $R^{-1}$ avec $R = R^{(p)}$.

Cette relation est a priori écrite dans le référentiel de travail, et nous n'aurons cette fois nul besoin d'aller la lire ailleurs. Elle porte donc sur $U = U_f$, qui est une variable équivalente à $V_p$ dont elle est la (dé-) tournée par $R^{-1}$. Ainsi abordée, la définition énergétique conduit donc encore aux lois élastiques (3) de l'approche non énergétique, mais par le biais de leur version en variables dé-tournées (3-3).

- Enfin, la question de l'hyperélasticité est résolue par le résultat ci dessous (nous supprimons l'indice f systématique pour les écritures dans $E_f$)

**Théorème 1**

**a** - *Le comportement* (3-3) *est hyperélastique, avec pour énergie de déformation spécifique* $e = \overset{x}{e}(U)$, *où* $\overset{x}{e} : L_S(E_f) \rightarrow R$ *est une application donnée, ssi*

$$(7) \qquad (\forall U) \qquad \boxed{h(U)U^{-1} + U^{-1}h(U) = 2\,\text{grad}\,\overset{x}{e}(U)}$$

**b** - *Résultat et formule identiques, f remplaçant h, pour la formulation* (3-1)

**Preuve.** Il y a hyperélasticité ssi[3] pour tout processus de déformation $t \rightarrow U$ :

$$h(U) : (\dot{U}U^{-1})_S = \frac{d}{dt}(\overset{x}{e}(U)) \equiv \text{grad}\,\overset{x}{e}(U) : \dot{U} \equiv \text{Tr}[\text{grad}\,\overset{x}{e}(U)\,\dot{U}]$$

Compte tenu de ce que $U$, $h(U)$, $\text{grad}\,\overset{x}{e}(U)$ et $\dot{U}$ sont tous symétriques, on a

$$\text{Tr}[h(U)\;(\dot{U}U^{-1})_S] = 1/2\;\text{Tr}(U^{-1}h(U)\;\dot{U}) + 1/2\;\text{Tr}[h(U)\,U^{-1}\,\dot{U}],$$

---

[3]Nous utilisons le produit scalaire ":" dans $L_S(E_r)$, et donc, conformément à la définition (**M3-j**), le gradient de $\overset{x}{e}$ et non, comme on le voit souvent écrit dans la littérature, sa dérivée qui est dans $L_S(E_r^*)$

et le point a en résulte immédiatement. Le point b se démontre de la même façon ▪

Pour connaître par exemple la loi (3-3) correspondant à une énergie de déformation $\overset{x}{e}(U)$ donnée, il est nécessaire de résoudre (7) en h(U), ce qui n'est pas aisé dans le cas général. On trouvera en [Sidorof 1978] et [Dogui 1983] une résolution explicite. Dans le cas particulier d'une loi isotrope, on a le résultat suivant

**Théorème 2**

*Une loi hyperélastique isotrope, d'énergie élastique*

$$e = \alpha(V^{I}, V^{II}, V^{III}) = \alpha(U^{I}, U^{II}, U^{III})$$

*où* $\alpha$ *est une application quelconque de* $R^3$ *dans* R, *s'écrit :*

(8) $$\boxed{\tilde{\sigma} = V \operatorname{grad}_V e} \quad \Leftrightarrow \quad \boxed{\tilde{\sigma}^{[p]} = U \operatorname{grad}_U e}$$

**Preuve.** Dans le cas isotrope h(U) et $U^{-1}$ ont mêmes directions propres, donc commutent **(M6-f)**, et (7) exprime que h(U) est égal à $U \operatorname{grad} \overset{x}{e}(U)$ ▪

Au risque de nous répéter, ajoutons que la relation (8-1), entre grandeurs objectives, peut être lue dans un référentiel quelconque. Elle est usuellement lue dans le référentiel fixe, alors que c'est lue dans $E_p$ qu'elle porterait sur des variables physiquement significatives. Par contre, (8-2), relation entre grandeurs $\Omega_r$-matérielles, a vocation a être lue dans le référentiel fixe et porte alors sur des variables physiquement significatives.

● Nous avons distingué l'élasticité et l'hyperélasticité pour rester dans la tradition. Mais il est clair que seule l'hyperélasticité s'inscrit dans l'approche thermodynamique rappelée en **XI-11**. Elle correspond au cas où :

- l'état thermodynamique est caractérisé par l'état métrique, et donc l'énergie interne ne dépend que de celui-ci : $\Psi = \bar{\psi}(V_p)$ $(= \overset{x}{e}(U_f))$

- Il n'y a aucun phénomène de dissipation : $\tilde{\mathcal{D}} = 0$.

Par ailleurs, si dans le cas isotrope les formulations en V et en U ont cours, dans le cas anisotrope seule la seconde est pratiquement utilisée (on a dit que la lecture dans un référentiel mobile est peu pratiquée). La dépendance en U, de la contrainte ou du potentiel, est parfois affichée sous forme d'une dépendance par rapport à la transformation F = RU, mais d'une forme restreinte assurant l'indépendance par rapport à R. Elle est aussi présentée sous forme d'une dépendance par rapport à une mesure de déformation particulière, elle-même fonction de U, introduisant à une compréhension mécanique plus détaillée mais malheureusement dépendant de la mesure choisie.

Nous ne traiterons de ces mesures qu'en **P4** et renvoyons à Ch **XX** pour leur utilisation en élasticité. Pour l'heure, nous abordons l'élastoplasticité.

## 4. LA CONFIGURATION RELÂCHÉE

● Comme son nom l'indique, le comportement élastoplastique est un comportement composite. Il relève d'un modèle rhéologique accouplant en série, donc sous une même contrainte mais avec deux cinématiques différentes qui se composent, deux composants distincts et qui ont des comportements différents, l'un élastique et l'autre plastique. Le problème qui se pose est alors d'abord celui de la composition des deux cinématiques : une fois ceci réalisé, on peut espérer qu'il ne restera plus qu'à transcrire les lois élastique et plastique respectivement, avec la même contrainte, pour chacune des cinématiques.

En petits déplacements, cette composition est immédiate. Elle se fait par addition de deux effets de déformation infinitésimaux $\varepsilon_{Le}$ et $\varepsilon_{Lp}$ s'ajoutant pour constituer l'effet petite déformation totale $\varepsilon_L$, qui par dérivation conduit à une composition elle aussi additive des vitesses de déformation. Il s'agit là uniquement d'une composition des cinématiques de déformation, ce qui n'a rien d'étonnant puisque en petits déplacements les mouvements sont négligés. Mais en grandes transformations, nous savons que la composition de deux cinématiques est beaucoup moins simple.

● On pourrait être tenté de traiter au niveau des vitesses, c'est à dire à celui de D, outil sûr, cette composition des cinématiques. Les vitesses s'ajoutant quand on compose deux mouvements, on partirait donc d'une décomposition de D en somme

(9) $$D = D_{(e)} + D_{(p)}$$

de deux parts, élastique et plastique. Des approches sous cet angle simple ont été tentées.

Mais une telle simplicité est trompeuse. Il suffit de regarder par exemple la relation (**I**-22-a), déduites de (**I**-17-a), pour comprendre que ce ne sont pas les vitesses elles mêmes qui s'ajoutent, mais leurs lectures dans une même "feuille" par des transports associés aux mouvements que l'on compose. Il en résulte que l'on ne peut se restreindre au niveau des vitesses. Le niveau des états métriques étant inaccessible en approche spatiale, c'est à celui du positionnement spatial, décrit localement par la transformation F, que l'on va composer les cinématiques. Une large classe de modèles, que nous présenterons en **6**, font pour cela appel à la notion de configuration relâchée, ou configuration intermédiaire.

● En élasticité, il est supposé exister pour le milieu un état métrique privilégié immuable, dit parfois naturel, dans lequel les contraintes sont supposées nulles. Nous avons déjà signalé que la position de référence est choisie dans cet état métrique privilégié, et les applications f de (2) et h de (6) sont nulles pour V et U nuls. On peut encore présenter les choses en disant que le matériau a en mémoire cet état métrique privilégié, dit naturel et choisi de référence, et qu'il y revient quand on relâche ses contraintes internes. Au lieu de *naturel* on aurait pu de ce fait dire *relâché*.

C'est ce terme relâché qui est utilisé dans les modèles élasto(visco)plastiques, EP et EVP, que nous avons en vue, et qui se distinguent des modèles RP et RVP du chapitre précédent essentiellement sur deux plans. D'une part, les phases rigides sont remplacées par des phases dites élastiques, au cours desquelles le milieu se comporte exactement comme un milieu élastique, avec donc une métrique relâchée constante en mémoire. Le domaine $\mathcal{C}$ à l'intérieur duquel se trouvent les contraintes durant ces phases est de ce fait appelé domaine élastique. D'autre part, cet état métrique relâché évolue au cours des phases plastiques, évolution s'ajoutant à celle de $\mathcal{C}$ en cas d'écrouissage. Il faut aussi ajouter qu'une évolution élastique s'ajoute généralement à l'écoulement plastique proprement dit au cours de ces phases plastiques, qui ne sont donc pas purement plastiques.

● Cet état métrique relâché devient alors une grandeur constituant un élément important pour traduire le comportement. Mais n'ayant pas plus de variable pour le modéliser qu'en ce qui concerne l'état métrique actuel, et se refusant à rester au niveau de sa vitesse d'évolution, on introduit non pas cet état lui-même mais, en plus de la position de référence fixe et de la position actuelle qui évolue, une seconde position évolutive, appelée *configuration relâchée*, dans laquelle le milieu serait dans cet état métrique naturel évolutif dit relâché. On dispose ainsi de trois positions différentes, entraînant naturellement une décomposition de la transformation F en le produit de transformations

(10) $$\boxed{F = F_e F_p}$$

dont la première $F_p$ fait passer de la position de référence à la position relâchée (il faudrait dire "relâchée actuelle") et la seconde $F_e$ fait passer de celle-ci à la position actuelle.

Pour comprendre le sens de $F_p$, il suffit de remarquer que c'est par l'évolution de cet $F_p$ que la métrique relâchée risque de changer, et que ceci ne peut se produire qu'au cours des phases non purement élastiques, ce qui fait dire que $F_p$ est la part plastique de la transformation. Si, au cours d'une phase du mouvement, $F_p$ est indépendant du temps, alors la configuration relâchée et son état métrique sont constants. Il s'agit alors d'une phase d'évolution purement élastique, régie par l'évolution de $F_e$ qui de ce fait est défini comme étant la part élastique de la transformation. On notera que cela n'aurait pas grand sens physique de considérer le cas d'un $F_e$ constant, car il s'agirait d'une transformation constante agissant sur une position variable.

● Faisons deux remarques. La première est qu'il s'agit là d'une décomposition locale effectuée en chaque point du milieu. Comme cela s'est déjà produit pour d'autres décompositions de F, elle n'a aucune raison de dériver d'une décomposition globale : $F_p$ n'est pas le gradient d'un "mouvement plastique" global $M_r \rightarrow M_p$. Tout comme, d'ailleurs, en petits déplacements, le champ des déformations irréversibles $\varepsilon_{Lp}$ n'est pas compatible. Le relâchement dont il est question n'est pas un relâchement des sollicitations de la structure globale, que l'on peut envisager de réaliser expérimentalement, mais un relâchement *imaginaire* de l'élément (simple) local supposé déconnecté du reste et dont l'évolution plastique est supposée bloquée (autorisant ainsi la contrainte à sortir élastiquement du domaine élastique lorsque, en cas d'écrouissage, celui-ci ne contient pas la contrainte nulle).

La seconde remarque est qu'une position (locale) qui se déduirait de la position relâchée choisie dans une rotation fonction du temps, serait elle aussi dans l'état métrique relâché, et donc serait une possible position relâchée. Il en résulte que la position relâchée, et (10), ne sont définis qu'à une rotation près. A partir d'une première décomposition $F = \overline{F}_e\overline{F}_p$, on obtiendra toute les autres possibles $F = F_eF_p$ en faisant :

(11) $$F_p = r\overline{F}_p \qquad \text{et} \qquad F_e = \overline{F}_e r^{-1}$$

où r est une rotation de E fonction du temps quelconque.

Dans la pratique, il conviendra de lever cette indétermination. Les monocristaux ont la particularité d'exhiber dans toute position relâchée, une figure de géométrie (euclidienne) invariable : le réseau cristallin. Il suffit alors, pour lever l'indétermination, d'imposer à cette figure d'avoir une orientation invariable (par rapport au référentiel de travail) dans la configuration relâchée. C'est la configuration relâchée isocline [Mandel 1971]. Elle a l'avantage d'être fixe dans les phases d'évolution purement élastiques. Mais évidemment, de par la présence même du réseau cristallin, il s'agit là d'une cinématique plus complexe que celle que nous venons de décrire. Nous en reparlerons en **XVII-8**. Nous donnerons bientôt quelques solutions pour lever l'indétermination (11) dans le cadre de la cinématique minimale, sans microstructure, à laquelle nous nous limitons ici.

● Enfin, pour les lecteurs du premier type, remarquons que (10) équivaut, au niveau des placements et non plus des transformations-déplacement, à

$$\boxed{a = F_e a_p} \text{ , où } a = Fa_r \text{ et } a_p = F_p a_r \quad \text{(soumis à l'indétermination } a_p = \bar{r} a_p\text{)}$$

sont le placement actuel et le placement (fictif) dans l'état métrique relâché. L'état métrique relâché ici mis en scène est alors caractérisé par le tenseur métrique

$$\gamma_p = a_p{}^* g a_p$$

C'est lui qui est censé être le paramètre physiquement significatif, l'indétermination sur la configuration relâchée résultant de ce que, considérée comme équation en $a_p$ avec $\gamma_p$ donné, la relation ci dessus a une infinité de solutions.

On pourrait songer à se passer de la configuration de référence pour être plus intrinsèque. Nous ne le ferons toutefois pas, car on suppose toujours en élasto(visco)plasticité que le matériau évolue à partir d'un état (de référence) initial particulier connu.

## 5. COMPOSITION DES MOUVEMENTS PLASTIQUE ET ÉLASTIQUE

Analysons plus en détail la composition de mouvements engendrée par (10)

● En tant que composition de mouvements, on a d'abord le mouvement absolu (ou total, ou résultant) qui est le mouvement effectif du milieu, et le mouvement d'entraînement, qui est le mouvement de la configuration relâchée et qui peut être pensé comme un mouvement fictif du milieu local, associé au mouvement effectif, que nous dirons plastique pour simplifier. Il s'agit de deux mouvements par rapport au référentiel de travail, décrits respectivement par les transformations F et $F_p$ à partir de la configuration de référence, et pour lesquels tout ce qui a été développé en **P1** peut être utilisé. A titre d'exemple, on aura un taux de rotation total $\Omega$ et un taux de rotation (du mouvement) plastique $\Omega_p$, un référentiel corotationnel au mouvement total $E_c$ et un au mouvement plastique $E_{cp}$.

Et puis il y a le mouvement relatif, apportant la contribution élastique, qui, lui, n'est pas un mouvement du milieu par rapport à un référentiel d'espace. C'est une sorte de mouvement relatif entre deux milieux continus en mouvement simultané, ou plutôt du milieu par rapport à lui-même puisque l'on envisage ici ce milieu dans deux mouvements simultanés et différents (dont un seul évidemment est son mouvement réel), d'un type donc que nous n'avons pas étudié jusque maintenant. *Une certaine circonspection conviendra donc à son propos.*

En outre, l'indétermination (11) complique un peu cette vision, car, dans le mouvement plastique, il n'y a que le processus de déformation qu'il provoque, c'est à dire le processus d'évolution de l'état métrique relâché, qui est physiquement représentatif.

● **Composition des décompositions polaires.** On peut procéder à la décomposition polaire de chacun des termes de (10). Il vient

(12) $F = RU = VR, \qquad F_p = R_pU_p = V_pR_p, \qquad F_e = R_eU_e = V_eR_e,$

soumis du fait de (11) aux indéterminations suivantes :

$$(13) \qquad V_e = \bar{V}_e, \qquad R_e = \bar{R}_e r^{-1}, \quad U_e = r\bar{U}_e r^{-1}$$
$$U_p = \bar{U}_p, \qquad R_p = r\bar{R}_p, \quad V_p = r\bar{V}_p r^{-1}$$

On constate donc que:

| $V_e$ *et* $U_p$ *sont indépendantes de la façon dont on lève l'indétermination (11)*

mais aussi que, en général, $R \neq R_eR_p$, $U \neq U_eU_p$, $V \neq V_eV_p$, et donc que :

| *Il n'y a composition ni des rotations propres ni des déformations pures*

Ceci peut se comprendre. Les rotations propres sont bien des rotations d'éléments matériels, à savoir les axes matériels situés dans les directions propres pour chaque déformation. Mais ces éléments matériels n'étant en général pas les mêmes dans les trois transformations, il n'y a aucune raison pour que ces rotations se composent.

● **Composition des vitesses.** Dans la vision non euclidienne de l'espace, décrite en **VIII-3** et intégrant dans une même vision référentiels rigides et voisinages linéarisés de milieux déformables, où se situe la notion de vitesse, et dans l'esprit des commentaires suivant la définition de L en **IV-1**, on peut considérer que, en posant

$$(14) \qquad L = \frac{dM}{dM_r} = \dot{F}F^{-1}, \qquad L_p = \dot{F}_pF_p^{-1} \qquad \text{et} \qquad L_e = \dot{F}_eF_e^{-1},$$

$L_e$ est pour le mouvement relatif le distributeur eulérien (c'est à dire en fonction des positions à l'arrivée) des vitesses des petits segments matériel issus du point où l'on travaille, tout comme le sont L et $L_p$ pour les mouvements total et d'entraînement.

Les positions à l'arrivée dans les mouvements total et relatif sont les positions actuelles, tandis que celles dans le mouvement plastique sont les positions dans la configuration relâchée. Une composition additive directe entre ces distributeurs n'est donc pas possible. En fait, décomposant F dans L, on obtient la composition des vitesses

$$(15) \qquad \boxed{L = L_e + F_eL_pF_e^{-1}}$$

Le terme $F_eL_pF_e^{-1}$ est le transporté par $F_e$ de $L_p$. Il ne s'agit pas d'un transport isométrique, ce qui n'est pas grave pour des objets dont nous venons de rappeler qu'ils ne sont pas significatifs par leurs caractères euclidiens.

Toutefois, (11) induit les indéterminations

$$L_e = \bar{L}_e - \bar{F}_e r^{-1}\dot{r}\bar{F}_e^{-1}, \qquad L_p = \dot{r}r^{-1} + r\bar{L}_p r^{-1}$$

et donc, $L_e$ n'étant pas invariant, on ne peut considérer que (15) fournit un partage en une vitesse d'origine élastique et une vitesse d'origine plastique

• **Composition des taux de déformation et de rotation.** Soient

$$(16) \qquad L = D + \Omega, \qquad L_p = D_p + \Omega_p, \qquad L_e = D_e + \Omega_e$$

les partages des trois (distributeurs de) vitesses L, $L_p$ et $L_e$ en parties symétriques et antisymétriques. Concernant L et $L_p$, relatifs à des mouvements par rapport au référentiel de travail, l'interprétation de ces décompositions a été longuement exposée en Ch **IV**. Cette interprétation s'étend sans problème à la décomposition de $L_e$ : $\Omega_e$ fournit une contribution en vitesses qui serait celle d'un solide rigide, ne provoquant donc aucune déformation, tandis que $D_e$ fournit une contribution qui est absente de changement de direction pour au moins trois directions matérielles actuellement orthogonales et disposées selon les directions propres de $D_e$. Une compréhension en termes de somme de vitesses non déformantes et de vitesses déformantes produisant la totalité de la déformation avec un minimum de changement d'orientation, reste donc tout à fait valable pour la décomposition de $L_e$.

Décomposant (15) en parties symétrique et antisymétrique, il vient

$$(17) \qquad \boxed{D = D_e + (F_eL_pF_e^{-1})_S} \qquad \text{et} \qquad \boxed{\Omega = \Omega_e + (F_eL_pF_e^{-1})_A}$$

avec impossibilité de ne faire intervenir $L_p$ que par $D_p$ dans la première relation et par $\Omega_p$ dans la seconde. On en conclut que :

| *Il n'y a composition ni des taux de rotation ni des taux de déformation*

On peut à nouveau faire remarquer à ce sujet que, comme pour la décomposition polaire, ce ne sont pas les mêmes éléments matériels qui à un instant donné sont disposés selon les directions principales de D, $D_p$ et $D_e$, et que par conséquent il n'y a aucune raison pour que les taux de rotation se composent. On peut aussi faire remarquer que chacun de ces taux est une moyenne des taux de rotation des segments matériels (**IV-2** Th1), et qu'il est classique que, en général, la moyenne d'un composé ne soit pas le composé des moyennes. Il n'en reste pas moins que cette absence de composition va sérieusement compliquer les choses. Nous la commenterons ultérieurement

• **Objectivité et $\Omega_r$-matérialité.** Depuis le **4**, nous travaillons dans le référentiel de travail $E_f$ (tous les tenseurs devraient être indicés par f). Dans l'esprit de **II-2**, examinons le lien avec ce que produirait la même démarche, menée de façon identique, mais dans un autre référentiel de travail, $E_{f'}$. Nous noterons I et J au lieu de $I_{f'f}$ et $J_{f'f}$ les isométries décalques de la feuille $E_f$ sur la feuille $E_{f'}$ respectivement à t et à l'instant de référence, et, pour tout X apparaissant dans l'étude dans $E_f$, X' son homologue dans l'étude dans $E_{f'}$.

Rappelons : que X est objectif si $X' = \overset{*}{I}X$ et $\Omega_r$-matériel si $X' = \overset{*}{J}X$, que, la position de référence étant $\Omega_r$-matérielle (**III-2**) et la position actuelle étant objective, on a

$$a_r' = Ja_r \quad \text{et} \quad a' = Ia, \qquad \text{et donc} \qquad F' = a'a_r'^{-1} = IFJ^{-1},$$

relation déjà établie en (V-18) et qui permet aisément de retrouver quelques propriétés connues, à savoir que V et D sont objectifs, que U est $\Omega_r$-matériel et que F, L et $\Omega$ n'ont aucun de ces caractères.

Dans l'approche amorcée au **4**, la dépendance par rapport au référentiel de travail s'introduit dès le choix de la position relâchée. La seule exigence en la matière est que, dans le placement plastique $a_p = F_p a_r$, le milieu soit dans l'état métrique relâché. S'il l'est dans le $a_p$ correspondant au travail dans $E_f$, il le sera dans le $a'_p$ relatif au travail dans $E_{f'}$ ssi on a $a'_p = ia_p$ avec pour i une isométrie de $E_f$ dans $E_{f'}$, fonction quelconque de t mais toutefois égale à J à l'instant de départ pris comme instant de référence. C'est évidemment l'indétermination sur i qui conduit à l'indétermination (11), et la façon dont on lève cette indétermination déterminera le i. Examinons deux classes de choix possibles.

● **Cas i = I** On a alors $a'_p = Ia_p$, ce qui correspond au cas où le placement plastique $a_p$ (et non la transformation plastique $F_p$) est objectif, et donc :

$$F'_p = a'_p a_r'^{-1} = IF_pJ^{-1}, \qquad \text{et} \qquad F'_e = F'F_p'^{-1} = IF_eI^{-1}$$

On en déduit aisément, en se souvenant en particulier que $J = J_{f'f}$ est constant, que :

> *Lorsque le placement plastique est objectif* (i = I),
> - $V_p$, $D_p$, $F_e$, $U_e$, $V_e$ *et* $R_e$ *sont objectifs (mais pas* $D_e$*)*
> - $U_p$ *est* $\Omega_r$*-matériel.*

**Cas i = J** On a alors $a'_p = Ja_p$, ce qui correspond au cas où le placement plastique est $\Omega_r$-matériel, et donc:

$$F'_p = a'_p a_r'^{-1} = JF_pJ^{-1} \qquad \text{et} \qquad F'_e = F'F_p'^{-1} = IF_eJ^{-1}$$

On en déduit aisément que :

> *Lorsque le placement plastique est* $\Omega_r$*-matériel* (i = J),
> - $V_e$ *et* $D_e$ *sont objectifs (mais pas* $D_p$*)*
> - $F_p$, $U_p$, $V_p$, $R_p$, $L_p$, $D_p$ *et* $\Omega_p$ *et* $U_e$ *sont* $\Omega_r$*-matériels.*

Compte tenu de ce que $V_e$ et $U_p$ sont indépendants de la façon dont l'indétermination (11) est levée, donc du choix fait pour i, on a aussi le résultat suivant :

> *La déformation pure élastique* $V_e$ *est toujours objective. La déformation pure plastique* $U_p$ *est toujours* $\Omega_r$*-matériel.*

● Nous avons beaucoup parlé de lever l'indétermination (11), mais nous n'avons pas encore dit comment cela peut se faire en l'absence de toute prise en compte d'une microstructure cristalline, ce qui est notre cas.

Les décompositions (12) offrent deux premières possibilités : en imposant $R_p = 1_E$, ce qui a entre autres l'intérêt de laisser fixe la position relâchée pendant les phases purement élastiques, ou en imposant $R_e = 1_E$. Utilisant (13), on réalisera ces conditions en partant d'une première décomposition $F = \bar{F}_e\bar{F}_p$, quelconque, et en en déduisant une seconde $F = F_eF_p$ par (11) avec r égal à $\bar{R}_p$ ou a $\bar{R}_e^{-1}$.

Les décompositions (16) en fournissent deux autres : en imposant à $\Omega_p$ d'être nul, c'est à dire au mouvement plastique d'être irrotationnel, ce qui à nouveau immobilise la position relâchée en phase élastique, ou en imposant à $\Omega_e$ d'être nul. Pour obtenir une décomposition $F = F_eF_p$ du premier de ces types à partir d'une décomposition quelconque $F = \bar{F}_e\bar{F}_p$ , on utilisera (11) avec r solution de $\dot{r}r^{-1} = \bar{\Omega}_p$. Pour le second type, l'équation, que l'on écrira à titre d'exercice, est plus compliquée.

Ayant donné plusieurs moyens de lever l'indétermination (11), il est intéressant de regarder s'ils se placent dans un des deux cas particuliers ci-dessus :

**Théorème**

1 - *Si l'on impose* $R_e = 1_E$, *le placement plastique est objectif* (i = I)

2 - *Si l'on impose* $R_p = 1_E$, *le placement plastique est* $\Omega_r$*-matériel* (i = J)

3 - *Si l'on impose* $\Omega_p = 0$, *le placement plastique est* $\Omega_r$*-matériel* (i = J)

**Preuve**. Posant $a'_p = ia_p$, il vient $F_p = iF_pJ^{-1}$ et $F'_e = F'F'_p{}^{-1} = IF_ei^{-1}$. Pour le point 1, on vérifie d'abord que ($F_e = F_e^T$ et $F'_e = F'^T_e$ ) équivaut à ($F_e = F_e^T$ et $F_e = (i^{-1}I)F_e(i^{-1}I)$), puis que ceci implique que l'axe de la rotation $i^{-1}I$ est direction propre de $F_e$, et enfin que son angle ne peut être que nul. Le point 2 se démontre de façon analogue, $i^{-1}J$ et $F_p$ remplaçant $i^{-1}I$ et $F_e$. Pour le point 3, on vérifie que $\Omega_p = 0$ et $\Omega'_p = 0$ entraîne di/dt = 0, et donc i = cst = J ▪

● **Substituts à la composition des taux de déformation.** La non composition des D constatée en (17-1), même à travers le nécessaire transport de l'un des deux termes composés, est une mauvaise nouvelle, car cela nous interdit de déboucher sur une composition du type (9) qui nous serait très utile pour étendre en MGT des modèles classiques en petites transformations. Il est en particulier évident que (17-1) ne saurait être acceptée comme réalisation satisfaisante de (9) : d'une part le second terme $(F_eL_pF_e^{-1})_S$ n'est pas un transporté de la vitesse de déformation plastique $D_p$, d'autre part il s'agit d'une partition non objective en général, car $D_e$ n'est pas objectif, et, enfin, c'est une partition qui dépend de la façon dont on a levé l'indétermination (11) puisque celle-ci induit, par exemple sur le premier terme $D_e$, l'indétermination :

$$D_e = \bar{D}_e - (\bar{F}_e r^{-1}\dot{r}\bar{F}_e^{-1})_S \qquad (\neq \bar{D}_e \text{ en général})$$

On pourrait songer à remédier à cette situation en fixant la manière de lever l'indétermination, puis, dans le cadre ainsi fixé, exploiter (17-1) pour rechercher une composition du type (9) acceptable. A titre d'exemple, si on impose au mouvement plastique d'être irrotationnel ($\Omega_p$= 0), $D_e$ est objectif et (17-1) apparaît comme étant bien une composition des taux de déformations :

$$(\Omega_p = 0) \quad \Rightarrow \quad [\,(17\text{-}1) \quad \Leftrightarrow \quad D = D_e + (F_e D_p F_e^{-1})_S\,]$$

Cette composition n'est toutefois pas encore totalement satisfaisante car le transport de $D_p$ qui y figure ne l'est pas : bien que ces éléments soient physiquement très significatifs, $D_p$ et son transporté n'ont pas les mêmes valeurs propres et leurs directions propres ne sont pas homologue dans le transport (pour réaliser cette condition, il faudrait un transporté de la forme $AD_pA^{-1}$).

Mais quel que soit le degré de satisfaction que ces entreprises, qui peuvent être diverses, apportent, elles reposent sur des choix, à commencer celui de la façon de lever l'indétermination (11), que rien dans l'approche cinématique que nous avons présentée ne justifie. En conséquence, si on procède ainsi sans apporter la compréhension physique supplémentaire qui introduira le complément de cinématique susceptible de justifier ces choix, il ne pourra s'agir que d'une démarche palliative. Dit autrement :

*La prise en compte uniquement du mouvement global et du processus de déformation (plastique) de l'état relâché ne suffit pas pour déterminer un processus de déformation (élastique) différence.*

● **Cas des petites déformations élastiques.** Nous avons dit que ce cas était fréquent pour les matériaux métalliques. Il correspond au cas où les transformations déformantes $U_e$ et $V_e$ sont voisines de l'identité. Le fait marquant est alors que, $F_e$ étant au premier ordre égal à $R_e$, quelle que soit la façon dont l'indétermination (11) a été levée, (17) peut être remplacée au premier ordre par

$$(18) \qquad \boxed{D = D_e + R_e D_p R_e^{-1}} \qquad \text{et} \qquad \boxed{\Omega = \Omega_e + R_e \Omega_p R_e^{-1}},$$

qui traduisent une irréprochable composition des taux de déformation et de rotation (on notera en particulier que les transports de $D_p$ et $\Omega_p$ qui interviennent ici sont isométriques). Les difficultés que nous venons d'évoquer disparaissent donc dans ce cas.

## 6. LES COMPORTEMENTS ÉLASTO(VISCO)PLASTIQUES

● L'élasto(visco)plasticité est surtout utilisée pour les matériaux métalliques. Les déplacements et les déformations peuvent alors être très grandes, mais les états métriques des configurations actuelle et relâchée sont voisins : les déformations élastiques sont petites. Cela ouvre la porte à de nombreuses théories approchées, différentes mais en principe équivalentes, dans le détail desquelles il ne nous est pas possible de rentrer. En outre, les recherches actuelles portent beaucoup sur la prise en compte d'une microstructure très complexe, qui est en dehors du champ de cet ouvrage.

Même en l'absence de débouché sérieux, il y un intérêt théorique a tenter de se mettre dans le cadre général de déformations élastiques non limitées. C'est ce que nous faisons.

Remarquons tout de suite que, dans la cinématique mise en place en **4** et **5**, c'est le changement d'état métrique, c'est à dire la *déformation*, entre la configuration relâchée et la configuration actuelle, qui est la base cinématique du phénomène élastique, alors qu'en élasticité, en **2** et **3**, même si nous l'avons paramétré par la transformation déformante U ou V, c'était un état métrique. Or, l'étude de la déformation en **P4** montrera que les grandes *déformations* (et non *transformations*) se laissent très mal modéliser. Notre conviction intime est, de ce fait, qu'il sera très difficile, sinon impossible, d'arriver à un modèle satisfaisant avec une telle cinématique. Les difficultés soulevées à la fin du dernier paragraphe en sont une illustration.

● En **XVII-8** nous traiterons un cas où la cinématique mise en oeuvre, plus complexe, fournira pour la part élastique une variable de type état métrique, et non plus de déformation, levant les difficultés que nous venons d'évoquer. Pour l'instant, et malgré nos réserves, nous présentons quelques tentatives de modélisation qui seront des adaptations des modèles rigide-plastiques de Ch **XI** pour la part plastique, et de (2) et (9) pour la part élastique. Il ne s'agit que de propositions sans aucune prétention, à considérer plutôt comme des exercices de style illustrant les possibilité des outils élaborés.

Ces modèles reposeront sur deux choix, dont nous pouvons prévoir dès le départ qu'ils sont contestables. Le premier consiste à prendre $V_e$ pour caractériser cinématiquement la déformation élastique. Il s'agit là d'une grandeur qui est indépendante de la façon dont l'indétermination (11) a été levée, et qui est objective. Ce sont là deux bons points, même si le second implique qu'il sera encore nécessaire de préciser le référentiel dans lequel $V_e$ doit être lu pour avoir une variable physiquement significative. Ce choix est contestable parce que, comme nous venons de le signaler, c'est le concept de grande déformation qui est contestable. Le second choix, éventuellement plus ou moins bien argumenté par le choix fait pour lever l'indétermination (11), consiste à prendre (17-1) comme substitut de l'impossible composition (9).

● Comme pour l'hypoélasticité, la rigide(visco)plasticité et l'élasticité, les modèles n'introduisant aucune anisotropie peuvent s'écrire en esquivant certaines difficultés. Commençons donc par ce cas plus simple.

**Exemple 1 : modèles EVPe et EPe isotropes avec critère de Von Mises**

(19) $F = F_eF_p$ + levée d'indétermination, $\quad F_e = V_eR_e$

$$\psi = \overset{x}{e}(V_e) + g(p), \qquad p \in R, \quad \overset{x}{e} \text{ fonction scalaire isotrope}$$

$$r = g'(p), \qquad \tilde{\sigma} = V_e \,\mathrm{grad}\overset{x}{e}(V_e), \qquad f = \|\tilde{\sigma}_D\| - r - r_0$$

$$\dot{p} = \lambda, \qquad (F_e L_p F_e^{-1})_S = \lambda \frac{\tilde{\sigma}_D}{\|\tilde{\sigma}_D\|}, \qquad \text{avec} \quad L_p = \dot{F}_p F_p^{-1}$$

en EVPe : $[f \le 0,\ \lambda = 0]$ ou $[f > 0,\ \lambda = k f^n]$

en EPe : $[f < 0,\ \lambda = 0]$ ou $[f = 0,\ \dot{f} < 0,\ \lambda = 0]$ ou $[f = 0,\ \dot{f} = 0,\ \lambda > 0]$

Pour arriver à ces modèles, en partant de **XI-13**-Ex1, nous avons d'abord ajouté au potentiel thermodynamique énergie interne un terme représentant l'énergie élastique, que nous supposons fonction isotrope de la variable (objective) $V_e$ choisie pour caractériser la déformation élastique. De façon plus précise, on a pour tout référentiel $E_i$

$$\psi = \overset{x}{e}_i(V_{ei}) + g(p)$$

où les $\overset{x}{e}_i$ et les $V_{ei}$ sont les lectures dans $E_i$ de l'application isotrope $\overset{x}{e}$ et de $V_e$ (tous les $\overset{x}{e}_i$ sont indépendantes du temps et ont la même forme réduite (**XI-7**-Th1)), mais nous n'éprouverons pas le besoin de préciser dans quel référentiel il convient de lire.

De par l'isotropie de $\overset{x}{e}$, et donc de son gradient qui de ce fait commute avec $V_e$, on a, en procédant à la dérivation dans un référentiel $E_i$ quelconque

$$\frac{d}{dt}\overset{x}{e}(V_e) = \text{grad}\, \overset{x}{e}(V_e) : \frac{d^iV_e}{dt} = V_e\, \text{grad}\, \overset{x}{e}(V_e):D_e$$

Il en résulte, pour la dissipation spécifique, avec (17-1), la décomposition

$$(20) \qquad \mathscr{D} = \tilde{\sigma} : D - \dot{\psi} = [\tilde{\sigma} - V_e\, \text{grad}\, \overset{x}{e}(V_e)]:D_e + [\tilde{\sigma}:(F_eL_pF_e^{-1})_S]$$

la séparant nettement en deux parts dont les variables de vitesse $X_i$ sont précisément les part $D_{(e)} = D_e$ et $D_{(p)} = (F_eL_pF_e^{-1})_S$ du substitut à la composition (9) choisi, et qui donc peuvent être interprétées comme les contributions des mécanismes élastique et plastique.

Le modèle résulte alors de l'hypothèse de non dissipation du mécanisme élastique, et d'une reprise de **XI-13**-Ex1pour la part plastique, $D_{(p)} = (F_eL_pF_e^{-1})_S$ se substituant à D.

● Les problèmes liés à l'introduction d'une anisotropie d'origine plastique ont été résolus au chapitre précédant, par le biais de l'introduction d'un référentiel suiveur $E_m$. Reprise ici, cette méthode conduira par exemple au modèle ci-dessous, extension de **XI-13** Exemple 3, dont nous ne donnons que l'écriture initiale dans $E_m$ et laissons au lecteur le soin d'écrire les deux versions en lecture dans $E_f$.

**Exemple 2 : modèles EVPe et EPe anisotropes mais à élasticité isotrope**

(21) $\quad F = F_eF_p$ + levée d'indétermination, $\quad F_e = V_eR_e$, $\quad L_p = \dot{F}_pF_p^{-1}$

$$\psi = \overset{x}{e}(V_e) + \frac{1}{2}\, c\alpha_m:\alpha_m + g(p), \qquad \overset{x}{e} \text{ fonction scalaire isotrope}$$

$$X_m = c\alpha_m, \qquad r = g'(p), \qquad \tilde{\sigma} = V_e\, \text{grad}\, \overset{x}{e}(V_e),$$

$$f = [(\tilde{\sigma}_{Dm} - X_m)] : H_m(\tilde{\sigma}_{Dm} - X_m)]^{1/2} + \frac{a}{2c}\, X_m:X_m - r - r_0,$$

$H_m \in L_S^+(L_{SD}(E_m))$ constant, c et a $\in R^+$ constants, $\alpha_m$ et $X_m \in L_{SD}(E_m)$, r et p $\in R^+$

$$\dot{p} = \lambda, \quad (F_e\, L_pF_e^{-1})_{Sm} = \lambda \frac{H_m(\tilde{\sigma}_{Dm} - X_m)}{[(\tilde{\sigma}_{Dm} - X_m)] : H_m(\tilde{\sigma}_{Dm} - X_m)]^{1/2}} = \dot{\alpha}_m + \lambda \frac{a}{c}\, X_m,$$

en EVPe : $[f \le 0,\ \lambda = 0]$ **ou** $[f > 0,\ \lambda = k\, f^n]$

en EPe : $[f < 0,\ \lambda = 0]$ **ou** $[f = 0,\ \dot{f} < 0,\ \lambda = 0]$ **ou** $[f = 0,\ \dot{f} = 0,\ \lambda > 0]$

La seule chose à signaler est que, pour le référentiel suiveur $E_m$, les possibilités de choix augmentent ici : corotationnel et référentiel en rotation propre du mouvement global, leurs détournés par une rotation élastique, corotationnel et référentiel en rotation propre du mouvement plastique, ...

● Dans ces modèles à élasticité isotrope, la loi élastique reste totalement invariante, quelle que soit l'évolution de la configuration relâchée, et ce, quel que soit le référentiel dans lequel on la lit. Il ne saurait évidement en être de même pour une loi élastique non isotrope, et c'est là précisément que va se concentrer la difficulté : comment assurer une loi élastique *invariante* avec un état relâché *évolutif?* Il faut noter à ce sujet qu'une loi élastique constante est une caractéristique de l'élasticité. Les lois élastiques variables ne relèvent pas de l'élasticité, mais de l'élasticité avec endommagement. Et même si l'on désirait se placer dans ce cadre élargi, on ne pourrait traiter d'endommagement, vu sous l'angle de variations des lois élastiques, que si l'on est dans un contexte dans lequel il est techniquement possible de les statuer constantes.

Nous aborderons ce point évidemment en restant dans la ligne de notre approche consistant à considérer vitesses de déformation et contraintes comme des tenseurs euclidiens, qui sont donc à transporter isométriquement, à lire, à dériver et à relier par des relations dans un cadre euclidien associé à un référentiel suiveur, excluant donc les transports affines et les dérivées convectives classiques. Reprenant alors l'approche énergétique de l'élasticité du **3**, la part $\mathcal{P}_e = - \tilde{\sigma} : D_e$ de la puissance spécifique interne due à la part élastique $D_{(e)} = D_e$ de D s'écrit, par la démarche ayant conduit à (5) :

$$\mathcal{P}_e \equiv - \tilde{\sigma} : D_e = - \tilde{\sigma} : (\frac{d^{\pi}V_e}{dt} V_e^{-1})_S = - \tilde{\sigma}_{\pi} : (\frac{dV_{e\pi}}{dt} V_{e\pi}^{-1})_S$$

où l'indice π, pour dériver ou lire, réfère au référentiel d'espace $E_\pi$ se déduisant du référentiel fixe dans la rotation $R_e$. Ce serait donc dans ce référentiel que $V_e$ devrait être lu et que la loi élastique devrait être statuée constante, sous la forme hyperélastique (**3** Th 1-b)

$$\tilde{\sigma}_\pi = f(V_\pi)$$

avec f application de $L_S(E_\pi)$ dans lui-même, reliée au potentiel $\overset{x}{e}(V_\pi)$ par

$$(\forall x_\pi \in L_S(E_\pi)) \qquad f(x_\pi)x_\pi^{-1} + x_\pi^{-1}f(x_\pi) = 2 \,\mathrm{grad}\overset{x}{e}(x_\pi),$$

que l'on peut, si on le désire et si $R_e$ n'a pas été imposé égal à $1_E$, re-formuler sous les formes (6) et (7) entre grandeurs dé-tournées par $R_e$ à lire dans le référentiel fixe.

Par exemple, n'introduisant aucune anisotropie d'origine plastique pour simplifier, on débouche ainsi sur l'exemple suivant :

**Exemple 3 : EVPe et EPe avec critère de Von Mises et élasticité anisotrope**

| | |
|---|---|
| (22-1) | $F = F_eF_p$ + levée d'indétermination, $F_e = V_eR_e$, $L_p = \dot{F}_pF_p^{-1}$ |
| | $\psi = \overset{x}{e}(V_{e\pi}) + g(p)$, $p \in R$, $r = g'(p)$, $\tilde{\sigma}_\pi = f(V_{e\pi})$ |

$\overset{x}{e} : L_S(E_\pi) \to R$ et $f : L_S(E_\pi) \to L_S(E_\pi)$ constantes et liées par

$$(\forall x_\pi \in L_S(E_\pi)) \qquad f(x_\pi)x_\pi^{-1} + x_\pi^{-1}f(x_\pi) = 2\, \mathrm{grad}\overset{x}{e}(x_\pi),$$

$$f = \|\tilde{\sigma}_D\| - r - r_0, \quad (F_e L_p F_e^{-1})_S = \lambda \frac{\tilde{\sigma}_D}{\|\tilde{\sigma}_D\|}, \qquad \dot{p} = \lambda,$$

en EVPe : $[f \leq 0,\ \lambda = 0]$ ou $[f > 0,\ \lambda = k f^n]$

en EPe : $[f < 0,\ \lambda = 0]$ ou $[f = 0,\ \dot{f} < 0,\ \lambda = 0]$ ou $[f = 0,\ \dot{f} = 0,\ \lambda > 0]$

Dans ce système, la cinquième ligne peut être lue telle quelle dans n'importe quel référentiel, et en particulier dans $E_f$. Mais les précédentes portent sur des lectures dans le référentiels $E_\pi$ en rotation $R_e$. Adoptant pour elles la variante à lecture dans le référentiel fixe, en se souvenant que $V_e$ est le tourné par $R_e$ de $U_e$, on obtient la variante équivalente suivante, *où tout est à lire dans* $E_f$ mais où nous n'avons pas fait figurer l'indice systématique f :

(22-2) $\quad F = F_e F_p$ + levée d'indétermination, $\quad F_e = R_e U_e$, $\quad L_p = \dot{F}_p F_p^{-1}$

$$\psi = \bar{e}(U_e) + g(p), \qquad p \in R, \quad r = g'(p), \quad R_e^{-1}\tilde{\sigma}R_e = h(U_e)$$

$\bar{e} : L_S(E_f) \to R$ et $h : L_S(E_f) \to L_S(E_f)$ constantes et liées par

$$(\forall x \in L_S(E_f)) \quad h(x)x^{-1} + x^{-1}h(x) = 2\, \mathrm{grad}\bar{e}(x),$$

$$f = \|\tilde{\sigma}_D\| - r - r_0\ , \quad (F_e L_p F_e^{-1})_S = \lambda \frac{\tilde{\sigma}_D}{\|\tilde{\sigma}_D\|}, \qquad \dot{p} = \lambda,$$

en EVPe : $[f \leq 0,\ \lambda = 0]$ ou $[f > 0,\ \lambda = k f^n]$

en EPe : $[f < 0,\ \lambda = 0]$ ou $[f = 0,\ \dot{f} < 0,\ \lambda = 0]$ ou $[f = 0,\ \dot{f} = 0,\ \lambda > 0]$

Pour un comportement plastique anisotrope, il suffirait de faire comme en (21) pour cette part du comportement. Enfin, rappelons que, dans tous ces modèles, la façon utilisée pour lever l'indétermination (11) influe sur la teneur du modèle.

● Dans le cas des petites déformations élastiques, ces modèles sont tout à fait défendables du fait que (17-1), approché par (18), est alors une correcte composition des taux de déformation. Posant alors

$$U_e = 1_E + \varepsilon \quad , \qquad \bar{e}(1_E + \varepsilon) = \mathring{e}(\varepsilon) \quad \text{et} \qquad h(1_E + \varepsilon) = \mathring{h}(\varepsilon),$$

avec $\varepsilon$ petit (analogue du $\varepsilon_L$ des petites transformations), on déduit que la relation liant h et $\bar{e}$ dans (22-2) entraîne que $\mathring{h}(\varepsilon)$ est, au premier ordre, égal au gradient en $\varepsilon$ de $\mathring{e}$ pour des $\varepsilon$ petits. On débouche alors, dans le cas plastiquement isotrope pour simplifier, sur :

**Exemple 4 : EVPe et EPe avec critère de Von Mises et élasticité anisotrope, en petites déformations élastiques**

| | |
|---|---|
| (23) | $F = F_eF_p$ + levée d'indétermination, $F_e = R_e(1_E + \varepsilon)$, $L_p = \dot{F}_pF_p^{-1}$ |
| | $\psi = \overset{\circ}{e}(\varepsilon) + g(p)$, $p \in R$, $r = g'(p)$, |
| | $\bar{e} : L_S(E_f) \rightarrow R$ constante, $R_e^{-1}\tilde{\sigma}R_e = \mathrm{grad}\overset{\circ}{e}(\varepsilon)$ |
| | $f = \lVert\tilde{\sigma}_D\rVert - r - r_0$, $R_eD_pR_e^{-1} = \lambda \dfrac{\tilde{\sigma}_D}{\lVert\tilde{\sigma}_D\rVert}$, $\dot{p} = \lambda$, |
| en EVPe : | $[f \leq 0, \lambda = 0]$ **ou** $[f > 0, \lambda = k f^n]$ |
| en EPe : | $[f < 0, \lambda = 0]$ **ou** $[f = 0, \dot{f} < 0, \lambda = 0]$ **ou** $[f = 0, \dot{f} = 0, \lambda > 0]$ |

La qualité de (18) ne dépend pas de la façon de lever l'indétermination (11), et les modèles différents que cette levée provoque sont tous équivalents au premier ordre. Si l'on choisit d'imposer à $R_e$ de valoir $1_E$, les équations ci dessus se simplifient.

## 7. LES DÉFORMATIONS TENSORIELLES CUMULÉES

Pour l'approche de l'élasticité, à défaut d'avoir modélisé l'état métrique, nous nous sommes contenté de le *caractériser*, via une caractérisation de la déformation par rapport à la configuration de référence. Nous tentons maintenant une *modélisation* de l'état métrique, via une réponse à la question fondamentale de **IV-4**. Disons tout de suite que cette tentative ne nous donnera pas satisfaction. Elle ouvre toutefois à des possibilités d'approximation et prépare aux préoccupations des prochains chapitres.

● Nous avons dit, et nous le confirmerons, tout le bien qu'il faut penser de D, et nous avons subodoré en **IV-5** que c'était par une lecture dans le référentiel corotationnel que cette grandeur objective devait être lue pour avoir une variable physiquement significative. Pourquoi alors ne pas tenter de prendre tout simplement une primitive de D dans ce référentiel, évidemment à $M_0$ ou $M_r$ fixé, pour obtenir la variable d'état métrique qui nous manque? Pour faire bonne mesure, nous prendrons plus généralement une primitive dans un référentiel suiveur quelconque $E_m$.

Dans cette voie, la question de la constante d'intégration se pose évidemment, si bien que cette idée sera mise en oeuvre par une intégration à partir d'un instant initial t = r, et que la grandeur obtenue représentera en fait, exactement comme en petits déplacements, une *déformation* : la déformation à partir de l'état initial.

On introduira donc la grandeur

$$(24) \quad \boxed{\varepsilon = \int_{r,E_m}^{t} D(x)dx} \quad [\Leftrightarrow \ (\frac{d^m\varepsilon}{dt} = D\,,\ \varepsilon_{t=r} = 0) \quad \Leftrightarrow \quad \varepsilon_m = \int_r^t D_m(x)dx],$$

où x est la variable temps variant de r à t et où l'indice $E_m$ au bas du premier signe d'intégration indique le référentiel dans lequel on intègre (**I-5**). Ou encore, si l'on préfère travailler avec la variable (dé-) tournée $\varepsilon^{[m]} = \overset{*}{R}{}^{(m)-1}\varepsilon$

$$(25) \qquad \boxed{\varepsilon^{[m]} = \int_{r,E_f}^{t} R^{(m)}(x)^{-1} D(x) R^{(m)}(x) dx} \quad = R^{(m)-1}\varepsilon R^{(m)}$$

$$[\Leftrightarrow \; (\frac{d^f\varepsilon^{[m]}}{dt} = R^{(m)-1} D R^{(m)}, \; \varepsilon^{[m]}{}_{t=r} = 0) \;]$$

• On trouvera dans [Gilormini et col, 1993] quelques développements concernant ces "déformations". Remarquons en particulier ici, d'abord que dans (21) on ajoute, dans $E_m$, les petites déformations $\varepsilon_L = Ddt$ successives lues dans le solide suiveur choisi, ce qui ne semble pas du tout déraisonnable, et ensuite que l'on constate un petit miracle : les lois hypoélastiques à raideur constante équivalentes (**XI**-16-2 et 18) s'écrivent, par intégration en temps dans $E_m$ pour la première et dans $E_f$ pour la seconde, et en supposant les contraintes internes nulles dans l'état privilégié initial, sous la forme

$$(26) \qquad \boxed{\tilde{\sigma}_m = K_m\varepsilon_m} \qquad \Leftrightarrow \qquad \boxed{\tilde{\sigma}^{[m]}_{f} = K_0\varepsilon^{[m]}_{f}} ,$$

qui a une parfaite apparence de loi élastique linéaire. *L'hypoélasticité se métamorphoserait donc ainsi en élasticité.*

• Ce miracle peut sans problème être étendu au comportement élastoplastique. Les adaptations EP des modèles RP de **XI-12** et **13** se fera de la façon suivante, formellement très proche de ce que l'on fait en petites transformations (nous raisonnons par exemple sur les écritures en variables tournées lues dans $E_f$, et nous invitons le lecteur à transcrire pour les deux autres présentations) :

- On oublie la décomposition $F = F_eF_p$ et donc les paragraphes **4**, **5** et **6**.
- On décompose la "déformation" totale $\varepsilon^{[m]}_{f}$, lecture dans $E_f$ de $\varepsilon^{[m]}$ défini en (25), en somme $\varepsilon^{[m]}_{f} = \varepsilon^{[m]}_{f\,e} + \varepsilon^{[m]}_{f\,p}$ d'une part élastique et d'une part plastique (toutes deux nulles à t = r). Compte tenu de (25), qui est linéaire entre $\varepsilon^{[m]}$ et D, ceci équivaut à une décomposition de D de type (9) (qui, rappelons le, n'avait pu être obtenue de façon satisfaisante par la cinématique $F = F_eF_p$). Soit, au niveau des grandeurs tournées, et en ne retenant que ce qui sera utile :

$$D^{[m]}_{f} = D^{[m]}_{f\,e} + D^{[m]}_{f\,p}, \quad D^{[m]}_{f\,e} = \dot{\varepsilon}^{[m]}_{f\,e}$$

- On prend la "déformation" élastique $\varepsilon^{[m]}_{f\,e}$ évoluant dans $E_f$ comme variable cinématique élastique, et on postule une énergie spécifique de la forme $\psi = \bar{e}(\varepsilon^{[m]}_{f\,e}) + g(p)$, avec $\bar{e} : L_S(E_f) \to R$ constante et éventuellement anisotrope, et où g(p) est l'énergie associée au phénomène d'écrouissage paramétré par une variable p à préciser.
- La dissipation spécifique se met alors sous la forme

$$\mathcal{D} = \tilde{\sigma}:D - \dot{\Psi} = \tilde{\sigma}^{[m]}_{f}:D^{[m]}_{f} - \mathrm{grad}\bar{e}(\varepsilon^{[m]}_{f\,e})\,\dot{\varepsilon}^{[m]}_{f\,e} - g'(p)\dot{p}$$

$$= (\tilde{\sigma}^{[m]} - \text{grad}\bar{e}(\varepsilon^{[m]}_{f\,e})):\dot{\varepsilon}^{[m]}_{f\,e} + \tilde{\sigma}^{[m]}:D^{[m]}_{f\,p} - g'(p)\dot{p}$$

et on assure la non dissipation pour le mécanisme (élastique) en $\varepsilon^{[m]}_{f\,e}$ par la loi :

$$\tilde{\sigma}^{[m]} = \text{grad}\bar{e}(\varepsilon^{[m]}_{f\,e}))$$

- Enfin, pour la part plastique on reprend les modèles RP, dans leur version en grandeurs tournées, en y substituant $D^{[m]}_{f\,p}$ au $D^{[m]}_f$ qui y figure.

- Et pour terminer une remarque : les déformations cumulées totale $\varepsilon^{[m]}_f$ et plastique $\varepsilon^{[m]}_{f\,p}$ n'interviennent en fait pas.

A titre d'exemple, le modèle RP (**XI**-33), le plus complexe que nous ayons envisagé et qui contient tous les autres comme cas particuliers, conduira ainsi au modèle EP ci-dessous, écrit sous la forme inaugurée en (**XI**-32) et où les $\varepsilon^{[m]}_f$ ont été notés $\varepsilon$ (nous y avons fait figurer les déformations cumulées totale et plastique, qui n'interviennent pas en fait, pour favoriser de futures comparaisons).

**Exemple : Modèle EVPe et EPe, normal, avec écrouissage anisotrope et (hypo) élasticité anisotrope**

(27) $\varepsilon = \varepsilon_e + \varepsilon_p,\qquad \dot{\varepsilon} = D^{[m]}_f,\qquad \varepsilon = \varepsilon_e = \varepsilon_p = 0$ à $t = r$

$$\psi = \overset{x}{e}(\varepsilon_e) + \frac{1}{2}\,c\alpha:\alpha + g(p),\quad C = \text{grad}\,\overset{x}{e}(\varepsilon_e),\quad X = c\alpha,\quad r = g'(p),$$

$$f = [(C_D - X) : H_0(C_D - X)]^{1/2} + \frac{a}{2c}\,X:X - r - r_0,$$

$\overset{x}{e} : L_S(E_f) \to R$ et $H_0 \in L^+_S(L_S(E_f))$ cstes, c et a $\in R^+$ cstant, $\alpha$ et $X \in L_{SD}(E_f)$, r et p $\in R^+$

$$\dot{p} = \lambda\,,\quad \mathcal{V}_p = \lambda\frac{H_0(C_D - X)}{[(C_D - X) : H_0(C_D - X)]^{1/2}} = \frac{d\alpha}{dt} + \lambda\frac{a}{c}X$$

$$C = \tilde{\sigma}^{[m]}_f \qquad \text{et} \qquad \mathcal{V}_p = \dot{\varepsilon}_p$$

en RVPe : $[f \le 0,\ \lambda = 0]$ ou $[f > 0,\ \lambda = k\,f^n]$

en RPe : $[f < 0,\ \lambda = 0]$ ou $[f = 0,\ \dot{f} < 0,\ \lambda = 0]$ ou $[f = 0,\ \dot{f} = 0,\ \lambda > 0]$

En **IV-6** nous avions accédé aux petites déformation $\varepsilon_L$ par analogie avec Ddt , et l'additivité des vitesses a induit une additivité des $\varepsilon_L$, par exemple en somme de parts élastique et plastique tout à fait classique en élastoplasticité petits déplacements. Ici nous intégrons Ddt, ce qui a encore pour effet de conserver l'additivité. On accède donc à une composition des mouvements sur un mode additif qui se substitue à la décomposition (10). Vu sous un autre angle, dans l'espace plat $L_S(E)$, à $\varepsilon^{[m]}_f$ et $\varepsilon^{[m]}_{f\,p}$, modélisant les états métriques actuel et relâché, est tout naturellement associé $\varepsilon^{[m]}_{f\,e} = \varepsilon^{[m]}_f - \varepsilon^{[m]}_{f\,p}$ modélisant leur différence. Le résultat est un modèle dont on relèvera la ressemblance avec des modèles en petites transformations (que l'on retrouverait à partir de (27) en prenant le référentiel fixe comme suiveur et en faisant $\varepsilon = \varepsilon_L$).

● Le lecteur aura évidemment réagi vivement à cette "composition additive" *tout à fait aberrante pour des mouvements quelconques.* En fait, l'apparent miracle dont nous venons de faire état tourne court, car les soi-disant déformations introduites présentent un défaut majeur qui ruine totalement l'entreprise. En effet, le propre d'une variable d'état métrique est de caractériser l'état métrique actuel. Or, $\varepsilon_m$ et $\varepsilon^{[m]}_f$, définies par intégration au cours d'un mouvement entre l'instant initial et l'instant actuel, dépendent à priori de la totalité de ce mouvement et pas seulement de l'état métrique actuel atteint au terme actuel de ce mouvement.

Certes, D étant la partie symétrique de $\dot{F}F^{-1}$, on a, en adoptant $E_m$ comme référentiel de travail, $D_m(t)\, dt = (dF_mF_m^{-1})_S$, ce qui a pour conséquence que $\varepsilon_m$ et $\varepsilon^{[m]}_f$ ne dépendent tout au plus que du trajet de transformation et pas de la loi horaire. Mais malheureusement ils en dépendent effectivement :

> *Les variables* $\varepsilon_m$ et $\varepsilon^{[m]}_f$ *ne sont pas des variables d'état métrique. Nous dirons qu'il s'agit de déformations cumulées dans* $E_m$ *au cours du mouvement.*

Pour prouver cette affirmation, il suffit d'exhiber un exemple dans lequel deux chemins de transformation, donc de déformation, différents, conduisant tous deux d'une même position initiale à une même position finale, fournissent en fin de parcours des $\varepsilon_m$ ou des $\varepsilon^{[m]}_f$ différents. Un tel exemple est donné en **A-7.3** pour les déformations cumulées dans le corotationnel. Il s'inspire de [Kojic et Barthe, 1987], où, toujours pour le corotationnel, et bien que le problème soit purement cinématique, la propriété avait été vue sous l'angle des contraintes résiduelles qu'un modèle hypoélastique (26) engendrerait au terme d'un aller-retour par des chemins différents. On trouvera aussi dans [Simo et Pister, 1984] des exemples convaincants de ce que l'hypoélasticité n'est ni réductible à l'élasticité, ni susceptible, même en autorisant la raideur à dépendre de l'état, de rendre compte de comportements élastiques simples. Mais l'affaire est purement cinématique.

● Cette irréductibilité incontestable sur le plan théorique, dont on a pris conscience au début des années 80, fait de l'approche de ce paragraphe une théorie approchée. Ceci a entraîné de la part de certains auteurs une condamnation sans appel, en particulier des lois élastoplastique du type (27). Mais ce fut aussi parfois, comme par exemple dans [Simo et Ortiz, 1985], pour les remplacer par des lois certes élastiques et même hyperélastiques, mais privilégiant une mesure de déformation particulière, et donc, comme nous le verrons en Ch **XX**, *constituant aussi une théorie approchée.*

Approximation contre approximation, il conviendrait peut-être d'y regarder de plus près avant de se faire une opinion trop tranchée. En **XVI-6** et en **XX-9** nous comprendrons mieux ces approximations et nous serons en mesure d'apporter quelques éléments de comparaison. Contentons nous pour l'heure de bien analyser celle qui est faite ici. Travaillant toujours en variables dé-tournées, on peut la caractériser en remarquant que :

*L'approximation de la déformation cumulée dans* $E_m$ *consiste à adopter* $L_S(E_f)$ *comme espace des états métriques possibles en un point du milieu, l'état actuel* $\varepsilon_f^{[m]} \in L_S(E_f)$ *étant relié à la cinématique du mouvement par la relation* (25).

On peut aussi remarquer qu'elle a pour elle l'avantage de donner une vitesse de déformation $\dot{\varepsilon}_f^{[m]}$ qui est égale à $D_f^{[m]}$, variable équivalente à D lu dans $E_m$, et qui donc a toutes les qualités requises, surtout quand on prend le corotationnel pour $E_m$, et qui en outre a pour variable d'effort associée $\tilde{\sigma}_f^{[m]}$ tout aussi performant. De plus, et contrairement à ce qui en est parfois dit, elle permet une approche thermodynamique et elle ne conduit pas à des contraintes résiduelles en élasticité, mais à condition bien sûr de prendre $\varepsilon_f^{[m]}$ et non C ou F comme variable d'état local, et donc de cycler en $\varepsilon_f^{[m]}$ et non en F! Le seul reproche que l'on puisse lui faire, qui, certes, est pour le moins fâcheux, est que, D étant la partie symétrique de $\dot{F}F^{-1}$, (25) est une relation *non holonome* entre l'état métrique $\varepsilon_f^{[m]}$ et la position caractérisée par F .

● Mais, même en l'absence de toute évaluation de l'approximation qu'elle constitue, il existe des situations où l'on peut raisonnablement prévoir que l'approche avec déformations cumulées peut être sauvée, et même être très appréciable par ses qualités de simplicité. Ce sont les situations où, dans un contexte de grandes transformations, les déformations ainsi modélisées sont malgré tout petites. Elle a ainsi pu être utilisée avec succès par exemple pour le calcul d'arcs élastiques en grandes transformations mais petites déformations [Boucard, 1995] [Boucard et col, 1996] (pour la mettre en oeuvre dans ce contexte élastostatique, il faut bien sûr se replacer dans un cadre d'évolution en envisageant un chargement quasi statique à partir de la charge nulle). En élastoplasticité, où, remarquons le, elle n'interviennent que pour définir la déformation élastique, elle a aussi été utilisée avec succès dans le cas - classique pour les matériaux métalliques - de petites déformations élastiques [Bussy et col., 1990][Liu, 1992] [Bacroix et Gilormini, 1995].

Toutefois, quel que soit le domaine de validité qui pourra être accordé à cette approximation avec déformation cumulée, nous ne pouvons que constater que le problème de la modélisation *exacte* de l'état métrique, en réponse à la question fondamentale de **IV-4**, reste entier. Nous lui consacrons le prochain chapitre, lequel apportera aussi confirmation de la nature euclidienne que nous avons revendiquée dans ce chapitre et le précédent pour D et pour les contraintes.

**Point d'ordre**. Les lecteurs du second type continuent leur lecture en **P4** Ch **XVIII**.

CHAPITRE XIII

# INTÉGRATION DE D

Les deux chapitres précédents nous ont confrontés à deux difficultés. D'une part, la nature tensorielle exacte qu'il faut attribuer au taux de déformation D, qui déterminera celle de la variable duale que constitue le tenseur des contraintes, et aussi celle de tenseurs tels que la raideur en élasticité ou en hypoélasticité. D'autre part, la *modélisation* de l'état métrique, dont nous n'avons pour l'instant que des *caractérisations*. La solution passe par la réponse à la question fondamentale posée en **IV-4**, à laquelle, après l'échec enregistré à la fin du précédent, ce chapitre est consacré.

## 1. INTRODUCTION

Rappelons avant toute chose que D est un élément de $L_S(E)$, de dimension physique $T^{-1}$, défini au point du milieu considéré comme étant la partie symétrique du gradient L du champ spatial des vitesses en ce point. Rappelons aussi quelques relations de Ch **IV** :

$$(1) \quad \boxed{L = \dot{a}a^{-1} = \dot{F}F^{-1} = \frac{d\vec{V}}{dM} = \Omega + D} \quad \boxed{D = L_S} \quad \boxed{\Omega = L_A = \vec{\omega}\Lambda} \quad \boxed{\vec{\omega} = \frac{1}{2}\mathrm{Rot}\vec{V}}$$

● Deux convictions vont guider notre démarche. La première est que même si nous hésitons sur la nature tensorielle exacte à lui attribuer, D est un candidat très sérieux et incontesté à la modélisation spatiale de la vitesse de déformation, ce qui justifie la question de **IV-4**. La seconde est qu'en conséquence, ce ne peut être qu'en répondant correctement à cette question qu'une variable caractérisant l'état métrique pourra être proposée pour le *modéliser*, alors que nous n'avons mis en évidence, en **IX-2**, que des grandeurs du modèle matière le *caractérisant*, à savoir $\gamma$ et $\gamma^{-1}$.

C'est là un angle d'attaque inhabituel dans la littérature. La raison en est probablement que, si D est tout à fait à la hauteur, les variables caractérisant l'état métrique utilisées dans la littérature sont loin d'une modélisation correcte, si bien que les relations liant D à leur évolution sont loin de relations de dérivation. On conçoit alors que, n'ayant pas de réponse satisfaisante, la question elle-même n'émerge pas. Ce qui est plus étonnant, c'est que l'on en soit venu à ne plus se rendre compte qu'il y avait problème. Nous insisterons donc un peu lourdement, en n'allant pas directement au but et en consacrant un chapitre spécial à ce *problème de l'intégration de* D. Il est en effet vain d'apporter des réponses à des questions que l'interlocuteur ne se pose pas.

Rappelons au passage qu'une variable modélise bien un concept si la totalité de la structure mathématique de l'espace dans lequel elle peut librement varier, son espace de définition, est physiquement significative. C'est ainsi par exemple qu'un point sur une sphère modélise un point à la surface de la Terre, tandis que le couple longitude/latitude, élément de $R^2$, ne fait que le caractériser. Disons tout de suite qu'il apparaîtra que la variable $\gamma$ déjà introduite, son inverse, ainsi que les nombreuses mesures de déformation dont nous parlerons en quatrième partie, ne sont que des caractérisations et non des modélisations de l'état métrique actuel local. Ceci se manifeste en particulier par le fait qu'il s'agit de tenseurs, prenant donc leurs valeurs dans des variétés plates incapables de rendre compte de ce que l'on appelle les non-linéarités géométriques et qui sont caractéristiques des grandes transformations.

A contrario, la variable état métrique que nous définirons prendra, elle, ses valeurs dans un espace courbe dont nous étudierons la géométrie au chapitre suivant. En d'autres termes, nous allons, dans ce chapitre et le suivant, découvrir que, pour le processus de déformation en un point, "la Terre est ronde".

● Il n'est peut-être pas inintéressant de revenir sur la question fondamentale que nous avons posée en **IV-4**. Elle repose sur la conviction que :

> *Si le langage et la modélisation mathématique ont un sens,* D *ne peut être taux de déformation que si il est, en un sens à préciser, la dérivée en temps à* $M_0$ *fixé, d'une grandeur* **m** *modélisant l'état métrique du milieu en* $M_0$ .

Les choses se compliquent ici du fait que D relève d'une approche spatiale, lui conférant des lectures diverses dans les différents référentiels, alors que les propriétés de forme-métrique et donc de vitesse de déformation sont des propriétés du milieu relevant prioritairement de l'approche matérielle. Aussi, nous préciserons l'exigence ci dessus en autorisant D à n'être que la position spatiale de la dérivée d'un certain **m** relevant du modèle matière. La question fondamentale se précise donc sous la forme :

| | | | |
|---|---|---|---|
| (2) | $(\exists\ \mathbf{m}?)$, | $D = \mathring{a}\ \dot{\mathbf{m}}$, | avec $\mathring{a}$ adapté à la nature mathématique de $\dot{\mathbf{m}}$ |

Dans par exemple [Haupt et Tsakmakis 1990], on trouvera la question de l'intégration de D posée en ces termes mettant en jeu un transport matière-espace. Mais la tonalité générale de ce très intéressant travail est orientée vers la recherche d'un catalogue de solutions ($\mathring{a}$ y est traité comme un paramètre à disposition) et non vers la recherche d'une modélisation intrinsèque de l'état métrique.

● Cette exigence concernant D est un point fondamental de notre approche. Tant que ce "statut de dérivée" ne lui sera pas donné, le statut de grandeur qui *modélise* sur le plan spatial la vitesse de déformation ne sera pas véritablement établi pour D : il ne sera qu'une conjecture. A contrario, c'est la bonne réputation de D, dont nous avons largement fait état, qui imposera, comme variable adéquate pour modéliser l'état métrique, le **m** auquel il sera relié par (1). Au bout du compte, c'est la cohérence générale renforcée qui validera l'ensemble de la modélisation obtenue.

Notre démarche modélisante, dans ce chapitre, sera la suivante. Nous rechercherons la variable **m** satisfaisant à (2). Elle apparaîtra comme la synthèse entre $\gamma$ et $\gamma^{-1}$ annoncée en **IX-2**. L'ayant obtenue, nous postulerons qu'elle modélise l'état-métrique, ou métrique, au point considéré : **m** *sera* alors la métrique. Le tenseur D ne sera alors plus qu'une grandeur dérivée définie par (2) et donc méritant pleinement son appellation.

Enfin, qui dit *modélisation* de l'état métrique par **m** dit signification physique de la nature mathématique (c'est à dire de la géométrie) de l'espace **M**, appelé *variété des métriques* locales au point considéré, dans lequel **m** évolue. Cette géométrie de **M**, il est évidemment important de la connaître, tout comme il est important de savoir que la Terre est ronde quand on navigue en haute mer. Elle résultera de la définition précise qui sera donnée de **m**, et nous l'étudierons au prochain chapitre. Mais, avant même de connaître **m**, nous serons en mesure d'en prévoir certains aspects dès le paragraphe **3** ci-après.

## 2. LES VARIABLES D'ÉTAT MÉTRIQUE

Tentons, par une approche directe, de voir quelles sont les possibles variables d'état métrique, c'est à dire caractérisant l'état métrique, parmi lesquelles la variable modélisante **m** pourrait être recherchée.

● Une manifestation de ce que le milieu est, en un point donné, dans un certain état métrique est que les (petits) segments matériels issus de ce point ont des longueurs et des angles mutuels et donc ont un *produit scalaire* particulier. Une façon d'appréhender l'état métrique local du milieu dans une certaine position consistera donc à considérer ce produit scalaire, lequel sera tout naturellement défini par *un tenseur métrique sur l'ensemble* $T_0$ *de ces segments matériels.*

Au cours d'un placement particulier $M_0 \to M = p(M_0)$, le placement des segments matériels $\vec{l}_0$ en $M_0$ se fait selon la loi $\vec{l} = a\,\vec{l}_0$ avec $a = p'(M_0)$. On en déduit que le produit scalaire dans ce placement de deux tels segments $\vec{l'_0}$ et $\vec{l''_0}$ vaut

$$\vec{l'} \,.\, \vec{l''} = < g a \vec{l'_0}, a \vec{l''_0} > = < a^* g\, a\, \vec{l'_0}, \vec{l''_0} > = < \gamma\, \vec{l'_0}, \vec{l''_0} > \quad \text{avec}$$

(3) $$\boxed{\gamma = a^* g\, a} \in L_S^+(T_0;T_0^*)$$

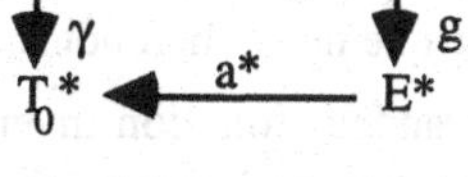

On retrouve donc ainsi la variable d'état métrique qui s'était déjà imposée à nous en **IX-2**. Cette variable est utilisée dans la littérature, mais presque toujours en composantes et par le truchement de sa variation entre la configuration actuelle et une configuration de référence, pour caractériser une "déformation finie", aspect que nous n'aborderons qu'en **P4**. On la trouve plus rarement sous sa présente forme géométrique intrinsèque [Noll 1972], [Rougée 1980], [Krawietz 1986], [Bertram 1989].

Nous adopterons les notations

(4) $\boxed{\overline{\Gamma} = L(T_0;T_0^*)}$, $\boxed{\overline{\Gamma}_S = L_S(T_0;T_0^*)}$, $\boxed{\overline{\Gamma}_A = L_A(T_0;T_0^*)}$, $\boxed{\overline{\Gamma}_S^+ = L_S^+(T_0;T_0^*)}$

Les trois premiers de ces espaces sont des espaces vectoriels de dimension neuf, six et trois respectivement. Le premier est somme directe des deux suivants, le quatrième est un ouvert conique du second. Enfin, ces espaces sont aussi canoniquement isomorphes aux espaces des formes bilinéaires sur T respectivement quelconques, symétriques, antisymétriques et symétriques définies positives (**M4**) :

(5) $$\overline{\Gamma} = L(T_0;T_0^*) \overset{i}{=} B(T_0,T_0) \overset{i}{=} T_0^*\otimes T_0^*$$

● Les segments ne sont pas les seuls tenseurs affines d'ordre un. L'étude précédente, relative aux segments matériels, a son homologue pour les tranches matérielles. De la loi $\overleftarrow{t} = a^{-*}\overleftarrow{t}_0$ gérant le placement de celles ci (**VII**-12), on déduit que le produit scalaire de deux tranches quelconques s'écrit

$$\vec{t'}.\vec{t''} = < g\vec{t'}, \vec{t''}> = <a^{-*}\overleftarrow{t'_0}, g^{-1}a^{-*}\overleftarrow{t''_0} > = < \overleftarrow{t'_0}, \gamma_d\overleftarrow{t''_0} >, \text{ avec}$$

(6) $$\boxed{\gamma_d = a^{-1}g^{-1}a^{-*} = \gamma^{-1}}$$

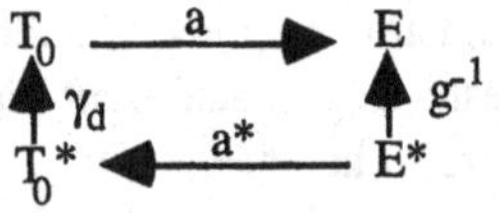


Conformément à la troisième ligne du tableau (**VII**-16-2), $\gamma_d$ est le transporté par a dans le modèle matière du tenseur métrique $g^{-1}$ de E*. Il est situé dans $L_S^+(T_0^*;T_0)$. Ses composantes $(\gamma^{-1})^{ij}$ sont notées $\gamma^{ij}$. Elles sont deux fois covariantes et sont obtenues en inversant la matrice des composantes $\gamma_{ij}$ de $\gamma$ ($\gamma^{ij}\,\gamma_{jk} = \delta^i_k$). Dans la suite nous noterons :

(7) $\boxed{\underline{\Gamma} = L(T_0^*;T_0)}$, $\boxed{\underline{\Gamma}_S = L_S(T_0^*;T_0)}$, $\boxed{\underline{\Gamma}_A = L_A(T_0^*;T_0)}$, $\boxed{\underline{\Gamma}_S^+ = L_S^+(T_0^*;T_0)}$

On voit ainsi apparaître une seconde variable d'état métrique, $\gamma_d$, capable donc de caractériser l'état métrique local du milieu. Sur le plan de la *caractérisation* de l'état métrique, il est certain qu'il s'agit là d'une évidence. Mais sur le plan de sa *modélisation*, cela établit entre $\gamma$ et $\gamma_d$ une concurrence symétrique que l'on ne saurait trancher en faveur de l'un ou de l'autre sans privilégier un des deux aspects duaux segment-tranche, et qui donc, on peut le prévoir, les exclut chacune de la possibilité d'être la variable modélisant l'état métrique que nous cherchons.

Toute grandeur fonction inversible de $\gamma$, donc de $\gamma_d$, pourra être une possible variable d'état métrique. Nous en mettrons en évidence plusieurs en **P4**. Mais les deux précèdentes sont fondamentales. Elles doivent être prises en considération à égalité, ce dont devra tenir compte la variable qui modélisera l'état métrique.

Mettons en garde le lecteur spécialiste des grandes déformations sur le fait que les espaces vectoriels $\overline{\Gamma}_S$ et $\underline{\Gamma}_S$ ne sont pas des espaces d'endomorphismes et donc que la notion de valeur propre et de vecteur propre n'a pas de sens pour leurs éléments :

*Il y a des directions principales pour les vitesses de déformation, nous avons vu en* **V-4** *que, comme en petits déplacements, il y en a pour les déformations finies, mais il n'en existe pas pour l'état métrique.*

Une conséquence est que, contrairement à ce qui se fait classiquement pour les mesures de déformation (**XVIII-9.3**), il est impossible de déduire une famille de variables d'état métrique par interpolation entre $\gamma$ et $\gamma_d$, dont le point milieu, si elle existait, aurait des chances d'être la variable modélisante que nous recherchons.

## 3. LA DÉFORMATION CUMULÉE

La notion classique de *déformation* (*scalaire*) *cumulée*, à ne pas confondre avec les déformations tensorielles cumulées de **XII-7**, permet d'atteindre certaines propriétés de la variété des états métriques **M**, avant même de la connaître. Tant que cette variété n'a pas été définie, il ne peut évidemment s'agir pour nous que d'anticipations, ou de pronostics que nous confirmerons[1], mais qu'il est intéressant de développer car on rencontre ces préoccupations dans la littérature [Damamme 1978].

• Si D était purement et simplement la dérivée d'une variable **m** modélisant l'état métrique du milieu au point $M_0$ considéré, alors il serait la vitesse d'évolution de cette variable, et $\|D\|dt = (D{:}D)^{1/2}dt$, indépendant du référentiel dans lequel D est lu, serait la longueur ds du petit trajet (de déformation) décrit par **m** dans son espace de définition **M** entre t et t+dt. S'agissant là d'une grandeur scalaire, indépendante donc du référentiel d'observation, cette propriété persiste si D n'est que la position de cette dérivée dans le référentiel de travail.

Dans la mesure où, pour être bien réalisé, (2) doit l'être avec un $\overset{*}{a}$ qui soit une isométrie, on peut donc faire un premier pronostic, à partir duquel nous démontrerons les suivant (l'indice $M_0$ indique que l'on intègre "à $M_0$ fixé", c'est à dire que l'on intègre en t une représentation matérielle de la grandeur intégrée (**II-2**)):

**Pronostic 1**

*Le scalaire* $\varepsilon_c$ *défini en chaque point* $M_0$ *du milieu au cours d'un processus de déformation entre deux instants* $t_1$ *et* $t_2$ *par*

$$\varepsilon_c = \int_{t_1,M_0}^{t_2} (D{:}D)^{1/2}dt \tag{8}$$

*est, en ce point , la longueur du trajet (de déformation) de* **m** *dans* **M**.

Bien qu'elle n'y soit pas justifiée avec tout le soin nécessaire, il s'agit là d'une propriété de D qui est connue et exploitée dans la littérature. Le scalaire $\varepsilon_c$ y est introduit sous le nom de *déformation cumulée* (ou *généralisée*) et il y est interprété dans le sens que nous venons de lui donner. Le soin réduit que nous signalons résulte évidemment du manque de succès dans la recherche de la bonne variable **m** que nous avons déjà signalé. Les variables classiquement proposées pour tenir le rôle de **m**, et en particulier les di-

[1]Seul le premier est à confirmer, car les suivant en sont des conséquences démontrées

verses mesures de déformations que nous étudierons en **P4**, ne vérifient en particulier pas la propriété de longueur du trajet de déformation ci-dessus car leurs dérivées sont reliées à D par des $\mathring{a}$ non isométriques.

• A défaut de la variable **m** qui *modélisera* l'état métrique local, nous avons une variable, le tenseur métrique $\gamma$, qui le *caractérise*. Il en résulte que **m** est une fonction de $\gamma$, et donc que la petite longueur ds ci dessus est une forme différentielle en $\gamma$, qu'explicite complètement le théorème ci-dessous :

**Théorème (Pronostic 2)**

*Au cours d'un mouvement du milieu continu, on a en tout point* $M_0$ *la relation*

(9) $$\boxed{ds^2 = (D{:}D)dt^2 = \frac{1}{4}\mathrm{Tr}(\gamma^{-1}d\gamma\gamma^{-1}d\gamma)}$$

*où* $d\gamma = \dot{\gamma}dt$ *est la variation de* $\gamma$ *à* $M_0$ *fixé*

**Preuve.** On a, en utilisant (1) : $ds^2 = \mathrm{Tr}[(Ddt)(Ddt)] = \mathrm{Tr}[(daa^{-1})_S(daa^{-1})_S]$

avec $(daa^{-1})_S = \frac{1}{2}[daa^{-1} + (daa^{-1})^T] = \frac{1}{2}[daa^{-1} + g^{-1}(daa^{-1})^* g] = a\gamma^{-1}d\gamma a^{-1}$ ∎

Ce résultat implique pour l'espace **M** où **m** évolue les propriétés suivantes :

*L'espace* **M** *est une variété riemannienne paramétrée par* $\gamma$, *donc de dimension six comme* $L_S^+(T_0;T_0^*)$, *dont, exprimée en fonction de* $\gamma$, (9) *est la forme quadratique fondamentale.*

On ne s'alarmera pas de voir apparaître à nouveau le concept de variété : les non-linéarités géométriques ont des exigences incontournables, et ne peuvent se traduire exclusivement en variété droites. On ne confondra évidemment pas la variété qui surgit ici avec la variété $\Omega_0$ : nous travaillons toujours en un point $M_0$ du milieu.

On notera que le $ds^2$, donc aussi la longueur d'un processus de déformation défini par une application $t \to \gamma$, est sans dimension physique. Et aussi que, en tant qu'ouvert de l'espace vectoriel $L_S(T_0;T_0^*)$ qui n'est pas doté d'un produit scalaire, $L_S^+(T_0;T_0^*)$ où évolue $\gamma$ n'est pas une telle variété riemanienne (un produit scalaire ne saurait d'ailleurs induire une forme quadratique non invariante par translation). Ceci nous confirme dans l'idée que le tenseur métrique $\gamma$ ne peut que caractériser l'état métrique et ne saurait prétendre à le modéliser.

• On peut aller plus loin et, pour nous motiver dans la recherche de **m** et **M**, établir le résultat suivant concernant les géodésiques de la variété inconnue **M**, et plus particulièrement les mouvements à vitesse constante sur ces géodésiques (nous dirons *géodésiques uniformes*), dont l'intérêt cinématique apparaîtra ultérieurement

**Théorème (Pronostic 3)**

*En un point du milieu, un processus de déformation* $t \to \mathbf{m} \in \mathbf{M}$ , *défini par une application* $t \to \gamma$, *est une géodésique de* **M** *parcourue à vitesse curviligne constante ssi cette application est solution de:*

(10) $$\boxed{\frac{d}{dt}(\gamma^{-1}\frac{d\gamma}{dt}) = 0}$$

**Preuve.** Les géodésiques étant les trajets de déformation de longueur extremum reliant deux états métriques différents, utilisons le calcul des variations. La variation première, en tant que fonctionnelle de l'application t→γ, de la déformation cumulée, longueur d'un parcours de déformation, s'écrit :

$$\delta(\varepsilon_c) = \delta\int_{t_1}^{t_2}\frac{1}{2}[\mathrm{Tr}(\gamma^{-1}\frac{d\gamma}{dt}\gamma^{-1}\frac{d\gamma}{dt})]^{½}dt = \int_{t_1}^{t_2}\frac{1}{4}(\mathrm{Tr}G)^{-½}\mathrm{Tr}(\delta G)dt, \quad \text{avec}$$

$$G = \gamma^{-1}\frac{d\gamma}{dt}\gamma^{-1}\frac{d\gamma}{dt} \quad \text{et} \quad \mathrm{Tr}(\delta G) = -2\mathrm{Tr}(\gamma^{-1}\frac{d\gamma}{dt}\gamma^{-1}\frac{d\gamma}{dt}\gamma^{-1}\delta\gamma) + 2\mathrm{Tr}[\gamma^{-1}\frac{d\gamma}{dt}\gamma^{-1}\frac{d}{dt}(\delta\gamma)]$$

Soit encore : $\delta(\varepsilon_c) = [\frac{1}{2}\mathrm{Tr}G\,\mathrm{Tr}(\gamma^{-1}\frac{d\gamma}{dt}\gamma^{-1}\delta\gamma]_{t_1}^{t_2}$

$$-\int_{t_1}^{t_2}\mathrm{Tr}\{[\frac{d}{dt}(\frac{1}{2}\mathrm{Tr}G^{-½}\gamma^{-1}\frac{d\gamma}{dt}\gamma^{-1}) + \frac{1}{2}\mathrm{Tr}G^{-½}\gamma^{-1}\frac{d\gamma}{dt}\gamma^{-1}\frac{d\gamma}{dt}\gamma^{-1}]\delta\gamma\}dt$$

On en déduit que les applications t → γ des processus suivant une géodésique vérifient

$$\frac{d}{dt}(\frac{1}{2}\mathrm{Tr}G^{-½}\gamma^{-1}\frac{d\gamma}{dt}\gamma^{-1}) + \frac{1}{2}\mathrm{Tr}G^{-½}\gamma^{-1}\frac{d\gamma}{dt}\gamma^{-1}\frac{d\gamma}{dt}\gamma^{-1} = 0 \quad \text{(équation d'Euler)},$$

et que celles des géodésiques décrites a vitesse ds/dt = (1/2) $\mathrm{Tr}G^{1/2}$ constante vérifient :

$$\frac{d}{ds}(\gamma^{-1}\frac{d\gamma}{ds}\gamma^{-1}) + \gamma^{-1}\frac{d\gamma}{ds}\gamma^{-1}\frac{d\gamma}{ds}\gamma^{-1} \equiv \frac{d}{ds}(\gamma^{-1}\frac{d\gamma}{ds})\gamma^{-1} = 0 \iff \frac{d}{dt}(\gamma^{-1}\frac{d\gamma}{dt}) = 0 \;\blacksquare$$

Signalons que (10) peut être intégrée, ce que nous ferons en **XVI-4**, lorsque le moment sera venu de l'exploiter.

## 4. LA NATURE TENSORIELLE DE D

Revenons sur les propriétés mises en avant en **IV-4** pour justifier l'appellation tenseur des taux de déformation donnée à D.

● Considérons d'abord un petit segment matériel $\vec{l_0} \in T_0(\mu)$, référencé en $\vec{l_r} \in E_r(L)$ et dont la position actuelle est $\vec{l} \in E(L)$. Dérivant (à $\vec{l_0}$ fixé) la relation $\vec{l} = F\vec{l_r}$ (= $a\vec{l_0}$) qui régit son déplacement (son placement) il vient (**I-22-1**):

(11) $$\frac{d\vec{l}}{dt} = \dot{F}\vec{l_r}\ (= \dot{a}\vec{l_0}) = L\vec{l}\ , \quad \text{et donc} \quad \boxed{\frac{d^c\vec{l}}{dt} \equiv \frac{d\vec{l}}{dt} - \vec{\omega}\wedge\vec{l} = D\vec{l}}$$

A chaque instant, D associe donc à tout segment d'espace $\vec{l}$ la vitesse déformante (par rapport au corotationnel) du segment matériel dont ce segment d'espace est la position actuelle (alors que L lui associe sa dérivée par rapport au référentiel de travail) :

D *est le champ local spatial des vitesses déformantes au voisinage d'un point*.

Soit $\ell$ et $\vec{u}$ la longueur et la direction spatiale (vecteur unité) actuelles de $\vec{l_0}$. On a

$$\vec{l} = \ell \vec{u} \qquad \text{et} \qquad \ell^2 = \vec{l}\,.\,\vec{l} = <g\vec{l}\,,\vec{l}>\,,$$

et donc, par dérivation dans $\mathcal{E}_c$ et division par $2\ell^2$, on retrouve la relation (**IV**-8-1):

$$(12) \qquad \boxed{D\vec{u}\,.\,\vec{u} = <gD\vec{u}\,,\vec{u}> = \dot{\ell}\ell^{-1} = \frac{d}{dt}(\frac{d\ell}{\ell})} \quad (= \frac{d}{dt}\mathrm{Log}\ell)$$

*Par leur forme quadratique sur* E *commune,* D *et* gD *fournissent donc le taux d'allongement relatif des segments matériels en fonction du vecteur unité caractérisant leur direction spatiale actuelle.*

● Procédant de même avec une tranche matérielle, et donc dérivant dans $\mathcal{E}_c$ sa loi de déplacement $\vec{t} = F^{-T}\vec{t_r}$ en modélisation hyper-euclidienne (**VII**-14-2), il vient

$$(13\text{-}1) \quad \frac{d\vec{t}}{dt} = -L^T\vec{t} \equiv -(D-\Omega)\vec{t} \quad \text{et donc} \quad \boxed{-\frac{d^c\vec{t}}{dt} \equiv -(\frac{d\vec{t}}{dt} - \vec{\omega}\wedge\vec{t}) = D\vec{t}}$$

Multipliant à gauche par g, tenseur métrique de l'espace, indépendant du temps dans tout référentiel (**I-5**), on déduit, en modélisation hypo-euclidienne par $\overleftarrow{t} = g\,\vec{t}$ :

$$(13\text{-}2) \quad \frac{d\overleftarrow{t}}{dt} = -L^*\overleftarrow{t} \equiv -g(D-\Omega)g^{-1}\overleftarrow{t} \quad \text{et donc} \quad \boxed{-\frac{d^c\overleftarrow{t}}{dt} = gDg^{-1}\overleftarrow{t}}$$

Ceci aurait pu aussi être obtenu en dérivant directement la relation de placement (**VII**-12), $\overleftarrow{t} = a^{-*}\overleftarrow{t_0}$. Ou encore en dérivant $<\overleftarrow{t}\,,\vec{l}>$ qui est constant (**VII**-15) :

$$\frac{d}{dt}<\overleftarrow{t}\,,\vec{l}> = <\frac{d}{dt}\overleftarrow{t}\,,\vec{l}> + <\overleftarrow{t}\,,\frac{d}{dt}\vec{l}> = 0,$$

ce qui montre bien que l'opérateur linéaire champ spatial des dérivées des tranches est l'opposé du transposé de celui des segments.

Les relations (13) peuvent aussi être commentées en termes de champs spatiaux, mais *pour l'opposé de la vitesse déformante des tranches.* Nous rapprochons donc vitesse déformante des segments et *opposé* de la vitesse déformante des tranches. Cela s'explique par le fait que la norme d'une tranche est l'inverse de son épaisseur dont le sens de variation est opposé à celui de l'épaisseur. Les choix de signe qui sont faits concourent à donner des vitesses positives en cas d'augmentation générale des longueurs. Le choix inverse aurait été possible.

● Notant $e$ l'épaisseur actuelle de la tranche considérée, $t = e^{-1}$ sa "minceur" et $\overleftarrow{u}$ son covecteur unité parallèle actuel, on a

$$\overleftarrow{t} = t\overleftarrow{u} \qquad \text{et} \qquad t^2 = \overleftarrow{t}\,.\,\overleftarrow{t} = <\overleftarrow{t}\,,g^{-1}\overleftarrow{t}>$$

qui par dérivation dans $\mathcal{E}_c$ en utilisant (6) puis division par $2t^2$ conduit à la relation ci dessous, laquelle est une version plus intrinsèque de, mais équivalente à, la relation **IV**-8-2 donnée à l'époque sans démonstration :

(14) $$\boxed{gDg^{-1}\overleftarrow{u}.\overleftarrow{u} = <\overleftarrow{u}, Dg^{-1}\overleftarrow{u}> = -\dot{t}t^{-1} = \dot{e}e^{-1} = \frac{1}{dt}\left(\frac{de}{e}\right)} \quad \left(= \frac{d}{dt}\mathrm{Log}e\right)$$

*Par leur forme bilinéaire sur* E* *commune,* $gDg^{-1}$ *et* $Dg^{-1}$ *fournissent donc le taux d'épaississement relatif des tranches matérielles en fonction du vecteur unité caractérisant leur direction spatiale actuelle.*

● Dans le cas d'un solide rigide D est nul et donc les dérivées des segments et tranches matérielles par rapport au référentiel corotationnel sont nulles. Ceci est normal puisque ce référentiel est alors celui associé au solide rigide. Dans le même ordre d'idée, les relations (11) et (14) auraient pu être déduites de (**VIII**-4 et 5) en exprimant que la dérivée convective d'un segment ou d'une tranche matériels, qui sont convectés (constants dans le modèle matière), est nulle. On peut aussi remarquer que les vitesses déformantes, dérivées de segments et de tranches, que nous venons de calculer sont en chaque point les "dérivées d'entraînement" des vecteurs et des covecteurs dues au mouvement (d'entraînement) du référentiel milieu continu par rapport au corotationnel.

Les résultats de ce paragraphe, et tout particulièrement (11) et (14), montrent bien que D est effectivement au coeur de la modélisation spatiale du concept de vitesse de déformation, comme le suggère le nom qui lui a été donné, avec, en tant que distributeur de vitesses par rapport au référentiel corotationnel à chaque instant, une lecture privilégiée dans le référentiel corotationnel comme nous l'annoncions en **IV-5**. La seule chose que nous ayons à ajouter est qu'il intervient non seulement par lui même, mais aussi par les trois autres applications gD, $Dg^{-1}$ et $gDg^{-1}$ constituant les trois autres facettes du tenseur euclidien **D** qu'il définit (**M5**). Nous sommes donc amené à apporter la précision importante suivante, qui s'inscrit dans notre souci de renoncer à l'habituelle identification de E* à E qui fait identifier **D** à D :

**Remarque fondamentale**

*C'est le tenseur euclidien* **D**, *et non sa seule facette* D *élément de* L(E), *qui est la grandeur significative, le principe actif, dans les questions de vitesse de déformation.*

## 5. LA MÉTRIQUE

● Une conséquence immédiate de la remarque qui précède, et de la définition précise des tenseurs euclidiens donnée en **M5**, est que (2) se ré-écrit :

(15) $(\exists\, \mathbf{m}?)$, $$\boxed{\mathbf{D} \equiv (gD, Dg^{-1}) = \mathring{a}\,\dot{\mathbf{m}}}$$

et que, ayant précisé la nature tensorielle du membre de gauche, le transport å est parfaitement déterminé : c'est le transport de tenseurs euclidiens $\mathbf{A} = \mathbf{A}^{(2)}$ défini en **IX-1**.

La relation (15) équivaut alors, en l'inversant, à :

$$\dot{\mathbf{m}} = \mathbf{A}^{-1}\,\mathbf{D} = (a^* g D a,\ a^{-1} D g^{-1} a^{-*})$$

qui avec la relation (16) ci dessous, résultant de (1) et de (**M12**-c), conduit à (17) :

(16) $$D = \frac{1}{2}(L + L^T) = \frac{1}{2}(\dot{a}a^{-1} + g^{-1}a^{-*}\,\dot{a}^* g)\,,$$

(17) $$\boxed{\dot{\mathbf{m}} = \mathbf{A}^{-1}\mathbf{D} = (\frac{1}{2}\dot{\gamma},\ -\frac{1}{2}\dot{\gamma}_d) = \frac{d}{dt}(\frac{1}{2}\gamma,\ -\frac{1}{2}\gamma_d)} \qquad \text{avec } \gamma_d = \gamma^{-1}$$

Cette relation fait apparaître sans ambiguïté[2] la variable **m** cherchée. Introduisant quelques notations nouvelles, et notant **d** (plutôt que $\mathbf{D}_0$) l'homologue matériel de **D**, nous obtenons en effet la réponse suivante à la question fondamentale de **IV-4** :

**(18)** $$\boxed{\mathbf{D} = \mathbf{A}\mathbf{d}} \qquad \boxed{\mathbf{d} = \frac{d\mathbf{m}}{dt}} \qquad \boxed{\mathbf{m} = (\bar{m},\ \underline{m})}\ , \text{ avec}$$

$$\boxed{\bar{m} = \frac{1}{2}\gamma} \in \bar{M} \equiv \bar{\Gamma}_S^+ \equiv L_S^+(T_0, T_0^*) \quad \text{et} \quad \boxed{\underline{m} = -\frac{1}{2}\gamma^{-1}} \in \underline{M} \equiv L_S^-(T_0^*; T_0)$$

● Contrairement aux déformations cumulées du chapitre précédent, la variable **m** ici obtenue est bien une variable d'état métrique puisqu'elle ne dépend que de $\gamma$. Comme prévu, $\gamma$ et $\gamma_d$ y interviennent de façon symétrique, au signe extérieur près, ce dont nous nous sommes expliqué. Par ailleurs, $\dot{\mathbf{m}}$, noté **d**, étant l'homologue de **D** dans le transport isométrique **A** , c'est un tenseur euclidien de $E_0$ dont les valeurs propres sont identiques à celles de **D** et dont les éléments propres sont homologues par a de ceux de **D**. Il a donc les mêmes vertus que **D** pour décrire les caractéristiques géométriques de la vitesse de déformation mises en évidence en **IV**, avec cet avantage que, relevant comme **m** du modèle matière, ses vecteurs propres désignent directement, et non par l'intermédiaire de leur position comme avec **D**, les triplets d'éléments matériels, segments ou tranches, qui par rapport au corotationnel évoluent parallèlement à eux mêmes.

En outre, les pronostics du **3**, fondés sur la nécessaire isométrie du transport entre **D** et $\dot{\mathbf{m}}$, ne pourront qu'être vérifiés. Enfin, on peut encore, en se replaçant dans l'organisation de l'Espace-Temps de Ch **I**, remarquer que **d** n'est autre que la lecture du tenseur euclidien en mouvement taux de rotation dans le référentiel spatial non rigide défini localement par le milieu (**IX-4**). Dans cet ordre d'idée, la notation $\mathbf{D}_0$ au lieu de **d** aurait été mieux adaptée.

Nous pouvons donc estimer avoir atteint notre objectif d'intégration de D, ou plutôt de **D**, en une variable modélisant l'état métrique, ce que nous concrétisons un peu solennellement par un énoncé :

---

[2] A une constante additive (dans l'espace vectoriel $\bar{\Gamma}_S \times \underline{\Gamma}_S$) près, que nous avons choisie nulle sans inconvénient aucun pour la suite

**Théorème-définition**

**a** - *Le tenseur euclidien* **D** *est la position spatiale par* **A** *d'un tenseur euclidien matériel* **d**, *lui même égal à la dérivée* $\mathring{\mathbf{m}}$ *de la variable* $\mathbf{m} = (\bar{m}, \underline{m})$

**b** - *Nous choisissons donc* **m** *pour modéliser l'état métrique actuel local du milieu. Nous dirons plus simplement que* **m** *est la métrique (locale), du milieu au point considéré. Sa dérivée* **d** *est la vitesse de déformation matérielle.*

**c** - *Les tenseurs* **D** *et* **d** *sont les positions dans le référentiel de travail et dans le référentiel non rigide défini localement par le milieu d'un même "tenseur euclidien en mouvement" au sens précis donné à ce type d'expression en* **I-2**

Nous sommes évidemment en un noeud capital de notre analyse, nécessitant quelques commentaires.

● Il faut remarquer que $\mathbf{D} = \mathbf{A}\mathring{\mathbf{m}}$ est la réunion des deux relations

$$(19) \qquad D = g^{-1}a^{-*}(\frac{1}{2}\dot{\gamma})\, a^{-1} \qquad \text{et} \qquad D = a(-\frac{1}{2}\dot{\gamma}_d)a^{*}g$$

La première est la relation d'intégration de D de type (2) que l'on aurait obtenue en voyant dans l'élément D de L(E) la modélisation hyper-euclidienne du tenseur deux fois covariant gD et en choisissant $\bar{m}$ pour modéliser l'état métrique, le transport $\mathring{a}$ étant celui de la seconde ligne de (**VII**-16-2). La seconde est du même type, mais pour les tenseurs deux fois contravariant $Dg^{-1}$ et $\underline{m}$, et avec la troisième ligne de (**VII**-16-2).

Outre qu'il n'y aurait eu aucune raison pour choisir l'une plutôt que l'autre de ces deux solutions duales de (2), aucune d'entre elles n'aurait été satisfaisante. En particulier, la notion d'éléments propres n'ayant pas de sens pour les éléments de $L(T_0;T_0^*)$ et de $L(T_0^*;T_0)$, aucune des deux vitesses de déformation matérielles $1/2\dot{\gamma}$ et $-1/2\dot{\gamma}_d$ qu'elles auraient données n'aurait été en mesure de rendre compte des vitesses de déformation principales et des directions principales de vitesse de déformation.

En fait, $\gamma_d$ étant l'inverse de $\gamma$, les deux relations (25) sont équivalentes entre elles. Les écrire toutes les deux en écrivant $\mathbf{D} = \mathbf{A}\mathring{\mathbf{m}}$ est redondant, mais évite d'en privilégier une. Ceci est évidemment le fruit de notre volonté de ne privilégier aucune des deux approches segment et tranche. C'est peut-être le moment de dire que cela n'est nullement une pratique courante dans la littérature. Nous sommes même sur ce point en contradiction avec le principe de covariance mis en avant dans [Marsden 1981] [ Marsden et Hughes 1983] et qui par exemple conduit dans [Simo et Ortiz 1985] à privilégier une décomposition additive de la variable $1/2\gamma$, et donc évidemment pas de $-1/2\gamma^{-1}$, en parties élastique et plastique. Nous reviendrons sur ces aspects en **XX-10**.

Noter enfin que rien dans ce qui précède ne vient encore confirmer l'hypothèse, faite en **IV-5**, que **D** doive être lu dans le corotationnel. Et aussi que la définition "symétrique en E et E*" des tenseurs euclidiens donnée en **M1** et **M5** vient de prendre tout son intérêt. Le moment de lire **M13** est venu pour mieux connaître ces tenseurs.

CHAPITRE XIV

# LA VARIÉTÉ DES MÉTRIQUES

Ayant défini la variable **m** qui modélise, donc qui *sera* dorénavant, l'état métrique, nous sommes en mesure d'étudier l'espace **M** dans lequel elle prend ses valeurs, et que nous appellerons la *variété des métriques* au point considéré. Ayant dépassé le stade de la caractérisation de l'état métrique pour celui de la modélisation, la géométrie de **M**, que nous étudions dans ce chapitre et le suivant, est un élément fondamental de la théorie.

## 1. DÉFINITION

● De la définition de **m** en (**XIII**-18) résulte immédiatement celle de **M** :

**Théorème-définition**

*En théorie du premier gradient et en l'absence de liaisons internes, l'espace des états métriques locaux à priori possibles, en un point* $M_0$ *d'un milieu continu où l'espace vectoriel des segments matériels est* $T_0$, *est l'ensemble*

(1) $$\mathbf{M} = \{\mathbf{m} = (\overline{m},\underline{m})\ ;\ \overline{m} = \frac{1}{2}\gamma\,,\ \underline{m} = -\frac{1}{2}\gamma^{-1},\ \gamma \in L_S^+(T_0;T_0^*)\},$$

*que nous appellerons variété des métriques en* $M_0$

**Preuve.** Lorsque le placement local a varie, les **m** définis en (**XIII**-18) sont dans **M** ci dessus. Inversement, l'élément de **M** paramétré par γ sera un état métrique possible au cours d'un placement local a ssi la relation (**XIII**-3), $\gamma = a^*g\,a$, possède une solution en a, ce qui est évident car elle exprime que a est une isométrie de $E_0$ sur E ■

Au cours d'un mouvement, le point **m** décrit une courbe de **M** qui modélise le processus de déformation au point $M_0$ au cours de ce mouvement. Inversement, toute courbe de **M** paramétrée par le temps, suffisamment régulière, définit un *processus de déformation* susceptible de se produire (au cours de mouvements locaux multiples, composés entre eux par des mouvements de rotation). Noter que les problèmes de compatibilité des métriques ne se posent que relativement au champ $M_0 \rightarrow \mathbf{m}$ des métriques locales qu'à aucun moment nous ne considérerons dans cet ouvrage.

La variété **M** a été introduite dans [Rougée 1991,1992], sous une forme abstraite alors que nous en proposons ici avec (1) une réalisation plongée dans un espace vectoriel.

● Il convient évidemment d'élever le regard et de ne pas focaliser uniquement sur l'aspect "couple de deux éléments" de la variable **m**. Il faut résolument la penser comme un point de l'espace vectoriel $\Gamma_S = \bar{\Gamma}_S \times \underline{\Gamma}_S$ produit cartésien des espaces vectoriels $\bar{\Gamma}_S = L_S(T_0;T_0^*)$ et $\underline{\Gamma}_S = L_S(T_0^*;T_0)$ contenant $\bar{m}$ et $\underline{m}$.

Dans cet espace vectoriel, **M** est situé dans la "surface", ou la "courbe", disons la "sous-variété" ou encore la "variété" pour être bref, d'équation

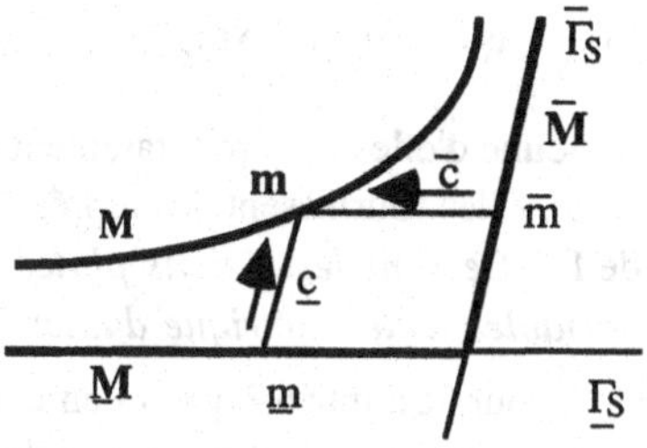


(2) $$\boxed{\underline{m}\bar{m} = -\frac{1}{4}1_E}$$

obtenue en éliminant le paramètre $\gamma$ dans (1).

On peut l'interpréter comme étant une sorte d'hyperbole d'asymptotes les "axes de coordonnées" que constituent $\bar{\Gamma}_S \mathrm{x}\{0\}$ et $\{0\}\mathrm{x}\underline{\Gamma}_S$. En fait, **M** n'est qu'une "branche" de cette "hyperbole", définie par la restriction

(3) $$\bar{m} \in \bar{M} = L_S^+(T_0;T_0^*) \subset \bar{\Gamma}_S \quad (\Leftrightarrow \quad \underline{m} \in \underline{M} = L_S^-(T_0^*;T_0) \subset \underline{\Gamma}_S)$$

Enfin, $\bar{M}$ et $\underline{M}$ étant des ouverts des espaces $\bar{\Gamma}_S$ et $\underline{\Gamma}_S$ qui sont de dimension six, la variété **M** est de dimension six, et (2) n'étant pas linéaire elle est non linéaire:

> *C'est cette non-linéarité de la variété des états métriques locaux qui est à la base des non-linéarités géométriques bien connues en grandes transformations.*

Noter que **m** n'est pas un tenseur euclidien du second ordre sur $E_0$ ($\underline{m} \neq \gamma^{-1}\bar{m}\gamma^{-1}$). En particulier, il ne s'agit pas du tenseur euclidien unité $\mathbf{1}_{E0} = (\gamma, \gamma^{-1})$, même s'il est construit avec des ingrédients semblables. On remarquera aussi que dans l'espace vectoriel de dimension douze $\Gamma_S$ où se trouve **M**, se trouvent aussi tous les tenseurs euclidiens du second ordre symétriques $\mathbf{x} = (\bar{x}, \underline{x})$ de tous les espaces euclidiens $E_0 = (T_0, \gamma)$ obtenus en faisant varier **m** dans **M** donc $\gamma$ dans $L_S^+(T_0;T_0^*)$.

● Comme pour toute courbe ou surface, et plus généralement pour toute sous variété courbe, le travail dans **M** se fera par le biais d'un système de coordonnées traditionnellement appelé *carte* en géométrie différentielle, le propre d'une telle carte étant de mettre la variété, ou un ouvert de celle ci, en bijection avec un ouvert d'un espace plat.

Cet espace plat est généralement pensé comme étant $R^n$ parce que l'on travaille avec un système de coordonnées scalaires. Par exemple, ce serait ici $R^6$ en paramétrant **M** par les six composantes $\gamma_{ij}$ du paramètre $\gamma$ dans un système de coordonnées matérielles (la matrice de Gram des trois petits segments d'une grille tridimensionnelle que l'on aurait tracée sur le milieu (**IX-4**)). Mais dans une approche plus intrinsèque il peut être plus géométrique et être un espace vectoriel ou affine. Par exemple, ce pourrait être ici $\bar{\Gamma}_S$ en paramétrant par $\gamma$, ou $\underline{\Gamma}_S$ en paramétrant par $\gamma^{-1}$. Nous parlerons donc plutôt de *paramètre* que de coordonnées. Bien entendu, il suffit de rapporter à une base l'espace vectoriel dans lequel évolue le paramètre pour obtenir une carte dans $R^6$.

Il existe pour **M** deux cartes privilégiées, définies par les projections canoniques du produit cartésien $\Gamma_S$ sur les "axes" $\overline{\Gamma}_S$ et $\underline{\Gamma}_S$ :

(4) $\quad \overline{c}^{-1} : (\overline{m},\underline{m}) \rightarrow \overline{m}, \qquad \overline{c} : \overline{m} \in \overline{\mathbf{M}} \rightarrow \boxed{\mathbf{m} = (\overline{m}, -\frac{1}{4}\overline{m}^{-1})} \in \mathbf{M}$

(5) $\quad \underline{c}^{-1} : (\overline{m},\underline{m}) \rightarrow \underline{m}, \qquad \underline{c} : \underline{m} \in \underline{\mathbf{M}} \rightarrow \boxed{\mathbf{m} = (-\frac{1}{4}\underline{m}^{-1}, \underline{m})} \in \mathbf{M}$

Chacune d'elles couvre totalement **M** et donc constitue ce que l'on appelle un atlas à une carte. Elles fournissent des représentations plates de **M** qui sont les ouverts $\overline{\mathbf{M}}$ de $\overline{\Gamma}_S$ et $\underline{\mathbf{M}}$ de $\underline{\Gamma}_S$. *Ce sont les visions plates de l'ensemble des états métriques fournies par les variables d'état métrique duales* $\overline{m}$ *et* $\underline{m}$.

Pour être intrinsèque, et en particulier pour continuer à traiter sur un même plan les approches duales segment-tranche, nous devrons en particulier veiller à ce que la démarche théorique ne privilégie aucune de ces deux cartes, ce qui reviendrait à privilégier une variable d'état métrique au détriment de la métrique. Dans cet esprit, certaines habitudes que nous avions prises avec le tenseur métrique $\gamma$ avant de connaître **m** seront corrigées. Par exemple, $E_0$ sera désormais réputé être $T_0$ muni de la métrique **m**. Mais ceci n'empêche pas que, la démarche théorique étant fixée, l'on puisse (et même l'on soit contraint à!) mener les calculs dans une carte particulière.

## 2. LES PLANS TANGENTS A M

### 2.1 Signification mécanique

• Tout comme une surface ou une courbe en géométrie, la variété **M** possède en chacun de ses points **m** un espace affine tangent $\mathcal{T}$**m**, qui est une variété plate de même dimension qui en réalise une approximation dans le voisinage de **m**. Plutôt que cet espace affine, nous utiliserons surtout son espace vectoriel associé **Tm**, dit espace vectoriel tangent en **m** à **M**, que l'on peut voir soit comme le plan parallèle à $\mathcal{T}$**m** et passant par l'origine de $\Gamma_S$, soit comme $\mathcal{T}$**m** dans lequel **m** aurait été choisi comme origine. Dans cette seconde interprétation, les éléments de **Tm** sont les vecteurs joignant **m** aux points de $\mathcal{T}$**m**, et donc, en première approximation évidemment :

> *L'espace vectoriel* **Tm** *tangent en* **m** *à* **M**, *ou plutôt son voisinage de zéro, modélise les petites déformations que présentent par rapport à l'état* **m** *les états métriques voisins de* **m** *dans* **M**. *Il est comme* **M** *de dimension six.*

Nous avons donc là une *modélisation* des petites déformations, et même, avec la collection des **Tm** tangents en tous les points **m** de M (collection notée TM et appelée fibré tangent à M), une modélisation de toutes les petites déformations à partir de tous les états métriques possibles. Nous savions déjà depuis **IV-6** que les petites déformations à partir d'un état donné étaient modélisables par les éléments d'un espace vectoriel de dimension six. Nous obtenons ici une mise en situation dans le modèle matière de tous ces espaces vectoriels relatifs à tous les états métriques de départ possibles.

• On peut aussi avoir une vision plus cinématique et considérer des points en mouvement dans **M**, modélisant des *processus de déformation* au point $M_0$ considéré. La dérivée $\dot{\mathbf{m}} = \mathbf{dm}/dt$ d'un tel processus est alors un vecteur tangent à **M**. C'est, à l'instant t où un tel point passe par **m**, la petite déformation **dm** ∈ **Tm** que subit le milieu entre t et t + dt, divisée par le petit temps dt. C'est donc exactement, dans le modèle matière, *la vitesse de déformation* lors du passage par l'état métrique **m** au cours du processus de déformation considéré. Ainsi:

> *L'espace vectoriel tangent* **Tm** *est aussi, au point considéré et dans une variante de dimension physique différente, l'espace des vitesses de déformation à priori possibles quand le milieu passe par l'état métrique* **m**.

Dans l'approche spatiale, la vitesse de déformation a été modélisée par le tenseur euclidien des taux de déformation **D** prenant ses valeurs dans l'espace vectoriel $\mathbf{E}_S^{(2)} \overset{i}{=} L_S(\mathbf{E})$, qui est *indépendant de l'état métrique actuel*, alors que dans cette approche matérielle intrinsèque, vu la non planéité de l'ensemble **M** des états métriques possibles, les espaces vectoriels tangents aux différents points **m** sont a priori différents.

• Enfin, qui dit espace des vitesses dit, en dynamique, par dualité traduite par un produit scalaire, espace des "forces utiles" (on pourra se convaincre que le mouvement d'un point matériel **m** mobile sans frottement sur une surface fixe **M** ne dépend que de la projection sur le plan tangent en **m** à **M** des forces appliquées). Cela vaut aussi pour les efforts associés aux déformations internes, comme d'ailleurs on le vérifie avec le tenseur de Cauchy en petits déplacements ou en approche spatiale (**XI-3**). Aussi, anticipant quelque peu, on peut prévoir que, modulo la question des dimensions physiques :

> *L'espace* **Tm** *sera aussi l'espace où, en approche matérielle, seront définies les contraintes et où, les ingrédients y étant réunis, s'écrira le comportement.*

L'importance mécanique des espaces vectoriels **Tm** tangents à la variété **M** est donc évidente. Dans la suite nous les appellerons simplement "plans tangents". Nous ne ferons qu'un usage très limité de l'espace affine tangent $\mathcal{T}\mathbf{m}$.

## 2.2 Equation et structure

• L'équation de **Tm** est obtenue en différentiant celle de **M**. Utilisant d'abord (1) :

$$(6) \qquad \mathbf{Tm} = \{\mathbf{dm} = (\overline{\mathrm{dm}}, \underline{\underline{\mathrm{dm}}}) \in \Gamma_S ,$$

$$\overline{\mathrm{dm}} = \mathrm{d}(\overline{\mathrm{m}}) = \frac{1}{2}\mathrm{d}\gamma , \quad \underline{\underline{\mathrm{dm}}} = \mathrm{d}(\underline{\underline{\mathrm{m}}}) = \frac{1}{2}\gamma^{-1}\mathrm{d}\gamma\,\gamma^{-1}, \ \mathrm{d}\gamma \in L_S(T_0,T_0^*)\}$$

Quelques remarques aideront à mieux comprendre cette équation. D'une part, **m** étant un doublet, il en va de même de **dm**. D'autre part, les espaces vectoriels $\overline{\Gamma}_S = L_S(T_0;T_0^*)$, $\underline{\Gamma}_S = L_S(T_0^*;T_0)$ et $L_S(T_0;T_0^*)$ qui apparaissent, sont les espaces vectoriels dont les domaines de définition $\overline{\mathrm{M}}$ , $\underline{\mathrm{M}}$ et $L_S^+(T_0,T_0^*)$ des variables $\overline{\mathrm{m}}$, $\underline{\mathrm{m}}$ et $\gamma$ sont des ouverts.

Ce sont donc les espaces vectoriels tangents en $\overline{m}$, $\underline{m}$ et $\gamma$ à ces domaines. Enfin, un intérêt de la notation **dm** que nous avons ici adoptée pour les éléments de **Tm** est de définir une différentielle d (**III-8**) : pour toute grandeur x qui est fonction de l'état métrique **m**, x = f(**m**), dx désigne la grandeur f'(**m**)d**m**. Répondent à cette logique les notations différentielles $d(\overline{m})$, $d(\underline{m})$ et $d\gamma$ utilisées, et, dans (6), les relations $d(\overline{m}) = \overline{dm}$ et $d(\underline{m}) = \underline{dm}$ ne sont autres que les relations obtenues en différentiant les projections $\overline{c}^{-1}$ et $\underline{c}^{-1}$.

Nous n'utiliserons cependant pas systématiquement d**m** pour noter les éléments de **Tm**. Par ailleurs, on peut différentier l'équation (2) de **M** au lieu de (1). On obtient ainsi, en notant $\mu$ au lieu de d**m**, la nouvelle caractérisation du plan **Tm** tangent en **m** à **M** :

(7) $$\mathbf{Tm} = \{\ \mu = (\overline{\mu}\,;\underline{\mu}) \in \Gamma_S\ ,\ \ \overline{\mu} = 1/4\ \overline{m}\,\underline{\mu}\,\overline{m}\ \equiv \gamma\,\underline{\mu}\,\gamma\ \}$$

qui rapprochée de (M13-e) démontre le théorème tout à fait fondamental :

**Théorème**

*L'espace vectoriel* **Tm** *est l'espace* $\mathbf{E}_{0S}^{(2)}$ *des tenseurs euclidiens du second ordre symétriques sur l'espace euclidien* $E_0 = (T_0, \mathbf{m})$.

Ce résultat est parfaitement cohérent avec la qualité de tenseurs euclidiens symétriques reconnue au taux de déformation D en approche spatiale et à $\varepsilon_L$ en petits déplacements. Il était d'ailleurs pratiquement déjà acquis avec la relation (**XIII**-18).

• Comme tout tenseur euclidien les éléments $\mu$ de **Tm** ont aussi des facettes (1 et 4) de variances mixtes (**M5-f**) :

(8) $$\mu \text{ "=" } [\mu, (\overline{\mu}, \underline{\mu}), \underline{\overline{\mu}}],\ \ \mu = \gamma^{-1}\overline{\mu} \in L_S(E_0)\ ,\ \ \underline{\overline{\mu}} = \gamma\,\underline{\mu} \in L_S(E_0{}^*)$$

d'où résultent en particulier les expressions en fonction de la première facette :

(9) $$\overline{\mu} = \gamma\mu\ ,\quad \underline{\mu} = \mu\gamma^{-1},\quad \underline{\overline{\mu}} = \gamma\mu\gamma^{-1},\quad \mu \text{ "=" } [\mu, (\gamma\mu, \mu\gamma^{-1}), \gamma\mu\gamma^{-1}]$$

[C'est peut être le moment de rappeler que, conformément à ce qui a été dit en **M5**, les quatre facettes de ces tenseurs euclidiens d'ordre deux sur $E_0$ sont des éléments dont les composantes premières (en coordonnées lagrangiennes) sont du type $\mu^i{}_j$, $\mu_{ij}$, $\mu^{ij}$ et $\mu_i{}^j$ respectivement, et que les relations ci dessus se traduisent matriciellement par les classiques montées et descentes des indices avec les $\gamma^{ij} = (\gamma^{-1})^{ij}$ et les $\gamma_{ij}$ ].

• Notons $\mathbf{1_m}$ le tenseur euclidien unité d'ordre deux sur $E_0$,

(10) $$\mathbf{1_m} = (\gamma, \gamma^{-1}) \text{ "=" } [1_{T0}, (\gamma, \gamma^{-1}), 1_{T0^*}] \in \mathbf{Tm}\ ,$$

et faisons à nouveau remarquer le double usage qui est fait des deux tenseurs métriques duaux $\gamma$ et $\gamma^{-1}$. Ils interviennent, avec les coefficients 1/2 et -1/2, comme éléments constitutifs de l'état métrique $\mathbf{m} \in \mathbf{M}$, et, sans coefficients, comme facettes constitutives du tenseur euclidien unité $\mathbf{1_m} \in \mathbf{Tm}$, encore appelé *tenseur euclidien métrique.*

Rappelons aussi pour mémoire quelques relations associées à la structure algébrique d'espace de tenseurs euclidiens du second ordre sur $E_0$ de **Tm** : d'abord

(11) $$\boxed{\boldsymbol{\mu}_1:\boldsymbol{\mu}_2 = \mu_1:\mu_2 = \bar{\underline{\mu}}_1:\bar{\underline{\mu}}_2 = \mathrm{Tr}(\gamma^{-1}\bar{\mu}_1\gamma^{-1}\bar{\mu}_2) = \mathrm{Tr}(\bar{\mu}_1\underline{\mu}_2)}$$

(12) $$\boxed{\mathrm{Tr}\,\boldsymbol{\mu} = \mathbf{1_m}:\boldsymbol{\mu} = \mathrm{Tr}\,\mu = \mathrm{Tr}\,\bar{\underline{\mu}} = \mathrm{Tr}(\gamma\underline{\mu}) = \mathrm{Tr}(\bar{\mu}\gamma^{-1})},$$

puis le déterminant, le polynôme caractéristique, la décomposition en partie sphérique et déviateur, définis par (ou vérifiant) les relations

(13) $$\boxed{\mathrm{Dét}\ \boldsymbol{\mu} = \mathrm{Dét}\ \mu = \mathrm{Dét}\ \bar{\underline{\mu}} = \mathrm{Dét}\ (\gamma\underline{\mu}) = \mathrm{Dét}\ (\bar{\mu}\gamma^{-1})}$$

$$\boxed{P(\lambda) = \mathrm{Dét}\ (\boldsymbol{\mu} - \lambda\mathbf{1_m}) = \mathrm{Dét}\ (\mu - \lambda 1_{T0}) = \mathrm{Dét}\ (\bar{\underline{\mu}} - \lambda 1_{T0*})}$$

$$\boxed{\boldsymbol{\mu} = \frac{1}{3}\mathrm{Tr}\,\boldsymbol{\mu}\ \mathbf{1_m} + \boldsymbol{\mu}_D} \Leftrightarrow \boxed{\mu = \frac{1}{3}\mathrm{Tr}\,\mu\ 1_{T0} + \mu_D} \Leftrightarrow \boxed{\bar{\underline{\mu}} = \frac{1}{3}\mathrm{Tr}\,\bar{\underline{\mu}}\ 1_{T0*} + \bar{\underline{\mu}}_D}$$

Sans vouloir dispenser le lecteur de l'étude de **M13**, on peut remarquer que, si la définition d'un tenseur euclidien d'ordre deux sur un espace vectoriel tel que $E_0$ met en scène son couple de facettes 2 et 3, pour ce qui est du calcul avec ces tenseurs, les règles sont celles qui régissent sa facette 1 à laquelle il s'identifie quand on identifie $E_0^*$ à $E_0$.

● Derrière les quatre facettes des éléments de l'espace vectoriel tangent **Tm** se cachent quatre applications linéaires bijectives de **Tm** sur quatre espaces vectoriels de dimension six, à savoir les applications linéaires $\pi$, $\bar{\pi}$, $\underline{\pi}$ et $\bar{\underline{\pi}}$ définies par

(14) $$\boxed{\pi\boldsymbol{\mu} = \mu = \gamma^{-1}\bar{\mu}} \in L_S(E_0), \quad \boxed{\bar{\pi}\boldsymbol{\mu} = \bar{\mu} = \bar{c}'(\bar{m})^{-1}\boldsymbol{\mu}} \in \bar{\Gamma}_S = L_S(T_0;T_0^*),$$

$$\boxed{\underline{\pi}\boldsymbol{\mu} = \underline{\mu} = \underline{c}'(\underline{m})^{-1}\boldsymbol{\mu}} \in \underline{\Gamma}_S = L_S(T_0^*;T_0), \quad \boxed{\bar{\underline{\pi}}\boldsymbol{\mu} = \bar{\underline{\mu}} = \gamma\underline{\mu}} \in L_S(E_0^*)$$

Si $\bar{\pi}$ et $\underline{\pi}$, sont les dérivées des inverses de cartes $\bar{c}^{-1}$ et $\underline{c}^{-1}$, ce qui fait de $\overline{dm}$ et $\underline{dm}$ des différentielles exactes, $\overline{dm} = d\bar{m}$ et $\underline{dm} = d\underline{m}$, les projections $\pi$ et $\bar{\underline{\pi}}$ ne sont pas des dérivées: les facettes 1 et 4 de **dm** sont des formes différentielles sur **M** mais ne sont pas des différentielles exactes (de quantités m et $\bar{\underline{m}}$ qui n'existent pas). Les projections $\bar{\pi}$ et $\underline{\pi}$ sont à valeurs dans les espaces vectoriels de dimension six $\bar{\Gamma}$ et $\underline{\Gamma}$ qui ne dépendent pas du point **m** considéré. Par contre, $\pi$ et $\bar{\underline{\pi}}$ sont à valeurs dans $L_S(E_0)$ et $L_S(E_0^*)$, de dimension six aussi mais qui, eux, varient avec **m** tout en restant respectivement dans les espaces de dimension neuf invariants $L(T_0)$ et $L(T_0^*)$.

Ces deux espaces variables, ont à priori la même structure algébrique (celle d'espace des endomorphismes symétriques d'un espace euclidien de dimension trois, que nous appellerons $L_S$-structure) que **Tm**, et les projections $\pi$ et $\bar{\underline{\pi}}$ sont des isomorphismes pour cette structure (l'isomorphisme $\bar{\underline{\pi}}\pi^{-1}$ de $L_S(E_0)$ sur $L_S(E_0^*)$ est celui induit par l'isométrie $\gamma$ de $E_0$ sur $E_0^*$). Par contre, les espaces $\bar{\Gamma}_S$ et $\underline{\Gamma}_S$ n'ont à priori pas cette tructure, et $\bar{\pi}$ et $\underline{\pi}$ ne sauraient être des isomorphismes (il faut les deux projections $\bar{\pi}$ et $\underline{\pi}$ pour couvrir toute la structure de **Tm**).

La figure ci dessous illustre ces projections sur un élément de **Tm** qui va nous intéresser au premier chef, à savoir la vitesse de **m**, ou vitesse de déformation, au cours d'un processus de déformation t→**m** au point du milieu considéré :

$$\mathbf{d} = \dot{\mathbf{m}} = (\frac{d}{dt}\bar{m}, \frac{d}{dt}\underline{m}) \text{ "=" } [\tfrac{1}{2}\gamma^{-1}\dot{\gamma},\ (\tfrac{1}{2}\dot{\gamma},\ \tfrac{1}{2}\gamma^{-1}\dot{\gamma}\gamma^{-1}),\ \tfrac{1}{2}\dot{\gamma}\gamma^{-1}] \tag{15}$$

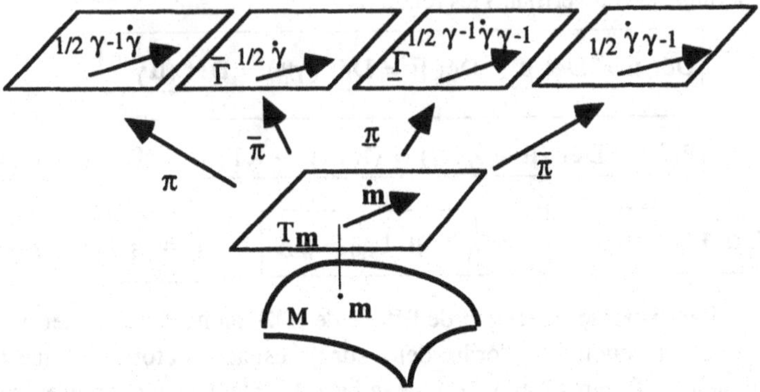


● Signalons enfin que la géométrie qui vient d'être reconnue à chaque plan tangent **Tm** induit des propriétés géométriques pour la variété **M** elle-même. En tout premier lieu, **Tm** étant doté d'un produit scalaire, **M** est une *variété riemanienne*, ce qui sous entend certaines propriétés (forme métrique fondamentale ou $ds^2$, dérivation covariante, géodésiques, transport parallèle, etc.) qui nous seront d'une certaine utilité. Mais **Tm** est plus qu'un simple espace euclidien et donc :

> *La variété* M *est plus qu'une simple variété riemanienne : elle est à une variété riemanienne ce que, pour un espace euclidien* E, $\mathbf{E}_S^{[2]}$ *est à* $\mathbf{E} = \mathbf{E}^{[1]}$.

Nous ne pourrons donc nous contenter de transcrire pour **M** les propriétés des variétés riemaniennes. C'est une structure plus complexe dont il nous faut rendre compte, en nous inspirant évidemment de la théorie des variétés riemaniennes.

## 3. LA FORME QUADRATIQUE FONDAMENTALE

Cette forme fondamentale, encore appelée "$ds^2$", permet le calcul de la longueur des courbes tracées sur **M**, c'est à dire la longueur des trajets et des processus de déformation. Elle fonde la structure de variété riemanienne de **M**. Il s'agit comme l'on sait du carré scalaire d'un élément **dm** de **Tm**, lequel prend les diverses formes :

$$ds^2 = \mathbf{dm} : \mathbf{dm} = \mathrm{Tr}\,(\gamma^{-1} d\bar{m}\, \gamma^{-1} d\bar{m}) = \frac{1}{4}\mathrm{Tr}\,(\gamma^{-1} d\gamma\, \gamma^{-1} d\gamma) \tag{16}$$

$$= \frac{1}{4}\gamma^{ij}\, d\gamma_{jk}\, \gamma^{kl}\, d\gamma_{li}) = \mathrm{Tr}\,(d\bar{m}\, d\underline{m})) = \mathrm{Tr}\,[d(\frac{1}{2}\gamma)\, d(-\frac{1}{2}\gamma^{-1})] = \frac{1}{4} d\gamma_{ij}\, d\gamma^{ji} = \ldots$$

On remarquera que parmi ces expressions figure bien celle en fonction de $\gamma$ obtenue en (**XIII-3**), ce qui établit les pronostics émis alors. On a donc le théorème :

**Théorème**

***a*** *- Au cours d'un mouvement du milieu, la déformation scalaire cumulée classique est la longueur du chemin décrit par* **m** *sur la variété riemannienne* **M***:*

(17–1)
$$\int_{t_1,M_0}^{t_2} (\mathbf{D}:\mathbf{D})^{1/2}\,dt = \int_{\mathbf{m}_1,M_0}^{\mathbf{m}_2} (d\mathbf{m} : d\mathbf{m})^{1/2} = \int_{\gamma_1,M_0}^{\gamma_2} \left(\frac{1}{4}\,\mathrm{Tr}\,(\gamma^{-1}d\gamma\,\gamma^{-1}\,d\gamma)\right)^{1/2}$$

***b*** *- Les paramétrages* $t\rightarrow\gamma$ *des géodésiques de* **M** *parcourues d'un mouvement uniforme sont les solutions de l'équation*

(17-2)
$$\frac{d}{dt}\left(\gamma^{-1}\frac{d\gamma}{dt}\right) = 0$$

**Autre preuve**. On aurait pu remarquer que l'on a :

(18)
$$(d\mathbf{m} : d\mathbf{m})^{1/2} = (\dot{\mathbf{m}}:\dot{\mathbf{m}})^{1/2}dt = (\mathbf{D}:\mathbf{D})^{1/2}dt = (D:D)^{1/2}dt$$

puisque **D** et $\dot{\mathbf{m}}$ sont homologues par $\mathbf{A} = \mathbf{A}^{[2]}$ (**XIII**-18), et que cet **A** est une isométrie de $\mathbf{E}_0^{[2]}$ sur $\mathbf{E}^{[2]}$ (**IX-1**) ∎

## 4. LES FIBRÉS DE BASE M ET LEURS SECTIONS

Au cours d'un mouvement du milieu, nous avons considéré dans le modèle matière de nombreuses grandeurs X qui, comme par exemple la norme actuelle d'un segment matériel, l'espace euclidien $E_0$ ou les espaces tensoriels euclidiens $\mathbf{E}_0^{(n)}$, dépendaient du temps par l'intermédiaire de $\gamma$ donc de l'état métrique **m**. Il s'agissait donc de fonctions du temps composées par des fonctions de **m** : $t\rightarrow\mathbf{m}\rightarrow X$. Ce sont, dans ce paragraphe et les suivants, les fonctions de **m**, donc les champs définis sur **M** mais à part cela de types très divers, et leur dérivation, qui nous intéressent. Le présent paragraphe introduit essentiellement un vocabulaire particulier pour ces champs.

• Toute application (suffisamment régulière, mais nous ne rentrerons pas dans ces considérations) qui à tout **m** associe un ensemble $\mathcal{F}_\mathbf{m}$, à priori dépendant de **m**, définit ce que l'on appelle un fibré de base M. De façon précise, celui-ci est défini soit comme étant la réunion $\mathcal{F}$**M** de tous les ensembles $\mathcal{F}_\mathbf{m}$, soit comme étant la réunion [$\mathcal{F}$**M**] de tous les couples (**m**,x) avec x dans $\mathcal{F}_\mathbf{m}$:

(19)
$$\mathcal{F}\mathbf{M} = \bigcup_{\mathbf{m}\in\mathbf{M}} \mathcal{F}_\mathbf{m}, \quad [\mathcal{F}\mathbf{M}] = \{(\mathbf{m},x);\, x\in\mathcal{F}_\mathbf{m},\, \mathbf{m}\in\mathbf{M}\} = \bigcup_{\mathbf{m}\in\mathbf{M}}[\{\mathbf{m}\}\times\mathcal{F}_\mathbf{m}]$$

Nous dirons quant à nous, si nécessaire, que $\mathcal{F}$**M** et [$\mathcal{F}$**M**] sont le fibré et le fibré pointé définis par l'application $\mathbf{m}\rightarrow\mathcal{F}_\mathbf{m}$, mais nous laisserons aussi souvent dans chaque cas le contexte déterminer celle de ces deux définitions qui est en jeu.

On dit que $\mathcal{F}_{\mathbf{m}}$ est la fibre au dessus de **m**. A tout fibré de base **M** est associée une application projection $\pi$ qui à tout $x \in \mathcal{F}\mathbf{M}$ associe le **m** de la fibre qui le contient (ou qui à tout $(\mathbf{m},x)$ de $[\mathcal{F}\mathbf{M}]$ associe **m**). Enfin, une *section* du fibré $\mathcal{F}\mathbf{M}$ (ou du fibré pointé $[\mathcal{F}\mathbf{M}]$) est une application de **M** dans $\mathcal{F}\mathbf{M}$ du type particulier

$$\mathbf{m} \in \mathbf{M} \rightarrow s \in \mathcal{F}_{\mathbf{m}} \subset \mathcal{F}\mathbf{M}$$

C'est donc un champ défini sur la variété **M**, associant à tout point **m** un élément de la fibre au dessus de ce point. Nous dirons et noterons en abrégé "section, ou champ, $s \in \mathcal{F}_{\mathbf{m}}$" (ou plus rarement $s_{\mathbf{m}} \in \mathcal{F}_{\mathbf{m}}$ pour montrer la dépendance en **m** de s).

Nous n'aurons guère plus à connaître que ce qui précède, et qui relève du simple vocabulaire, concernant la structure de fibré, que nous avons d'ailleurs déjà rencontrée: en **I.1** avec l'univers $\mathcal{U}$ et en **IX-2** avec la collection des $\mathbf{E}_0$ dépendant de t au cours d'un mouvement. Il s'agissait alors de fibrés dont la variété de base était l'intervalle de temps T, alors que nous nous intéressons ici aux fibrés de base **M**.

● La notion de fibré n'a d'intérêt que si les fibres $\mathcal{F}_{\mathbf{m}}$ sont des espaces ayant tous un même type de structure. Un cas qui nous intéressera beaucoup, mais pas exclusivement, est celui où il s'agit d'espaces vectoriels, tous de même dimension. On parle alors de fibré vectoriel. L'exemple type est celui où $\mathcal{F}_{\mathbf{m}}$ est l'espace vectoriel tangent **Tm**; il est appelé fibré tangent de **M** et noté TM.

Deux catégories particulières de fibrés vectoriels de base M apparaissent. La première est celle des fibrés vectoriels sur **M** qui, sous leur aspect pointé, sont constitués par l'ensemble des couples $(\mathbf{m}, x_0)$ où $x_0 \in X_0$ est un tenseur affine (non euclidien) d'un type donné sur $T_0$. Par exemple un vecteur (la fibre au dessus de **m** est alors $X_0 = T_0$), un covecteur ($X_0 = T_0^*$), un élément de $X_0 = L(T_0;T_0^*)$, etc. Dans ces cas, la fibre au dessus de **m** ne dépend pas de **m**, l'application est uniforme, le fibré n'est autre que le produit cartésien $\mathbf{M}xT_0$, $\mathbf{M}xT_0^*$, etc., et le fibré est dit *trivial*. Par opposition, le fibré tangent n'est manifestement pas trivial (un fibré tangent n'est trivial que ssi la variété est plate).

La seconde est celle des fibrés, cette fois non-triviaux, dont la fibre en **m** est un espace (vectoriel) de tenseurs euclidiens sur $E_0$ d'un type donné. Par exemple

$$\mathcal{T}^{(n)}\mathbf{M} = \cup_{\mathbf{m} \in \mathbf{M}} \mathbf{E}_0^{(n)},$$

qui réunit tous les tenseurs euclidiens d'ordre n pour toutes les métriques possibles, ou encore le fibré des tenseurs euclidiens du second ordre symétriques sur $E_0$ (fibre $\mathbf{E}_0^{(2)}s$) qui, suite à **2**-Th1, n'est autre que le fibré tangent. Ces fibrés seront dits tensoriels euclidiens. Ce sont eux qui nous intéressent au premier chef. Un tenseur euclidien étant par définition un couple de tenseurs affines, ils sont chacun inclus dans un fibré trivial de la première catégorie. Par exemple :

(20) $\quad \mathcal{T}^{(1)}\mathbf{M} \subset \mathbf{M}x(T_0xT_0^*) \quad$ et $\quad \mathbf{TM} \subset \mathbf{M}x\Gamma_S = \mathbf{M}x[(T_0^* \otimes T_0^*)_S x (T_0 \otimes T_0)_S]$

Ces deux types n'épuisent évidemment pas les possibilités de fibrés vectoriels sur **M**. A titre d'exercice, on pourra vérifier que, dans $\Gamma_S = \overline{\Gamma}_S \times \underline{\Gamma}_S$ muni de la forme bilinéaire (**M13**-g), la variété **M** possède un fibré vectoriel normal, dont la fibre, normale en **m** à **M** donc à **Tm**, est l'espace vectoriel de dimension six

$$(21) \quad \mathbf{Nm} = \{\mathbf{n} = (\overline{n}, \underline{n}) \in \Gamma_S = \overline{\Gamma}_S \times \underline{\Gamma}_S \,,\, \overline{n} \in L_S(T_0, T_0^*),\ \underline{n} = -\gamma^{-1}\overline{n}\,\gamma^{-1}\}$$

La restriction de (**M13**-g) à **Nm** est définie négative, et donc **Nm** muni de la forme bilinéaire opposée de (**M13**-g) est un espace euclidien.

● Entre toutes les fibres des fibrés considérés situées au dessus d'un **m** particulier et les valeurs en ce point des sections introduites, on a bien sûr toute l'algèbre autorisée par la structure de ces éléments. C'est l'algèbre à laquelle nous sommes maintenant habitués dans le modèle matière, celle des tenseurs affines sur $T_0$ et des tenseurs euclidiens sur $E_0$, mais entre grandeurs pensées comme fonctions de **m**, et non plus comme fonctions de t au cours d'un mouvement. Nous intéressant plus particulièrement aux fibrés tensoriels euclidiens, c'est l'algèbre décrite en **M13** qui va particulièrement nous intéresser.

Soient par exemple $\mathbf{U}_0 \in \mathbf{E}_0^{(1)}$ et $\mathbf{x}_0 \in \mathbf{E}_0^{(2)}$ deux champs tensoriels euclidiens d'ordre un et deux. Utilisant (**M13**-j) en chaque point **m** on leur associe le champ tensoriel d'ordre un $\mathbf{V}_0 = \mathbf{x}_0\mathbf{U}_0 \in \mathbf{E}_0^{(1)}$. Nous avons là utilisé le champ de tenseurs euclidiens d'ordre deux dans sa fonction de champ d'application linéaire de $\mathbf{E}_0^{(1)}$ dans lui même que lui confère (**M13**-j). Par les vertus du produit plus ou moins contracté, des interprétations multiples de ce type existent pour tout champs tensoriel euclidien. Le produit contracté se pratique aussi pour les tenseurs affines, et la propriété ci-dessus est aussi vraie pour les champs de tenseurs affines, sections des fibrés de la première catégorie envisagée au point précédent.

● Ce qu'il y a de spécifique pour les champs tensoriels euclidiens, c'est que la vie algébrique qu'ils entretiennent au dessus de chaque point **m** ne se réduit pas à des relations linéaires, comme le prouvent par exemple la norme d'un élément de $\mathbf{E}_0^{(1)}$, la norme et le déterminant d'un élément de $\mathbf{E}_0^{(2)}$, etc. Pour rendre compte de ces aspects non-linéaires, il nous faut introduire d'autres outils :

**Définition**

*Nous appellerons* **M**-*application toute application* f, *d'un premier fibré de base* **M**, $\mathcal{F}_1$**M**, *dans un second* $\mathcal{F}_2$**M**, *telle que la restriction* $f_{\mathbf{m}}$ *de* f *à la fibre* $\mathcal{F}_1$**m** *soit à valeur dans la fibre* $\mathcal{F}_2$**m**.

A une telle **M**-application est associé le champ $\mathbf{m} \rightarrow f_{\mathbf{m}}$, qui n'est autre qu'une section du fibré dont la fibre est l'espace A($\mathcal{F}_1$**m**;$\mathcal{F}_2$**m**.) des applications de $\mathcal{F}_1$**m** dans $\mathcal{F}_2$**m**. Inversement, un tel champ fonctionnel définit une **M**-application. Nous ne nous intéressons ici qu'au cas où les fibres $\mathcal{F}_1$**m** et $\mathcal{F}_2$**m** sont des espaces vectoriels de tenseurs euclidiens, et nous parlerons alors de **M**-applications euclidiennes et de champs fonctionnels euclidiens. Lorsque les applications $f_{\mathbf{m}}$ sont linéaires, la section fonctionnelle $f_{\mathbf{m}} \in L(\mathcal{F}_1\mathbf{m};\mathcal{F}_2\mathbf{m})$ est identifiable à une section tensorielle. C'était le cas de l'exemple du point précédent.

A titre d'exemples de **M**-application, citons les applications linéaires associant à un tenseur du second ordre sa trace sur $E_0$, son transposé, ses parties symétrique, antisymétrique, déviatorique, sphérique, et les applications non-linéaires lui associant son carré scalaire, sa norme, son déterminant (ses invariants), son polynôme caractéristique, etc..

## 5. LA DÉRIVATION ∇ DES CHAMPS EUCLIDIENS SUR M

Nous aurons besoin de dériver les fonctions de **m** que sont les sections tensorielles ou fonctionnelles. C'est la question que nous abordons dans ce paragraphe.

● Une section d'un fibré de la première catégorie, donc d'un fibré trivial, est une banale application $\mathbf{m}\in \mathbf{M} \rightarrow x_0 \in X_0$ de **M** dans la fibre constante $X_0$. Sa dérivation relève donc de **M3-a** et ne pose aucun problème. D'une façon générale, nous exprimerons plutôt les propriétés de la dérivation à travers celles de la différentielle. La propriété classique de $dx_0/d\mathbf{m}$ d'être dans $L(T\mathbf{m};X_0)$ s'écrit alors, avec la convention de notation des sections faite ci-dessus :

$$(22) \qquad x_0 \in X_0 \qquad \Rightarrow \qquad (\forall d\mathbf{m} \in T\mathbf{m}), \qquad dx_0 = \frac{dx_0}{d\mathbf{m}} d\mathbf{m} \in X_0$$

où la section $d\mathbf{m} \in T\mathbf{m}$ est un champ de vecteurs tangent à **M**. De plus, nous ne répéterons pas systématiquement "$\forall d\mathbf{m} \in T\mathbf{m}$". Ainsi d'autres propriétés classiques s'écriront :

$$(23) \qquad (x_0 \in X_0,\ y_0 \in X_0) \qquad \Rightarrow \qquad \boxed{d(x_0 + y_0) = dx_0 + dy_0}$$

$$(24) \qquad (x_0 \in X_0,\ \lambda \in R) \qquad \Rightarrow \qquad \boxed{d(\lambda x_0) = \lambda dx_0 + (d\lambda) x_0}$$

$$(25) \qquad (x_0 \in X_0,\ y_0 \in Y_0) \qquad \Rightarrow \qquad \boxed{d(x_0 \scriptstyle\blacksquare\displaystyle y_0) = (dx_0) \scriptstyle\blacksquare\displaystyle y_0 + x_0 \scriptstyle\blacksquare\displaystyle (dy_0)}$$

où ▪ représente un quelconque produit tensoriel plus ou moins contracté relevant de l'algèbre tensorielle affine de $T_0$ (noter que les scalaires pouvant être considérés comme étant des tenseurs d'ordre zéro, (24) est un cas particulier de (25)).

● Mais dans le cas de sections de tenseurs euclidiens, des difficultés surgissent, analogues à celles rencontrées en Ch **X** pour différentier en temps ces tenseurs au cours d'un mouvement particulier. En effet, les valeurs d'une telle section $s \in \mathcal{F}_{\mathbf{m}}$ en deux points voisins **m** et **m'** sont dans les fibres $\mathcal{F}_{\mathbf{m}}$ et $\mathcal{F}_{\mathbf{m}'}$ qui sont des espaces vectoriels différents (elles sont certes toutes deux dans le fibré, mais qui n'est pas doté d'une loi d'addition).

A problèmes analogues, solutions analogues, et nous allons pouvoir adapter les tentatives successives faites en **X-2** pour les dérivées en temps. On notera au passage que n'envisageant pas ici (ou ne nous limitant pas à) un mouvement particulier, nous n'avons plus de placement dans l'espace : l'affaire ne relève que du modèle matière et les solutions proposées en **X-4** ne peuvent être adaptées.

Nous avions, en **X-2**, envisagé des "dérivées" temporelles qui étaient : la collection des dérivées des facettes, les $2^n$ tenseurs euclidiens obtenus, ou reconstruits, en ne dérivant qu'une facette, et enfin et surtout la moyenne de ces $2^n$ tenseurs euclidiens (ou plus simplement, celle des deux relatifs aux deux facettes de la définition, ce qui revient au même). Dans le nouveau contexte où nous sommes, chaque facette n'est plus une fonction du temps mais est une section d'un fibré trivial, donc une fonction classique de **m** classiquement dérivable. Tout peut donc être repris, avec des dérivées (classiques, évoquées au point précédent) en **m** (de facettes qui sont des sections de fibrés triviaux) se substituant aux dérivées (classiques) en temps (de facettes fonctions classiques du temps).

Et sera repris avec le même succès, à savoir : les caractères non euclidien des premières et non intrinsèque des $2^n$ suivantes, qui les font rejeter, et, malgré son aspect "bricolé" au départ, l'intérêt tout particulier que présente la dernière, la moyenne des $2^n$ précédentes, que nous noterons $\nabla/d\mathbf{m}$ et que nous allons préciser.

● Commençons par les sections de tenseurs euclidiens d'ordre un. Pour expliciter leur dérivée $\nabla/d\mathbf{m}$ telle que nous venons de la définir (ou leur différentielle $\nabla$ puisque nous privilégions cette forme) point n'est besoin de reprendre toute la démarche de **X-2**. Il suffit de partir de l'expression de leur dérivée en temps $\nabla/dt$ au cours d'un mouvement donnée en (**X**-6-1), et qui s'écrit sous la forme équivalente

$$\frac{\nabla}{dt}\mathrm{U}_0 = \frac{d}{dt}\mathrm{U}_0 + 2(-\underline{\underline{m}}\frac{d\bar{m}}{dt}\vec{\mathrm{U}}_0,\ \frac{d\bar{m}}{dt}\underline{\underline{m}}\overleftarrow{\mathrm{U}}_0),$$

et de la penser comme étant la dérivée $\nabla/d\mathbf{m}$ dans la direction $d\mathbf{m}/dt$, c'est-à-dire l'application linéaire $\nabla/d\mathbf{m}$ agissant sur $d\mathbf{m}/dt$. On conclut alors que la différentielle de la section $\mathbf{U}_0 \in \mathbf{E}_0^{(1)}$ définie par la section $d\mathbf{m} \in \mathbf{Tm}$ tangente à $\mathbf{M}$ est :

$$\text{(26)}\qquad \boxed{\nabla\mathbf{U}_0 = \frac{\nabla\mathbf{U}_0}{d\mathbf{m}}\,d\mathbf{m} = d\mathbf{U}_0 + 2(-\underline{\underline{m}}\,d\bar{m}\vec{\mathrm{U}}_0,\ d\bar{m}\underline{\underline{m}}\overleftarrow{\mathrm{U}}_0)} \in \mathbf{E}_0^{(1)}$$

$$\Leftrightarrow\qquad \boxed{\nabla\vec{\mathrm{U}}_0 = d\vec{\mathrm{U}}_0 - 2\underline{\underline{m}}\,d\bar{m}\vec{\mathrm{U}}_0} \qquad (\equiv \frac{d\vec{\mathrm{U}}_0}{d\gamma}d\gamma + \frac{1}{2}\gamma^{-1}d\gamma\vec{\mathrm{U}}_0 \in \mathrm{T}_0)$$

$$\Leftrightarrow\qquad \boxed{\nabla\overleftarrow{\mathrm{U}}_0 = d\overleftarrow{\mathrm{U}}_0 + 2d\bar{m}\ \underline{\underline{m}}\overleftarrow{\mathrm{U}}_0} \qquad (\equiv \frac{d\overleftarrow{\mathrm{U}}_0}{d\gamma}d\gamma - \frac{1}{2}d\gamma\gamma^{-1}\overleftarrow{\mathrm{U}}_0 \in \mathrm{T}_0^*)$$

On vérifie aisément que cette loi de dérivation pour les sections tensorielles euclidiennes d'ordre un, à laquelle on ajoute la loi évidente $\nabla\lambda = d\lambda$ pour les sections tensorielles euclidiennes d'ordre zéro que sont les champs scalaires, vérifie les propriétés ci dessous, où $\lambda \in \mathrm{R}$, $\mathbf{U}_0 \in \mathbf{E}_0^{(1)}$ et $\mathbf{V}_0 \in \mathbf{E}_0^{(1)}$ sont des sections diverses, propriétés que l'on rapprochera des relations (22) à (24) ci dessus :

$$\text{(27)}\qquad \boxed{\nabla\mathbf{U}_0 \in \mathbf{E}_0^{(1)}}\ ,\qquad \boxed{\nabla(\mathbf{U}_0 + \mathbf{V}_0) = \nabla\mathbf{U}_0 + \nabla\mathbf{V}_0},$$

$$\boxed{\nabla(\lambda\mathbf{U}_0) = (\nabla\lambda)\mathbf{U}_0 + \lambda(\nabla\mathbf{U}_0)},\qquad \boxed{\nabla(\mathbf{U}_0.\mathbf{V}_0) = \nabla\mathbf{U}_0.\mathbf{V}_0 + \mathbf{U}_0.\nabla\mathbf{V}_0}$$

Ces vérifications, ainsi que celles d'autres formules que nous donnerons aussi sans démonstration dans la suite de ce paragraphe, sont aisées mais peuvent être trop fastidieuses pour que nous les donnions ici. Elles seront pour le lecteur un excellent exercice. Il s'efforcera de démontrer les résultats en travaillant sur une des deux facettes des tenseurs euclidiens. A titre d'illustration de la méthode à employer, voyons comment démontrer la dernière. Utilisant la première facette, on vérifiera d'abord que $\mathbf{U}_0.\mathbf{V}_0$ est égal à $\langle\gamma\vec{U}_0,\vec{V}_0\rangle$, qui ne contient que des tenseurs affines. On peut alors différentier selon (25), ce qui donne

$$\nabla(\mathbf{U}_0.\mathbf{V}_0) = d(\mathbf{U}_0.\mathbf{V}_0) = d\langle\gamma\vec{U}_0,\vec{V}_0\rangle = \langle\gamma d\vec{U}_0,\vec{V}_0\rangle + \langle\gamma\vec{U}_0,d\vec{V}_0\rangle + \langle d\gamma\vec{U}_0,\vec{V}_0\rangle$$

Il suffit alors d'exprimer $d\vec{U}_0$ et $d\vec{V}_0$ en fonction de $\vec{\nabla}\vec{U}_0$ et $\vec{\nabla}\vec{U}_0$ respectivement grâce à (26-2) pour aboutir à (27-4).

● Pour les champs de tenseurs euclidiens du second ordre $\mathbf{x}_0\in\mathbf{E}_0^{(2)}$, on peut faire un travail analogue à partir de (**X**-6), ce qui conduit à la loi de dérivation

$$(28)\quad (\mathbf{y}_0 =)\ \boxed{\nabla\mathbf{x}_0 = \frac{\nabla\mathbf{x}_0}{\mathbf{dm}}\,d\mathbf{m} = d\mathbf{x}_0 + 2(d\overline{\overline{m}}\underline{\underline{m}}\bar{x}_0 + \bar{x}_0\underline{\underline{m}}d\overline{\overline{m}},\ d\underline{\underline{m}}\overline{\overline{m}}\underline{\underline{x}}_0 + \underline{\underline{x}}_0\overline{\overline{m}}d\underline{\underline{m}})}$$

$$\Leftrightarrow\quad \boxed{\bar{y}_0 = d\bar{x}_0 + 2d\overline{\overline{m}}\underline{\underline{m}}\bar{x}_0 + 2\bar{x}_0\underline{\underline{m}}d\overline{\overline{m}}}\,)\ \left(\equiv\frac{d\bar{x}_0}{d\gamma}d\gamma - \frac{1}{2}d\gamma\gamma^{-1}\bar{x}_0 - \frac{1}{2}\bar{x}_0\gamma^{-1}d\gamma\right))$$

$$\Leftrightarrow\quad \boxed{\underline{y}_0 = d\underline{\underline{x}}_0 + 2d\underline{\underline{m}}\overline{\overline{m}}\underline{\underline{x}}_0 + 2\underline{\underline{x}}_0\overline{\overline{m}}d\underline{\underline{m}}}\ \left(\equiv\frac{d\underline{\underline{x}}_0}{d\gamma}d\gamma + \frac{1}{2}\gamma^{-1}d\gamma\underline{\underline{x}}_0 + \frac{1}{2}\underline{\underline{x}}_0 d\gamma\gamma^{-1}\right)$$

ainsi que, pour les facettes 1 et 4

$$\Leftrightarrow\quad \boxed{y_0 = dx_0 - 2\underline{\underline{m}}d\overline{\overline{m}}\,x_0 + 2x_0\underline{\underline{m}}\,d\overline{\overline{m}}}\ \left(\equiv\frac{dx_0}{d\gamma}d\gamma + \frac{1}{2}\gamma^{-1}d\gamma\,x_0 - \frac{1}{2}x_0\gamma^{-1}d\gamma\right)$$

$$\Leftrightarrow\quad \boxed{\underline{\bar{y}}_0 = d\bar{\underline{\underline{x}}}_0 - 2\overline{\overline{m}}d\underline{\underline{m}}\bar{\underline{\underline{x}}}_0 + 2\bar{\underline{\underline{x}}}_0\overline{\overline{m}}d\underline{\underline{m}}}\ \left(\equiv\frac{d\bar{\underline{\underline{x}}}_0}{d\gamma}d\gamma - \frac{1}{2}d\gamma\gamma^{-1}\bar{\underline{\underline{x}}}_0 + \frac{1}{2}\bar{\underline{\underline{x}}}_0 d\gamma\gamma^{-1}\right)$$

Cette loi de dérivation vérifie les propriétés ci dessous, analogues aux relations (22) à (24), où $\lambda\in R$, $\mathbf{x}_0\in\mathbf{E}_0^{(2)}$ et $\mathbf{y}_0\in\mathbf{E}_0^{(2)}$ sont des sections diverses et où $\mathbf{x}_0:\mathbf{y}_0\in R$ et $\mathbf{x}_0\mathbf{y}_0\in\mathbf{E}_0^{(2)}$ sont les produits aux sens (**M13**-h et k)) :

$$(29)\quad \boxed{\nabla\mathbf{x}_0 \in\mathbf{E}_0^{(2)}},\ \boxed{\nabla(\mathbf{x}_0+\mathbf{y}_0) = \nabla\mathbf{x}_0 + \nabla\mathbf{y}_0},\ \boxed{\nabla(\lambda\mathbf{x}_0) = (\nabla\lambda)\mathbf{x}_0 + \lambda(\nabla\mathbf{x}_0)},$$

$$\boxed{\nabla(\mathbf{x}_0:\mathbf{y}_0) = (\nabla\mathbf{x}_0):\mathbf{y}_0 + \mathbf{x}_0:(\nabla\mathbf{y}_0)},\qquad \boxed{\nabla(\mathbf{x}_0\mathbf{y}_0) = (\nabla\mathbf{x}_0)\mathbf{y}_0 + \mathbf{x}_0(\nabla\mathbf{y}_0)}.$$

● Examinons le passage de l'ordre un à l'ordre deux. On vérifie aisément la propriété qui suit, avec $\mathbf{U}_0\in\mathbf{E}_0^{(1)}$ et où $\mathbf{x}_0\mathbf{U}_0\in\mathbf{E}_0^{(1)}$ est l'image de $\mathbf{U}_0$ par $\mathbf{x}_0$ au sens (**M13**-j) :

(30) $$\boxed{\nabla(\mathbf{x}_0\mathbf{U}_0) = (\nabla\mathbf{x}_0)\mathbf{U}_0 + \mathbf{x}_0(\nabla\mathbf{U}_0)},$$

Il s'agit d'une propriété classique pour la dérivation d'un produit, analogue à (25). Et puis, on peut aussi vérifier que (28) *est exactement la forme que doit prendre la différentielle* $\nabla\mathbf{x}_0$ *pour que* (30) *soit vérifié pour tout* $\mathbf{U}_0 \in \mathbf{E}_0^{(1)}$. Cela montre que si l'on impose a priori la loi de dérivation d'un produit (30), la dérivation $\nabla/d\mathbf{m}$ des sections tensorielles euclidiennes d'ordre deux est déterminée par celle des sections d'ordre un.

C'est en itérant cette démarche que l'on obtiendra successivement l'expression de la dérivée $\nabla/d\mathbf{m}$ pour les champs de tenseurs euclidiens d'ordre trois, quatre, etc. :

> *La loi de dérivation* $\nabla$ *des sections tensorielles euclidiennes est donc entièrement définie par la loi* (26) *pour l'ordre un.*

● En ce qui concerne les sections fonctionnelles euclidiennes $\mathbf{m} \to f_\mathbf{m} \in A(\mathcal{F}_1\mathbf{m};\mathcal{F}_2\mathbf{m})$, avec pour $\mathcal{F}_i\mathbf{M}$ des fibrés tensoriels euclidiens, nous définirons leur $\nabla$-dérivée par:

(31) $(\forall d\mathbf{m} \in T\mathbf{m})$ $$\boxed{(\nabla f_\mathbf{m})(\mathbf{x}_0) = \nabla[f_\mathbf{m}(\mathbf{x}_0)] - (f_\mathbf{m})'(\mathbf{x}_0)\nabla\mathbf{x}_0}$$

Cette relation définit, pour tout $d\mathbf{m}$, une section $\mathbf{m} \to \nabla f_\mathbf{m}$ du même fibré fonctionnel euclidien que $f_\mathbf{m}$ ($\nabla f_\mathbf{m} \in A(\mathcal{F}_1\mathbf{m};\mathcal{F}_2\mathbf{m})$), qui elle-même définit une $\mathbf{M}$-application que nous noterons $\nabla f$ ($\nabla f_\mathbf{m} = \nabla(f_\mathbf{m}) = (\nabla f)_\mathbf{m}$).

Pour justifier cette définition, on peut remarquer que (31) est une généralisation de (30) où l'on interprète $\mathbf{x}_0$ et $\nabla\mathbf{x}_0$ comme étant les applications linéaires $f_\mathbf{m}$ et $\nabla f_\mathbf{m}$ qui associent $\mathbf{x}_0\mathbf{U}_0$ et $(\nabla\mathbf{x}_0)\mathbf{U}_0$ à tout $\mathbf{U}_0$. En effet, dans cette interprétation, (30) s'écrit

$$\nabla[f_\mathbf{m}(\mathbf{U}_0)] = (\nabla f_\mathbf{m})(\mathbf{U}_0) + f_\mathbf{m}(\nabla\mathbf{U}_0)$$

qui est identique à (31) car, $f_\mathbf{m}$ étant ici linéaire, $(f_\mathbf{m})'(\mathbf{U}_0)\nabla\mathbf{U}_0$ est égal à $f_\mathbf{m}(\nabla\mathbf{U}_0)$.

On peut aussi remarquer qu'il s'agirait d'une relation classique, obtenue en différentiant par rapport à $\mathbf{m}$ la quantité $f_\mathbf{m}(\mathbf{x}_0)$, si $f_\mathbf{m}$ était une application classique, dépendant d'un paramètre $\mathbf{m}$, et si $\mathbf{x}_0$ était lui même fonction de $\mathbf{m}$. Ce qu'il y a de spécifique ici, c'est que l'on ne peut plus, comme on le ferait dans ce cadre classique, définir $(\nabla f_\mathbf{m})(\mathbf{x}_0)$ comme étant égal à $\nabla[f_\mathbf{m}(\mathbf{x}_0)]$ avec $\mathbf{x}_0$ indépendant de $\mathbf{m}$, car de tels $\mathbf{x}_0$ indépendants de $\mathbf{m}$ n'existent pas pour des fibrés non triviaux.

● **Horizontalité**. Un autre aspect de cette inévitable dépendance en $\mathbf{m}$ des sections fonctionnelles euclidiennes $f_\mathbf{m}$, et aussi des sections tensorielles euclidiennes $\mathbf{x}_0 \in \mathbf{E}_0^{(n)}$, c'est que pour elles la notion d'uniformité, ou de "constance en $\mathbf{m}$", classique pour les applications classiques et caractérisée par une dérivée nulle, n'a pas de sens : $\mathbf{x}_0$ et $f_\mathbf{m}$ ne sauraient avoir des valeurs égales en deux points $\mathbf{m}$ différents car ces valeurs sont dans des espaces différents et n'ayant généralement que des intersections vides ou réduites à zéro. A cette notion d'uniformité, qui n'a plus de sens, se substitue celle d'*horizontalité*, caractérisée par l'annulation de la $\nabla$-dérivée :

**Définition :**

> *Une section euclidienne* $\mathbf{x}_0$ *ou* $f_\mathbf{m}$ *est dite horizontale lorsque sa* $\nabla$*-dérivée est nulle, donc si* $\nabla\mathbf{x}_0$ *ou* $\nabla f_\mathbf{m}$ *est nul pour tout* $d\mathbf{m} \in T\mathbf{m}$ *(en un point* $\mathbf{m}$ *ou en tous)*

Nous donnerons en Ch **XVII**, lorsque l'utilité s'en fera sentir, l'expression explicite de ces sections horizontales. Signalons seulement pour l'instant que l'on déduit de (31) les propriétés suivantes :

**Théorème**

**a** - *La section fonctionnelle euclidienne* $\mathbf{f_m} \in A(\mathcal{F}_1\mathbf{m};\mathcal{F}_2\mathbf{m})$ *est horizontale ssi, pour toute section* $\mathbf{x}_0 \in \mathcal{F}_1\mathbf{m}$ *horizontale, la section* $\mathbf{f_m}(\mathbf{x}_0) \in \mathcal{F}_2\mathbf{m}$ *est horizontale.*

**b** - *Elle l'est aussi ssi, en tant que formes différentielles par rapport à la variable* **m**, $\nabla[\mathbf{f_m}(\mathbf{x}_0)]$ *factorise* $\nabla\mathbf{x}_0$.

On remarquera enfin, concernant les aspects **M**-application, que l'on peut considérer que $\nabla$f est la dérivée partielle par rapport à **m** de f, à $\mathbf{x}_0$ non pas fixé mais horizontal. Quant à sa dérivée partielle à **m** fixé, c'est tout simplement la **M**-application, que nous noterons f', associée au champ des dérivées (classiques) des $\mathbf{f_m}$ : $(\mathbf{f}')_\mathbf{m} = (\mathbf{f_m})'$.

## 6. CARACTÈRE INTRINSÈQUE DE LA DÉRIVATION $\nabla$

● Nous avions montré l'intérêt tant mathématique que physique de la "dérivée" $\nabla$/dt des tenseurs euclidiens au cours d'un mouvement en démontrant que son image spatiale est la dérivée par rapport au référentiel corotationnel, ou dérivée de Jauman $D^J$. Cet intérêt rejaillit évidemment sur la dérivation $\nabla$/d**m** puisque par définition elle est telle que la dérivées en **m** dans toute directions d**m**/dt, $\nabla$/d**m** d**m**/dt, est précisément ce $\nabla$/dt.

Mais l'intérêt de la dérivation $\nabla$/d**m**, et son statut de *loi de dérivation tout à fait adéquate pour les sections de fibrés tensoriels ou fonctionnels euclidiens de base* **M**, se manifeste aussi plus directement par le faisceau des propriétés qui précèdent, auxquelles s'ajoutent les suivantes, elles aussi aisément vérifiables, où $\mathbf{1_m}$ est le tenseur euclidien unité d'ordre deux en **m**, où les indices S, A et D réfèrent aux parties symétrique, antisymétrique et déviatorique, et avec $\mathbf{x}_0 \in \mathbf{E}_0^{(2)}$ :

(32) $\boxed{(\nabla\mathbf{x}_0)^T = \nabla(\mathbf{x}_0{}^T)}$, $\boxed{(\nabla\mathbf{x}_0)_S = \nabla(\mathbf{x}_{0S})}$ et $\boxed{(\nabla\mathbf{x}_0)_A = \nabla(\mathbf{x}_{0A})}$

(33) $\boxed{\nabla\mathbf{1_m} = \mathrm{O}}$, $\boxed{\mathrm{Tr}(\nabla\mathbf{x}_0) \equiv \mathbf{1_m}:\nabla\mathbf{x}_0 = \nabla(\mathrm{Tr}\mathbf{x}_0)}$ et $\boxed{(\nabla\mathbf{x}_0)_D = \nabla(\mathbf{x}_{0D})}$

(34) $\boxed{\nabla(\mathrm{Dét}\,\mathbf{x}_0)\,(\mathrm{Dét}\,\mathbf{x}_0)^{-1} = \mathrm{Tr}[(\nabla\mathbf{x}_0)\mathbf{x}_0{}^{-1}]}$

L'ensemble des propriétés ainsi exhibées montre l'excellente adaptation de cette loi à la structure algébrique des tenseurs euclidiens. Les deux théorèmes qui suivent vont renforcer et concrétiser cette bonne opinion.

● Nous avons dit que **M** était, entre autres, une variété riemanienne. En tant que telle, elle est canoniquement dotée d'une loi de dérivation, dite dérivation covariante riemanienne, associée à ce que l'on appelle la connexion riemanienne canoniquement définie par la structure riemanienne. Cette dérivation n'agit toutefois que sur les sections à valeur dans le plan tangent à **M**, **Tm** = $\mathbf{E}_{0S}^{(2)}$, ou dans un espace tensoriel sur **Tm**, ce qui ne constitue qu'une partie de nos champs de tenseurs euclidiens définis sur **M**. Mais pour cette partie on a le résultat suivant :

**Théorème 1**

*Pour les sections de tenseurs euclidiens de base* **M** *pour lesquelles elle opère, la dérivation covariante riemanienne coïncide avec la dérivation* $\nabla$.

**Preuve.** Les dérivées pour les tenseurs (ici sur **Tm**) d'ordre supérieur se déduisant de la loi de dérivation des tenseurs d'ordre un, il suffit d'établir cette propriété pour les sections $\boldsymbol{\mu} \in \mathbf{Tm}$ de vecteurs tangents à **M** (ces champs sont des champs de tenseur d'ordre un sur l'espace vectoriel $\mathbf{Tm} = \mathbf{E}_{0S}^{(2)}$, mais d'ordre deux et symétriques sur $E_0$). Notons (très localement) $\nabla^R$ la loi de dérivation covariante riemanienne, et $\nabla^R\boldsymbol{\mu}$ la variation covariante riemanienne $\nabla^R\boldsymbol{\mu}/\mathbf{dm}\ \mathbf{dm}$ de $\boldsymbol{\mu}$ associée à une section quelconque $\mathbf{dm} \in \mathbf{Tm}$. En plus de la section arbitraire $\mathbf{dm} \in \mathbf{Tm}$, qui définit une différentielle d pour toute fonction de **m** (**III-8**), et de la section $\boldsymbol{\mu} \in \mathbf{Tm}$ à dériver, nous utiliserons une section arbitraire $\boldsymbol{\lambda} \in \mathbf{Tm}$. Nous noterons $d^\mu$ et $d^\lambda$ les différentielles engendrées par $\boldsymbol{\mu}$ et $\boldsymbol{\lambda}$ ($\boldsymbol{\mu} = d^\mu\,\mathbf{m}$, $\bar{\mu} = d^\mu\bar{m}$, $\boldsymbol{\lambda} = d^\lambda\,\mathbf{m}$,...). On a alors [Pham Mau Quan, 1969, **II-32**][1] :

(35) $(\forall \mathbf{dm} \in \mathbf{Tm}), (\forall \boldsymbol{\lambda} \in \mathbf{Tm}),$

$$2(\nabla^R\boldsymbol{\mu}):\boldsymbol{\lambda} = d(\boldsymbol{\mu}:\boldsymbol{\lambda}) + d^\mu(\mathbf{dm}:\boldsymbol{\lambda}) - d^\lambda(\mathbf{dm}:\boldsymbol{\mu}) + [\mathbf{dm},\boldsymbol{\mu}]:\boldsymbol{\lambda} - [\boldsymbol{\mu},\boldsymbol{\lambda}]:\mathbf{dm} + [\boldsymbol{\lambda},\mathbf{dm}]:\boldsymbol{\mu}$$

où les crochets sont les crochets de Lie des deux sections de TM qu'ils contiennent.

Travaillant dans la carte $\bar{c}$, où le produit scalaire et la projection du crochet de Lie de deux sections tangentes s'écrivent ((11) et [Pham Mau Quan, 1968, **II-12**])

$$d^i\mathbf{m}:d^j\mathbf{m} = \mathrm{Tr}\,(\gamma^{-1}d^i\bar{m}\,\gamma^{-1}d^j\bar{m}) \qquad \text{et} \qquad \overline{[d^i\mathbf{m},d^j\mathbf{m}]} = d^id^j\bar{m} - d^jd^i\bar{m},$$

la relation ci-dessus s'écrit: $(\forall \mathbf{dm} \in \mathbf{Tm}), (\forall \boldsymbol{\lambda} \in \mathbf{Tm}),$

$$2(\nabla^R\boldsymbol{\mu}):\boldsymbol{\lambda} = d\mathrm{Tr}\,(\gamma^{-1}\bar{\mu}\,\gamma^{-1}\bar{\lambda}) + d^\mu\,\mathrm{Tr}\,(\gamma^{-1}d\bar{m}\,\gamma^{-1}\bar{\lambda}) - d^\lambda\mathrm{Tr}\,(\gamma^{-1}d\bar{m}\,\gamma^{-1}\bar{\mu})$$

$$+ \mathrm{Tr}\,(\gamma^{-1}d\bar{\mu}\,\gamma^{-1}\bar{\lambda}) - \mathrm{Tr}\,(\gamma^{-1}d^\mu\,d\bar{m}\,\gamma^{-1}\bar{\lambda}) - \mathrm{Tr}\,(\gamma^{-1}d^\mu\,\bar{\lambda}\,\gamma^{-1}d\bar{m})$$

$$+ \mathrm{Tr}\,(\gamma^{-1}d^\lambda\,\bar{\mu}\,\gamma^{-1}d\bar{m}) + \mathrm{Tr}\,(\gamma^{-1}d^\lambda\,d\bar{m}\,\gamma^{-1}\bar{\mu}) - \mathrm{Tr}\,(\gamma^{-1}d\bar{\lambda}\,\gamma^{-1}\bar{\mu})$$

Développant les trois premiers termes du second membre, en remarquant que

$$d(\mathrm{Tr}x) = \mathrm{Tr}(dx) \qquad \text{et} \qquad d^i(\gamma^{-1}) = -\,\gamma^{-1}d^i\gamma\,\gamma^{-1},$$

il vient après simplifications la relation :

$$(\forall \mathbf{dm} \in \mathbf{Tm}), (\forall \boldsymbol{\lambda} \in \mathbf{Tm}), \qquad 2(\nabla^R\boldsymbol{\mu}):\boldsymbol{\lambda} = 2\mathrm{Tr}[\gamma^{-1}(d\bar{\mu} - d\bar{m}\,\gamma^{-1}\bar{\mu} - \bar{\mu}\gamma^{-1}d\bar{m})\,\gamma^{-1}\bar{\lambda}]$$

équivalente à : $(\forall \mathbf{dm} \in \mathbf{Tm}), \quad \overline{\nabla^R\boldsymbol{\mu}} = d\bar{\mu} - d\bar{m}\,\gamma^{-1}\bar{\mu} - \bar{\mu}\gamma^{-1}d\bar{m}$

---

[1] Après correction de deux erreurs de signe dans l'édition de 1969 que nous avons consultée

qui compte tenu de (28) équivaut à : $(\forall \mathbf{dm} \in \mathbf{Tm})$, $\nabla^R \mu = \nabla \mu$ ■

● Le résultat qui précède est bien sûr un nouvel argument, très fort, en faveur de la dérivation $\nabla$. La seule raison qui nous a empêché de faire appel d'emblée à la loi de dérivation canonique existante $\nabla^R$, plutôt qu'à notre construction d'un $\nabla$ par des moyennes, est le fait qu'elle n'est définie que sur une partie des champs de tenseurs euclidiens. Cela n'aurait toutefois nullement posé problème, car dans la pratique la dérivation sera essentiellement nécessaire pour des tenseurs appartenant à cette partie : contraintes, tenseur d'élasticité ou d'hypoélasticité, tenseurs d'ordre deux ou quatre définissant le domaine élastique, ...

En fait, l'aptitude de $\nabla$ d'agir sur plus de champs de tenseurs euclidiens, ainsi d'ailleurs que l'existence de ces champs supplémentaires, est due à la richesse de la structure de **Tm** qui est plus qu'un espace euclidien. En vérité :

*La loi de dérivation* $\nabla$ *est la généralisation à notre variété "plus que riemanienne" de la loi de dérivation riemanienne classique. En d'autres termes,* $\nabla$ *est à la* $L_S$*-structure (structure des espaces* $L_S(E)$ *avec* E *euclidien) ce que la dérivation covariante riemanienne est à la structure d'espace euclidien.*

● Le théorème suivant apporte une preuve supplémentaire de cette affirmation :

**Théorème 2**

*La structure des fibrés tensoriels euclidiens est horizontale au dessus de* **M**

**Explication, preuve et commentaires.** Le théorème semble dire que tous les éléments constitutifs de la structure de tenseur euclidien sur $E_0$ sont "uniformes", ou "invariants" au sens généralisé appelé *horizontalité*. Certains de ces éléments sont des tenseurs euclidiens, et donc pour eux, cette propriété s'exprime simplement : leur $\nabla$-dérivée est nulle. *C'est précisément ce que dit la relation* (33-1) *pour le tenseur unité d'ordre deux* $1\mathbf{m}$. Pour les autres éléments, donnons en d'abord une preuve un peu indirecte mais éclairante, puis une preuve plus directe.

Considérons par exemple la relation (27-2). Quand on passe de **m** à **m**+**dm**, le terme $\mathbf{U}_0+\mathbf{V}_0$ est à priori susceptible de varier pour trois raisons : parce que $\mathbf{U}_0$ et $\mathbf{V}_0$ varient, ce qui donne les deux termes du membre de droite, mais aussi parce que, la fibre variant, l'opérateur "+" qui agit dans la fibre varie avec elle. Or, cette dernière variation ne produit aucun terme de variation dans le membre de droite, indiquant par là qu'elle est nulle. En d'autre termes, (27-2) est à la fois la caractérisation et la preuve de l'horizontalité de l'addition des tenseurs euclidiens d'ordre un. Par un raisonnement analogue, (27-3 et 4) sont la caractérisation et la preuve de l'horizontalité de leur multiplication par un scalaire et de leur produit scalaire. Quant à, (29), (32) et (33-2 et 3) et (34), ils font de même pour l'ordre deux, et (30) le fait pour un cas de composition entre tenseurs euclidiens d'ordres différents. Et enfin l'utilisation systématique de relations analogues à (30) pour définir de proche en proche la $\nabla$-dérivée des tenseurs d'ordre supérieur induit l'horizontalité à tous les ordres.

Une preuve plus directe consiste à tout ramener à des $\nabla$-dérivées nulles. Prenons d'abord le produit scalaire dans **Tm**, et désignons par **G** le tenseur métrique, élément de $L_S^+(\mathbf{Tm};\mathbf{Tm}^*)$, qu'il met en oeuvre. Le produit scalaire de deux sections $\mathbf{x}_0 \in \mathbf{Tm}$ et $\mathbf{y}_0 \in \mathbf{Tm}$ s'écrit $\mathbf{x}_0 : \mathbf{y}_0 = \langle \mathbf{G}\mathbf{x}_0, \mathbf{y}_0 \rangle$ et donc l'on a

$$d(\mathbf{x}_0:\mathbf{y}_0) = \nabla(\mathbf{x}_0:\mathbf{y}_0) = \nabla\langle \mathbf{G}\mathbf{x}_0,\mathbf{y}_0\rangle = \langle \nabla\mathbf{G}\mathbf{x}_0,\mathbf{y}_0\rangle + (\nabla\mathbf{x}_0):\mathbf{y}_0 + \mathbf{x}_0:(\nabla\mathbf{y}_0)$$

Il suffit alors de comparer à (29-4) pour, $\mathbf{x}_0$ et $\mathbf{y}_0$ étant quelconques, conclure que

(36) $$\boxed{\nabla\mathbf{G} = 0},$$

ce qui est une expression plus directe de l'horizontalité du produit scalaire dans **Tm**. Noter à ce sujet que, puisque $\nabla^R\mathbf{G} = \nabla\mathbf{G}$, (36) exprime aussi la $\nabla^R$-horizontalité du tenseur métrique de la variété riemanienne **M**, propriété classique que ce théorème étend à notre variété "plus que riemanienne" **M**.

C'est la notion de champ fonctionnel qui va nous permettre de tout ramener à des $\nabla$-dérivées nulles. Prenons par exemple l'opérateur trace, et pour tout $\mathbf{x}_0 \in \mathbf{E}_0^{(2)}$ écrivons $\mathrm{Tr}\,\mathbf{x}_0 = \mathrm{Tr}_\mathbf{m}(\mathbf{x}_0)$, mettant ainsi en évidence la section fonctionnelle $\mathrm{Tr}_\mathbf{m} \in L(\mathbf{E}_0^{(2)};R)$. Appliquant (31) à cette section et comparant à (33-2), ou remarquant tout simplement que dans (33-2) $\nabla\mathbf{x}_0$ est factorisé dans $\nabla(\mathrm{Tr}\,\mathbf{x}_0)$, on déduit que l'on a:

(37) $$\boxed{\nabla\mathrm{Tr}_\mathbf{m} = 0}$$

On vérifie de façon analogue que (32), (33-3) et (34) expriment l'horizontalité des sections fonctionnelles associant à un tenseur d'ordre deux son transposé, ses parties symétrique, antisymétrique et déviatorique, et son déterminant. On vérifie aussi, en interprétant les lois de composition internes et externes en champs de fonctions à deux variables, que les relations (27), (29) et (30) expriment l'horizontalité de ces champs de lois constitutives ■

Concluons cette démonstration explicative par deux remarques. La première est que pour expliquer l'horizontalité de la structure des espaces de tenseurs euclidiens, nous avons été surabondant dans la démonstration; en fait, il est évident que l'horizontalité à l'ordre supérieur à un résulte de celle à l'ordre un traduite par les relations (27). La seconde est que l'on peut prévoir le résultat suivant qui sera confirmé en **XVII-3** :

*Tout ce qui, dans l'algèbre tensorielle euclidienne au dessus de* **M**, *est élaboré par une approche intrinsèque, ne mettant donc en oeuvre que la structure de ces espaces, est horizontal.*

## 7. LE TRANSPORT PARALLÈLE AU DESSUS de M

Pour traiter de la dérivée covariante, nous n'avons utilisé que les considérations de **X-2** relatives à la dérivation en temps des tenseurs euclidiens au cours d'un mouvement. Ce paragraphe va être l'occasion de renouer avec celles de **X-4** .

• Tout d'abord, nous ne considérions en Ch **X** que des tenseurs au cours d'un mouvement, donc définis à priori seulement sur la courbe C trajectoire de **m** dans **M** au cours de ce mouvement, alors qu'ici nous considérons des champs $\mathbf{x}_0$ définis sur **M**, ou un ouvert de **M**. Ceci n'est pas source de difficulté. Car, d'une part, la dérivée en temps au cours d'un processus de déformation de $\mathbf{x}_0$ défini sur **M** , calculée par

$$(38) \qquad \frac{\nabla \mathbf{x}_0}{dt} = \frac{\nabla \mathbf{x}_0}{d\mathbf{m}} \frac{d\mathbf{m}}{dt},$$

ne dépend en fait que des valeurs prises par $\mathbf{x}_0$ au cours de ce processus, c'est à dire sur la courbe C. Et d'autre part, pour des $\mathbf{x}_0$ définis seulement au cours d'un processus de déformation, ne définissant donc qu'une application $\mathbf{m} \in C \to \mathbf{x}_0$, (38) reste valable avec pour $\nabla \mathbf{x}_0/d\mathbf{m}$ la $\nabla$-dérivée $\nabla \mathbb{x}_0/d\mathbf{m}$ de tout champ $\mathbb{x}_0$ constituant un prolongement régulier de cette application à un ouvert de **M** contenant C.

Nous avions, en **X-4**, interprété cette dérivées en temps à partir du mouvement isométrique de $E_0$ décrivant "tout dans le référentiel matériel" le mouvement du référentiel corotationnel par rapport au milieu. Sur un plan purement géométrique cette fois, indépendamment donc de toute idée de mouvement, et de façon un peu réciproque, nous allons associer canoniquement à la dérivation covariante $\nabla$ un transport isométrique de $E_0$, et donc des espaces de tenseurs euclidiens sur $E_0$, le long des courbes (sous-variété de dimension un) orientées C de **M**. Comme pour les variétés riemaniennes, où la notion est classique, ce transport sera appelé transport parallèle au dessus de C.

• Soit donc C une courbe orientée de **M**, c'est à dire un trajet de déformation, et soit $\hat{\mathbf{m}}$: $t \to \hat{\mathbf{m}}(t) \in C$ un paramétrage positif de cette courbe, engendré par une application $\hat{\gamma}$: $t \to \hat{\gamma}(t)$. Bien que nous ne fassions que de la géométrie (de **M**), nous avons noté t le paramètre, nous dirons que $\hat{\mathbf{m}}$ est un processus de déformation empruntant le chemin C, et nous utiliserons la terminologie associée à cette convention cinématique.

**Théorème 1- définition**

**a** - *Le déplacement de* $\mathbf{m}_1$ *à* $\mathbf{m}_2$ *de l'espace* $\mathbf{E}_0^{(n)}$ *des tenseurs euclidiens matériels d'ordre n au cours du processus de déformation* $\hat{\mathbf{m}}$ est l'*application*

$$(39) \qquad \boxed{p^{(n)} : \quad \mathbf{x}_{01} \in \mathbf{E}_{01}^{(n)} \quad \to \quad \mathbf{x}_{02} = p^{(n)}(\mathbf{x}_{01}) = \hat{\mathbf{x}}_0(t_2) \in \mathbf{E}_{02}^{(n)}}$$

*avec* $\hat{\mathbf{x}}_0$ *solution de:* $\boxed{\hat{\mathbf{x}}_0(t) \in \mathbf{E}_0^{(n)}, \quad \frac{\nabla \hat{\mathbf{x}}_0(t)}{dt} = 0, \quad \hat{\mathbf{x}}_0(t_1) = \mathbf{x}_{01}}$

**b** - *Les* $p^{(n)}$ *sont les isométries de tenseurs euclidiens engendrées par l'isométrie* P *de* $E_{01} = (T_0, \mathbf{m}_1)$ *sur* $E_{02} = (T_0, \mathbf{m}_2)$ *définie par :*

$\boxed{P = \hat{J}(t_2)^{-1}}$ , *avec* $\hat{J} : t \to J = \hat{J}(t) \in L(T_0)$ *solution de*

$$(40) \qquad \boxed{J^{-1}\dot{J} = \frac{1}{2}\gamma^{-1}\dot{\gamma} \quad et \quad \hat{J}(t_1) = 1_{T0}}$$

**c** - *L'isométrie* P *et les* $p^{(n)}$ *ne dépendent que du chemin de déformation* C *et pas de son paramétrage* $\hat{\mathbf{m}}$. *On dit que* $p^{(n)}$ *est le transport parallèle de* $\mathbf{m}_1$ *à* $\mathbf{m}_2$ *au dessus de* C *des tenseurs euclidiens d'ordre n.*

**d** - *Ce transport des tenseurs euclidiens induit un transport* p, *que nous dirons aussi parallèle au dessus de* C, *des applications* $f_{\mathbf{m}}$ *entre ces tenseurs :*

$$f_{\mathbf{m}} \in A(\mathbf{E}_0^{(n)};\mathbf{E}_0^{(k)}) \quad \Rightarrow \quad \boxed{p(f_{\mathbf{m}_2}) = p^{(k)} \circ f_{\mathbf{m}_1} \circ p^{(n)-1}}$$

**Preuve.** Selon (**X-4**), la dérivée $\nabla \mathbf{x}_0/dt$ est la dérivée (relative) de $\mathbf{x}_0$ par rapport a un espace $\mathbf{E}_0^{(n)}$ que l'on imagine transporté avec $E_0$ (entraînement). On en conclut que cet $\mathbf{x}_0$ est fixe dans cet $\mathbf{E}_0^{(n)}$ transporté, donc en constitue un élément, ssi cette dérivée est nulle. Ceci établit le point a. Le début du point b est une paraphrase de (**IX**-15), avec $t_1 = r$ et $t_2 = t$. Il suffit de considérer un second paramétrage pour vérifier l'invariance par rapport au paramétrage énoncée en c. Le point d n'est qu'une définition ∎

On remarquera que le caractère isométrique des transports parallèles $p^{(n)}$ est une autre façon de traduire l'horizontalité au dessus de **M** de la structure des fibrés tensoriels euclidiens établie dans le précédent théorème.

● Nous obtenons donc ainsi une nouvelle interprétation de la dérivée $\nabla/dt$ définie en **X-2**. Celle donnée en **X-4** résultait d'une approche externe, par solide suiveur lié au référentiel corotationnel au cours d'un mouvement dans l'espace. Celle-ci organise la chose à partir du modèle matière et s'inscrit dans la procédure "tout dans le référentiel matière" décrite en **IX-5**. Elle est définie au cours d'un processus de déformation, courbe de **M** paramétrée par le temps, sans qu'intervienne aucun mouvement spatial, c'est à dire par rapport à un référentiel extérieur. Et elle fait intervenir pour sa définition le transport parallèle au dessus de la trajectoire de ce processus, qui ne dépend que de cette trajectoire et de la géométrie de **M**. Cette interprétation distingue et privilégie évidemment la dérivation $\nabla/dt$ parmi toutes celles définies en **X-4** en utilisant d'autres référentiels suiveurs que le corotationnel.

C'est bien sûr le moment de rappeler, s'il en est besoin, qu'au cours d'un mouvement spatial provoquant ce processus de déformation, la dérivée en temps ainsi obtenue est la dérivée par rapport au référentiel corotationnel, ou dérivée de Jaumann. De façon précise, on a le théorème suivant, équivalent à (**X-3** Th1) :

**Théorème 2**

*Si* $\mathbf{x}_0$ *et* $\mathbf{y}_0$ *sont deux tenseurs euclidiens d'ordre n sur* $E_0$ *définis en un point du milieu au cours d'un mouvement, et si* $\mathbf{x} = \mathbf{A}^{(n)}\mathbf{x}_0$ *et* $\mathbf{y} = \mathbf{A}^{(n)}\mathbf{y}_0$ *sont leurs positions spatiales, alors*

$$(41) \quad \boxed{\mathbf{y}_0 = \frac{\nabla \mathbf{x}_0}{dt}} \quad \Leftrightarrow \quad \boxed{\mathbf{y} = D^J\mathbf{x} \equiv \frac{d^c\mathbf{x}}{dt}} \quad \left( \overset{(\mathbf{X}\text{-}1)}{\Leftrightarrow} \quad \boxed{(\forall i) \text{ ou } (\exists i), \quad y_i = D^J x_i} \right)$$

Ceci renforce évidemment l'intérêt que l'on peut trouver à choisir le référentiel corotationnel comme solide suiveur. Mais rappelons qu'il s'agit là d'un point contesté et renvoyons à ce que nous en avons dit à la fin de **XI-5**. Rappelons aussi qu'il ne saurait convenir en élasticité.

Noter enfin qu'il n'est pas interdit de penser que les autres modes de dérivation des tenseurs euclidiens introduits en **X-4**, par rapport à un autre solide suiveur que le corotationnel, puissent définir une autre loi de dérivation que $\nabla$ et un autre transport au dessus des chemins de **M**. Mais ces autres éléments ne résulteront plus comme les précédents de la seule géométrie de **M**. Ils dépendront de grandeurs, telles que le $\boldsymbol{\Omega}_{0mlc}$ de (**X**-10), dont la signification physique et la pertinence auront à être analysées.

● Il résulte de Th1 que, **m** étant un point donné de **M**, les transports parallèles $p^{(n)}$ de **m** à **m** au dessus d'un chemin en forme de boucle joignant **m** à lui même sont les rotations de tenseurs euclidiens engendrées par une isométrie positive, c'est à dire une rotation, de $E_0$. On associe ainsi à toute boucle de **m** à **m** une rotation de $E_0$. Inversement, on a le résultat suivant, dont nous ferons usage ultérieurement, et qui, remarquons le, a entre autres pour conséquence que **M** n'est pas une variété plate.

**Théorème 3**

*Quel que soit* **m**, *toute rotation de* $E_0 = (T_0, \mathbf{m})$ *peut être associée comme il vient d'être dit à au moins une boucle joignant* **m** *à* **m** *dans* **M**.

**Preuve.** Une boucle en état métrique peut toujours être associée à une boucle en placement a (ne serait-ce que dans le corotationnel, en vertu de **IX-6**), et donc aussi à une boucle en transformation F à partir d'une position de référence, que l'on peut choisir dans l'état métrique **m** à la fois origine et fin de la boucle. Compte tenu de (40), qui relie cette rotation aux isométries J de **IX-5**, et compte tenu de **IX-5**-Th **4-b**, le théorème à démontrer est alors équivalent au théorème 4 ci dessous, lequel, en organisant la boucle en un aller-retour sur des trajets différents et en tenant compte du point b de (**V-1**-Th 1), est lui même équivalent au théorème 5 suivant que nous démontrerons ■

**Théorème 4**

*Quelle que soit une première position du voisinage d'un point, que l'on prend comme position de référence, il existe une boucle en transformation locale* F, *reliant* $1_E$ *à lui-même, au cours de laquelle la rotation totale du référentiel corotationnel est égale à une rotation donnée quelconque.*

**Théorème 5**

*Quelle que soit une première position du voisinage, il existe une seconde position et deux trajets de déplacement joignant la première de ces positions à la seconde au cours desquels les rotations du corotationnel différent d'une rotation donnée quelconque.*

**Preuve**. Une rotation (vectorielle) est caractérisée par un axe et un angle $\theta$. Imposons aux chemins cherchés d'être des déplacements plans orthogonaux à l'axe de la rotation donnée. Le théorème est alors une conséquence directe de (**A-7.3** Th1) ■

**Remarque**. Nous avons en fait démontré un résultat plus fort, qui est qu'il existe deux chemins de déformation *à volume constant* satisfaisant à la propriété.

CHAPITRE XV

# TAILLE, FORME ET TRIAXIALITÉ

Dans ce chapitre nous étudions diverses sous variétés intéressantes de **M**. Nous commencerons par les sous variétés résultant de la décomposition de l'état métrique, ou *forme cotée*, en une part de *forme* (non cotée) et une part complémentaire de *taille*.

L'étude de cette décomposition a débuté par la décomposition de la transformation F en *expansion isotrope* et *rotation et distorsion* en **V-7**, le mot distorsion signifiant *changement de forme*, et celle du placement a en *prise de taille* et *prise d'orientation et forme en* **VII-7**. Ces décompositions induisent une décomposition de la vitesse que nous avons traitée en **V-7**, mais aussi d'autres décompositions canoniques, à commencer par celle de la variété **M** elle-même.

Nous terminerons par les sous variétés *triaxiales*, réunissant les **m** pour lesquels un triplet de directions matérielles est orthogonal, qui ont l'intérêt d'être plates.

## 1. DÉCOMPOSITION DU PARAMÉTRAGE DE M

- Lors d'un placement local, les décompositions (**VII**-21) et (**V**-26),

(1) $$\boxed{a = \tau^{1/3}\,\mathring{a}} \quad \text{et} \quad \boxed{F = J^{1/3}\mathring{F}} \quad \text{avec} \quad \boxed{\text{Dét}\,\mathring{a} = \text{Dét}\,\mathring{F} = 1},$$

engendrent pour $\gamma$, compte tenu de (**XIII**-3), la décomposition :

(2) $$\boxed{\gamma = \tau^{2/3}\,\mathring{\gamma}} \quad \text{avec} \quad \boxed{\mathring{\gamma} = \mathring{a}^*g\mathring{a}} \in L_S^+(T_0;T_0^*) \quad \text{et} \quad \boxed{\text{Dét}\,\mathring{\gamma} = 1},$$

avec, concernant les dimensions physiques,

(3) $$\boxed{D(\gamma) = [D(a)]^2 = L^2\mu^{-2}} \quad \text{et} \quad \boxed{D(\mathring{\gamma}) = I}$$

Le tenseur métrique $\mathring{\gamma}$ ici introduit est à la forme ce que $\gamma$ est à la métrique. Il est le tenseur métrique qui dote les éléments de $T_0$ des mêmes angles relatifs que $\gamma$ (il confère à $T_0$ la même forme non cotée), et dont la 3-forme volume associée est identique à la 3-forme masse, ce qui explique que son déterminant soit, comme pour g, égal à 1.

*Le tenseur $\mathring{\gamma}$ est donc une variable caractérisant la forme (non cotée) du milieu au point et dans le placement considérés, alors que $\gamma$ caractérise la métrique totale.*

*Tenant compte aussi des dimensions physiques, on a :*

(4) $\gamma \in L_S^+(T_0;T_0^*)(L^2\mu^{-2})$ et $\mathring{\gamma} \in \{ \alpha \in L_S^+(T_0;T_0^*)(I), \text{Dét}\ \alpha = 1\}$

*Quand à* $\tau$*, volume par unité de masse, il caractérise la taille.*

• Cette décomposition du paramétrage de **M** par $\gamma$ en un paramétrage par un système de deux "coordonnées" $\tau$ et $\mathring{\gamma}$ induit sur la variété **M** un double réseau de "sous variétés coordonnées". D'une part les sous variétés de dimension cinq $\mathbf{M}_\tau$, réunissant les états métriques $\mathbf{m} \in \mathrm{M}$ dans lesquels le volume spécifique a une valeur $\tau$ donnée, paramétrées par $\mathring{\gamma}$. D'autre part les sous variétés de dimension un $\mathbf{M}_{\mathring{\gamma}}$, réunissant les états métriques dans lesquels le paramètre caractérisant la forme a une valeur $\mathring{\gamma}$ donnée, paramétrées par $\tau$. Chaque courbe $\mathbf{M}_{\mathring{\gamma}}$ est une branche de l'hyperbole d'équation xy = 1 dans un espace de dimension deux, et **M** est la réunion de ces branches d'hyperboles quand $\mathring{\gamma}$ varie.

Un processus de déformation $t \rightarrow \mathbf{m}$ qui s'inscrit dans un $\mathbf{M}_\tau$ particulier est un processus à volume spécifique constant : c'est un processus de *distorsion pure*. Si le milieu est incompressible, seul ce type de processus, dans le $\mathbf{M}_\tau$ correspondant à son $\tau$ constant, est autorisé par la liaison interne. Un processus de déformation $t \rightarrow \mathbf{m}$ qui s'inscrit dans un $\mathbf{M}_{\mathring{\gamma}}$ particulier est un processus à forme constante : il est sans distorsion, c'est une *dilatation pure*.

• Différentions $\mathbf{m} = (1/2\gamma, -1/2\gamma^{-1})$ en fonction de $\tau$ et $\mathring{\gamma}$. Il vient

(5) $$\boxed{d\mathbf{m} = \frac{1}{3}\tau^{-1}d\tau\ \mathbf{1}_\mathbf{m} + d\mathbf{m}_D} \quad \text{avec} \quad \boxed{d\mathbf{m}_D = (\gamma(\frac{1}{2}\ \mathring{\gamma}^{-1}d\mathring{\gamma}),\ (\frac{1}{2}\ \mathring{\gamma}^{-1}d\mathring{\gamma})\gamma^{-1})},$$

constituant la décomposition d'un élément quelconque de **Tm** en somme de ses composantes dans les deux sous-espaces supplémentaires que sont les espaces vectoriels tangents en **m** aux variétés coordonnées $\mathbf{M}_{\mathring{\gamma}}$ et $\mathbf{M}_\tau$ passant par **m**.

On reconnaît dans $d\mathbf{m}_D$ un élément de **Tm** de trace nulle, si bien que cette projection est identique à la décomposition de **dm** en parties sphérique et déviatorique, ce qui explique la notation : $d\mathbf{m}_D = (d\mathbf{m})_D$. Et ce qui établit le théorème :

**Théorème 1**

*Les courbes* $\mathbf{M}_{\mathring{\gamma}}$ *sont les courbes intégrales du champ des éléments unité* **1m**. *Les variétés* $\mathbf{M}_\tau$ *sont leurs trajectoires orthogonales, et leur espace vectoriel tangent est le sous espace* $\mathbf{Tm}_D$ *des déviateurs de* **Tm**.

• Le long des courbes $\mathbf{M}_{\mathring{\gamma}}$, les tenseurs métriques $\gamma = \tau^{2/3}\ \mathring{\gamma}$ sont proportionnels entre eux puisque $\mathring{\gamma}$ est constant. Ceci a les conséquences intéressantes suivantes.

**Théorème 2**

**a** - *Le long d'une courbe* $\mathbf{M}_{\mathring{\gamma}}$ *les espaces* $L_S(E_0)$ *et* $L_S(E_0^*)$ *sont invariants.*

**b** - *Le transport parallèle au dessus d'une de ces courbes d'un tenseur euclidien du second ordre, et donc en particulier d'un élément de* **Tm**, *est le transport à facettes 1 et 4 constantes.*

**Preuve**. Soit x un élément de $L(T_0)$ (respt : de $L(T_0^*)$). Il est dans $L_S(E_0)$ (respt : dans $L_S(E_0^*)$) ssi $\gamma^{-1}x^*\gamma = x_0$ (respt : ssi $\gamma x^*\gamma^{-1} = x$), c.a d. ssi $\mathring{\gamma}^{-1}x^*\mathring{\gamma} = x$ (respt : $\mathring{\gamma}x^*\mathring{\gamma}^{-1} = x$), condition indépendante de $\tau$, ce qui établit le point a. Compte tenu de **XIV**-28, l'équation **XIV**-39 s'écrit, le long du chemin $\mathbf{M}_{\mathring{\gamma}}$, où $\gamma$ ne dépend que de $\tau$ :

$$0 = \frac{\overline{\nabla \mathbf{x}_0}}{dt} \equiv \frac{d\bar{x}_0}{dt} - \frac{1}{2}\left(\frac{d\gamma}{dt}\gamma^{-1}\bar{x}_0 + \bar{x}_0\gamma^{-1}\frac{d\gamma}{dt}\right) = \frac{d\bar{x}_0}{dt} - \frac{2}{3}\tau^{-1}\frac{d\tau}{dt}\bar{x}_0 = \tau^{2/3}\frac{d}{dt}(\tau^{-2/3}\bar{x}_0) = \gamma\frac{dx_0}{dt}$$

qui montre que la facette 1 reste constante au cours du transport. Pour la facette 4, il suffit de remarquer que $\bar{\underline{x}}_0 = \gamma x_0\gamma^{-1} = \mathring{\gamma}x_0\mathring{\gamma}^{-1}$ ∎

## 2. DÉCOMPOSITION DE M

Nous venons de mettre en évidence un paramétrage de **M** par des "coordonnées" $\tau$ et $\mathring{\gamma}$ dont en quelque sorte les bases locales associées sont orthogonales puisque les "courbes coordonnées" le sont. Dans ce paragraphe nous améliorons ce résultat et passons à des coordonnées induisant des bases locales orthonormées.

● Notre point de départ sera le théorème qui suit , conséquence immédiate de (5):

**Théorème**

*La forme quadratique fondamentale de la variété riemanienne* **M** *se décompose en la somme d'une forme quadratique en* $\tau$ *seul et d'une en* $\mathring{\gamma}$ *seul :*

(6) $$\boxed{ds^2 = \mathbf{dm}:\mathbf{dm} = \mathbf{dm}_{Sph}:\mathbf{dm}_{Sph} + \mathbf{dm}_D:\mathbf{dm}_D}\ ,\qquad \text{avec :}$$

$$\boxed{\mathbf{dm}_{Sph}:\mathbf{dm}_{Sph} = \frac{1}{3}(\tau^{-1}d\tau)^2}\quad \text{et}\quad \boxed{\mathbf{dm}_D:\mathbf{dm}_D = 1/4\,\mathrm{Tr}(\mathring{\gamma}^{-1}d\mathring{\gamma}\mathring{\gamma}^{-1}d\mathring{\gamma})}$$

**Preuve**. Il s'agit d'une conséquence immédiate de (5) ∎

Il résulte de ce découplage total en $\tau$ et $\mathring{\gamma}$ que :

*En tant que variété riemanienne,* **M** *est canoniquement isomorphe au produit cartésien de deux variétés riemaniennes* **T** *et* **F**, *que l'on dira des tailles et des formes, paramétrées par* $\tau$ *et* $\mathring{\gamma}$ *respectivement, dont les formes quadratiques fondamentales sont les formes* (6)

Il en résulte par exemple que la longueur des portions de courbes $\mathbf{M}_{\mathring{\gamma}}$ comprises entre deux hyper-surfaces $\mathbf{M}_{\tau_1}$ et $\mathbf{M}_{\tau_2}$ sont égales, et que les longueurs des courbes situées dans les hyper-surfaces $\mathbf{M}_\tau$ et paramétrées par un même trajet en $\mathring{\gamma}$ sont égales.

● Compte tenu de ce que

(7) $$\boxed{\frac{1}{3}(\tau^{-1}d\tau)^2 = (d\nu)^2}\quad \text{avec}\quad \boxed{\nu = \frac{1}{\sqrt{3}}\mathrm{Ln}(\tau/\tau_r)}\ ,$$

l'abscisse curviligne sur les courbes coordonnées $\mathbf{M}_{\mathring{\gamma}}$ est, après choix d'une origine qui est leur intersection avec une hyper-surface $\mathbf{M}_\tau$ particulière correspondant à une valeur particulière $\tau_r$ de $\tau$, la variable $\nu$ définie ci dessus. La longueur commune des morceaux de ces courbes évoqués ci dessus est donc $\nu_2 - \nu_1$. La variable $\nu$ avait déjà été introduite en (V-30) et son intérêt dans la modélisation de l'état métrique avait alors été décelé. On avait aussi remarqué en **XI-6** que, à un facteur multiplicatif K près que l'on peut relier au choix des unités, elle constitue l'énergie interne du gaz parfait.

Notons $\mathbf{F}_r$ l'hyper-surface particulière $\mathbf{M}_{\tau r}$, et $\mathbf{f}_r$ son intersection avec la courbe $\mathbf{M}_{\mathring{\gamma}}$ passant par **m**. Pour ce qui est des courbes dans un $\mathbf{M}_\tau$ paramétrées par un même trajet en $\mathring{\gamma}$, le carré de la longueur commune des parties élémentaires de ces courbes engendrées par la variation de $\mathring{\gamma}$ à $\mathring{\gamma} + d\mathring{\gamma}$ du paramètre est

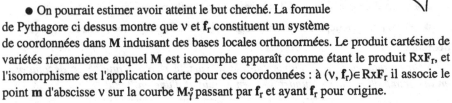

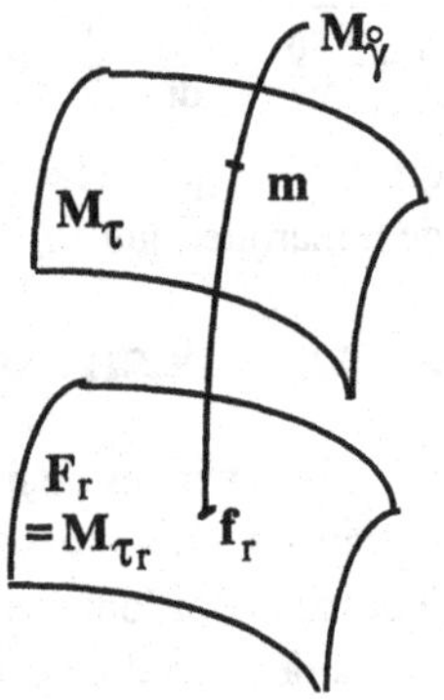


(8) $$\mathbf{dm}_D:\mathbf{dm}_D = \mathbf{df}_r:\mathbf{df}_r = 1/4\mathrm{Tr}(\mathring{\gamma}^{-1}d\mathring{\gamma}\mathring{\gamma}^{-1}d\mathring{\gamma}),$$

Utilisant (7) et (8), la décomposition (6) s'écrit :

(9) $$\boxed{ds^2 = \mathbf{dm} : \mathbf{dm} = d\nu^2 + \mathbf{df}_r:\mathbf{df}_r}$$

● On pourrait estimer avoir atteint le but cherché. La formule de Pythagore ci dessus montre que $\nu$ et $\mathbf{f}_r$ constituent un système de coordonnées dans **M** induisant des bases locales orthonormées. Le produit cartésien de variétés riemanienne auquel **M** est isomorphe apparaît comme étant le produit $\mathrm{Rx}\mathbf{F}_r$, et l'isomorphisme est l'application carte pour ces coordonnées : à $(\nu, \mathbf{f}_r) \in \mathrm{Rx}\mathbf{F}_r$ il associe le point **m** d'abscisse $\nu$ sur la courbe $\mathbf{M}_{\mathring{\gamma}}$ passant par $\mathbf{f}_r$ et ayant $\mathbf{f}_r$ pour origine.

Le R qui apparaît ici en tant que variété des tailles est R(I), le corps des réels du mathématicien, sans dimension physique, car $\nu$ est une variable sans dimension, tout comme le sont toutes les longueurs de courbe dans **M** : même si les composantes $\bar{m}$ et $\underline{m}$ de **m** ont des dimensions physiques, la métrique dans **M** est sans dimension, ce qui est tout à fait cohérent avec le fait que les déformations sont sans dimension. Il n'intervient toutefois que par sa loi d'addition.

Il est à remarquer que le choix d'un $\tau_r$ entrant dans la définition de $\nu$ aurait pu servir à a-dimensionner $\tau$, ce que nous n'avons jamais envisagé, mais ce n'est pas un choix d'unité servant à a-dimensionner $\nu$. C'est un choix d'une origine dans la variété des tailles **T**, permettant de l'identifier à R(I). Le $\tau_r$ en question pourra être le $\tau$ dans une configuration de référence quand une telle configuration a été choisie, ou, sans que nous changions pour autant les notations, un volume spécifique unité.

● Une seule chose est (un peu) choquante dans ce qui précède : c'est que la variété des formes que constitue $\mathbf{F}_r$ dépende du choix d'un tel $\tau_r$. Certes, les conclusions qu'on en tirerait n'en dépendraient pas. Certes aussi, les variétés **T** et **F** de l'isomorphisme avec **M** ne sont définies qu'à un isomorphisme près et nous ne faisons qu'en proposer des réalisations qui ne peuvent qu'être non intrinsèques. De ce point de vue, notre souci de modélisation intrinsèque vient évidemment buter sur l'indétermination à un isomorphisme près des structures modélisantes que nous introduisons.

Mais il s'agit là d'une contingence dont on peut se débarrasser sans peine, en utilisant, au lieu de $\mathbf{F}_r$, l'ensemble **F** défini par

**Définition**

*La variété des formes locales à priori possibles, en un point du milieu, est :*

(10) $\mathbf{F} = \{\mathbf{f} = (\overline{f}, \underline{f})\ ;\ \overline{f} = 1/2\mathring{\gamma},\ \ \underline{f} = -\frac{1}{2}\mathring{\gamma}^{-1},\ \mathring{\gamma} \in L_s^+(T_0,T_0^*), \text{Dét}\,\mathring{\gamma} = 1\}$

avec pour isomorphisme-carte de RxF dans **M** l'application :

(11) $(v,\mathbf{f}) \in \mathrm{RxF} \rightarrow \boxed{\mathbf{m} = (\tau^{2/3}\overline{f},\ \tau^{-2/3}\underline{f})} = (\tau_r^{2/3}\exp(2v/\sqrt{3})\overline{f},\ \tau_r^{-2/3}\exp(-2v/\sqrt{3})\underline{f})$

qui entraîne bien

(12) $$\boxed{ds^2 = d\mathbf{m} : d\mathbf{m} = dv^2 + d\mathbf{f}{:}d\mathbf{f}}$$

N'était la question des dimensions physiques on pourrait dire que cet **F**, c'est $\mathbf{F}_r$ pour $\tau_r = 1$. On pourrait d'ailleurs dire qu'il s'agirait effectivement de cela si d'une part $\tau_r$ était l'unité de volume spécifique et si l'on travaillait sur des grandeurs a-dimensionnées en divisant par les unités.

On peut montrer que **F** est bien le $\mathbf{M}_\tau$ particulier correspondant à $\tau = 1$, mais en utilisant les techniques mises en oeuvre en [Rougée 1982] pour clarifier le statut mathématique des questions de dimension physique. Il faut pour cela étendre **M** à un objet plus gros dont le paramètre $\gamma$ décrirait tout l'espace (vectoriel physique) $L_s^+(T_0,T_0^*)$ et pas seulement sa composante $L_s^+(T_0,T_0^*)(L^2\mu^{-2})$. Le scalaire $\tau = (\text{Dét}\,\gamma)^{1/2}$ peut alors avoir toute dimension physique. On utilise alors $\mathbf{F}_r = \mathbf{M}_{\tau r}$ pour définir les origines contingentes sur les courbes coordonnées, et $\mathbf{F} = \mathbf{M}_{\tau=1}$ comme variété des formes, f étant l'intersection avec cet **F** de la courbe $\mathbf{M}_{\mathring{\gamma}}(I)$ correspondant aux valeurs sans dimension de $\tau$.

Dans la suite, nous reprendrons la discrétion traditionnelle vis à vis des dimensions physiques, et nous noterons indifféremment $\mathbf{M}_\tau$ ou $\mathbf{M}_v$, et $\mathbf{M}_{\mathring{\gamma}}$ ou $\mathbf{M}_\mathbf{f}$, les "courbes" coordonnées. Signalons enfin que les deux projections de **f** en $\overline{f}$ et $\underline{f}$ ne sont pas ici des cartes au sens classique, car les espaces de définition de $\overline{f}$ et $\underline{f}$ ne sont pas plats.

## 3. DÉCOMPOSITION DES GÉODÉSIQUES DE M

Comme en **XIII-3**, nous nous intéressons surtout aux géodésiques parcourues d'un mouvement uniforme, ou, pour éviter la connotation cinématique, paramétrées par un paramètre t proportionnel à leur abscisse curviligne. Nous les dirons "uniformes".

**Théorème**

**a** - *Les géodésiques uniformes sont parcourues à* $\dot{v}$ *constant, donc à taux de dilatation volumique relative* $\tau^{-1}\dot{\tau}$ *constant.*

**b** - *Les courbes* $\mathbf{M}_\mathbf{f}$ *sont des géodésiques de* **M**.

**c** - *Les géodésiques de* **M** *joignant deux points de même taille* $v$ *sont entièrement situées dans* $\mathbf{M}_v$, *et ce sont les géodésiques de* $\mathbf{M}_v$.

**d** - *Une courbe paramétrée* $t \to \mathbf{m} \in \mathbf{M}$ *est une géodésique uniforme de* **M** *ssi les courbes paramétrées* $t \to v$ *et* $t \to \mathbf{f}$ *qu'elle définit par projections sur les variétés des tailles* $\mathbf{T} = R$ *et des formes* **F** *sont des géodésiques uniformes.*

**e** - *Dans* $\mathbf{T} = R$, *les géodésiques uniformes sont R parcouru à* $\dot{v}$ *constant. Dans* **F**, *ce sont les courbes paramétrées définies par une application* $t \to \mathring{\gamma}$ *solution de:*

$$\frac{d}{dt}\left(\mathring{\gamma}^{-1}\frac{d\mathring{\gamma}}{dt}\right) = 0 \qquad (13)$$

**Preuve. a** - Exprimant $\gamma$ en fonction de $\tau$ et $\mathring{\gamma}$ dans (**XIII**-10), puis en séparant en parties sphérique et déviatorique après avoir reconnu, en dérivant (2-3) à l'aide de (**M7**-f), que le terme en $\mathring{\gamma}$ est un déviateur, il vient

$$\frac{d}{dt}\left(\mathring{\gamma}^{-1}\frac{d\mathring{\gamma}}{dt}\right) + \frac{d^2v}{dt^2}1_{T_0} = 0 \quad \Leftrightarrow \quad \frac{d}{dt}\left(\mathring{\gamma}^{-1}\frac{d\mathring{\gamma}}{dt}\right) = 0 \quad \text{et} \quad \frac{d^2v}{dt^2} = 0 \qquad (14)$$

En résultent immédiatement : le point a (qui est un aspect des géodésiques uniformes qui sera généralisé en **XVI-4**), le point b et le début des points c et d. La fin de c résulte de ce que, d'après leurs propriétés d'extrémalité, une géodésique de **M** située dans un $\mathbf{M}_v$ est une géodésique de cet $\mathbf{M}_v$. Il en résulte que (14-1) caractérise les géodésiques de toutes les $\mathbf{M}_v$, donc de $\mathbf{F} = \mathbf{M}_{\tau=1}$, ce qui établit e. Le d est alors une paraphrase de (14) ■

## 4. DÉCOMPOSITION DE LA DÉRIVATION COVARIANTE

● De la décomposition précédente va résulter une décomposition de la dérivation covariante en deux dérivations covariantes partielles, en taille et en forme,

$$\nabla = \nabla_v + \nabla_{\mathbf{f}} = [\nabla/dv \ \ \nabla/d\mathbf{f}]\begin{bmatrix} dv \\ d\mathbf{f} \end{bmatrix} = [\nabla/d\tau \ \ \nabla/d\mathring{\gamma}]\begin{bmatrix} d\tau \\ d\mathring{\gamma} \end{bmatrix},$$

qui s'obtiendront en séparant les termes en $d\tau$ et $d\mathring{\gamma}$ dans l'expression de la dérivée covariante totale. On déduit ainsi de (**XIV**-26) pour les tenseurs euclidiens d'ordre un

$$\nabla_v \mathbf{U}_0 = \frac{\nabla_v \mathbf{U}_0}{d\mathbf{m}}\,d\mathbf{m} = \left[\frac{\partial \mathbf{U}_0}{\partial v} + \frac{1}{\sqrt{3}}(\vec{\mathbf{U}}_0, -\overleftarrow{\mathbf{U}}_0)\right]dv \quad \in \mathbf{E}_0^{(1)} \qquad (15)$$

$$\nabla_{\mathbf{f}} \mathbf{U}_0 = \frac{\nabla_{\mathbf{f}} \mathbf{U}_0}{d\mathbf{m}}\,d\mathbf{m} = \frac{\partial \mathbf{U}_0}{\partial \mathring{\gamma}}\,d\mathring{\gamma} + \frac{1}{2}(\mathring{\gamma}^{-1}d\mathring{\gamma}\vec{\mathbf{U}}_0, -d\mathring{\gamma}\mathring{\gamma}^{-1}\overleftarrow{\mathbf{U}}_0) \quad \in \mathbf{E}_0^{(1)} \qquad (16)$$

et de (**XIV**-28) pour les tenseurs d'ordre deux

$$\nabla_v \mathbf{x}_0 = \frac{\nabla_v \mathbf{x}_0}{d\mathbf{m}}\,d\mathbf{m} = \left[\frac{\partial \mathbf{x}_0}{\partial v} + \frac{2}{\sqrt{3}}(-\bar{\mathbf{x}}_0, \underline{\mathbf{x}}_0)\right]dv \qquad (17)$$

$$(18) \qquad \boxed{\nabla_f \mathbf{x}_0 = \frac{\nabla_f \mathbf{x}_0}{\mathbf{dm}}\, \mathrm{d}\mathbf{m} = \frac{\partial \mathbf{x}_0}{\partial \mathring{\gamma}}\, \mathrm{d}\mathring{\gamma} + \frac{1}{2}(-\mathrm{d}\mathring{\gamma}\mathring{\gamma}^{-1}\bar{x}_0 - \bar{x}_0\mathring{\gamma}^{-1}\mathrm{d}\mathring{\gamma},\, \mathring{\gamma}^{-1}\mathrm{d}\mathring{\gamma}\underline{x}_0 + \underline{x}_0\mathrm{d}\mathring{\gamma}\mathring{\gamma}^{-1})}$$

● A ces dérivations covariantes partielles sont naturellement associées des horizontalités partielles. Un champ sera horizontal en taille (respt : en forme) ssi sa dérivée covariante en taille (respt : en forme) est nulle. La forme générale des champs totalement horizontaux et des champs simplement horizontaux en forme sera donnée au chapitre **XVI**, dans une situation mécanique qui fera apparaître toute leur signification. La forme générale des champs seulement horizontaux en taille est donnée, aux ordres un et deux, par le théorème suivant.

**Théorème**

*Un champ de tenseur euclidien d'ordre un* $\mathbf{U}_0$ *, ou d'ordre deux* $\mathbf{x}_0$*, est horizontal en taille ssi il vérifie une des (donc les) conditions équivalentes :*

**a** - $\tau^{1/3}\,\vec{U}_0$ *est indépendant de* $\tau$ ⇔ $\tau^{-1/3}\,\overleftarrow{U}_0$ *est indépendant de* $\tau$

**b** - $\tau^{-2/3}\,\bar{x}_0$ *est indépendant de* $\tau$ ⇔ $\tau^{2/3}\,\underline{x}_0$ *est indépendant de* $\tau$

⇔ $x_0$ *est indépendant de* $\tau$ ⇔ $\bar{x}_0$ *est indépendant de* $\tau$

**Preuve.** Il suffit d'annuler les dérivées covariantes en taille (15) et (17) pour obtenir ces résultats ▪

D'après b-3, un champ de tenseur euclidien du second ordre est horizontal en taille, notion généralisant celle d'indépendance par rapport à la taille, si et seulement si sa première facette, à laquelle on l'identifie couramment, est indépendante de la taille.

## 5. MÉTRIQUE DES MASSE-ÉLÉMENTS

● Nous avons mené l'étude des concepts d'état métrique, de taille et de forme en nous fondant sur une approche égale des tenseurs d'ordre un que constituent les segments et les tranches. Une étude analogue peut être menée à partir des masse-éléments d'ordre un, les éléments de cylindre et de surface, tenseurs d'ordre un après certaines identification (**VII-10**).

Les placements et déplacements de ces masse-éléments sont régis par les relations (**VII**-37). Par rapport aux segments et tranches il faut substituer à a et F (**VII**-33) :

$$a' = (\text{Dét } a)^{-1}a = \tau^{-2/3}\mathring{a} \qquad \text{et} \qquad F' = (\text{Dét } F)^{-1}F = J^{-2/3}\mathring{F}$$

Remarquant que, en utilisant en particulier (**M7**-f) pour dériver les déterminants,

$$(19) \qquad (L' =)\ \ \dot{F}'F'^{-1} = D' + \Omega, \qquad \text{avec} \qquad \boxed{D' = -\,\mathrm{Tr}D\,1_E + D} \in L_S(E)\,,$$

il vient pour les éléments de cylindre et de surface:

$$(20) \qquad \boxed{\frac{d^c\vec{c}}{dt} = D'\vec{c}} \qquad \text{et} \qquad \boxed{-\frac{d^c\overleftarrow{s}}{dt} = gD'g^{-1}\overleftarrow{s}} \quad \left(\Leftrightarrow \ -\frac{d^c\vec{s}}{dt} = D'\vec{s}\ \right)$$

On peut aisément étendre ces résultats aux tenseurs d'ordre deux en utilisant les relations de placement et de déplacement (**VII**-16-2 et 38). Par exemple:

$x_0 \in L(T_0;T_0^*)$, $x = \tau\, a^{-*} x_0\, a^{-1} = J\, F^{-*} x_r F^{-1}$, $\overset{e}{x} = g^{-1}x = J\, F^{-T} \overset{e}{x}_r F^{-1}$

(21) $$\boxed{\frac{d^c x}{dt} = -\, gD'g^{-1}x - xD} \quad \Leftrightarrow \quad \boxed{\frac{d^c \overset{e}{x}}{dt} = -\, D'\overset{e}{x} - \overset{e}{x}D}$$

On peut aussi déduire ces relations en annulant la dérivée convective de x (**VIII-5**).

● On voit ainsi intervenir un tenseur D', déjà rencontré en **VIII-5**, jouant ici le rôle que joue D pour les segments et les tranches, et n'en différant que par sa partie sphérique:

(22) $$\boxed{D = 1/3\dot{J}J^{-1}1_E + D_D} \qquad \boxed{D' = -\, 2/3\dot{J}J^{-1}1_E + D_D}$$

Alors que celle de D faisait apparaître la vitesse d'allongement relatif des segments dans la part expansion isotrope du déplacement local, celle de D' fait apparaître la vitesse de dilatation relative des surfaces, ou plutôt, avec le signe moins, leur vitesse de rétrécissement relatif (rappelons que la norme de $\vec{c}$ est l'inverse de l'aire de la section droite de l'élément de cylindre qu'il représente). Par contre, la partie déviatorique, qui décrit les vitesses de distorsion, est la même que pour segments et tranches. Donc :

> *Le tenseur* D *intervient moins en lui même que par sa trace et son déviateur. Sa trace mesure la vitesse de dilatation volumique relative et, assortie des coefficients* 1/3 *et* 2/3, *les vitesses de déformation linéique et surfacique relatives moyennes. Son déviateur mesure la vitesse de changement de forme, c'est à dire de distorsion, relative.*

● Les tenseurs D, D' et $D_D$ ont mêmes directions propres, les *directions principales spatiales des taux de déformation*. On peut compléter ce qui a été signalé au chapitre **IV** pour les segments matériels:

> *Les (petits) éléments matériels de type segment, tranche, cylindre, surface ou parallélépipède qui à l'instant considéré sont parallèles à ces directions principales, se déplacent à cet instant et par rapport au référentiel corotationnel parallèlement à eux mêmes (leur position dans* $\mathcal{E}_c$ *à* t+Δt *est, au premier ordre en* Δt, *parallèle à celle à* t*). Tout (petit) élément matériel parallélépipédique dont les arêtes sont, à l'instant considéré, parallèles aux directions principales de* D, *et qui donc est rectangle à cet instant, est encore au premier ordre rectangle aux instants suivants.*

● Si l'on continuait l'étude des éléments de cylindre et de surface, par substitution de a' à a, on déboucherait sur des $\gamma'$, **m'**, **M'**, $\mathring{\gamma}'$, ν', **t'**, **T'**, **f'** et **F'** analogues aux $\gamma$, **m**, **M**, $\mathring{\gamma}$, ν, **t**, **I**, **f** et **F**. En fait seule la partie relative à l'expansion isotrope, et non ce qui est relatif à la distorsion, varierait. On aurait successivement :

$$\gamma' = a'^*ga' = \tau^{-4/3}\,\mathring{\gamma}, \qquad \mathring{\gamma}' = \mathring{\gamma}, \qquad \text{puis}$$

(23) $$\boxed{ds'^2 = \frac{1}{4}\,\mathrm{Tr}(\gamma'^{-1}d\gamma'\,\gamma'^{-1}d\gamma') = \frac{4}{3}(\tau^{-1}d\tau)^2 + \frac{1}{4}\,\mathrm{Tr}(\mathring{\gamma}^{-1}d\mathring{\gamma}\mathring{\gamma}^{-1}d\mathring{\gamma})}$$

et enfin $\nu' = 2\nu$, **f'** = **f** et **F'** = **F**.

## 6. LES SOUS VARIÉTÉS TRIAXIALES

Dans ce dernier paragraphe, nous abandonnons la décomposition taille-forme.

• A tout triplet B de directions matérielles non coplanaires, associons la sous variété $\mathbf{M}_B$ des métriques pour lesquelles ces directions sont deux à deux orthogonales. Il s'agit de directions d'axes, de $T_0$, mais B définit aussi un triplet de directions de plans qui seront deux à deux orthogonaux en même temps que les axes, si bien que les deux approches duales segment et tranche conduisent à l'introduction du même $\mathbf{M}_B$.

**Théorème 1**

**a** - *Lorsque, à l'occasion d'un mouvement (respt : d'un déplacement entre deux positions) l'état métrique local* **m** *demeure dans un* $\mathbf{M}_B$, B *est un triplet de directions matérielles principales de taux de déformation (respt : de déformation)*

**b** - *Si un* **m** *de forme* **f** *est dans* $\mathbf{M}_B$, *alors la courbe* $\mathbf{M}_f$ *est dans* $\mathbf{M}_B$.

**c** - *Par un point* **m** *de* **M** *passe toutes les sous variétés* $\mathbf{M}_B$ *associées aux triplets* B *orthogonaux pour la métrique* **m**.

**d** - *Par deux points de* **M** *passe au moins une sous variété* $\mathbf{M}_B$, *celle associée à un triplet de dpd matérielles orthogonales de toute transformation faisant passer de l'un à l'autre.*

**Preuve**. Le point a est conséquence directe de l'interprétation, en termes de triplets de directions matérielles qui sont et demeurent orthogonaux, données pour les directions principales en question dans les chapitres **IV** et **V**. Noter que les mouvements en question sont du type "de déformation triaxiale" défini en (**V**-**6**-Th3). Le point b résulte de ce que les dilatations pures ne changent pas les angles relatifs. Le reste est évident ■

On notera au passage que, compte tenu en particulier des points c et d de ce théorème, il n'est pas question ici comme précédemment d'une partition de **M** en la famille des sous variétés $\mathbf{M}_B$ avec trajectoires orthogonales.

• Soit $b_0 \in B$ une base de $T_0$ "appartenant à B" (**M6-b**). Un $\mathbf{m} \in \mathbf{M}$ est dans $\mathbf{M}_B$ ssi $b_0$ est une base orthogonale de l'espace euclidien $E_0 = (T_0, \mathbf{m})$, donc ssi la matrice de son $\gamma$, que nous noterons $\hat{\gamma}(\mathbf{m})$, qui est la matrice de Gram de la base $b_0$ de $E_0$, est diagonale. Les coefficients de cette diagonale sont les carrés scalaires des vecteurs de la base $b_0$ de $E_0$. Ils sont strictement positifs et l'on peut les mettre sous une forme exponentielle (qui sera justifiée par la suite) et proposer la caractérisation paramétrique suivante des $\mathbf{M}_B$ :

$$(24) \quad \mathbf{M}_B = \{\mathbf{m} = \hat{\mathbf{m}}(\alpha) \in \mathbf{M};\ \gamma = \hat{\gamma}(\hat{\mathbf{m}}(\alpha)) = b_0^d[[\exp(2\alpha_i)]]b_0^{-1},\ \alpha = [\alpha_i] \in R^3 \in R\}$$

Un tel paramétrage de $\mathbf{M}_B$ par $\alpha \in R^3$ constitue une carte globale de $\mathbf{M}_B$, qui donc est homéomorphe à $R^3$. Elle introduit une "origine" dans $\mathbf{M}_B$, à savoir le point $\hat{\mathbf{m}}(0)$, qui dépend de la base $b_0$ choisie dans B : c'est la métrique pour laquelle $b_0$, en plus d'être orthogonale, est normée (on aura donc comme origine une métrique donnée a priori, par exemple la métrique $\mathbf{m}_r$ dans un état de référence, en choisissant $b_0$ normée pour cette métrique). Elle introduit aussi un réseau de courbes coordonnées, qui, par contre, compte tenu de (**M6**-b), ne dépend pas du choix de $b_0$, et qui donc est intrinsèque à $\mathbf{M}_B$.

Quand le point **m** évolue sur une de ces courbes coordonnées, paramétrée par $\alpha_i$, en plus de ce que le triplet de directions matérielles reste orthogonal, la longueur des vecteurs $\vec{b}_{0j}$ de $b_0$ dans les deux autres directions (j≠i), donc celle des (petits) segments matériels qui leur sont parallèles, reste constante. Quant à l'évolution en fonction de $\alpha_i$ de la longueur $\ell = \ell(\alpha_i)$ d'un segment matériel $\vec{U}_0 = \lambda_0 \vec{b}_{0i}$ situé dans la direction i, on a

(25) $$\ell(\alpha_i) = \langle\gamma(\vec{U}_0), \vec{U}_0\rangle^{1/2} = \ell(0)\exp(\alpha_i)$$

et donc, lors d'un déplacement d'un point à un autre, puis au cours d'un mouvement :

(26) $$\boxed{\mathrm{Log}(\ell_2/\ell_1) = \alpha_{i2} - \alpha_{i1}} \quad \text{et} \quad \boxed{\dot{\ell}/\ell = \dot{\alpha}_i}$$

● Les paramétrisations (24) sont en fait plus que de simple cartes :

**Théorème 2**

**a** - *Pour tout* B, *la variété riemanienne* $\mathbf{M}_B$ *est isométrique à une variété plate (espace affine euclidien) produit cartésien de trois variétés de dimension un*

**b** - *La représentation paramétrique* (24) *est un isomorphisme canonique de* $R^3$ *sur* $\mathbf{M}_B$ *doté du point* $\hat{\mathbf{m}}(0)$ *comme origine.*

**Preuve**. On vérifie sans peine, en différentiant (24) et en utilisant (**M6**-a) et (**XIV**-16) que l'on a, quand **m** évolue en restant dans la sous variété $\mathbf{M}_B$ paramétrée par (24) :

(27) $$ds^2 = d\mathbf{m} : d\mathbf{m} = \frac{1}{4}\mathrm{Tr}\,(\gamma^{-1} d\gamma\,\gamma^{-1} d\gamma) = (d\alpha_1)^2 + (d\alpha_2)^2 + (d\alpha_3)^2,$$

propriété qui suffit à établir les deux points du théorème ■

Noter que $\mathbf{M}_B$ n'en est pas pour autant lui même un sous espace affine de l'espace vectoriel $\Gamma_S = \overline{\Gamma}_S \times \underline{\Gamma}_S$ dans lequel **M** est plongé, et qui d'ailleurs n'est pas euclidien.

Cette pseudo platitude des $\mathbf{M}_B$ va leur conférer des propriétés particulières. Ainsi, on peut prévoir que le transport parallèle de ses plans tangents entre deux de ses points, le long d'une de ses courbes joignant ces points, est indépendant de cette courbe (propriété qui permet d'identifier entre eux les plans tangents d'une variété plate). Cette propriété n'est qu'une petite partie d'un tout exprimé par **7**-Th3 ci dessous. On peut aussi prévoir que $\mathbf{M}_B$ est doté d'un groupe d'automorphismes, image réciproque dans l'application $\hat{\mathbf{m}}$ du groupe des translations de $R^3$ (uniquement les translations pour conserver la structure de produit cartésien), ce qui ne sera explicité qu'en **P4**.

## 7. PROPRIÉTÉS DES $\mathrm{M}_B$

● Commençons par une simple remarque. Au cours d'un processus de déformation se produisant dans un $\mathbf{M}_B$, non seulement les facettes $\overline{\mathrm{d}}$ et $\underline{\mathrm{d}}$ de **d** sont, selon la règle générale, des dérivées exactes (de $\bar{\underline{m}}$ et de $\underline{m}$), mais aussi, exceptionnellement, leurs deux facettes additionnelles. On déduit en effet de (24), pour les facettes 1 et 4 :

$$(28)\qquad d = \frac{1}{2}\gamma^{-1}\dot{\gamma} = \frac{d}{dt}\{b_0[[\alpha_i]]b_0^{-1}\} \qquad \text{et} \qquad \bar{\underline{d}} = \dot{\gamma}\gamma^{-1} = \frac{d}{dt}\{ b_0^d[[\alpha_i]]b_0^{d-1} \}$$

La première de ces relations entraîne par exemple que l'on a au cours d'un mouvement créant un tel processus de déformation :

$$(29)\qquad D = ada^{-1} = a\frac{d\varepsilon_0}{dt}a^{-1} \qquad \text{avec} \quad \varepsilon_0 = b_0[[\alpha_i]]b_0^{-1}$$

qui réalise *dans ce cas particulier* une tout à fait acceptable intégration de D, du type (**XIII**-2), conduisant à cet $\varepsilon_0$ comme variable d'état métrique, sans avoir besoin du recours à la procédure de définition précise des tenseurs euclidiens qui a été la nôtre (ou, si l'on veut, en continuant d'identifier **D** à sa facette $D \in L(E)$).

Posant $\gamma^r = \hat{\gamma}(\hat{\mathbf{m}}(0))$, comme si $\hat{\mathbf{m}}(0)$ était la métrique de référence, on a

$$(30)\qquad \gamma^{r-1}\gamma = b_0[[\exp(2\alpha_i)]]b_0^{-1} \qquad \text{et donc} \qquad \boxed{\varepsilon_0 = \frac{1}{2}\mathrm{Log}(\gamma^{r-1}\gamma)}$$

Cet $\varepsilon_0$ sera relié à la déformation cumulée dans le corotationnel (**XII-4**) en **XVI-6**, et à la mesure logarithmique de déformation en **P4**.

● Les deux théorèmes qui suivent traitent des référentiels suiveurs pour les mouvements générant un processus de déformation situé dans un $\mathbf{M_B}$

**Théorème 1**

*Lorsque, au cours d'un mouvement local,* **m** *évolue en restant dans un* $M_B$, *les référentiels suiveurs corotationnel et en rotation propre sont identiques, et les directions constituant* B *sont fixes dans ce référentiel.*

**Preuve.** Il s'agit d'une conséquence immédiate de (**V-6**-Th3) ■

Le solide suiveur unique obtenu cumulera évidemment les qualités du suiveur en rotation propre (il sera du type géométrique, entre deux états et pas simplement défini au cours d'un processus) et du corotationnel (il ne dépendra pas du choix d'une configuration de référence).

**Théorème 2**

*Lorsque l'on compose des transformations locales* F *qui maintiennent l'état métrique* **m** *dans un* $M_B$ *particulier, la rotation propre de la composée est la composée des rotations propres des composantes.*

**Preuve.** Avec les notations de **V-6**, et prenant pour référence la position initiale de la transformation $F_1$, la composition de transformations s'écrit $F_2 = F_{21}F_1$, et le théorème exprime que, sous les conditions indiquées, on a $R_2 = R_{21}R_1$ (noter qu'il en résulte que le déplacement $\mathbf{r}_{21}$ du solide suiveur en rotation propre est égal à $R_{21}$, donc est bien indépendant de la position de référence choisie). Or compte tenu des hypothèses , on a

$$F_1 = R_1\, b_1[[U_1^i]]\, b_1^{-1} \qquad \text{et} \qquad F_{21} = R_{21}\, b_{21}[[U_{21}^i]]\, b_{21}^{-1}$$

où $b_1$ et $b_{21}$ sont les positions de départ dans $F_1$ et dans $F_{21}$ respectivement d'une base matérielle $b_0 \in B$, et donc sont liées par $b_{21} = F_1 b_1 = R_1 b_1[[U_1^i]]b_1$. On en déduit

(31) $$F_2 = F_{21}F_1 = R_{21}R_1 b_1[[U_{21}^i U_1^i]]b_1^{-1} \qquad \text{(sans sommation en i)}$$

qui établit la proposition, avec en prime un résultat sur la matrice de $U_2$ ■

● Enfin, les résultats qui suivent concernent le transport parallèle dans un $\mathbf{M_B}$.

**Théorème 3**

*Le transport parallèle des tenseurs euclidiens d'un point à un autre de* $\mathbf{M_B}$ *au dessus d'une courbe de* $\mathbf{M_B}$ *joignant ces points est indépendant de cette courbe.*

**Preuve.** La propriété résulte de ce que le transport parallèle est le mouvement d'entraînement des tenseurs euclidiens sur $E_0$ par le corotationnel, et de ce que, compte tenu des deux derniers théorèmes, la rotation de celui-ci par rapport à tout référentiel donc aussi par rapport au référentiel non rigide $E_0$ est indépendant du chemin ■

Le théorème qui suit apporte une vérification directe de cette propriété aux ordres un et deux. Il fournit en effet une expression entière et indépendante de tout chemin, et non plus différentielle comme en (**XIV**-7-Th1), du transport dans ce cas particulier.

**Théorème 4**

*Le transport parallèle de* $\mathbf{m}_1 \in \mathbf{M_B}$ *à* $\mathbf{m}_2 \in \mathbf{M_B}$, *au dessus d'une courbe quelconque de* $\mathbf{M_B}$ *joignant ces points, des tenseurs euclidiens d'ordre un* $\mathbf{U}_0 = (\vec{U}_0, \overleftarrow{U}_0)$ *et d'ordre deux* $\mathbf{x}_0 = (\bar{x}_0, \underline{x}_0)$, *est caractérisé par :*

(32) $$\boxed{\vec{U}_{02} = b_0[[\lambda_i^{-1}]]b_0^{-1}\, \vec{U}_{01}} \iff \boxed{\overleftarrow{U}_{02} = b_0^d[[\lambda_i]]b_0^{d-1}\, \overleftarrow{U}_{01}}$$

(33) $$\boxed{x_{02} = b_0[[\lambda_i^{-1}]]b_0^{-1} x_{01} b_0[[\lambda_i]]b_0^{-1}} \iff \boxed{\bar{x}_{02} = b_0^d[[\lambda_i]]b_0^{d-1}\bar{x}_{01} b_0[[\lambda_i]]b_0^{-1}}$$

$$\iff \boxed{\underline{x}_{02} = b_0[[\lambda_i^{-1}]]b_0^{-1}\underline{x}_{01} b_0^d[[\lambda_i^{-1}]]b_0^{d-1}} \iff \boxed{\underline{\bar{x}}_{02} = b_0^d[[\lambda_i]]b_0^{d-1}\underline{\bar{x}}_{01} b_0^d[[\lambda_i^{-1}]]b_0^{d-1}}$$

*où les* $\lambda_i$ *sont les dilatations des segments matériels parallèles aux directions* Bi *de* B *lors du passage de l'état métrique* $\mathbf{m}_1$ *à l'état métrique* $\mathbf{m}_2$

**Remarque.** La dilatation $\lambda$ d'un segment matériel sera définie en (**XVIII**-12). C'est le rapport $\lambda = l_2/l_1$ de sa longueur finale à sa longueur initiale. Les $\lambda_i$ ici utilisés ont été reliés aux paramètres $\alpha_i$ par (26). Compte tenu de **V-4**, ils sont aussi les valeurs propres communes au U et au V de la décomposition polaire de toute transformation F faisant passer l'état métrique de $\mathbf{m}_1$ à $\mathbf{m}_2$. Avec ces considérations nous empiétons sur l'étude des déformations qui sera faite en **P4**.

**Preuve.** A l'ordre un, la relation (**XIV**-26-2) s'écrit, pour un chemin de déformation dans $\mathbf{M_B}$ paramétré par (24) :

$$\overrightarrow{\nabla U_0} = d\vec{U}_0 + b_0[[d\alpha_i]]b_0^{-1}\vec{U}_0 = b_0[[\exp(-\alpha_i)]]b_0^{-1}\, d\{b_0[[\exp(\alpha_i)]]b_0^{-1}\, \vec{U}_0\}$$

Le transport parallèle (**XIV**-39) se traduit donc, sur $\vec{U}_0$ puis sur $\overleftarrow{U}_0 = \gamma\ \vec{U}_0$, par

$$\vec{U}_{02} = b_0[[\exp(-\alpha_{i2} + \alpha_{i1})]]b_0^{-1}\ \vec{U}_{01} \quad \text{et} \quad \overleftarrow{U}_{02} = b_0^d[[\exp(\alpha_{i2} - \alpha_{i1})]]b_0^{d-1}\ \overleftarrow{U}_{01}$$

et donc, compte tenu de (26-1), par les relations (32). A l'ordre deux, on procède de même, à partir des expressions (**XIV**-28) de la dérivation covariante. Il vient par exemple pour la première facette, $x_0$,

$$y_0 = b_0[[\exp(-\alpha_i)]]b_0^{-1}\ d\{b_0[[\exp(\alpha_i)]]b_0^{-1}\ x_0 b_0[[\exp(-\alpha_i)]]b_0^{-1}\}b_0[[\exp(\alpha_i)]]b_0^{-1}$$

et utilisant (26-1) on en déduit (33-2). Les autres relations (33) s'en déduisent ou se démontrent directement de la même façon ∎

Parmi les transports indépendants du chemin relevant de Th 3 figure celui des éléments du plan tangent à $M_B$, c'est à dire les tenseurs d'ordre deux symétriques diagonaux dans B. Cette propriété, liée à la structure reconnue à $M_B$, n'est donc bien qu'un aspect partiel de Th 3. On a en outre le résultat suivant :

**Théorème 5**

| *Le transport parallèle du plan tangent de* $M_B$ *se fait à facettes* 1 *et* 4 *constantes.*

**Preuve**. Si $x_0$ est tangent à $M_B$, ses facettes 1 et 4 sont diagonales dans $b_0$ et $b_0^d$, et donc les relations (33-1) et (33-4) se réduisent à $x_{02} = x_{01}$ et $\underline{\overline{x}}_{02} = \underline{\overline{x}}_{01}$ ∎

CHAPITRE XVI

# CINÉMATIQUE DE LA DÉFORMATION

Nous abordons dans ce chapitre la cinématique de la forme-état métrique en un point du milieu, d'un point de vue matériel et avec les outils qui viennent d'être forgés. Dans cette cinématique, l'aspect *mouvement inverse, de l'espace ou de l'un de ses référentiels par rapport au milieu continu,* se substituera à la vision directe classique du mouvement du milieu par rapport à l'espace. En particulier, le processus de déformation sera compris comme étant le mouvement par rapport au milieu et son modèle matière, de l'élément spatial que constitue l'état métrique constant de l'Espace et de ses référentiels.

Nous étudierons tout particulièrement les processus de déformation uniformes, ce qui nous amènera à l'étude des géodésiques de **M**, et nous donnerons l'interprétation matérielle des déformations tensorielle cumulées.

## 1. LE MOUVEMENT DE DÉFORMATION

● Un processus de déformation en un point du milieu, c'est une évolution de son état métrique au cours du temps : c'est un point **m** fonction du temps dans **M**, décrivant une certaine courbe C qui est le trajet de déformation. Il peut être considéré en lui-même, indépendamment de toute considération d'un mouvement du milieu dans l'espace, c'est à dire par rapport à un autre corps matériel rigide. Mais nous le considérerons comme associé, par la relation (**XIII**-3) désignant son paramètre $\gamma$, à un mouvement spatial local observé dans un référentiel vectoriel E particulier dans lequel le placement local est $a \in L(T_0;E)$. Même dans une approche à priori purement matérielle où l'on n'introduirait aucun référentiel extérieur d'observation, cela est possible, car on a toujours la ressource de prendre pour E le référentiel corotationnel au point considéré défini à partir du processus de déformation comme il a été fait en **IX-5**.

Le placement local a est une application linéaire. C'est donc un isomorphisme pour tout ce qui relève de la structure linéaire. Or, précisément, la variété de tous les états métriques possibles d'un espace vectoriel relève de cette structure linéaire. Il en existe une pour $T_0$, **M**, mais aussi une, $\mathbf{M}_E$, pour l'espace vectoriel sous-jacent à E (la structure euclidienne de E n'a rien à faire ici), et le transport-isomorphisme a de $T_0$ dans E induit un placement-isomorphisme $\overset{*}{a}$, que nous noterons $\mathcal{A}$, de **M** dans $\mathbf{M}_E$ :

(1) $(\forall \mathbf{n} \in \mathrm{M})$ $$\boxed{\mathbf{n}_E = \mathcal{A}(\mathbf{n}) \equiv \overset{*}{a}(\mathbf{n}) = (\overset{*}{a}\bar{n}, \overset{*}{a}\underline{n}) \equiv (a^{-*}\bar{n}a^{-1},\ a\underline{n}a^{*})}$$

Les relations (**XIII**-3 et 6) expriment alors que :

*L'état métrique* **m** *de* $T_0$ *dans le placement* a *est l'image par* $\mathcal{A}^{-1}$ *de l'élément de* $M_E$ *égal à* $(1/2g, -1/2g^{-1})$, *qui est l'unique point de* $M_E$ *ayant un sens physique:*

(2) $$\boxed{\mathbf{m} = \mathcal{A}^{-1}(\mathbf{m}_E)} \quad avec \quad \boxed{\mathbf{m}_E = (1/2g,\ -1/2g^{-1})} \in M_E$$

Cela était prévisible, car l'état métrique du milieu est le transporté par a de celui de l'espace. Mais le fait que l'état métrique du milieu, *variable* cinématique fondamentale, ait pour homologue spatial une grandeur *invariable, à* rapprocher du fait que le champ eulérien des positions actuelles est, comme nous l'avons déjà noté, la restriction à $\Omega$ de l'application constante $1_{\mathcal{E}}$, confirme la non adaptation du modèle espace pour traduire les propriétés, variables ou constantes, de la matière.

Une conséquence plus positive de ce résultat est que :

*Au cours d'un mouvement, le processus de déformation* $t \rightarrow \mathbf{m}$ *est, dans le mouvement inverse du référentiel de travail par rapport au milieu local, la présentation "tout dans le référentiel matière" du mouvement de l'élément spatial* $\mathbf{m}_E$.

Enfin, de (2) et (**XIII**-18), on déduit l'équivalent spatial de la relation $\mathbf{d} = \dot{\mathbf{m}}$

(3) $$\boxed{\mathbf{D} = \mathbf{A}\,\frac{d}{dt}[\mathcal{A}^{-1}(\mathbf{m}_E)]}$$

qui, étant du type (**VIII**-1-1), avec, on le remarquera, des $\tilde{a}$ différents pour l'aller et le retour entre le modèle matière et l'espace à cause des natures mathématiques différentes de **m** et de $\dot{\mathbf{m}}$, établit le résultat suivant :

**Théorème**

*En approche spatiale, le tenseur euclidien des taux de déformation* **D** *est la dérivée matérielle de la métrique constante de l'espace* $\mathbf{m}_E$.

## 2. LE PLACEMENT LOCAL DE M

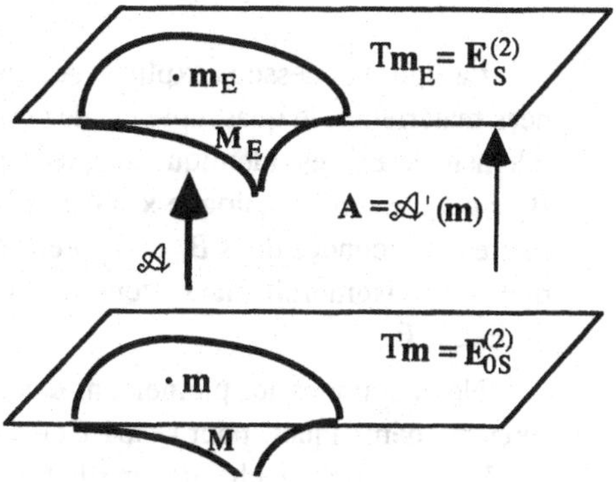


● On peut assimiler le mouvement entre M et $M_E$ à un mouvement entre deux continuum de dimension 6 dont les applications "position globale" et "position locale en **n**" seraient $\mathcal{A}$ et $\mathcal{A}'(\mathbf{n})$. Etudions ce mouvement au voisinage du point physiquement significatif $\mathbf{m}_E$ en différentiant donc (1) en $\mathbf{n} = \mathbf{m}$. Il vient

$$\mathcal{A}'(\mathbf{m})d\mathbf{m} = (a^{-*}d\bar{m}a^{-1},\ ad\underline{m}a^{*}) \equiv \mathbf{A}d\mathbf{m}\ ,$$

qui exprime que $\mathcal{A}'(\mathbf{m})$ est identique à **A**.

Ceci, rapproché de la relation fondamentale (**XIII**-18), établit le théorème qui suit.

**Théorème**

*La dérivée en* **m** *du transport* $\mathscr{A}$ *des métriques est la restriction aux tenseurs symétriques du transport* $\mathbf{A} = \mathbf{A}^{(2)}$ *des tenseurs euclidiens d'ordre deux. Le couple* $(\mathbf{m}_E, \mathbf{D}) \in \mathrm{T}\mathbf{M}_E$, *est donc l'image du couple* $(\mathbf{m}, \dot{\mathbf{m}}) \in \mathrm{T}\mathbf{M}$, *dans le transport de fibré tangent associé par dérivation au transport* $\mathscr{A}$ *de* M *sur* $\mathrm{M}_E$:

(4) $\boxed{\mathbf{m}_E = \mathscr{A}(\mathbf{m})}$, $\boxed{\mathbf{D} = \mathscr{A}'(\mathbf{m})\,\dot{\mathbf{m}}}$, $\boxed{\mathscr{A}'(\mathbf{m}) = \mathbf{A}\,|_{\mathbf{E}^{(2)}_{0S}}}$

• Le point $\mathbf{m}_E$ étant indépendant de t, le plan tangent $\mathbf{Tm}_E$ est indépendant de t. C'est l'espace $\mathbf{E}^{(2)}_S$ des tenseurs euclidiens symétriques sur E dans lequel évoluent entre autres les variables de vitesse de déformation, de contrainte, de vitesse de contrainte, de déformation tensorielle cumulée, et aussi plus tard de déformation, des approches spatiales classiques. Par contre, son homologue **Tm** dans le modèle matière dépend de t.

La vision "tout dans le référentiel matériel" du mouvement de ce plan tangent $\mathbf{Tm}_E = \mathbf{E}^{(2)}_S$ par rapport au modèle matière n'est autre que la restriction aux tenseurs du second ordre symétriques du mouvement général des $\mathbf{E}^{(n)}_0$ associé au mouvement du référentiel de travail par rapport au milieu mis en évidence en (**IX**-3). On notera que si, dans ces représentations "tout dans le référentiel matière", le mouvement dans M de **m**, position de $\mathbf{m}_E$, est indépendant du référentiel de travail utilisé, il n'en va pas de même pour ce mouvement dans TM de **Tm**, position de $\mathbf{Tm}_E$.

• Compte tenu de l'importance des tenseurs euclidiens du second ordre dans le comportement, le placement local $\mathscr{A}'(\mathbf{m})$, que nous noterons **A** comme son extension à tous les tenseurs du second ordre, joue un rôle important. Sous une apparente complexité, ce transport est simple. Son expression et celle de son inverse ont été données en (**IX**-4-2) en privilégiant les premières facettes des tenseurs euclidiens. De façon plus intrinsèque, on transporte par **A** un tenseur euclidien en transportant par le $\overset{*}{a}$ approprié chacun des tenseurs affines qui en sont les facettes:

$$(5) \qquad (\forall \mathbf{x}_0 \in \mathbf{E}^{(2)}_0) \qquad \mathbf{A}\mathbf{x}_0 = \overset{*}{a}\mathbf{x}_0 = (\overset{*}{a}\overline{x}_0, \overset{*}{a}\underline{x}_0) = (a^{-*}\,\overline{x}_0 a^{-1},\ a\underline{x}_0 a^*)$$

$$\text{"="}\ [a\,x_0 a^{-1}, (a^{-*}\,\overline{x}_0 a^{-1}, a\underline{x}_0 a^*), a^{-*}\underline{\overline{x}}_0 a^*]$$

La figure ci dessous explicite **A** agissant sur la vitesse de déformation. En coordonnées matérielles, le quadruple jeu de composantes d'un élément $\mathbf{x}_0$ de **Tm** , ou plus généralement de $\mathbf{E}^{[2]}_0$, est identique au quadruple jeu des composantes *dans la base convectée* $B_c = aB_0$ de son homologue $\mathbf{x} = \mathbf{A}\mathbf{x}_0 \in \mathbf{E}^{[2]}$, donc au quadruple jeu de composantes premières et secondes dans $B_c$ de la première facette $x \in L(E)$ de celui-ci. Rappelons aussi que **A** est l'isomorphisme de tenseurs euclidiens d'ordre deux engendré par l'isométrie a de $E_0$ sur E.

Nous sommes ici pleinement dans l'optique, développée en **IX-7**, de deux structures mathématiques, pour l'espace et la matière, en bijection par un transport-placement (ici local), enrichies chacune par le transport des éléments propres à l'autre et devenant

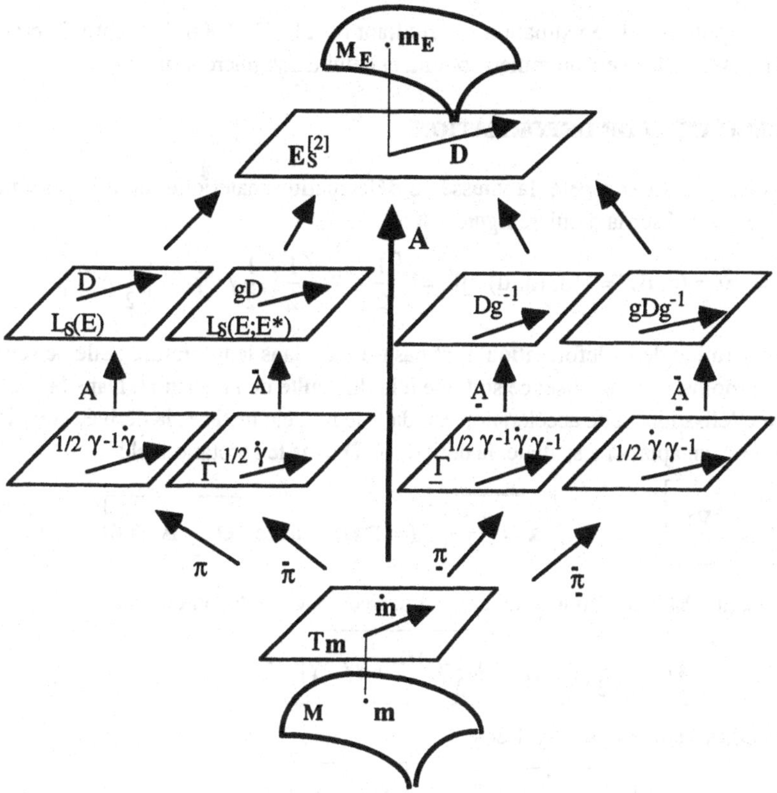


ainsi isomorphes par des isomorphismes divers $\overset{*}{a}$ adaptés aux différents types d'éléments. L'isomorphisme de base est ici l'isométrie a entre E et $E_0$. L'isomorphisme induit **A** ici considéré est lui aussi isométrique et cela est évidemment essentiel. C'est cela qui, tablant sur la qualité constatée de la modélisation spatiale de la vitesse de déformation par le tenseur euclidien **D**, assure la qualité de sa modélisation matérielle intrinsèque par $\dot{\mathbf{m}}$ et donc intronise **m** comme variable modélisant l'état métrique. *A moins évidemment, comme nous aurions tendance à le penser, que, dans une démarche plus rationnelle privilégiant au départ l'aspect matériel, ce ne soit l'inverse!*. C'est cela aussi qui fait que des éléments homologues par **A** ont des propriétés géométriques analogues et qui assurera une cohérence totale entre les approches matérielle et spatiale du comportement.

● **Remarque.** Ce qui, dans ce paragraphe et le précédent, vient d'être développé concernant les états métriques locaux **m** et $\mathbf{m}_E$ d'un voisinage de milieu continu et d'un voisinage de référentiel, donc de solide rigide, présents en un même point, et entre les variétés **M** et $\mathbf{M}_E$ correspondantes, peut être répété quasiment à l'identique pour les voisinages de deux milieux continus déformables, la seule différence étant que $\mathbf{m}_E$, métrique de E, ne serait alors plus un point fixe dans $\mathbf{M}_E$. Plutôt que de le faire ici dans l'abstrait, nous développerons cela en situation, en étudiant en Ch **XVII-8** le lien entre le processus de déformation locale d'un milieu continu et celui d'une micro structure.

## 3. ACCÉLÉRATION DE DÉFORMATION

Nous l'avons dit et répété, la vitesse de déformation matérielle, dont le placement spatial a été détaillé sur la dernière figure, est :

(6) $$\mathbf{d} = \dot{\mathbf{m}} = (\bar{\text{d}}, \underline{\text{d}}) \text{ "=" } [\text{d}, (\bar{\text{d}}, \underline{\text{d}}), \bar{\underline{\text{d}}}] \text{ "=" } \left[\frac{1}{2}\gamma^{-1}\dot{\gamma}, \left(\frac{1}{2}\dot{\gamma}, \frac{1}{2}\gamma^{-1}\dot{\gamma}\gamma^{-1}\right), \frac{1}{2}\dot{\gamma}\gamma^{-1}\right].$$

L'accélération de la déformation n'est pas utilisée dans la littérature : elle ne semble pas utile, à moins que son absence soit due à la difficulté de la définir[1]. Dans la logique de notre modélisation, cette accélération est, dans le modèle matière, la dérivée covariante de $\dot{\mathbf{m}}$, et donc, en approche spatiale, la dérivée de **D** dans le corotationnel :

(7) $$\boxed{\mathbf{a}_0 = \frac{\nabla \dot{\mathbf{m}}}{dt}} \quad \Leftrightarrow \quad \boxed{\mathbf{a} = \frac{d^c\mathbf{D}}{dt}} \quad (= \mathcal{D}^J\mathbf{D}), \quad \text{avec} \quad \boxed{\mathbf{a} = \mathbf{A}(\mathbf{a}_0)}$$

Utilisant (**XIV**-28) pour calculer cette dérivée covariante, on obtient :

(8) $$\boxed{\mathbf{a}_0 = \left(\frac{1}{2}\left(\ddot{\gamma} - \dot{\gamma}\gamma^{-1}\dot{\gamma}\right), \frac{1}{2}\gamma^{-1}\left(\ddot{\gamma} - \dot{\gamma}\gamma^{-1}\dot{\gamma}\right)\gamma^{-1}\right)}$$

d'où l'on déduit pour les facettes 1 et 4 :

(9) $$\boxed{\text{a}_0 = \frac{d}{dt}\,\text{d}} \quad \text{et} \quad \boxed{\bar{\underline{\text{a}}}_0 = \frac{d}{dt}\,\bar{\underline{\text{d}}}}$$

La première facette de $\mathbf{a}_0$, située dans $L(T_0)$, est donc la dérivée de la première facette de **d**. Cette propriété entre un tenseur du second ordre et sa dérivée covariante est fausse en général. On a par contre la propriété tout à fait générale pour la dérivée par rapport à un référentiel de tenseurs euclidiens spatiaux (**X**-1):

(10) $$\mathbf{a} = \frac{d^c\mathbf{D}}{dt} \quad \Leftrightarrow \quad \text{a} = \frac{d^c\text{D}}{dt}$$

Dans le paragraphe qui suit, nous allons valider cette définition de l'accélération, et par conéquent toute notre démarche, en montrant que les processus de déformation uniformes au sens de cette définition correspondent bien à l'idée que l'on peut se faire de tels mouvements. Tout ceci concourra aussi à valider l'opinion, émise à la fin de **IV-5** , selon laquelle c'est par lecture de D dans le corotationnel que l'on obtient une variable physiquement significative.

---

[1]Une exception toutefois, en mécanique des fluides, avec les tenseurs de Rivlin-Ericksen et de White et Metzner [Rougée, 1980]

## 4. LES PROCESSUS DE DÉFORMATION UNIFORMES

Un processus de déformation uniforme est un processus à vitesse constante, donc à accélération nulle. Il sera donc caractérisé par :

$$(11) \qquad \boxed{\frac{\nabla \dot{\mathbf{m}}}{dt} = \mathbf{0}} \quad \Leftrightarrow \quad \boxed{\frac{d^c\mathbf{D}}{dt} = 0}$$

● Le premier théorème ci dessous est déjà ce que l'on peut imaginer de mieux pour un mouvement uniforme de **m** dans **M** :

**Théorème 1**

*Les processus de déformation uniformes, c'est à dire les solutions de* (11), *sont les géodésiques de* **M** *décrites d'un mouvement uniforme.*

**Preuve.** La relation (11-1) exprime que le vecteur vitesse est transporté au dessus de la trajectoire. Il est classique que cela caractérise les géodésiques de **M** parcourues à vitesse (scalaire) constante. Retrouvons ce résultat : il résulte de (10-3) que (11-1) s'écrit

$$(12) \qquad \frac{d}{dt}\left(\frac{1}{2}\gamma^{-1}\frac{d\gamma}{dt}\right) = 0$$

qui est bien l'équation des "géodésiques uniformes" obtenue en **XIII-3** ■

● Une première intégration de (12) conduit au théorème suivant, constituant la meilleure caractérisation des processus uniformes que l'on puisse souhaiter.

**Théorème 2**

*Les processus de déformation uniformes sont ceux au cours desquels les première et quatrième facettes de* $\mathbf{d} = \dot{\mathbf{m}}$ *sont constantes. Ils sont donc caractérisés par des vitesses de déformation principales et des directions principales matérielles de vitesse de déformation indépendantes du temps.*

**Commentaire.** Rappelons que ces éléments principaux constants sont les valeurs propres communes de **d** (ou d) et de **D** (ou D), et les éléments matériels qui sont éléments propres de **d** (ou d) et dont les positions actuelles sont éléments propres de **D** (ou *D*).

**Preuve.** Utilisant (**M12**-c et **f**), on vérifie que $\gamma^{-1}d\gamma/dt$ est dans $L_S(E_0)$ à chaque instant. Il est donc constamment dans l'espace $\mathcal{D}(T_0)$ des éléments de $L(T_0)$ qui sont diagonalisables, c'est à dire qui admettent au moins une base de vecteurs propres (**M6**). La relation (12) s'intégrera donc sous la forme

$$(13) \qquad \frac{1}{2}\gamma^{-1}\frac{d\gamma}{dt} = K, \text{ avec } K = \text{cste} = b_0[[K_i]]b_0^{-1} = b_0\begin{bmatrix} K_1 & 0 & 0 \\ 0 & K_2 & 0 \\ 0 & 0 & K_3 \end{bmatrix}b_0^{-1} \in \mathcal{D}(T_0)$$

où les $K_i$ sont des scalaires constants et $b_0$ est une base de $T_0$ (pour un K donné, seuls les directions des éléments $\vec{b}_{0i}$ de $b_0$ sont imposées, et les $K_i$ ne dépendent pas des $\vec{b}_{0i}$ choisis dans ces directions). Le théorème résulte alors simplement de ce que (13) n'est autre que l'équation d = K, où d est la facette 1 (située dans $L_S(E_0)$) du tenseur euclidien **d** = $\dot{\mathbf{m}}$ . Dans la carte $\underline{c}$ on aurait obtenu $\underline{\bar{d}} = b_0^d[[K_i]]b_0^{d^{-1}}$ ▪

● Dans le théorème qui suit, une seconde intégration donne la forme explicite de ces processus uniformes, dont le théorème suivant est une conséquence directe

**Théorème 3**

**a** - *Les processus de déformation uniformes sont paramétrés par les applications*

(14) $$t \rightarrow \boxed{\gamma = b_0^d[[\exp\{2K_i(t - r) + k_i\}]]b_0^{-1}},$$

*où* $b_0$ *est une base quelconque de* $T_0$, $b_0^d$ *est sa base duale, les* $K_i$ *et les* $k_i$ *sont des scalaires quelconques, et où* r *est un instant particulier (par exemple de référence).*

**b** - *Les positions actuelles des axes de la base matérielle* $b_0$ *sont constamment deux à deux orthogonales. Cette base est normée à l'instant* r *ssi les* $k_i$ *sont nuls.*

**c** - *La vitesse (curviligne) constante est*

(15) $$\boxed{\frac{ds}{dt} = \|K\| = \left(K_1^2 + K_2^2 + K_3^2\right)^{1/2}}$$

**Preuve.** Multipliant (13) à gauche par 2γ et à droite par exp(2Kt), il vient, en utilisant en particulier (**M6**-e),

$$\gamma = \gamma^r\exp\{2K(t - r)\} \quad \Leftrightarrow \quad G = G^r[[\exp\{2K_i(t - r)\}]] \qquad \text{avec } G = b_0^{d^{-1}}\gamma b_0$$

où r est un instant particulier, où $\gamma^r$ est la valeur de γ à cet instant, et où la seconde relation est la traduction matricielle de la première dans la base $b_0$. Cette intégration a toutefois été menée comme si γ était dans $L(T_0;T_0^*)$. Il faut s'assurer, par un choix convenable de la constante d'intégration $\gamma^r$, que le γ obtenu est bien dans $L_S^+(T_0;T_0^*)$, ou encore que, $G^r$ étant choisi symétrique, G est bien symétrique. Or, on a

$$G = G^T \Leftrightarrow G^r[[\exp\{2K_i(t - r)\}]] = [[\exp\{2K_i(t - r)\}]]G^r \Leftrightarrow \gamma^r = b_0[[\exp(k_i)]]b_0^{-1}$$

où la dernière équivalence, qui exprime que $G^r$ est diagonale, résulte de l'application de (**M6**-Th1) (pour $V = R^3$). Ceci, compte tenu de (**M6**-a-2), établit le point a. La matrice de Gram G est diagonale, et elle est égale à $[[\exp(k_i)]]$ à l'instant r, ce qui établit le point b. Enfin, le point c résulte de (13) et de ce que la vitesse arithmétique est la norme de **d** = $\dot{\mathbf{m}}$, donc de sa facette d ▪

**Théorème 4**

**a** - *Les géodésiques uniformes de* **M** *sont les géodésiques uniformes de ses sous variétés plates* $\mathbf{M_B}$.

**b** - *Leur image dans* $R^3$ *par le paramétrage isométrique* $\hat{\mathbf{m}}$ de (**XV**-24) *sont les droites de* $R^3$ *parcourues (par* α*) d'un mouvement uniforme.*

**Preuve.** Comparant (14) à (**XV**-24) on vérifie que les géodésiques uniformes de **M** sont chacune dans un $M_B$ et y vérifient le point b. Elles ne peuvent alors qu'être des géodésiques uniformes de cet $M_B$, ce que ne fait d'ailleurs que confirmer le point b ▪

## 5. LES GÉODÉSIQUES DE M

Les géodésiques de **M**, trajectoires des processus de déformation uniformes que nous venons d'étudier, sont des éléments géométriques importants qu'il nous faut étudier en tant que tels.

● Le théorème qui suit explicite la géodésique joignant deux points de **M**. Il donne aussi les processus uniformes ayant cette géodésique comme trajectoire et aurait pu à ce titre figurer au paragraphe précédent, mais nous nous sommes efforcé d'y faire apparaître les éléments ne relevant que de la géodésique :

**Théorème 1**

**a** - *La géodésique* $\mathcal{G}$ *de* **M** *joignant un premier état métrique* $\mathbf{m}_1$ *paramétré par* $\gamma_1$ *à un second* $\mathbf{m}_2$ *paramétré par* $\gamma_2$, *parcourue à vitesse constante entre deux instants* $t_1$ *et* $t_2 = t_1+T$, *est décrite par le paramétrage :*

$$(16) \qquad t \in (t_1, t_1+T) \rightarrow \boxed{\gamma = \Delta_0^d[[\exp(2L_i\frac{t-t_1}{T})]]\Delta_0^{-d}}$$

*où les* $L_i$ *et* $\Delta_0$ *sont les valeurs propres et la (ou une) base propre* $\mathbf{m}_1$*-normée de* $1/2\mathrm{Log}(\gamma_1^{-1}\gamma_2)$, *soit, avec quelques notations nouvelles :*

$$\boxed{L_0 = 1/2\mathrm{Log}C_0 = \Delta_0[[L_i]]\Delta_0^{-d}} \quad \text{avec} \quad \boxed{C_0 = \gamma_1^{-1}\gamma_2} \quad \text{et} \quad \boxed{\gamma_1 = \Delta_0^d\Delta_0^{-d}}$$

**b** - *Les éléments* $\mathbf{L}_0 \in \mathbf{Tm}_1$ *et* $\mathbf{\Lambda}_0 \in \mathbf{Tm}_2$ *dont les facettes* 1 *sont* $L_0$ *sont tangents respectivement en* $\mathbf{m}_1$ *et* $\mathbf{m}_2$ *à la géodésique joignant ces points, et ils sont orientés dans le sens où celle ci est parcourue. Ils ont même norme, égale à la longueur de la géodésique, c'est à dire à la distance géodésique entre* $\mathbf{m}_1$ *et* $\mathbf{m}_2$*:*

$$(17) \qquad \boxed{d(\mathbf{m}_1,\mathbf{m}_2) = ||\mathbf{L}_0|| = ||\mathbf{\Lambda}_0|| = ||L_0|| = [(L_1)^2+(L_2)^2+(L_3)^2]^{1/2}}$$

**Preuve.** Il suffit de partir de (14) avec $r = t_1$ et d'exprimer les conditions à $t_1$ et $t_2$ pour établir le point a. On remarquera que $\gamma_1^{-1}\gamma_2$ est dans $L_S(E_{01})$ et dans $L_S(E_{02})$, donc dans $\mathcal{D}(T_0)$, ce qui fait que le tenseur $L_0$ a un sens, défini par (**M6**-c). Étant à la fois dans $L_S(E_{01})$ et $L_S(E_{02})$, comme $\gamma_1^{-1}\gamma_2$, il définit bien deux tenseurs euclidiens, l'un sur $E_{01}$ et l'autre sur $E_{02}$. De (16) on déduit que la vitesse $\mathbf{d} = \dot{\mathbf{m}}$ a pour première facette

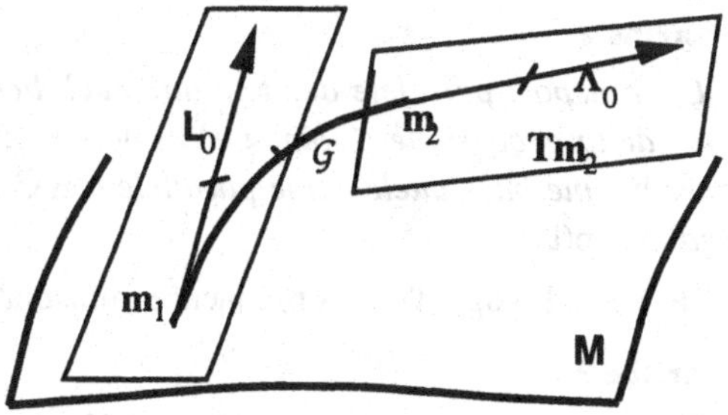


$$d = \frac{1}{2}\gamma^{-1}\dot{\gamma} = \Delta_0[[L_i/T]]\Delta_0^{-1} = \frac{1}{T}L_0 \qquad \text{et donc que } \mathbf{L}_0 = T\mathbf{d}(t_1) \text{ et } \mathbf{\Lambda}_0 = T\mathbf{d}(t_2).$$

qui établit que $\mathbf{L}_0$ et $\mathbf{\Lambda}_0$ ont les directions et sens requis. L'égalité de leurs normes à la longueur de la géodésique résulte de ce que, la vitesse curviligne étant constante, cette longueur est le produit de la norme constante de **d** par T. Enfin, la norme de $L_0$ qui figure dans (17) est la valeur commune de la norme de $L_0$ dans $E_{01}$ et $E_{02}$, laquelle s'exprime comme indiqué en fonction de ses valeurs propres ▪

● En **P4**, quand nous étudierons la déformation dans le passage de la métrique $\mathbf{m}_1$ à la métrique $\mathbf{m}_2$, nous réintroduirons dans le détail les éléments géométriques mis en scène dans ce théorème. Contentons nous ici de quelques commentaires à leur propos.

Tout d'abord, $\gamma$ étant diagonal dans la base $\Delta_0$, celle-ci est constamment orthogonale. Son triplet de directions B est celui du $\mathbf{M}_B$ contenant $\mathbf{m}_1$ et $\mathbf{m}_2$. Elle est en particulier orthogonale pour les métriques $\mathbf{m}_1$ et $\mathbf{m}_2$, et donc, de par **V-4**, si ces métriques sont obtenues dans deux placements $a_1$ et $a_2$, B est le triplet des directions matérielles principales de déformation dans la transformation $F_{21} = a_2 a_1^{-1}$ (nous raisonnons dans le cas général où ce triplet est unique). De façon précise, $\Delta_0$ étant orthonormée pour $\mathbf{m}_1$, son placement par $a_1$ est la base $\Delta$ de **V-4** (où évidemment les placements par $a_1$ et $a_2$ seraient pris comme placements locaux de référence et actuel).

Les termes diagonaux de la matrice de $\gamma$ sont les carrés des longueurs des vecteurs de la base utilisée. Il en résulte $C_0 = \Delta_0[[\lambda_i^2]]\Delta_0^{-1}$, où les $\lambda_i$, déjà présentés en (**XV-7** Th 4), sont les dilatations des segments matériels parallèles aux éléments de $\Delta_0$. On a donc

$$(18) \qquad \boxed{L_i = \operatorname{Log}\lambda_i}$$

Enfin, on dit que $L_0$ est la *coordonnée géodésique* de pole $\mathbf{m}_1$ de $\mathbf{m}_2$. Défini dans $T\mathbf{m}_1$ en $\mathbf{m}_1$, il renseigne sur la position de $\mathbf{m}_2$ par rapport à $\mathbf{m}_1$. On peut le comparer à l'indication que l'on donne quand, à Paris, on dit que Sydney est à huit mille kilomètres dans une direction que l'on désigne par un bras à l'horizontal. Quant à $\Lambda_0$, c'est l'opposée de la coordonnée géodésique de pole $\mathbf{m}_2$ de $\mathbf{m}_1$.

● Par deux points de **M** passe une géodésique, au dessus de laquelle on peut effectuer un transport parallèle entre ces points. On a sur ce plan les résultats suivants.

**Théorème 2**

*Le transport parallèle des tenseurs euclidiens d'ordre un et deux, de* $\mathbf{m}_1$ *à* $\mathbf{m}_2$ *le long de la géodésique* $\mathcal{G}$ *joignant ces points, est donné par* (**XV**-32 et 33) *avec pour base* $b_0$ *une base quelconque parallèle à* $\Delta_0$*, qui peut être* $\Delta_0$ *elle-même, et avec* $\lambda_i$ *égal à* $\exp(L_i)$.

**Preuve**. Il s'agit d'une conséquence immédiate der (**4** Th 4-a) et de (**XV-7** Th4) ▪

**Théorème 3**

*Le tenseur* $\Lambda_0$ *est le transporté parallèle de* $L_0$ *au dessus de la géodésique.*

**Preuve**. La propriété résulte du théorème qui précède, et aussi de (**XV-7** Th 5) ▪

**Théorème 4**

*Soient* $a_1$ *et* $a_2$ *deux placements spatiaux locaux, dans un même référentiel de travail, induisant les métriques* $\mathbf{m}_1$ *et* $\mathbf{m}_2$*, et* R *la rotation propre de la transforma-*

*tion* $a_2 a_1^{-1}$. *Soient* $\mathbf{x}_{01}$ *et* $\mathbf{x}_{02}$ *deux tenseurs euclidiens de même ordre, respectivement sur* $E_{01}$ *et sur* $E_{02}$, *et* $\mathbf{x}_1 = \overset{*}{a}_1 \mathbf{x}_{01}$ *et* $\mathbf{x}_2 = \overset{*}{a}_2 \mathbf{x}_{02}$ *leurs positions spatiales dans* $a_1$ *et* $a_2$ *respectivement. Alors* $\mathbf{x}_{02}$ *est le transporté parallèle de* $\mathbf{x}_{01}$ *au dessus de la géodésique joignant* $\mathbf{m}_2$ *à* $\mathbf{m}_1$ ssi $\mathbf{x}_2$ est le tourné par R de $\mathbf{x}_1$.

**Preuve**. La version spatiale du transport parallèle est l'entraînement par rapport au corotationnel, donc, en vertu de (**XV-7** Th 1), par rapport au référentiel en rotation propre lors d'un transport au dessus d'une géodésique, ce qui établit la propriété ▪

Il est aisé de procéder à une vérification directe de cette propriété pour les tenseurs euclidiens d'ordre deux : travaillant sur les facettes 1, se souvenant que le U de la décomposition polaire de $F = a_2 a_1^{-1}$ est $\Delta[[\lambda_i]]\Delta^{-1}$ avec $\Delta = a_1 \Delta_0$, on déduit en effet de (**XV**-33-1) où l'on prend $b_0$ égal à $\Delta_0$ :

$$x_2 = a_2 x_{02} a_2^{-1} = RUa_1\Delta_0[[\lambda_i^{-1}]]\Delta_0^{-1} x_{01} \Delta_0[[\lambda_i]]\Delta_0^{-1} a_1^{-1} U^{-1} R^{-1}$$
$$= Ra_1 x_{01} a_1^{-1} R^{-1} = Rx_1 R^{-1}$$

## 6. LES DÉFORMATIONS CUMULÉES

● Il est intéressant d'analyser d'un point de vue matériel les tentatives d'intégration de D que constituaient les déformations tensorielles cumulées introduites en **XII-7**.

Il faut d'abord remarquer que ce que nous avons fait alors avec les éléments D et ε de L(E) se transpose textuellement aux tenseurs euclidiens **D** et $\boldsymbol{\varepsilon}$ qu'ils définissent, car, compte tenu de (**X**-1), la caractérisation (**XII**-21) se prolonge en

$$(19) \qquad \left(\frac{d^m \varepsilon}{dt} = D\,,\ \varepsilon_{t=0} = 0\right) \quad \Leftrightarrow \quad \left(\frac{d^m \boldsymbol{\varepsilon}}{dt} = \mathbf{D}\,,\ \boldsymbol{\varepsilon}_{t=0} = 0\right)$$

Nous noterons $\boldsymbol{\varepsilon}$ la déformation cumulée dans le corotationnel, et $\overset{m}{\boldsymbol{\varepsilon}}$ la déformation cumulée dans un référentiel suiveur $E_m$ quelconque.

Un résultat important est constitué par le théorème qui suit :

**Théorème 1**

*Le tenseur euclidien des taux de déformation spatial* **D** *est la dérivée matérielle non seulement, d'après (3), de* $\mathbf{m}_E$, *mais aussi, avec cette fois le transport* **A** *pour l'aller et le retour, de la déformation cumulée dans le corotationnel :*

$$(20) \qquad \boxed{\mathbf{D} = \mathbf{A}\frac{\nabla}{dt}[\mathbf{A}^{-1}\boldsymbol{\varepsilon}]} \quad \left(= \mathbf{A}\frac{d}{dt}[\mathcal{A}^{-1}(\mathbf{m}_E)]\right)$$

**Preuve.** Ce théorème résulte immédiatement de ce que la dérivation ∇/dt est l'image matérielle de la dérivée dans le corotationnel (**XIV**-41) ▪

L'homologue dans le modèle matière de la relation (20) est :

$$(21) \qquad \left(\frac{d\mathbf{m}}{dt} =\right) \boxed{\mathbf{d} = \frac{\nabla \boldsymbol{\varepsilon}_0}{dt}}, \quad \text{et donc} \quad \boxed{d\mathbf{m} = \nabla \boldsymbol{\varepsilon}_0}, \quad \text{avec} \quad \boxed{\boldsymbol{\varepsilon}_0 = \mathbf{A}^{-1}\boldsymbol{\varepsilon}} \in T\mathbf{m}$$

L'image matérielle $\boldsymbol{\varepsilon}_0$ de $\boldsymbol{\varepsilon}$, est la *déformation tensorielle matérielle cumulée*, sous entendu dans le corotationnel, ou encore, par transport parallèle. On a plus généralement (**X**-10):

$$(22) \qquad \boxed{\mathbf{D} = \mathbf{A}\frac{\nabla^{\mathrm{m}}}{dt}[\mathbf{A}^{-1}\overset{\mathrm{m}}{\boldsymbol{\varepsilon}}]} \; , \qquad \boxed{d\mathbf{m} = \nabla^{\mathrm{m}}\overset{\mathrm{m}}{\boldsymbol{\varepsilon}}_0} , \quad \text{avec} \quad \boxed{\overset{\mathrm{m}}{\boldsymbol{\varepsilon}}_0 = \mathbf{A}^{-1}\overset{\mathrm{m}}{\boldsymbol{\varepsilon}}} \in \mathbf{Tm}$$

● Nous avons interprété la dérivation $\nabla$, mais aussi les dérivées $\nabla^{\mathrm{m}}$, comme dérivées par rapport à un espace vectoriel tangent **Tm** qui serait transporté (**X-4**). Le tenseur $\boldsymbol{\varepsilon}_0$ peut donc être compris comme étant la cumulation des **dm** successifs dans l'espace vectoriel **Tm** transporté parallèlement au dessus de **m**, alors que **m** est en quelque sorte leur cumulation dans **M** (dans $\Gamma_S = \overline{\Gamma}_S \times \underline{\Gamma}_S$ serait plus correct). Une interprétation analogue peut être donnée pour $\overset{\mathrm{m}}{\boldsymbol{\varepsilon}}_0$, mais avec un transport qui n'est plus parallèle, qui n'est plus défini par la seule géométrie de **M**.

On peut aussi rapprocher ces deux vitesses, de **m** et de $\boldsymbol{\varepsilon}_0$, qui sont ici égales, de l'égalité, pour deux solides restant en contact en un point I, des vitesses de I par rapport à ces solides en cas de roulement sans glissement. Il s'agirait ici du contact en **m** entre la variété **M** et son plan tangent en **m**, ou plutôt entre **M** et un espace affine $\mathcal{T}$ de dimension six bougeant par rapport à **M** et dont la position dans **M** (dans $\Gamma_S = \overline{\Gamma}_S \times \underline{\Gamma}_S$ serait plus correct) serait à chaque instant le plan affine $\mathcal{T}$**m** tangent à **M** en **m**.

Derrière le point de contact **m** en mouvement sur **M** se profile alors un second point, que nous noterons **m**', en mouvement dans $\mathcal{T}$, mais dont la position actuelle dans **M** est confondue avec **m**. Le fait que ces deux points aient même vitesse, à savoir **d**, exprime que ce contact a lieu sans glissement. Et les intégrations de **d** dans **M** et $\mathcal{T}$ donnent respectivement le processus de déformation t→**m** et sa trajectoire C dans **M**, et le point en mouvement t→**m**' dans $\mathcal{T}$, repéré par le rayon vecteur $\boldsymbol{\varepsilon}_0$ joignant sa position initiale $\mathbf{m}'_0$ à sa position actuelle **m**' = **m**, et sa trajectoire C'

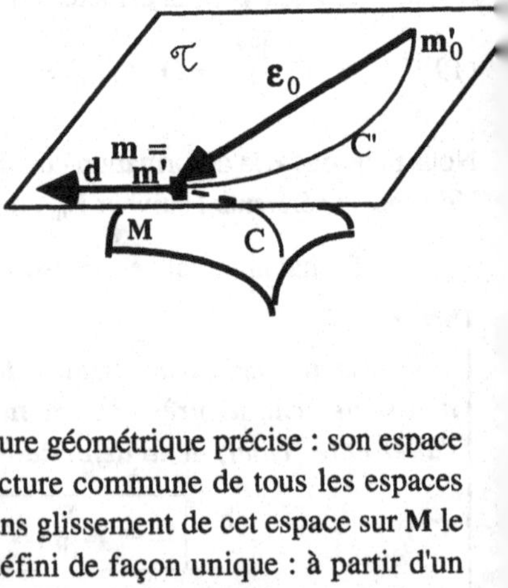


Dans cette affaire, l'espace affine $\mathcal{T}$ a une structure géométrique précise : son espace vectoriel associé a une $L_S$-structure, qui est la structure commune de tous les espaces vectoriels tangents a **M**. Par ailleurs, le roulement sans glissement de cet espace sur **M** le long d'un trajet de déformation C donné n'est pas défini de façon unique : à partir d'un premier on en obtiendrait un second en surajoutant un pivotement arbitraire autour de **m**. Une façon de réduire cet arbitraire serait d'imposer la trajectoire C'. Une autre consiste à imposer la façon dont l'espace vectoriel associé doit être transporté : c'est ce que fait le choix du $E_m$ dans lequel on cumule les petites déformations. Et choisir le corotationnel, c'est choisir le transport parallèle.

● Cette compréhension matérielle de la déformation cumulée dans un $E_m$, nous fournit une compréhension de l'approximation que l'on a faite en **XII-7** en la choisissant (soit elle-même lue dans $E_m$, soit sa détournée lue dans $E_r$) comme modélisation approchée de l'état métrique :

**Théorème 2**

*Choisir comme en* **XII-7** *la déformation cumulée dans un référentiel suiveur comme état métrique approché équivaut à substituer au processus de déformation exact, constitué par* **m** *décrivant une courbe* C *dans l'espace courbe* **M**, *un processus approché constitué par un point* **m'** *décrivant une courbe* C' *dans un espace plat* $\mathcal{T}$, *le lien entre la description exacte et la description approchée étant celui qui vient d'être décrit (roulement sans glissement de* $\mathcal{T}$ *sur* **M** *en* **m** *égal à* **m'**, *et pivottement réglé par le choix du suiveur* $E_m$*).*

**Preuve.** La propriété résulte de ce que $\overset{m}{\boldsymbol{\varepsilon}}$ lu dans $E_m$, ou sa détournée évoluant dans $L_S(E_r)$, et **m'** évoluant dans $\mathcal{T}$ muni de $\mathbf{m}_0'$ comme origine, sont des variables strictement équivalentes ▪

Il faut remarquer que ce n'est pas chaque état métrique **m**, donc **M**, qui est ainsi approché. C'est un processus de déformation t→**m** : les $E_m$ sont des suiveurs cinématiques et non géométriques. Il faut aussi remarquer que la platitude de la variété des états métrique approchée que constitue $\mathcal{T}$, que l'on aurait pu noter $\mathbf{M}_a$, conduit tout naturellement, par choix d'une origine $\mathbf{m}_0'$, à travailler sur une déformation $\overset{m}{\boldsymbol{\varepsilon}}_0 = \mathbf{m}' - \mathbf{m}_0'$ plutôt que sur l'état métrique **m'**, ce qu'en **P4** nous n'arriverons pas à faire dans **M**.

La qualité de cette approximation dépend évidemment de la qualité de suiveur de $E_m$. C'est ainsi qu'avec un suiveur mal adapté, tournant trop par rapport au milieu et induisant une composante de pivotement soutenue de $\mathcal{T}$ dans T**m**, un trajet tendu C, dans **M**, se verrait approché par une courbe C' de type spirale dans $\mathcal{T}$. La seule chose de semblable que C et C' auraient alors serait leurs longueurs qui sont toujours égales à cause du non glissement.

La qualité du corotationnel comme référentiel suiveur, que nous avons déjà montrée et défendue, se manifeste à nouveau par le résultat qui suit :

**Théorème 3**

*Lorsque l'on prend pour* $E_m$ *le corotationnel, tout processus de déformation dont le trajet* C *est une géodésique de* **M** *est approché par une géodésique de* $\mathcal{T}$, *c'est à dire un segment de droite* C' *puisque* $\mathcal{T}$ *est plat, de même longueur et décrit avec la même loi horaire.*

**Preuve.** Si C est une géodésique, d'abscisse curviligne s, on a

$$\frac{\nabla}{ds}\left(\frac{d\mathbf{m}}{ds}\right) = 0, \quad \text{donc} \quad \frac{\nabla}{ds}\left(\frac{\nabla\boldsymbol{\varepsilon}_0}{ds}\right) = 0\,, \qquad \text{et donc} \quad \frac{d}{ds}\left(\frac{d\boldsymbol{\varepsilon}_0'}{ds}\right) = 0$$

où $\boldsymbol{\varepsilon}_0'$ est $\boldsymbol{\varepsilon}_0$ lu dans $\mathcal{T}$, puisque, rappelons le, ∇/ds est la dérivation dans $\mathcal{T}$ transporté parallèlement, ce qui, avec l'égalité des longueurs, établit le résultat ▪

• Nous savons que la valeur atteinte par la déformation cumulée dépend du chemin suivi : il ne s'agit pas d'une variable d'état métrique. Le cas des processus triaxiaux, que nous examinons maintenant, va faire exception à cette règle.

**Théorème 4**

*Au cours d'un processus triaxial joignant, dans un* $\mathbf{M_B}$, *un état métrique initial* $\mathbf{m}_r$ *à l'état actuel* $\mathbf{m}$, *le tenseur* $\boldsymbol{\varepsilon}_0$, *déformation matérielle cumulée dans le corotationnel, est égale à l'opposé* $\Lambda_0$ *de la coordonnée géodésique de pole* $\mathbf{m}$ *de* $\mathbf{m}_r$. *Elle ne dépend donc pas du chemin suivi dans* $\mathbf{M_B}$.

**Preuve**. Exprimée entre facettes 1, la relation (21-1) s'écrit (**XIV**-28-4) :

$$d = \frac{d\varepsilon_0}{dt} + \frac{1}{2}\gamma^{-1}\frac{d\gamma}{dt}\varepsilon_0 - \frac{1}{2}\varepsilon_0\gamma^{-1}\frac{d\gamma}{dt}$$

où $\varepsilon_0$ et d sont les facettes 1 de $\boldsymbol{\varepsilon}_0$ et **d**. Or, on vérifie que, au cours d'un processus triaxial, le $\varepsilon_0$ défini en (**XV**-29) vérifie cette équation. Pour avoir $\boldsymbol{\varepsilon}_0$ lui même, il suffit de remarquer que, sous la forme donnée en (**XV**-30), $\varepsilon_0$ n'est autre que le $L_0$ du point a de **4**-Th4 ci dessus ▪

Terminons en faisant remarquer que la déformation *scalaire* cumulée, égale à la longueur du trajet en **m**, dépend quant à elle évidemment du trajet, même s'il est triaxial.

## 7. CAS DES PETITS DÉPLACEMENTS

Voyons comment les approximations faites en cas de petits déplacements viennent s'insérer dans ce qui précède. Il est alors fait choix, dans un référentiel particulier pris comme référentiel de travail, d'une position particulière du milieu, prise comme configuration de référence, par rapport à laquelle le milieu se déplace et se déforme peu. On peut donc prévoir que dans **M**, donc dans $\Gamma_S = \overline{\Gamma}_S \times \underline{\Gamma}_S$ le point **m** demeure dans le voisinage de l'état métrique $\mathbf{m}_r$ de cette configuration de référence.

Par ailleurs, nous avons vu que l'on obtient entière satisfaction en adoptant comme variable d'état métrique un tenseur $\varepsilon_L \in L_S(E_r)$ défini en (**IV**-11), représentant la petite déformation par rapport à l'état de référence.

La cohérence de ces deux approches des petits déplacements est fournie par le théorème suivant, où $\boldsymbol{\varepsilon}_L$ est le tenseur euclidien dont la facette 1 est $\varepsilon_L$:

**Théorème**

*Dans l'espace vectoriel* $\Gamma_S$, *les vecteurs* $\mathbf{m} - \mathbf{m}_r$ *et* $\mathbf{A}_r^{-1}\boldsymbol{\varepsilon}_L$, *où* $\mathbf{A}_r$ *est le transport* $\mathbf{A}$ *au point* $\mathbf{m}_r$, *sont deux infiniment petits équivalents*

**Preuve**. dans le cadre de l'équivalence entre vitesses et petits déplacement mis en oeuvre en **IV-6**, précisément pour déduire $\varepsilon_L$ de D, cette propriété est strictement équivalente à (**XIII**-18). Nous laissons au lecteur qui aurait un doute le soin d'en faire une démonstration directe ▪

CHAPITRE XVII

# APPROCHE MATÉRIELLE DU COMPORTEMENT

Comme dans l'approche spatiale en Ch **XI**, notre point de départ sera la vitesse de déformation, mais vue ici comme dérivée de la variable **m** modélisant l'état métrique. Le transport entre les deux vitesses de déformation, spatiale **D** et matérielle $\mathbf{d} = \dot{\mathbf{m}}$, se faisant par l'isomorphisme **A** relatif à ce type de tenseurs, cette approche matérielle sera totalement cohérente avec l'approche spatiale de Ch **XI**. Cette cohérence, évidemment très satisfaisante, est absente des approches matérielles (dites aussi lagrangiennes) habituelles que nous présenterons en **P4**. Un simple décalque isométrique commenté de l'approche spatiale pourrait suffire, mais, l'ordre logique étant plutôt l'inverse, nous ferons une présentation autonome de l'approche matérielle, en vérifiant à chaque étape la cohérence par **A** avec l'approche spatiale.

## 1. LE TENSEUR MATÉRIEL DES CONTRAINTES

• A priori, la fonctionnelle puissance des efforts internes est linéaire par rapport au champ des vitesses de déformation. Faisant les hypothèses classiques, de continuité, qui entraîne que cette fonctionnelle admet une densité massique en tout point, et de mécanique du premier gradient, qui postule que cette densité ne dépend en chaque point que de la valeur en ce point du champ des $\dot{\mathbf{m}}$, elle même ne dépendant que du premier gradient du placement, nous postulerons que cette fonctionnelle est de la forme

(1) $\boxed{\mathrm{Pi} = \int_{\Omega_0} \mathcal{P}\, \mathrm{dm}}$ avec $\boxed{\mathcal{P} = -\,\boldsymbol{\theta} : \dot{\mathbf{m}}}$ et $\boxed{\boldsymbol{\theta} \in \mathbf{Tm} \ \ (\equiv \mathbf{E}_{0S}^{(2)})}$,

que l'on rapprochera de son homologue spatial (**XI**-1), que nous écrivons en termes de tenseurs euclidiens puisque cette interprétation s'est imposée :

(2) $\boxed{\mathrm{Pi} = \int_{\Omega} \mathcal{P}\, \mathrm{dm}}$ avec $\boxed{\mathcal{P} = -\,\tilde{\boldsymbol{\sigma}} : \mathbf{D}}$ et $\boxed{(\rho^{-1}\boldsymbol{\sigma} \equiv)\ \tilde{\boldsymbol{\sigma}} \in \mathbf{E}_{S}^{(2)}}$

*Au couple spatial de grandeurs fondamentales duales* (**D**, $\tilde{\boldsymbol{\sigma}}$), *s'est donc substitué un couple matériel* ($\dot{\mathbf{m}}$, $\boldsymbol{\theta}$). *Le tenseur* $\boldsymbol{\theta}$ *qui s'introduit ici, euclidien sur* $\mathrm{E}_0$, *modélise dans le modèle matière l'état de contrainte actuel du milieu. Nous dirons qu'il s'agit de la contrainte matérielle au point considéré.*

Comme tout élément de $\mathbf{E}_{0S}^{(2)}$, le tenseur $\boldsymbol{\theta}$ est défini comme ensemble de deux facettes $\bar{\theta}$ et $\underline{\theta}$, enrichi de deux facettes supplémentaires $\theta$ et $\bar{\underline{\theta}}$ :

(3) $\boxed{\boldsymbol{\theta} = (\bar{\theta},\ \underline{\theta})} \in L_S(T_0;T_0^*) \times L_S(T_0^*;T_0)$, $\boxed{\theta = \gamma^{-1}\bar{\theta}} \in L_S(E_0)$, $\boxed{\bar{\underline{\theta}} = \gamma\underline{\theta}} \in L_S(E_0^*)$

● On déduit de l'expression spatiale de P dans (2), de la relation de transport cinématique $\mathbf{D} = \mathbf{A}\dot{\mathbf{m}}$ et de ce que $\mathbf{A} = \mathbf{A}^{(2)}$, induit par le placement local a entre les espaces de tenseurs d'ordre deux symétriques $\mathbf{Tm} = \mathbf{E}_{0S}^{(2)}$ et $\mathbf{E}_S^{(2)}$, est isométrique, que l'on a

$$P = -\tilde{\boldsymbol{\sigma}}\mathbf{D} = -\tilde{\boldsymbol{\sigma}}:\mathbf{A}\dot{\mathbf{m}} = -\mathbf{A}^{-1}\tilde{\boldsymbol{\sigma}}:\dot{\mathbf{m}}$$

d'où il résulte, par identification en $\dot{\mathbf{m}}$ avec l'expression matérielle de P dans (1), que :

*Comme* $\dot{\mathbf{m}}$ *et* $\mathbf{D}$, *les tenseurs* $\boldsymbol{\theta}$ *et* $\tilde{\boldsymbol{\sigma}}$ *sont homologues par l'isomorphisme* $\mathbf{A}$ *:*

(4) $\boxed{\mathbf{D} = \mathbf{A}\,\dot{\mathbf{m}}}$ *et* $\boxed{\tilde{\boldsymbol{\sigma}} = \mathbf{A}\boldsymbol{\theta}}$

*Ce sont ces relations de transport isométriques des deux variables fondamentales, relevant pleinement de l'isomorphisme entre structures complétées évoqué en* **IX-7**, *qui assurent la cohérence totale des deux approches.*

De par ces relations, $\mathbf{D}$ et $\dot{\mathbf{m}}$ d'une part, et $\tilde{\boldsymbol{\sigma}}$ et $\boldsymbol{\theta}$ d'autre part, ont mêmes valeurs propres et ont des éléments propres homologues par a. Et les quatre jeux de composantes de D et $\tilde{\sigma}$ en coordonnées matérielles, dans la base de $L_S(E)$ convectée, sont égales à ceux de $\dot{\mathbf{m}}$ et $\boldsymbol{\theta}$ respectivement dans les quatre bases que ces coordonnées induisent dans $\mathbf{E}_{0S}^{(2)}$.

*L'approche matérielle apporte donc une compréhension théorique nouvelle de pratiques calculatoires, en particulier en base convectée, qui, pour certaines, peuvent apparaître comme classiques, voire familières.*

## 2. ASPECTS GÉNÉRAUX DES LOIS DE COMPORTEMENT

● Une différence essentielle avec l'approche spatiale est évidemment que la fonctionnelle locale puissance des efforts internes P est ici définie sur un espace vectoriel **Tm** qui est variable avec l'état métrique. Les grandeurs duales fondamentales $\dot{\mathbf{m}}$ et $\boldsymbol{\theta}$ sont dans cet espace variable, et la partie entière du comportement, faite de lois instantanées entre valeurs actuelles, vont s'exprimer dans l'échiquier variable que constitue cet espace. Plus précisément, l'échiquier sera à priori l'ensemble des fibres tensorielles au dessus de **m**. Il sera indépendant de **m** pour tout ce qui est tenseur affine, c'est à dire pour $T_0$ et son algèbre tensorielle affine, mais dépendant de **m** pour $E_0$ et toute son algèbre tensorielle euclidienne, dont **Tm**, où se situent les pions fondamentaux $\dot{\mathbf{m}}$ et $\boldsymbol{\theta}$, n'est que le $\mathbf{E}_{0S}^{(2)}$.

C'est là un effet de la non-linéarité géométrique qui fait que **M**, n'étant pas une variété plate, a un plan tangent qui varie d'un point à un autre. Et c'est la façon qu'à le concept d'état métrique d'entrer dans le formalisme du comportement. En fait, on n'a pas comme en petits déplacements, trois variables, d'état, de vitesse et de contrainte, pouvant à un instant donné prendre des valeurs indépendantes les unes des autres dans des espaces invariables. On a une variable première **m**, puis $\dot{\mathbf{m}}$ et $\boldsymbol{\theta}$ au dessus de **m** :

> *La façon matérielle de "travailler sur la configuration actuelle" est de travailler à chaque instant au dessus de* **m**, *dans les fibrés tensoriels tangents à* **M**. *Ce sont les couples* $(\mathbf{m},\dot{\mathbf{m}})$ *et* $(\mathbf{m},\boldsymbol{\theta})$ *dans* T**M**, *plus que* $\dot{\mathbf{m}}$ *et* $\boldsymbol{\theta}$ *dans* T**m**, *qui sont les variables duales fondamentales.*

● Les outils pour traiter les lois non entières s'ajoutant à ces relations instantanées, dérivation des contraintes, variation ou constance des raideurs ou des domaines d'élasticité, etc., toutes questions qui deviennent délicates à traiter dans un échiquier lui-même variable au cours du mouvement, ont été forgés dans les chapitres qui précèdent. Ils sont fondés sur la géométrie de la variété **M**, et ce sont, au moins pour ce qui concerne les tenseurs euclidiens, la dérivation covariante $\nabla$ et les notions qui en dérivent (les tenseurs affines, évoluant dans des espaces indépendants de **m**, ne posent pas problème).

Compte tenu de (**X-3** Th1), l'utilisation qui semble s'imposer de ces outils mettra en avant le référentiel corotationnel. Revenant à une vision spatiale, c'est par rapport à lui que l'on dérivera les tenseurs euclidiens, et en particulier la contrainte pour avoir la vitesse de contrainte, et que l'on choisira constant un tenseur euclidien censé représenter un phénomène physique (concernant le milieu) qui n'évolue pas. En bref, il sera le référentiel d'espace censé être le solide "suiveur" du milieu au point considéré. Et ce, malgré les réserves faites à son sujet (**XI-5**).

On peut envisager d'utiliser un autre référentiel suiveur $E_m$. Il aura par rapport au corotationnel un taux de rotation, de la forme (**X**-10) dans cette approche matérielle. Les vitesses $\nabla^m/dt$, par exemple de contrainte, qui en résulteront, seront les vitesses $\nabla/dt$ augmentées d'un terme d'entraînement dû à la rotation de $E_m$ par rapport au corotationnel. Elles pourront éventuellement être présentées comme résultant d'une nouvelle loi $\nabla^m$ de dérivation covariante au dessus de **M**, associée à une connexion autre que la connexion riemanienne induite par la seule géométrie de **M**, et donc par les seules hypothèses cinématiques, mais qu'il faudra préciser et, surtout, justifier physiquement.

● Pourront évidemment intervenir dans le comportement des ingrédients modélisés par des tenseurs affines sur $T_0$ : un vecteur direction d'axe (par exemple de glissement), un covecteur direction de plan (par exemple de glissement, contenant le vecteur précédent), etc. Pour eux la dérivation sera la dérivation classique, conduisant en approche spatiale à la dérivation convective appropriée. Ce qu'il y a toutefois de nouveau par rapport à Ch **XI**, c'est que :

> *Le caractère euclidien du taux de déformation, et donc de la contrainte, a été reconnu. L'idée d'une dérivation convective des contraintes, et par suite de raideurs, ou de fonctions tensorielles donnant leur expression, que nous envisagions encore en* Ch **XI**, *sera donc totalement abandonnée.*

Nous sommes sur ce point en accord avec la tendance actuelle qui, en approche spatiale, recommande les "dérivées en rotation" [Dogui et col, 1987].

## 3. HORIZONTALITÉ ET ISOTROPIE

Si nous déplorions de ne pouvoir faire dépendre les lois d'un paramètre état métrique dans les approches spatiales, nous avons un excès inverse dans cette approche matérielle. La façon dont les lois entières vont dépendre de l'état métrique actuel est en effet sévère puisque, exprimées dans un espace qui en dépend, elles ne pourront en fait qu'en dépendre. C'est l'indépendance par rapport à cet état qu'il devient délicat d'exprimer !

Cela se fera par les propriétés d'horizontalité au dessus de **M** et de transport parallèle au dessus d'un chemin de **M**, généralisant la notion de champ constant ou uniforme pour les champs au dessus de **M** ou d'un chemin de **M**. Ce paragraphe est consacré à l'étude des champs euclidiens horizontaux. Il aurait eu sa place logique en fin de Ch **XIV**.

● Une première étape de cette étude est constituée par le théorème suivent.

**Théorème 1**

*Un champ de tenseurs euclidien* $\mathbf{x}_0 \in \mathbf{E}_0^{(n)}$ *défini sur* **M**, *ou un champ fonctionnel euclidien* $f_{\mathbf{m}}$, *est horizontal ssi, quels que soient les points* $\mathbf{m}_1$ *et* $\mathbf{m}_2$ *de* **M**, *le transporté parallèle de* $\mathbf{m}_1$ *à* $\mathbf{m}_2$ *de sa valeur en* $\mathbf{m}_1$, *au dessus d'un chemin joignant* $\mathbf{m}_1$ *à* $\mathbf{m}_2$, *est égal à sa valeur en* $\mathbf{m}_2$, *et donc est indépendant du chemin.*

**Preuve**. Il suffit d'établir la propriété pour les tenseurs, car, compte tenu simplement de la définition de leur transport (**XIV**-7-Th1-**d**), celle pour les champs fonctionnels en résulte immédiatement. Soient

$$\tilde{\mathbf{x}}_0 : \quad \mathbf{m} \in \mathbf{M} \to \mathbf{x}_0 = \tilde{\mathbf{x}}_0(\mathbf{m}) \in \mathbf{E}_0^{(n)} \qquad \text{et} \qquad \hat{\mathbf{x}}_0 : \quad t \to \mathbf{x}_0 = \hat{\mathbf{x}}_0(t) = \tilde{\mathbf{x}}_0(\hat{\mathbf{m}}(t))$$

un champ tensoriel euclidien défini sur **M** et l'expression paramétrique de sa restriction à un chemin de déformation C paramétré par $\hat{\mathbf{m}}$: $t \to \hat{\mathbf{m}}(t) \in C$. Si $\tilde{\mathbf{x}}_0$ est horizontal on a

$$\frac{\nabla \hat{\mathbf{x}}_0(t)}{dt} = \left[\frac{\nabla \tilde{\mathbf{x}}_0(\mathbf{m})}{d\mathbf{m}}\right]_{\mathbf{m}=\hat{\mathbf{m}}(t)} \hat{\mathbf{m}}'(t) = 0,$$

Les quantités $\hat{\mathbf{x}}_0$, $\mathbf{x}_{01} = \tilde{\mathbf{x}}_0(\mathbf{m}_1)$ et $\mathbf{x}_{02} = \tilde{\mathbf{x}}_0(\mathbf{m}_2)$ vérifient (**XIV**-39) et donc la valeur en $\mathbf{m}_2$ de $\tilde{\mathbf{x}}_0$ est égale à la transportée parallèle au dessus de C de celle en $\mathbf{m}_1$. Inversement, si cette propriété est vérifiée pour tout triplet $(\mathbf{m}_1, \mathbf{m}_2, \hat{\mathbf{m}})$, en tout point $\mathbf{m}_2$ la $\nabla$-dérivée de $\hat{\mathbf{x}}_0$ est, de par (**XIV**-38), nulle dans toute direction $\hat{\mathbf{m}}'(t)$, donc est nulle ▪

● De ce premier résultat nous allons déduire le théorème ci dessous, dont le dernier point énonce une règle générale qui est illustrée sur les quelques exemples qui nous intéressent dans les deux premiers points, lesquels seront rigoureusement démontrés :

**Théorème 2**

**a** - *Les champs horizontaux de tenseurs euclidiens d'ordre* n *sont : les champs scalaires* $\lambda$ *uniformes pour* $n = 0$, *le champ nul pour* $n = 1$, *les champs de la forme* $\lambda \mathbf{1_m}$ *où* $\lambda$ *est un scalaire indépendant de* **m** *pour* $n = 2$.

**b** - *Les champs fonctionnels euclidiens* $\mathbf{m} \to f_{\mathbf{m}} \in A(\mathbf{E}_0^{(n)}; \mathbf{E}_0^{(p)})$ *horizontaux sont les champs de la forme ci dessous, où les* $g: R \to R$, $h: R^3 \to R$, $\overset{x}{\alpha}: R^3 \to R$ *et les* $\overset{x}{\alpha}_i: R^3 \to R$ *sont des applications quelconques et indépendantes de* **m** :

(5) - *pour* n = 0 *et* p = 0 : $\boxed{f_\mathbf{m} = g}$

- *pour* n = 1 *et* p = 0 : $\boxed{f_\mathbf{m}(\mathbf{U}_0) = g(\|\mathbf{U}_0\|)}$

- *pour* n = 1 *et* p = 1 : $\boxed{f_\mathbf{m}(\mathbf{U}_0) = g(\|\mathbf{U}_0\|)\mathbf{U}_0}$

- *pour* n = 2 *et* p = 0 : $\boxed{f_\mathbf{m}(\mathbf{x}_0) = h(\mathrm{Tr}\mathbf{x}_0, \mathbf{x}_0{:}\mathbf{x}_0, \mathrm{Dét}\mathbf{x}_0)}$

- *pour* n = 2 *et* p = 1 : $\boxed{f_\mathbf{m}(\mathbf{x}_0) = \alpha i^{-1}(\mathbf{x}_{0A})}$,

*avec* i *défini en* (**M1**-k) *et* $\boxed{\alpha = \overset{x}{\alpha}(\mathrm{Tr}\mathbf{x}_0, \mathbf{x}_0{:}\mathbf{x}_0, \mathrm{Dét}\mathbf{x}_0)}$

- *pour* n = 2 *et* p = 2 : $\boxed{f_\mathbf{m}(\mathbf{x}_0) = \alpha_1 1_\mathbf{m} + \alpha_2\mathbf{x}_0 + \alpha_3\mathbf{x}_0^2}$

*avec* $\boxed{\alpha_i = \overset{x}{\alpha}_i(\mathrm{Tr}\mathbf{x}_0, \mathbf{x}_0{:}\mathbf{x}_0, \mathrm{Dét}\mathbf{x}_0)}$

c - *Plus généralement, les champs horizontaux sont les champs dont la valeur* $f_\mathbf{m}$ *en* **m** *est une fonction isotrope de représentation indépendante de* **m.**

**Preuve.** Il résulte de (**XIV-7**-Th 1 et 2) que, **m** étant un point donné de **M**, les transports parallèles $p^{(n)}$ de **m** à **m** au dessus d'une boucle joignant **m** à lui même sont les rotations de tenseurs euclidiens engendrées par une rotation R de $E_0$, et que cette rotation, qui dépend du chemin suivi, prend toutes les valeurs possibles quand on considère toutes les boucles possibles. Il résulte alors du théorème précédent que la valeur en **m** d'un champ de tenseurs euclidiens horizontal doit être invariante par toute rotation de $E_0$. Pour satisfaire cette condition cette valeur en **m** doit donc être un scalaire quelconque à l'ordre zéro; et, réciproquement, un tel champ scalaire quelconque ne peut être horizontal que s'il est uniforme. A l'ordre un, elle doit être le tenseur euclidien d'ordre un nul, et réciproquement ce champ nul est évidemment horizontal. A l'ordre deux enfin, elle doit être de la forme $\lambda\mathbf{1}_\mathbf{m}$ avec pour $\lambda$ un scalaire éventuellement dépendant de **m**, mais réciproquement un tel champ n'est horizontal que si $\lambda$ ne dépend pas de **m**, ce qui établit le point a. Quant à la valeur en **m** d'un champ fonctionnel euclidien, elle doit satisfaire :

$$f_\mathbf{m} \circ \overset{*}{R}^{(n)} = \overset{*}{R}^{(k)} \circ f_\mathbf{m},$$

pour toute rotation R de $E_0$, où $\overset{*}{R}^{(n)}$ désigne la "rotation" des tenseurs euclidiens d'ordre n engendrée par la rotation R. On reconnaît là la classique relation d'isotropie pour les relations entre tenseurs euclidiens sur $E_0$, qui par exemple, pour n = k = 2, et en identifiant un tenseur d'ordre deux $\mathbf{x}_0$ à sa première facette $x_0 \in L(E_0)$, s'écrit $f_\mathbf{m}(Rx_0R^{-1}) = Rf_\mathbf{m}(x_0)R^{-1}$. Il en résulte, en raison de propriétés classiques pour les représentations de relations isotropes, les expressions données dans la partie b de l'énoncé, mais avec des applications g, h, $\overset{x}{\alpha}$ et $\overset{x}{\alpha}_i$ à priori dépendantes de **m**. Mais inversement, il suffit de dériver ces expressions en tenant compte de l'horizontalité de la structure des tenseurs euclidiens pour constater qu'elles ne peuvent être horizontales que si ces fonctions scalaires le sont. Ce qui établit le point b ■

- On en déduit la conséquence suivante, de vérification immédiate :

**Théorème 3**

*Au cours d'un mouvement, le transporté dans* E *par* a *de la valeur en* **m** *d'un de ces champs horizontaux est un élément, ou une application, isotrope, indépendant de* **m** *donc constant, et admettant la même représentation que lui.*

## 4. COMPORTEMENTS HORIZONTAUX ET NON HORIZONTAUX

Comme vont l'expliciter les exemples qui suivent, ce théorème rend évidente la compréhension spatiale des comportements postulés horizontaux ou à l'aide de lois horizontales dans le modèle matière. D'une façon générale :

*Avec des lois horizontales, affichant donc l'indépendance en* **m**, *et d'éventuelles variables de non-horizontalité, on retrouvera toutes les potentialités à base de fonctions isotropes indépendantes de* $\tau$ *(pour l'instant) et d'éventuelles variables d'anisotropie que nous avions en approche spatiale.*

- **Exemple 1 : Comportement visqueux horizontal.**

En approche matérielle, une contrainte ne dépendant que de la vitesse de déformation et pas de l'état métrique, fait de $\boldsymbol{\theta}$ est une fonction horizontale de $\mathbf{d} = \dot{\mathbf{m}}$, et donc, avec (5-6), se postule sous la forme :

$$\text{(6)} \qquad \boxed{\boldsymbol{\theta} = \alpha_1 \mathbf{1_m} + \alpha_2 \mathbf{d} + \alpha_3 \mathbf{d}^2} \quad \text{avec} \quad \boxed{\alpha_i = \overset{x}{\alpha}_i(\mathrm{Tr}\mathbf{d}, \mathbf{d}:\mathbf{d}, \mathrm{Dét}\mathbf{d})}$$

qui se traduit en approche spatiale par la loi (de fluide visqueux non newtonien) :

$$\boxed{(\rho^{-1}\boldsymbol{\sigma} =)\ \tilde{\boldsymbol{\sigma}} = \alpha_1 \mathbf{1_E} + \alpha_2 \mathbf{D} + \alpha_3 \mathbf{D}^2} \quad \text{avec} \quad \boxed{\alpha_i = \overset{x}{\alpha}_i(\mathrm{Tr}\mathbf{D}, \mathbf{D}:\mathbf{D}, \mathrm{Dét}\mathbf{D})}$$

et donc, revenant dans E euclidien à l'identification classique (et tout à fait souhaitable) des tenseurs euclidiens à leur facette 1 dans L(E) par identification de E* à E, par.

$$\boxed{(\rho^{-1}\sigma =)\ \tilde{\sigma} = \alpha_1 1_E + \alpha_2 D + \alpha_3 D^2} \quad \text{avec} \quad \boxed{\alpha_i = \overset{x}{\alpha}_i(\mathrm{Tr}D, D:D, \mathrm{Dét}D)}$$

- **Exemple 2 : Hypoélasticité**

Elle fait intervenir la loi entière horizontale-isotrope entre les trois pions vitesse de déformation, vitesse de contrainte et raideur hypoélastique

$$\text{(7)} \qquad \boxed{\frac{\nabla\boldsymbol{\theta}}{dt} = \mathbf{K}_0\dot{\mathbf{m}}} \quad \Leftrightarrow \quad \boxed{\frac{d^c\tilde{\sigma}}{dt} = \mathrm{K}\mathrm{D}} \qquad \text{avec } \mathrm{K} = \overset{*}{a}\,\mathrm{K}_0\,,$$

où $\mathrm{K}_0$ est la facette dans $\mathrm{L(L(E_0))}$ du tenseur euclidien $\mathbf{K}_0$ et où $d^c$ est la dérivée par rapport au corotationnel (dérivée de Jauman), à compléter par une loi d'évolution pour la raideur. En cas d'hypoélasticité constante cette loi devra au moins avoir pour conséquence que $\mathbf{K}_0$ soit transporté parallèlement au dessus de **m** :

$$\text{(8)} \qquad \boxed{\frac{\nabla\mathbf{K}_0}{dt} = 0} \quad \Leftrightarrow \quad \boxed{\frac{d^c\mathrm{K}}{dt} = 0},$$

Cela peut être réalisé en prenant pour champ $\mathbf{K}_0$ soit un champ horizontal, conduisant donc à une loi d'hypoélasticité isotrope

$$(9) \qquad \boxed{\frac{\nabla\boldsymbol{\theta}}{dt} = \lambda \mathrm{Tr}(\dot{\mathbf{m}})1_{\mathbf{m}} + 2\mu\dot{\mathbf{m}}} \iff \boxed{\frac{d^c\tilde{\sigma}}{dt} = \lambda \mathrm{Tr} D 1_E + 2\mu D}, \text{ avec } \lambda \text{ et } \mu \text{ cst,}$$

soit un champ $\mathbf{K}_0$ fonction horizontale-isotrope de variables d'anisotropie $\mathbf{x}_0$ dont l'évolution sera imposée horizontale par la loi $\nabla\mathbf{x}_0/dt = 0$. On retrouve là la loi (**XI**-16) avec le corotationnel comme référentiel suiveur.

- **Exemple 3 : Plasticité**

Détaillons la mise en place dans le modèle matière des modèles de comportement rigide-plastique et rigide-viscoplastique avec écrouissage dont les versions spatiales sont les modèles (**XI**-33) avec le corotationnel comme solide suiveur $E_m$. Nous partirons de

$$(10\text{–}1) \qquad \boxed{\psi = \frac{1}{2} c\boldsymbol{\alpha}_0 : \boldsymbol{\alpha}_0 + g(p), \quad \boldsymbol{\alpha}_0 \in \mathbf{Tm}_D, \quad \mathbf{X}_0 = c\boldsymbol{\alpha}_0 \in (\mathbf{Tm})_D, \quad r = g'(p),}$$

qui introduit les variables caractérisant l'état thermodynamique, à savoir $\boldsymbol{\alpha}_0$ au dessus de $\mathbf{m}$ et p dans R, que l'on peut aussi penser au dessus de $\mathbf{m}$ (de façon précise, l'état est la variable $(\mathbf{m},(\boldsymbol{\alpha}_0,p))$ située dans le fibré TMxR), qui postule le potentiel thermodynamique énergie spécifique, et qui définit deux forces thermodynamiques, $\mathbf{X}_0$ au dessus de $\mathbf{m}$ et r. Pour calculer la dissipation spécifique, il nous faut dériver $\psi$. Pour cela, on remarque que le potentiel est de la forme

$$\psi = \hat{\psi}_{\mathbf{m}}(\boldsymbol{\alpha}_0, p, c)$$

où $\mathbf{m} \to \hat{\psi}_{\mathbf{m}}$ est un champ fonctionnel horizontal dont les arguments $\boldsymbol{\alpha}_0$, p et c sont trois tenseurs au dessus de $\mathbf{m}$, le troisième, c, qui est un scalaire constant, étant lui même horizontal. Compte tenu de (**XIV**-31), qui quand $f_{\mathbf{m}}$ est horizontal se réduit à

$$\nabla[f_{\mathbf{m}}(\mathbf{x}_0)] = (f_{\mathbf{m}})'(\mathbf{x}_0)\nabla\mathbf{x}_0,$$

on obtient $\dot{\psi}$ en dérivant $\hat{\psi}$ à $\mathbf{m}$ fixé par rapport à ces seuls arguments : la dérivée en $\mathbf{m}$ à arguments non pas constants mais horizontaux est nulle. Dans ce calcul, les arguments qui sont horizontaux comme c, ou qui en d'autres circonstances seraient transportés parallèlement, ont une contribution nulle. On en déduit la dissipation spécifique :

$$\mathcal{D} = \boldsymbol{\theta} : \dot{\mathbf{m}} - \dot{\psi} \equiv \boldsymbol{\theta} : \dot{\mathbf{m}} - \frac{\nabla\psi}{dt} = \boldsymbol{\theta} : \dot{\mathbf{m}} + \mathbf{X}_0 : (-\frac{\nabla\boldsymbol{\alpha}_0}{dt}) + r(-\dot{p})$$

Introduisons un domaine de rigidité en $\boldsymbol{\theta}$ dans $\mathbf{Tm}$, à l'aide d'une fonction seuil

$$(10\text{-}2) \qquad \boxed{f = [(\boldsymbol{\theta}_D - \mathbf{X}_0)] : \mathbf{H}_0(\boldsymbol{\theta}_D - \mathbf{X}_0)]^{1/2} + \frac{a}{2c}\mathbf{X}_0 : \mathbf{X}_0 - r - r_0 \equiv \hat{f}_{\mathbf{m}}(\boldsymbol{\theta}, \mathbf{X}_0, \mathbf{H}_0, r)}$$

avec $\mathbf{H}_0 \in L_S^+(\mathbf{Tm}_D)$ et où $\mathbf{m} \to \hat{f}_{\mathbf{m}}$ est un champ fonctionnel horizontal. Travaillant algébriquement à t dans $\mathbf{Tm}$, et non plus dans $L_S(E)$ comme en approche spatiale, mais utilisant les mêmes techniques purement algébriques de définition de pseudo-potentiels des dissipations à partir de la fonction seuil, on en déduit les lois normales d'écoulement

(10-3) $$\dot{p} = \lambda, \quad \dot{\mathbf{m}} = \lambda \frac{\mathbf{H}_0(\boldsymbol{\theta}_D - \mathbf{X}_0)}{[(\boldsymbol{\theta}_D - \mathbf{X}_0) : \mathbf{H}_0(\boldsymbol{\theta}_D - \mathbf{X}_0)]^{1/2}} = \frac{\nabla \boldsymbol{\alpha}_0}{dt} + \lambda \frac{a}{c} \mathbf{X}_0,$$

en RVPe : $[f \leq 0, \lambda = 0]$ ou $[f > 0, \lambda = k f^n]$

en RPe : $[f < 0, \lambda = 0]$ ou $[f = 0, \dot{f} < 0, \lambda = 0]$ ou $[f = 0, \dot{f} = 0, \lambda > 0]$

Dans ces modèles, $\mathbf{H}_0$ n'est pas prévu en tant que paramètre d'écrouissage. Il devra donc rester constant, ou plutôt être transporté horizontalement au dessus de **m**,

(10-4) $$\frac{\nabla \mathbf{H}_0}{dt} = 0,$$

ce que l'on gérera comme pour $\mathbf{K}_0$ dans l'exemple précédent : ou $\mathbf{H}_0$ horizontal (ce qui ici, dans $\mathrm{T}\mathbf{m}_D$, équivaut à $\mathbf{H}_0$ identique au produit par un scalaire constant et correspond à des domaines de rigidité du type Von Mises) ou $\mathbf{H}_0$ fonction horizontale de variables transportées parallèlement.

Remarquer enfin que, pour la mise en oeuvre, $\dot{f}$ se calculera comme nous l'avons fait pour $\dot{\psi}$ ci-dessus. Il viendra :

$$\dot{f} = \frac{\nabla f}{dt} = \frac{\mathbf{H}_0(\boldsymbol{\theta}_D - \mathbf{X}_0)}{[(\boldsymbol{\theta}_D - \mathbf{X}_0) : \mathbf{H}_0(\boldsymbol{\theta}_D - \mathbf{X}_0)]^{1/2}} : \left(\frac{\nabla \boldsymbol{\theta}_D}{dt} - \frac{\nabla \mathbf{X}_0}{dt}\right) + \frac{a}{c} \mathbf{X}_0 : \frac{\nabla \mathbf{X}_0}{dt} - \dot{r}$$

## 5. HORIZONTALITÉ EN FORME

- Au lieu de l'horizontalité totale, on peut envisager une horizontalité uniquement en forme (**XV-4**). On a pour cela les deux théorèmes qui suivent, analogues à ceux du **3** :

**Théorème 1**

*Un champ de tenseur euclidien défini sur* **M**, *ou un champ fonctionnel euclidien, est horizontal en forme ssi pour tout* $\tau$ *il vérifie la propriété de* (**3**-Th 1) *pour des points* $\mathbf{m}_1$ *et* $\mathbf{m}_2$ *et des chemins situés dans la sous variété* $\mathbf{M}_\tau$.

**Preuve**. Même démonstration que pour (**3**-Th 1), en remarquant que la dérivée covariante au dessus d'un chemin situé dans un $\mathbf{M}_\tau$ est la dérivée partielle en forme ∎

**Théorème 2**

*Les champs horizontaux en forme sont de la forme indiquée en* (**3**-Th 2), *mais avec des scalaires* $\lambda$ *et des applications g, h,* $\overset{x}{\alpha}$ *et* $\overset{x}{\alpha}_i$ *fonctions quelconques de* $\tau$.

**Preuve**. Les chemins dans les $\mathbf{M}_\tau$ sont à volume constant. Or, nous avons montré que toute rotation de $E_0$ pouvait être obtenue au terme d'une boucle à volume constant (remarque finale de **XIV-7**). Il en résulte que les valeurs en chaque point des champs horizontaux en forme sont encore invariantes dans toute rotation, donc isotropes, et la réciproque ne peut évidemment retenir que des représentations uniquement horizontales en forme, c'est à dire fonctions quelconques de $\tau$ ■

*L'abandon de l'horizontalité totale pour une horizontalité uniquement en forme se résume donc en l'introduction, dans les lois du paragraphe précédent, d'une dépendance en $\tau$, ou, si l'on préfère, en $\rho = \tau^{-1}$, pour les diverses constantes et fonctions scalaires entrant dans les représentations des fonctions isotropes.*

● Avec ces derniers résultats, nous avons recouvré, et dans une cohérence totale, l'essentiel des possibilités de l'approche spatiale de Ch **XI**. Avec toutefois, en l'absence de prise en compte de plus de physique, une très nette focalisation sur le suiveur corotationnel. De façon plus précise, travaillant dans le modèle matière, nous n'avons pas eu à baser notre analyse sur un choix a priori d'un référentiel suiveur, mais il se trouve que la version spatiale de cette démarche matérielle concorde avec ce que nous avions en approche spatiale avec choix du corotationnel comme suiveur.

Il n'est évidemment pas possible de prévoir ce que donnerait une approche physiquement plus riche, et en particulier si les modèles spatiaux avec un autre suiveur $E_m$ trouveraient une justification matérielle. Noter aussi que dans les types de comportement traités jusque maintenant, aucune signification physique ne pouvait être donnée à la configuration de référence. Le suiveur en rotation propre était donc automatiquement hors course.

## 6. ÉLASTICITÉ

Ayant modélisé l'état métrique, nous sommes en mesure d'aborder l'élasticité.

● En approche matérielle, la contrainte dépend toujours de l'état métrique puisqu'elle est dans **Tm**. La spécificité de l'élasticité, est qu'elle ne dépend que de lui :

**Définition**

*Une loi élastique est une loi affectant un état de contrainte* $\boldsymbol{\theta}$ *à chaque état métrique* **m**. *Elle constitue donc un champ de vecteur tangent sur* **M**,

$$(11) \qquad \mathbf{m} \in \mathbf{M} \rightarrow \boxed{\boldsymbol{\theta} = \overset{\mathrm{x}}{\boldsymbol{\theta}}(\mathbf{m})} \in \mathbf{Tm} \,,$$

*c'est à dire une section du fibré tangent* **TM**. *Il s'agira d'une loi hyperélastique si cette section est un gradient, c'est à dire si elle est de la forme*

$$(12) \qquad \boxed{\boldsymbol{\theta} = \mathrm{grad}\overset{\mathrm{x}}{\mathrm{e}}(\mathbf{m})} \in \mathbf{Tm}, \qquad (\Rightarrow \quad \mathcal{P} = -\,\boldsymbol{\theta} : \dot{\mathbf{m}} = -\,\mathrm{grad}\overset{\mathrm{x}}{\mathrm{e}}(\mathbf{m}) : \dot{\mathbf{m}} = -\,\dot{\mathrm{e}}\,)$$

où $\overset{\mathrm{x}}{\mathrm{e}} : \mathbf{m} \in \mathbf{M} \rightarrow \mathrm{e} = \overset{\mathrm{x}}{\mathrm{e}}(\mathbf{m}) \in \mathrm{R}$ *est un champ scalaire sur* **M** *donnant l'énergie élastique spécifique* e *dans chaque état métrique* **m**.

**Exemple 1**. L'exemple le plus simple de loi élastique que l'on puisse imaginer est celui où le champ $\overset{\mathrm{x}}{\boldsymbol{\theta}}$ est horizontal, donc de la forme (**3**-Th 2-a)

(13) $\boxed{\boldsymbol{\theta} = -k\mathbf{1}_\mathbf{m}}$ $(= -K\mathbf{1}_\mathbf{m}/\sqrt{3})$, $k = \text{cste} > 0$, $K = k\sqrt{3}$

La puissance spécifique dans un tel comportement est (**M13**-l) (**XI**-3) :

(14) $\mathcal{P} = -\boldsymbol{\theta} : \dot{\mathbf{m}} = k\mathrm{Tr}(\dot{\mathbf{m}}) = k\mathrm{Tr}\, d = k\mathrm{Tr}\, D = \frac{d}{dt} K\nu$

L'homologue spatiale de cette loi, dans le transport **A**, est $\tilde{\boldsymbol{\sigma}} = -k\,\mathbf{1}_E$. Il s'agit donc du comportement du *gaz parfait* déjà rencontré (**XI-6**- Ex1).

**Exemple 2**. Un exemple à peine plus compliqué est celui où le champ $\overset{x}{\boldsymbol{\theta}}$ est horizontal uniquement en forme. Il s'exprimera encore sous la forme (13), mais avec un scalaire k, donc une pression $p = k\rho = k/\tau$, fonction quelconque de $\tau$. Il s'agit donc de la loi de comportement des *fluides parfaits barotropes* déjà rencontrée en (**XI-6**-Ex2) :

(15) $\boxed{\boldsymbol{\theta} = -g(\tau)\mathbf{1}_\mathbf{m}}$ $\Leftrightarrow$ $\tilde{\boldsymbol{\sigma}} = -g(\tau)\,\mathbf{1}_E$

pour lequel $\mathcal{P} = -\boldsymbol{\theta} : \dot{\mathbf{m}} = g(\tau)\mathrm{Tr}\,\dot{\mathbf{m}} = g(\tau)\dot{\tau}\tau^{-1} = \frac{d}{dt} f(\tau)$

● Ouvrons une parenthèse et considérons pour illustrer notre propos les champs scalaires définis, en géométrie élémentaire, sur un plan $\mathcal{P}$ d'espace vectoriel associé P. Les seuls champs de ce type pouvant être spécifiés sans introduire, à titre de paramètre, aucun élément de ($\mathcal{P}$,P), sont les champs uniformes. Si, par contre, on fait choix d'une origine dans $\mathcal{P}$, on pourra, sans paramètre géométrique supplémentaire, expliciter des champs qui sont des fonctions quelconques de la distance à cette origine. Et si en outre on rapporte P à une base, on pourra expliciter tous les champs scalaires imaginables en prenant une fonction scalaire quelconque des coordonnées. Et bien évidemment, si ces champs traduisent une propriété physique, cette origine et cette base devront avoir une justification physique. Il s'agit là d'un phénomène analogue à celui déjà explicité en **XI-7** à propos des fonctions isotropes.

Pour notre problème de spécification de champs de vecteurs tangents à **M** exprimant une loi élastique, nous en sommes exactement au stade où, avec les champs horizontaux et horizontaux en forme qui précèdent, nous avons épuisé les possibilités d'écriture sans intervention de paramètres appartenant à la structure mathématique constituée par **M** et son algèbre tensorielle, et donc devant être justifiés physiquement. *On ne peut donc faire une élasticité plus complexe que sur la base d'une physique plus complexe qui fera accéder à un modèle matière plus riche.*

● Le supplément de physique permettant vraiment de faire de l'élasticité, c'est la reconnaissance, ou le postulat, de l'existence d'un état physique particulier remarquable, physiquement caractérisé et productible, qui jouera le rôle d'une origine dans la variété **M**. Cette hypothèse est très généralement faite en mécanique des solides, et elle apparaît ici comme indispensable si nous voulons progresser dans la modélisation. L'état en question est qualifié de naturel. Il est souvent considéré comme sans contrainte interne.

En élasticité, la configuration de référence est choisie dans cet état métrique particulier. Dans les problèmes avec un comportement non linéaire, on considère que le milieu évolue à partir d'une position initiale, prise comme position de référence, qui est dans cet état. Cet état remarquable est donc assez systématiquement l'état métrique de référence. Après nous être efforcé de ne pas utiliser une configuration de référence avec son état métrique particulier $\mathbf{m}_r$, parce que les considérations qui étaient les nôtres ne rendaient pas cela nécessaire, nous allons donc maintenant le faire, mais d'une façon consciente et non subie comme c'est le cas habituellement. Par contre, nous n'irons pas plus loin sur les considérations physiques susceptible de justifier l'introduction de cet $\mathbf{m}_r$.

• L'introduction dans **M** d'un point origine $\mathbf{m}_r$ physiquement significatif permet d'associer à tout $\mathbf{m}\in\mathbf{M}$ la géodésique $\mathcal{G}$ joignant $\mathbf{m}_r$ à $\mathbf{m}$, et tous les éléments géométriques qui lui ont été associés en **XVI-5** (dont nous reprenons les notations et les résultats en substituant simplement $\mathbf{m}_r$ et $\mathbf{m}$ à $\mathbf{m}_1$ et $\mathbf{m}_2$) et en tout premier lieu l'élément $\boldsymbol{\Lambda}_0\in\mathbf{Tm}$. Le champ $\mathbf{m}\to\boldsymbol{\Lambda}_0$ est un champ de vecteur non horizontal, à partir duquel on peut construire une première famille de lois élastique, à savoir les lois de la forme

(16) $$\mathbf{m}\to \boxed{\boldsymbol{\theta} = F_{\mathbf{m}}(\boldsymbol{\Lambda}_0)} \qquad \text{avec } F_{\mathbf{m}}\in A(\mathbf{Tm};\mathbf{Tm}) \text{ horizontale}$$

Un champ horizontal tel que $F_{\mathbf{m}}$ est entièrement déterminé en tout **m** par sa valeur en un point particulier, qu'il suffit de transporter parallèlement au dessus d'un trajet quelconque. Choisissant le point $\mathbf{m}_r$ et le transport parallèle de $\mathbf{m}_r$ à $\mathbf{m}$ au dessus de la géodésique $\mathcal{G}$, que nous noterons $[\mathcal{G}]$, (15) se réécrira, en utilisant aussi (**XVI-5** Th3) :

(17) $$\boxed{\boldsymbol{\theta} = [\mathcal{G}]F_r([\mathcal{G}]^{-1}\boldsymbol{\Lambda}_0)} \;\Leftrightarrow\; \boxed{[\mathcal{G}]^{-1}\boldsymbol{\theta} = F_r(\mathbf{L}_0)}, \text{ avec } F_r\in A(\mathbf{Tm}_r;\mathbf{Tm}_r) \text{ isotrope}$$

($F_r$ a la même représentation que $F_{\mathbf{m}}$ - avec les mêmes fonctions scalaires des invariants- et (17-2) est écrite dans $\mathbf{Tm}_r$ alors que (16) l'était dans **Tm**).

• Utilisant (**3** Th3), la version spatiale de (16), écrite entre facettes 1 par identification de E* à E pour pouvoir comparer aux approches spatiales, est $\tilde{\sigma} = F(\Lambda)$, où F est l'application isotrope de $L_S(E)$ dans lui-même de même représentation que $F_{\mathbf{m}}$, et où

$$\Lambda = a\Lambda_0 a^{-1} = a\Delta_0[[L_i]](a\Delta_0)^{-1} = a\Delta_0[[\mathrm{Log}\lambda_i]](a\Delta_0)^{-1} = \mathrm{Log}V$$

Posant f(V) = F(LogV), l'application f est encore isotrope, et donc cette version spatiale de (16) est exactement le modèle isotrope proposé en (**XII**-2) :

(18) $$\boxed{\tilde{\sigma} = f(V)}, \qquad \text{avec } f\in A(L_S(E);L_S(E)) \text{ isotrope}$$

Sous sa forme (17-2), la loi est écrite au dessus de $\mathbf{m}_r$ et sa version spatiale est obtenue par transport par $a_r$. Compte tenu de (**XVI-5**-Th4), l'image spatiale par $a_r$ de $[\mathcal{G}]^{-1}\boldsymbol{\theta}$ est le (dé-)tourne par $R^{-1}$ de $\tilde{\sigma}$, et celle de $F(\mathbf{L}_0)$ est une fonction de $\mathsf{L} = a\mathsf{L}_0 a^{-1} = \mathrm{Log}\,U$. On en conclut que la version spatiale de (17-2) est de la forme générale

$$\tilde{\sigma}_f^{[p]} = h(U_f)$$

proposée en (**XII**-3-3), à ceci près que h est ici isotrope pour l'instant.

• Enfin, il est très facile de passer à un modèle élastique non isotrope. Sous la forme (17), il suffit de prendre une application $F_r$ qui ne soit pas isotrope, et l'on obtient alors une loi dont la version spatiale sera exactement (**XII**-3-3). Dans cette loi, $F_r(\mathbf{L}_0)$ se présentera alors comme fonction isotrope de $\mathbf{L}_0$ et de paramètres d'anisotropie $\mathcal{A}_r$. Transposée sous la forme (16), elle présentera $\boldsymbol{\theta}$ comme fonction horizontale de $\boldsymbol{\Lambda}_0$ et de $\mathcal{A} = [\mathcal{G}]\mathcal{A}_r$. Une telle loi anisotrope utilise, en plus de $\mathbf{m}_r$, des paramètres d'anisotropie définis au dessus de $\mathbf{m}_r$.

Nous retrouvons donc bien les possibilités ouvertes en approche spatiale, et en confirmons le bien fondé, sans qu'il soit nécessaire de rechercher d'autres suiveurs géométriques que le suiveur en rotation propre.

## 7. ÉLASTO(VISCO)PLASTICITÉ AVEC ÉTAT RELÂCHÉ

• Avec l'introduction d'un état métrique relâché variable, on se trouve, en élasto(visco)plasticité, avec une cinématique de déformation comportant deux points en mouvements simultanés dans **M**. Un point **m** représentant l'état métrique actuel, et un point $\mathbf{m}_p$ représentant cet état relâché théorique. Reprenant la terminologie de Ch **XII**, le mouvement de **m** est le processus de déformation absolu, $\mathbf{m}_p$ est le processus de déformation d'entraînement, ou plastique, et le processus de déformation élastique est la "différence" entre ces deux processus.

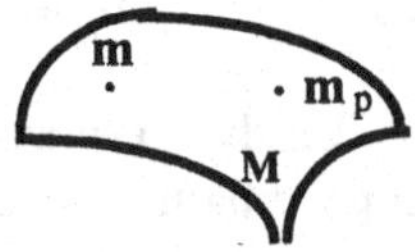


Le relâchement des contraintes que l'on envisage à un instant t ferait passer de la position à t de **m** à celle de $\mathbf{m}_p$ au même instant, mais sans indication d'aucun chemin entre ces points. Mieux, ce relâchement est purement élastique, si bien que la position $\mathbf{m}_p$ obtenue est indépendante du chemin de relâchement des contraintes et donc de la courbe qui joindrait ces points si il était possible d'effectuer le dit relâchement.

La part élastique est donc une question purement géométrique, qui ne concerne à chaque instant que les deux points **m** et $\mathbf{m}_p$ et les éléments géométriques qui leur sont associés. A savoir, en reprenant les notations de (**XVI**-5 Th1) avec $\mathbf{m}_1 = \mathbf{m}_p$ et $\mathbf{m}_2 = \mathbf{m}$ : la géodésique $\mathcal{G}_e$ joignant $\mathbf{m}_p$ à **m**, le tenseurs $\mathbf{L}_0$ coordonnée polaire géodésique de **m** de pole $\mathbf{m}_p$, élément de $\mathbf{Tm}_p$, et son transporté parallèle en $\mathbf{m}_p$, au dessus de $\mathcal{G}_e$, $\boldsymbol{\Lambda}_0$ élément de **Tm**, et tous les éléments que l'on peut déduire des précédents. Alors qu'en élasticité la variable cinématique était un état métrique, il s'agit ici une "différence" entre deux états métriques qui, comme on peut s'en douter vu la non planéité de **M** et comme nous le verrons en **P4**, n'a pas de sens.

• On peut parfaitement, à défaut d'atteindre la "différence" entre **m** et $\mathbf{m}_p$, remarquer que chacun des tenseurs $\mathbf{L}_0$ et $\boldsymbol{\Lambda}_0$ caractérise à sa façon la position de **m** par rapport à $\mathbf{m}_p$, et envisager de se servir de l'un ou de l'autre pour traduire la part élastique du phénomène. Voyons ce qu'il en est.

Nous avons dit en **XII-6** que la loi élastique devait être constante, sous peine de faire de l'élasticité avec endommagement, et que, même si tel était notre objectif, il fallait être en mesure de statuer une telle loi constante. Or une loi élastique constante est une loi qui prévoit une réponse en contrainte constante pour une sollicitation cinématique constante, quelle que soit le sens (horizontalité, transport parallèle,..) que l'on mettra derrière le mot constante. Il est donc indispensable d'avoir un critère pour, lorsque $\mathbf{m}_p$ et $\mathbf{m}$ varient, savoir si leur "différence" élastique est ou non constante, ou encore si leur position relative l'un par rapport à l'autre reste constante.

Avec l'interprétation que nous avons donnée des coordonnées polaires géodésiques, deux critères viennent à l'esprit immédiatement : on peut penser que l'on évolue à "déformation" élastique constante, au choix, ssi $\mathbb{L}_0$ est transporté parallèlement au dessus de $\mathbf{m}_p$, ou ssi $\Lambda_0$ est transporté parallèlement au dessus de $\mathbf{m}$ :

$$(19) \qquad \text{ssi} \quad \frac{\nabla \mathbb{L}_0}{dt} = 0 \qquad \text{ou} \qquad \text{ssi} \quad \frac{\nabla \Lambda_0}{dt} = 0$$

Ces deux propositions sont aussi séduisantes l'une que l'autre. *Malheureusement, elles ne sont pas équivalentes*. Nous laissons le soin au lecteur de le vérifier.

● Clairement, ces deux options consistent à choisir soit $\mathbb{L}_0$ pour caractériser la transformation élastique, qui est alors vue à partir de l'état relâché, soit $\Lambda_0$ qui la voit à partir de l'état actuel. Pour tout $\mathbf{m} \in \mathbf{M}$ et tout $\mathbf{X} \in \mathbf{Tm}$, notons $G(\mathbf{m},\mathbf{X})$ le point $\mathbf{m}' \in \mathbf{M}$ dont la coordonnée géodésique de pole $\mathbf{m}$ est $\mathbf{X}$. Avec ces deux caractérisations différentes de la transformation élastique, la composition des états métriques s'écrit :

$$(20) \qquad \boxed{\mathbf{m} = G(\mathbf{m}_p, \mathbb{L}_0)} \qquad \text{ou} \qquad \boxed{\mathbf{m}_p = G(\mathbf{m}, -\Lambda_0)}$$

Dérivant la première de ces relations, la vitesse de déformation $\mathbf{d} = \dot{\mathbf{m}}$ apparaîtra comme somme d'un terme dû à la dérivée $\dot{\mathbf{m}}_p$ de $\mathbf{m}_p$ et d'un terme dû à la dérivée $\nabla \mathbb{L}_0/dt$ de $\mathbb{L}_0$, que l'on pourra considérer comme constituant la partition de D en ses parts plastique et élastique. Il serait trop long d'expliciter ici ce calcul un peu fastidieux. On le trouvera en [Rougée, 1988], où nous avons aussi montré que l'homologue spatiale de cette composition des vitesses de déformation, dans le cadre de la cinématique $F = F_e F_p$ décrite en **XII-V**, obtenue par transport par **A** et exprimée uniquement en facettes 1, est :

$$(21) \qquad \boxed{D = R_e\left[\tfrac{1}{2}(U_e^{Jp} U_e^{-1} + U_e^{-1} U_e^{Jp})\right] R_e^{-1} + R_e\left[\tfrac{1}{2}(U_e^{-1} D_p U_e + U_e D_p U_e^{-1})\right] R_e^{-1}}$$

où $U_e^{Jp}$ désigne la dérivée de Jauman plastique de $U_e$, c'est à dire sa dérivée dans le référentiel corotationnel à la configuration relâchée.

Dérivant la seconde, on obtient une relation analogue fournissant cette fois une décomposition de $\dot{\mathbf{m}}_p$ dans $\mathbf{Tm}_p$, dont l'homologue spatiale par $\mathbf{A}_p$ est la décomposition de $D_p$ suivante :

$$(22) \qquad \boxed{D_p = - R_e^{-1}\left[\tfrac{1}{2}(V_e^{J} V_e^{-1} + V_e^{-1} V_e^{J})\right] R_e + R_e^{-1}\left[\tfrac{1}{2}(U_e^{-1} D U_e + U_e D U_e^{-1})\right] R_e}$$

où $V_e^J$ désigne la dérivée de Jauman de $V_e$, c'est à dire sa dérivée dans le référentiel corotationnel au mouvement global.

Dans l'approche matérielle, nous n'avons eu ni à choisir un référentiel matériel, ni à lever une indétermination sur le choix d'une position relâchée. Il est donc tout à fait naturel que les compositions (21) et (22) soient invariantes dans l'indétermination (**XII**-11) et qu'elles soient objectives. Le lecteur pourra le vérifier à titre d'exercice.

● Rien ne nous permet de choisir entre ces deux options, et force est de constater ce que nous annoncions déjà en fin de **XII-5** : de la donnée de deux processus de déformation, global et plastique, ne résulte pas de façon univoque un processus élastique différence. Ce n'est pas au niveau des processus de déformation que la décomposition peut être menée. Ou plutôt, on ne pourrait la mener à ce niveau qu'en faisant un choix, par exemple entre les deux options ci dessus, qui entraîneraient à une écriture des lois élastiques au dessus de $\mathbf{m}_p$ ou au dessus de $\mathbf{m}$, mais qui pourrait être autre (pourquoi pas au dessus du milieu de la géodésique?). Un tel choix aurait évidemment à être justifié physiquement. Nous pensons que les propositions qui ont pu être faites pour aborder le partage élastique-plastique au niveau des vitesses de déformation peuvent s'interpréter dans ce cadre. Une étude systématique serait intéressante.

Pour progresser, il faut donc un supplément de compréhension et de modélisation de la cinématique. C'est, à titre d'exemple, ce que l'on trouvera dans le paragraphe qui suit, où le supplément de physique s'introduit au niveau de la cinématique des positions.

## 8. CINÉMATIQUE DU MONOCRISTAL

● Dans le cas du monocristal, il est clair que l'élasticité est l'affaire du réseau cristallin. Ce dernier est évidemment matériel, mais son évolution, son placement et sa transformation, ne sont pas régies par la cinématique des éléments matériels locaux du milieu continu. On est ainsi amené à considérer en chaque point du milieu, d'une part le milieu local, modélisé dans notre modèle matière par $T_0$, mais aussi une microstructure qui aurait une vie cinématique et mécanique (élastique) propre.

Comme le milieu local, cette micro structure va être modélisée par un espace vectoriel analogue à $T_0$ [Krawietz, 1986], que nous noterons $T_{0e}$, et c'est deux placements locaux que nous aurons à considérer : $a \in L(T_0;E)$ pour $T_0$ et $e \in L(T_{0e};E)$ pour $T_{0e}$. Ces placements vont évidemment induire des états métriques dans $T_0$ et dans $T_{0e}$, qui vont être modélisés par un point $\mathbf{m}$ se déplaçant dans $\mathbf{M}$ pour le premier, et par un point $\mathbf{m}_e$ se déplaçant dans la variété $\mathbf{M}_e$ des métriques de $T_{0e}$ pour le second.

On constate que c'est cette fois le mouvement global et le mouvement élastique qui sont les éléments de départ, et le mouvement plastique qui s'en déduira par composition. On notera aussi que le mouvement élastique va de ce fait se poser en termes d'état métrique (de $T_{0e}$), ce que nous savons traiter, et non plus en termes de déformation. En particulier, un état élastique constant correspond à $\mathbf{m}_e$ fixe dans $\mathbf{M}_e$. Enfin, la microstructure étant un solide élastique, elle est dotée d'une métrique relâchée constante, modélisée par un point $\mathbf{m}_{er}$ invariant dans $\mathbf{M}_e$.

● La composition en placements va se faire classiquement sous la forme

(23) $\boxed{a = ep}$, avec $p = e^{-1}a \in L(T_0;T_{0e})$

La part plastique de la cinématique est donc caractérisée par l'application p, qui décrit le placement du milieu local par rapport à la microstructure. Il s'agit donc du mouvement relatif de deux milieux locaux, tous deux déformables.

Si l'on choisit l'espace euclidien $R^3$ pour espace $T_{0e}$ muni de la métrique constante $\mathbf{m}_{er}$, p devient un élément de $L(T_0;R^3)$ que l'on peut assimiler à une base de $T_0$. La microstructure est ainsi représentée par une base variable de $T_0$, qui se positionne dans l'espace sur une base de E, et qui par relâchement des contraintes serait orthonormée : c'est le classique trièdre directeur de Mandel. Les directions cristallographiques constituent une base objective pour définir une telle base, qui donc ne sera pas totalement non intrinsèque.

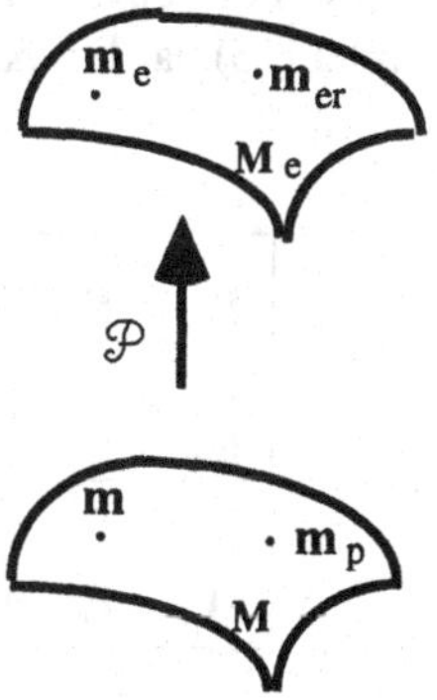


Compte tenu de la remarque finale de **XVI-2**, nous avons tout ce qu'il faut pour traiter une telle cinématique. En particulier, en n'utilisant que les aspects vectoriels et non euclidiens, et en procédant comme en (**XVI**-1) où nous avons associé au placement a un placement $\mathcal{A}$ de **M** sur $\mathbf{M}_E$, on associera au placement plastique p un placement $\mathcal{P}$ de la variété des métrique **M** de $T_0$ sur la variété des métriques $\mathbf{M}_e$ de $T_{0e}$, défini par une relation en tout point identique à (**XVI**-1).

Les états métriques simultanés **m** et $\mathbf{m}_e$ du milieu et de la microstructure sont évidemment homologues dans ce placement $\mathcal{P}$. Ils se composent donc avec le mouvement plastique p par la relation

(24) $\boxed{\mathbf{m}_e = \mathcal{P}(\mathbf{m}) \equiv \overset{*}{p}(\mathbf{m}) = (p^{-*}\bar{m}p^{-1},\ p\underline{m}p^*)}$ $\Leftrightarrow$ $\bar{m}_e = p^{-*}\bar{m}p^{-1}$

Par ailleurs, l'état métrique relâché constant de la microstructure, $\mathbf{m}_{er}$, se positionne dans **M** en $\mathbf{m}_p = \mathcal{P}^{-1}(\mathbf{m}_{er})$, variable. On retrouve ainsi **M** et ses deux points variables **m** et $\mathbf{m}_p$, mais avec cette fois une bonne compréhension du lien élastique entre les deux. En fait, $\mathbf{m}_p$ n'est pas l'état relâché du milieu mais la vision dans le milieu de l'état relâché de la microstructure.

● Dérivant en temps (24), il vient la composition des vitesses :

(25) $\boxed{\dot{\mathbf{m}}_e = \mathcal{P}'(\mathbf{m})\dot{\mathbf{m}} - (-\dot{\mathcal{P}}(\mathbf{m}))}$

$$\Leftrightarrow \quad \dot{\bar{m}}_e = p^{-*}\dot{\bar{m}}p^{-1} - (p^{-*}\dot{p}^*p^{-*}\bar{m}p^{-1} + p^{-*}\bar{m}p^{-1}\dot{p}p^{-1})$$

où $\mathscr{P}'(\mathbf{m})$, que nous noterons **P**, est l'analogue de **A** : c'est l'isomorphisme de **Tm** sur $\mathbf{Tm_e}$ approchant $\mathscr{P}$ au voisinage de **m**, et il est caractérisé par

$$\mathbf{x_e} = \mathbf{P}\,\mathbf{x} \quad \Leftrightarrow \quad \bar{x}_e = p^{-*}\bar{x}p^{-1}$$

La relation (25) fournit la composition des vitesses dans $\mathbf{Tm_e}$, où se trouve la vitesse élastique $\dot{\mathbf{m}}_e$ et où est transportée par **P** la vitesse $\dot{\mathbf{m}}$ du milieu. Le terme $\mathbf{x} = -\dot{\mathscr{P}}(\mathbf{m})$, obtenu en dérivant p, est dans cette composition la vitesse plastique. C'est un élément de $\mathbf{Tm_e}$, dont la facette 2, $\bar{x}$, explicitée dans (25), est encore égale à

$$\bar{x} = = (\dot{p}p^{-1})^*\bar{m}_e + \bar{m}_e\dot{p}p^{-1}) = \frac{1}{2}\,[(\dot{p}p^{-1})^*\gamma_e + \gamma_e\dot{p}p^{-1})]$$

et dont la facette 1 est la partie symétrique de $\dot{p}p^{-1} \in L(E_{0e})$, où $E_{0e}$ est l'espace euclidien constitué par $T_{0e}$ muni de sa métrique actuelle :

$$x = \gamma_e^{-1}\,\bar{x} = \frac{1}{2}\,[\gamma_e^{-1}(\dot{p}p^{-1})^*\gamma_e + \dot{p}p^{-1})] = (\dot{p}p^{-1})_{Se}$$

● Pour obtenir l'homologue spatial de cette composition des vitesses, il faut transporter (25) par $\mathbf{E} = \mathbf{AP}^{-1}$. Il vient, en changeant de membre la vitesse plastique :

$$\boxed{\mathbf{D} = \mathbf{D}_e + \mathbf{D}_p}, \quad \text{avec}$$

$$\boxed{\mathbf{D} = \mathbf{E}\,\mathbf{P}\,\dot{\mathbf{m}} = \mathbf{A}\,\dot{\mathbf{m}}} \quad \Leftrightarrow \quad \bar{D} = a^{-*}\dot{\bar{m}}a^{-1} \quad \Leftrightarrow \quad D = (\dot{a}a^{-1})_S$$

$$\boxed{\mathbf{D}_e = \mathbf{E}\,\dot{\mathbf{m}}} \quad \Leftrightarrow \quad \bar{D}_e = e^{-*}\dot{\bar{m}}e^{-1} \quad \Leftrightarrow \quad D_e = (\dot{e}e^{-1})_S$$

$$\boxed{\mathbf{D}_p = \mathbf{E}(-\dot{\mathscr{P}}(\mathbf{m}))} \quad \Leftrightarrow \quad \bar{D}_p = e^{-*}\frac{1}{2}\,[(\dot{p}p^{-1})^*\gamma_e + \gamma_e\dot{p}p^{-1})]e^{-1}$$

$$\Leftrightarrow \quad D_p = g^{-1}\bar{D}_p = [e(\dot{p}p^{-1})e^{-1}]_S$$

Soit finalement, en travaillant uniquement au niveau des facettes 1 pour les tenseurs spatiaux, par identification de E* à E, la composition spatiale des vitesses :

$$\text{(26)} \qquad \boxed{D = (\dot{e}e^{-1})_S + [e(\dot{p}p^{-1})e^{-1}]_S}$$

● On aura une compréhension "tout dans le référentiel de travail" de tout ceci en considérant un placement local de référence du milieu, $a_r$, et un placement de référence local isométrique de la microstructure munie de sa métrique relâchée, $e_r$. Ces placements sont supposés indépendants du temps.

Les relations (23) et (26) se transforment alors, en posant

(27) $\qquad F = aa_r^{-1}, \qquad F_e = ee_r^{-1}, \qquad$ et $\qquad F_p = e_rpa_r^{-1},$

exactement en les relations (**XII**- 10 et 17-1) de l'approche spatiale :

(28) $\boxed{F = F_eF_p}$ et $\boxed{D = (\dot{F}_eF_e^{-1})_S + (F_e\dot{F}_pF_p^{-1}F_e^{-1})_S}$

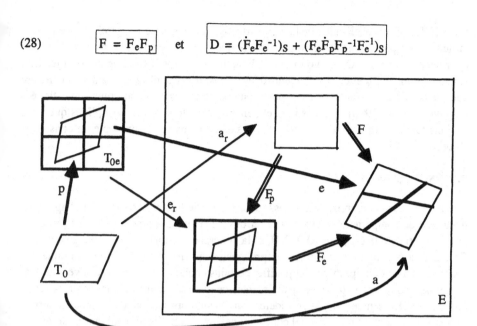

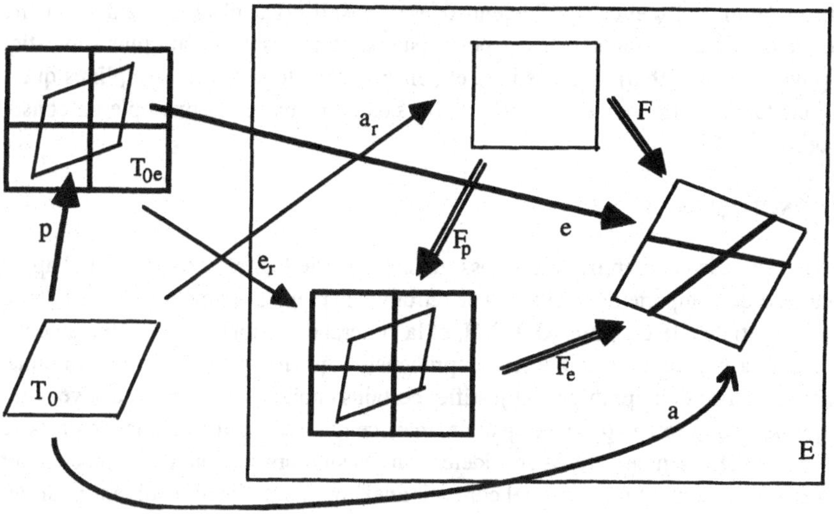


● Nous laissons aux spécialistes le soin de ré-écrire, et éventuellement de repenser, leurs modèles pour le monocristal dans le présent cadre cinématique matériel intrinsèque. Nous nous contenterons ici de quelques remarques.

- Tout d'abord, nous restons dans le cadre d'une décomposition $F = F_eF_p$, mais qui n'est qu'un aspect résultant des hypothèses cinématiques.

- Le complément de cinématique a permis de résoudre la question de la composition des vitesses de déformation élastique et plastique, mais n'a pas pour autant résolu totalement l'indétermination (**XII**-11) sur la décomposition $F_eF_p$. Le placement de référence $e_r$ n'est en effet déterminé qu'à une rotation r près, qui induira une indétermination de type (**XII**-11), avec toutefois des r constants puisque $e_r$ se doit d'être indépendant du temps (s'il n'en était pas ainsi, (26) ne se traduirait plus par (28-2)).

- Un élément important à remarquer est que la variable cinématique plastique n'est plus l'état métrique plastique $\mathbf{m}_p$, variable de dimension 6, mais le placement p, de dimension 9, qui le détermine, ou son représentant spatial $F_p$. La vitesse d'évolution du phénomène plastique n'est donc pas simplement, en approche spatiale, le taux de déformation $D_p$, mais $L_p = \dot{F}_pF_p$ dans sa totalité, ce qui explique la réhabilitation de (28-2) identique à (**XII**-27-1).

- C'est dans la description de cette variable plastique p, via la description du champ eulérien de vitesse $\dot{p}p^{-1}$ (ou $\dot{F}_pF_p$), que va intervenir la physique des plans et des directions de glissement. Elément de $L(T_0;T_{0e})$, cette variable p, et toute cette affaire, n'a rien d'euclidien. Les covecteurs s'imposeront pour la modélisation des plans de glissement.

- Enfin, si la modélisation de la microstructure par un espace vectoriel comme pour le milieu se comprend parfaitement pour un monocristal, il n'en va plus du tout de même pour les polycristaux. On ne voit pas quelle réalité physique invariable pourrait justifier l'introduction de $T_{0e}$ et de ses éléments dans ce cas. Il existe d'autres manières de rendre compte de la microstructure de ces polycristaux, certaines beaucoup plus sophistiquées [Lipinski et col., 1990]. La plasticité et l'élastoplasticité sont des disciplines que nous n'avons fait qu'effleurer. Le lecteur pourra s'en convaincre par exemple en consultant [Naghdi, 1990].

## 9. CONCLUSION

A la fin de ce chapitre, mais aussi de cette partie **P3**, remarquons que l'approche matérielle du comportement a permis de retrouver la plupart des modèles introduits en approche spatiale aux chapitre **XI** et **XII**, et la cohérence annoncée a été pleinement vérifiée. Elle a permis une nouvelle compréhension qui n'a pu qu'éclairer la démarche, conforter certaines hypothèses, et justifier certains choix. A été ainsi retrouvé, non tout ce qui peut se faire en approche spatiale, mais ce que nous avions choisi de proposer, et tout particulièrement le parti de considérer comme tenseurs euclidiens le taux de déformation et la contrainte. Le référentiel corotationnel comme référentiel suiveur pour dériver ces tenseurs par rapport au milieu a également été confirmé, mais pas complètement le parti plus ambitieux de lire D dans ce référentiel pour obtenir la variable vitesse de déformation. En effet, si la dérivation nous a bien conduit à une accélération très acceptable, l'intégration dans ce référentiel nous a conduit à l'impasse des déformations tensorielles cumulées. Enfin, le suiveur géométrique en rotation propre, pour l'élasticité où la contrainte a un rôle spécifique de variable d'état thermodynamique, a lui aussi été justifié.

Que le lecteur nous comprenne bien. Bien qu'ayant plaidé pour le modèle matière et pour l'écriture matérielle du comportement, notre conclusion n'est pas qu'il faut dorénavant abandonner toute formalisation spatiale. Nous avons conscience que notre formalisme intrinsèque n'est pas véritablement trivial, et nous sommes nous-mêmes heureux quand rien ne nous empêche d'identifier les tenseurs euclidiens à leurs premières facettes. L'intérêt que nous voyons à toute la démarche matérielle de **P2** et **P3** est d'*avoir exhibé ce qu'est véritablement l'approche matérielle des milieux continus*, et d'avoir ainsi apporté un élément de compréhension donc de choix plus puissant. Et ce d'autant plus que cette approche matérielle intrinsèque, que nous avons peu à peu construite, diffère des approches matérielles, que nous dirons classiques et qui sont en fait non intrinsèques et approchées, usuellement mises en oeuvre.

Dans la quatrième partie **P4** que nous allons maintenant aborder, et où nous parlerons enfin de *déformation,* l'approche matérielle intrinsèque va continuer a nous aider à mieux comprendre les approches spatiales, mais aussi ces approches matérielles classiques, aussi appelées approches lagrangiennes, et à en mieux comprendre le caractère approché.

## Quatrième partie

# LA DÉFORMATION

La *déformation* est l'outil cinématique traditionnel. C'est le changement de forme-état métrique, à ne pas confondre avec la *transformation* qui est le changement de placement : toute transformation produit une déformation, mais une même déformation peut être produite par des transformations différentes. Les déformations dont il est ici question sont les *déformations finies*. Ce vocable signifie que l'on s'intéresse au changement d'état métrique entre deux états métriques différents, associés à deux positions éventuellement très différentes, *sans prise en compte d'une éventuelle évolution continue entre ces deux états ou ces deux positions.*

La déformation est donc un concept purement géométrique au départ, qui ne dépendra que de la transformation géométrique faisant passer de la première position à la seconde. Il s'agira souvent du changement d'état métrique que présente à un instant donné l'état métrique actuel du milieu par rapport à son état métrique dans une position de référence donnée, et nous dirons alors que c'est le cas r.a. Mais des situations différentes pourront être considérées.

Comme en petits déplacements, mais, nous le verrons, avec moins de bonheur, la déformation est traditionnellement, et plus ou moins consciemment, utilisée dans deux rôles. Le premier est le rôle titre : quantifier les déformations finies. Il fait passer d'une notion de "transformation-déplacement déformant", bien représentée nous l'avons vu par le U ou le V de la décomposition polaire, à une notion de *modélisation quantifiante* de la déformation. Ce passage est analogue à celui de D évoluant de "vitesse déformante" à "vitesse de déformation", réalisé avec succès en **P3**. Le second, dans le cas r.a., est celui de variable cinématique fondamentale substitut de l'état métrique non modélisé, obtenu par différence (?) avec un état métrique connu

Nous constaterons, mais ce qui précède le laissait prévoir, que, du fait de la non-linéarité essentielle des grandes transformations, ces objectifs ne peuvent être réalisés que de façon approchée. Ils le sont de ce fait de façons (approchées) diverses et contradictoires dont nous analyserons l'insertion dans le modèle matière précédemment élaboré.

En Ch **XVIII**, nous nous limiterons à une approche spatiale, relativement classique. En Ch **XIX** l'analyse sera reprise dans le cadre du modèle matière. En Ch **XX**, nous analyserons les approches matérielles classiques, dites aussi lagrangiennes, de la mécanique des grandes transformations, qui font grand usage de la déformation.

CHAPITRE XVIII

# APPROCHE SPATIALE DE LA DÉFORMATION

Dans ce chapitre, qui sera relativement classique et qui peut se lire à la suite de Ch **V**, et le suivant, nous cherchons à aller au delà du simple *déplacement déformant* mis en évidence par la décomposition polaire d'une grande transformation, et à atteindre une véritable *modélisation* de la *déformation finie* qu'elle provoque.

L'idéal serait évidemment de mettre en évidence une grandeur qui "serait" et qui mesurerait cette déformation, exactement comme le vecteur déplacement "est" et mesure le déplacement d'un point changeant de position. Une telle modélisation-quantification de la déformation est réalisée en petits déplacement par le tenseur, dit des déformations, $\varepsilon_L$ : comme le vecteur déplacement pour les déplacements, dont il dérive linéairement, ce tenseur permet non seulement de comparer des petites déformations différentes, l'une pouvant être égale, double, parallèle ou orthogonale à une autre, mais aussi de composer par addition de leurs mesures deux déformations successives en un même point.

La question que nous nous posons est celle de l'*extension de ces propriétés aux transformations finies*. Afin d'éviter toute équivoque disons tout de suite que *cette extension se révélera impossible*. Il est toutefois indispensable de la tenter : il s'agit d'un souci légitime, cela aidera le lecteur habitué aux petits déplacements à se défaire d'idées préconçues, ce sera l'occasion de mettre en place des notions très utilisées dans la littérature, et, enfin, nous enregistrerons quand même quelques succès partiels.

Dès les travaux de Cauchy, considérés comme initiant la théorie générale des milieux continus, les tenseurs les plus fondamentaux parmi ceux que nous allons évoquer ont été introduits [Cauchy 1841]. Mais la question a été abondamment reprise ensuite. Il n'est pas possible de décrire ici, ni même de citer, l'ensemble de ces études. Nous renvoyons à [Truesdell et Toupin, 1960] a la fois pour la remarquable étude historique qu'ils en ont faite, et pour certains développements que nous n'aurons pas le loisir de détailler.Bien que retrouvant des objets mathématiques, des *tenseurs de déformation*, largement connus et discutés par le passé, nous pensons que notre présentation en apporte une compréhension nouvelle. Quant aux noms propres que nous leur attribuons, ils sont un compromis entre un souci de rationalité, un désir de tenir compte de l'usage actuel, et une recherche de paternité qui, dans un domaine si travaillé, aurait nécessité un véritable travail d'historien auquel nous ne nous sommes pas livré.

Enfin, sur un plan pratique, dans un souci de marquer que l'on ne considère pas exclusivement la déformation relative au passage d'une position de référence à la position actuelle (cas r.a.), nous adopterons les vocables "départ et arrivée", ou "initial et final" (sans connotation cinématique), au lieu de "référence et actuel". Par contre, afin de ne pas multiplier ou alourdir les notations, nous adopterons celles, introduites en **P2** dans le cas r.a., en substituant simplement, pour la position de départ, l'indice 1 à l'indice r quand il apparaît. Il n'y aura donc pas d'indice spécifique à la position d'arrivée. Nous reprendrons en particulier les notations F, R, U, V, pour la transformation locale de la position initiale à la position finale et sa décomposition polaire. Egalement, d'éventuelles coordonnées initiales et finales, qui seront les coordonnées matérielles et spatiales dans le cas r.a., seront encore notées X et x, etc.

## 1. LA DÉFORMATION PURE

● La première idée venant à l'esprit est la suivante : au delà de son interprétation comme part déformante de la transformation F, le tenseur U (ou d'ailleurs V) introduit dans la décomposition polaire (V-10) ne pourrait-il *être* la déformation, au sens qui vient d'être précisé, comme le suggère fortement son appellation de tenseur des déformations pure ? S'il en était ainsi, nous serions tout à fait dans la continuité de ce qui s'est passé pour D qui, introduit comme part déformante des vitesses, a gagné, par les relations (**IV**-8) puis plus fondamentalement en Ch **XIII**, son titre de vitesse de déformation.

Pour justifier cette qualification de D, nous avons mis en balance, dans une vision égalitaire longuement justifiée de E et de son dual E*, la vitesse de déformation des segments et celle des tranches, ce qui a nous a conduit à accepter D comme vitesse de déformation, mais pensé comme tenseur euclidien. Or, la décomposition polaire étudiée en **V-3** porte sur F qui régit la transformation des segments. Il nous faut donc examiner le point de vue dual du déplacement des tranches, dont nous avons vu en **V-6**[1] qu'il est régi par $F^{-T}$, dont la décomposition polaire est

$$F^{-T} = RU^{-1} = V^{-1}R \tag{1}$$

Par rapport à celle de F relatif aux segments, la part de rotation est inchangée, mais c'est $U_d = U^{-1}$ et $V_d = V^{-1}$ qui rendent compte du "déplacement déformant" des tranches. Nous avons donc ainsi deux éléments inverses l'un de l'autre par les deux approches duales. Cela tranche avec ce qui s'était passé en Ch **XIII** pour la vitesse de déformation, et dont le lecteur du second type peut avoir une idée en se souvenant que c'est un même tenseur, à savoir D, qui était intervenu dans les deux relations (**IV**-8). *La question de la modélisation des déformations finies se présente donc d'emblée de façon moins sympathique que celle des vitesses de déformation.* Nous l'aborderons sous un autre angle dès le prochain paragraphe.

---

[1] Pour les lecteurs du premier type, signalons que pour rester le plus possible classique nous n'envisagerons qu'en fin de chapitre l'incidence de la modélisation hypo-euclidienne des tranches

Signalons toutefois un élément positif : U et $U^{-1}$ ont mêmes directions propres, dans la configuration initiale, tout comme V et $V^{-1}$ dans la configuration finale. Les deux approches duales semblent donc en accord sur la question des directions principales de déformation, ce qui vu leur signification physique était tout à fait prévisible. Nous renvoyons à **V-4** ou cette notion a été traitée, mais aussi à **V-7**, car les deux aspects déformation des segments et déformation des tranches y interviennent à égalité. Nous ferons grand usage des bases principales de déformation initiale Δ et finale δ introduites en **V-4**.

● Vu sous l'angle des éléments de cylindre et de surface (**VII-8** et **9**), dont les déplacements sont régis par $F' = J^{-2/3}\mathring{F}$ et $F'^{-T}$, on obtient les décompositions

(2) $\boxed{F' = RU' = V'R}$, $\boxed{F'^{-T} = RU'^{-1} = V'^{-1}R}$, $\boxed{U' = J^{-2/3}\,\mathring{U}}$, $\boxed{V' = J^{-2/3}\,\mathring{V}}$

On en conclut que, au niveau de la simple caractérisation de la déformation :

*Les variables de déformation significatives mises en évidence par la décomposition polaire sont la dilatation volumique J, intervenant avec des exposants assortis aux éléments matériels considérés, et les tenseurs dits de distorsion pure* $\mathring{U}$ *et* $\mathring{V}$, *intervenant soit par eux mêmes soit par leurs inverses.*

● Comme autre particularité à signaler, il y a le fait que U caractérise la déformation du point de vue de la position initiale tandis que V le fait de celui de la position finale. On n'avait rien de tel, et pour cause, ni pour D ni pour les petits déplacements : les choses se compliquent donc. Noter, pour terminer ce point, qu'aux transports par R et par F transformant U en V (**V-10-2**), s'ajoute le transport par $F^{-T}$ :

(3) $$\boxed{V = RUR^{-1} = FUF^{-1} = F^{-T}UF^{T}}$$

Techniquement, ceci est dû au fait que U et C sont dans $\mathcal{D}(E_1,\Delta)$ (**M6**) et résulte de la commutativité du produit de matrices diagonales.

Ces relations expriment que U et V sont, respectivement dans l'espace de départ $E_1$ et l'espace d'arrivée E, homologues dans des isomorphismes de statuts divers : ils le sont en tant qu'endomorphismes dans l'isomorphisme d'espace vectoriel F, en tant que représentants par modélisation hyper-euclidienne d'endomorphismes des espaces duaux dans l'isomorphisme $F^{-T}$, et en tant que tenseurs euclidiens dans l'isométrie R.

## 2. LA DILATATION DES SEGMENTS

● Nous avons déjà souligné en **XIII-2** qu'une première manifestation de ce que le milieu est, en un de ses points, dans un certain état métrique, est que les (petits) segments matériels issus de ce point ont des longueurs et des angles mutuels, et donc ont un *produit scalaire*. Une façon d'appréhender la déformation au cours d'un déplacement consistera donc à comparer les produits scalaires initial et final pour toute paire de segments matériels au point considéré, et donc en tant que *fonctions de ces segments*.

Notant $\vec{l_1}$ et $\vec{l}$ les positions initiale et finale d'un segment matériel $\vec{l_0}$, la comparaison portera entre $\vec{l_1'}.\vec{l_1''}$ et $\vec{l'}.\vec{l''}$, ou entre $<g_1\vec{l_1'}, \vec{l_1''}>$ (dualité entre $E_1$ et $E_1^*$) et $<g\vec{l'}, \vec{l''}>$

(dualité entre E et E*) si, quittant les facilités offertes par les espaces euclidiens, on utilise les espaces duaux et les tenseurs métriques $g_1$ et g dans $E_1$ et E. Dans les deux cas, il est difficile de comparer ces deux produits scalaires en tant que fonctions des segments matériels, car ceux ci y sont désignés par leurs positions initiales dans le premier et finales dans le second. Pour pouvoir effectuer cette comparaison il faut y désigner les segments matériels de la même façon dans les deux termes de la comparaison. L'idéal serait de le faire directement dans le modèle matière, mais nous avons reporté au prochain chapitre une telle approche.

● Dans les approches classiques, qui s'enferment dans une pratique très euclidienne, on ne fait usage ni du dual, ni du tenseur métrique, et aucune formalisation autonome du modèle matière n'est proposée. On est alors contraint de faire porter la comparaison entre $\vec{l_1'}.\vec{l_1''}$ et $\vec{l'}.\vec{l''}$ en désignant les segments soit par leurs positions initiales, soit par leurs positions finales. Choisissons, pour commencer, les positions initiales, et utilisons la loi de déplacement $\vec{l} = F\vec{l_1}$. La comparaison portera alors entre les fonctions de $\vec{l_1'}$ et $\vec{l_1''}$

(4) $\quad \vec{l_1'}.\vec{l_1''} = 1_{E_1}\vec{l_1'}.\vec{l_1''} \quad$ et $\quad \vec{l'}.\vec{l''} = F\vec{l_1'}.F\vec{l_1''} = C\vec{l_1'}.\vec{l_1''}$ , avec (**M1**-d):

(5) $$\boxed{C = F^T F} \in L_S^+(E_1),$$

c'est à dire entre les formes bilinéaires des endomorphismes (de l'espace euclidien $E_1$) que sont $1_{E_1}$ et le tenseur C déjà rencontré en **V-3**.

Le premier terme de la comparaison ne contenant en fait aucune information, on conçoit que le second, C, contienne toutes les informations de cette comparaison. C'est donc un tenseur très important concernant la caractérisation de la déformation. On remarquera d'ailleurs qu'il est égal au carré $U^2$ du déplacement déformant (**V-11**), et donc, entre autres, qu'il a mêmes directions propres que U, à savoir les *directions principales de déformation initiales* (dpdi). Nous reviendrons en détail sur ce tenseur dans le prochain paragraphe, après les quelques remarques suivantes qui s'imposent.

● Si, tout en restant spatial mais en rompant avec l'enfermement euclidien, on avait fait usage des duaux et des tenseurs métriques, on aurait eu à comparer, toujours en tant que fonctions de $\vec{l_1'}$ et $\vec{l_1''}$ :

(6) $\langle g_1\vec{l_1'}, \vec{l_1''}\rangle$ et $\langle gF\vec{l_1'}, F\vec{l_1''}\rangle = \langle \bar{C}\,\vec{l_1'}, \vec{l_1''}\rangle$, avec

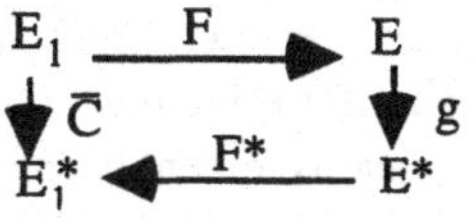


(7) $$\boxed{\bar{C} = F^* g F} \in L_S^+(E_1;E_1^*)$$

> *Il s'agit donc d'une comparaison entre les deux tenseurs métriques* $g_1$ *et* $\bar{C}$ *définis sur l'espace vectoriel* $T_1$ *sous-jacent à* $E_1$. *Le premier* $g_1$ *est celui qui fait de* $T_1$ *l'espace euclidien* $E_1 = (T_1, g_1)$. *Le second* $\bar{C}$ *est le transporté dans* $E_1$ *par* $F^{-1}$ *du tenseur métrique g de E.*

Pour les lecteurs du second type, disons que nous sommes en présence de deux états métriques différents pour les segments, l'un initial et l'autre final, lesquels sont tout à fait normalement caractérisés par deux tenseurs métriques différents définis sur l'espace vectoriel $T_1$ qui a été choisi pour désigner les segmnts. Indiquons aussi que la définition (8) de $\bar{C}$ fait usage du transposé (non euclidien) $F^*$ de F, dont ils n'ont pratiquement à connaître que la définition donnée en (**M12**-a ), définition qu'ils auront intérêt à comparer à celle de $F^T$ donnée en (**M1**-d). S'ils le souhaitent, ils trouveront quelques éclaircissements sur la notion de transport en **M11**.

Cette fois, l'information est contenue dans les deux termes de la comparaison. Et ces deux termes étant dans $L_S^+(E_1; E_1^*)$, donc dans l'espace vectoriel $L_S(E_1; E_1^*)$, une idée qui vient naturellement à l'esprit, et qui d'ailleurs est historiquement venue, est de les comparer en en faisant la différence. Celle-ci, multipliée par un facteur 1/2 pour des raisons qui apparaîtront ultérieurement,

(8) $$\bar{e} = 1/2(\bar{C} - g_1)$$

est le *tenseur des déformations covariant de Green* (covariant car deux fois covariant : $L(E_1;E_1^*) \stackrel{i}{=} E_1^* \otimes E_1^*$). Nous reviendrons sur ce tenseur ultérieurement. Signalons seulement ici que, hélas, en tant qu'élément de $L_S(E_1;E_1^*)$, cette différence n'a pas d'éléments propres. *Elle est donc incapable à elle seule de rendre compte de l'importante caractéristique de la déformation que sont les directions principales.* Elle ne saurait donc convenir pour modéliser la déformation

● Utilisant (**M12**-c), on constate que $C \in L_S^+(E_1)$ et $\bar{C} \in L_S^+(E_1;E_1^*)$ sont liés par

(9) $$\boxed{C = g_1^{-1}\bar{C}},$$

qui montre d'une part que C *est une sorte de quotient des deux termes* $g_1$ *et* $\bar{C}$ *de la comparaison qui précède* et d'autre part que, comme le laissait présager les notations, C et $\bar{C}$ sont les facettes 1 et 2 d'un même tenseur *euclidien* **C** sur $E_1$ (tout comme $1_{E_1}$ et $g_1$ sont celles du tenseur euclidien unité d'ordre deux $\mathbf{1}_{E_1} = (g_1, g_1^{-1})$). Ils auront donc en particulier le même quadruplé de jeux de composantes dès qu'une base sera choisie dans l'espace euclidien $E_1$ (globalement, mais se partageant différemment en composantes premières et secondes).

Mais il ne s'agit pas de deux facettes symétriques en E et E* comme le sont les facettes 2 et 3 choisies pour définir les tenseurs euclidiens, ou les facettes 1 et 4. Rien n'autorise donc *pour l'instant* à mettre en avant le tenseur euclidien **C** qui se dissimule derrière l'élément C de $L(E_1)$. On notera au passage que l'identification de **C** et de $\bar{C}$ à C à laquelle conduirait l'identification courante de E* à E est pour nous impensable tant est essentielle la nuance (?) qui les sépare. Rappelons qu'une façon de se préserver d'une telle identification consiste a n'utiliser pour C et $\bar{C}$ que leurs composantes premières, de type $[C^i{}_j]$ et $[C_{ij}]$ respectivement.

● A notre connaissance, très peu d'auteurs mettent en évidence la différence essentielle à nos yeux existant entre $F^T$ et $F^*$, et donc entre C et $\bar{C}$ par voie de conséquence. Ces derniers sont alors très souvent considérés comme constituant un objet unique (notre tenseur euclidien **C**?), généralement noté C et défini comme nous le faisons par une relation $C = F^TF$, mais sans préciser la nature géométrique de l'opérateur $^T$ (il s'agit sans doute de la transposition des matrices)[2].

Un manque est parfois ressenti à ce niveau par les auteurs les plus rigoureux dans leur démarche. Par exemple, dans [Sansour 1992], l'auteur a nettement vu s'introduire dans son formalisme, à coté du classique $F^TF$, un $F^TgF$ dont le $F^T$ avait sans doute la signification de notre F*. Mais au lieu d'en tirer les conséquences sur le plan des tenseurs affines où il s'était placé, et où nous pensons qu'il faut pour l'instant rester, il conclut, dans une argumentation typiquement tenseur euclidien, que (en substance) "puisque g est le tenseur unité, $F^TF$ et $F^TgF$ sont des définitions équivalentes de C", passant ainsi subrepticement de C élément de L(E) au tenseur euclidien **C**.

Les auteurs travaillant en coordonnées curvilignes non orthonormées, avec indices haut et bas, sont astreint à un formalisme plus strict (**M4-e**), et l'on peut savoir si ils utilisent C ou $\bar{C}$ en regardant s'ils utilisent les composantes $C^i_j$ ou $C_{ij}$. Par exemple, dans [Truesdell et Toupin 1960], sous une même notation *C* (et sous l'appellation tenseur des déformations de Green), c'est d'abord $\bar{C}$ qui est introduit, puis les propriétés de C, à moins que ce ne soient celles de **C**, qui lui sont attribuées.

Cette attitude, détaillée ici à propos de C, est pratiquée pour tous les tenseurs que nous introduirons dans ce chapitre. Tout se passe en fait comme si ces auteurs, mais aussi bien d'autres, n'envisageaient à priori dans $E_1$, mais aussi dans E, que des tenseurs euclidiens, sans se soucier de ce que, stricto sensu, ceux ci ne s'introduisent en fait dans leur analyse que par une facette particulière. Nous verrons en **11** qu'en ce qui concerne C et les tenseurs qui en dériveront, cette pratique peut être *en partie* défendue, mais ce sera au terme d'une analyse, et par un processus, plus complexes, beaucoup moins directs, et bien moins convaincants qu'en ce qui concerne le passage de D à **D** effectué en Ch **XIII**.

## 3. LE TENSEUR DE CAUCHY-GREEN DROIT

● Nous l'avons dit, le tenseur C joue un rôle important dans la cinématique classique des grandes transformations. C'est le *tenseur de Cauchy-Green*. Nous l'avions déjà rencontré dans l'étude de la décomposition polaire, où le tenseur des déformations pures à droite U a été défini comme en étant la racine carrée (**V**-11). On l'appelle aussi de ce fait *tenseur des déformations de Cauchy-Green droit*. Dans [Truesdell et Toupin 1960] il est appelé tenseur des déformations de Green. Tel qu'il a été défini, c'est, pour nous et pour l'instant, un endomorphisme symétrique, défini positif, de $E_1$.

Utilisant (**V**-2) qui exprime F en fonction de $\vec{U}$, puis (**V**-26) qui le décompose en le produit $J^{1/3}\mathring{F}$ , il vient aussi les relations:

2 Noter que F et F* ont mêmes composantes dans les bases s'imposant naturellement, et donc ne se différentient pas au niveau du calcul matriciel. La raison est aussi tout simplement que les auteurs se passent totalement des espaces duaux...

(10) $$C = 1_{E_1} + \frac{d\vec{U}}{dM_1} + \left(\frac{d\vec{U}}{dM_1}\right)^T + \left(\frac{d\vec{U}}{dM_1}\right)^T \frac{d\vec{U}}{dM_1}, \quad C = J^{2/3}\,\mathring{C} \quad \text{avec} \quad \mathring{C} = \mathring{F}^T\mathring{F}$$

La première l'exprime en fonction du gradient en $M_1$ du vecteur déplacement $\vec{U}$ de la position initiale à la position finale. La seconde le décompose en produit d'un terme d'expansion isotrope et d'un terme qui est simplement de distorsion.

• Notons $\vec{l} = \ell\vec{u}$ la position finale d'un (petit) segment matériel au point considéré, où $\ell \in R^+$ et le vecteur unité $\vec{u}$ sont sa longueur et sa direction finales, et de façon analogue avec des indices 1 sa position initiale. On déduit de (5), avec $\vec{l}' = \vec{l}'' = \ell\vec{u}$ :

(11) $$\vec{u}_1.C\vec{u}_1 = (\ell/\ell_1)^2 = \lambda^2 = (1+\bar{\lambda})^2$$

où les scalaires $\lambda > 0$ et $\bar{\lambda} > -1$ , définis par

(12) $$\lambda = \frac{\ell}{\ell_1} \qquad \bar{\lambda} = \frac{\ell - \ell_1}{\ell_1} = \lambda - 1 \quad \Leftrightarrow \quad \ell = \lambda\ell_1 = (1+\bar{\lambda})\ell_1$$

sont la *dilatation* et l'*allongement relatif* (rapporté à la longueur initiale) du segment matériel considéré.

La forme quadratique $\vec{u}_1.C\vec{u}_1$ est donc, pour tout vecteur unité $\vec{u}_1$ de $E_1$, égale au carré de la dilatation des segments matériels initialement parallèles à $\vec{u}_1$. Le tenseur C est encore pour cela appelé *tenseur des dilatations*. Notant $\mathring{\ell}$ la longueur qu'aurait le segment matériel dans la seule composante d'expansion isotrope de ce déplacement on a le partage de la dilatation entre les mouvements composants qui suit:

(13) $$J^{2/3} = (\mathring{\ell}/\ell_1)^2 \quad \text{et} \quad \vec{u}_1.\mathring{C}\,\vec{u}_1 = (\ell/\mathring{\ell})^2$$

On déduit aussi de (5), pour deux segments orthogonaux dans la position initiale et dont l'angle actuel est $(\pi/2 - \alpha)$ ($\alpha$ est la diminution de leur angle dans la déformation):

(14) $$\vec{u}'_1.C\vec{u}''_1 = \lambda'\lambda'' \sin\alpha = (\vec{u}'_1.C\vec{u}'_1)^{1/2}(\vec{u}''_1.C\vec{u}''_1)^{1/2} \sin\alpha$$

• Ces propriétés démontrent à l'évidence que C est en lui même un bon indicateur de la déformation, et au moins de la déformation des segments matériels, au point considéré. Sortant de l'enfermement euclidien dans lequel nous nous sommes placés, on a déjà remarqué que la relation (9) montre que, dans l'espace $E_1$ où l'on a choisi de désigner les segments matériels, il est une sorte de *"quotient"* de leur métrique finale $\bar{C}$ par leur métrique initiale $g_1$.

On peut aussi remarquer que quand il est égal à $1_{E_1}$ auquel on est censé le comparer, on a $F^T = F^{-1}$, caractéristique de ce que F est une isométrie et donc de ce qu'il n'y a pas de déformation au point considéré. En outre, sa différence avec $1_{E_1}$ s'écrit

(15) $$C - 1_{E_1} = g_1^{-1}(\bar{C} - g_1),$$

et peut être interprétée comme une *différence relative des deux tenseurs métriques* $\bar{C}$ *et* $g_1$, ou encore comme la *variation relative de* $\bar{C}$ au cours de la déformation puisque quand les deux configurations sont identiques $\bar{C}$ est égal à $g_1$.

● Il serait prématuré, et abusif comme nous le verrons, d'en conclure que C modélise la déformation. Mais compte tenu de toutes ces propriétés il la représente, ou la caractérise assez bien, ce que nous traduirons en disant que c'est une *variable de déformation.* Ceci n'a rien d'étonnant compte tenu du fait qu'il s'agit du carré de U, autre variable de déformation. On a d'ailleurs déjà remarqué que, U et $C = U^2$ ayant mêmes vecteurs propres et en se reportant à **V-4** :

> *Les directions propres de* C *sont les directions principales initiales de la déformation. Toute base othonormée* $\Delta = (\vec{\Delta}_1\ \vec{\Delta}_2\ \vec{\Delta}_3)$ *constituée de trois de ces directions propres désigne les positions initiales de trois directions matérielles deux à deux orthogonales dans leur position initiale et dans leur position finale.*

Dans une telle base propre, en générale unique, on a, en notant $\lambda_i$ la dilatation $\lambda$ des segments matériels initialement disposés selon la direction principale $\vec{\Delta}_i$ (**M6**-a):

$$\boxed{C = \Delta[[C_i]]\Delta^{-1}}, \text{ avec } \boxed{C_i = \vec{\Delta}_i.C\vec{\Delta}_i = \lambda_i^{\,2} = (1+\bar{\lambda}_i)^2}, \qquad (16)$$

Il importe de noter que (9) implique que C est un endomorphisme symétrique de deux espaces vectoriel euclidiens différents: $E_1 = (T_1, g_1)$, mais aussi $(T_1, \bar{C})$. On a en effet, notant T la transposition au sens de la métrique $\bar{C}$, et utilisant deux fois (**M12**-c):

$$C^T = \bar{C}^{-1}C^*\bar{C} = \bar{C}^{-1}\,g_1C^T\,g_1^{-1}\bar{C} = \bar{C}^{-1}\,g_1C\,g_1^{-1}\bar{C} = C$$

Il en résulte en particulier que toute base propre $\Delta$ supposée OND pour la métrique officielle $g_1$ de $E_1$, est aussi orthogonale pour la métrique $\bar{C}$, mais n'est plus normée.

On notera encore que C est sans dimension physique, puisque F est lui même sans dimension, tout comme les dilatations $\lambda$. Il en ira d'ailleurs de même des autres tenseurs de déformation que nous introduirons et étudierons dans ce chapitre et le suivant.

● Pour le travail en coordonnées on utilisera les outils et les notations mis en place en **P2** à propos du cas r.a.. Supposons $\Omega_1$ et $\Omega$ rapportés à des coordonnées initiales et finales X et x, analogues aux coordonnées matérielles et spatiales. Travaillant d'abord avec ces deux systèmes de coordonnées, notant $G = b^Tb$ et $G_1 = B^TB$ les matrices de Gram des bases locales b (en M pour les coordonnées finales x) et B (en $M_1$ pour les coordonnées initiales X), et utilisant (**V**-5) et (**M5**-d-2) , on obtient comme composantes premières $C^i_j$ de C et $C_{ij}$ de $\bar{C} = g_1 C$ :

$$[C^i{}_j] = B^{-1}F^TF\,B = B^{-1}B^{-T}\left(\frac{dx}{dX}\right)^T b^T b\,\frac{dx}{dX}, \qquad \text{et donc}$$

$$\boxed{[C^i{}_j] = G_1^{-1}\left(\frac{dx}{dX}\right)^T G\,\frac{dx}{dX}} \Leftrightarrow \boxed{C^i{}_j = g_1^{\ ik}\,\frac{\partial x^\alpha}{\partial X^k}\,g_{\alpha\beta}\,\frac{\partial x^\beta}{\partial X^j}} \quad (= C_j{}^i\text{, noté } C^i_j\,) \qquad (17)$$

(18) $$[C_{ij}] = G_1\,[C^i_j] = \left(\frac{dx}{dX}\right)^T G\,\frac{dx}{dX} \quad \Leftrightarrow \quad C_{ij} = \frac{\partial x^\alpha}{\partial X^i}\, g_{\alpha\beta}\, \frac{\partial x^\beta}{\partial X^j}$$

Nous avons déjà signalé que l'on utilise rarement un double système de coordonnées. Ces résultats ne sont donc pas d'une grande utilité pratique. Travaillons plutôt exclusivement en coordonnées initiales en utilisant (V-8) au lieu de (V-5). Il vient

$$[C^i_j] = G_1^{-1}[1_{R^3} + U_{|X}]^T G_1[1_{R^3} + U_{|X}] \quad \Leftrightarrow \quad C^i_j = g_1^{ik}(\delta^m_k + U^m{}_{|k})\, g_{1mp}\, (\delta^p_j + U^p{}_{|j})$$
$$= \delta^i_j + g_1^{ik}(g_{1kp}\, U^p{}_{|j} + g_{1mj}U^m{}_{|k} + g_{1mp}\, U^m{}_{|k}\, U^p{}_{|j})$$

(19) $$\Leftrightarrow \quad C^i_j = \delta^i_j + g_1^{ik}(U_{k|j} + U_{j|k} + U_{p|k}U^p{}_{|j})$$ , et donc

(20) $$C_{ij} = g_{1ik}C^k_j = g_{1ij} + U_{i|j} + U_{j|i} + U_{p|i}U^p{}_{|j}$$

## 4. LE TENSEUR DE CAUCHY-GREEN GAUCHE

● De par la façon dont il opère, à travers les relations (5) (11) et (14), C est résolument un endomorphisme de l'espace *euclidien* $E_1$ et pas simplement de l'espace vectoriel sous-jacent $T_1$. D'ailleurs, sa symétrie n'a de sens que dans ce cadre euclidien. Transportons le néanmoins, dans l'esprit de **M11**, dans E par le déplacement F, bien que ce transport, qui n'est pas une isométrie, ne conserve pas à priori les propriétés euclidiennes. On obtient :

(21) $$B = FCF^{-1} = FF^T = \bar{B}^{-1}g \in L^+_S(E) \quad \text{avec} \quad \bar{B} = F^{-*}g_1F^{-1} \in L^+_S(E;E^*)$$

Le tenseur $\bar{B}$ est le transporté par F de $g_1$ dans E. Il caractérise donc *dans l'espace des positions actuelles* la métrique *initiale* des segments matériels. On a d'ailleurs :

$$\vec{l'_1}.\vec{l''_1} = \langle g_1F^{-1}\vec{l'}, F^{-1}\vec{l''}\rangle = \langle\bar{B}\,\vec{l'}, \vec{l''}\rangle$$

Quand à B, déjà rencontré lui aussi en **V-3**, il représente dans E, tout comme le faisait C dans $E_1$ en (9), le "quotient à gauche" de leur métrique finale par leur métrique initiale. C'est le *tenseur des déformations de Cauchy-Green gauche*.

● Transporté de C symétrique par F qui n'est pas une isométrie, B n'avait pas de raison d'être dans $L_S(E)$. Sa symétrie est donc un fait remarquable, que l'on peut relier d'une part au fait que son inverse $B^{-1}$ est le C du déplacement inverse $F^{-1}$ faisant passer de la configuration finale à la configuration initiale, et donc est de ce fait dans $L_S(E)$, et d'autre part au fait que C a été reconnu comme symétrique non seulement pour la métrique $g_1$ mais aussi pour la métrique $\bar{C}$. On notera d'ailleurs que B est lui même un endomorphisme symétrique de deux espaces euclidiens : E, c'est à dire son espace vectoriel sous-jacent T muni du tenseur métrique g, et T muni du tenseur métrique $\bar{B}$.

Un autre aspect de cette propriété est que, tout comme l'étaient les tenseurs U et V de la décomposition polaire, dont ils sont les carrés, C et B sont homologues non seulement dans le transport F mais aussi dans $F^{-T}$ et dans la rotation propre R :

(22) $$\boxed{B = FCF^{-1} = F^{-T}CF^{T} = RCR^{-1} = V^2}$$

Enfin, B et $V^2$ ont mêmes vecteurs propres, si bien que les directions propres de B sont les directions principales finales de la déformation. Leur ensemble se déduit de celui de C dans la rotation propre R (**V-4**) et avec des valeurs propres identiques :

(23) $$\boxed{B = \delta[[\lambda_i^2]]\delta^{-1}} \qquad \text{avec} \quad \delta = R\Delta$$

● Le tenseur C nous parle de la déformation, mais en termes de la configuration initiale. Il ne pourra donc nous permettre de comparer les déformations de deux déplacements différents que si ceux ci se font à partir de la même position initiale, donc si ils sont définis par F et F' définis sur le même $E_1$. On a alors, en posant F'= IF

$$C' = F'^{T}F' = F^{T}I^{T}IF$$

et l'on vérifie que C et C' sont égaux si et seulement si I est une isométrie, donc ssi les deux positions finales sont dans le même état métrique, ce qui est tout à fait satisfaisant.

De son coté, B caractérise la même déformation en termes de la configuration finale et donc ne permet de comparer que les déformations de déplacements ayant la même position finale.

● Une idée qui semble naturelle est que l'on aurait obtenu B si au **2** nous avions choisi d'effectuer la comparaison des produits scalaires en désignant les segments matériels par leur position finale, au lieu du choix de la position initiale qui a été fait. Or il n'en est rien, car on aurait alors eu à comparer

(24) $$\vec{l_1'}.\vec{l_1''} = F^{-1}\vec{l'}.F^{-1}\vec{l''} = B^{-1}\vec{l'}.\vec{l''} \qquad \text{et} \qquad \vec{l'}.\,\vec{l''} = 1_E\vec{l'}.\vec{l''}$$

et ce serait donc $B^{-1}$, et non B, qui se serait imposé, puis, par transport par $F^{-1}$, $C^{-1}$ et non C sur la configuration initiale. Dans [Cauchy 1841], c'est le tenseur $B^{-1}$ qui a été introduit. C'est lui que [Truesdell et Toupin 1960] appellent le tenseur des déformations de Cauchy.

Ces inverses $C^{-1}$ et $B^{-1}$, quotientent la métrique initiale par la métrique finale et non plus l'inverse. Il est évidemment impossible de dire ce qui, entre les deux quotients inverses, caractérise le mieux la déformation. Tout au plus peut on remarquer que, deux grandeurs inverses ayant des sens de variation opposés, il conviendrait mieux de considérer $-C^{-1}$ et $-B^{-1}$ si l'on veut des caractérisations qui, comme celles par C et B vont en croissant quand, par exemple, l'état initial restant inchangé, les dimensions finales augmentent. Ce choix est cohérent avec celui fait en **XIII-4** pour assortir les vitesses déformantes des segments et des tranches. On notera encore que la différence entre $-C^{-1}$ et le terme $-1_{E_1}$ auquel il doit être comparé est cette fois la *variation relative de la métrique des segments rapportée à sa valeur finale et non plus initiale*, à savoir $\bar{C}^{-1}(\bar{C} - g_1)$.

Quoi qu'il en soit, et comme cela s'est produit au **1** pour les déplacements déformants, nous voyons apparaître en concurrence par cette approche, deux tenseurs inverses l'un de l'autre pour caractériser la déformation, C et $C^{-1}$ (ou $-C^{-1}$) sur la configuration initiale et B et $B^{-1}$ (ou $-B^{-1}$) sur la configuration finale, sans aucune raison pour choisir l'un plutôt que l'autre. L'irruption de ces inverses n'a pas résulté de l'approche tranche comme au **1**, mais celle-ci va aussi nous conduire à ce résultat dans le paragraphe qui suit, à une nuance près toutefois que nous n'expliciterons qu'en fin de chapitre et qui fait qu'il n'y aura pas exactement redite.

## 5. L'ÉPAISSISSEMENT DES TRANCHES

● Reprenons l'étude précédente sous l'angle dual du produit scalaire des *tranches matérielles*. Pour les lecteurs du second type, signalons qu'il s'agit du produit scalaire des vecteurs par lesquels nous les avons caractérisées en **V-7**, et que ce produit scalaire a des propriétés géométriques aussi fortes (en terme d'épaisseurs et d'angle de dièdre) qu'a (en termes de longueurs et d'angle de segments) le produit scalaire des vecteurs représentant les segments, propriétés qu'il trouvera en **(VII-5)**.

Ayant vu en **V-7** (et confirmé en **VII-5**) que ces "vecteurs-tranches" se déplacent par l'opérateur $F^{-T}$, on déduit que comparer les produits scalaires initial et final de deux tranches matérielles initialement en $\vec{t}_1'$ et $\vec{t}_1''$ se ramène à comparer

(25) $\quad \vec{t}_1'.\vec{t}_1'' = 1_{E_1}\vec{t}_1'.\vec{t}_1'' \qquad$ et $\qquad \vec{t}'.\vec{t}'' = F^{-T}\vec{t}_1'\,.\,F^{-T}\vec{t}_1'' = C_d\vec{t}_1'.\vec{t}_1''$, avec

$$\boxed{C_d = F^{-1}F^{-T} = C^{-1} = \bar{C}_d\, g_{1d}^{-1}} \in L_S^+(E_1), \quad \bar{C}_d = \bar{C}^{-1} \quad \text{et} \quad g_{1d} = g_1^{-1}$$

Ceci est aux tranches ce que (5) était aux segments. Le tenseur $C_d = C^{-1}$ s'est substitué à C. Comme C au **2**, et donc contrairement à $B^{-1}$ au **4**, il apparaît comme le quotient de la valeur finale par la valeur initiale d'un tenseur métrique qui, comme il se doit pour les tranches, est cette fois le tenseur métrique de $E_1^*$.

● Notons $\vec{t} = t\vec{n} = e^{-1}\vec{n}$ la position finale d'une tranche matérielle, où $e$, $t = e^{-1}$ et $\vec{n}$ sont son épaisseur, sa "minceur" et son vecteur unité normal, et de façon analogue avec des indices $_1$ sa position dans la configuration de référence. On déduit de (25), en considérant d'abord deux tranches matérielles identiques, puis deux tranches orthogonales dans la configuration de référence et faisant l'angle - *de dièdre*- $(\pi/2 - \beta)$ dans la configuration actuelle ($\beta$ est la diminution de leur angle):

(26) $$\boxed{\vec{n}_1.C_d\vec{n}_1 = (t/t_1)^2 = \mu^2 = (1+\bar{\mu})^2}$$

(27) $$\boxed{\vec{n}_1'.C_d\vec{n}_1'' = \mu'\mu''\sin\beta = (\vec{n}_1'.C_d\vec{n}_1')^{1/2}\,(\vec{n}_1''.C_d\vec{n}_1'')^{1/2}\sin\beta}$$

où $\boxed{\mu = \dfrac{t}{t_1}}$ , $\boxed{\bar{\mu} = \dfrac{t - t_1}{t_1}}$ ( $\Leftrightarrow$ $\boxed{t = \mu t_1 = (1+\bar{\mu})t_1}$ )

sont l'*amincissement* et l'*amincissement relatif* (rapporté à l'état initial) de la tranche considérée. Il est important de noter que, à cause du possible cisaillement des tranches parallèlement à elles mêmes, *l'amincissement* $\mu$ *n'a rien à voir avec la dilatation* $\lambda$ *des segments matériels référencés parallèlement à* $\vec{n}_1$, et que $\beta$ *diffère du* $\alpha$ *des segments matériels initialement normaux aux tranches.*

• C'est donc le tenseur $C_d = C^{-1}$, se décomposant en le produit d'une part expansion isotrope et d'une part distorsion

(28) $$\boxed{C_d = C^{-1} = J^{-2/3}\,\mathring{C}_d} \quad \text{avec} \quad \mathring{C}_d = \mathring{C}^{-1},$$

qui va jouer pour les tranches le rôle que jouait C pour les segments, toujours avec l'éventualité d'un changement de signe pour les raisons développées précédemment.

Concernant le travail en composantes, il faut remarquer que, dans l'optique d'un travail en coordonnées sur la position initiale, il n'existe pas d'expression simple des composantes de $C_d$. Sa matrice s'obtient par inversion de celle de C. C'est peut être une des raisons de l'ignorance dans laquelle $C_d$ et toute cette approche duale sont tenus. Signalons encore qu'il se transporte sur la configuration finale, par $F^{-T}$, en

(29) $$\boxed{B_d = F^{-T} C_d F^T = B^{-1} = F^{-T} F^{-1}} \in L_S^+(E)$$

Enfin, un travail en désignant les tranches par leur position finale aurait conduit, comme pour les segments, aux tenseurs $C_d^{-1} = C$ et $B_d^{-1} = B$.

## 6. LA DUALITÉ SEGMENTS-TRANCHES

• Notre objectif, rappelons le, est de mettre en évidence diverses variables associées à la transformation F et pouvant chacune *renseigner* sur, ou *caractériser*, la déformation qu'il provoque, l'idéal étant une variable qui la *modéliserait*. Pour les taux de déformation, la divergence entre les deux approches duales par segments et tranches s'était naturellement résolue par la modélisation par le tenseur *euclidien* **D** défini par D. Pour la déformation, nous n'entrevoyons pas une telle solution de compromis. En nous limitant par exemple aux variables définies sur la position initiale nous sommes conduit à la prise en considération du doublet de "variables de déformation" (C, $C_d$) introduit par la dualité segment-tranche. En modélisation, de telles doublets sont évidemment aussi désastreux que la concurrence de deux excellents généraux en chef sur un champ de bataille!

*Il s'agit là d'une concurrence qui nous posera problème, mais que nous ne tenterons pas d'esquiver en privilégiant sans raison l'une des deux possibilités qui se présentent.* Noter au passage que le carré de l'épaississement relatif des tranches vaut:

$$(e/e_1)^2 = (t/t_1)^{-2} = (\vec{n}_1 . C_d\, \vec{n}_1)^{-1}$$

Mais le fait que $C_d$ soit l'inverse de C n'implique pas que le membre de droite de cette relation soit la forme quadratique de C. On ne peut donc espérer résoudre la dualité segments-tranches en considérant l'épaisseur des tranches au lieu de leur minceur.

C'est sur la base d'un *traitement égal de ces deux aspects duaux* qu'au chapitre **XIII** nous avons réussi (que nous réussirons pour les lecteurs du second type) à réaliser l'intégration de D répondant à la question fondamentale posée en **IV-4**. C'est sur cette même base que nous poursuivrons l'étude des déformations. Il est classique de sortir ainsi d'un dilemme entre deux vérités contradictoires par une vérité d'ordre supérieur. Mais ici les choses seront plus compliquées car la relation entre C et $C_d$ est non linéaire, et l'on ne débouchera pas par de simples isomorphismes entre espaces euclidiens. Sans vouloir décourager le lecteur, disons dès maintenant que nous ne rencontrerons que des succès partiels dans cette entreprise. Elle n'en est pas moins indispensable car elle mettra en évidence nombre d'outils très utilisés, dans un contexte mettant bien en évidence leurs insuffisances ou leur partialité.

● Les exposés traditionnels ne considèrent que les segments. Outre le fait que la structure euclidienne de l'espace autorise et incite à se passer des espaces duaux, cette attitude est très naturellement liée aux différentiations par rapport aux variables M, $M_1$ ou $M_0$, qui permettent d'accéder aux grandeur locales, car les $dM_i$ qui s'introduisent alors sont des segments et non des tranches. Au niveau global, l'aspect dual tranche n'existe pas, pas plus d'ailleurs que le référentiel corotationnel. Mais la différentiation a pour effet d'introduire à une représentation linéarisée du voisinage des points dont il faut exploiter toutes les potentialités. Cette linéarisation locale a déjà permis d'introduire le corotationnel et **D**. Elle nous permet maintenant d'exploiter la dualité segments-tranches.

On peut d'ailleurs dire que *la déformation est caractérisée par l'émergence de la non équivalence entre les deux aspects duaux* puisque dans le cas d'un solide rigide F est une isométrie et donc $F^{-T} = F$ et $C = C_d = 1$. On peut aussi argumenter cette prise en compte à égalité des deux aspects duaux en remarquant que se donner une métrique dans un espace vectoriel, c'est se donner une procédure d'identification de cet espace et de son dual, identification réalisée par le couple indissociablement lié formé par un tenseur métrique et son inverse, tenseur métrique de l'espace dual.

● La dualité de variables de déformation $(C,C_d)$ apparaît directement par une prise en considération symétrique des segments et des tranches. Mais elle nous était déjà apparue, à la fin de l'étude des segments via des transports entre position initiale et position finale. On peut aussi l'obtenir en considérant le déplacement inverse faisant passer de la position dite finale à la position dite initiale : son F est $F^{-1}$, et les relations (25) et (29) montrent que son C est le $B_d$ de la déformation directe et son $C_d$ en est le B. C'est par ce biais que certains auteurs ne considérant que des segments mais étudiant la transformation inverse, non pas tant pour elle même que pour mieux comprendre la transformation directe, sont orientés sur des notions relevant en fait de l'approche de type tranche (nous pensons en particulier au tenseur des déformations dit d'Almansi que nous définirons bientôt).

Enfin, nous ne sommes évidemment pas les premiers à remarquer une dualité dans l'approche des déformations, même si, à notre connaissance, nous sommes les seuls à la poser en termes segments-tranches et à en faire un point incontournable de la démarche de modélisation. Cauchy, dans son premier théorème fondamental [Cauchy 1841], considérant (en substance) un ellipsoïde matériel, associait déjà à un segment matériel le plan matériel conjugué. Dans [Truesdell et Toupin, 1960], c'est l'élément de surface délimité par l'intersection de l'ellipsoide et du plan conjugué qui est considéré, et un "second principe de dualité" est introduit, entre non pas C et $C^{-1}$ mais entre C et DétC $C^{-1}$, c'est à dire, comme le montre (30-2) ci dessous puisque $J^2$ = DétC, entre segments et éléments de surface. Il s'agit déjà en fait d'une dualité vecteurs-covecteurs, mais à notre avis pas totalement satisfaisante, car les covecteurs éléments de surface nécessitent, pour être définis dans le modèle matière, l'intervention de la masse qui n'a rien à voir avec la déformation (**VII- 8** et **10**).

## 7. CAS DES AUTRES ÉLÉMENTS MATÉRIELS

• Il est aisé de vérifier, compte tenu des lois de déplacement (**VII**-26-2 et 30-2), qu'une étude analogue sur les éléments de cylindre et de surface matériels aurait conduit aux deux nouveaux tenseurs (d'amincissement des cylindres et de dilatation des surfaces)

(30) $$\boxed{C' = J^{-4/3}\mathring{C} = J^{-2}C} \quad \text{et} \quad \boxed{C'_d = C'^{-1} = J^{4/3}\mathring{C}^{-1} = J^2C^{-1}}$$

L'expression de ces tenseurs est limpide. Elle met bien en évidence que, segments et cylindres d'une part et tranches et éléments de surface d'autre part, subissent la même distorsion, repérée par $\mathring{C}$ pour les premiers et par $\mathring{C}^{-1}$ pour les seconds, mais des dilatations moyennes différentes reliées simplement et de façon évidente à la dilatation volumique J (il s'agit des dilatations, amincissement, etc., uniformes que subissent ces différents type d'éléments dans la composante expansion uniforme du déplacement F). On peut dès lors, en conclusion de ce début de chapitre, estimer que:

> *Les paramètres mis en évidence pour caractériser la déformation sont la dilatation volumique J agissant avec des exposants divers sur les longueurs, les tranches, les volumes, etc., et la distorsion intervenant sur la position initiale par le biais des deux éléments concurrents* $\mathring{C}$ *et* $\mathring{C}^{-1}$ *de* $L_S^+(E_1)$, *de déterminant égal à* 1 *et inverses l'un de l'autre, et sur la position finale par leurs transportés par* F *ou* R..

• Le tenseur C et ses dérivés ont tous les mêmes directions propres, qui sont les directions principales de déformation initiales (dpdi). On a donc dans la base Δ:

(31) $$C = \Delta[[C_i]]\Delta^{-1},\quad C' = \Delta[[C'_i]]\Delta^{-1},\quad C_d = \Delta[[C_{di}]]\,\Delta^{-1},\ \mathring{C} = \Delta[[\mathring{C}_i]]\,\Delta^{-1},\ldots$$

où les $C_i$, $C'_i$,.., sont les valeurs propres de C, C',.. Compte tenu de (11), (13) et (26), et en remarquant que le déterminant de C est égal à $J^2$, ces valeurs propres valent:

(32) $$\boxed{C_i = \vec{\Delta_i}.C\vec{\Delta_i} = \lambda_i^2 = (1+\bar{\lambda}_i)^2},\quad \boxed{C'_i = J^{-2}\lambda_i^2},\quad \boxed{\mathring{C}_i = J^{-2/3}\lambda_i^2},$$

$$\boxed{C_{di} = \vec{\Delta}_i . C_d \vec{\Delta}_i = \mu_i^2 = (1+\bar{\mu}_i)^2} \, , \quad \boxed{C'_{di} = J^2 \mu_i^2} \, , \quad \boxed{\mathring{C}_{di} = J^{2/3} \mu_i^2}$$

avec $$\boxed{J = \lambda_1 \lambda_2 \lambda_3 = (\mu_1 \mu_2 \mu_3)^{-1}}$$

où les $\lambda_i$ et $\bar{\lambda}_i$ sont la dilatation et l'allongement relatif des segments initialement dans la i-ème dpdi, tandis que les $\mu_i$ et $\bar{\mu}_i$ sont l'amincissement et l'amincissement relatif des tranches initialement orthogonales à cette i-ème dpdi. Quand aux transportés B, B', .., ils se déduisent des précédent simplement par changement de $\Delta$ en $\delta$.

L'application de (14) et (27) aux dpd $\vec{\Delta}_i$ conduit à des angles $\alpha$ et $\beta$ nuls. On retrouve ainsi le fait déjà signalé qu'au point considéré tout *élément parallélépipédique rectangle d'arêtes parallèles à des dpdi dans la position initiale (élément principal de déformation) est à nouveau rectangle dans la position d'arrivée après transformation par* F (s'il y a mouvement particulier entre les deux positions, les positions intermédiaires de l'élément peuvent évidemment être quelconques). Une conséquence de cette propriété est que *les tranches matérielles parallèles aux plans principaux (tranches principales de déformation) ne cisaillent pas* et que par suite *leur amincissement est égal à l'inverse de la dilatation des segments matériels orthogonaux:*

(33) $$(\forall i) \quad \boxed{\mu_i \lambda_i = 1} \quad \Leftrightarrow \quad \boxed{(1+\bar{\mu}_i)(1+\bar{\lambda}_i) = 1}$$

propriété que l'on retrouve facilement en se souvenant que $C_d$ est l'inverse de C.

## 8. LA DÉFORMATION QUOTIENT

● Réunissant les déplacements déformant du **1** et les tenseurs de dilatation qui précèdent, nous commençons à avoir une collection fournie de tenseurs associés à une transformation finie locale F et donnant des renseignements concernant la déformation engendrée, de façon équivalente soit dans $E_1$, soit dans E. La question qui dès lors se pose est de savoir s'il en existe un parmi eux, ou parmi d'autres à découvrir, qui décrive véritablement cette déformation, qui la mesure ou la quantifie, bref qui la *modélise* aussi sûrement et indiscutablement que le fait $\varepsilon_L$ en petits déplacements, ou encore le vecteur déplacement pour les déplacements.

Nous abordons dans ce paragraphe et le suivant une recherche un peu systématique de ce tenseur miracle qui, s'il existe, sera "le" tenseur des déformations. Sans vouloir décourager le lecteur, disons tout de suite que cette recherche n'aboutira pas. On se doute d'ailleurs que si un tel tenseur existait il se serait déjà imposé sans autre forme de procès. Le rechercher nous permettra néanmoins d'introduire des outils classiques, d'éclairer le paysage et, à défaut d'un élu, de trouver le moins mauvais des candidats à ce rôle.

● Nous souvenant que C est le carré de U, nous voyons se dégager dans le matériel accumulé sur la position initiale, la série des tenseurs du type dilatation des longueurs et des épaisseurs, constituée par C, U, $U^{-1}$ et $C^{-1}$. Ces tenseurs sont tous dans $L_S(E_1)$, sont tous des puissances positives ou négatives de U, ont tous les dpdi comme directions principales et sont tous égaux à $1_{E_1}$ (ou à son opposé) en cas de non déformation. Ils s'écrivent sous la forme unifiée

$$(34) \qquad \boxed{U^n = \Delta[[\lambda_i{}^n]]\Delta^{-1} = \Delta[[\mu_i{}^{-n}]]\,\Delta^{-1}}, \qquad n \in \{2, 1, -1, -2\},$$

( ou, en notant sg(n) le signe de n, sg(n) $U^n$ si le signe extérieur négatif pour les n négatifs s'impose). Ils décrivent sous des angles divers la "déformation-quotient", c'est à dire la déformation vue comme "rapport" entre les métriques finale et initiale ($\lambda = \ell/\ell_1 = e/e_1$). Les valeurs positives de n correspondent aux "approches segments" et les valeurs négatives aux "approches tranches". Ou plus précisément, le basculement entre ces approches se fait en changeant n en -n.

Dans la mesure où aucun des quatre ne s'impose pour "être" la déformation, on peut se demander s'il est raisonnable de se restreindre à ces quatre là. On se sent au contraire sollicité pour étendre cette famille à des n entiers quelconques, et même, la forme mathématique le permettant, à des n réels non nuls quelconques. Tous les $U^n$ (ou sg(n)$U^n$) définis par (34) avec $n \in R$ ont en effet les propriétés qui viennent d'être listées pour les quatre initiaux.

● Tous ces tenseurs de déformation-quotient sont définis sur la configuration initiale. On en déduit, en les transportant indifféremment par F, $F^{-T}$ ou R, une famille homologue sur la configuration d'arrivée, qui n'est autre que la famille des puissances de V. L'aspect "rotation par R" de ce transport montre qu'il se résume à une rotation par R des directions propres sans changer la matrice :

$$(35) \qquad \boxed{RU^nR^{-1} = FU^nF^{-1} = F^{-T}U^nF^T = V^n = \delta[[\lambda_i{}^n]]\,\delta^{-1} = \delta[[\mu_i{}^{-n}]]\,\delta^{-1}}$$

On pourrait de même introduire une double série ($U'^n$, $V'^n$) adaptée aux points de vue surface-cylindre, ou, pour concilier les approches vecteurs et bivecteurs, envisager de travailler avec J et la double série construite sur $\mathring{U}^n$ de déterminant égal à 1.

● Dans ces familles, le cas n = o, frontière entre les deux approches duales par segments et par tranches, ouvre évidemment un grand espoir d'accord entre ces deux approches sur un tenseur acceptable par les deux partis. Or, les limites de $U^n$ (ou sg(n)$U^n$), quand n tend vers zéro par valeurs positives et négatives, sont égales à $1_{E_1}$ (ou $1_{E_1}$ et $-1_{E_1}$). Ce sont des constantes qui donc ne sauraient être des variables caractérisant l'état de déformation. Il nous faut donc exclure la valeur n = 0 dans les extensions possibles de la famille (34), et par là même renoncer au compromis espéré entre les deux approches duales. Cet échec n'est toutefois que provisoire.

## 9. LA DÉFORMATION-DIFFÉRENCE

Pas de déformation peut aussi être pensé comme étant une déformation nulle, que l'on aimerait donc modéliser par 0 et non plus par une application identique comme précédemment. Ceci a de tout temps orienté vers une notion de *déformation-différence*, obtenue cette fois en considérant la variation, ou la variation relative, des états métriques entre les positions initiale et finale, et non leur quotient, et à de nouvelles variables de déformation appelées *mesures de déformation.*

## 9.1 Le tenseur des déformations de Green

● De (5) on déduit que la variation du produit scalaire de deux segments matériels entre la position initiale et la position finale s'écrit

(36) $$\boxed{(\vec{l'}.\vec{l''} - \vec{l'_1}.\vec{l''_1}) = 2e\,\vec{l'_1}.\vec{l''_1}},$$ avec, dans $L_S(E_1)$,

(37) $$\boxed{e = \frac{1}{2}(C - 1_{E_1}) = \frac{1}{2}\,g_1^{-1}(\bar{C} - g_1) = \frac{1}{2}\left(\frac{d\vec{U}}{dM_1} + \frac{d\vec{U}}{dM_1}^T + \frac{d\vec{U}}{dM_1}^T\frac{d\vec{U}}{dM_1}\right)}$$

Le tenseur $e$ ainsi introduit est le *tenseur des déformations de Green-Lagrange.* C'est tout comme C un endomorphisme symétrique sur la position de départ, donc sur la position de référence dans le cas r.a., d'où l'appellation Lagrange (on aurait pu mettre matériel ou initial). Noter aussi, toujours pour la cohérence des appellations et des notations, que c'est la facette 1 d'un tenseur euclidien sur $E_1$ dont la facette 2 est le tenseur de Green covariant $\bar{e}$ défini en (8). Contrairement à cet $\bar{e}$, il possède des directions principales, lesquelles sont les dpdi. Il s'annule en cas de non déformation et constitue donc une possible mesure de déformation, qui a été très largement utilisée depuis son introduction [Green 1841] [St Venant 1844]. On notera que C apparaissait comme un quotient de métriques, et que $e$ est la demie variation relative associée.

En petits déplacements le gradient de $\vec{U}$ est petit, et donc, comparant (37) à (**IV**-11):

*En cas de petits déplacements, le tenseur de Green $e$ est un infiniment petit équivalent au tenseur $\varepsilon_L$ de la théorie des petits déplacements.*

Il est important de remarquer que

*Une telle équivalence avec $\varepsilon_L$ en cas de petits déplacements est un passage obligé pour les variables de déformation candidates à la modélisation de la déformation, car, tout comme* D *dont nous nous sommes inspiré pour l'introduire en* Ch **IV**, $\varepsilon_L$ *est une valeur sure en petits déplacements.*

C'est précisémént pour répondre à cette exigence que le facteur 1/2 a été introduit dans la définition de $e$ en (37).

● Les composantes de $e$ en coordonnées matérielles (ou plutôt : initiales) et en bpdi se déduisent de celles de C (16), (17), (19):

(38) $$\boxed{e^i_j = 1/2\left(g_1^{ik}\frac{\partial x^\alpha}{\partial X^k}g_{\alpha\beta}\frac{\partial x^\beta}{\partial X^j} - \delta^i_j\right) = g_1^{ik}e_{kj}}$$

avec $$\boxed{\mathrm{e}_{kj} = 1/2(U_{k|j} + U_{j|k} + U_{p|k}U^{p}{}_{|j})}$$

(39) $$\boxed{\mathrm{e} = \Delta[[\mathrm{e}_i]]\Delta^{-1}} \; , \; \boxed{\mathrm{e}_i = 1/2(\lambda_i^2 - 1) = \bar{\lambda}_i + 1/2\bar{\lambda}_i^2}$$

La relative simplicité de ces relations fait que $\mathrm{e}$ est très utilisé dans la littérature : à défaut de connaître le meilleur tenseur de déformation on utilise le plus facile d'emploi.

Par ailleurs, de (11) et (14) on déduit que l'on a, pour toute direction matérielle initialement orientée par $\vec{u}_1$ unité, puis pour deux directions initialement orthogonales:

(40) $$\boxed{\vec{u}_1.\mathrm{e}\vec{u}_1 = 1/2\,\frac{\ell^2 - \ell_1^2}{\ell_1^2} = \bar{\lambda} + 1/2\,\bar{\lambda}^2} \quad \text{et} \quad \boxed{\vec{u}_1'.\mathrm{e}\vec{u}_1'' = \sin\alpha\,\lambda'\lambda''}$$

• Enfin, le transporté de $\mathrm{e}$ sur la configuration finale, indifféremment par F, $F^{-T}$ ou R, est le tenseurs des déformations de Green-Euler:

(41) $$\boxed{\varepsilon = 1/2(B - 1_E) = 1/2\bar{B}^{-1}(g - \bar{B}) = \delta[[\mathrm{e}_i]]\delta^{-1}} \in L_S(E)$$

## 9.2 Le tenseur des déformations d'Almansi

• Le *tenseur des déformations d'Almansi* [Almansi 1911] [Hamel 1912] est aux tranches ce que le tenseur de Green est aux segments. Procédant donc pour les tranches matérielles comme précédemment pour les segments, on déduit de (25), avec un coefficient -1/2 introduit, comme le 1/2 du tenseur de Green, pour l'équivalence obligée avec $\varepsilon_L$ en cas de petits déplacement :

$$\boxed{\vec{t}'.\vec{t}'' - \vec{t}_1'.\vec{t}_1'' = -2\mathrm{a}\;\vec{t}_1'.\vec{t}_1''}, \qquad \text{avec, dans } L_S(E_1),$$

(42) $$\boxed{\mathrm{a} = \tfrac{1}{2}(1_{E_1} - C^{-1}) = -1/2(\bar{C}_d - g_{1d})g_{1d}^{-1} = \tfrac{1}{2}\bar{C}^{-1}(\bar{C} - g_1)} \quad \in L_S(E_1),$$

et $$\boxed{\mathrm{a} = \Delta[[\mathrm{a}_i]]\Delta^{-1}} \qquad \mathrm{a}_i = -(\bar{\mu}_i + 1/2\,\bar{\mu}_i^2)$$

Ce tenseur $\mathrm{a}$ est le *tenseur d'Almansi-Lagrange*. Il est tel que, pour toute tranche orientée par $\vec{n}_1$ unité, puis pour toute paire de tranches initialement orthogonales:

(43) $$\boxed{\vec{n}_1.\mathrm{a}\vec{n}_1 = -\frac{1}{2}\frac{t^2 - t_1^2}{t_1^2} = -(\bar{\mu} + \tfrac{1}{2}\bar{\mu}^2)} \quad \text{et} \quad \boxed{\vec{n}_1'.\mathrm{a}\vec{n}_1'' = -\sin\beta\,\mu'\mu''}$$

C'est encore un tenseur symétrique de directions principales les dpdi, et il n'est pas plus facile d'exprimer ses composantes en fonction de celles de $\vec{U}$ qu'il ne l'était pour $C_d$.

• Le tenseur $\mathrm{a}$ est la facette 1 d'un tenseur euclidien sur $E_1$ dont la facette 3

(44-1) $$\boxed{\underline{a} = -\frac{1}{2}(\bar{C}_d - g_{1d})}$$

est le *tenseur contravariant d'Almansi,* analogue du tenseur covariant de Green (8). Noter que le couple ($\bar{e}$, $\underline{a}$ ) de tenseurs homologues dans les deux approches duales segments-tranches, associe des facettes 2 et 3, ce qui semble orienter vers les tenseurs euclidiens, mais pas du même tenseur euclidien, ce qui coupe tout espoir en ce sens.

En petit déplacement, $C_d = C^{-1} = (1_{E_1} + 2e)^{-1}$ est équivalent à $(1_{E_1} + 2\varepsilon_L)^{-1}$ et donc aussi à $(1_{E_1} - 2\varepsilon_L)$. Et il en résulte, le coefficient -1/2 y a veillé, que $a$ est tout comme $e$ équivalent à $\varepsilon_L$. Une conséquence est que $a$ est la demie variation de $-C^{-1}$, et la demie variation relative de $-\bar{C}_d = -\bar{C}^{-1}$. *La nécessité de faire intervenir les grandeurs relatives aux tranches avec un signe moins pour être cohérent avec l'approche segment semble se confirmer ici* (pour, rappelons le, respecter une convention générale selon laquelle la déformation croît quand les longueurs augmentent).

Le transporté de $a$ sur la configuration d'arrivée par $F^{-T}$ (ou F, ou R) est le tenseur d'Almansi-Euler :

(44-2) $$\boxed{\alpha = 1/2(1_E - B^{-1}) = \delta[[a_i]]\delta^{-1}}$$

*On peut remarquer que* $\alpha$ *est l'opposé du* $e$ *de la déformation dans le déplacement inverse.* C'est sous cette forme qu'il est classiquement introduit dans les approches habituelles qui ignorent les tranches. Ceci est en concordance avec le fait que les demies variations relatives auxquelles $a$ est égalé dans (42) sont celles de la métrique des tranches relativisée par sa valeur *initiale*, mais aussi de la métrique des segments relativisée par sa valeur *finale*. Ceci est une manifestation de l'effet "propriétés tranches produit par la considération des segments dans le déplacement inverse" annoncé à la fin de **6**.

## 9.3 Autres mesures de déformation

● Exactement comme pour la déformation-quotient, on peut interpoler les tenseurs de déformation-différence duaux de Green et d'Almansi, en une famille à un paramètre [Seth, 1964] [Hill, 1968] [Hill, 1978]. Cela donne, sur la position initiale, la famille

(45) $$\boxed{e_n = \frac{1}{n}(U^n - 1_{E_1}) = \Delta[[\frac{1}{n}(\lambda_i{}^n - 1)]]\Delta^{-1} = \Delta[[\frac{1}{n}(\mu_i{}^{-n} - 1)]]\Delta^{-1}} \quad n \in (R - \{0\})$$

qui admet les éléments particuliers

$$\boxed{e_2 = e}, \quad \boxed{e_1 = U - 1_{E_1}}, \quad \boxed{e_{-1} = 1_{E_1} - U^{-1}}, \quad \boxed{e_{-2} = a}$$

Ces $e_n$ entrent dans le cadre plus général de mesures de déformation de la forme

(46) $$\boxed{e_f = \Delta[[f(\lambda_i)]]\Delta^{-1} = f(U)}$$

avec pour f une application de (o,+∞) dans $R^+$ vérifiant les trois propriétés suivantes :

- $f(1) = 0$, pour que $\mathrm{e}_f$ soit nul en cas de non déformation
- $f'(1) = 1$, pour que $\mathrm{e}_f$ soit équivalent à $\varepsilon_L$ en cas de petits déplacements
- $f$ croissante, pour avoir une mesure croissante avec la dilatation

Les $\mathrm{e}_n$ sont en effet les $\mathrm{e}_f$ correspondant aux applications $f_n$ définies par

$$f_n(x) = 1/n\,(x^n - 1),$$

qui vérifient bien les propriétés ci dessus pour tout n non nul. On pourrait même penser à des fonctions de U plus générales, mais toujours isotropes et vérifiant les propriétés nécessaires pour assurer l'équivalence avec $\varepsilon_L$.

Tous ces tenseurs $\mathrm{e}_f$ sont définis sur la position initiale. Ils sont nuls en cas de non déformation et équivalents à $\varepsilon_L$ en cas de petits déplacements. L'expression de leurs homologues $\varepsilon_f$ sur la position d'arrivée se déduit de (46) en substituant à la base $\Delta$ la base $\delta$, sans changer la matrice diagonale :

$$\boxed{\varepsilon_f = \delta[[f(\lambda_i)]]\delta^{-1} = f(V)} \qquad \boxed{\varepsilon_n = \frac{1}{n}(V^n - 1_E) = \delta[[\frac{1}{n}(\lambda_i{}^n - 1)]]\delta^{-1}}$$

● Les coefficients de la matrice diagonale de valeurs propres commune à $\mathrm{e}_n$ et $\varepsilon_n$ s'écrivent, en distinguant les deux cas $n = p > 0$ et $n = -p < 0$:

$$\text{(47)} \quad \boxed{\mathrm{e}_{pi} = \varepsilon_{pi} = \frac{1}{p}\frac{\ell^p - \ell_1{}^p}{\ell_1{}^p} = \frac{1}{p}\frac{t_1{}^p - t^p}{t^p}} \quad \text{et} \quad \boxed{\mathrm{e}_{-pi} = \varepsilon_{-pi} = \frac{1}{p}\frac{\ell^p - \ell_1{}^p}{\ell^p} = \frac{1}{p}\frac{t_1{}^p - t^p}{t_1{}^p}}$$

où les longueurs $\ell$ et les minceurs $t$ des seconds membres sont relatifs aux segments et aux tranches orientés par la i-ème dpd (pour simplifier on a supprimé l'indice i). Les variations relatives sont rapportées, aux dénominateurs, soit à la configuration initiale soit à la configuration finale, et ce de façon alternée et croisée entre segments et tranches et entre les deux approches duales. On retrouve là le classique problème de l'augmentation qui, espérée de moitié avant, n'est plus estimée que du tiers après!

La déformation peut être petite sans que les déplacements soient petits. Il en sera ainsi si tous les $\lambda_i$ (donc aussi les $\mu_i = \lambda_i^{-1}$ ) sont voisins de 1, et donc si les allongements relatifs principaux $\overline{\lambda}_i$ (donc aussi les $\overline{\mu}_i \approx -\overline{\lambda}_i$) sont voisins de 0, et l'intensité d'une telle petite déformation pourra être mesurée par la norme $\|\overline{\lambda}\|$ de $\overline{\lambda} = (\overline{\lambda}_i) \in R^3$ (ou celle de $\overline{\mu}$) On vérifiera sans peine que les conditions imposées à f font qu'en cas de petites déformations, on a $f(\lambda_i) = \overline{\lambda}_i + 1/2f''(1)\,\overline{\lambda}_i{}^2 + \ldots$, et donc on a, par exemple pour $\mathrm{e}_f$:

$$\text{(48)} \qquad \boxed{\mathrm{e}_f = \Delta[[\overline{\lambda}_i]]\Delta^{-1} + 1/2f''(1)\,\Delta[[\overline{\lambda}_i{}^2]]\Delta^{-1} + \mathcal{O}(\|\overline{\lambda}\|^3)}$$

● On peut introduire des familles analogues basées sur la déformation des cylindres et surfaces, par exemple

$$\boxed{\mathrm{e}'_n = \frac{1}{n}(U'^n - 1_{E_1}) = \Delta[[\,\frac{1}{n}((J^{-1}\lambda_i)^n - 1)]]\Delta^{-1}} \quad \in L_s(E_1), \quad n \in (R - \{0\})$$

et leurs homologues sur la position d'arrivée

Mais contrairement à ce qui se passait pour la déformation-quotient, leur lien avec les mesures segments-tranches précédentes s'assombrit: on ne peut plus unifier les deux familles sur la base de la décomposition en déformations d'expansion isotrope et de distorsion (si une *petite* variation d'un produit se découple en somme de deux termes faisant intervenir la variation de chacun des facteurs, cela est faux pour une grande).

La décomposition expansion isotrope-distorsion s'est trop imposée jusque là pour que nous puissions accepter sans d'énormes réserves l'abandon de cette propriété :

***Malgré le grand usage qu'il est fait des mesures de déformation-différence, particulièrement de la mesure de Green, leur avenir en tant que candidats à la modélisation de la déformation s'en trouve nettement assombri.***

## 10. LA MESURE LOGARITHMIQUE

● Comme pour la déformation-quotient, il convient d'examiner la déformation-différence à la charnière n = 0 du basculement entre les approches segment et tranche. Un accord en ce point, non dégénéré comme pour les déformations quotient, pourrait fournir enfin un tenseur des déformations acceptable du double point de vue, et nous retrouverions ainsi l'accord des deux démarches constaté pour les taux de déformation.

Or, (45) n'a pas de sens pour n nul, mais, $1/n(\lambda^n - 1)$ ayant pour limite $\mathrm{Log}\lambda$ quand n tend vers zéro par valeurs positives ou négatives, on peut lui en donner un par continuité. On débouche alors sur la *très intéressante conclusion* qui suit

*L'accord entre les deux approches duales par segments et tranches se fait sur le tenseur* $\mathsf{L}$ *ci dessous, valeur limite de* $\mathsf{e}_n$ *pour n tendant vers zéro,*

(49) $$\boxed{\mathsf{L} = \Delta[[\mathrm{Log}\lambda_i]]\Delta^{-1} = \Delta[[\mathrm{Log}(\ell/\ell_1)_i]]\Delta^{-1} = \mathrm{Log}\mathsf{U}}$$

$$\boxed{= \Delta[[-\mathrm{Log}\mu_i]]\Delta^{-1} = \Delta[[\mathrm{Log}(t/t_1)_i]]\Delta^{-1} = \mathrm{Log}(-\mathsf{U}^{-1})} \quad \in L_S(E_1)\,,$$

*dont l'homologue* $\Lambda$ *sur la position finale est*

(50) $$\boxed{\Lambda = \mathsf{R}\mathsf{L}\mathsf{R}^{-1} = \delta[[\mathrm{Log}\lambda_i]]\delta^{-1} = \mathrm{Log}\mathsf{V} = \mathrm{Log}(-\mathsf{V}^{-1})} \quad \in L_S(E)$$

Les tenseurs $\mathsf{L}$ et $\Lambda$ sont les *mesures de déformation logarithmiques,* ou *mesures de Hencky*. Ils ont été introduits en [Hencky 1928].

● Ce point d'accord entre les deux approches duales qu'au **6** nous avons décidé de traiter à égalité, est en soi un petit événement, car c'est le premier constaté dans cette étude des déformations finies. La suite de ce paragraphe montrera qu'avec cette mesure logarithmique nous renouons effectivement avec beaucoup des propriétés intéressantes de D et de $\varepsilon_L$.

Le graphe ci dessous représente, pour différentes valeurs de n, une valeur propre de $\mathsf{e}_n$ en fonction de la valeur propre correspondante de $\mathsf{L}$ :

$$\mathsf{e}_{ni} = 1/n\,[(\mathrm{Exp}\mathsf{L}_i)^n - 1]$$

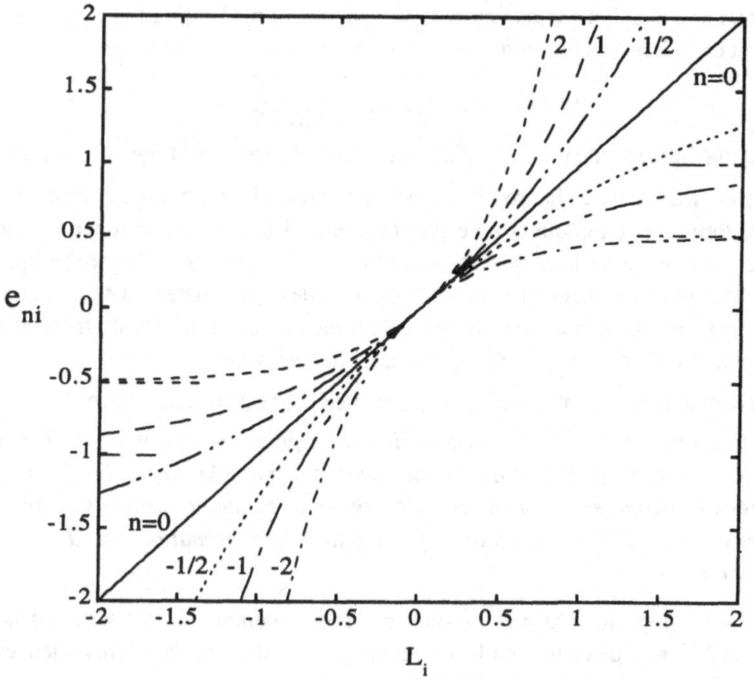


Il permet de constater que L réalise bien un équilibre entre les n > 0 et les n < 0, c'est à dire entre les approches duales segment-tranche. On remarque en particulier que pour n > 0 la valeur propre $e_{ni}$ prend, comme on est en droit de l'espérer, une valeur infinie pour un allongement total des segments ($\ell = \infty$) dans la i-ème dpd (croissance exponentielle pour $L_i = \infty$), mais que par contre elle ne prend que la valeur -1/n pour un raccourcissement total ($\ell = 0$) (asymptote horizontale pour $L_i = -\infty$). Cet effet de *distorsion d'échelle* entre les allongements et les raccourcissements s'inverse pour n négatif. Il est d'autant plus grand que n est plus grand en valeur absolue, et il s'annule pour n nul.

Un point d'accord dans une démarche de déformation-différence $e_n$ dont nous avons dit peu de bien à la fin de **9** peut toutefois ne pas inspirer confiance. En fait, nous avons considéré par les $e_n$ pour retrouver une définition classique de la mesure logarithmique et non par nécessité. On a en effet les relations remarquables et simples

(51) $(\forall n \in (R-\{0\}))$ $\boxed{L = \text{Log}U = \frac{1}{n}\text{Log}U^n}$ et $\boxed{\Lambda = \text{Log}V = \frac{1}{n}\text{Log}V^n}$

qui relient directement et uniformément L et Λ à chacune des déformations quotient du **8**, sans passage ni par les déformations-différences qui nous ont paru douteuses, ni par l'affectation d'un signe moins pour n négatif.

● Indépendamment de toute considération spatiale, une longueur x qui s'allonge infiniment peu de dx, subit un petit allongement relatif $\varepsilon_L = dx/x$. Si elle passe ainsi par petits allongements successifs de $\ell$ à $\ell_1$, la somme de ces petits allongements relatifs est exactement, par intégration de dx/x entre $\ell_1$ et $\ell$, égale à $\mathrm{Log}(\ell/\ell_1)$. Et si elle passe successivement de $\ell_1$ à $\ell_2$ puis à $\ell_3$, on a

$$\boxed{\mathrm{Log}(\ell_3/\ell_1) = \mathrm{Log}(\ell_3/\ell_2) + \mathrm{Log}(\ell_2/\ell_1)}, \tag{52}$$

c'est à dire une intéressante propriété d'additivité des déformations finies successives.

Il s'agit évidemment de la propriété fondamentale des logarithmes de transformer un produit en somme et un quotient en différence, et en l'occurrence de relier les aspects quotient et différence de la déformation. Cette vertu de la mesure logarithmique des grands allongements de segments est bien connue des spécialistes du filage, et aussi, transposée par dualité aux amincissements de tranches (une minceur de tranche x qui s'amincit petit à petit de $t_1$ à $t$...), des spécialistes du laminage.

Revenant aux modélisations tridimensionnelles, on peut considérer que :

*Sous la forme* (49-1), *la mesure logarithmique peut être comprise comme résultant de la composition* (**V**-16) *du déplacement déformant* U *en produit commutatif d'affinités orthogonales, allongements de segments ou amincissements de tranches unidimensionnels dans les directions principales de déformation, mesurés comme il vient d'être dit.*

● De la décomposition $U = J^{1/3}\,\mathring{U}$ de U en produit (commutatif) de ses composantes de dilatation $J^{1/3} 1_{E_1}$ et de distorsion $\mathring{U}$, on déduit que L se décompose additivement en

$$\boxed{L = \mathrm{Log}U = \frac{\mathrm{Log}J}{\sqrt{3}} \frac{1_{E_1}}{\sqrt{3}} + \mathrm{Log}\mathring{U}}\ , \tag{53}$$

qui l'exprime en *somme d'une partie sphérique et d'une partie déviatorique* (conséquence de ce que le déterminant de $\mathring{U}$ vaut 1) *qui sont les mesures logarithmiques respectives de la part de déformation d'expansion et de la part de déformation de distorsion.*

Quant à la famille (37) des $e'_n = 1/2(U'^n - 1_{E_1})$, que l'on obtient en considérant les déformations des éléments de cylindre et de surface, elle conduit à

$$\boxed{L' = -\frac{2\mathrm{Log}J}{\sqrt{3}} \frac{1_{E_1}}{\sqrt{3}} + \mathrm{Log}\mathring{U} = L - \mathrm{Tr}L\, 1_{E_1}} \tag{54}$$

que l'on rapprochera de (**VIII**-10). Tout ceci montre que:

*Les éléments significatifs de la mesure logarithmique de déformation sont d'une part sa partie sphérique* $1/\sqrt{3}\mathrm{Log}J$ *multipliée par le coefficient adapté au type d'élément matériel considéré, et d'autre part, pour l'aspect distorsion aussi bien des éléments vecteurs que des éléments covecteurs, son déviateur* $\mathrm{Log}\mathring{U}$ *et son homologue sur la configuration finale.*

On notera que J est égal au quotient des volumes spécifiques dans les positions initiale et finale, ainsi que, quand on utilise une configuration de référence, au quotient de ces volumes spécifiques divisés chacun par celui de la c.r. Il en résulte que la part sphérique de la décomposition (53) est la variation de la variable $\nu$ définie en (**V**-30), dont nous avions alors souligné le probable rôle (confirmé en Ch **XV**) dans la modélisation de l'état métrique local, et dont la pertinence a été confirmée à propos des gaz parfaits en **XI-6** et (**XVII**-13) :

(55)
$$\boxed{\frac{1}{\sqrt{3}}\,\mathrm{Log}J = \nu - \nu_1}$$

• Après ces aspects positifs, notons que l'additivité des mesures logarithmiques est loin d'être générale. Ainsi, si au cours de trois transformations F, $F_1$ et $F_2$ à partir d'une même position initiale le déplacement déformant U de la première est le produit de ceux des deux autres , $U = U_2U_1$ , LogU ne sera la somme des $\mathrm{Log}U_i$ que si $U_1$ et $U_2$ commutent, ce qui correspond au cas où les trois transformations ont au moins une base principale de déformation initiale commune (**M6**-Th2). Quant à un produit $F = F_2F_1$, dans lequel $F_2$ n'opère pas sur la même position initiale que F et $F_1$, on pourra vérifier qu'il conduit à une situation plus inextricable encore.

La mesure de déformation logarithmique a des aspects positifs, qui se confirmeront et se préciseront par la suite, mais elle ne présente par exemple pas toute les qualités de $\varepsilon_L$ en petite transformations.

## 11. LES TENSEURS EUCLIDIENS DE DÉFORMATION

• Dans une approche classique telle que celle que nous avons menée dans ce chapitre, des tenseurs euclidiens se dissimulent facilement derrière les éléments de $L_S(E_1)$ ou $L_S(E)$ introduits. Nous avons par ailleurs vu à la fin du **2** que de nombreux auteurs traitaient de fait C, et aussi B, et tous les tenseurs qui en dérivent, en tenseurs euclidiens. Le moment est venu de voir réellement ce qu'il en est, et pour cela il est indispensable d'abandonner la modélisation hyper-euclidienne des tranches par un vecteur, à laquelle nous nous sommes limité pour rester le plus classique possible, au profit de la modélisation hypo-euclidienne, plus intrinsèque.

Pour les lecteurs du second type, disons qu'il s'agit de la modélisation non par le vecteur $\vec{t}$ (ou $\vec{t}_r$) introduit en **V-7**, mais par son image par g, $\overleftarrow{t} = g\,\vec{t} \in E^*$, et renvoyons les à (**VII-5**) pour comprendre en quoi celle-ci est plus intrinsèque. Dans cette approche plus intrinsèque des tranches, tout ce qui a été fait avec des vecteurs transportés par $F^{-T} \in L(E_1;\, E)$ se transpose sur des covecteurs transportés par $F^{-*} \in L(E_1^*;\, E^*)$. Compte tenu de ce que $F^{-*}$ est égal à $gF^{-T}g_1^{-1}$, sa décomposition polaire est

(56)
$$F^{-*} = (gRg_1^{-1})(g_1U^{-1}\,g_1^{-1}) = (g\,V^{-1}g^{-1})(gRg_1^{-1})$$

• Abandonnant très provisoirement la distinction fictive entre E et $E_1$ qui sont identiques, et donc entre g et $g_1$, on constate d'abord en rapprochant les deux approches duales que la rotation intervient par les facettes 1 et 4, R et $\underline{\overline{R}} = gRg^{-1}$, du tenseur euclidien **R** qu'elle définit. Cette paire de facettes traite E et E* en symétrie, et il semblerait donc que ce soit le tenseur euclidien **R** qui intervienne ici.

Pour U et V les choses sont moins claires. Ainsi, U intervient par lui même, facette 1 du tenseur euclidien (sur $E_1$) **U** qu'il définit, et par $g_1U^{-1}g_1^{-1}$, facette 4 du tenseur euclidien $\mathbf{U}^{-1}$. On ne saurait donc conclure que c'est le tenseur euclidien **U** qui intervient dans la décomposition polaire (et idem pour V).

● Pour ce qui est de C (et donc aussi B), les choses peuvent paraître s'arranger. Aux tenseurs $C_d$ et $C_d^{-1}$, éléments de $L_S(E_1)$ égaux respectivement à $C^{-1}$ et C, qui s'introduisent dans l'approche tranche hyper-euclidienne, se substituent dans l'approche tranche hypo-euclidienne leurs images par $g_1$ dans $L_S(E_1^*)$, à savoir les facettes 4 $\bar{\underline{C}}^{-1}$ et $\bar{\underline{C}}$ des tenseurs euclidiens $\mathbf{C}^{-1}$ et **C.** On peut donc estimer que ce sont ces deux tenseurs euclidiens eux mêmes qui sont en cause puisque tous deux apparaissent, dans des croisements divers, par leurs facettes 1 et 4. Mais d'une part cela est loin d'avoir l'évidence qu'avait l'introduction de **D**, totalement justifiée par l'accès à **m** et **M** que cela nous a apporté. Et d'autre part, cela n'apporte pas une synthèse, car nous restons avec le couple $(\mathbf{C}, \mathbf{C}^{-1})$ .

Il en va de même pour les tenseurs de déformation quotient $U^n$ et différence $e_n$. On notera en particulier que les couples de facettes 1 et 4 des tenseurs euclidiens quotient $\mathbf{U}^n$ et différence $\mathbf{e}_n$ sont obtenus en rapprochant l'ordre n de l'approche segment et l'ordre -n de l'approche tranche, sans que aucun argument ne vienne justifier ce rapprochement. Nous ne l'envisagerions même pas si dans les pratiques courantes ces tenseurs n'étaient pas, comme nous l'avons montré pour C, plutôt traités en tenseurs euclidiens.

● Deux exceptions toutefois à cette réticence. La première concerne la mesure logarithmique. Nul doute que le rapprochement entre n et -n est justifié pour n = 0! Les approches segment et tranche conduisent à LogU et Log$\bar{\underline{U}}$, c'est à dire aux facettes L et $\bar{\underline{L}}$ du tenseur euclidien **L** = Log**U**.

> *C'est donc nettement en tant que tenseur euclidien sur* $E_1$ *pour ce qui est de* L, *et de tenseur euclidien sur* E *pour ce qui est de* Λ, *qu'il faut considérer la mesure logarithmique.*

La seconde concerne les mesures-différences en cas de petites déformation. En cas de petits déplacements, d'abord, l'approche segment conduit à des $e_n$ qui sont alors tous équivalents à $\varepsilon_L$ , et l'approche tranche à des $e_{dn}$, égaux aux $\bar{\underline{e}}_{-n}$, tous équivalents à $\bar{\underline{\varepsilon}}_L$. On peut donc évoquer une équivalence au tenseur euclidien $\boldsymbol{\varepsilon}_L$. Ceci est satisfaisant car, vu la filiation avec D qu'a montrée son introduction, et vu la nécessité de voir en D un tenseur euclidien montrée en Ch **XIII**, c'est bien sous cette forme euclidienne qu'il faut interpréter le tenseur des déformations en petits déplacements.

Quant au cas plus général des petites déformations ne résultant pas nécessairement de petits déplacements, que l'on peut caractériser en disant qu'il s'agit du cas où le déplacement déformant U, donc aussi $U^{-1}$, est voisin de $1_{E_1}$, donc où $U - 1_{E_1}$ est petit, l'équivalence de tous les $\mathsf{e}_n$ à la facette 1 et de tous les $\mathsf{e}_{dn}$ à la facette 4 du petit tenseur euclidien **U** - $\mathbf{1}_{E1}$ est facile à vérifier. Donc :

> *En cas de petites déformations, tous les tenseurs euclidiens* $\mathbf{e}_n$ *sont des infiniment petits équivalents. Ce sont des variables équivalentes, qui réalisent la synthèse des deux approches duales. Il en va de même pour les* $\boldsymbol{\varepsilon}_n$ *sur la configuration d'arrivée.*

• Qu'on l'accepte avec réserve dans le cas général, ou sans réserve dans les deux cas particuliers qui précèdent, la pratique calculatoire courante que l'on a de ces variables tenseurs euclidiens se contente très bien, comme nous l'avons déjà signalé en général, de l'identification classique d'un tenseur euclidien à sa première facette, forme sous laquelle nous les avons pratiquées dans tout ce chapitre. Noter d'ailleurs que la symétrie en E et E* est surtout apparue ici par les facettes 1 et 4 qui, surtout pour les tenseurs symétriques que nous envisageons, sont semblables et contiennent chacune toutes les informations nécessaires (alors que les facettes 2 et 3 sont plus complémentaires)

## 12. OBJECTIVITÉ

Il nous reste à signaler rapidement une propriété relative au cas r.a. où les positions initiale et finale sont les positions de référence et actuelle, c'est à dire où l'on est dans la situation étudiée en **P2**. On a alors le résultat suivant :

**Théorème**

> *Les* $\mathrm{U}^n$ *(ou les* $\mathrm{sg(n)U}^n$*), les mesures* $\mathsf{e}_n$ *et la mesure logarithmique* $\mathsf{L}$*, sont des grandeurs* $\Omega_r$*-matérielles. Les* $\mathrm{V}^n$, les $\varepsilon_n$ *et la mesure logarithmique* $\Lambda$*, sont des grandeurs objectives, dont la lecture privilégiée sera en principe celle dans le référentiel en rotation propre.*

**Preuve.** Il s'agit d'une simple conséquence de **V-5-Th1**.

**Point d'ordre**. Les lecteurs du second type continuent leur lecture en Ch **XX**

CHAPITRE XIX

# APPROCHE MATÉRIELLE DE LA DÉFORMATION

Tout comme la forme, la déformation traite des propriétés du milieu. Le modèle matière est donc le cadre où elle devrait être prioritairement traitée. Les positions initiale et finale du milieu envisagées dans le chapitre précédent sont deux placements particuliers $p_1$ et p du milieu $\Omega_0$ dans le référentiel de travail $\mathcal{E}$. En un point $M_0$ se plaçant en $M_1$ par $p_1$ et en M par p, point de vue local auquel nous nous cantonnons, les états métriques locaux dans ces placements sont deux points $\mathbf{m}_1$ et **m** à priori différents de la variété **M** des états métriques possibles en $M_0$. Et la question de la déformation est celle du passage de $\mathbf{m}_1$ à **m**. Dans un premier temps nous transportons et interprétons dans le modèle matière le matériel élaboré au chapitre précédent. Ensuite, nous abordons la question sous l'angle des groupes d'automorphismes de **M**.

## 1. L'APPROCHE SEGMENTS

● Les placements locaux initial et final et la transformation de l'un à l'autre sont:

$$(1) \qquad a_1 = \frac{dM_1}{dM_0} \in L(T_0;E_1)\ , \qquad a = \frac{dM}{dM_0} \in L(T_0;E) \quad \text{et} \qquad F = aa_1^{-1}$$

La variété **M** des états métriques en $M_0$ a été définie en **XIV-1**. Reprenant l'assimilation à une branche d'hyperbole d'équation

$$(2) \qquad (xy \equiv) \quad \boxed{\underline{m}\overline{m} = -\ 1/4\ 1_E}$$

qui en a été faite, ses points **m** peuvent être caractérisés soit par leur "ordonnée" $\overline{m}$, soit par leur "abscisse" $\underline{m}$. Ces deux paramétrages $\overline{c}$ et $\underline{c}$ de **M** ne sont certes pas les seuls possibles, mais ces deux là ont une signification géométrique très intrinsèque : ce sont les projections de **m** sur les deux espaces asymptotes $\overline{\Gamma}_S$ et $\underline{\Gamma}_S$.

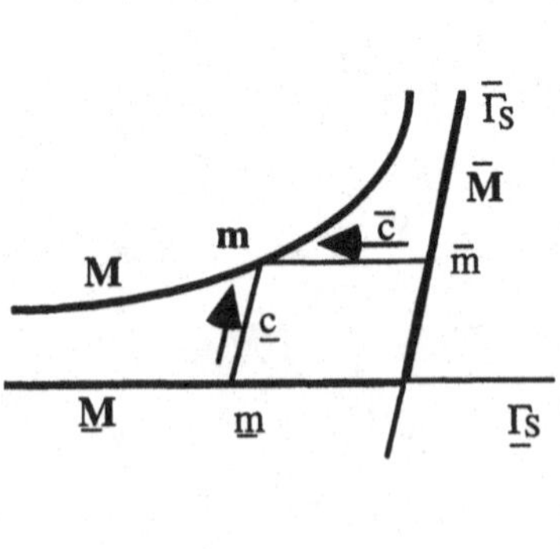


● Les ordonnées des états métriques initial $\mathbf{m}_1 \in \mathbf{M}$ et final $\mathbf{m} \in \mathbf{M}$ sont :

(3) $\boxed{\bar{m}_1 = \frac{1}{2}\gamma_1}$ $\boxed{\gamma_1 = a_1{}^*g_1a_1}$ $\in L_S^+(T_0;T_0^*)$ et $\boxed{\bar{m} = \frac{1}{2}\gamma}$ $\boxed{\gamma = a^*ga}$ $\in L_S^+(T_0;T_0^*)$

La projection sur l'asymptote $\bar{\Gamma}_S = L_S^+(T_0;T_0^*)$ fait donc apparaître dans l'espace vectoriel $T_0$ des segments matériels, au coefficient 1/2 près, deux tenseurs métriques $\gamma_1$ et $\gamma$, transportés respectivement de $g_1$ par $a_1^{-1}$ et de g par $a^{-1}$.

Le transport de g par $a^{-1}$, égal à $a_1^{-1}F^{-1}$, se décompose en le transport par $F^{-1}$, qui exécuté en (**XVIII**-7) a donné $\bar{C}$, suivi d'un transport par $a_1^{-1}$. Une décomposition analogue peut se faire pour le transport de $g_1$ en utilisant (**XVIII**-21-2). On constate que :

*Le couple* $(\gamma_1, \gamma)$ *est le transporté commun dans le modèle matière, respectivement par* $a_1^{-1}$ *et par* $a^{-1}$*, des deux couples,* $(g_1, \bar{C})$ *sur la position initiale et* $(\bar{B}, g)$ *sur la position finale, homologues par* F*, de l'approche spatiale :*

(4) $\boxed{\gamma_1 = a_1^*g_1a_1 = a^*\bar{B}a}$ et $\boxed{\gamma = a_1^*\bar{C}a_1 = a^*ga}$

Ces deux couples caractérisaient les états métriques initial et final des segments, respectivement et de façon équivalente, dans les positions initiale et finale; $(\gamma_1, \gamma)$ le fait maintenant dans le modèle matière.

● Toutes les variables de déformation introduites au chapitre précédent l'ont elles aussi été de façon équivalente par deux tenseurs affines, $X \in L(E_1)$ sur la position initiale et $Y \in L(E)$ sur la position finale, homologues par F et donc qui ont des transportés dans le modèle matière, $X_0$ par $a_1^{-1}$ et $Y_0$ par $a^{-1}$, identiques. On a ainsi par exemple, exprimant en outre la forme matérielle commune des relations (**XVIII** - 9 et 21-1) :

(5) $\boxed{C_0 = B_0 = \gamma_1{}^{-1}\gamma = \Delta_0[[\lambda_i{}^2]]\Delta_0^{-1} = \delta_0[[\lambda_i{}^2]]\delta_0^{-1}}$ $\in L(T_0)$, avec

(6) $C_0 = a_1^{-1}Ca_1, \quad B_0 = a^{-1}Ba, \quad \Delta_o = a_1^{-1}\Delta, \quad \delta_o = a^{-1}\delta$

Les tenseurs de Cauchy droit et gauche C et B sont donc les placements spatiaux, initial par $a_1$ et final par a, d'un même élément matériel, égal à $\gamma_1{}^{-1}\gamma$, que l'on pourrait appeler tenseur de Cauchy matériel. Et l'on aura de même, entre autres :

(7) $\boxed{U_0 = V_0 = (\gamma_1^{-1}\gamma)^{1/2} = \Delta_0[[\lambda_i]]\Delta_0^{-1} = \delta_0[[\lambda_i]]\delta_0^{-1}}$

$$\boxed{e_0 = \varepsilon_0 = \frac{1}{2}(C_0 - 1_{T_0}) = \frac{1}{2}\gamma_1^{-1}(\gamma - \gamma_1) = \Delta_0[[e_i]]\Delta_0^{-1} = \delta_0[[e_i]]\delta_0^{-1}}$$

$$\boxed{a_0 = \alpha_0 = \frac{1}{2}(1_{T_0} - C_0^{-1}) = \frac{1}{2}\gamma^{-1}(\gamma - \gamma_1) = \Delta_0[[a_i]]\Delta_0^{-1} = \delta_0[[a_i]]\delta_0^{-1}}$$

$$\boxed{L_0 = \Lambda_0 = \mathrm{Log}U_0 = \frac{1}{2}\mathrm{Log}(\gamma_1^{-1}\gamma) = \Delta_0[[\mathrm{Log}\lambda_i]]\Delta_0^{-1} = \delta_0[[\mathrm{Log}\lambda_i]]\delta_0^{-1}}$$

● Tous ces tenseurs sont dans $L(T_0)$. Mais, $a_1$ et a étant des isométries entre $E_1$ et $E_{01} = (T_0, \mathbf{m}_1)$ et entre E et $E_0 = (T_0, \mathbf{m})$ respectivement , ils sont plus précisément dans

$$L_S(E_{01}) \cap L_S(E_0) \subset \mathcal{D}(T_0) \subset L(T_0)$$

où $\mathcal{D}(T_0)$ est l'espace des endomorphismes diagonalisables de $T_0$ (**M6**).

Dans le fil de ces propriétés de bi-orthogonalité, il faut remarquer aussi que $\Delta_0$ et $\delta_0$ sont deux bases de $T_0$ toutes deux orthogonales pour les deux métriques $\gamma_1$ et $\gamma$, et normées respectivement pour $\gamma_1$ et pour $\gamma$. Désignant le même triplet de directions principales de déformation, elles sont parallèles (**M6-b**), et l'on pourra vérifier que la matrice diagonale permettant de passer de l'une à l'autre est donnée par la relation :

(8) $$\boxed{\Delta_0 = \delta_0[[\lambda_i]]}$$

Enfin, il faut remarquer que les éléments $C_0$ et $L_0$ ici associés à la déformation de $\mathbf{m}_1$ à $\mathbf{m}$, sont déjà intervenus en **XVI-5**-Th1 (avec, alors, des indices 2 pour l'arrivée) à propos de la géodésique joignant ces points dans **M**.

## 2. LES MESURES EUCLIDIENNES

● L'approche duale par les tranches, effectuée en **XVIII-11** de façon hypo-euclidienne, a envisagé de faire intervenir les différents tenseurs et mesures de déformation qui nous occupent plutôt par le tenseur euclidien dont ils sont la facette 1 que par le tenseur affine qu'ils sont au sens strict de la définition qui en a été donnée. Selon ce choix, qui ne se justifie en fait véritablement que pour la mesure logarithmique, ce ne serait donc pas, par exemple, $e \in L_S(E_1)$ et $\varepsilon = F e F^{-1} \in L_S(E)$, homologues par F, qu'il serait intéressant de transporter dans le modèle matière, mais les tenseurs euclidiens sur $E_1$ et E

$$\mathbf{e} \text{"="} [e, (g_1 e, e g_1), g_1 e g_1] \qquad \text{et} \qquad \boldsymbol{\varepsilon} \text{"="} [\varepsilon, (g\varepsilon, \varepsilon g), g\varepsilon g]$$

L'approche duale dans le modèle matière, dont nous ne donnerons que quelques aperçus dans le paragraphe qui suit, confirme l'analyse que nous avions faite alors. Voyons auparavant, dans le présent paragraphe, ce qu'il en est de ces transportés de tenseurs euclidiens, et en quoi ils sont adaptés pour parler de la déformation.

● Continuons, pour fixer les idées à illustrer ce qui se passe en général sur le cas du tenseur de Green. Une première remarque est que les tenseurs euclidiens $\mathbf{e}$ et $\boldsymbol{\varepsilon}$, contrairement à $e$ et $\varepsilon$, ne sont pas homologues par F. On peut donc prévoir que les transportés $\mathbf{e}_0$ et $\boldsymbol{\varepsilon}_0$, bien qu'ayant des facettes 1 égales (et aussi, on le vérifiera, des facettes 4), seront différents. On a en fait le théorème suivant, énoncé pour le couple $(e, \varepsilon)$ mais valable pour (U, V), (C, B), $(a, \alpha)$, $(L, \Lambda)$, etc.

**Théorème 1**

**a** - *Les transportés* $\mathbf{e}_0$ *et* $\boldsymbol{\varepsilon}_0$ *sont les éléments de* $\mathbf{Tm}_1$ *et de* $\mathbf{Tm}$, *c'est à dire les tenseurs euclidiens du second ordre symétriques respectivement sur* $E_{01} = (T_0, \mathbf{m}_1)$ *et sur* $E_0 = (T_0, \mathbf{m})$ *:*

$$\mathbf{e}_0 \text{"="} [e_0, (\gamma_1 e_0, e_0 \gamma_1^{-1}), \gamma_1 e_0 \gamma_1^{-1}] \qquad \text{et} \qquad \boldsymbol{\varepsilon}_0 \text{"="} [\varepsilon_0, (\gamma\varepsilon_0, \varepsilon_0\gamma^{-1}), \gamma\varepsilon_0\gamma^{-1}]$$

**b** - *Ils sont homologues dans le transport parallèle au dessus de la géodésique* *joignant dans* **M** *les métriques initiale* $\mathbf{m}_1$ *et finale* **m**

**Preuve.** Le point a vient de ce que $a_1^{-1}$ est une isométrie de $E_1$ sur $E_{01}$, transformant $g_1$ en $\gamma_1$, et $a^{-1}$ une isométrie de E sur $E_0$. Le point b est une conséquence de (**XV-7** Th5) et généralise (**XVI-5**-Th3) ▪

Les tenseurs euclidiens $\mathbf{e}_0$ et $\boldsymbol{\varepsilon}_0$, (respt : $\mathbf{a}_0$ et $\boldsymbol{\alpha}_0$, $\mathbf{L}_0$ et $\Lambda_0$) peuvent être appelés mesures de déformation euclidiennes matérielles de Green (respt : d'Almansi, logarithmique) respectivement initiale et finale. Tous ces tenseurs, éléments de $T\mathbf{m}_1$ et $T\mathbf{m}$, sont en fait dans les plans tangents en $\mathbf{m}_1$ ou **m** à la sous-variété triaxiale $\mathbf{M}_B$ passant par ces points, et les transports du point b du théorème qui précède sont les isomorphismes canoniques entre plans tangents de cette sous-variété plate.

● Les mesures de déformation matérielles initiales $\mathbf{e}_0$, $\mathbf{a}_0$, $\mathbf{L}_0$..., étant dans $T\mathbf{m}_1$, on peut les comprendre comme étant des poteaux indicateurs plantés en $\mathbf{m}_1$ et indiquant, chacune avec un codage qui lui est particulier, où se trouve **m** par rapport à $\mathbf{m}_1$. Et une interprétation analogue pourrait être donnée pour les finales. Le théorème qui suit, éclairé par la définition qui le précède, montre que, ajoutant ainsi aux qualités qui lui ont déjà été reconnues en **XVIII-10** :

*Pour ce qui est de la mesure logarithmique, ce codage est particulièrement rationnel, pour ne pas dire optimal.*

**Définition**

*Soit* $\mathbf{m}_1$ *un point de* **M**. *La coordonnée polaire géodésique de pôle* $\mathbf{m}_1$ *d'un point* **m** *de* **M** *est l'élément de* $T\mathbf{m}_1$ *tangent en* $\mathbf{m}_1$ *à la géodésique joignant* $\mathbf{m}_1$ *à* **m**, *orienté vers* **m**, *et dont la norme est égale à la longueur de cet arc de géodésique.*

**Théorème 2.**

*Les mesures de déformation matérielles logarithmiques* $\mathbf{L}_0$ *et* $\Lambda_0$ *sont la coordonnée polaire géodésique de pôle* $\mathbf{m}_1$ *de* **m** *et l'opposé de la coordonnée polaire géodésique de pôle* **m** *de* $\mathbf{m}_1$.

**Preuve.** Il s'agit d'une redite du point b de (**XVI-5**-Th1). Les éléments $\mathbf{L}_0$, $\mathbf{L}_0$ et $\Lambda_0$ définis ici sont en effet exactement ceux déjà introduits alors ▪

## 3. L'APPROCHE TRANCHES

● La considération des abscisses des états métriques initial $\mathbf{m}_1 \in \mathbf{M}$ et final $\mathbf{m} \in \mathbf{M}$,

$$\text{(9)} \quad \boxed{\underline{\mathbf{m}}_1 = -\frac{1}{2}\gamma_{1d}}\,, \quad \boxed{\gamma_{1d} = \gamma_1^{-1} = a_1^{-1} g_{1d} a_1^{-*}} \in L_S^+(T_0^*;T_0)\,, \boxed{g_{1d} = g_1^{-1}}$$

$$\boxed{\underline{\mathbf{m}} = -\frac{1}{2}\gamma_d}\,, \quad \boxed{\gamma_d = \gamma^{-1} = a^{-1} g_d a^{-*}} \in L_S^+(T_0;T_0^*), \boxed{g_d = g^{-1}},$$

projections sur la seconde asymptote $\underline{\Gamma}_S = L_S^+(T_0^*;T_0)$ par la carte $\underline{c}$, conduit à des développements analogues, mais, au facteur - 1/2 près, avec cette fois les tenseurs métriques des espaces duaux.

Il serait fastidieux de dérouler à nouveau tous les développements dans cette seconde carte. Contentons nous du point de départ. Au lieu des tenseurs de Cauchy C et B, transportés en $C_0$ et $B_0$, définis par (4), la comparaison des produits scalaires des tranches aurait conduit à des quantité duales $C_{0d}$ et $B_{0d}$ définies par la relation :

$$(10) \qquad \boxed{C_{0d} = B_{0d} = \gamma_{d1}{}^{-1}\gamma_d = \Delta_0^d[[\mu_i{}^2]]\Delta_0^{d-1} = \delta_0^d[[\mu_i{}^2]]\delta_0^{d-1}} \in L(T_0^*)$$

où $\Delta_0^d$ et $\delta_0^d$ sont les (opérateurs base des) bases duales de $\Delta_0$ et $\delta_0$. Remarquant que :

$$C_{0d}\ (= \gamma_1\gamma^{-1}) = \gamma_1 C_0^{-1}\gamma_1^{-1} \qquad \text{et} \qquad B_{0d}\ (= \gamma_1\gamma^{-1}) = \gamma B_0^{-1}\gamma^{-1}$$

on constate que les quantités égales $C_{0d}$ et $B_{0d}$ sont les facettes 4 de deux tenseurs euclidiens du second ordre symétriques, dont les facettes 1 sont les quantités elles aussi égales $C_0{}^{-1}$ et $B_0{}^{-1}$, mais néanmoins différents :

$$\mathbf{C_{0d}} = \mathbf{C_0^{-1}} \in \mathbf{Tm_1} \qquad \text{et} \qquad \mathbf{B_{0d}} = \mathbf{B_0^{-1}} \in \mathbf{Tm}.$$

● On voit donc bien se confirmer le double aspect de l'approche duale : passage aux facettes 4 orientant vers une synthèse des deux approches en termes de tenseurs euclidiens, mais aussi passage aux inverses qui fait que la vision euclidienne n'est vraiment satisfaisante que pour la mesure logarithmique ou en petites déformation.

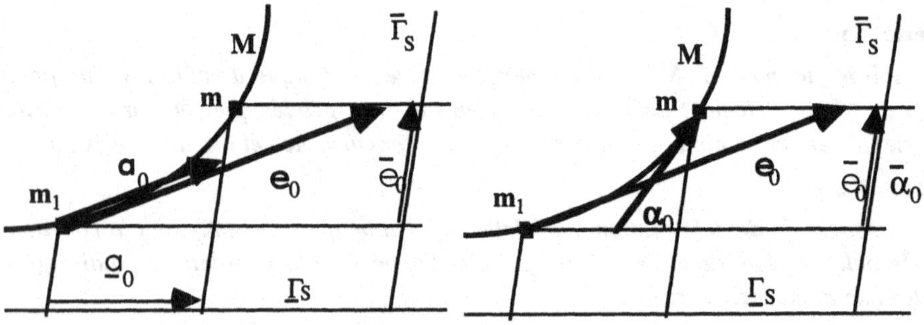


Pour illustrer encore le manque de lisibilité du passage aux tenseurs euclidiens, hormis pour la mesure logarithmique, faisons encore remarquer que si par exemple le "Green euclidien initial" $\mathbf{e}_0$ et le Green euclidien final $\boldsymbol{\varepsilon}_0$ ont même facette 1, tout comme d'ailleurs les Almansi euclidien initial et final $\mathbf{a}_0$ et $\boldsymbol{\alpha}_0$, le Green initial $\mathbf{e}_0$ et l'Almansi final $\boldsymbol{\alpha}_0$ ont même facette 2, et le Green final $\boldsymbol{\varepsilon}_0$ et l'Almansi initial $\mathbf{a}_0$ même facette 3 . Et ces facettes 2 puis 3 communes sont exactement les tenseurs

$$(11) \quad \boxed{\bar{e}_0 = \bar{\alpha}_0 = \frac{1}{2}(\gamma - \gamma_1) = \bar{m} - \bar{m}_1} \qquad \boxed{\underline{a}_0 = \underline{\varepsilon}_0 = -\frac{1}{2}(\gamma^{-1} - \gamma_1^{-1}) = \underline{m} - \underline{m}_1}$$

que, en accord avec (**XVIII**-8 et 44-1), l'on pourrait appeler *tenseurs matériels covariant de Green et contravariant d'Almansi*, et qui ne sont autres que les projections sur les "axes" $\bar{\Gamma}_S$ et $\underline{\Gamma}_S$ du vecteur $\mathbf{m} - \mathbf{m}_1$ de $\Gamma_S$.

## 4. LA MESURE DES DÉPLACEMENTS

A partir du prochain paragraphe, nous tentons d'aborder la question de la mesure des déformations sous un angle nouveau : celui des groupes d'automorphismes de la variété M. Pour faire comprendre au lecteur qui ne serait pas familier de cette notion quel en est l'esprit, nous rappelons dans ce paragraphe comment elle s'applique avec succès dans le domaine de la mesure des déplacements qu'il connaît bien.

● Le déplacement, dans un référentiel d'espace $\mathcal{E}$, d'un point matériel d'une position initiale $A_1$ à une position finale A est "mesuré" par le vecteur $\overrightarrow{A_1A}$. Un autre déplacement, du même point matériel, de $B_1$ à B, est automatiquement différent du premier quand $B_1$ est différent de $A_1$, mais il lui sera "égal", c'est à dire aura la même "valeur" ou la même "mesure", si les *vecteurs déplacements* $\overrightarrow{A_1A}$ et $\overrightarrow{B_1B}$ sont égaux. En outre, les mesures que sont les vecteurs déplacements se composent, par addition en l'occurrence, lorsque l'on envisage des changements de position successifs.

*Il s'agit là de l'action du groupe (additif) des translations, identifié au groupe additif* E *des vecteurs caractérisant ces translations, sur l'espace* $\mathcal{E}$ *des positions à priori possibles pour le point matériel envisagé.* On distinguera soigneusement un déplacement du point, qui est le *passage d'un état (de position) initial particulier à un autre,* et la translation, identifiée à son vecteur, qui le mesure, et qui est un *opérateur* transformant *n'importe quel état* a priori posible en un autre.

● Ce qui précède s'étend sans problème à un milieu continu. Le déplacement-changement de position est alors décrit par l'application $M_1 \to M$ : c'est la transformation. Il se mesure par le vecteur déplacement $\vec{U} = \overrightarrow{M_1M}$ *de chaque point du milieu*, c'est à dire par le champ $M_0 \to \vec{U} = M - M_1$. L'espace des positions possibles est ici l'espace des applications (suffisamment régulières) de $\Omega_0$ dans $\mathcal{E}$, qui est encore un espace affine (variété plate) sur lequel agit le groupe additif constitué par son espace vectoriel associé, à savoir l'espace des applications de $\Omega_0$ dans E.

On remarquera que l'on a ici considéré les champs $M_0 \to \vec{U}$, tous définis sur le même $\Omega_0$ en cas de déplacements successifs à composer, et non, comme il est usuel, les champs $M_1 \to \vec{U}$ définis sur la configuration de départ de chaque déplacement et qui, eux, ne sauraient s'ajouter puisque définis sur des ensembles différents. Dans des approches ne formalisant pas le modèle matière, il faudrait considérer les vecteurs déplacement successifs comme fonction d'une position de référence unique $M_r$.

● Localement en un point, cela conduit, par dérivation en ce point, au déplacement-changement de position décrit et mesuré respectivement par

$$F = \frac{dM}{dM_1} \qquad \text{et} \qquad \frac{d\vec{U}}{dM_0} = a - a_1. \tag{12}$$

Lorsqu'un milieu continu subit deux déplacements successifs, le premier faisant passer un point $M_0$ de la position $M_1$ à la position $M_2$ et le second le faisant passer de la position $M_2$ à la position $M_3$, il subit en tout un déplacement global, faisant passer $M_0$ de $M_1$ à

$M_3$, qui est le composé des deux précédents. Avec des indices ji pour ce qui est relatif au déplacement de $M_i$ à $M_j$, on a, compte tenu de la composition des dérivées, la composition multiplicative des déplacements-changements de position-transformations et la composition additive de leurs mesures suivantes:

(13) $$\boxed{F_{31} = F_{32} F_{21}} \quad \text{et} \quad \boxed{(a_3 - a_1) = (a_3 - a_2) + (a_2 - a_1)}$$

avec $$a_i = \frac{dM_i}{dM_0} \quad \text{et} \quad F_{ji} = \frac{dM_j}{dM_i} = a_j a_i^{-1}$$

● Dans le cas du solide rigide, les choses ne s'arrangent pas aussi simplement. Ce cas est intéressant car il présente des particularités que nous retrouverons dans l'étude des déformations. Pour un tel solide, l'espace des positions possibles n'est plus un espace plat et il n'est plus question d'espace vectoriel, et donc de groupe additif, associé, ni de mesure additive des déplacements. Il y a par contre encore un groupe agissant sur cet espace des positions, qui est le groupe multiplicatif non commutatif des isométries positives (ou déplacements) de $\mathcal{E}$. Un déplacement dans $\mathcal{E}$ du solide rigide est alors (ne disons plus mesuré mais) quantifié par une telle isométrie positive de $\mathcal{E}$, opérateur transformant toute position à priori possible en une autre, et la composition de ces "quantités de déplacement" se fait par produit des isométries positives.

Noter toutefois qu'un sous groupe de ce groupe des isométries positives est le groupe E des translations de $\mathcal{E}$, et que donc l'additivité et la commutativité des déplacements d'un solide sont retrouvées quand on se cantonne au sous-ensemble des déplacements de translation. Il faut toutefois remarquer que l'ensemble des positions obtenues ainsi, en faisant agir le sous-groupe des translations à partir d'une première position choisie arbitrairement, n'est qu'un sous-ensemble, dépendant de cette dernière, de l'ensemble des positions possibles. On retrouve donc la situation avec mesure additive non seulement en restreignant le groupe de transformation, mais aussi l'ensemble sur lequel on le fait opérer.

Ces quelques points élémentaires étant rappelés concernant les dé-placements, considérons les dé-formations.

## 5. LES GROUPES D'AUTOMORPHISMES

Une déformation finie en un point $M_0$ du milieu est un changement de l'état métrique en ce point. C'est donc un changement de position dans la variété $\mathbf{M}$, d'une position initiale $\mathbf{m}_1 \in \mathbf{M}$ à une position finale $\mathbf{m} \in \mathbf{M}$. On peut dès lors reprendre la recherche de variables de déformation en s'interrogeant sur la possibilité de "mesurer" ces changements de position dans $\mathbf{M}$ et de "composer" ces mesures. L'idéal pour retrouver une situation aussi agréable que celle qui vient d'être vue pour les déplacements, serait d'exhiber un ensemble $\mathbb{G}$, dont les éléments seraient des "quantités de déformation", qui aurait les propriétés suivantes.

● Il faudrait d'abord que $\mathbb{G}$ soit un *groupe opérant dans* $\mathbf{M}$. Cela signifie que $\mathbb{G}$ est un groupe (dont nous noterons ♦ la loi interne, e l'élément neutre, et $q_s$ le symétrique - ou inverse - d'un élément q), et qu'il existe une application g: **M** x**G** → **M** telle que

(14) $(\forall q \in \mathbf{G})$, g(., q) est bijectif de **M** sur **M**

(15) $(\forall q \in \mathbf{G})\ (\forall q' \in \mathbf{G})$, $\boxed{g(., q') \circ g(., q) = g(., q \blacklozenge q')}$

$$(\Leftrightarrow [\ (\forall \mathbf{m}_1 \in \mathbf{M}) \qquad g(\ g(\mathbf{m}_1, q), q') = g(\mathbf{m}_1, q \blacklozenge q')]\ )$$

(16) $\boxed{g(., e) = 1_{\mathbf{M}}}$ $(\Leftrightarrow [\ (\forall \mathbf{m}_1 \in \mathbf{M}), \quad g(\mathbf{m}_1, e) = \mathbf{m}_1]\ )$

ensemble de propriétés entraînant aussi que :

(17) $(\forall q \in \mathbf{G})$, $\boxed{g(., q_s) \circ g(., q) = 1_{\mathbf{M}}}$

$$(\Leftrightarrow [(\forall \mathbf{m}_1 \in \mathbf{M}\ ),\ g(\ g(\mathbf{m}_1, q), q_s) = \mathbf{m}_1])$$

A chaque élément q du groupe **G** serait donc associée une permutation g(.,q) de **M**, exactement comme, pour le déplacement d'un point, à chaque vecteur de E est associé une translation de $\mathcal{E}$, qui est une permutation. La famille des permutations ainsi obtenue n'est à priori qu'un sous ensemble de l'ensemble de toutes les permutations. La relation (15) indique que la composition de deux permutations successives de la famille est une permutation de la famille, obtenue en composant les éléments q dans le groupe.

On comprendra parfaitement le sens de cette première condition en voyant dans $\mathbf{m} = g(\mathbf{m}_1, q)$ la métrique que l'on obtiendrait en changeant la métrique initiale $\mathbf{m}_1$ "d'une quantité q". Les propriétés imposées à g peuvent alors être paraphrasées en disant que en changeant d'une quantité donnée q toutes les métriques possibles on obtient toutes les métriques possibles, que changer $\mathbf{m}_1$ de q puis le résultat obtenu de q' équivaut à changer $\mathbf{m}_1$ de $q \blacklozenge q'$, et que changer de e, ou encore de q puis de $q_s$, c'est ne pas changer.

● Deux propriétés supplémentaires seraient également les bienvenues. La première :

(18) l'application $q \rightarrow g(.,q)$ est injective

assure qu'une permutation de la famille ne puisse être générée par deux éléments différents de **G**. Cette application est un homomorphisme du groupe **G** dans le groupe des transformations (groupe symétrique) de **M**. Etant injective, l'image g(.,**G**) de **G** est un sous-groupe du groupe des permutations de **M** isomorphe à **G**. Elle constitue le groupe de permutations de **M** défini par le groupe **G** opérant dans **M**. Et c'est évidemment elle qui dans cette affaire est important : le groupe **G** ne sert qu'à la définir et n'est lui-même défini qu'à un isomorphisme près.

La seconde est que tout changement de métrique soit quantifiable, par un élément de **G**, et quantifiable de façon unique, ce qui se traduit par la propriété :

(19) $\exists f : \mathbf{M} \mathrm{x} \mathbf{M} \rightarrow \mathbf{G},\ [(\forall \mathbf{m}_1 \in \mathbf{M})(\forall \mathbf{m} \in \mathbf{M})(\forall q \in \mathbf{G}),\ g(\mathbf{m}_1, q) = \mathbf{m} \Leftrightarrow q = f(\mathbf{m}_1, \mathbf{m})]$

que l'on peut encore traduire en disant qu'il existe une application f telle que, pour tout

$\mathbf{m}_1 \in \mathbf{M}$, l'application $g(\mathbf{m}_1,.)$ de $\mathbf{G}$ dans **M** est bijective et a pour inverse $f(\mathbf{m}_1,.)$. Dans le cas du groupe des translations agissant dans E, l'équivalence (18) s'écrit :

$$M_1 + \vec{U} = M \qquad \Leftrightarrow \qquad \vec{U} = \overrightarrow{M_1M}$$

Dans le cas r.a., l'application bijective $f(\mathbf{m}_r,.)$ est celle qui permettrait de substituer avec bonheur à la variable "état métrique actuel $\mathbf{m} \in \mathbf{M}$" la variable "quantité de déformation à partir de l'état métrique de référence, $q = f((\mathbf{m}_r, \mathbf{m}) \in \mathbf{G}$". Tout comme, après choix d'une origine $M_r$ dans $\mathcal{E}$, on représente sans problème un point M par son rayon vecteur $\vec{U} = \overrightarrow{M_rM}$. Et tout comme l'étude du mouvement d'un solide dans un référentiel s'identifie sans problème à l'étude d'une courbe paramétrée par le temps dans le groupe des rotations de ce référentiel.

• Si un groupe $\mathbf{G}$ vérifiant toutes ces hypothèses existait, on aurait encore les propriétés suivantes, déduites des précédentes:

(20) $(\forall \mathbf{m}_1)(\forall \mathbf{m}_2)(\forall \mathbf{m}_3) \qquad f(\mathbf{m}_1, \mathbf{m}_3) = f(\mathbf{m}_1, \mathbf{m}_2) \blacklozenge f(\mathbf{m}_2, \mathbf{m}_3)$

qui serait la relation de composition des déformations, ainsi que

(21) $(\forall \mathbf{m}_1 \in \mathbf{M}) \qquad f(\mathbf{M},\mathbf{m}_1) = \mathbf{G}, \quad g(\mathbf{m}_1,\mathbf{G}) = \mathbf{M} \quad$ et $\quad f(\mathbf{M},\mathbf{M}) = \mathbf{G}$

Mais il resterait une dernière condition, essentielle, à imposer à $\mathbf{G}$, qui est que :

*Les permutations g(., q) doivent être des automorphismes de* **M**. *La variété* **M** *munie d'un tel groupe d'automorphismes serait alors un espace homogène, et la notion de déformation y prendrait un sens aussi fort que celle de déplacement.*

• Malheureusement, et cela explique toute la difficulté de la mécanique des grandes déformations, et aussi le fait que l'on n'y utilise que des *mesures* de déformation diverses et non une *déformation* comme en petits déplacements, nous serons obligé de conclure après l'étude qui va suivre que, à notre connaissance :

*Un tel groupe d'automorphismes n'existe pas :* **M** *n'est pas un espace homogène.*

La déformation n'a donc que le sens restreint de transformation d'un premier état métrique en un second, et non le sens opérateur sur **M**. Les déformations ne se composent pas et ne se comparent pas entre elles. Cette non-propriété n'est évidemment pas une propriété. Il est toutefois important d'y prêter attention pour se défaire de certains réflexes acquis en petits déplacements. Et puis l'examen qui va suivre va quand même nous conduire vers un résultat partiel intéressant, qui confirmera l'intérêt déjà remarqué des mesures logarithmiques.

## 6. LES TENSEURS DE GREEN ET D'ALMANSI

• C'est surtout la dernière propriété, celle selon laquelle les g(., q) doivent être des automorphismes de M, qui pose problème. Elle exprime en effet une propriété forte relative à la géométrie de M. Si on l'abandonne provisoirement, c'est à dire si on se cantonne à des groupes de permutation, on peut remarquer que si un groupe $\mathbf{G}$ agit sur **M** avec toutes les autres propriétés listées ci dessus, il agit de même sur le domaine de toute carte globale, c'est à dire constituant à elle seule un atlas. Inversement, tout groupe agissant, avec toutes les propriétés listées sauf la dernière, sur l'image de **M** dans une carte globale, agit automatiquement de même sur **M**. Cette facilité de transport est due au fait que les projections dans des cartes sont des isomorphismes pour les propriétés purement ensemblistes qu'expriment les conditions conservées.

Cette remarque ouvre une perspective pour la recherche d'éventuels groupes d'automorphismes $\mathbb{G}$, consistant en la recherche d'un groupe agissant sur l'image de **M** dans une carte particulière c, avec des applications f et g que nous noterons $g_c$ et $f_c$, suivie d'un transport sur **M** de l'action de ce groupe, conduisant aux applications g et f suivantes

(22) $\quad g(\mathbf{m}_1,q) = g_c[c^{-1}(\mathbf{m}_1), q] \qquad \text{et} \qquad f(\mathbf{m}_1,\mathbf{m}) = [c^{-1}(\mathbf{m}_1), c^{-1}(\mathbf{m})],$

toute la question étant de savoir si le résultat obtenu vérifie la condition d'automorphisme.

● S'agissant de propriétés géométrique de **M**, on a évidemment intérêt à utiliser des cartes les plus intrinsèques possibles, ce qui bien sûr nous oriente vers les deux cartes privilégiées $\bar{c}$ et $\underline{c}$ associant à $\mathbf{m} \in \mathbf{M}$ son "ordonnée" $\bar{m} \in \bar{\mathbf{M}}$ et son "abscisse" $\underline{m} \in \underline{\mathbf{M}}$. Avec des notations évidentes, (22) se traduira par exemple pour la carte $\bar{c}$, par :

(23) $\quad \overline{g(\mathbf{m}_1, q)} = \bar{g}(\bar{m}_1, q) \qquad \text{et} \qquad f(\mathbf{m}_1, \mathbf{m}) = \bar{f}(\bar{m}_1, \bar{m})$

En fait, à tout groupe $\mathbb{G}$ agissant dans $\bar{\mathbf{M}}$ que l'on trouvera, et donc obtenu par l'approche segments, sera associé un groupe $\mathbb{G}_d$ agissant dans $\underline{\mathbf{M}}$ obtenu de façon analogue par l'approche duale par tranches. Par transport par les cartes, ces deux groupes opéreront alors sur **M**, mais on peut prévoir que les deux groupes de transformations de **M** qu'ils induisent ne seront des groupes d'automorphismes intrinsèques de **M**, obtenus de façon égalitaire dans les deux approches duales, que si ils sont identiques. Sinon, c'est le couple de groupes de transformations duaux qui sera intrinsèque, et cela ne donne pas plus un groupe d'automorphismes pour **M** qu'un couple de cartes intrinsèques ne lui donne une structure plate.

● Puisque $\bar{\mathbf{M}}$ et $\underline{\mathbf{M}}$ sont des ouverts des espaces vectoriels $\bar{\Gamma}_S$ et $\underline{\Gamma}_S$, des candidats naturels pour jouer le rôle de $\mathbb{G}$ et $\mathbb{G}_d$ viennent en premier à l'esprit : les espaces vectoriels $\bar{\Gamma}_S$ et $\underline{\Gamma}_S$ eux mêmes, identifiés chacun à son groupe des translations. La "quantité de déformation" $q = f(\mathbf{m}_1,\mathbf{m})$ quand on passe d'un premier état métrique $\mathbf{m}_1$ à un second $\mathbf{m}$ serait alors, en utilisant successivement ces groupes duaux, la variation de $\bar{m}$ puis celle de $\underline{m}$, c'est à dire les projections du vecteur $\mathbf{m}_1\mathbf{m}$ sur les "axes" $\bar{\Gamma}_S$ et $\underline{\Gamma}_S$, c'est à dire encore les tenseurs matériels covariant de Green $\bar{e}_0$ puis contravariant d'Almansi $\underline{a}_0$ (11). Et l'application g associée serait définie par

(24) $\quad \boxed{\overline{g(\mathbf{m}_1, \bar{e}_0)} = \bar{m}_1 + \bar{e}_0} \qquad \text{puis} \qquad \boxed{\underline{g_d(\mathbf{m}_1, \underline{a}_0)} = \underline{m}_1 + \underline{a}_0}$

Nous avons déjà dit, en commentaire de (**XVIII**-8) que le premier de ces tenseurs ne pouvait modéliser la déformation. Vus sous cet angle nouveau de groupes de translations, on distingue d'abord un petit inconvénient : $\bar{\mathbf{M}}$ et $\underline{\mathbf{M}}$ n'étant que des ouverts, on ne peut utiliser tout le groupe sans sortir de la carte (ajouter un $\bar{e}_0$ non défini positif à un $\bar{m}_1$ défini positif peut donner un $\bar{m}$ non défini positif). Mais il y a plus grave. En effet, l'application $g_d$ peut encore être caractérisée par

$$(25) \qquad g_d(\mathbf{m}_1, \underline{a}_0) = -\frac{1}{4}\left(-\frac{1}{4}\,\bar{m}_1^{-1} + \underline{a}_0\right)^{-1}$$

qui n'est pas linéaire en $\bar{m}_1$ alors que $g(\mathbf{m}_1, \bar{e}_0)$ l'est. Il en résulte que les groupes de transformation de **M** engendrés par les groupes des translations de chacune des deux cartes intrinsèques duales sont différents. Ils ne résolvent donc pas la dualité segments-tranches et, dans une approche égalitaire des aspects segment et tranche, ils ne sauraient être retenus que conjointement et non séparément pour caractériser la géométrie de **M**. Ce résultat n'est certes pas pour nous étonner car dans le cas contraire **M** aurait été doté d'une structure linéaire.

On vérifie d'ailleurs que les transformations $g(., \bar{e}_0)$ et $g_d(., \underline{a}_0)$ ne sont pas des automorphisme de **M**. Il suffit par exemple pour cela de vérifier que ce ne sont pas des transformations isométriques de la variété riemanienne **M**, c'est à dire que leurs dérivées ne sont pas des isométries de $T\mathbf{m}_1$ sur $T\mathbf{m}$. Par exemple pour la première, $\mathbf{m}_1 \to \mathbf{m} = g(\mathbf{m}_1, \bar{e}_0)$, on a $\bar{m} = \bar{m}_1 + \bar{e}_0$, et donc, en différentiant à $\bar{e}_0$ fixé (**M13**-h):

$$(26) \qquad d\mathbf{m}:d\mathbf{m} = \mathrm{Tr}(\overline{dm}\,\gamma^{-1}\overline{dm}\gamma^{-1}) = \mathrm{Tr}(d\bar{m}\gamma^{-1}d\bar{m}\,\gamma^{-1}) = \mathrm{Tr}(d\bar{m}_1\gamma^{-1}d\bar{m}_1\gamma^{-1})$$

$$\neq \mathrm{Tr}(d\bar{m}_1\gamma_1^{-1}d\,\bar{m}_1\gamma_1^{-1}) = d\mathbf{m}_1:d\mathbf{m}_1$$

Ceci exclut toute possibilité de modélisation de la déformation par $\bar{e}_0$ ou $\underline{a}_0$, ce que d'ailleurs les commentaires de (**XVIII**-8) avaient déjà annoncé. Tout comme leurs homologues spatiaux $\bar{e}$ et $\underline{a}$, et comme les tenseurs métriques $\bar{m}$ et $\underline{m}$ dont ils sont les variations, ces tenseurs affines n'ont pas d'éléments propres. *Ce sont donc des grandeurs incapables d'indiquer les directions principales de déformation.*

## 7. LE TENSEUR DE CAUCHY-GREEN

- Dans l'approche segment, on déduit de (5) les relations

$$(27) \qquad \boxed{C_0 = \bar{m}_1^{-1}\bar{m}}\,, \quad \boxed{\bar{m} = \bar{m}_1 C_0} \quad (\Leftrightarrow \mathbf{m} = \bar{c}(\bar{m}_1 C_0)), \quad \boxed{C_{013} = C_{012}\,C_{023}}$$

où $C_{0IJ} = \bar{m}_I^{-1}\,\bar{m}_J$ (à ne pas confondre avec d'éventuelles composantes de $C_0$) désigne le $C_0$ associé au passage d'une métrique $\mathbf{m}_I$ à une métrique $\mathbf{m}_J$.

A première vue, ces relations ont l'aspect du triplet de relations

$$(28) \qquad q = f((\mathbf{m}_1, \mathbf{m}), \quad \mathbf{m} = g(\mathbf{m}_1, q), \quad f((\mathbf{m}_1, \mathbf{m}_3) = f((\mathbf{m}_1, \mathbf{m}_2) \blacklozenge f((\mathbf{m}_2, \mathbf{m}_3)$$

susceptible de caractériser l'action d'un groupe **G** agissant sur **M**, avec q égal à $C_0$ et ♦ égal au produit dans $L(T_0)$.

La même démarche dans l'approche tranche utilise les $C_{0d} = \gamma_1\gamma^{-1}$ comme opérateurs éléments de $\mathfrak{G}_d$. Elle conduit au triplet

(29) $\boxed{C_{0d} = \underline{\underline{m}}_1^{-1}\underline{\underline{m}}} \in L(T_0^*))$, $\boxed{\underline{\underline{m}} = \underline{\underline{m}}_1 C_{0d}}$ , $\boxed{C_{0d13} = C_{0d12}\, C_{0d23}}$

et, on le vérifie sans peine, les deux applications duales $g(., C_0)$ et $g_d(., C_{0d})$ définies respectivement par (27-2) et (29-2) sont identiques, ce qui évidemment permet d'espérer.

On notera au passage que ce n'est que par un travail dans le modèle matière, donc, par exemple pour les segments, avec des applications $C_{0IJ}$ qui sont toutes des endomorphismes du même espace $T_0$, que l'on obtient la composition (27-3). Avec des $C_{IJ}$ classiques, définis chacun sur son $E_I$ de départ, on aurait eu

$$C_{13} = C_{12}\ F_{12}^{-1}C_{23}F_{12}\ , \text{ avec } F_{12} = a_2\, a_1^{-1},$$

qui ne met pas en cause que les $C_{IJ}$.

● Malheureusement, seulement une partie des propriétés requises est vérifiée, comme le montrent les deux théorèmes qui suivent. Ces théorèmes sont relatifs à l'approche segment mais ils ont des homologues dans l'approche tranche. Ils font appel à des notions et des notations introduites et étudiées en **M6** auquel nous renvoyons.

**Théorème 1**

*L'ensemble engendré par* $C_0 = \bar{m}_1^{-1}\bar{m} = \gamma_1^{-1}\gamma$ *lorsque* $\mathbf{m}_1$ *et* $\mathbf{m}$ *décrivent* **M** *est l'ensemble* $\mathcal{D}^+(T_0)$ *des endomorphismes diagonalisables de* $T_0$ *à valeurs propres positives. Ce n'est donc pas un groupe.*

**Preuve**. Tout d'abord, $\gamma_1^{-1}\gamma$ est un endomorphisme symétrique défini positif de l'espace euclidien $(T_0,\mathbf{m}_1)$. Il est donc dans $\mathcal{D}^+(T_0)$. Réciproquement, si $C_0$ est un élément de $\mathcal{D}(T_0)$, c'est à dire si il est de la forme $C_0 = b[[C_i]]b^{-1}$ avec $C_i > 0$ et où b est une base de $T_0$, alors on a $C_0 = \gamma_1^{-1}\gamma$, avec par exemple $\gamma_1 = b^d b^{-1}$, qui définit la métrique $\mathbf{m}_1$ pour laquelle b est O.N., et $\gamma = b^d[[C_i]]b^{-1}$ ▪

**Théorème 2**

*Les métriques* **m** *sur lesquelles un élément* $C_0 = b[[C_i]]b^{-1}$ *de* $\mathcal{D}^+(T_0)$ *est susceptible d'agir par* (27-2) *sont uniquement celles pour lesquelles la base* b *est orthogonale. Leur ensemble est la sous variété triaxiale* $M_B$ *où* B *est la direction de* b.

**Preuve**. Les trois directions propres d'un $C_0$ lié à **m** et $\mathbf{m}_1$ par (27-1), dpdm de la déformation de $\mathbf{m}_1$ à **m**, sont, dans $T_0$, orthogonales à la fois pour la métrique **m** et pour la métrique $\mathbf{m}_1$ (traduction dans le modèle matière de ce que sont orthogonales les dpdi dans la configuration initiale et les dpdf dans la configuration finale). Il en résulte que (27-1) considérée comme équation en **m** avec $C_0 = b[[C_i]]b^{-1}$ et $\mathbf{m}_1$ donnés, ne peut avoir de solution (exprimée par (27-2) ) que si b est orthogonale pour la métrique $\mathbf{m}_1$, c'est à dire (**M2**-j) si le tenseur métrique $\gamma_1 = 2\bar{m}_1$ a une matrice diagonale (positive) dans b, condition qui s'écrit $\bar{m}_1 = b^d[[\alpha_i]]b^{-1}$ avec $\alpha_i>0$ quelconques. Réciproquement, pour tout $\mathbf{m}_1$ de ce type, la métrique **m** caractérisée par $\bar{m} = b^d[[\alpha_i C_i]]b^{-1}$ est solution. Ceci établit le premier point. Le second résulte de la définition de $M_B$ (**XV-6**) ▪

● Un succès total est donc impossible. Pour un succès partiel il faut, suite au dernier théorème, s'imposer les restrictions nécessaires : de l'ensemble des actionnés **m** à un $\mathbf{M}_B$, et de l'ensemble des opérateurs $C_0$ à l'ensemble $\mathcal{D}(T_0, B)^{x+}$ des éléments de $L(T_0)$ diagonaux positifs dans les bases du B de $\mathbf{M}_B$, qui est cette fois un groupe, commutatif, isomorphe au groupe commutatif $\mathcal{D}^{x+}$ des matrices 3x3 diagonales à coefficients strictement positifs (**M6**). Ces restrictions suffisent pour aboutir. Réunissant les deux approches duales, et remarquant qu'un triplet de directions de segments B définit aussi un triplet de directions de tranches, on a en effet :

**Théorème 3**

> *Pour tout triplet* B *de directions matérielles,* (27) et (29) *instituent* $\mathcal{D}(T_0,B)^{x+}$ *et* $\mathcal{D}(T_0^*,B)^{x+}$ *comme groupes opérant sur* $\mathbf{M}_B$. *Les groupes de permutations de* $\mathbf{M}_B$ *ainsi induits sont identiques et constituent un groupe* $G_B$ *d'automorphismes de* $\mathbf{M}_B$.

**Preuve.** Voyons d'abord l'approche segment. Les propriétés ensemblistes requises, à savoir (14), (15), (16), (18) et (19) se vérifient sans peine. Pour la propriété d'automorphisme, il faut vérifier que l'application $\mathbf{m}_1 \rightarrow \mathbf{m} = g(\mathbf{m}_1, C_0)$ définie par (27-2) est une transformations isométrique de la variété riemanienne M, c'est à dire que sa dérivée est une isométrie de $T\mathbf{m}_1$ sur $T\mathbf{m}$. Or, b étant une base de direction B, on a

$$\bar{m}_1 = b^d \alpha b^{-1} \quad \text{avec} \quad \alpha = [[\alpha_i]] \in \mathcal{D}^{x+}, \quad C_0 = b\beta b^{-1} \quad \text{avec } \beta = [[\beta_i]] \in \mathcal{D}^{x+}, \ \bar{m} = b^d \alpha\beta b^{-1}$$

et donc, en différentiant à $C_0$, c'est à dire à $\beta$, fixé :

$$d\mathbf{m}:d\mathbf{m} = \mathrm{Tr}(\, \overline{dm}\, \gamma^{-1}\, \overline{dm}\, \gamma^{-1}) = \mathrm{Tr}[d\bar{m}\, (2\bar{m})^{-1} d\bar{m} (2\bar{m})^{-1}]$$

$$= \mathrm{Tr}[\, (b^d d\alpha\beta b^{-1})(2^{-1} b\beta^{-1}\alpha^{-1} b^{d\,-1})(b^d\, d\alpha\beta b^{-1})(2^{-1} b\beta^{-1}\alpha^{-1} b^{d\,-1})]$$

$$= \mathrm{Tr}[\, (b^d d\alpha)(2^{-1}\alpha^{-1} b^{d\,-1})(b^d\, d\alpha)(2^{-1}\alpha^{-1} b^{d\,-1})] = \mathrm{Tr}(d\bar{m}_1 \gamma_1^{-1} d\, \bar{m}_1\, \gamma_1^{-1}) = d\mathbf{m}_1 : d\mathbf{m}_1$$

Le groupe $\mathcal{D}(T_0,B)^{x+}$ agit donc sur $\mathbf{M}_B$, et le groupe de permutations de $\mathbf{M}_B$ qu'il induit est un groupe d'automorphismes. Un résultat analogue sera obtenu par l'approche duale, avec $\mathcal{D}(T_0^*,B)^{x+}$ comme groupe d'opérateurs, en pensant B comme ensemble de trois directions matérielles de tranche, et une sous variété $\mathbf{M}_{Bd}$ qui sera identique à $\mathbf{M}_B$ car les trois directions de segments et les trois directions de tranches qu'elles déterminent sont chacune deux à deux orthogonales pour les mêmes métriques. Enfin, nous avons déjà fait remarquer que les actions des deux groupes duaux étaient identiques ▪

## 8. LA MESURE LOGARITHMIQUE

● Si les tenseurs de Cauchy-Green duaux $C_0$ et $C_{0d}$ ont permis, au paragraphe précédent, de mettre en évidence un même groupe d'automorphismes dans chacune des sous variétés $\mathbf{M}_B$, ils en fournissent toutefois des mesures différentes. On a en effet, pour deux métriques $\mathbf{m}_1$ et $\mathbf{m}$ dans $\mathbf{M}_B$ caractérisées respectivement, dans une base $b \in B$, par

$$\bar{m}_1 = b^d \alpha_1 b^{-1} \qquad \text{et} \qquad \bar{m} = b^d \alpha b^{-1} \qquad \text{avec } \alpha_1 \text{ et } \alpha \text{ dans } \mathcal{D}^{x+},$$

les tenseurs de Cauchy-Green matériels duaux différents

$$C_0 = b\beta b^{-1} \quad \text{et} \quad C_{0d} = b^d\beta_d b^{d-1} \quad \text{avec } \beta = \alpha_1^{-1}\alpha \quad \text{et} \quad \beta_d = \alpha_1\alpha^{-1} = \beta^{-1}$$

Le passage aux bases duales n'est pas rédhibitoire, car la synthèse pourrait être faite en termes de tenseurs euclidiens. Par contre, l'intervention de deux matrices inverses $\beta$ et $\beta^{-1}$ pour concurremment mesurer la même déformation-opérateur est plus ennuyeuse.

● Pour sortir de cette situation, remarquons que ce qui est essentiel dans cette affaire c'est le groupe d'automorphisme $G_B$, et non les groupes $\mathbf{G} = \mathcal{D}(T_0,B)^{\times+}$ et $\mathbf{G}_d = \mathcal{D}(T_0^*,B)^{\times+}$ qui ont été utilisés pour l'engendrer. Or sur ce plan, on a le résultat suivant :

**Théorème 3**

*Le groupe d'automorphismes* $G_B$ *est identique au groupe des translations de la variété plate* $\mathbf{M}_B$.

**Preuve**. Il faut montrer que la différentielle de l'automorphisme $\mathbf{m}_1 \rightarrow \mathbf{m} = g(\mathbf{m}_1, C_0)$ de $\mathbf{M}_B$ défini par (27-2) est identique au transport parallèle du plan tangent à $\mathbf{M}_B$ au dessus de la géodésique joignant $\mathbf{m}_1$ à $\mathbf{m}$. Or, différentiant (27-2) à $C_0 = \gamma_1{}^{-1}\gamma$ constant, il vient pour la première $d\bar{m}\gamma^{-1} = d\bar{m}_1\gamma_1^{-1}$, qui exprime qu'elle se fait à facette 1 constante, ce qui, de par (**XV-7**-Th5), caractérise le second ▪

Compte tenu de l'identification classique, dans un espace plat tel que $\mathbf{M}_B$, entre l'opérateur translation faisant passer d'un point $\mathbf{m}_1$ à un autre $\mathbf{m}$ et la coordonnée polaire géodésique de $\mathbf{m}$ de pole $\mathbf{m}_1$, ou l'opposée de celle de $\mathbf{m}_1$ de pole $\mathbf{m}$, et compte tenu de **2**-Th2, on peut prévoir que :

*Le théorème qui précède nous oriente vers les mesures de déformation logarithmiques euclidiennes* $\mathbf{L}_0$ *et* $\mathbf{\Lambda}_0$ *comme possibles mesures, au sens fort recherché ici, des déformations se produisant dans un* $\mathbf{M}_B$.

● En fait, en (**XV-6** Th2) nous n'avons donné que les condition de la platitude des $\mathbf{M}_B$, sans l'organiser vraiment. Or, l'application de Th3 nécessiterait cette organisation. Nous verrons comment cette propriété se met en oeuvre dans le prochain chapitre (sur des images isométriques et effectivement plates des $\mathbf{M}_B$).

Pour ne pas rester sur cette impression d'inachevé, signalons une autre façon de déboucher sur les mesures logarithmique comme éléments du groupe d'opérateurs. Il suffit pour cela de substituer aux groupes multiplicatifs $\mathbf{G} = \mathcal{D}(T_0,B)^{\times+}$ et $\mathbf{G}_d = \mathcal{D}(T_0^*,B)^{\times+}$, les groupes additifs $\mathbf{G}' = \mathcal{D}(T_0,B)$ et $\mathbf{G}_d' = \mathcal{D}(T_0^*,B)$ par les deux changements de variables

$$C_0 \rightarrow \frac{1}{2}\mathrm{Log}(C_0) = \mathrm{L}_0 = \Lambda_0 \quad \text{et} \quad C_{0d} = \bar{\underline{C}}_0{}^{-1} \rightarrow -\frac{1}{2}\mathrm{Log}(C_{0d}) = \bar{\mathrm{L}}_0 = \bar{\Delta}_0,$$

qui sont des isomorphismes pour les structures de groupe et qui, par le biais de leurs facettes 1 et 4, nous orientent vers les tenseurs euclidiens $\mathbf{L}_0$ et $\mathbf{\Lambda}_0$. On en conclut :

*Comme en filage et en laminage, la mesure logarithmique est une bonne modélisation de la déformation quand on se limite à un* $\mathbf{M}_B$ *partculier.*

CHAPITRE XX

# LES APPROCHES MATÉRIELLES CLASSIQUES

La majorité des approches matérielles classiques, dites aussi lagrangiennes, d'une part utilisent une position de référence comme ersatz du modèle matière, sur laquelle elles vont écrire le comportement, et d'autre part font choix d'une variable d'état métrique à qui elles font jouer le rôle de variable cinématique fondamentale. Cette variable, que nous noterons $\mathcal{E}$, se voudrait être, en chaque point, la déformation actuelle du milieu par rapport à l'état de référence, et l'on fait comme si elle était en mesure de modéliser l'état métrique actuel via sa "différence" avec l'état de référence. Exactement comme son rayon vecteur à partir d'une origine représente parfaitement un point de l'espace. Et aussi, exactement comme cela se passe, de façon satisfaisante, avec $\mathcal{E}_L$ en petits déplacements.

Suite aux deux précédents chapitres, et en particulier à l'impossibilité d'exhiber dans la variété des métriques **M** une structure d'espace homogène, on sait que le tenseur $\mathcal{E}$ ne saurait être qu'un paramétrage non intrinsèque de M. Cette démarche conduira donc à une théorie dépendant de $\mathcal{E}$, que nous appellerons de ce fait $\mathcal{E}$-théorie, et qui ne pourra être qu'approchée par rapport à la théorie exacte, ou **m**-théorie, développée en **P3**.

L'examen des $\mathcal{E}$-théories relatives à quelques $\mathcal{E}$, la recherche d'un $\mathcal{E}$ conduisant à une $\mathcal{E}$-théorie approchée optimale, feront que ce chapitre pourra être compris comme présentant des tentatives diverses et non entièrement satisfaisantes pour, entre autres, répondre à la question fondamentale de **IV-4**, c'est à dire résoudre le problème de l'intégration de D. Ce chapitre justifiera donc a posteriori, en ce qui concerne le lecteur du premier type, les moyens mis en oeuvre pour résoudre en Ch **XIII** ce problème. Pour le lecteur du second type, il sera préparatoire à la lecture de Ch **XIII**.

Ce n'est qu'au paragraphe **8**, où les $\mathcal{E}$-théories seront comparées à la **m**-théorie, que nous utiliserons la notion précise de tenseur euclidien développée en **M13**. Ce chapitre est donc accessible au lecteur du second type jusqu'au **7** inclus. Il pourra toutefois continuer sa lecture au delà, pour se motiver pour une seconde lecture, complète cette fois.

## 1. CINÉMATIQUE

● La variable cinématique $\mathcal{E}$ sera en fait l'une des variables de déformation par rapport à la configuration de référence mises en évidence en Ch **XVIII**. Et pour être matériel (ou lagrangien), il s'agira de la version définie sur la configuration de référence, dont nous avons dit qu'elle était $\Omega_r$-matérielle. Les différents choix possibles pour $\varepsilon$ seront donc C, U, $U^n$, $e$, $a$, $e_f$, L,...

Le $\varepsilon$ choisi sera donc toujours dans $L_S(E_r)$, qui va devenir l'échiquier dans lequel le comportement sera écrit. Cet espace est non seulement invariable au cours du temps pour un point du milieu donné, ce qui sera un énorme avantage par rapport à la **m**-théorie où l'on travaillait au dessus de **m** variable, mais il est en outre le même en tous les points du milieu. On notera aussi que la variable $\varepsilon$ prenant ses valeurs dans la variété plate $L_S(E_r)$ ne saurait être équivalente à **m** décrivant la variété riemanienne non plate **M**.

La logique du choix d'un $\varepsilon$ donné comme variable d'état métrique fait que sa dérivée temporelle particulaire $\dot{\varepsilon}$, c'est à dire à $M_r$ fixé, sera, en $\varepsilon$-théorie, la vitesse matérielle de déformation. Son rapport à D, qui se déduit de la comparaison entre D et $\dot{\varepsilon}$, est un élément essentiel de la $\varepsilon$-théorie. Il est de la forme

$$\text{(1)} \qquad \boxed{D = T_\varepsilon \dot{\varepsilon}}$$

où $T_\varepsilon$ est une application linéaire qui s'exprimera en fonction de la position, donc de F, et dont l'expression dépendra du $\varepsilon$ choisi, ce que rappelle l'indice $\varepsilon$ dont nous l'avons doté.

> *Il faut voir dans* (1) *l'expression du transport de la vitesse de déformation, entre son expression matérielle* $\dot{\varepsilon}$ *dans l'ersatz de modèle matière que constitue* $E_r$ *et son expression spatiale* D. *Il faut aussi y voir une réponse apportée à la question fondamentale de* **IV-4**, *se présentant exactement sous la forme que nous avons précisée en* (**XIII**-2) *et reposant sur un transport dépendant du placement* a *par le biais de la transformation-déplacement à partir de la position de référence* F.

● **Exemple : les Green et Almansi théories.** C'est sans conteste quand on prend pour $\varepsilon$ le tenseur de Green (**XVIII**-37)

$$\text{(2)} \qquad \boxed{e = \frac{1}{2}(C - 1_{E_r}) = \frac{1}{2}\left(\frac{d\vec{U}}{dM_r} + \frac{d\vec{U}}{dM_r}^T + \frac{d\vec{U}}{dM_r}^T \frac{d\vec{U}}{dM_r}\right)} \in L_S(E_r)$$

que l'on obtient la $\varepsilon$ -théorie la plus pratiquée, probablement parce que $e$ se calcule aisément. A ce titre il conviendrait de traiter ce cas en priorité, mais, dans notre souci de rapprochement des approches segments et tranches, nous le présenterons en parallèle avec le cas où l'on prendrait pour $\varepsilon$ le tenseur d'Almansi (**XVIII**-42)

$$\text{(3)} \qquad \boxed{a = \frac{1}{2}(1_{E_1} - C^{-1})} \in L_S(E_r)$$

Exprimant D et C en fonction de F grâce à (**XIII**-1) et (**XVIII**-5), et remarquant en particulier que $(\dot{F})^T = (F^T)^{\cdot}$, on déduit aisément la forme prise par la relation de transport des vitesses de déformation (1) dans ces deux cas :

$$\text{(4)} \qquad \boxed{D = F^{-T}\dot{e}F^{-1}} = T_e\dot{e} \qquad \text{et} \qquad \boxed{D = F\dot{a}F^T} = T_a\dot{a}$$

## 2. LA CONTRAINTE ASSOCIÉE

• Cette mise en place cinématique étant faite, venons en à la modélisation des contraintes. On procède pour cela exactement comme nous l'avons fait en **XVII-1** pour leur modélisation matérielle intrinsèque : on utilise (1), et non plus (**XIII**-18) comme alors, pour exprimer la puissance spécifique des efforts internes (**XI**-1) comme fonctionnelle linéaire de l'ersatz de vitesse de déformation $\dot{\varepsilon}$, et la mettre sous forme d'un produit scalaire entre $\dot{\varepsilon}$ et un certain tenseur qui sera le tenseur des contraintes matériel cherché.

Avec une toute petite variante, que nous tenons à pratiquer pour retrouver exactement les formulations classiques de la littérature : au lieu de travailler avec les grandeurs spécifiques, c'est à dire avec les masse-densités, pour les contraintes, la dissipation, l'énergie, etc, on travaille avec les $v_r$-densités, c'est à dire les densités par rapport au volume de référence, qui n'en diffèrent que par le facteur $\rho_r$ constant en chaque point du milieu et donc inoffensif pour l'écriture du compartement (contrairement au facteur $\rho$ entre $\tilde{\sigma}$ et $\sigma$ et entre $\tilde{\mathcal{D}}$ et $\mathcal{D}$). Nous introduirons donc le tenseur des contraintes $\hat{\sigma} = \rho_r\tilde{\sigma} = J\sigma$, qui est très exactement le tenseur qui est dit de Kirchhoff dans la littérature, et nous considérons la $v_r$-densité de puissance interne $\hat{\mathcal{P}} = \rho_r\mathcal{P}$, que nous mettons sous la forme :

$$(5) \qquad \hat{\mathcal{P}} = -\hat{\sigma}:D = -\hat{\sigma}:\mathsf{T}_\varepsilon\dot{\varepsilon} = -C_\varepsilon \overset{r}{:} \dot{\varepsilon}$$

avec $C_\varepsilon \in L_S(E_r)$ et, en privilégiant comme en (1) le transport de la matière vers l'espace,

$$(6) \qquad C_\varepsilon = \mathsf{T}_\varepsilon{}^{T}\hat{\sigma} \quad \Leftrightarrow \quad \boxed{\hat{\sigma} = \mathsf{T}_\varepsilon{}^{-T} C_\varepsilon}$$

Dans ces relations, ":" est le produit scalaire dans L(E) défini en **M9**, se réduisant à A:B = Tr(AB) entre éléments A et B de $L_S(E)$, et " $\overset{r}{:}$" est le produit scalaire analogue dans $L(E_r)$, que nous noterons d'ailleurs ultérieurement ":" puisque $E_r = E$. Et $\mathsf{T}_\varepsilon{}^{T}$, application linéaire de $L(E_r)$ euclidien dans L(E) euclidien, est l'application adjointe (ou transposée euclidienne), au sens de ces métriques, de $\mathsf{T}_\varepsilon$ (**M1**-d). Dans les exemples que nous donnerons, cet adjoint se construira "à la main". Nous avons néanmoins tenu à le faire apparaître es-qualité, et dans des expressions de la puissance interne sous forme de produits scalaires et non de simple traces de produits d'applications linéaires, pour bien faire ressortir la nature "duale par produit scalaire (interne)" des variables de contrainte.

On notera que dans ce formalisme général expliquant la méthode, nous avons indicé par $\varepsilon$ les transports et le tenseur des contraintes obtenu pour bien montrer qu'ils dépendent de la variable cinématique $\varepsilon$ qui a été choisie.

• **Exemple : les Green et Almansi théories.** On a dans ce cas

$$-\hat{\mathcal{P}} = \rho^{-1}\sigma : D = \mathrm{Tr}(J\sigma F^{-T}\dot{e}F^{-1}) = \mathrm{Tr}(JF^{-1}\sigma F^{-T}\dot{e}) = (JF^{-1}\sigma F^{-T}) : \dot{e}$$

et de même $$-\hat{\mathcal{P}} = (JF^{T}\sigma F) : \dot{a} \, ,$$ et donc

$$(7\text{-}1) \qquad \boxed{C_e = JF^{-1}\sigma F^{-T}} \in L_S(E_r) \quad \text{et} \quad \boxed{C_a = JF^{T}\sigma F} \in L_S(E_r)$$

Inversant ces relations pour avoir comme en (1) des transports du milieu vers l'espace, et en venant aux $\hat{\sigma}$ pour mettre en évidence les opérateurs $T_\varepsilon^T$, on a aussi

(7-2) $$\boxed{\hat{\sigma} = F C_e F^T} = T_e^{-T} C_e \quad \text{et} \quad \boxed{\hat{\sigma} = F^{-T} C_a F^{-1}} = T_a^{-T} C_a$$

Le tenseur $C_e$ est le *tenseur des contraintes de Piola-Kirchhoff*, ou encore de *Piola-Kirchhoff*-2 (PK-2). Associé à la mesure de Green, il est fréquemment utilisé. Il est relié au tenseur de Piola-Lagrange (ou PK-1) P défini en **VI-3**, et qui, lui, était mixte entre l'espace et le milieu, et non-symétrique, par la relation

(8) $$\boxed{C_e = F^{-1} P}$$

**3. LE COMPORTEMENT**

• Avec les variables $\varepsilon$ et $C_\varepsilon$, toutes deux dans l'espace plat indépendant de t (et aussi du point du milieu où l'on se trouve) $L_S(E_r)$, on est exactement dans la même situation que avec $\varepsilon_L$ et $\sigma$ en petites transformations, et de ce fait :

*Les techniques classiques en petits déplacements pour écrire le comportement sont mises en oeuvre telles quelles, en substituant simplement les ingrédients de base $\varepsilon$ et $C_\varepsilon$ qui viennent d'être définis à $\varepsilon_L$ et $\sigma$.*

La vitesse de déformation sera donc $\dot{\varepsilon}$, la vitesse de contrainte sera de même la dérivée (temporelle particulaire) de $C_\varepsilon$, la normalité d'une vitesse d'écoulement à la frontière d'un domaine élastique (en contrainte $C_\varepsilon$) se fera au sens du produit scalaire dans l'échiquier $L_S(E_r)$, le partage d'une cinématique de déformation en deux parts additives, élastique et plastique, se fera en décomposant $\varepsilon$ en somme de deux termes, etc. On peut d'ailleurs remarquer que, en cas de petites transformations, les conditions imposées en (**XVIII**-46) aux applications f font que les relations de transport (1) et (6) se réduisent, au premier ordre, à $D = \dot{\varepsilon}_L$ (déjà indiqué en (**IV**-12)) et $\sigma = \hat{\sigma} = C_\varepsilon$. D'une façon générale :

*On traduit le comportement en grandes transformations en substituant $\varepsilon$ et $C_\varepsilon$ à $\varepsilon_L$ et $\sigma$ dans les lois de comportement classiques en petites transformations.*

Les seules différences, dans la résolution des problèmes, sont d'une part l'expression de $\varepsilon$ en fonction du vecteur déplacement, $\varepsilon = f(U) = \overline{\varepsilon}(\vec{U})$ (**XVIII**-46), qui évidemment diffère de celle de $\varepsilon_L$, et d'autre part la nécessité d'utiliser (6) et (**VI**-10) pour avoir la bonne contrainte intervenant dans les équations d'équilibre (**VI**- 9 et 12).

• A titre d'exemple, exprimons en $e$-théorie les types de comportement déjà exprimés à l'aide d'une déformation cumulée en (**XII**-27) (compte tenu de la forme du potentiel énergie $\rho_r\psi$ choisi, la $v_r$-densité de dissipation s'écrit :

$$\rho_r \mathcal{D} = \hat{\sigma} : D - \rho_r \dot{\Psi} = C_e : \dot{e} - \rho_r \dot{\Psi} = (C_e - \text{grad}\, \overset{x}{e}(e_e)) : \dot{e}_e + C_e : \dot{e}_p + X : (-\dot{\alpha}) + r(-\dot{p})$$

et la suite des équations s'obtient en postulant une dissipation nulle pour le mécanisme élastique et en construisant des pseudo-potentiels de ($v_r$-densité de) dissipation à partir de la fonction seuil choisie comme en Ch **XI** et **XII**) :

**Exemple : Modèle EVPe et EPe, normal, avec écrouissage anisotrope et hyper-élasticité anisotrope , en $\mathcal{e}$-théorie**

$$(9) \quad \mathcal{e} = \mathcal{e}_e + \mathcal{e}_p, \quad \mathcal{e} = \frac{1}{2}\left(\frac{d\vec{U}}{dM_r} + \frac{d\vec{U}^T}{dM_r} + \frac{d\vec{U}^T}{dM_r}\frac{d\vec{U}}{dM_r}\right), \quad \mathcal{e} = \mathcal{e}_e = \mathcal{e}_p = 0 \text{ à } t = r$$

$$\rho_r\psi = \overset{x}{e}(\mathcal{e}_e) + \frac{1}{2}\, c\alpha{:}\alpha + g(p), \quad C_e = \text{grad}\,\overset{x}{e}(\mathcal{e}_e), \quad X = c\alpha, \quad r = g'(p),$$

$$f = [(C_{eD} - X) : H_0(C_{eD} - X)]^{1/2} + \frac{a}{2c}\, X{:}X - r - r_0,$$

$\overset{x}{e} : L_S(E_r) \to R$ et $H_O \in L_S^+(L_S(E_r))$ cstes, c et a $\in R^+$ cstant, $\alpha$ et $X \in L_{SD}(E_r)$, r et p $\in R^+$

$$\dot{p} = \lambda, \quad \dot{\mathcal{e}}_p = \lambda\frac{H_0(C_{eD} - X)}{[(C_{eD} - X) : H_0(C_{eD} - X)]^{1/2}} = \frac{d\alpha}{dt} + \lambda\frac{a}{c}X$$

$$C_e = JF^{-1}\sigma F^{-T} \qquad (\text{ici}, \quad \mathcal{V}_p = \dot{\mathcal{e}}_p)$$

en RVPe : $[f \le 0, \lambda = 0]$ ou $[f > 0, \lambda = k f^n]$

en RPe : $[f < 0, \lambda = 0]$ ou $[f = 0, \dot{f} < 0, \lambda = 0]$ ou $[f = 0, \dot{f} = 0, \lambda > 0]$

On remarquera l'identité formelle avec (**XII**-27), dont nous avions déjà fait remarquer son identité formelle avec le modèle analogue en petites transformations (noter au passage que $E_r = E_f$, référentiel de travail). Les seules choses qui changent, à part le travail en $v_r$-densité qui est tout à fait anecdotique, ce sont la relation cinématique définissant $\mathcal{E}$ (qui ici n'est plus différentielle en temps, ce qui est un bon point) et le transport définissant la contrainte C en fonction de $\tilde{\sigma}$, $\hat{\sigma}$ ou $\sigma$ (qui ici n'est plus isométrique, ce qui, comme nous allons le préciser dans la suite, est un mauvais point).

● Dans cette pratique des $\mathcal{E}$-théories, il y a dépendance par rapport au choix initial fait pour $\mathcal{E}$. Le lecteur du premier type sait, et le lecteur du second type découvrira, qu'aucun des $\mathcal{E}$ n'est la véritable variable d'état métrique **m**$\in$**M** de Ch **XIII**, et donc que l'on ne peut être ici qu'engagé dans des *théories approchées*. Il y a aussi utilisation de la structure euclidienne de $E_r$, donc de l'état métrique de la configuration de référence, avec les inconvénients que cela peut provoquer et qui ont été signalés en fin de **III-2**. Le lecteur du premier type pourra aussi constater que nous sommes dans une compréhension "tenseurs euclidiens sur $E_r$" de $\dot{\mathcal{E}}$ et $C_\mathcal{E}$ (mais sous la forme simplifiée classique obtenue par identification de $E_r^*$ à $E_r$, que nous n'abandonnerons qu'au paragraphe **8**).

Faisons toutefois remarquer que nous avons adopté une attitude maximaliste, en faisant comme si le choix de $\mathcal{E}$ était véritablement un choix de *modélisation* de l'état métrique, et non de simple paramétrisation. C'est cette revendication de modélisation qui fait que $\dot{\mathcal{E}}$ est censé modéliser (donc véritablement, *être*) la vitesse de déformation matérielle, et donc $C_\mathcal{E}$ la contrainte matérielle. Dans cette optique maximaliste :

*La part d'approximation d'une $\varepsilon$-théorie par rapport à la* **m**-*théorie est entièrement contenue dans, ou générée par, cette approximation initiale de la variable* **m**$\in$ **M** *définie en* Ch **XIII** *par le* $\varepsilon \in L_S(E_r)$ *choisi.*

Et c'est de cette approximation initiale, tout le reste n'en étant que le développement logique et bête, que nous traiterons en détail plus tard.

Dans la littérature, les attitudes sont moins abruptes. Certes, la terminologie laisse souvent penser que l'on est bien dans cette compréhension, mais, outre le fait qu'en général on focalise moins sur ce type de préoccupation, on est maintenant bien convaincu du caractère contingent des mesures de déformation, et l'on est en conséquence disposé à introduire de manière pragmatique dans cette logique les aménagements susceptibles de palier à cette contingence. A titre d'exemple, on utilisera $\varepsilon$ et $C_\varepsilon$ pour l'état métrique et les contraintes, mais l'on reviendra à D, évitant donc $\dot{\varepsilon}$ sans trop dire pourquoi, pour la vitesse de déformation.

● Pour réaliser les insuffisances de ces $\varepsilon$-théories, il est capital de remarquer que, contrairement à **A** utilisé en **m**-théorie pour les vitesses et les contraintes (**XVII**-4), et en nous plaçant en $\mathsf{e}$-théorie, la plus usitée, pour illutrer notre propos :

*Les opérateurs transports* $T_e$ *et* $T_e^{-T}$, *n'étant pas égaux, ne sont pas des isométries. Toutes les propriétés de nature euclidienne reconnues à* D *et* $\sigma$ *(ou* $\hat{\sigma}$, *ou* $\tilde{\sigma}$), *et dont la signification physique claire et forte en garantit l'intérêt, ne se retrouveront donc pas dans leurs représentants matériels classiques* $\dot{e}$ *et* $C_e$ .

Par exemple, les valeurs propres de D et de $\dot{e}$ ne sont pas égales, pas plus que celles de $\hat{\sigma}$ et de $C_e$. Et les vecteurs propres ne sont pas homologues par F. Alors que les éléments propres des grandeurs fondamentales spatiales D et $\hat{\sigma}$ (ou $\sigma$) avaient la signification physiquement limpide que nous avons montrée, ceux de $\dot{e}$ et $C_e$ n'en ont plus.

*Il y a disqualification de* $\dot{e}$ *et* $C_e$ *pour ce qui est de modéliser la vitesse de déformation et la contrainte.*

Cette disqualification a évidemment pour origine le fait que la grandeur cinématique $\mathsf{e}$ n'est qu'une modélisation approchée de l'état métrique. Et une manifestation criante de ce manque de qualité physique de $\dot{e}$ et $C_e$, en tant que grandeurs censées représenter la vitesse de déformation et la contrainte, est qu'en cas de dilatation isotrope $D = \lambda 1_E$, $\dot{e}$ est parallèle à C, et que, pire encore, en cas d'état de contrainte hydrostatique $\sigma = -p 1_E$, la "contrainte" $C_e$ est parallèle à la variable de déformation $C^{-1}$.

● Des commentaires tout à fait analogues peuvent être faits à propos de $\dot{a}$ et $C_a$, car $T_a$ n'est pas plus une isométrie que $T_e$. On peut aussi noter que, à défaut d'être égal à $T_e$, ce qui ferait de ce dernier une isométrie, $T_e^{-T}$ est égal à $T_a$, et $T_a^{-T}$ à $T_e$. On retrouve ainsi l'effet croisé entre les approches segment et tranche, déjà remarqué en Ch **XVIII**.

On a finalement, avec la $\mathsf{e}$-théorie et la $\mathsf{a}$-théorie, dualité de théories, également justifiables mais non équivalentes, entre lesquelles on ne saurait choisir sans rompre la symétrie segment-tranche. Donnons deux illustrations de cette non équivalence. La première consiste à remarquer qu'un modèle hyperélastique linéaire en $\mathsf{e}$-théorie,

(10) $$C_e = K e \qquad \text{avec } K \in L_S(L_S(E_r)),$$

se traduit en $a$-théorie, compte tenu de ce que, en vertu de (7), $C_a$ est égal à $CC_eC$, par la loi ci dessous, qui est élastique, et même hyperélastique, mais qui n'est plus linéaire :

(11) $$C_a = (1_{E_r} - 2a)^{-1}\{K[\frac{1}{2}(1_{E_r} - 2a)^{-1} - \frac{1}{2}]\}(1_{E_r} - 2a)^{-1}$$

La seconde est que l'hypothèse faite en (9) de décomposition de la déformation, en $e$-théorie, en deux parts élastique et plastique, $e = e_e + e_p$, ne se traduit pas par une décomposition analogue de $a$.

● Plus généralement, un comportement qui serait élastique linéaire pour un choix particulier de $\varepsilon$, serait élastique non linéaire pour un autre choix. De même, un mécanisme associant deux cinématiques "en série" pour un choix particulier de $\varepsilon$, ne serait plus de ce type pour un autre choix. La généralisation des modèle classiques en petites déformation dépend du choix de $\varepsilon$.

D'une façon générale aussi, *aucun des* $T_\varepsilon$ *ne sera une isométrie, pour la bonne raison qu'aucun des* $\varepsilon$ *ne modélise correctement l'état métrique*. Il faut donc bien se convaincre qu'il s'agit de théories approchées dépendant du choix fait pour $\varepsilon$, et porter notre effort, pour améliorer les choses, vers la recherche d'un éventuel $\varepsilon$ qui fournirait la moins mauvaise des $\varepsilon$.-théories. Compte tenu des qualités qui ont été reconnues à la mesure logarithmique L dans les deux précédents chapitres, le lecteur attentif songe certainement à elle dans ce rôle de $\varepsilon$ optimum. Plutôt que de regarder directement comment se présente la L-théorie, nous adoptons une démarche légèrement détournée, "symétrique en E et E*" donc traitant à égalité les aspects duaux segment et tranche, qui nous conduira vers cette mesure L, et qui donc ne pourra que renforcer la bonne opinion que nous en avons.

## 4. QUELQUES REMARQUES

● La première est qu'il est inutile d'étudier les cas où $\varepsilon$ est pris égal à C ou $C_d = C^{-1}$. Leurs dérivées étant, aux coefficients 1/2 et -1/2 près, identiques à celles de $e$ et $a$, ils conduiront aux mêmes transports $T_\varepsilon$ et aux mêmes contraintes $C_\varepsilon$ que $e$ et $a$. Plus généralement, la déformation quotient $\varepsilon = n^{-1}U^n$ et la déformation différence associée $\varepsilon = e_n = n^{-1}(U^n - 1_{E_l})$ conduisent à la même $\varepsilon$-théorie.

La seconde consiste, afin de présenter une version spatiale de la $\varepsilon$-théorie, qui est par essence matérielle, à s'intéresser à l'homologue spatial $\varepsilon_s$ de la variable d'état $\varepsilon$ utilisée. Cette dernière étant à valeur dans un espace vectoriel, sa dérivée est dans le même espace et relève en principe du même transport qu'elle. On aura donc

(12) $$\boxed{\varepsilon_s = T_\varepsilon \varepsilon} \qquad \text{et donc} \qquad \boxed{D = T_\varepsilon(\frac{d}{dt}T_\varepsilon^{-1}\varepsilon_s)}$$

La seconde de ces relations présente D comme dérivée matérielle de type (**VIII**-1) de $\varepsilon_s$, définie à l'aide du transport $T_\varepsilon$

On vérifiera aisément que l'on obtient ainsi pour $\varepsilon_s$, $\alpha$ (Almansi-Euler) pour $\varepsilon$ égal à $\mathsf{e}$ (Green-Lagrange) et $\varepsilon$ (Green-Euler) pour $\varepsilon$ égal à $\mathsf{a}$ (Almansi-Lagrange) (**XVIII-9**), résultat qui présente à nouveau le phénomène de croisement symétrique des approches segment et tranche. On obtient aussi le tenseur unité $1_E$ pour $\varepsilon$ égal à C ou $C_d$. Ce dernier résultat est sympathique car unitaire pour les deux approches, et en accord avec le fait, que nous avons déjà signalé, que le champ eulérien des positions est $1_\Omega$. Mais évidemment, il s'agit là d'une piètre *variable* pour les amateurs d'approche spatiale!

• La troisième remarque consiste en ce que les transports $T_e$ et $T_a$ obtenus ci dessus ne nous sont en fait pas inconnus. Ce sont en effet les applications $\overline{T}$ et $\underline{T}$ introduites en (**VII**-16-2-lignes 2 et 3, dernière colonne). Nous examinerons ultérieurement ce que cela implique. Pour l'instant, remarquons simplement que ces applications privilégient chacune une variance particulière de D, ce qui est incompatible avec la nature de tenseur euclidien que nous lui avons reconnue. Dans une vision de $\mathsf{e}$ et $\mathsf{a}$ comme tenseurs euclidiens, les dérivations pratiquées sont également non intrinsèques.

Les applications T et $\overline{\underline{T}}$ des lignes 1 et 4, qui ne sont autres que les transports par F et $F^{-T}$ des endomorphismes de $E_r$, auraient certainement mieux convenu, respectivement pour $\mathsf{e}$ et C et pour $\mathsf{a}$ et $C_d$, du fait que $\mathsf{e}$ et C sont dans $L(E_r)$ d'une part, et que d'autre part $\mathsf{a}$ et $C_d$ correspondent à des vrais duaux dans $L(E_r^*)$.

En outre, les transportés $T^{-1}D$ et $\overline{\underline{T}}^{-1}D$ de D auraient été de biens meilleurs taux de déformation matériels que ne le sont $\dot{\mathsf{e}} = \overline{T}^{-1}D$ et $\dot{\mathsf{a}} = \underline{T}^{-1}D$, car deux tenseurs homologues par T ou $\overline{\underline{T}}$ ont mêmes valeurs propres et des vecteurs propres homologues par F ou $F^{-T}$. Le fait que ces transportés $T^{-1}D$ et $\overline{\underline{T}}^{-1}D$ ne soient pas symétriques n'est pas très important : l'essentiel est que, bien que T et $\overline{\underline{T}}$ ne soient pas isométriques, ces transportés ont des éléments propres ayant la même signification physique, et donc le même intérêt, que ceux de D, ce qui n'est pas le cas de $\dot{\mathsf{e}}$ et $\dot{\mathsf{a}}$

• Ceci nous incite à prendre les choses à l'envers, et à partir du transport plutôt que de la mesure $\varepsilon$. Nous allons donc calculer de quels éléments Y et $Y_d$ de $L(E_r)$ le tenseur D est le transporté par T et $\overline{\underline{T}}$, puis examiner de quelles mesures de déformation éventuelles X et $X_d$ ces Y et $Y_d$ sont les dérivées. Ces transports, pris séparément, privilégient chacun une variance particulière de D et donc risquent de ne pas être adaptés à son interprétation comme tenseur euclidien, mais nous verrons que pris collectivement, option qui respectant la symétrie de traitement de E et E* est compatible avec cette nature, ils conduisent à des résultats intéressants quoique partiels.

On déduit immédiatement de (6-1) les relations

$$(13) \qquad \boxed{D = F(C^{-1}\dot{\mathsf{e}})F^{-1} = T(1/2C^{-1}\dot{C})} \quad \text{et} \quad \boxed{D = F^{-T}(\dot{\mathsf{e}}C^{-1})F^{T} = \overline{\underline{T}}(1/2\dot{C}C^{-1})}$$

qui montrent que, à une constante additive près, les Y et $Y_d$ cherchés sont :

$$(14) \qquad \boxed{Y = 1/2C^{-1}\dot{C}} \qquad \text{et} \qquad \boxed{Y_d = 1/2\dot{C}C^{-1}}$$

● Si U et C, liés par $C = U^2$, étaient des scalaires positifs, c'est à dire si l'on était en dimension un, on aurait

$$1/2C^{-1}\dot{C} = 1/2\dot{C}C^{-1} = \dot{U}U^{-1} = (\text{Log}U)^{\cdot} \qquad \text{et donc} \qquad X = X_d = \text{Log}U.$$

Les deux approches duales conduiraient alors au même choix pour $\mathcal{E}$, à savoir la mesure logarithmique de déformation, L = LogU, dont les vertus ont déjà été reconnues.

Malheureusement, cette propriété ne s'étend pas en dimension trois, du moins pas toujours. En général, Y et $Y_d$ ne sont pas égaux, et la dualité segment-tranche ne se résorbe pas. Et surtout et en outre, *ils ne sont pas symétriques et donc ils ne sauraient être les dérivées de mesures de déformation symétriques.*

Remarquons encore que compte tenu (**XVIII**-9), on a aussi

(15) $$Y = 1/2\,\bar{C}^{-1}\dot{\bar{C}} \qquad \text{et} \qquad Y_d = 1/2\dot{\bar{C}}\bar{C}^{-1}.$$

où $\bar{C}$ est le tenseur métrique induit dans $E_r$ par l'état métrique actuel. Contrairement aux dérivées de tous les tenseurs de déformation $\mathcal{E}$ que l'on pourra envisager, Y et $Y_d$ auraient donc eu, en plus des qualités que nous lui avons reconnues au point précédent, l'intérêt remarquable de ne pas dépendre de la métrique de la configuration de référence choisie.

Ceci ne peut qu'augmenter le regret que nous avons de l'échec de notre tentative. Il faut toutefois remarquer que si elle avait totalement réussi, la mesure logarithmique serait apparue comme une solution tout à fait acceptable au problème de l'intégration de D, ce qui aurait été contradictoire avec les résultats de **P3** et avec la fin du chapitre précédent.

## 5. CAS DE LA DÉFORMATION LOGARITHMIQUE

Nous le savons donc maintenant, malgré l'espoir qui a pu naître, le $T_L$ de la L-théorie ne sera aucun des intéressants transports T et $\underline{\bar{T}}$. Ceci n'interdit évidemment pas de prendre en considération cette L-théorie, et, d'une part, de regarder dans quelles circonstances particulières $T_L$ se trouve être égal à T ou $\underline{\bar{T}}$, ce qui réduirait la portée de l'échec rencontré, et, d'autre part, de calculer la forme générale de $T_L$.

● Concernant le premier point, on a le théorème suivant, qui montre qu'il peut arriver que Y et $Y_d$ soient symétriques et qu'ils sont alors égaux entre eux et égaux à la dérivée de la mesure de déformation L = LogU.

**Théorème 1.**

*Les deux relations ci dessous ne peuvent être vérifiées que simultanément:*

$$(\text{Log}U)^{\cdot} = T^{-1}(D) \equiv F^{-1}DF \qquad \text{et} \qquad (\text{Log}U)^{\cdot} = \underline{\bar{T}}^{-1}(D) \equiv F^{T}DF^{-T}$$

*Elles le sont ssi le mouvement de déformation est triaxial, c'est à dire ssi il existe un triplet de directions principales de déformation matérielles invariantes au cours du temps.*

**Preuve.** Les seconds membres de ces deux relations sont $Y = 1/2C^{-1}\dot{C}$ et $Y_d = 1/2\dot{C}C^{-1}$. Les premiers membres étant symétriques (dans $L_S(E_r)$) les relations ne peuvent être vérifiées que si ces membres de droite sont aussi symétriques, c'est à dire, dans les deux cas, ssi $\dot{C}$ et $C^{-1}$ commutent. La suite du théorème résulte alors immédiatement de (**M6-g** Th6) ■

Ce théorème montre que c'est l'évolution au cours du temps des dpd matérielles, qui fait que la mesure de déformation logarithmique ne peut constituer la variable modélisant l'état métrique. On peut comprendre ce qui se passe quand exceptionnellement, dans les processus triaxiaux, les dpdm restent fixes : par rapport à un référentiel lié à ces directions matérielles, donc dans un mouvement triaxial, les trois affinités composant les "déplacements déformants" U et V de la décomposition polaire (**V**-16) se font alors toujours selon les mêmes directions matérielles, et donc ça n'est plus instantanément mais au cours du temps que l'on peut capitaliser les bénéfices de cette décomposition en produit de trois opérations unidirectionnelles où les vertus de la fonction logarithmique, et ici les propriétés de sa dérivée, opèrent.

● Tirons la conclusion de cet échec pas tout à fait complet:

**a** - *La mesure logarithmique des déformations* $\mathsf{L} = \mathrm{Log}U$, *considérée comme tenseur euclidien, semble bien près de satisfaire aux conditions pour être la "primitive matérielle de* $\mathsf{D}$*". Mais, ne les satisfaisant pas totalement, elle n'est pas le tenseur de déformation miracle, c'est à dire "la" déformation comme on le dit de* $\varepsilon_L$ *en petits déplacements, que l'on pourrait espérer.*

**b** - *Il n'en reste pas moins qu'elle satisfait beaucoup moins mal les conditions que les mesures de Green et d'Almansi, et surtout qu'elle le fait symétriquement par rapport aux deux approches duales segments-tranches.*

**c** - *Bien que n'ayant pas fait une étude exhaustive de toutes les mesures possibles, on est en droit de penser que parmi toutes les mesures de déformation envisagées, elle est la moins mauvaise possible pour servir de substitut à la variable* **m**$\in$ M. *La* $\mathsf{L}$*-théorie serait donc la moins mauvaise des* $\varepsilon$*-théories.*

Cette appréciation sera confirmée au paragraphe **8** ci après. La qualité de la mesure logarithmique est de mieux en mieux comprise. Longtemps réservée aux problèmes en une dimension, de filage ou de laminage, et aux problème triaxiaux, pour lesquels, compte tenu des propriétés que nous lui avons reconnues, on peut dire qu'elle est parfaite, elle est de plus en plus utilisée dans le cas général [Peric et Owen, 1992]. Ce qui freine son utilisation est que son calcul, et le calcul de la contrainte qui lui est associée, ainsi que la détermination des transports associés, n'est pas simple.

● Concernant le transport $\mathsf{T_L}$, le théorème qui suit établit un résultat dû à Hill [Hill 1970], que le lecteur intéressé pourra compléter par la consultation de [Gurtin et Spear, 1983] et [Hoger 1986] .

**Théorème 2**

*Soient* $\Delta$ *et* $\delta = \mathrm{R}\Delta$ *des bases principales de déformation OND initiale et finale (sur les configurations de référence et actuelle) homologues par la rotation propre* R, *et soit* $[D_{ij}]$ *la matrice de D dans* $\delta$, *donc de son* R*-dé-tourné dans* $\Delta$ :

$$\boxed{[D_{ij}] = \delta^{-1}D\delta = \Delta^{-1}D^{[p]}\Delta} \qquad \text{avec} \quad D^{[p]} = R^{-1}DR,$$

*Le transport entre* D *et* $\dot{L}$ *se traduit par l'expression suivante,*

$$(16) \qquad \boxed{\dot{L} = T_L^{-1}D = \Delta[D_{ij}K_{ij}]\Delta^{-1}} \qquad \textit{(sans sommation en i et j),}$$

*où, les* $\lambda_i$ *étant les allongements principaux, les* $K_{ij}$ *sont donnés par*

$$(17) \qquad \boxed{K_{ij} = \frac{2\lambda_j\lambda_i}{\lambda_j^2 - \lambda_i^2}\operatorname{Log}\frac{\lambda_j}{\lambda_i}} \quad \text{si } \lambda_j \neq \lambda_i \qquad \text{et} \qquad \boxed{K_{ij} = 1} \quad \text{si } \lambda_j = \lambda_i$$

**Remarque.** On a en particulier $K_{ii} = 1$ pour tout i. Les valeurs 1 attribuées aux $K_{ij}$ lorsque $\lambda_j = \lambda_i$ sont en fait leur limite quand, pour i≠j, $\lambda_j$ tend vers $\lambda_i$. Mais nous verrons que ces valeurs ne sont pas utiles.

**Preuve.** Supposons d'abord les $\lambda_i$ tous différents, et notons $\Omega^\Delta$ le taux de rotation de la base Δ, alors parfaitement déterminé : $\Omega^\Delta = \dot{\Delta}\Delta^{-1} \in L_A(E_r)$ (**I**-21). De

$$U = \Delta[[\lambda_i]]\Delta^{-1} \qquad \text{et} \qquad L = \operatorname{Log}U = \Delta[[\operatorname{Log}\lambda_i]]\Delta^{-1}, \quad \text{on déduit :}$$

$$(18) \quad \dot{U} = \Delta[[\dot{\lambda}_i]]\Delta^{-1} + \Omega^\Delta U - U\,\Omega^\Delta \quad \text{et} \quad \dot{L} = \Delta[[\dot{\lambda}_i\lambda_i^{-1}]]\Delta^{-1} + \Omega^\Delta \operatorname{Log}U - \operatorname{Log}U\,\Omega^\Delta$$

La dernière de ces relations équivaut, en composantes dans Δ, à

$$(19) \quad \dot{L}_{ii} = \dot{\lambda}_i\lambda_i^{-1} \quad \text{et} \quad \dot{L}_{ij} = \Omega^\Delta{}_{ij}\operatorname{Ln}\frac{\lambda_j}{\lambda_i} \quad \text{si } i \neq j \qquad \text{(sans sommation)}$$

Substituant F = RU dans $D = (\dot{F}F^{-1})_S$ il vient

$$(20) \quad R^{-1}D\,R = 1/2\,(\dot{U}U^{-1} + U^{-1}\dot{U}) = \Delta[[\dot{\lambda}_i\lambda_i^{-1}]]\Delta^{-1} + 1/2\,(-\,U\Omega^\Delta U^{-1} + U^{-1}\Omega^\Delta U),$$

qui s'écrit en composantes

$$(21) \quad D_{ii} = \dot{\lambda}_i\lambda_i^{-1} \quad \text{et} \quad D_{ij} = \frac{1}{2}\Omega^\Delta{}_{ij}\left(\frac{\lambda_j}{\lambda_i} - \frac{\lambda_i}{\lambda_j}\right) \quad \text{si } i \neq j \qquad \text{(sans sommation)}$$

d'où l'on tirera $\dot{\lambda}_i\lambda_i^{-1}$ et $\Omega^\Delta{}_{ij}$ que l'on reportera dans (19) pour établir le résultat. On notera que la dernière relation permet un calcul complet de $\Omega^\Delta$, car les $\Omega^\Delta{}_{ii}$ sont nulles.

Examinons maintenant les cas où les $\lambda_i$ ne sont pas tous différents. Aux instants où l'on a $\lambda_j = \lambda_i$ avec i≠j, il y a indétermination des bases Δ et δ, donc des composantes. Si ces instants sont isolés, il n'y a pas d'autre solution que de regarder ce qui se passe par continuité avant et après et de gérer ainsi la discontinuité des bases et des composantes à cet instant. Il en va autrement si cela se produit sur un intervalle de temps. La formule (16) est en fait valable sur les intervalles de temps où soit deux seulement d'entre eux, soit les trois $\lambda_i$, restent égaux. C'est dans ces cas que, pour i≠j, intervient la clause $K_{ij}$ = 1 si $\lambda_j = \lambda_i$ .

Le cas sphérique $U = \lambda 1_E$ où les trois $\lambda_i$ sont égaux est trivial. On a alors

$$\dot{U}U^{-1} = U^{-1}\dot{U} = \dot{\lambda}\lambda^{-1}1_E = \dot{L} \qquad \text{et donc (20) s'écrit} \quad R^{-1}D\,R = \dot{L}$$

ce que, toute base OND étant principale de déformation dans ce cas, et tous les $K_{ij}$ étant égaux à 1, exprime bien (16). Il faut toutefois noter que les valeurs 1 alors attribuées aux $K_{ij}$ pour $i \neq j$ ne sont pas utilisées puisqu'elles sont multipliées par des $D_{ij}$ nuls.

Lorsque l'on a par exemple $\lambda_1 = \lambda_2 \neq \lambda_3$ durant un intervalle de temps, la base $\Delta$ n'est déterminée qu'à une rotation dans le plan des dpdmi (1,2) près, et donc la composante $\Omega^{\Delta}{}_{12}$ est indéterminée. Choisir une base $\Delta$ évoluant continûment parmi toutes celles possibles équivaut à se donner arbitrairement $\Omega^{\Delta}{}_{12}$ en fonction du temps. Les relations (19-2) et (21-2) entraînent alors, quel que soit le choix de $\Omega^{\Delta}{}_{12}$, $\dot{L}_{12} = 0$ et $D_{12} = 0$, et donc $\dot{L}_{12} = K_{12} D_{12}$ pour tout $K_{12}$ et en particulier pour $K_{12} = 1$ ∎

● Enfin, le transport des contraintes, est donné par le résultat suivant

**Théorème 3**

*La contrainte* $C_L$ *associée à la mesure logarithmique* $L$ *et le tenseur de Kirchhoff* $\hat{\sigma}$ *sont reliés par la relation de transport*

(22) $$\boxed{C_L = T_L^{-T}(\hat{\sigma}) = \Delta[\hat{\sigma}_{ij}K_{ij}{}^{-1}]\Delta^{-1}}$$ *(sans sommation)*

*où les* $\hat{\sigma}_{ij}$ *sont les composantes de* $\hat{\sigma}$ *dans la base* $\delta$, *donc de* $\hat{\sigma}^{[p]} = R^{-1}\tilde{\sigma}R$ *dans* $\Delta$

$$\boxed{[\hat{\sigma}_{ij}] = \delta^{-1}\hat{\sigma}\delta = \Delta^{-1}\hat{\sigma}^{[p]}\Delta}$$

**Preuve.** Le théorème résulte de ce que l'on a, les bases $\Delta$ et $\delta$ étant orthonormées et en s'interdisant de sommer uniquement les indices répétés à l'intérieur d'une parenthèse :

$$-\mathcal{P} = \tilde{\sigma} : D = \tilde{\sigma}_{ij} D_{ij} = -(\tilde{\sigma}_{ij}K_{ij}{}^{-1})(D_{ij}K_{ij}) = -(\tilde{\sigma}_{ij}K_{ij}{}^{-1})\,\dot{L}_{ij}$$ ∎

## 6. LE CAS GÉNÉRAL DES MESURES $e_f$

Avec les mesures de déformation de Green, d'Almansi et logarithmique, nous n'avons examiné que quelques possibilités. Ce sont toutefois les principales : la première parce que d'un usage courant et aisé, la seconde pour son rôle dual de la première dans notre démarche segments-tranches, et la dernière parce que, les qualités remarquables de la mesure logarithmique le laissent présager, optimale. On peut continuer et traiter les autres mesures de déformation qui ont été proposées. Mais aucun miracle ne se produira et, en particulier, le transport $T_\varepsilon$ n'a aucune chance de devenir isométrique, avec tous les inconvénients qui en résultent.

● Dans ce genre de considérations, les calculs en base principale de déformation sont relativement simples. Ce qui vient d'être fait pour la mesure logarithmique peut en particulier être étendu au cas des mesures $e_f$ introduites en (**XVIII**-46),

(23) $$\boxed{e_f = \Delta[[f(\lambda_i)]]\Delta^{-1} = f(U)}\ ,$$

les plus générales que nous ayons envisagé. De façon précise, indiçant par f ce qui est relatif à la $e_f$-théorie, on vérifiera aisément le résultat suivant généralisant les théorèmes 2 et 3 du précédent paragraphe :

**Théorème 1**

*Le transport des vitesses de déformation et des contraintes dans la* $\mathbb{e}_f$*-théorie est donné par les relations ci dessous, sans sommation en i et j,*

(24) $\dot{\mathbb{e}}_f = T_f^{-1}D = \Delta[D_{ij}K_{fij}]\Delta^{-1}$ et $C_f = T_f^{-T}\,\hat{\sigma} = \Delta[\hat{\sigma}_{ij}K_{fij}^{-1}]\Delta^{-1}$, avec

(25) $K_{fij} = \dfrac{2\lambda_j\lambda_i\,[f(\lambda_j)-f(\lambda_i)]}{\lambda_j^2-\lambda_i^2}$ si $\lambda_j \neq \lambda_i$ et $K_{fij} = 1$ si $\lambda_j = \lambda_i$

Ainsi, les transports (6) et 7 relatifs aux mesures de Green et d'Almansi s'écrivent:

(26) $\dot{\mathbb{e}} = \Delta[D_{ij}\lambda_i\lambda_j]\Delta^{-1}$ et $\dot{\mathbb{a}} = \Delta[D_{ij}\mu_i\mu_j]\Delta^{-1}$

$C_e = \Delta[\hat{\sigma}_{ij}\lambda_i^{-1}\lambda_j^{-1}]\Delta^{-1}$ et $C_a = \Delta[\hat{\sigma}_{ij}\mu_i^{-1}\mu_j^{-1}]\Delta^{-1}$

● On peut remarquer que pour que le transport $T_f$ soit isométrique, il faudrait que $T_f$ soit égal à $T_f^{-T}$, et donc que $K_{fij}$ soit égal à 1 pour tout couple (i,j). On a sur ce plan, en cas de petites déformations, le résultat suivant montrant à nouveau l'intérêt de la mesure logarithmique (Cf **XVIII-9.3** pour la définition de $\bar{\lambda}$ ).

**Théorème 2**

**a** - *En cas de petite déformation, les* $K_{fij}$ *sont équivalents à* 1
- *à l'ordre un en* $\bar{\lambda}$ *pour toutes les mesures* $\mathbb{e}_f$
- *à l'ordre deux en* $\bar{\lambda}$ *si et seulement si* $f''(1) = -1$

**b** - *La condition* $f''(1) = -1$ *est vérifiée par la mesure logarithmique (de Hencky), mais elle ne l'est ni par la mesure de Green, ni par la mesure d'Almansi, ni plus généralement par aucune des mesures* $\mathbb{e}_n = 1/n\,(U^n - 1_{E_1})$ avec $n \neq 0$.

**Preuve.** On suppose évidemment que les conditions $f(1) = 0$ et $f'(1) = -1$, imposées à f pour que $\mathbb{e}_f$ soit équivalent à $\varepsilon_L$ en cas de petits déplacements, sont vérifiées. Au voisinage de $\lambda_i = 1$, donc de $\bar{\lambda}_i = 0$, qui correspondent à une déformation nulle, on a :

$$K_{fij} = \{2(1+\bar{\lambda}_i)(1+\bar{\lambda}_j)[\bar{\lambda}_j - \bar{\lambda}_i + 1/2f''(1)(\bar{\lambda}_j^2 - \bar{\lambda}_i^2) + 0(\bar{\lambda})]\}\,[(1+\bar{\lambda}_j)^2 - (1+\bar{\lambda}_i)^2)]^{-1}$$
$$= 1 + \frac{1}{2}(1+f''(1))(\bar{\lambda}_i+\bar{\lambda}_j) + 0(\bar{\lambda}^2)$$

ce qui établit le a. Pour le b, il suffit de remarquer que, pour $\mathbb{e}_n$, $f''(1)$ est égal à n-1 ▪

## 7. ÉLASTICITÉ

● C'est particulièrement pour l'élasticité que le besoin de modéliser l'état métrique actuel du milieu s'est manifesté. Voyons donc comment les $\mathcal{E}$-théories, qui nous l'avons dit reposent sur une approximation de cette modélisation de l'état métrique, traitent de l'élasticité. Nous nous limiterons aux $\mathcal{E}$ de la catégorie des $e_f$.

Tout naturellement, une loi *élastique* se traduira en $\mathsf{e}_f$-théorie par

(27) $$\boxed{C_f = H(\mathsf{e}_f)} \quad \text{avec } H : L_S(E_r) \to L_S(E_r),$$

et sera dite *isotrope* si H est isotrope, *linéaire* si H est linéaire et *hyperélastique* si H est le gradient d'une fonction scalaire de $\mathsf{e}_f$, l'énergie élastique spécifique e:

(28) $$\boxed{H(\mathsf{e}_f) = \mathrm{grad}_{\mathsf{e}_f}\, e}, \quad \boxed{e = \hat{e}(\mathsf{e}_f) = \check{e}(U)}, \quad \boxed{-\rho_r \mathcal{P} = (\mathrm{grad}_{\mathsf{e}_f}\, e) \overset{r}{:} \dot{\mathsf{e}}_f = \dot{e}}$$

où $\hat{e}$ et $\check{e} = \hat{e}of$ sont des applications de $L_S(E_r)$ dans R.

● Il est classique de faire remarquer que, dans le cas d'un matériau élastique *isotrope*, les directions principales des contraintes, ici $C_f$, sont identiques à celles de la déformation, ici $\mathsf{e}_f$. Les $K_{fij}$ diagonaux ($i \neq j$), non égaux à 1, ne sont alors pas utilisés dans le transport des contraintes, et l'on a, sans sommation en i,

(29) $$\boxed{C_f = \Delta[[\hat{\sigma}_{ii}]]\Delta^{-1} = R^{-1}\hat{\sigma}R \equiv \hat{\sigma}^{[p]}},$$

Un tel comportement élastique isotrope en $e_f$-théorie s'écrit donc encore

(30) $$\boxed{\hat{\sigma}^{[p]} = H(\mathsf{e}_f)} \qquad \text{avec} \quad H : L_S(E_r) \to L_S(E_r) \text{ isotrope.}$$

ce qui, les $\mathsf{e}_f = f(U)$ étant des fonctions isotropes de U, est très exactement la loi (**XII**-6) restreinte au cas isotrope.

Dans le cas plus général d'un comportements élastique non isotrope, on a, en introduisant les composantes $C_{fij}$ de $C_f$ dans $\Delta$

$$(24\text{-}2) \Leftrightarrow \quad C_{fij} = \hat{\sigma}_{ij}K_{fij}^{-1} \qquad \Leftrightarrow \qquad \hat{\sigma}^{[p]} = \Delta[C_{fij}K_{fij}]\Delta^{-1}$$

qui montre que le tourné $\hat{\sigma}^{[p]}$ de la contrainte de Kirchhoff est à priori fonction uniquement de $C_f$ et de U par l'intermédiaire de $\Delta$ et des $K_{fij}$. La loi (33) exprimant en $\mathsf{e}_f$-théorie que $C_f$ est fonction de U équivaut donc encore à la loi (**XII**-6).

On en conclut que, bien que théorie approchée comme nous l'avons montré :

*Chaque $\mathsf{e}_f$-théorie est en mesure d'exprimer exactement les mêmes comportements élastiques que l'approche spatiale de* Ch **XII**, *et donc aussi que l'approche matérielle de* Ch **XVII** *basé sur la* **m**-*théorie*[1].

● On ne saurait en conclure pour autant qu'en élasticité les $\mathsf{e}_f$-théories et la **m**-théorie sont équivalentes. Dans l'approche spatiale de Ch **XII**, cohérente avec l'approche matérielle intrinsèque de **XVII-5**, la variable cinématique U n'intervient que comme une caractérisation de **m**, et la contrainte matérielle $\tilde{\sigma}^{[p]}$, qui d'ailleurs n'a pas été introduite

---

[1]Evidemment, pour obtenir un même comportement élastique particulier, les deux approches devront utiliser des applications h et H corrélées par h = Hof

comme variable duale de cette variable cinématique, n'est égale à aucun des $C_\varepsilon$ dont elle n'a d'ailleurs pas les défauts. Il aurait été difficile alors, avant de procéder à l'étude de la déformation, de parler de déformation et d'élasticité linéaire, ce dont nous nous sommes gardé.

Avec les $\mathrm{e}_f$-théories, un parti cinématique a par contre été pris, mais dont nous avons vu qu'il était contingent et variable avec f. N'est donc physiquement acceptable dans ces théories que ce qui ne dépend pas de cette contingence, et qui est précisément exprimé dans l'approche **XVII-5** dont Ch **XII** est la version spatiale. Ainsi, un modèle élastique isotrope ou hyperélastique dans le cadre d'une $\mathrm{e}_f$-théorie donnée se transcrit dans les autres $\mathrm{e}_f$-théories et dans les approches spatiale de Ch **XII** et matérielle de **XVII-5** par des lois qui sont encore isotropes ou hyperélastiques. Mais, nous l'avons déjà signalé au **2**, il n'en va pas de même d'un comportement élastique linéaire, qui n'a de sens que relativement au choix contingent d'une mesure $\mathrm{e}_f$ particulière. On en conclut que :

*En grandes transformations, les notions d'élasticité isotrope ou d'hyperélasticité ont un sens intrinsèque, indépendant de la mesure de déformation utilisée quand on travaille en* $\varepsilon$*-théorie, mais pas la notion d'élasticité linéaire*

● On peut aussi comprendre la chose en remarquant qu'il est sans importance d'appeler déformation, vitesse de déformation et contrainte des grandeurs qui ne "méritent" pas ces appellations, tant qu'on n'utilise pas le statut que cela leur confère. Ainsi :

*Une* $\varepsilon$*-théorie s'apparente à une approche matérielle où l'on aurait simplement* paramétré *l'état métrique par* $\varepsilon$*, paramétrage différent de celui par* U *utilisé en* Ch **XII**, *ce qui est parfaitement recevable tant que l'on ne se met pas à "croire" que cet* $\varepsilon$ *"est" la déformation, et que donc* $C_\varepsilon$ *"est" la contrainte, et à vouloir, sur cette base, par exemple faire de l'élasticité linéaire, ou encore, en sortant de l'élasticité, décomposer la déformation* $\varepsilon$ *en somme d'une part élastique et d'une part plastique.*

Sauf toutefois pour la L-théorie, *à titre d'approximation raisonnable* et compte tenu de l'*optimalité de la mesure logarithmique* que nous avons déjà décelée et que nous prouverons encore. C'est ainsi que le seul modèle d'élasticité linéaire grandes déformations, ou la seule décomposition de la déformation en parties élastique et plastique que nous saurions défendre sont ceux de la L-théorie:

$$\boxed{C_L = KL} \quad \text{et} \quad \boxed{L = L_e + L_p} \tag{31}$$

● L'élasticité en grandes transformations est en fait très pratiquée, pour l'étude des élastomères. Et il semble que ce soit dans l'esprit du point précédent. Ce qui est recherché pour la modélisation, c'est essentiellement le potentiel énergie de déformation élastique, en fonction d'une mesure de déformation, ou de C, voire de F = RU en s'assurant de l'indépendance par rapport à U, pris simplement comme paramètres possibles pour caractériser l'état. C'est directement ce potentiel que l'on tente d'identifier [Ogden, 1980].

## 8. INTERPRÉTATION MATÉRIELLE

Notre but, dans ce paragraphe et le suivant, est d'insérer les $\varepsilon$-théories dans le cadre matériel intrinsèque développé en **P2** et **P3**. Ceci permettra d'apprécier l'approximation qu'elles présentent par rapport à la **m**-théorie.

● Cette insertion va reposer sur deux remarques. La première est que l'utilisation d'une position de référence fixe dans le référentiel de travail, donc de métrique invariable, associe à chaque point du milieu, un placement local indépendant du temps $a_r$ et un point $\mathbf{m}_r$ indépendant du temps dans sa variété des métriques **M**, ainsi qu'une décomposition du placement actuel a :

$$\mathbf{m}_r = (1/2\gamma_r, -1/2\,\bar{\gamma}_r^{1}), \qquad \gamma_r = a_r^* g a_r, \quad a = Fa_r$$

La seconde est que le placement $a_r$ est une isométrie constante de $E_{0r} = (T_0, \mathbf{m}_r)$ sur $E_r$, et donc que toute considération tant affine qu'euclidienne dans l'espace euclidien indépendant du temps $E_r$ est l'image exacte par $a_r$ constant de considérations analogues dans l'espace euclidien indépendant du temps $E_{0r}$. En particulier, le travail dans l'échiquier $L_S(E_r)$ qui précède, *avec des grandeurs considérées comme tenseurs euclidiens*, donc comme éléments de l'espace $\mathbf{E}_{rS}^{(2)}$ des tenseurs euclidiens d'ordre deux symétriques sur $E_r$, peut être décrit par un travail analogue dans son homologue par l'isométrie $a_r$, l'espace vectoriel $T\mathbf{m}_r = \mathbf{E}_{0S}^{(2)}$ tangent à **M** en $\mathbf{m}_r$. Ce que nous résumons de façon succincte en énonçant que :

> *Les $\varepsilon$--théories que nous venons de décrire sont l'expression, lorsque l'on prend la configuration de référence comme ersatz du modèle matière, de théories matérielles s'écrivant dans le plan vectoriel* $T\mathbf{m}_r$ *tangent en* $\mathbf{m}_r$ *à* **M**.

● Pour effectuer cette transposition, il faut commencer par substituer à la variable $\varepsilon \in L_S(E_r)$ censée modéliser l'état métrique, d'abord $\varepsilon_0 = \bar{a}_r^1 \varepsilon a_r$, son transporté par $a_r$, puis, dans un second temps, le tenseur euclidien $\boldsymbol{\varepsilon}_0 = (\gamma_r \varepsilon_0, \varepsilon_0 \bar{\gamma}_r^1) \in T\mathbf{m}_r$ défini par $\varepsilon_0 \in L_S(E_{0r})$, transporté par $a_r$ du tenseur euclidien sur $E_r$ défini par $\varepsilon$.

Nous l'avons dit, dans la pratique on n'a pas d'autre choix que d'identifier, par $a_r$, $T_0$ à l'espace vectoriel $T_r$ sous-jacent à $E_r$. Le premier temps disparaît alors, et même si sur un plan théorique on préfère ne pas procéder à cette identification, il se réduit à l'identité lorsque l'on travaille en composantes en coordonnées matérielles. L'essentiel de la démarche est donc son second temps, c'est à dire l'abandon de l'identification de $\mathbf{E}_{rS}^{(2)}$ à $L_S(E_r)$ par identification de $E_r^*$ à $E_r$. Pour les principales mesures $\varepsilon$, le transporté $\varepsilon_0$ a été calculé (**XIX**-7), et le $\boldsymbol{\varepsilon}_0$ euclidien qu'il définit a été interprété (**XIX-2**)

Plutôt que d'effectuer le transport terme à terme de tous les ingrédients, il suffirait ensuite, en nous plaçant dans l'optique des remarques du dernier point de **1**, de reproduire à partir de l'hypothèse initiale de modélisation de l'état métrique par $\boldsymbol{\varepsilon}_0 \in T\mathbf{m}_r$ la "logique bête" que nous avons développée à partir de l'hypothèse équivalente de sa modélisation par $\varepsilon \in L_S(E_r)$ considéré comme tenseur euclidien. Dans cette démarche, le lecteur pourra se persuader que, par exemple dans le cas simple des mesures de Green et d'Almansi, l'homologue du transport cinématique $T_{\varepsilon}$ n'est ni le transport **A** de la relation fondamentale (**XIII**-18), ne serait-ce que parce que $\dot{\boldsymbol{\varepsilon}}_0$ n'est pas dans $\mathbf{Tm}$, ni $\mathbf{A}_r$ (valeur de **A** pour $a = a_r$) qui aurait l'avantage d'être une isométrie.

● Mais il n'est évidemment pas question de développer ici ce formalisme qui ne serait qu'une redite compliquée d'une approche très bien exprimée précédemment avec la vision simplifiée usuelle des tenseurs euclidiens comme éléments de $L_S(E_r)$. Nous nous contenterons d'analyser la version matérielle "état métrique $\boldsymbol{\varepsilon}_0 \in \mathbf{Tm}_r$" de l'hypothèse fondatrice de la $\varepsilon$-théorie, afin d'apprécier son caractère approché par rapport à l'affirmation "état métrique $\mathbf{m} \in \mathbf{M}$" de la **m**-théorie développée en Ch **XVII**.

Pour cela, introduirons $\mathcal{T}\mathbf{m}_r$, "plan" tangent en $\mathbf{m}_r$ à **M**, sous espace affine (variété plate) de dimension six de $\Gamma_S$ passant par $\mathbf{m}_r$ et parallèle à $\mathbf{Tm}_r$ (**XIV-2.1**), et, dans ce plan, le point $\mathbf{m}^a$ ($^a$ pour approché) tel que le vecteur joignant $\mathbf{m}_r$ à $\mathbf{m}^a$ soit égal à $\boldsymbol{\varepsilon}_0$ :

(32) $$\mathbf{m}_r\mathbf{m}^a \equiv \mathbf{m}^a - \mathbf{m}_r = \boldsymbol{\varepsilon}_0 = (\gamma_r\, \varepsilon_0,\, \varepsilon_0 \bar{\gamma}_r^{-1}) \in \mathbf{Tm}_r$$

Il est classique que, dans ce cadre linéaire tangent en $\mathbf{m}_r$, la variable $\mathbf{m}^a \in \mathcal{T}\mathbf{m}_r$ est totalement équivalente à la variable $\boldsymbol{\varepsilon}_0 \in \mathbf{Tm}_r$. Elle a en particulier même vitesse,

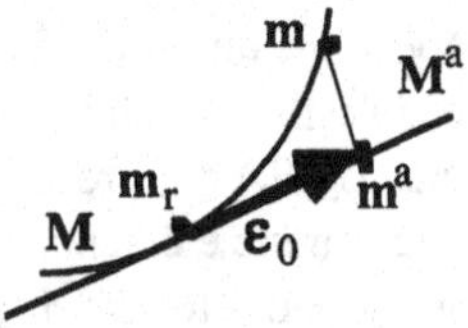


(33) $$\dot{\mathbf{m}}^a = \dot{\boldsymbol{\varepsilon}}_0\ ,$$

constituant la vitesse de déformation matérielle à partir de laquelle est définie la variable de contrainte et toute la théorie. On en conclut alors que :

> *La $\varepsilon$-théorie résulte de l'approximation de la variété* **M** *par son plan tangent en* $\mathbf{m}_r$, *que pour cela nous noterons* $\mathbf{M}^a$, *réalisée au moyen de la projection*
>
> (34) $$\Pi_{\varepsilon} :\quad \mathbf{m} \in \mathbf{M} \ \rightarrow\ \mathbf{m}^a = \mathbf{m}_r + \boldsymbol{\varepsilon}_0 \quad \in \mathbf{M}^a \equiv \mathcal{T}\mathbf{m}_r$$

La projection $\Pi_{\varepsilon}$ va évidemment dépendre de $\varepsilon$. Il en ira donc de même, pour un **m** donné, du projeté $\mathbf{m}^a$, que de ce fait nous noterons aussi $\mathbf{m}_{\varepsilon}$. Et pour chaque $\varepsilon$ :

> *La qualité de la $\varepsilon$-théorie dépendra de la qualité de l'approximation de* **M** *par* $\mathbf{M}^a$ *que réalise* $\Pi_{\varepsilon}$.

Tentons donc de voir ce qu'il en est pour les divers $\varepsilon$ que nous avons considérés.

## 9. ÉTUDE DES PROJECTIONS $\Pi_{\varepsilon}$

● Examinons d'abord le cas classique où $\varepsilon$ est le tenseur de Green, et le cas dual :

**Théorème 1**

> *Les projections $\Pi_{\mathrm{e}}$ et $\Pi_{\mathrm{a}}$ de la $\mathrm{e}$-théorie et de la $\mathrm{a}$-théorie sont les projections parallèles aux "axes" $\bar{\Gamma}_S$ et $\underline{\Gamma}_S$ de la "branche d'hyperbole"* **M**.

**Preuve**. On a, en travaillant dans $\Gamma_S = \bar{\Gamma}_S \times \underline{\Gamma}_S$ et en utilisant (**XIX**-5 et 7) :

$$\mathbf{m}_r\mathbf{m} = (1/2\gamma - 1/2\gamma_r,\ -1/2\gamma^{-1} + 1/2\gamma_r^{-1}) = (\gamma_r \mathrm{e}_0, \mathrm{a}_0 \bar{\gamma}_r^{-1}),$$

et donc, compte tenu de (32),

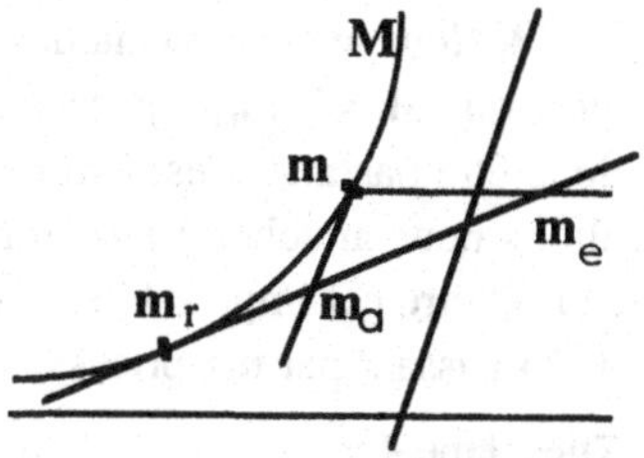


(35) $\mathbf{m}^a\mathbf{m} = \mathbf{m}_r\mathbf{m} - \mathbf{m}_r\mathbf{m}^a = (\gamma_r(\mathrm{e}_0 - \varepsilon_0),(\mathrm{a}_0 - \varepsilon_0)\gamma_r^{-1})$

La direction (de projection) de $\mathbf{m}^a\mathbf{m}$ est donc $\underline{\Gamma}_S$ si $\varepsilon_0 = \mathrm{e}_0$, ce qui équivaut à $\varepsilon = \mathrm{e}$, et à $\overline{\Gamma}_S$ si $\varepsilon = \mathrm{a}$ ∎

Ces projections ne sont certainement pas globalement très fidèles, ce qui ne plaide pas pour la $\mathrm{e}$-théorie et la $\mathrm{a}$-théorie. On peut toutefois remarquer qu'elles deviennent meilleures quand on les restreint à certaines zones de **M**, à savoir la branche asymptotique de direction $\overline{\Gamma}_S$ pour la première et $\underline{\Gamma}_S$ pour la seconde. On peut donc préconiser la $\mathrm{e}$-théorie (respt : la $\mathrm{a}$-théorie) pour les "grands" $\gamma$ (respt : les "petits" $\gamma$), par exemple pour des états de référence et actuel se déduisant d'un état donné dans des transformations qui sont pour l'essentiel de grandes expansions (respt : de grandes compressions) isotropes. Des tentatives d'investigation dans ce sens ont par exemple été menées en [Delannoy-Coutris, Toupance, 1995].

● Nous avons vu en **XIV-4** qu'en tout point **m** de **M** existait une direction normale à **M**, donc à **Tm**, au sens de la forme bilinéaire (**M13**-g). On peut donc envisager une projection orthogonale $\Pi$ de **M** sur $\mathbf{M}^a = \mathcal{T}\mathbf{m}_r$. On a alors le résultat suivant :

**Théorème 2**

*La projection* $\Pi_\varepsilon$ *est la projection orthogonale* $\Pi$ *lorsque* $\varepsilon = 1/2(\mathrm{e} + \mathrm{a})$

**Preuve.** En vertu de (**XIV**-21) et (35), $\mathbf{m}^a\mathbf{m}$ est orthogonal à $\mathbf{Tm}_r$, donc $\Pi_\varepsilon$ est orthogonale, ssi $(\mathrm{e}_0 - \varepsilon_0)$ et $(\mathrm{a}_0 - \varepsilon_0)$ sont opposés, ce qui établit le résultat ∎

● Le résultat qui suit concerne les petites déformations (Cf **XVIII-9.3**).

**Théorème 3**

*En petites déformations, et en* $\mathrm{e}_f$*-théorie,* $\mathbf{m} - \mathbf{m}^a$ *est pour tout f un infiniment petit d'ordre deux par rapport à* $\mathbf{m} - \mathbf{m}_r$*, et* $\Pi\mathbf{m} - \mathbf{m}^a$ *est un infiniment petit d'ordre trois lorsque* $f''(1) = -1$ *:*

$$\mathbf{m}^a = \mathbf{m} + \mathcal{O}(\|\overline{\lambda}\|^2) \quad et \quad f''(1) = -1 \;\Rightarrow\; \mathbf{m}^a = \Pi\mathbf{m} + \mathcal{O}(\|\overline{\lambda}\|^3)$$

**Preuve.** Il convient d'effectuer un développement limité de $\mathbf{m}^a\mathbf{m}$, calculé en (35), au point $\lambda = 1$. Des expressions en fonction des $\lambda_i$ de $\mathrm{e} = \mathrm{e}_2$, de $\mathrm{a} = \mathrm{e}_{-2}$ et de $\varepsilon = \mathrm{e}_f$ données en (**XVIII**-45 et 46), d'où résulte par un simple changement de base celles de $\mathrm{e}_0$, $\mathrm{a}_0$ et $\varepsilon_0$, on déduit aisément que ce développement est

$$\mathbf{m}^a\mathbf{m} = (\gamma_r\,\Delta_0[[1/2\,\overline{\lambda}_i^2\,(f''(1) - 1)]]\Delta_0^{-1},\, \Delta_0\,[[1/2\,\overline{\lambda}_i^2(f''(1) + 3)]]\Delta_0^{-1}\gamma_r^{-1}) + \mathcal{O}(\|\overline{\lambda}\|^3)$$

La partie principale de $\mathbf{m}^a\mathbf{m}$ est donc d'ordre deux en $\overline{\lambda}$, ce qui établit le premier point, et orthogonale à $\mathcal{T}\mathbf{m}_r$ quand $f''(1) = -1$, ce qui établit le second ∎

Ce théorème 3 attire à nouveau l'attention sur la mesure logarithmique L, seule parmi les $\mathrm{e}_n$ à vérifier la condition $f''(1) = -1$. Mais il ne s'agit là que d'une propriété au voisinage de $\mathbf{m}_r$, alors que la qualité de L, ou plutôt de la projection $\Pi_L$, est en fait globale, sur tout **M**, comme va le montrer la suite.

● Nous avons abondamment constaté que **M** n'est pas une variété riemanienne plate, alors que $\mathbf{M}^a = \mathcal{T}\mathbf{m}_r$, espace affine euclidien, en est une. Aucune projection $\Pi_\mathcal{E}$ ne saurait donc être parfaite, c'est à dire constituer un isomorphisme pour la structure de **M**. Nous allons nous attacher à montrer pour terminer que, si la projection logarithmique $\Pi_L$ ne saurait être cet impossible isomorphisme, ses restrictions à de nombreuses sous variétés de M passant par $\mathbf{m}_r$, prises dans leur globalité, sont des isomorphismes.

**Théorème 4**

> **a** - *Les restrictions de* $\Pi_L$ *aux géodésiques de* **M** *passant par* $\mathbf{m}_r$ *sont des isométries sur les géodésiques de* $\mathbf{M}^a$*, c'est à dire sur les droites de* $\mathbf{M}^a$*, passant par* $\mathbf{m}_r$
>
> **b** - *Ces projections conservent les angles relatifs en* $\mathbf{m}_r$ *de ces géodésiques.*

**Commentaire.** A défaut de développer **M** sur son plan tangent en $\mathbf{m}_r$ (au sens - isométrique - où l'on développe un cylindre ou un cône sur un plan), $\Pi_L$ développe toutes ses géodésiques passant par $\mathbf{m}_r$ sur leur tangente en $\mathbf{m}_r$.

**Preuve.** Considérons une géodésique passant par $\mathbf{m}_r$, paramétrée comme indiqué en (**XVI-5**-Th1) où nous faisons $\mathbf{m}_1 = \mathbf{m}_r$. Notant avec un indice t tout ce qui est relatif au point de cette géodésique paramétré par t (qui ici n'est évidement pas le temps), on a

$$L_0^t = 1/2 \text{ Log } (\gamma_r^{\,1}\gamma^t) = \Delta_0^d[[L_i]]\Delta_0^{-1}\,\frac{t-t_1}{T}$$

qui montre bien que $\mathbf{m}^a = \mathbf{m}_r + L_0^t$ décrit une droite dans $\mathbf{M}^a$. Le théorème est alors une conséquence immédiate de ce que $L_0^t$ est la coordonnée polaire géodésique de $\mathbf{m}^t$ de pôle $\mathbf{m}_r$ (**XIX-2** Th 2) ▪

Il faut noter que cette isométrie est celle que la fonction logarithme $L = \text{Log}\lambda$ établit entre $\lambda \in R^+$ et $L \in R$ lorsque l'on dote $R^+$ de la métrique s définie par $ds = d\lambda/\lambda$.

● Un autre résultat va concerner les sous variétés triaxiales $\mathbf{M}_B$, réunissant les **m** pour lesquels un triplet B de directions matérielles est orthogonal (**XV**-6 et 7). Une infinité de ces $\mathbf{M}_B$ passent par $\mathbf{m}_r$ : toutes celles associées à un triplet B orthogonal dans la configuration de référence. Et à chacune de ces $\mathbf{M}_B$ est canoniquement associé son plan tangent en $\mathbf{m}_r$, sous espace affine de dimension trois de $\mathbf{M}^a = \mathcal{T}\mathbf{m}_r$, que nous noterons $\mathbf{M}_B^a$, constitué des points **n** de $\mathcal{T}\mathbf{m}_r$, tels que le tenseur euclidien d'ordre deux symétrique $\mathbf{m}_r\mathbf{n}$ admette B comme triplet de directions principales :

$$\mathbf{M}_B^a = \{\, \mathbf{n} = \mathbf{m}_r + (\gamma_r b[[x_i]]b^{-1},\, b[[x_i]]b^{-1}\bar{\gamma}_r^{1}),\ (x_i) \in R^3\}\quad \text{avec } b \in B \tag{36}$$

**Théorème 5**

> *Pour tout* $\mathcal{E} = \mathcal{e}_f$*, et pour tout* $\mathbf{M}_B$ *passant par* $\mathbf{m}_r$ *, on a l'inclusion*
>
> $$\Pi_\mathcal{E}\mathbf{M}_B \subset \mathbf{M}_B^a \tag{37}$$

**Preuve.** Ce résultat est une évidence. Considérons un $\mathbf{M}_B$ contenant $\mathbf{m}_r$. Pour tout $\mathbf{m} \in \mathbf{M}_B$, B est un (en général : le) triplet de directions principales orthogonales de la déformation de $\mathbf{m}_r$ à **m**. Le théorème équivaut donc à dire que les directions propres de $\mathcal{e}_f$ sont les directions principales de déformation matérielles, ce qui est exact et se généraliserait à toute mesure de déformation qui serait une fonction isotrope quelconque de U ▪

Cette inclusion est stricte quand f($R^+$) est strictement inclus dans R. Comme le montre les asymptotes horizontales du graphe de **XVIII-10**, il en est ainsi pour toutes les mesures $\mathcal{e}_n$, sauf pour la mesure logarithmique $\mathsf{L} = \mathcal{e}_0$. Il faut aussi remarquer que nous avons parlé de variétés plates à propos des $\mathbf{M_B}$, mais ne permettant pas de les voir comme sous espaces plats de $\Gamma_S$. Il n'est donc pas question de rechercher une qualité de projection des $\mathbf{M_B}$ à travers une linéarité (une affinité) qui n'a pas de sens. On a par contre le résultat suivant :

**Théorème 6**

*La restriction de* $\Pi_L$ *à tout* $\mathbf{M_B}$ *passant par* $\mathbf{m}_r$ *est une isométrie de cet* $\mathbf{M_B}$ *sur son plan tangent* $\mathbf{M_B^a} \subset \mathbf{M^a}$ *en* $\mathbf{m}_r$.

**Preuve**. La propriété vient de ce que, en fait, la conjonction des deux points du théorème 4 ci dessus suffit pour assurer le caractère isométrique de la projection de toute sous-variété plate passant par $\mathbf{m}_r$ ▪

Ce théorème clôt la longue liste des propriétés que nous avons portées au crédit de la mesure logarithmique, et qui nous permet de conclure que:

*La mesure logarithmique est certainement la moins mauvaise des mesures de déformation. La* $\mathsf{L}$*-théorie est la plus défendable des* $\mathcal{E}$*-théories mises en oeuvre dans les approches lagrangiennes classiques.*

## 10. LES DÉFORMATIONS TENSORIELLES CUMULÉES

● C'est le moment de revenir sur l'approche fondée sur l'utilisation d'une déformation cumulée comme variable d'état métrique, exposée en **XII-4**. L'interprétation matérielle qui en a été donnée en **XVI-6** montre que :

*Comme les* $\mathcal{E}$*-théories, cette approche est fondée sur la substitution à* **m** *suivant un trajet* C *dans* **M**, *d'un* $\mathbf{m^a}$ *suivant un trajet* $C^a$ *dans un espace plat* $\mathbf{M^a}$ *ayant la géométrie des plans tangents à* **M**.

Mais cet $\mathbf{M^a}$ n'est plus le plan tangent en un $\mathbf{m}_r$ fixe comme en $\mathcal{E}$-théorie :

*L'espace* $\mathbf{M^a}$ *est le plan tangent en* **m** *roulant sans glisser sur* **M** *et, pour ce qui est de sa rotation instantanée autour de* **m**, *transporté selon un mode régi par le choix d'un référentiel suiveur* $E_m$, *et qui est le transport parallèle quand celui-ci est le corotationnel.*

Il n'y a donc plus, comme en $\mathcal{E}$-théorie, approximation globale de **M** d'où résulte une approximation de chaque processus que l'on est amené à envisager, mais une approximation uniquement du processus considéré.

Nous avons souligné que, si $E_m$ est mal choisi, cette approximation peut être très mauvaise : la seule chose dont on soit certain qu'elle soit fidèlement reproduite c'est, à cause du roulement sans glissement, la longueur du processus, c'est à dire la déformation scalaire cumulée. Mais, pour en venir à la confrontation "approximation contre approximation" évoquée en **XII-4**, le théorème (**XVI-6** Th 3) permet d'affirmer que :

*Dans le cas où* $E_m$ *est le corotationnel, c'est, non pas* tous *car on ne travaille ici que sur un processus, mais* chaque *processus en* **m** *s'inscrivant sur une géodésique de* **M** *qui est approché par un processus analogue en* $\mathbf{m}^a$ *décrit avec la même loi horaire, et pas seulement ceux passant par* $\mathbf{m}_r$ *comme en* L*-théorie.*

Cet avantage sur la L-théorie doit toutefois être relativisé par le fait que, en pratique, les processus de déformation considérés partent de, donc passent par, $\mathbf{m}_r$. A défaut de supériorité, il y a donc au moins égalité sur ce plan.

La différence avec une $\mathcal{E}$-théorie réside en ce que $\mathbf{m}^a$ est ici relié à F par une relation non-holonome. Est-ce plus grave qu'une relation holonome comme il se doit mais néanmoins fausse (puisque $\mathbf{m}^a = \mathbf{m}_r + \mathcal{E}$ n'est pas **m**) comme dans toute $\mathcal{E}$-théorie ? Et si oui :

*Que vaut ce désavantage devant l'avantage de présenter une vitesse de déformation et une contrainte physiquement très représentatives, et même strictement égales aux éléments correspondant de la* **m***-théorie, comme nous l'avons vu?*

On voit qu'à nos yeux, les $\mathcal{E}$-théories, et même la L-théorie, sont loin de supplanter sans discussion les approches par déformation cumulée, et tout particulièrement l'approche par déformation cumulée dans le corotationnel.

Terminons par une remarque. Pour mettre en oeuvre ce modèle avec déformation cumulée dans un problème d'élastostatique, il faut recréer artificiellement un référentiel corotationnel en imaginant un processus de chargement quasi statique allant de la charge nulle à la charge du problème d'équilibre élastique. C'est évidemment par le choix de ce processus que la dépendance par rapport au chemin va se manifester. Par ailleurs, il est évident que, par exemple dans des problèmes de fatigue, des cyclages trop nombreux peuvent entraîner des dérives importantes.

## 11. L'HYPOTHÈSE DE COVARIANCE DE L'ESPACE

Via la relation (1), le transport $\mathsf{T}_{\mathcal{E}}$, entre éléments de L(E) et L($E_r$) = L(E), est entièrement déterminé par le $\mathcal{E}$ choisi. Mais la qualité que l'on va reconnaître ou non à ce transport dépend de la nature tensorielle que, au delà de son appartenance à L(E) (si toutefois celle-ci est clairement revendiquée) l'on prête à, ou privilégie pour, cet $\mathcal{E}$. Nous avons ainsi reproché à ces $\mathsf{T}_{\mathcal{E}}$ de ne pas être isométriques parce que, pour des raisons longuement établies en **P3**, nous avons affirmé l'optique tenseur euclidien dans laquelle nous envisagions vitesses de déformation et contraintes. Dans ce paragraphe, nous abandonnons ce point de vue et explorons une autre voie, non pour renier ce parti pris euclidien, mais pour aller à la rencontre de certaines pratiques de la littérature. Nous nous limitons au cas de la mesure de Green $\mathsf{e}$, de loin le plus concerné.

● Plutôt que de déplorer l'inadaptation de $\mathsf{T}_{\mathsf{e}}$ à une nature tensorielle présupposée de $\mathsf{e}$, cherchons l'éventuelle nature tensorielle qui serait en accord avec $\mathsf{T}_{\mathsf{e}}$. Celui-ci n'étant pas le T de la première ligne de (**VII**-16-2), cette tensorialité n'est pas celle affichée par l'appartenance de $e$ à $L(E)$. Par contre, puisque comme nous l'avons déjà remarqué il s'agit du transport $\bar{T}$ de la seconde ligne, $T_e$ est en parfait accord avec une interprétation de $e$ comme modélisation hyper-euclidienne (**VII-5**) d'une grandeur qui, si l'on ne s'était pas donné la facilité d'identifier $E_r^*$ à $E_r$, aurait eue une modélisation hypo-euclidienne dans $L(E_r; E_r^*)$, c'est à dire par un tenseur deux fois covariant.

Derrière l'utilisation affichée de $e$, la véritable variable cinématique fondamentale retenue serait donc en fait

$$g_r e = \bar{e} = 1/2(\bar{C} - g_r) = B^d[e_{ij}]B^{-1},$$

dont les composantes $e_{ij}$ en coordonnées matérielles ont été données en (**XVIII**-38). Le transport (1) correspondant s'obtient en exprimant (4-1) entre la dérivée de $\bar{e}$ et $\bar{D} = gD$, et c'est exactement le transport par F de ce type de tenseurs (**VII**-16-2, ligne 2, col. 1) :

$$(38) \qquad \boxed{\bar{D} = F^{-*}\dot{\bar{e}}F^{-1}} \qquad (\dot{e}_{ij} = F^{\alpha}{}_{i}D_{\alpha\beta}\,F^{\beta}{}_{j})$$

Puisque $g_r$ est constant, cette variable $\bar{e}$ est équivalente au point $1/2\bar{C} = g_r + \bar{e}$. Et l'image dans le modèle matière de ces ingrédients dans le transport constant $a_r$ est

$$\boxed{\bar{e}_0 = 1/2(\gamma - \gamma_r) = \bar{m} - \bar{m}_r} \quad \Leftrightarrow \quad \boxed{\bar{m} = \bar{m}_r + \bar{e}_0},$$

qui fournit l'interprétation matérielle de cette approche :

*L'hypothèse cinématique initiale est encore une projection plane* $\mathbf{m} \to \mathbf{m}^a \in \mathbf{M}^a$ : *c'est la projection sur* $\bar{\Gamma}_S$ *parallèlement à* $\underline{\Gamma}_S$.

● Dans cette voie, il n'est plus possible de se fonder sur un produit scalaire interne comme on l'a fait en (2) pour modéliser la contrainte. En effet, contrairement à ce qui se passait pour l'espace tangent $T\mathbf{m}_r$, la restriction à $\bar{\Gamma}_S$ de la forme bilinéaire (**M13**-g) définie sur à $\Gamma_S = \underline{\Gamma}_S x \bar{\Gamma}_S$ est singulière (elle est identiquement nulle). Déjà abandonnée au niveau du transport, la vision euclidienne doit donc aussi être abandonnée pour ce qui du processus de définition de la variable de contrainte duale.

La linéarité n'est toutefois pas une propriété euclidienne. Elle ne s'exprime pas nécessairement par un produit scalaire. A la place du transport adjoint (ou transposé euclidien) (**M1**-d) on utilisera le transport transposé au niveau des espaces duaux (**M12**-a) pour définir la contrainte. Remarquant que, compte tenu de (**M13**-h), la puissance interne s'écrit, en identifiant classiquement le dual de $L_S(E_r;E_r^*)$ à $L_S(E_r^*;E_r)$,

$$\hat{\mathcal{P}} = - C_e \overset{r}{:} \dot{e} = - Tr\,(\underline{C}_e\dot{\bar{e}}) \equiv - <\underline{C}_e,\dot{\bar{e}}> = - (\underline{C}_e)^{ij}(\dot{\bar{e}})_{ij}$$

ainsi que, dans le modèle matière,

$$\mathcal{P} = - \boldsymbol{\theta} : \dot{\mathbf{m}} = - Tr\,(\underline{\theta}\,\dot{\bar{m}}) \equiv - <\underline{\theta},\dot{\bar{m}}> ,$$

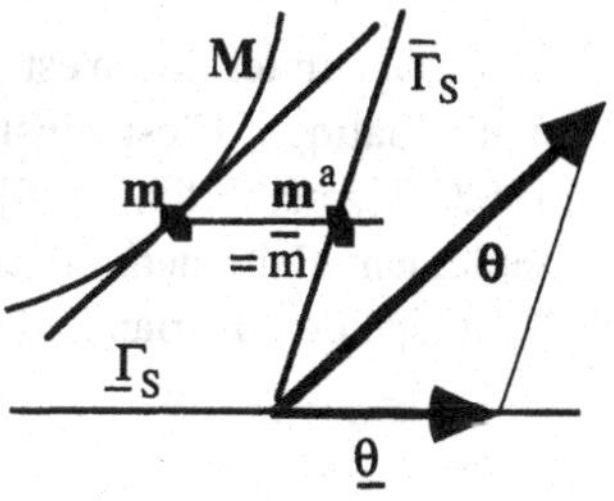


la contrainte sur laquelle on débouche est, respectivement dans la version matérielle non intrinsèque sur la configuration de référence et dans sa traduction dans le modèle matière :

$$\underset{\sim}{C}_e = C_e\, g_r^{-1} \in L(E_r^*;E_r) \qquad \text{et} \qquad \underset{\sim}{\theta} \in L(T_0^*;T_0)$$

Enfin, dans la version non intrinsèque qui nous intéresse, pratiquant d'identification usuelle de $E_r^*$ à $E_r$, on est ramené sur $C_e$, version hyper-euclidienne de $\underset{\sim}{C}_e$.

Pour respecter cette interprétation nouvelle de $C_e$, il serait bon que le transport relatif aux contraintes, c'est à dire (7-1-1), soit celui $\underline{T}$ de la troisième ligne de (**VII**-16-2). Or c'est effectivement le cas. Sa version en modélisation hypo-euclidienne est :

(39) $$\boxed{\underset{\sim}{C}_e = F^{-1}(\hat{\sigma} g^{-1})F^{-*}} \qquad (\hat{\sigma}^{\alpha\beta} = F^{\alpha}{}_i\, (\underset{\sim}{C}_e)^{ij} F^{\beta}{}_j)$$

● Au terme de cette démarche, on constate donc que :

*On garde les ingrédients* $e$ *et* $C_e$*, éléments de* $L(E_r)$*, et par une compréhension différente de ce qui se dissimule derrière eux, on obtient une bonne justification des transports qui en* (4-1) *et* (7-2-1) *les relient à* D *et à* $\hat{\sigma}$.

Ceci pourrait laisser croire que l'on a ainsi une construction satisfaisante. Aussi pensons nous bon de signaler ou de rappeler qu'à coté de cette satisfaction sur les transports, on a les mauvais cotés suivants :

- Les éléments propres de $\dot{e}$ et de $C_e$ étaient et restent physiquement impropres. Quant à $\dot{\bar{e}}$ et $\underset{\sim}{C}_e$, vu leur nature géométrique, ils n'ont pas d'éléments propres.

- Une compréhension analogue et symétrique peut être faite à partir de la mesure d'Almansi $a$.

- La version lagrangienne intrinsèque est totalement en contradiction avec les résultats de **P3**. Le traitement égalitaire des segments et des tranches n'est pas respecté.

- Le recours au dual pour les efforts est insuffisant. Nous pensons que, et nous l'avons partout respecté dans cet ouvrage, les fonctionnelles puissance des efforts doivent systématiquement être des produits scalaires internes entre variables appartenant à un même espace euclidien dont la métrique procède de celle de l'Espace.

● Dans la littérature, l'interprétation non euclidienne que nous venons de décrire peut être pratiquée sans pour autant être revendiquée, pas plus d'ailleurs que la tensorialité attribuée n'est affichée. Elle se révèle toutefois par le fait que dans certains travaux, le $e$ défini par (4) apparaît systématiquement, en coordonnées, comme par hasard, par ses composantes $e_{ij}$ qui sont les composantes premières de $\bar{e}$, et la contrainte associée $C_e$ par ses composantes $C_e{}^{ij}$ qui sont les composantes premières de $\underset{\sim}{C}_e$.

Mais un tel flou n'est plus possible dans les approches plus rigoureuses sur le plan mathématique. C'est ainsi que dans toute une école de pensée ([Marsden, Hughes, 1983], [Simo, Ortiz, 1985],...) la double covariance de la variable cinématique est non seulement clairement affichée, mais aussi revendiquée sous forme de l'affirmation d'un "Principe de covariance de l'espace". Principe dont nous n'avons encore pu déterminer si, dans l'esprit des auteurs, il affirmait une sorte de choix de variance de référence ou une nécessité correspondant à une véritable loi physique.

Le choix en question est en fait celui de la covariance conduisant à la mesure de Green contre la contravariance qui aurait conduit à celle d'Almansi. Cela, par exemple dans [Simo, Ortiz, 1985], amène les auteurs à privilégier la meure de Green, et plus précisément sa version deux fois covariante $\underline{\underline{e}}$ : c'est elle, et pas une autre, qu'ils partagent en somme de deux parts élastique et plastique, dépassant ainsi le stade d'un simple paramétrage pour celui de la modélisation. Nous en conclurons donc que

> *Le principe de covariance de l'espace affirme la primauté de l'approche segment sur l'approche duale tranche. Il est de ce fait fondamentalement en contradiction avec les thèses que nous avons défendues en* **P2** *et* **P3**.

Ce principe est présenté comme étant central dans d'autres domaines de la physique. C'est évidemment un argument fort, mais que notre ignorance ne nous permet malheureusement ni de confirmer ni d'infirmer.

Mais il est aussi décrit comme exprimant une invariance par rapport à des difféomorphismes arbitraires, ce qui, à nos yeux, impliquerait qu'il ne serait qu'un simple *garde-fou dans une approche non intrinsèque* des variétés différentielles modélisantes, analogue aux classiques critères de tensorialité (garde-fou pour le travail en coordonnées) ou autres "principes" d'indifférence matérielle (garde-fou pour le travail en approche spatiale dans un référentiel particulier) Une telle interprétation pourrait parfaitement expliquer l'exclusivité donnée à la version segment qui, comme nous l'avons déjà fait remarquer, est privilégiée lorsque l'on accède au local linéarisé par le biais de la différentiation en variable d'espace ou de matière.

De tels garde-fous sont rendus inutiles par une approche intrinsèque, qui suppose évidemment que les structures mises en scène ont été correctement identifiées et postulées au départ, sans ingrédients non intrinsèques et non physiquement significatifs. Ils encombrent et obscurcissent encore une Mécanique des Milieux Continus immature, qui ne s'est pas encore débarrassée des échafaudages qui ont servi à son édification, et nous ne doutons pas qu'ils puissent faire de même dans d'autres domaines de la physique. En outre, ils semblent ici être mis en jeu au service d'une mauvaise cause.

Cinquième partie

# COMPLÉMENTS

Cette partie complémentaire **P5** réunit :

- Une annexe mécanique **A** traitant de deux cinématiques particulières
- Une annexe mathématique **M**
- La bibliographie
- Un index

# CISAILLEMENT SIMPLE ET DÉFORMATION TRIAXIALE

Dans cette annexe nous illustrons certaines notions, essentiellement cinématiques, sur deux exemples de transformations homogènes : un mouvement de dilatation triaxiale (DT) et un mouvement de cisaillement simple (CS). Les titres des paragraphes renvoient aux chapitres illustrés, de façon à ce que cette annexe puisse être étudiée au fur et à mesure de la progression dans l'ouvrage. Tout n'est pas systématiquement appliqué sur ces exemples, si bien que le lecteur a le loisir de compléter lui même cette annexe.

## 1. CHAPITRE III

### 1.1 DT

Un mouvement de déplacement triaxial (par rapport à un référentiel d'espace $\mathcal{E}$), est un mouvement défini par une transformation d (application déplacement) de la forme ci-dessous où $Oe = O[\vec{e}_1\ \vec{e}_2\ \vec{e}_3]$ est un trièdre OND (fixe dans $\mathcal{E}$) et où $[[\alpha_i]]$ désigne la matrice diagonale de coefficients, sur la diagonale, les $\alpha_i$ (**M6**) :

$$(1)_{DT} \qquad d : (t, M_r) \to M = O + \alpha_1 \vec{e}_1 (\vec{e}_1.\vec{OM}_r) + \alpha_2 \vec{e}_2 (\vec{e}_2.\vec{OM}_r) + \alpha_3 \vec{e}_3 (\vec{e}_3.\vec{OM}_r)$$

$$\Leftrightarrow \vec{OM} = (\alpha_1 \vec{e}_1 \vec{e}_1^T + \alpha_2 \vec{e}_2 \vec{e}_2^T + \alpha_3 \vec{e}_3 \vec{e}_3^T)\vec{OM}_r = e[[\alpha_i]]e^{-1}\vec{OM}_r$$

avec : $\alpha_i = \hat{\alpha}_i(t) \in R^+, \qquad \hat{\alpha}_i(r) = 1, \qquad \hat{\alpha}_i : R \to R$

Choisissant pour cartes $c_r$ et c les coordonnées dans le trièdre OND Oe,

$$\vec{OM}_r = [\vec{e}_1\ \vec{e}_2\ \vec{e}_3]\begin{bmatrix} X^1 \\ X^2 \\ X^3 \end{bmatrix} = eX \quad \text{et} \quad \vec{OM} = [\vec{e}_1\ \vec{e}_2\ \vec{e}_3]\begin{bmatrix} x^1 \\ x^2 \\ x^3 \end{bmatrix} = ex,$$

ce qui entraîne que les bases locales B en $M_r$ et b en M sont identiques à e, on a

$$\bar{d} : (t, X) \to x = [[\alpha_i]]X$$

L'instant de référence r sera aussi dit initial. Une délimitation précise de $\Omega_r$ a peu d'importance. On peut choisir l'espace $\mathcal{E}$ entier. Alors, on le vérifiera, $\Omega$ est identique à $\mathcal{E}$. On peut aussi, pour mieux visualiser, choisir un cube de coté h, de sommet O et d'arêtes parallèles aux axes, et $\Omega$ est alors un parallélépipède de sommet O, d'arêtes parallèles aux axes et de longueurs $h\alpha_i$.

On pourra remarquer que la transformation $d^t$ est linéaire. C'est le produit (commutatif) de trois affinités orthogonales par rapport aux trois plans de coordonnées, de rapports les $\alpha_i$. Les segments matériels dont les références sont parallèles à un axe de la base e restent parallèles à eux-mêmes tout au long du mouvement. Il existe donc trois directions matérielles qui restent deux à deux orthogonales, ce qui est caractéristique des processus de déformation tri-axiaux (**XV-6**)

La vitesse et l'accélération du point référencé en $M_r$ sont (sans sommation en i) :

$$(2)_{DT} \qquad \vec{V} = e[[\dot{\alpha}_i]]e^{-1}\overrightarrow{OM_r} = e[[\dot{\alpha}_i\alpha_i^{-1}]]e^{-1}\overrightarrow{OM} \quad (\equiv v(t,M))$$

$$\vec{\Gamma} = e[[\ddot{\alpha}_i]]e^{-1}\overrightarrow{OM_r} = e[[\ddot{\alpha}_i\alpha_i^{-1}]]e^{-1}\overrightarrow{OM}$$

$$(\Leftrightarrow \quad \dot{x} = [[\dot{\alpha}_i]]X = [[\dot{\alpha}_i\alpha_i^{-1}]]x \quad \text{et} \quad \ddot{x} = [[\ddot{\alpha}_i]]X = [[\ddot{\alpha}_i\alpha_i^{-1}]]x \quad )$$

### 1.2 CS

Un mouvement de cisaillement simple d'un milieu dans un référentiel d'espace $\mathcal{E}$ est défini par une transformation de la forme ci dessous (également linéaire dans cet exemple) où O est un point de $\mathcal{E}$, $\vec{e}_1$ et $\vec{e}_2$ sont deux vecteurs unités que l'on complète pour former une base OND $e = [\vec{e}_1\ \vec{e}_2\ \vec{e}_3]$, et r est l'instant de référence, que l'on dira aussi initial :

$$(3)_{CS} \qquad M = M_r + \lambda\,\vec{e}_1\,(\vec{e}_2.\overrightarrow{OM_r}), \qquad \text{avec } \lambda = \hat{\lambda}(t) \in R, \quad \hat{\lambda}: R \to R, \quad \hat{\lambda}(r) = 0,$$

$$(4)_{CS} \qquad \Leftrightarrow \quad \overrightarrow{OM} = (1_E + \lambda\,\vec{e}_1\,\vec{e}_2^{\,T})\,\overrightarrow{OM_r} \quad \Leftrightarrow \quad \vec{U} = \overrightarrow{M_rM} = \lambda\vec{e}_1\,\vec{e}_2^{\,T}\,\overrightarrow{OM_r}$$

Comme pour l'exemple précédent, une délimitation précise de $\Omega_r$ importe peu. Utilisant à nouveau les coordonnées dans Oe comme cartes $c_r$ et c , on a

$$(5)_{CS} \qquad M = M_r + \lambda X^2\vec{e}_1\,, \qquad \vec{U} = \lambda X^2\vec{e}_1\,,$$

et donc la transformation en composantes $\bar{d}$ est

$$(6)_{CS} \qquad \begin{bmatrix} x^1 \\ x^2 \\ x^3 \end{bmatrix} = \begin{bmatrix} X^1 + \lambda X^2 \\ X^2 \\ X^3 \end{bmatrix} = \begin{bmatrix} 1 & \lambda & 0 \\ 0 & 1 & 0 \\ 0 & 0 & 1 \end{bmatrix} \begin{bmatrix} X^1 \\ X^2 \\ X^3 \end{bmatrix}$$

Chaque point se déplace dans un plan parallèle au plan $O\vec{e}_1\vec{e}_2$, et ce déplacement est indépendant de $X^3$. Il s'agit donc d'un mouvement plan qu'il suffit d'étudier dans le plan

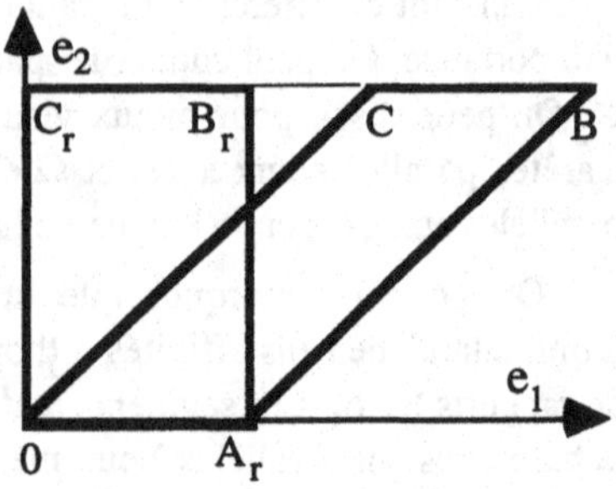


$O\vec{e}_1\vec{e}_2$. Dans ce plan, les droites parallèles à $\vec{e}_1$ sont en translation sur elles mêmes, d'une amplitude proportionnelle à leur ordonnée, le coefficient de proportionnalité étant λ. La position actuelle d'un élément matériel dont la référence est un rectangle $OA_rB_rC_r$ de cotés parallèles aux axes se déforme en le parallélogramme $OA_rBC$ avec $B_r$, $C_r$, B et C alignés.

Le scalaire λ, dont nous dirons qu'il s'agit de l'amplitude du cisaillement (sous entendu : compté à partir de l'instant de référence), est à priori une fonction du temps régulière. Il est souvent considéré comme une fonction monotone croissante et tendant vers l'infini avec t. On a alors une transformation qui devient extrêmement sévère lorsque t tend vers l'infini. Tous les points initialement (c'est à dire à l'instant de référence r) non situés sur l'axe $O\vec{e}_1$ tendent vers l'infini dans la direction $\vec{e}_1$. Tout segment matériel initialement non parallèle à $\vec{e}_1$ tend vers un segment infiniment long parallèle à $\vec{e}_1$. Notons $\theta = (\vec{e}_1, \vec{u})$, avec $0 \leq \theta < 2\pi$, l'angle polaire d'un segment matériel orienté par le vecteur unité $\vec{u}$. Si petit que soit ε, les segments matériels qui, initialement en un point, par exemple en O, occupent le petit secteur $\pi > \theta > \pi - \varepsilon$, tendent à occuper tout le secteur $\pi > \theta > 0$.

La vitesse et l'accélération du point référencé en $M_r$ sont :

$$(7)_{CS} \quad \vec{V} = \dot{\lambda}X^2\vec{e}_1 = \dot{\lambda}\vec{e}_1(\vec{e}_2.\vec{OM}_r) = \dot{\lambda}\vec{e}_1\, x^2 = \dot{\lambda}\vec{e}_1(\vec{e}_2.\vec{OM}) \quad (\equiv v(t,M))$$

$$\vec{\Gamma} = \ddot{\lambda}X^2\vec{e}_1 = \ddot{\lambda}\vec{e}_1\, x^2$$

où les quatre expressions de $\vec{V}$ explicitent les représentations matérielles et spatiales, en coordonnées et intrinsèques, du champ des vitesses. On notera que si λ est linéaire en temps, ce qui correspond à un cisaillement simple monotone souvent considéré, le champ spatial des vitesses est indépendant du temps : on a un écoulement stationnaire.

## 2. CHAPITRE IV

### 2.1 DT

Différentiant (en M à t fixé) la dernière expression de $\vec{V}$ dans (2), il vient :

$$(8)_{DT} \qquad d\vec{V} = e[[\dot{\alpha}_i\alpha_i^{-1}]]e^{-1}d\vec{M} \qquad \Leftrightarrow \; L = e[[\dot{\alpha}_i\alpha_i^{-1}]]e^{-1} \quad \text{, puis}$$

$$D = L \quad \text{et} \quad \Omega = 0$$

Le champ L est uniforme, le mouvement est irrotationnel, le référentiel corotationnel ne tourne pas par rapport à $\mathcal{E}$, et donc $E^c = E$, les directions principales de vitesse de déformation sont les directions des axes. Ce sont donc des directions matérielles invariantes, ce qui est caractéristique des processus de déformation triaxiaux (**XV-6**).

**2.2 CS**

Différentiant (en M à t fixé) la dernière expression de $\vec{V}$ dans (7), il vient :

(9)CS $d\vec{V} = \dot{\lambda}\vec{e}_1(\vec{e}_2.\vec{dM}) = \dot{\lambda}\vec{e}_1\vec{e}_2^{\,T}\vec{dM} \quad \Leftrightarrow \quad L = \dot{\lambda}\,\vec{e}_1\vec{e}_2^{\,T} = e\begin{bmatrix} 0 & \dot{\lambda} & 0 \\ 0 & 0 & 0 \\ 0 & 0 & 0 \end{bmatrix}e^{-1}$, puis

(10)CS $$\Omega = \dot{\lambda}/2(\vec{e}_1\vec{e}_2^{\,T} - \vec{e}_2\vec{e}_1^{\,T}) = e\begin{bmatrix} 0 & \dot{\lambda}/2 & 0 \\ -\dot{\lambda}/2 & 0 & 0 \\ 0 & 0 & 0 \end{bmatrix}e^{-1} = -\dot{\lambda}/2\,\vec{e}_3\,\Lambda$$

(11)CS $$D = \dot{\lambda}/2(\vec{e}_1\vec{e}_2^{\,T} + \vec{e}_2\vec{e}_1^{\,T}) = e\begin{bmatrix} 0 & \dot{\lambda}/2 & 0 \\ \dot{\lambda}/2 & 0 & 0 \\ 0 & 0 & 0 \end{bmatrix}e^{-1}$$

Les tenseurs L, Ω et D sont indépendants à la fois de M et de $M_r$ : la vision locale des vitesses est uniforme. On aura donc une vision de ce qui se passe en chaque point en regardant ce qui se passe en O. En outre, on peut en ce point se restreindre au demi plan $x^2>0$.

Il est important de remarquer que le référentiel corotationnel en chaque point tourne autour de $\vec{e}_3$ avec la vitesse angumaire - $\dot{\lambda}/2$, constante quand λ est linéaire en temps. C'est le référentiel attaché au trièdre OND Mβ se déduisant du trièdre Me par la rotation d'angle - λ/2 autour de $\vec{Me_3}$ (Mβ coincide avec Me à l'instant de référence r) :

(12)CS $$\beta = e\begin{bmatrix} \cos(\lambda/2) & \sin(\lambda/2) & 0 \\ -\sin(\lambda/2) & \cos(\lambda/2) & 0 \\ 0 & 0 & 1 \end{bmatrix}$$

On vérifie sur cet exemple (et d'ailleurs aussi sur le précédent) que l'angle de rotation du corotationnel sur un parcours est indépendant de la loi horaire sur ce parcours.

Avec l'interprétation que nous avons donnée de ce corotationnel, ceci indique que localement en chaque point la matière ferait un tour complet à chaque intervalle d'amplitude λ de longueur Δλ = 4π. Quand λ croît jusqu'à l'infini, on a une rotation continue qui peut paraître très surprenante, en particulier si on la rapproche du fait que les segments matériels initialement parallèles à $\vec{e}_2$ tournent en tout et pour tout de -π/2 entre λ = 0 et λ = ∞, puisque leur direction tend régulièrement vers $\vec{e}_1$, et que ceux initialement parallèles à $\vec{e}_1$ ne tournent pas du tout !

Ce paradoxe apparent est bien connu. Nous n'en avons pas d'explication péremptoire susceptible de désamorcer d'un coup la menace qu'il présente, dans l'esprit de certains, contre la réputation du référentiel corotationnel comme "référentiel suiveur" du milieu localement. Nous pouvons toutefois faire remarquer qu'il s'agit là d'un effet de la sévérité de la transformation dans ce cas, et mettre en garde le lecteur qui s'attacherait à suivre trop exclusivement le parallélogramme OABC ci dessus en ne considérant que les rotations des segments matériels constituant l'angle en O, ce qui lui ferait considérer que pratiquement plus rien ne tourne pour $\lambda$ grand. Ce serait bien sûr une erreur, car, si aplati que soit ce parallélogramme, il existe toujours à chaque instant en chacun de ses points intérieurs) des segments matériels, par exemple parallèle à $\vec{e}_2$, dont la vitesse de rotation est finie.

On pourra en fait s'assurer (en s'inspirant par exemple du calcul de $\vec{\alpha}$ dans la démonstration du théorème de **IV-2**, où il suffit de remplacer D par L) de ce que le taux de rotation des segments matériels en O d'angle polaire actuel $\theta$ dans le plan O $\vec{e}_1\vec{e}_2$ est

$$(13)_{CS} \qquad -(L\vec{u})\wedge\vec{u} = -e\begin{bmatrix}0 & \dot{\lambda} & 0\\ 0 & 0 & 0\\ 0 & 0 & 0\end{bmatrix}\begin{bmatrix}\cos\theta\\ \sin\theta\\ 0\end{bmatrix}e^{-1}\wedge e\begin{bmatrix}\cos\theta\\ \sin\theta\\ 0\end{bmatrix} = -\dot{\lambda}\sin^2\theta\,\vec{e}_3.$$

Il varie entre $-\dot{\lambda}\vec{e}_3$ pour $\theta = \pi/2$, où il est maximum en valeur absolue, et 0 pour $\theta = 0$. On a donc bien une distribution de rotations conduisant à une rotation moyenne non nulle. Par contre, pour un segment matériel donné, étant donné qu'il tend vers la direction $\theta = 0$ quand $\lambda$ augmente, sa vitesse de rotation personnelle tend vers zéro et il n'est pas étonnant que sa rotation reste finie.

On notera que le taux de rotation des segments ci dessus vaut $-\dot{\lambda}/2\,\vec{e}_3$ pour $\theta$ égal à $\pi/4$ et $3\pi/4$. Les segments disposés selon les bissectrices des axes tournent donc comme le corotationnel. Ceci est une conséquence de ce que, avec $\vec{e}_3$, ces bissectrices sont les directions principales de D, et de la signification cinématique donnée à ces directions principales en Ch **IV**.

## 3. CHAPITRE V

### 3.1 DT

Différentiant (en $M_r$ à t fixé) la transformation (1), il vient :

$$(14)_{DT} \qquad \vec{dM} = e[[\alpha_i]]e^{-1}\vec{dM}_r \;\Leftrightarrow\; F = e[[\alpha_i]]e^{-1} \;\Leftrightarrow\; \frac{dx}{dX} = [[\alpha_i]]$$

La transformation locale F dépend de t mais pas du point où l'on se trouve. Elle est uniforme, ce qui vient de ce que la transformation globale $d^t$ est linéaire : elle peut s'écrire

$$(15) \qquad \vec{OM} = F\vec{OM}_r\,,$$

(ce qui est très particulier). On vérifie aisément la relation générale (V-2) : $\dot{F}F^{-1} = L$. On est dans le cas particulier 2 dit de déformation pure puisque F est symétrique : la rotation propre R, tout comme la rotation du corotationnel $R^{(c)}$, est nulle, F = U = V. Les dpdi et les dpdf sont les directions des axes de coordonnées, et les dilatations principales $\lambda_i$ sont les $\alpha_i$. Enfin, l'évolution est à volume constant ssi $\alpha_1\alpha_2\alpha_3$, égal à Dét F, vaut 1.

### 3.2 CS

Différentiant (en $M_r$ à t fixé) la transformation (3), il vient :

$$(16)_{CS} \qquad \overrightarrow{dM} = (1_E + \lambda \vec{e}_1 \vec{e}_2^{\,T})\, \overrightarrow{dM}_r \quad \Leftrightarrow \quad F = (1_E + \lambda\, \vec{e}_1 \vec{e}_2^{\,T})$$

$$\Leftrightarrow \quad F = e\begin{bmatrix} 1 & \lambda & 0 \\ 0 & 1 & 0 \\ 0 & 0 & 1 \end{bmatrix} e^{-1} \quad \Leftrightarrow \quad \frac{dx}{dX} = \begin{bmatrix} 1 & \lambda & 0 \\ 0 & 1 & 0 \\ 0 & 0 & 1 \end{bmatrix}$$

Le champ F est ici aussi uniforme, et (15) est encore vrai. Par ailleurs, Dét F = 1 et donc la transformation se fait à volume constant, ce qui était à priori évident. On a

$$(17\text{-}1)_{CS} \qquad F^{-1} = e\begin{bmatrix} 1 & -\lambda & 0 \\ 0 & 1 & 0 \\ 0 & 0 & 1 \end{bmatrix} e^{-1} = (1_E - \lambda \vec{e}_1 \vec{e}_2^{\,T}) \quad \text{et} \quad F^T = e\begin{bmatrix} 1 & 0 & 0 \\ \lambda & 1 & 0 \\ 0 & 0 & 1 \end{bmatrix} e^{-1}$$

et l'on en déduit aisément que la relation $\dot{F}F^{-1} = L$ est bien vérifiée, ainsi que :

$$C = U^2 = F^T F = e\begin{bmatrix} 1 & \lambda & 0 \\ \lambda & 1+\lambda^2 & 0 \\ 0 & 0 & 1 \end{bmatrix} e^{-1} \quad \text{et} \quad B = V^2 = F\,F^T = e\begin{bmatrix} 1+\lambda^2 & \lambda & 0 \\ \lambda & 1 & 0 \\ 0 & 0 & 1 \end{bmatrix} e^{-1}$$

Le polynome (en $x$) caractéristique commun à C et Bet ses racines $C^i$ sont :

$$\left[x^2 - 2x\left(1 + \lambda^2/2\right) + 1\right](1 - x)$$

$$C^1 = \left(1 + \frac{\lambda^2}{2}\right) + \lambda\sqrt{1 + \frac{\lambda^2}{4}}\,, \qquad C^2 = \left(1 + \frac{\lambda^2}{2}\right) - \lambda\sqrt{1 + \frac{\lambda^2}{4}}\,, \qquad C^3 = 1$$

On en déduit classiquement la diagonalisation suivante de C, où $\Delta$ est une base propre OND de directions les directions principales de déformation initiales :

$$C = \Delta\begin{bmatrix} C^1 & 0 & 0 \\ 0 & C^2 & 0 \\ 0 & 0 & C^3 \end{bmatrix}\Delta^{-1}, \quad \Delta = e\,M, \quad M = \begin{bmatrix} 1/\sqrt{1+C^1} & -1/\sqrt{1+C^2} & 0 \\ (C^1-1)/\lambda\sqrt{1+C^1} & -(C^2-1)/\lambda\sqrt{1+C^2} & 0 \\ 0 & 0 & 1 \end{bmatrix}$$

ainsi que la suivante pour B, où $\delta$ est une base propre OND de directions les directions principales de déformation finales, image de $\Delta$ par la rotation propre R

$$B = \delta\begin{bmatrix} C^1 & 0 & 0 \\ 0 & C^2 & 0 \\ 0 & 0 & C^3 \end{bmatrix}\delta^{-1}, \quad \delta = e\,m, \quad m = \begin{bmatrix} (C^1-1)/\lambda\sqrt{1+C^1} & (C^2-1)/\lambda\sqrt{1+C^2} & 0 \\ 1/\sqrt{1+C^1} & 1/\sqrt{1+C^2} & 0 \\ 0 & 0 & 1 \end{bmatrix}$$

Les matrices M et m, matrices de changement de base orthonormées sont des isométries de R3. On en conclut que la rotation propre R, qui transforme D en d, a pour expression :

$$R = \delta\Delta^{-1} = e\,mM^{-1}e^{-1} = e\,mM^{T}e^{-1} = e\begin{bmatrix} \cos\alpha & -\sin\alpha & 0 \\ \sin\alpha & \cos\alpha & 0 \\ 0 & 0 & 1 \end{bmatrix}e^{-1}, \quad \text{avec :}$$

$$\cos\alpha = \frac{C^1-1}{\lambda(1+C^1)} - \frac{C^2-1}{\lambda(1+C^2)} = \frac{1}{\sqrt{1+\lambda^2/4}}, \qquad \sin\alpha = \frac{1}{1+C^1} - \frac{1}{1+C^2} = -\frac{\lambda/2}{\sqrt{1+\lambda^2/4}} \text{ et donc}$$

(17)CS
$$\boxed{tg\alpha = -\lambda/2}$$

Il en résulte en particulier que, contrairement au corotationnel qui tourne indéfiniment, le référentiel en rotation propre ne tourne en tout et pour tout que de - π/2 quand λ évolue de 0 à l'infini.

## 4. CHAPITRE VII

### 4.1 DT

Comme toujours en pratique, on est contraint de prendre $\Omega_0$ identique à $\Omega_r$ sans sa métrique. Il en résulte que $T_0$ est l'espace vectoriel sous-jacent à E, que $B_0$ est identique à B = e (nous noterons néanmoins $B_0$), et que a et F ont même matrice. On a donc

(18)DT
$$a = e[[\alpha_i]]B_0^{-1} \qquad \text{et } (\mathbf{M12}\text{-e}) \quad a^* = B_0^d[[\alpha_i]]e^{d-1},$$

et la base locale convectée est

(19)DT
$$B_c = aB_0 = Fe = e[[\alpha_i]] = [\alpha_1\vec{e_1} \;\; \alpha_2\vec{e_2} \;\; \alpha_3\vec{e_3}]$$

### 4.2 CS

Prenant encore $\Omega_0$ identique à $\Omega_r$ sans sa métrique, on a :

(20)CS
$$a = e\begin{bmatrix} 1 & \lambda & 0 \\ 0 & 1 & 0 \\ 0 & 0 & 1 \end{bmatrix}B_0^{-1} \qquad \text{et } (\mathbf{M12}\text{-e}) \quad a^* = B_0^d\begin{bmatrix} 1 & 0 & 0 \\ \lambda & 1 & 0 \\ 0 & 0 & 1 \end{bmatrix}e^{d-1}$$

et la base locale convectée est

$$(21)_{CS} \qquad B_c = aB_0 = Fe = e\begin{bmatrix}1 & \lambda & 0\\ 0 & 1 & 0\\ 0 & 0 & 1\end{bmatrix} = [\vec{e}_1 \quad \lambda\vec{e}_1 + \alpha_2\vec{e}_2 \quad \vec{e}_3]$$

## 5. CHAPITRE VIII

Le lecteur pourra à titre d'exercice calculer les diverses dérivées convectives de tenseurs d'ordre un et deux définies dans ce chapitre.

## 6. CHAPITRE IX

### 6.1 DT

La base locale b = e étant O.N., sa matrice de Gram G est unité. Donc (**IX**-7-1) :

$$(22)_{DT} \qquad \gamma = B_0^d[[\alpha_i]][[\alpha_i]]B_0^{-1} = B_0^d[[\alpha_i^2]]B_0^{-1} \quad \text{et} \quad \frac{1}{2}\Gamma^{-1}\dot{\Gamma} = \left[\left[\frac{\dot{\alpha}_i}{\alpha_i}\right]\right]$$

On en déduit que la matrice M solution de (**IX**-16) est ici la matrice $[[\alpha_i]]$. La base $\beta$ liée au corotationnel et égale à B = e à l'instant de référence étant $\beta = e$ puisque le corotationnel ne tourne pas, on déduit de (**IX**-12) que la base convectée est $B_c = e[[\alpha_i]]$, ce qui est bien le résultat trouvé en (19).

### 6.2 CS

La base locale b = e étant O.N., sa matrice de Gram G est unité. On en déduit successivement, en utilisant en particulier (**IX**-7-1) :

$$(23)_{CS} \qquad \gamma = B_0^d\begin{bmatrix}1 & 0 & 0\\ \lambda & 1 & 0\\ 0 & 0 & 1\end{bmatrix}\begin{bmatrix}1 & \lambda & 0\\ 0 & 1 & 0\\ 0 & 0 & 1\end{bmatrix}B_0^{-1} = B_0^d\begin{bmatrix}1 & \lambda & 0\\ \lambda & 1+\lambda^2 & 0\\ 0 & 0 & 1\end{bmatrix}B_0^{-1}$$

$$\Gamma^{-1} = \begin{bmatrix}1+\lambda^2 & -\lambda & 0\\ -\lambda & 1 & 0\\ 0 & 0 & 1\end{bmatrix} \quad \text{et} \quad \frac{1}{2}\Gamma^{-1}\dot{\Gamma} = \frac{1}{2}\begin{bmatrix}-\lambda\dot{\lambda} & \dot{\lambda}(1-\lambda^2) & 0\\ \dot{\lambda} & \lambda\dot{\lambda} & 0\\ 0 & 0 & 0\end{bmatrix}$$

Par ailleurs, le passage de la base $\beta$ liée au corotationnel définie en (12), et qui, notons le, est égale à B = e à l'instant de référence, à la base convectée (14) se fait par :

$$(24)_{CS} \qquad M = \beta^{-1}B_c = \begin{bmatrix}\cos(\lambda/2) & -\sin(\lambda/2) & 0\\ \sin(\lambda/2) & \cos(\lambda/2) & 0\\ 0 & 0 & 1\end{bmatrix}\begin{bmatrix}1 & \lambda & 0\\ 0 & 1 & 0\\ 0 & 0 & 1\end{bmatrix}$$

et l'on vérifiera aisément que la relation $M^{-1}\dot{M} = 1/2\ \Gamma^{-1}\dot{\Gamma}$ (**IX**-12) est bien vérifiée.

## 7. CHAPITRE XII

### 7.1 DT

Exprimons D, donné par (8), dans la base $\beta$ liée au corotationnel et égale à e à l'instant initial. Il vient, puisque, le corotationnel ne tournant pas, à à tout t $\beta = e$ :

$$(25)_{DT} \qquad D = \beta[[\dot{\alpha}_i\alpha_i^{-1}]]\beta^{-1}$$

On en conclut que la déformation tensorielle cumulée depuis l'instant de référence t = r, obtenue par intégration de D dans le référentiel corotationnel, $\varepsilon$, identique ici à sa (dé)tournée par la rotation faisant passer de la base $\beta$ à la base e, $\bar{\varepsilon}$, est :

$$(26)_{DT} \qquad \varepsilon = \beta[[\mathrm{Log}\alpha_i]]\beta^{-1} = \bar{\varepsilon} = e[[\mathrm{Log}\alpha_i]]e^{-1}$$

### 7.2 CS

Exprimons D, donné par (11), dans la base $\beta$ liée au corotationnel, donnée par (12) :

$$(27)_{CS} \qquad D = \beta\frac{1}{2}\begin{bmatrix} -\dot{\lambda}\sin\lambda & \dot{\lambda}\cos\lambda & 0 \\ \dot{\lambda}\cos\lambda & \dot{\lambda}\sin\lambda & 0 \\ 0 & 0 & 0 \end{bmatrix}\beta^{-1}$$

On en conclut que la déformation tensorielle cumulée depuis l'instant de référence t = r, obtenue par intégration de D dans le référentiel corotationnel, $\varepsilon$, et sa (dé)tournée (par la rotation faisant passer de la base $\beta$ à la base e, $\bar{\varepsilon}$, sont

$$(28)_{CS} \qquad \varepsilon = \beta M\beta^{-1} \quad \text{et} \quad \bar{\varepsilon} = eMe^{-1} \quad \text{avec} \quad M = \frac{1}{2}\begin{bmatrix} \cos\lambda - 1 & \sin\lambda & 0 \\ \sin\lambda & 1-\cos\lambda & 0 \\ 0 & 0 & 0 \end{bmatrix}$$

### 7.3 Dépendances par rapport au chemin

• Sur les deux exemples que nous traitons, on vérifie que la rotation du corotationnel et les déformations cumulées, entre la position initiale et la position atteinte à un instant donné, ne dépendent pas de la loi horaire du mouvement. Mais on constate aussi qu'elles ne dépendent finalement, par l'intermédiaire des $\alpha_i$ ou de $\lambda$, que de la configuration atteinte à cet instant, et pas du chemin suivi depuis l'instant initial. Dans le cas du CS, ne dépendant que du paramètre $\lambda$, cela n'est pas étonnant, car le chemin pour aller dans R de $\lambda = 0$ à un $\lambda$ donné est unique. Mais dans le cas DT il n'en va pas de même puisque l'on a trois paramètres et une infinité de chemins joignant deux points dans $R^3$.

Cette indépendance que nous constatons vient évidemment de ce que nous nous sommes restreint à des types de processus de transformation, donc à des types de processus de déformation, particuliers. Pour mettre en évidence des dépendances par rapport au chemin, il faut considérer des chemins de transformation plus complexes. C'est ce que nous allons faire dans ce paragraphe en étudiant des chemins combinant des phases successives de CS et de DT

• Les phases de DT seront choisies planes, dans le plan $(\vec{e}_1\ \vec{e}_2)$, de façon à ne traiter que des problèmes plans. Elle seront aussi choisies à volume constant : cette astreinte non nécessaire pour notre propos immédiat nous sera utile ultérieurement. On fera donc :

$$\alpha_1 = \alpha, \qquad \alpha_2 = 1/\alpha, \qquad \alpha_3 = 1, \qquad \text{avec} \quad \alpha = \hat{\alpha}(t) \ \text{ et } \ \hat{\alpha}(r) = 1$$

Il ne reste alors plus qu'un paramètre scalaire $\alpha$ et donc le chemin suivi est imposé pour les phases de DT comme pour les phases de CS. Les trajets de déplacement sont alors complètement déterminés par les valeurs finales de $\alpha$ pour les phases de DT et de $\lambda$ pour les phases de CS. Ces valeurs finales seront appelées amplitudes des phases. Ne nous intéressant qu'à des quantités ne dépendant pas de la loi horaire sur les trajectoires nous ne préciserons pas ces lois horaires.

Les deux chemins de transformation, notés I et II, que nous allons considérer joignent deux positions du milieu (dans le référentiel de travail), de départ $\Omega_d$ et finale $\Omega_f$, qui sont les mêmes pour les deux chemins. Ils sont tous deux constitués de deux phases successives auxquelles nous affecterons les indices p et s (pour première et seconde). Les positions intermédiaires $\Omega_i^I$ et $\Omega_i^{II}$ atteintes à la fin de la première phase et point de départ de la seconde sont par contre différentes pour les deux trajets. Chacune des quatre phases est de DT ou de CS et donc relève des descriptions précédentes avec pour position de référence : la position de départ pour les premières phases et la position intermédiaire pour les secondes. Utilisant (15) on a alors, pour le $k^{ème}$ chemin :

$$\vec{OM}_i^k = F^{kp}\vec{OM}_d \ \text{ et } \ \vec{OM}_f = F^{ks}\vec{OM}_i^k, \ \text{ et donc } \vec{OM}_f = F^{ks}F^{kp}\vec{OM}_d,$$

où les divers F seront donnés par (14) ou (16) en fin de phase. La position finale des deux chemins ne sera évidemment la même que si l'on a :

$$F^{Is}F^{Ip} = F^{IIs}F^{IIp}$$

• Le chemin I est constitué d'une phase de CS d'amplitude $\lambda^I$, suivie d'une phase de DT d'amplitude $\alpha^I$. Le second est constitué d'une phase de DT d'amplitude $\alpha^{II}$, suivie d'une phase de CS d'amplitude $\lambda^{II}$. La condition qui précède s'écrit :

$$\begin{bmatrix}\alpha^I & 0 & 0\\ 0 & 1/\alpha^I & 0\\ 0 & 0 & 1\end{bmatrix}\begin{bmatrix}1 & \lambda^I & 0\\ 0 & 1 & 0\\ 0 & 0 & 1\end{bmatrix} = \begin{bmatrix}1 & \lambda^{II} & 0\\ 0 & 1 & 0\\ 0 & 0 & 1\end{bmatrix}\begin{bmatrix}\alpha^{II} & 0 & 0\\ 0 & 1/\alpha^{II} & 0\\ 0 & 0 & 1\end{bmatrix} \quad \Leftrightarrow$$

$$\alpha^I = \alpha^{II} \qquad \text{et} \qquad \lambda^{II} = \alpha^I\alpha^{II}\lambda^I$$

Notant a la valeur commune de $\alpha^I$ et $\alpha^{II}$, et $\ell$ la valeur de $\lambda^I$, on aura :

$$\alpha^I = \alpha^{II} = a \quad \text{et} \qquad \lambda^I = \ell \qquad \lambda^{II} = a^2\ell$$

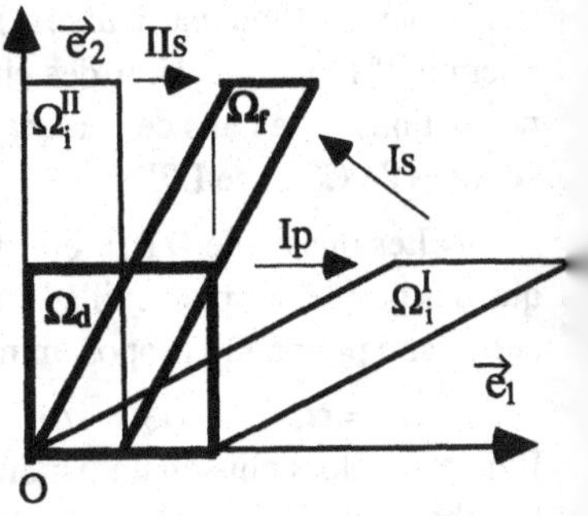


La figure ci contre montre, dans le cas $\ell = 2$ et a = 1/2, les positions intermédiaires $\Omega_i^I$ et $\Omega_i^{II}$ et la position finale $\Omega_f$, pour la portion de milieu dont la position de départ $\Omega_d$ est un carré de sommet O et de cotés parallèles à $\vec{e}_1$ et $\vec{e}_2$.

● Le corotationnel ne tournant pas dans les phases de DT, sa rotation durant chacun des deux chemins est égale à sa rotation durant la phase de CS de ce chemin. L'angle de cette rotation, qui se fait autour de $\vec{e}_3$, vaut donc, compte tenu de (12), $-\ell/2$ durant le chemin I et $-a^2\ell/2$ durant le chemin II.

On notera que ces angles ne sont pas égaux et que, en donnant à a et $\ell$ toutes les valeurs possibles, respectivement dans R+ et dans R, leur différence peut prendre toute valeur dans R. On a donc établi le théorème suivant :

**Théorème**

*A partir d'une position (de départ) donnée, on peut trouver une configuration d'arrivée et deux chemins différents, du type indiqué, tels que la différence des angles de rotation du corotationnel le long des deux chemins soit un angle quelconque donné à priori dans* R.

● Afin d'avoir des grandeurs comparables, toutes deux à lire dans le référentiel de travail, nous allons, le long des deux trajets, calculer les déformations tensorielles cumulées *tournées* $\bar{\varepsilon}^I$ et $\bar{\varepsilon}^{II}$, et plus particulièrement leurs valeurs en fin de trajet $\bar{\varepsilon}_f^I$ et $\bar{\varepsilon}_f^{II}$.

Commençons par le trajet I. Durant la première phase, de CS, $\bar{\varepsilon}^I$ est donné par (28) et atteint en fin de phase la valeur correspondant à $\lambda = \ell$. Durant la seconde phase, de DT, il faut ajouter à cette valeur en fin de première phase, la contribution $(\bar{\varepsilon}^I)_s$ de cette seconde phase. Et pour estimer celle-ci, il faut remarquer que, si le corotationnel ne tourne plus durant la seconde phase, il est néanmoins tourné initialement de l'angle (constant) $-\ell/2$ dont il a tourné durant la première phase. Il faut donc reprendre **7.1** avec une nouvelle base β, qui n'est plus e mais la base tournée de e par cet angle, et qui donc est donnée par (12) avec $\lambda = \ell$. Notant r cette rotation et $\underline{r}$ sa matrice dans e,

$$r = e\underline{r}\,e^{-1}, \qquad \beta = r\,e = e\underline{r}, \qquad \underline{r} = \begin{bmatrix} \cos(1/2) & \sin(1/2) & 0 \\ -\sin(1/2) & \cos(1/2) & 0 \\ 0 & 0 & 1 \end{bmatrix}$$

il vient se substituer successivement à (24) et (25), pour le calcul de $(\bar{\varepsilon}^I)_s$, les relations:

$$D \equiv \beta\beta^{-1}D\beta\beta^{-1} = \beta\underline{r}^{-1}[[\dot{\alpha}_i\alpha_i^{-1}]]\underline{r}\beta^{-1}$$

$$(\varepsilon^I)_s = \beta\underline{r}^{-1}[[\mathrm{Log}\alpha_i]]\underline{r}\beta^{-1} \qquad \text{et} \qquad (\bar{\varepsilon}^I)_s = e\underline{r}^{-1}[[\mathrm{Log}\alpha_i]]\underline{r}e^{-1}$$

On obtient donc en fin de parcours : $\bar{\varepsilon}^{I}_{f} = \bar{\varepsilon}^{I}{}_{\text{en fin de p}} + (\bar{\varepsilon}^{I})_{\text{s en fin de s}} =$

$$e\frac{1}{2}\begin{bmatrix} \cos l - 1 & \sin l & 0 \\ \sin l & 1-\cos l & 0 \\ 0 & 0 & 0 \end{bmatrix} e^{-1} + e\underline{r}^{-1}\begin{bmatrix} \text{Loga} & 0 & 0 \\ 0 & -\text{Loga} & 0 \\ 0 & 0 & 0 \end{bmatrix}\underline{r}e^{-1}$$

Soit : $$\bar{\varepsilon}^{I}_{f} = e\frac{1}{2}\begin{bmatrix} \cos l - 1 & \sin l & 0 \\ \sin l & 1-\cos l & 0 \\ 0 & 0 & 0 \end{bmatrix} e^{-1} + e\,\text{Loga}\begin{bmatrix} \cos l & \sin l & 0 \\ \sin l & -\cos l & 0 \\ 0 & 0 & 0 \end{bmatrix} e^{-1}$$

Pour le second trajet, le calcul est plus simple car la première phase de DT ne produit pas de rotation du corotationnel dont il faudrait tenir compte au cours de la seconde. Les contributions des deux phases sont donc directement données par les relations (26) et (28) en fin de phase. On a donc, puisque l'amplitude de la phase de CS est $a^2\ell$ :

$$\bar{\varepsilon}^{II}_{f} = e\begin{bmatrix} \text{Loga} & 0 & 0 \\ 0 & -\text{Loga} & 0 \\ 0 & 0 & 0 \end{bmatrix} e^{-1} + e\frac{1}{2}\begin{bmatrix} \cos a^2 l - 1 & \sin a^2 l & 0 \\ \sin a^2 l & 1-\cos a^2 l & 0 \\ 0 & 0 & 0 \end{bmatrix} e^{-1}$$

*On constate donc que l'on obtient bien, pour les deux trajets, des valeurs $\bar{\varepsilon}^{I}_{f}$ et $\bar{\varepsilon}^{II}_{f}$ différentes bien que les positions de départ et finales soient identiques.*

## 8. CHAPITRE XV

### 8.1 TA

Compte tenu de (22), on a : $\mathbf{m} = (\bar{m}, \underline{m}) = (\frac{1}{2}B_0^d[[\alpha_i^2]]B_0^{-1}, -\frac{1}{2}B_0[[\alpha_i^{-2}]]B_0^{d-1})$

La matrice de $\gamma$ dans $B_0$, base indépendante du temps de $T_0$, est diagonale. Au cours d'un mouvement de dilatation tri-axiale, le processus de déformation est donc lui même tri-axial, c'est à dire s'inscrit dans une sous variété triaxiale $M_B$. Dans le *mouvement* de dilatation tri-axiale, les directions des trois axes matériels qui dans le *processus de déformation* restent deux à deux orthogonaux, sont maintenues fixes. On se méfiera que les $\alpha_i$ de cette annexe sont égaux aux $\exp(2\alpha_i)$ de(**XV**-24).

### 8.2 CS

On déduira aisément de (23-1) l'expression de **m**.

Nous nous proposons d'étudier le cas où $\lambda$ est croissant et tend vers l'infini, dont nous avons dit qu'il provoque des déformations sévères. En particulier, nous comparerons à chaque instant, dans M, pour $\lambda$ grand, certains éléments de la trajectoire T de **m**, qui pour $\lambda = 0$ passe par l'état métrique $\mathbf{m}_r$ dans la position de référence, aux éléments analogue de la géodésique G joignant $\mathbf{m}_r$ et l'état métrique actuel **m**.

La première facette, dans $L_S(E_0)$, de la vitesse de déformation $\mathbf{d} = \dot{\mathbf{m}}$, la vitesse scalaire de **m** sur sa trajectoire T orientée dans le sens des λ croissant, et enfin l'abscisse curviligne s de m sur sa trajectoire avec $\mathbf{m}_r$ comme origine sont :

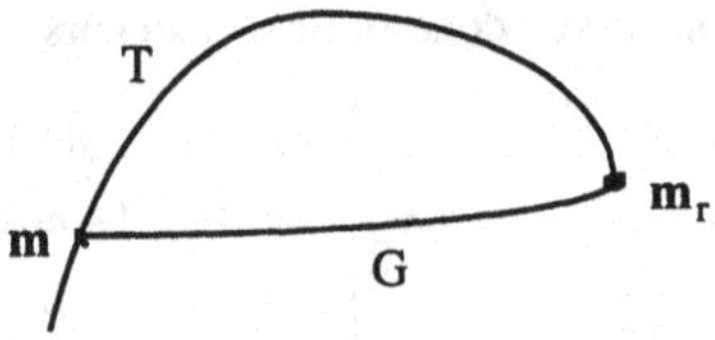


$$\mathrm{d} = \frac{1}{2}\gamma^{-1}\dot{\gamma} = B_0\frac{1}{2}\Gamma^{-1}\dot{\Gamma}B_0^{-1}$$

$$\|\mathbf{d}\| = \|\mathrm{d}\| = Tr\left(\frac{1}{4}\gamma^{-1}\dot{\gamma}\gamma^{-1}\dot{\gamma}\right) = Tr\left(\frac{1}{4}\Gamma^{-1}\dot{\Gamma}\Gamma^{-1}\dot{\Gamma}\right) = \frac{\dot{\lambda}}{\sqrt{2}}, \qquad s = \frac{\lambda}{\sqrt{2}}$$

(le second résultat aurait résulté aussi de (11) en se souvenant que $\|\mathbf{d}\| = \|\mathbf{D}\| = \|\mathrm{D}\|$).

Des renseignements intéressants concernant la géodésique G sont, en vertu de (**XVI-5**-Th 1), fournis par le tenseur

$$L_0 = \frac{1}{2}\mathrm{Log}C_0 \qquad \text{avec} \qquad C_0 = \gamma_r^{-1}\gamma = B_0\begin{bmatrix} 1 & \lambda & 0 \\ \lambda & 1+\lambda^2 & 0 \\ 0 & 0 & 1 \end{bmatrix}B_0^{-1} \in L(T_0)$$

Le polynôme caractéristique de $C_0$, est identique à celui de C et B. Il a, ainsi que ses racines $C^i$, été calculé en **3-2**, et l'on vérifie aisément que lorsque λ devient grand, on a :

$$C^1 \cong \lambda^2, \qquad l^1 \cong \mathrm{Log}\lambda, \qquad C^2 \cong \lambda^{-2}, \qquad l^2 \cong -\mathrm{Log}\lambda$$

On en déduit pour la longueur de la géodésique G entre $\mathbf{m}_r$ et **m**:

$$s_G = \left[\left(L^1\right)^2 + \left(L^2\right)^2 + \left(L^3\right)^2\right]^{1/2} \cong \sqrt{2}\mathrm{Log}\lambda$$

On notera que lorsque λ tend vers l'infini, $s/s_G$ tend vers l'infini : la trajectoire devient infiniment plus longue que la géodésique. La dérivée $ds/ds_G$, égale à λ/2, tend aussi vers l'infini. Or cette dérivée est équivalente à l'inverse du cosinus de l'angle en **m** entre la trajectoire et la géodésique. Cet angle tend donc vers π/2.

# MATHÉMATIQUES

Nous ne considérerons que des espaces vectoriels sur le corps des réels R et de dimension finie, sans le rappeler systématiquement. Ces espaces sont considérés d'un point de vue géométrique, ou intrinsèque, sans être supposés rapportés à une base et encore moins être identifiés à $R^n$. Nous donnerons néanmoins toutes indications utiles pour l'indispensable travail en composantes dans des bases.

Conventions de notation (E, F, G sont des espaces vectoriels):

L(E,...,F;G) : espace vectoriel des applications multilinéaires de E x ... x F dans G
L(E) : = L(E;E) , espace des endomorphismes de E
B(E,...,F) : = L(E,...,F;R) , espace des formes multilinéaires sur E x...x F
E* : = L(E;R) = B(E) , espace dual de l'espace E (dualité notée < , >).

## Math 1: LES ESPACES EUCLIDIENS

### *a - Produit scalaire et tenseur métrique*

Un espace vectoriel euclidien est un espace vectoriel doté d'un *produit scalaire*, c'est à dire d'une forme bilinéaire (élément de B(E,E)) symétrique définie positive:

$$(\vec{U},\vec{V}) \in E \times E \rightarrow \vec{U}.\vec{V} \in R, \quad \vec{U}.\vec{V} = \vec{V}.\vec{U}, \quad \vec{U}.\vec{U} = ||\vec{U}||^2 > 0 \text{ si } \vec{U} \neq 0.$$

Pour tout $\vec{U} \in E$, l'application $\vec{U}. : \vec{V} \rightarrow \vec{U}.\vec{V}$ est linéaire de E dans R. C'est donc un élément de E*, qui en outre dépend linéairement de $\vec{U}$. Nous appellerons *tenseur métrique* associé au produit scalaire l'application linéaire g : E → E* associant " $\vec{U}$." à $\vec{U}$:

$$\text{(1-a)} \qquad g \in L(E;E^*), \qquad \vec{U}. = g\vec{U}, \qquad \boxed{\vec{U}.\vec{V} = \langle g\vec{U}, \vec{V}\rangle}$$

Le mot tenseur, que nous emploierons beaucoup, sera explicité ultérieurement. Notant $L_S(E;E^*)$ (respt: $L_S^+(E;E^*)$ ) l'espace des éléments x de L(E;E*) dont les formes bilinéaires $\langle x\vec{U},\vec{V}\rangle$ sont symétriques (respt: symétriques définies positives), on a $g \in L_S^+(E;E^*) \subset L_S(E;E^*) \subset L(E;E^*)$. Noter que derrière le tenseur métrique g se cache en particulier l'application qui à une direction d'axe (la direction de $\vec{U}$) associe la direction de plan qui lui est orthogonale (le noyau de $g\vec{U}$).

L'application g est linéaire et inversible. C'est donc un isomorphisme (d'espace vectoriel) de E sur son dual E*. On peut l'utiliser pour transporter (voir **M11**) dans E* la structure euclidienne de E, ce qui (voir **M11**) consiste à définir dans E*, dont les éléments seront notés avec des flèches vers la gauche et appelés *covecteurs,* le produit scalaire

(1-b) $$\boxed{\overleftarrow{U}.\overleftarrow{V} = g^{-1}\overleftarrow{U} \,.\, g^{-1}\overleftarrow{V} = <\overleftarrow{U}, g^{-1}\overleftarrow{V}>}$$

Identifiant E à son bidual E**, ce que nous ferons systématiquement, il en résulte que l'application $g^{-1}$ *est le tenseur métrique du dual* E*. Enfin, pour ces métriques dans E et E*, g et $g^{-1}$ sont deux isométries.

**b - Identification de E et E*. Tenseurs euclidiens d'ordre un.**

Il est courant de lire dans la littérature que ces isométries, isomorphismes d'espaces euclidiens, "permettent d'identifier E et E*". De fait, elles permettent surtout d'utiliser E là où ce sont des éléments de E* qui devraient être utilisés (on désigne par exemple un élément de surface par un vecteur normal à cet élément) : en fait, on identifie donc E* *à* E. Ce genre de facilité d'une part masque la véritable nature des éléments manipulés et d'autre part interdit certaines généralisations aux espaces non euclidiens dont l'utilisation est un des points originaux de cet ouvrage. Nous utiliserons donc E* sans l'identifier à E. Nous en ferons même un grand usage et nous invitons le lecteur à devenir très vite familier de cette notion. Nous l'aiderons le moment venu à en sentir la signification physique.

Nous aurons toutefois besoin de procéder à une démarche du type identification de E et E*. Nous le ferons de façon symétrique entre E et E*, par le graphe **E** de g et de $g^{-1}$. Ces applications étant linéaires, ce graphe est un sous espace vectoriel, de même dimension trois que E et E*, de l'espace vectoriel ExE*. Or, indépendamment des propriétés euclidiennes, un tel espace produit cartésien présente une structure algébrique intéressante induite par la forme bilinéaire symétrique canonique (qui sera étudiée en **M**13)

(1-c) $$\mathbf{U} = (\vec{U},\overleftarrow{U}),\ \mathbf{V} = (\vec{V},\overleftarrow{V}) \to \mathbf{U.V} = \frac{1}{2}(<\overleftarrow{U},\vec{V}> + <\overleftarrow{V},\vec{U}>)$$

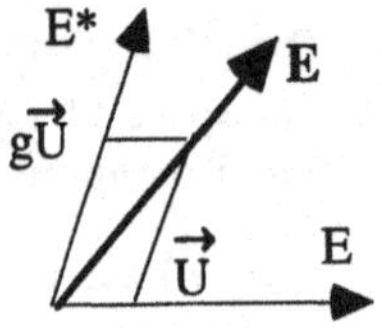


dont il est doté et dont la restriction au graphe

$$\mathbf{E} = \{\mathbf{U} = (\vec{U},\overleftarrow{U}),\ \overleftarrow{U} = g\vec{U}\},$$ s'écrit

$$\mathbf{U}\in\mathbf{E},\ \mathbf{V}\in\mathbf{E} \to \boxed{\mathbf{U.V} = \frac{1}{2}(\vec{U}.\vec{V} + \overleftarrow{U}.\overleftarrow{V}) = \vec{U}.\vec{V} = \overleftarrow{U}.\overleftarrow{V}}$$

et donc est définie positive. On en conclut que :

*Ainsi structuré,* **E** *est un espace vectoriel euclidien, et ses projections canoniques sur E et E* sont des isométries. Ses éléments seront appelés tenseurs euclidiens d'ordre un sur* E.

Cette approche des tenseurs euclidiens, pour le moins peu classique, ne nous sera utile que assez tard dans l'ouvrage, mais de façon essentielle. C'est pourquoi nous avons tenu à mettre l'accent sur elle d'entrée de jeu.

**c - La transposition euclidienne**

Soient E et F deux espaces vectoriels *euclidiens*. A toute application A ∈ L(E;F) on associe l'application $A^T \in$ L(F;E), dite *adjointe* ou *transposée euclidienne* de A, définie par

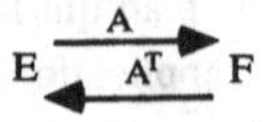


(1-d) $$(\forall\,\vec{U}\in E)\ (\forall\,\vec{V}\in F) \qquad \boxed{A\,\vec{U}\overset{F}{\cdot}\vec{V} = \vec{U}\overset{E}{\cdot}A^T\,\vec{V}}$$

Les propriétés suivantes, où B est une seconde application et λ un scalaire, sont évidentes

(1-e) $\boxed{(A+B)^T = A^T+B^T}$ $\boxed{(\lambda A)^T = \lambda A^T}$ $\boxed{(AB)^T = B^TA^T}$

$\boxed{(A^T)^T = A}$ $\boxed{1_E{}^T = 1_E}$ $\boxed{(A^{-1})^T = (A^T)^{-1}}$ (noté $A^{-T}$)

Noter que $A^{-T}$, qui n'est défini que si A est inversible, va comme A de E dans F. Noter aussi que si une dimension physique est attribuée à A, $A^T$ a même dimension.

***d - Symétrie, antisymétrie.***

Soit E un espace vectoriel euclidien de dimension n. Pour tout $A \in L(E)$, son adjoint $A^T$ est aussi dans L(E) et A est dit symétrique si A et $A^T$ sont égaux, et antisymétrique si ils sont opposés. Les ensembles $L_S(E)$ des A symétriques et $L_A(E)$ des A antisymétriques sont des sous-espaces vectoriels de L(E) de dimensions n(n-1)/2 et n(n+1)/2, et ils sont supplémentaires. La décomposition associée est donnée ci dessous.

(1-f) $A \in L_S(E) \quad \Leftrightarrow \quad (\forall\, \vec{U} \in E)\,(\forall\, \vec{V} \in E), \quad A\vec{V}.\vec{U} = A\vec{U}.\vec{V}$

$A \in L_A(E) \quad \Leftrightarrow \quad (\forall\, \vec{U} \in E)\,(\forall\, \vec{V} \in E), \quad A\vec{V}.\vec{U} = -A\vec{U}.\vec{V}$

$\boxed{A = A_S + A_A}$ $\boxed{A_S = \frac{1}{2}(A + A^T)}\in L_S(E)$ $\boxed{A_A = \frac{1}{2}(A - A^T)}\in L_A(E)$

***e - Isométries et rotations***

Une application $I \in L(E;F)$ est une isométrie ssi elle "conserve" les produits scalaires:

(1-g) $(\forall\, \vec{U} \in E)\,(\forall\, \vec{V} \in E) \qquad I\vec{U} \overset{F}{.} I\vec{V} \equiv \vec{U} \overset{E}{.} I^T I \vec{V} = \vec{U} \overset{E}{.} \vec{V} \quad \Leftrightarrow \quad \boxed{I^T I = 1_E}$

Une telle isométrie ne peut exister que si E et F sont de même dimension. Toute isométrie de E dans F est inversible et son inverse est une isométrie de F dans E. Les isométries sont caractérisées par la propriété (1-g)

Supposons une telle isométrie fonction d'un paramètre scalaire t. Dérivant en t la relation ci-dessus, et notant $\dot{I}$ pour dI/dt, on obtient : $\dot{I}^T I + I^T \dot{I} = 0$ (la dérivation commute avec la transposition). On en déduit :

(1-h) $\dot{I}\, I^{-1} = \dot{I}\, I^T \in L_A(F) \quad$ et $\quad I^{-1}\dot{I} = I^T \dot{I} \in L_A(E)$

Cette propriété admet une réciproque : une application linéaire I de E dans F fonction de t qui à $t_0$ est une isométrie $I_0$ et qui est telle que $\dot{I}I^T$ (ou $I^T\dot{I}$) soit une application antisymétrique $\Omega_F \in L_A(F)$ (ou $\Omega_E \in L_A(E)$ ), est une isométrie. C'est la solution de l'équation différentielle en temps:

(1-i) $I \in L(E;F), \qquad \dot{I}I^T = \Omega_F \qquad (\text{ou } I^T\dot{I} = \Omega_E), \qquad I(t_0) = I_0$

Il suffit pour s'en convaincre de remarquer que la propriété d'antisymétrie équivaut, par intégration en temps, à dire que $II^T$ (ou $I^TI$) est une application constante qui ne peut être que $1_F$ (ou $1_E$) lorsque I est égal à $I_0$ : la propriété caractéristique (g) est vérifiée.

Enfin, une rotation d'un espace euclidien E est une isométrie positive (c'est-à-dire qui transforme une base en une base de même sens) de E dans lui même.

***f* - Les espaces affines euclidiens de dimension trois**

Ce sont les espaces de la géométrie, constituant les référentiels $\mathcal{E}_i$ et les espaces instantanés $\mathcal{E}^t$. Ce sont des *espaces affines* $\mathcal{E}$ (espaces de points) dont l'espace vectoriel associé E est euclidien et de dimension trois. Le caractère euclidien de E induit orthogonalité, angles et distances dans $\mathcal{E}$. La dimension trois fait que L(E), $L_S(E)$ et $L_A(E)$ sont respectivement de dimensions 9, 6 et 3. Nous les orienterons systématiquement, ce qui permet de définir le *produit vectoriel* $\vec{U}\wedge\vec{V}$ de deux vecteurs $\vec{U}$ et $\vec{V}$ comme étant défini par

$$(1\text{-j}) \qquad (\forall \vec{W} \in E) \qquad (\vec{U}\wedge\vec{V}).\vec{W} = \mathrm{Vol}_E\,(\vec{U},\vec{V},\vec{W})$$

où $\mathrm{Vol}_E$, appelée forme volume, est l'unique trois forme alternée sur E égale à +1 pour trois vecteurs constituant une base orthonormée directe (OND) de E.

Ce produit vectoriel est une application bilinéaire antisymétrique de ExE dans E.

Pour tout $\vec{U}$, l'application $\vec{U}\wedge$ (aussi notée $i(\vec{U})$) définie par

$$(1\text{-k}) \qquad i(\vec{U}) \equiv \vec{U}\wedge : \quad \vec{V}\in E \rightarrow \vec{U}\wedge\vec{V} \in E$$

est dans $L_A(E)$, et inversement, tout endomorphisme antisymétrique de E est de cette forme. Plus précisément, l'application $\vec{U}\in E \rightarrow \vec{U}\wedge$ est un isomorphisme canonique de E sur $L_A(E)$. Tout phénomène physique qui normalement devrait relever d'une modélisation par un élément A de $L_A(E)$, peut en vertu de cet isomorphisme se voir modéliser par le vecteur $\vec{a}$ tel que l'on ait $A = \vec{a}\wedge$.

En Mécanique classique, l'orientation n'a aucune contre marque physique, si bien que l'on n'a aucune raison valable pour choisir l'une plutôt que l'autre. Il convient donc de s'enquérir de ce qu'aurait donné le choix opposé pour l'orientation. Les produits mixte et vectoriel, ainsi que le vecteur $\vec{a}$, auraient été changés chacun en leur opposé. Le vecteur $\vec{a}$ est de ce fait parfois appelé *vecteur polaire*. Il ne faut pas y voir une caractéristique mathématique particulière mais la simple spécification du caractère non intrinsèque de la modélisation par $\vec{a}$ au lieu de $A = \vec{a}\wedge$.

---

## Math 2: CALCUL LINÉAIRE.

***a* - Calcul matriciel**

Nous adoptons la convention de sommation d'Einstein pour tout indice répété (en principe une fois en haut et une fois en bas), la convention de produit de matrices "lignes par colonnes" et la convention d'affecter le premier indice des coefficients d'une matrice aux lignes et le second aux colonnes, les places hautes ou basses des indices résultant d'autres considérations. Nous aurons donc ainsi par exemple

$$(2\text{-a}) \qquad v = Au \quad \Leftrightarrow \quad \begin{bmatrix} v^1 \\ v^2 \end{bmatrix} = \begin{bmatrix} A^1{}_1 A^1{}_2 A^1{}_3 \\ A^2{}_1 A^2{}_2 A^2{}_3 \end{bmatrix} \begin{bmatrix} u^1 \\ u^2 \\ u^3 \end{bmatrix} \quad \Leftrightarrow \quad v^i = \sum_{j=1}^{3} A^i{}_j u^j = A^i{}_j\, u^j$$

Une matrice telle que A est classiquement percue comme étant un élément de $L(R^3;R^2)$.

***b* - Opérateur matriciel.**

Compte tenu de la notation multiplicative en calcul linéaire, (a) se généralise sans peine au cas où les $u^j$ et les $v^i$ ne seraient plus des scalaires mais appartiendraient à des espaces vectoriels, éventuellement différents, $U^j$ et $V^i$, et où A serait une application linéaire quelconque de l'espace vectoriel U produit cartésien des $U^j$ dans V produit cartésien des $V^i$. Chaque $A^i_j$ serait alors une application linéaire de $U^j$ dans $V^i$ :

$$u \in U = U^1 x U^2 x U^3 \ , \quad v \in V = V^1 x V^2 \ , \quad A \in L(U;V) \ , \quad A^i_j \in L(U^j;V^i) \, .$$

Nous dirons alors que A est un *opérateur matriciel*. Si il n'y avait eu qu'un seul espace $V^i$ au lieu de deux on aurait eu un opérateur matriciel *ligne* à trois colonnes, et si il n'y avait eu qu'un seul espace $U^j$ au lieu de trois on aurait eu un opérateur *colonne* à deux lignes. Un exemple d'opérateur matriciel: les trop grosses matrices qu'en calcul numérique l'on organise en matrices de sous matrices.

Les règles classiques d'addition et de produit de matrices s'étendent sans difficulté. Par rapport au calcul matriciel classique il convient toutefois de remarquer que les produits entre coefficients des opérateurs ne sont généralement pas commutatifs et que, lorsque les espaces $U^j$ et $V^i$ sont euclidiens et que U et V sont dotés des structures euclidiennes produit, l'adjoint d'un opérateur matriciel est obtenu en échangeant lignes et colonnes (transposition de la matrice) et en remplaçant les coefficients par leur adjoint.

Noter enfin que dans ce nouveau cadre on peut réécrire (a) sous les formes

$$v = [A^{\cdot}_1 \ A^{\cdot}_2 \ A^{\cdot}_3] \begin{bmatrix} u^1 \\ u^2 \\ u^3 \end{bmatrix} \quad \text{et} \quad \begin{bmatrix} v^1 \\ v^2 \end{bmatrix} = \begin{bmatrix} A^1_{\cdot} \\ A^2_{\cdot} \end{bmatrix} u$$

avec: $$A^{\cdot}_j = \begin{bmatrix} A^1_j \\ A^2_j \end{bmatrix} \in L(U^j;V) \quad \text{et} \quad A^i_{\cdot} = [\, A^i_1 \ A^i_2 \ A^i_3 \,] \in L(U;V^i).$$

Les quatre expressions possibles ainsi obtenues pour A fournissent une souplesse d'interprétation et de notation permettant de développer plus ou moins le formalisme selon que l'on désire ou non prendre en compte le caractère multiple des variables u et v.

### c - *Les espaces* R, R*, $R^n$ *et* $(R^n)^*$

Le calcul matriciel dans R ordinaire est un cas particulier de ce qui précède, à condition d'identifier tout élément $a \in R$ (et en particulier chaque élément d'une matrice classique) à l'application linéaire de R dans R "$x \to ax$" , ce que nous ferons désormais et qui revient à identifier R à son espace dual R* (on notera que R est un espace euclidien et que l'isomorphisme de R sur R* que constitue cette identification n'est autre que son tenseur métrique). Un élément de $R^n$ est alors identifié à un n-uplet d'applications de R dans R, donc à un opérateur matriciel *colonne* à éléments scalaires, et un élément de son dual $(R^n)^* = L(R^n;R)$, qui est un opérateur matriciel ligne dont les éléments sont des applications linéaires de R dans lui même, est identifié à un opérateur matriciel *ligne* à éléments scalaires. Quand à la dualité elle s'écrit:

$$v = [v_1 ... v_n] \in (R^n)^* \, , \, u = \begin{bmatrix} u^1 \\ - \\ u^n \end{bmatrix} \in R^n \quad \Rightarrow \quad \langle v,u \rangle = [v_1 ... v_n] \begin{bmatrix} u^1 \\ - \\ u^n \end{bmatrix} = vu$$

Noter que $(R^n)^*$ et $(R^*)^n = R^n$ sont certes canoniquement isomorphes, ce que l'on peut traduire en disant qu'en tant qu'espace tensoriel le premier est le produit tensoriel de n facteurs égaux à R* identifié à R, mais que nous ne les identifions pas. On conviendra qu'il peut être utile de ne pas confondre matrices lignes et matrices colonnes.

L'espace $R^n$ est euclidien puisque R l'est. Son tenseur métrique $g_n$ est la "transposition de matrices" qui transforme une matrice colonne en matrice ligne par "échange lignes-colonnes". Il s'agit là de l'isomorphisme canonique évoqué au paragraphe précédent.

***d* - Opérateur base**

Soit V un espace vectoriel, par exemple de dimension trois, et $\vec{b}_1, \vec{b}_2, \vec{b}_3$ une base de V. Désignant par $v^i$ les composantes de $\vec{v} \in V$ dans cette base, on a :

$$\text{(2-b)} \qquad \vec{v} = \sum_{i=1}^{3} \vec{b}_i v^i = \vec{b}_i v^i = bv \ , \qquad \text{avec} \quad b = [\vec{b}_1 \vec{b}_2 \vec{b}_3] \in L(R^3;V) \quad \text{et} \quad v = \begin{bmatrix} v^1 \\ v^2 \\ v^3 \end{bmatrix}$$

Ceci rentre dans le cadre des opérateurs matriciels *à condition d'identifier tout vecteur* $\vec{a}$ *de* V (et donc ceux constituant la base) *à l'application linéaire* "$x \in R \rightarrow \vec{a}\,x \in V$". L'opérateur matriciel ligne b n'est autre que le classique isomorphisme de $R^3$ sur V qu'induit le choix d'une base. Dans la suite nous confondrons la base avec cet "opérateur base" b. On vérifiera aisément que, lorsque V est euclidien, une base est orthonormée (ON) si et seulement si l'opérateur base associé est une isométrie.

Les espaces $R^n$ et $(R^n)^*$ possèdent tous deux des bases canoniques. Dans ces bases, la matrice colonne des composantes d'une colonne $u \in R^n$ est identique à u, tandis que celle d'une ligne $v = [v_1 \ldots v_n] \in (R^n)^*$ est la matrice transposée de v, encore égale à $g_n^{-1} v$.

*Il en résulte que l'opérateur base pour la base canonique de* $R^n$ *est l'application identique de* $R^n$ *dans lui même, tandis que pour la base canonique de* $(R^n)^*$ *il s'agit du tenseur métrique* $g_n$.

***e* - Base duale**

Soit à nouveau V un espace vectoriel. Notons avec une flèche à gauche les éléments du dual $\overleftarrow{V^*} = L(V;R)$, encore appelés covecteurs, et $<\overleftarrow{a}, \vec{v}>$ la valeur en $\vec{v} \in V$ de $\overleftarrow{a} \in V^*$. Soit $\overleftarrow{b^i}$ l'application linéaire de V dans R associant à $\vec{v}$ sa composante $v^i$ dans la base b. Les trois covecteurs $\overleftarrow{b^i}$ constituent une base de V* qui est dite *duale de la base* b de V. L'opérateur base correspondant sera noté $b^d$.

Noter que les $\overleftarrow{b^i}$ sont déjà des applications linéaires, et qui ne vont pas de V* dans R. *Il n'est donc pas possible de développer* $b^d$ *sous la forme* $[\overleftarrow{b^1}\ \overleftarrow{b^2}\ \overleftarrow{b^3}]$. On peut d'ailleurs s'assurer que, selon nos conventions, cet opérateur ligne envoie $V^3$ dans R et donc ne saurait être un opérateur base. On peut par contre remarquer qu'avec ces $\overleftarrow{b^i}$ on construit un opérateur colonne qui est l'inverse de l'opérateur b. On a en effet:

$$\text{(2-c)} \qquad \begin{bmatrix} \overleftarrow{b^1} \\ \overleftarrow{b^2} \\ \overleftarrow{b^3} \end{bmatrix} \vec{v} = \begin{bmatrix} v^1 \\ v^2 \\ v^3 \end{bmatrix} \quad \Leftrightarrow \quad \begin{bmatrix} \overleftarrow{b^1} \\ \overleftarrow{b^2} \\ \overleftarrow{b^3} \end{bmatrix} = b^{-1} \quad \Leftrightarrow \quad \begin{bmatrix} \overleftarrow{b^1} \\ \overleftarrow{b^2} \\ \overleftarrow{b^3} \end{bmatrix} [\ \vec{b}_1\ \vec{b}_2\ \vec{b}_3\ ] = \begin{bmatrix} 1 & 0 & 0 \\ 0 & 1 & 0 \\ 0 & 0 & 1 \end{bmatrix}$$

$$\Leftrightarrow \qquad \boxed{<\overleftarrow{b^i}, \vec{b}_j> \; = \; \delta^i_j \; \equiv \; \begin{cases} 1 \text{ si } i = j \\ 0 \text{ si } i \neq j \end{cases}}$$

L'expression de l'opérateur base $b^d$ en fonction de b sera donnée en **(M12**-d).

***f* - Matrice de changement de base**

Soit β une seconde base de V. La matrice de passage de la base b à la base β est

(2-d) $$M = b^{-1}\beta = \begin{bmatrix} \overleftarrow{b^1} \\ \overleftarrow{b^2} \\ \overleftarrow{b^3} \end{bmatrix} [\,\vec{\beta}_1\ \vec{\beta}_2\ \vec{\beta}_3\,] = [\,\langle \overleftarrow{b^i}, \vec{\beta}_j \rangle\,] \in L(R^3)$$

et l'on a $\boxed{\beta = bM}$ $\quad (\Leftrightarrow\ \vec{\beta}_j = \vec{b}_i M^i{}_j\,)$

### *g - Matrice d'une application linéaire*

Soient U et V deux espaces vectoriels, et b et β deux (opérateurs) bases dans U et V respectivement. Pour tout $A \in L(U;V)$ on a, en notant n et p les dimensions de U et de V, ainsi que $\vec{u} = bu$ et $\vec{v} = \beta v$ des éléments de U et V respectivement (u et v sont les matrices colonnes des composantes de ces vecteurs) :

(2-e) $$\vec{v} = A\vec{u} \quad \Leftrightarrow \quad v = Mu\ , \quad \text{avec} \quad \boxed{M = \beta^{-1}Ab} \ \in L(R^n; R^p)$$

L'application M est une matrice. C'est la matrice de A dans les bases b et β. On a :

(2-f) $$M = \begin{bmatrix} \overleftarrow{\beta^1} \\ \cdot \\ \overleftarrow{\beta^p} \end{bmatrix} A[\vec{b}_1 \ldots \vec{b}_n] = [A^i{}_j]\ , \quad \text{avec} \quad A^i{}_j = \overleftarrow{\beta^i} A \vec{b}_j \quad (= \langle \overleftarrow{\beta^i}, A\vec{b}_j \rangle\,)$$

### *h - Base de L(U;V)*

On déduit également de (e) :

(2-g) $$\boxed{A = \beta M b^{-1}} = [\,\vec{\beta}_1 \ldots \vec{\beta}_n\,][\,A^i{}_j\,] \begin{bmatrix} \overleftarrow{b^1} \\ \cdot \\ \overleftarrow{b^p} \end{bmatrix} = \sum_{i=1}^{n} \sum_{j=1}^{p} \vec{\beta}_i A^i{}_j \overleftarrow{b^j} = A^i{}_j b_i{}^j\ ,$$

où les np $b_i{}^j = \vec{\beta}_i \overleftarrow{b^j} \in L(U;V)$ sont les applications dyadiques $\vec{u} \to \vec{\beta}_i \langle \overleftarrow{b^j}, \vec{u} \rangle = \vec{\beta}_i u^j$.
Il en résulte que :

> *Les* $b_i{}^j$ *constituent une base de* L(U;V) *canoniquement associée aux bases* b *et* β *de* U *et* V, *et les coefficients de la matrice* M *sont les composantes de* A *dans cette base.*

### *i - Matrice de Gram*

Appliquons ce qui précède au cas U = E euclidien , V = E* et A = g. Le dual de E* est le bidual de E, canoniquement identifié à E, et dans cette identification la base duale de la base duale est la base de départ: $b^{dd} = b$ , ou encore, est identique à la colonne des vecteurs $\vec{b}_i$ vus comme éléments de E**. On en déduit que lorsque l'on rapporte E à une base b et E* à la base duale $b^d$, le tenseur métrique $g \in L(E;E^*)$ s'écrit

(2-h) $$\boxed{g = b^d G\, b^{-1}} \quad \text{avec} \quad \boxed{G = b^{d-1} g b = [g_{\alpha\beta}]} \quad \boxed{g_{\alpha\beta} = \langle \vec{b}_\alpha, g(\vec{b}_\beta) \rangle = \vec{b}_\alpha . \vec{b}_\beta}$$

La matrice G est la *matrice de Gram* de la base b. On a aussi :

(2-i) b *est orthonormée pour la métrique* g $\Leftrightarrow$ $g = b^d b^{-1}$ $\Leftrightarrow$ $G = 1_{R^3}$

On peut aussi voir (2-i) comme *définissant, par son tenseur métrique* g, l'*unique produit scalaire pour lequel, dans un espace vectoriel, une base* b *donnée est orthonormée*. Enfin, on a encore:

(2-j) b *orthogonale pour* g $\Leftrightarrow$ $G = b^{d-1} g b$ *est une matrice diagonale* (>0)

# Math 3: CALCUL DIFFÉRENTIEL

***a - Dérivée***

Soient $\mathcal{X}$ et $\mathcal{Y}$ deux variétés différentiables (il suffit, de penser à des courbes ou des surfaces de la géométrie élémentaire) et f: $x \in \mathcal{X} \rightarrow y = f(x) \in \mathcal{Y}$ une application différentiable. La dérivée, ou différentielle, de f au point x est une application linéaire de X, espace vectoriel tangent en x à $\mathcal{X}$, dans Y, espace vectoriel tangent en y à $\mathcal{Y}$ :

(3-a) $$\frac{dy}{dx} = f'(x) \in L(X;Y) \quad , \text{ avec } X = T_x\mathcal{X} \quad \text{et} \quad Y = T_y\mathcal{Y}$$

Lorsque $\mathcal{X}$ et $\mathcal{Y}$ sont des espaces affines les espaces vectoriels tangents X et Y sont leurs espaces vectoriels associés. Ils sont indépendants des points x ou y. La dérivée peut alors être définie comme étant l'unique élément de L(X;Y) défini par

(3-b) $$\Delta y \equiv f(x+\Delta x) - f(x) = \frac{dy}{dx}\Delta x + ||\Delta x||\, \varepsilon(x,\Delta x) \quad , \text{ avec } \lim_{\Delta x \to 0} ||\varepsilon(x,\Delta x)|| = 0 \, ,$$

et être interprétée comme "approximation linéaire tangente" de f au point x.

***b - Composition des dérivées.***

(3-c) $$z = h(x) = g(y) \text{ avec } y = f(x) \quad \Rightarrow \quad h'(x) = g'(y)f'(x) \quad \Leftrightarrow \quad \boxed{\frac{dz}{dx} = \frac{dz}{dy}\frac{dy}{dx}}$$

(3-d) Cas particulier $g = f^{-1}$: $$\boxed{\frac{dx}{dy} = \left(\frac{dy}{dx}\right)^{-1}}$$

***c - Dérivées lignes***

Si $\mathcal{X}$ est un produit cartésien de variétés $\mathcal{X}_i$ , alors X est le produit cartésien des espaces $X_i$ tangents à ces variétés et la dérivée peut être développée en opérateur matriciel ligne :

(3-e) $$dy = \frac{\partial y}{\partial x^i}dx^i = \begin{bmatrix}\frac{\partial y}{\partial x^1} \cdots \frac{\partial y}{\partial x^p}\end{bmatrix}\begin{pmatrix}dx^1\\ \cdot \\ dx^p\end{pmatrix} \quad \Leftrightarrow \quad \boxed{\frac{dy}{dx} = \begin{bmatrix}\frac{\partial y}{\partial x^1} \cdots \frac{\partial y}{\partial x^p}\end{bmatrix}}$$

Par exemple, en géométrie, si M = c(x) est un système de coordonnées curvilignes,

(3-f) $$\boxed{\frac{dM}{dx} = c'(x) = \begin{bmatrix}\frac{\partial M}{\partial x^1}\frac{\partial M}{\partial x^2}\frac{\partial M}{\partial x^3}\end{bmatrix}} \in L(R^3;E)$$

est la base locale en M définie par ces coordonnées (ou plutôt l'opérateur base).

***d - Dérivées colonnes.***

Si $\mathcal{Y}$ est un produit cartésien de variétés $\mathcal{Y}_i$ , alors Y est le produit cartésien des espaces $Y_i$ tangents et la dérivée peut être développée en opérateur matriciel colonne:

(3-g) $$d\begin{pmatrix}y^1\\ \cdot \\ y^n\end{pmatrix} = \begin{pmatrix}dy^1\\ \cdot \\ dy^n\end{pmatrix} = \begin{bmatrix}dy^1/dx\\ \cdot \\ dy^n/dx\end{bmatrix} dx \quad \Leftrightarrow \quad \boxed{\frac{dy}{dx} = \begin{bmatrix}dy^1/dx\\ \cdot \\ dy^n/dx\end{bmatrix}}$$

Parexemple, si M = c(x) est un système de coordonnées curvilignes dans $\mathcal{E}$, alors dx/dM peut être développé en colonne des $dx^i/dM$. Mais c'est aussi l'inverse de la base locale (dérivées en des points homologues de deux applications réciproques). On en conclut que *les* $dx^i/dM$, *qui sont dans* E*, *constituent la base duale de la base locale*:

(3-h) $$\boxed{\frac{\partial M}{\partial x^i} = \vec{b}_i} \quad \text{et} \quad \boxed{\frac{\partial x^i}{\partial M} = \overleftarrow{b}^i}$$

***e* - Dérivées matrices.**

Si $\mathcal{X}$ et $\mathcal{Y}$ sont tous deux des produits cartésiens, la dérivée peut être développée en opérateur ligne ou en opérateur colonne comme ci-dessus, mais aussi en un opérateur matriciel, qui n'est autre que la matrice jacobienne en x de l'application $x \rightarrow y = f(x)$ :

(3-i) $$x = \begin{pmatrix} x^1 \\ . \\ x^p \end{pmatrix} \text{ et } y = \begin{pmatrix} y^1 \\ . \\ y^n \end{pmatrix} \quad \Rightarrow \quad \boxed{\frac{dy}{dx} = \begin{bmatrix} \frac{\partial y^1}{\partial x^1} \dots & \frac{\partial y^1}{\partial x^p} \\ . \quad \dots & . \\ \frac{\partial y^n}{\partial x^1} \dots & \frac{\partial y^n}{\partial x^p} \end{bmatrix}}$$

***f* - Gradient.**

Dans le cas particulier où $\mathcal{Y}$ = R et où $\mathcal{X}$ est un espace euclidien, par exemple $\mathcal{E}$ d'espace vectoriel associé E, avec x noté M, la dérivée en M de y est dans le dual E*, et l'élément de E dont elle est l'image par g est appelé *gradient de* y *en* M:

(3-j) $$\overrightarrow{\text{Grad}}_M y = g^{-1}\left(\frac{dy}{dM}\right) \in E \qquad \boxed{dy = \left\langle \frac{dy}{dM}, \overrightarrow{dM} \right\rangle = \overrightarrow{\text{Grad}}_M y \,.\overrightarrow{dM}}$$

***g* - Dérivée covariante**

Il s'agit d'une notion qui intervient à propos du calcul en coordonnées de la dérivée d'un champ de tenseurs. Nous l'expliciterons en (**M4-d**).

---

# Math 4: TENSEURS ET CALCUL TENSORIEL

Les tenseurs étudiés ici sont aussi appelés *tenseurs affines*, ou *non-euclidiens*. Ils sont définis sur tout espace vectoriel V. Nous étudierons ultérieurement les *tenseurs euclidiens* qui ne sont définis que sur des espaces vectoriels euclidiens.

***a* - Les tenseurs affines**

• Exactement comme on a procédé en **M1** pour déduire ce que nous avons appelé le tenseur métrique g à partir du produit scalaire, on vérifie sans peine qu'à toute forme bilinéaire sur un espace vectoriel V est associée linéairement une application linéaire de V dans son dual $V^*$ et réciproquement. Ceci met en évidence l'existence d'un isomorphisme canonique entre l'espace B(V,V) des formes bilinéaires sur V et l'espace L(V;V*), ce que nous traduirons en écrivant:

$$L(V;V^*) \overset{i}{=} B(V,V)$$

Dans une optique (courante en mathématique où l'on s'intéresse plus aux relations qu'à la nature des objets) d'identification de ces deux espaces grâce à cet isomorphisme, certains auteurs considèrent que deux éléments homologues dans cet isomorphisme constituent un seul et même "tenseur du second ordre sur V", situé dans un "espace tensoriel sur V" que, pour fixer les idées et pour certaines raisons de commodité, ils identifient couramment à B(V,V) et notent V*⊗V* (à rapprocher de B(V) noté V*).

Plus généralement, des isomorphismes canoniques analogues permettent d'identifier tout élément de l'algèbre linéaire et multilinéaire d'un espace vectoriel V à une forme multilinéaire sur cet espace et son dual, c'est à dire à un élément, appelé *tenseur*, d'un espace du type B(V*,V,...,V*,V) encore noté V⊗V*⊗....⊗V⊗V* (produit tensoriel d'espaces égaux soit à V soit à V*). C'est ainsi par exemple que l'opérateur produit vectoriel peut être identifié à un élément de l'espace tensoriel E⊗E⊗E*, lequel peut être confondu avec B(E*,E*,E). L'intérêt de la reconnaissance de ces isomorphismes et de ces identifications est d'éviter de refaire plusieurs fois des choses équivalentes. Ainsi, en étudiant les relations liant entre eux les seuls espaces B(V*,V,...,V*,V*) on obtient des résultats qui ont une portée beaucoup plus générale.

• Mais travailler stricto sensu avec l'outil tenseur c'est, en nous restreignant à un exemple très simple, soit ne voir que l'aspect forme bilinéaire produit scalaire dans la métrique d'un espace euclidien E, en excluant l'aspect application de E dans E*, si on prend à la lettre l'identification à B(E,E), soit ne pas opter entre ces deux aspects pour mener des calculs qui ne relèvent que de la structure algébrique commune à B(E,E) et L(E;E*). Or *aucune de ces options ne nous convient, et donc nous ne pratiquerons pas les identifications réductrices sous-jacentes au concept de tenseur*, ce qui revient à dire que *nous n'utiliserons pas l'outil mathématique tenseur produit d'identification.*

Cela ne nous empêchera pas d'employer le terme générique de tenseur, qui est pratique et consacré par l'usage, mais toujours pour désigner des objets appartenant à des espaces d'applications précis. C'est ainsi que, par exemple, le tenseur métrique sera toujours pour nous strictement l'application linéaire g de E dans E* définie en **M1** et rien d'autre. Le produit scalaire, qui pourtant définit le même tenseur sur E, sera considéré comme un objet différent. Plus généralement, nos "tenseurs" du second ordre, qui d'ailleurs avec ceux du premier ordre couvriront l'essentiel de nos besoins, seront le plus souvent définis comme étant des applications linéaires, appartenant donc à l'un des quatre espaces L(V), L(V;V*), L(V*;V), L(V*), et non des formes bilinéaires appartenant aux espaces B(V,V*), B(V,V), B(V*,V*), B(V*,V) qui leur sont respectivement isomorphes.

Ces choix sont liés à, ou imposés par, l'interprétation physique que sur le moment nous donnons des objets mathématiques manipulés. Par exemple, la relation linéaire existant entre deux grandeurs physiques vectorielles s'interprète d'abord par un élément de L(V) et non par l'élément de B(V,V*) qui lui est canoniquement associé. Cette interprétation physique, ou sa présentation, peuvent changer, soit pour nous dans l'évolution de l'exposé, soit d'un auteur à l'autre. Nous ne faisons donc ici qu'expliciter notre méthode, sans prétendre défendre des vérités ontologiques.

• Si, nous, nous refusons cet outil tenseur, nous ne pouvons que constater qu'il en est fait un grand usage en mécanique. Cela est probablement dû au fait que nombre d'auteurs travaillent non pas intrinsèquement mais en coordonnées et composantes. Or, ce qui fait la différence entre un élément par exemple de L(E;E*) et son homologue dans B(E,E) par l'isomorphisme canonique, différence que nous voulons maintenir en refusant l'outil tenseur, se trouve précisément dans les bases et non dans les composantes qui sont identiques. Le seul fait de travailler en composantes conduit donc déjà à se priver l'accès à ces différences et par conséquent laisse la voie libre à l'outil tenseur. Mais à un outil tenseur qui en Mécanique semble uniquement vu sous son angle d'alchimie entre les composantes dans une base : on fait du "calcul tensoriel" sur des tenseurs définis comme des "tableaux de nombres" (les composantes) se transformant selon certaines règles quand on change de base ou de coordonnées.

Nous analysons ici succinctement quelques aspects de ce *calcul tensoriel* dont il nous arrivera d'utiliser le formalisme quand nous traduirons nos relations intrinsèques en composantes.

***b - Bases tensorielles.***

Il résulte de **M2** que la donnée d'une base b dans un espace vectoriel E induit canoniquement une base dans E*, dans L(E), dans L(E;E*), et de proche en proche dans tout espace vectoriel de l'algèbre tensorielle de E. Par exemple, pour E⊗E*⊗E la base induite est le produit tensoriel $\vec{b}_\alpha \otimes \overleftarrow{b}^\beta \otimes \vec{b}_\gamma$. Par abus de langage, les composantes des tenseurs dans ces bases sont réputées être leurs composantes dans la base b de E.

Chacun de ces espaces ayant pour dimension une puissance entière de celle de V, $N = n^k$, ces bases sont indicées par k indices variant de 1 à n. Les composantes dans ces bases seront donc aussi indicées ainsi, mais avec des indices de hauteur opposée afin de ne sommer un indice (dit muet) que lorsqu'il se présente répété en position haute et basse. Un eemple en est fourni en **M2**-g. Avec la convention d'Einstein on a aussi par exemple

(4-a) $$T \in E\otimes E^*\otimes E \quad \Leftrightarrow \quad T = T^\alpha{}_\beta{}^\gamma\, \vec{b}_\alpha \otimes \overleftarrow{b}^\beta \otimes \vec{b}_\gamma$$

***c - Variance***

Les tenseurs ont été longtemps (et le sont encore par certains auteurs) abordés de façon non intrinsèque par leurs composantes dans une base particulière. Le caractère intrinsèque est alors classiquement retrouvé en étudiant comment ces composantes varient quand on fait varier l'élément contingent introduit, c'est-à-dire la base utilisée. Le processus est classique en physique. C'est ainsi par exemple que le concept de dimension physique est déduit de l'effet d'un changement d'unités sur les réels mesurant les grandeurs avec ces unités.

Considérons le cas d'un vecteur $\vec{V} = \vec{b}_\alpha V^\alpha = \mathrm{b}V$. Puisque bien évidemment ce vecteur ne change pas quand on change la base dans laquelle on le projette, la variation de sa matrice V doit contrebalancer entièrement celle de la base b. Prenant la variation de la base comme variation première, à laquelle on se réfère et commandant toutes les autres, on traduira ce qui précède en disant que les composantes $V^\alpha$ d'un vecteur sont *contravariantes*, et par extension on dit (abusivement cette fois) que les éléments de E sont des *tenseurs contravariants.* Ceci peut évidemment se quantifier : B étant une seconde base, reliée à la première par $B = \mathrm{b}M^{-1}$, avec $M = B^{-1}\mathrm{b} \in L(R^n)$ matrice carrée inversible, on a, en projetant dans les deux bases, $\vec{V} = \mathrm{b}V = Bv$ et donc $v = MV$, qui montre bien l'opposition des variances de la base et des composantes.

De par sa définition à partir des formes coordonnées, la base duale sera elle aussi contravariante, et par conséquent les composantes d'un élément de E* dans cette base auront à contrario une variance analogue à celle de la base b et donc seront dites *covariantes*. On dit aussi par extension que les éléments de E* sont des *tenseurs covariants,* ou encore des *covecteurs*.

Pour des tenseurs d'ordre supérieur il suffit de regarder (a) pour voir quelle est la variance de la base et en déduire la variance des composantes. Chaque indice se voit affecter un mode de variance, soit co soit contra. Par exemple, la variance (des composantes) du tenseur t de (a) est contra-co-contra. On induit ainsi de proche en proche une loi de variance pour les composantes de chaque type de tenseur. La notation E⊗E*⊗E⊗... indique clairement le mode de variance: contra pour les indices correspondant aux facteurs E et co pour ceux correspondant aux facteurs E*. Par une saine gestion de la place haute et basse des indices, les indices covariants sont en position haute et les indices contravariants en position basse (ceci résultant de ce que au départ les vecteurs de la base b ont été indicés en bas). La convention de sommation d'Einstein porte toujours sur un indice répété en haut et en bas. Elle annihile ainsi deux variances contraires, une covariance et une contravariance, et donc constitue une opération invariante, c'est à dire indépendante de la base, intrinsèque, appelée *contraction*.

**d - Dérivation covariante**

Considérons, dans un espace géométrique $\mathcal{E}$, un champ de tenseur d'un certain type, par exemple $M \rightarrow T \in \mathbb{T} = E \otimes E^*$. Sa dérivée en M, dT/dM , sera un élément de $L(E; \mathbb{T})$ isomorphe à $\mathbb{T} \otimes E^*$. *La dérivation fournit donc un champ de tenseur dont la variance est celle de* T *augmentée d'une covariance, d'où son nom de dérivée covariante.*

Lorsque $\mathcal{E}$ est rapporté à un système de coordonnées curvilignes, M = c(x), il est classique de projeter en chaque point M le tenseur et sa dérivée dans la base locale en M, b = dM/dx = c'(x). Les composantes de T s'écrivant $T^{\alpha}{}_{\beta}$ dans l'exemple choisi, celles de dT/dM seront de variance ${}^{\alpha}{}_{\beta\gamma}$. On les note $T^{\alpha}{}_{\beta|\gamma}$ et l'on dit, la encore très abusivement, que $T^{\alpha}{}_{\beta|\gamma}$ est la "dérivée covariante de $T^{\alpha}{}_{\beta}$ par rapport à $x^{\gamma}$ ".

Évidemment, ces composantes de la dérivée peuvent être calculées en fonction de celles de T. Prenons le cas d'un champ de vecteurs $M \rightarrow \vec{V} = bV$. Différentiant, il vient

$$d\vec{V} = b\,dV + db V = b\left(\frac{dV}{dx}\frac{dx}{dM}\,d\vec{M} + b^{-1}dbV\right) = b\left(\frac{dV}{dx}\,b^{-1} + \left\langle \overleftarrow{b}^{\alpha}, \frac{\partial \vec{b}_{\mu}}{\partial x^{\beta}} \right\rangle V^{\mu}\,\frac{dx^{\beta}}{dM}\right)d\vec{M},$$

$$\text{(4–b)} \qquad \Leftrightarrow \qquad \boxed{\frac{d\vec{V}}{dM} = b\left[V^{\alpha}{}_{|\beta}\right]b^{-1}} \qquad \text{avec} \qquad \boxed{V^{\alpha}{}_{|\beta} = V^{\alpha}{}_{,\beta} + \Gamma^{\alpha}_{\mu\beta}\,V^{\mu}}$$

où le *symbole de Cristoffel* $\Gamma^{\alpha}_{\mu\beta}$ est la $\alpha^{\text{ème}}$ composante de $\partial\vec{\beta}_{\mu}/\partial x^{\beta}$.

Ces dérivées covariantes ne sont que la traduction au niveau des composantes de la dérivation des champs. Elles vérifient donc les propriétés classiques des dérivées, telles que dérivée d'une somme ou d'un produit. Par exemple:

$$\overleftarrow{V} = A\vec{U} \quad \Leftrightarrow \quad V^{\alpha} = A^{\alpha}{}_{\beta}\,U^{\beta} \qquad \Rightarrow \qquad \boxed{V^{\alpha}{}_{|\gamma} = A^{\alpha}{}_{\beta|\gamma}\,U^{\beta} + A^{\alpha}{}_{\beta}\,U^{\beta}{}_{|\gamma}}.$$

Mais il faut bien voir qu'il s'agit de dérivées *des champs et non de leurs composantes.* Ainsi, le champ $M \rightarrow g$ étant uniforme sa dérivée est nulle. Par contre ses composantes ne sont pas constantes et leurs dérivées, par rapport à M ou partielles par rapport à $x^{\alpha}$ ne sont pas nulles :

$$\boxed{g_{\alpha\beta|\gamma} = 0}, \qquad \text{mais en général} \qquad \frac{dg_{\alpha\beta}}{dM} \neq 0, \qquad g_{\alpha\beta,\gamma} \neq 0$$

**e - Aspect intrinsèque du formalisme indiciel**

Nous avons choisi de travailler sur les grandeurs géométriques et non sur leurs composantes. Il nous est donc inutile de développer plus avant un formalisme que nous n'utiliserons pas. Les quelques indications qui précèdent suffiront au lecteur qui utilise ce calcul tensoriel en composantes comme moyen de pensée et d'expression pour se brancher sur notre formalisme intrinsèque.

Il faut remarquer à ce sujet que le physicien, et donc le mécanicien, ne peut se passer d'une pensée intrinsèque, et que si le formalisme du calcul tensoriel en composantes, avec la convention d'Einstein, l'étude de variance, les critères de tensorialité, etc., satisfait ses utilisateurs, c'est qu'*il apporte lui aussi les moyens de cette pensée intrinsèque.* Et ceci est la preuve que, en fait, *il va de fait bien au delà du simple travail dans un système de coordonnées qu'il affecte d'être.* On peut en effet constater que les indices jouent en fait un *double rôle.* D'une part celui affiché d'indices variant de 1 à 3 servant à numéroter des composantes: c'est l'aspect calculatoire en coordonnées, non intrinsèque. D'autre part celui de *convention de notation servant à désigner dans quel espace tensoriel se trouve le tenseur* : $V^i$ désigne un élément de E aussi efficacement que notre notation $\vec{V}$, $V_i$ un élément de E* aussi efficacement que notre notation $\overleftarrow{V}$, et $T^i{}_j$ un élément de E⊗E* *bien plus efficacement que notre absence de convention qui nous oblige à préciser* $T \in \mathbb{T} = E\otimes E^*$ !

Vue sous ce second aspect, la notation avec indices n'a plus rien à voir avec l'écriture dans un système de coordonnées contingent. Les indices ne varient plus de 1 à 3 et ne sont plus sommés. *La convention d'Einstein est ici indispensable et joue un rôle essentiel dans le passage à cette seconde vision.* On obtient ainsi *une excellente convention de notation pour un travail intrinsèque tel que nous le prônons*, la meilleure que nous connaissions, pour ne pas dire la seule tant les autres sont lourdes, qui peut en particulier être très performante pour certaines démonstrations. Nous renonçons à l'utiliser pour diverses raisons, en plus du fait qu'elle est trop marquée par son aspect premier de travail en coordonnées: elle ne nous serait pas très utile car nous ne dépasserons guère l'ordre deux, elle reste d'une écriture un peu lourde quand on se cantonne à l'ordre deux, et surtout elle ne permet pas de distinguer entre les espaces isomorphes comme B(E,E) et L(E;E*).

---

## Math 5: LES TENSEURS SUR E EUCLIDIEN

### *a* - *Quelques transposées euclidiennes ou adjointes*

Rappelons d'abord, E et F étant deux espaces euclidiens, la définition et les premières propriétés de la transposée euclidienne ou adjointe $A^T$ de $A \in L(E;F)$ (**M1**):

(5-a) $(\forall\, \vec{U} \in E)\ (\forall\, \vec{V} \in F)$ $\boxed{A\vec{U} \overset{F}{\cdot} \vec{V} = \vec{U} \overset{E}{\cdot} A^T\vec{V}}$ $E \underset{A^T}{\overset{A}{\rightleftarrows}} F$

$\boxed{(A+B)^T = A^T + B^T}$ $\boxed{(\lambda A)^T = \lambda A^T}$ $\boxed{(AB)^T = B^T A^T}$

$\boxed{(A^T)^T = A}$ $\boxed{1_E{}^T = 1_E}$ $\boxed{(A^{-1})^T = (A^T)^{-1}}$ (noté $A^{-T}$)

On en déduit aisément:

- En se souvenant que $a \in R$ et $\vec{a} \in E$ sont identifiés aux applications $\lambda \in R \to a\lambda$ et $\lambda \in R \to \vec{a}\lambda$ , et en notant g le tenseur métrique de E:

$\boxed{a^T = a}$ $\boxed{\vec{a}^T = g\vec{a} \in E^*}$ $\boxed{\vec{a}^T\vec{b} = \langle g\vec{a}, \vec{b}\rangle = \vec{a}.\vec{b}}$ $\boxed{\vec{b}\,\vec{a}^T = \vec{U} \to \vec{b}(\vec{a}.\vec{U})}$

- Pour $\overleftarrow{a} \in E^* = L(E;R)$ $\boxed{\overleftarrow{a}^T = g^{-1}\overleftarrow{a} \in E}$

- Pour une isométrie I: $\boxed{I^T = I^{-1}}$ $\Leftrightarrow$ $\boxed{I^{-T} = I}$

- Pour une matrice M: $\boxed{(M^T)_{ij} = M_{ji}}$ (échange lignes / colonnes)

- Pour un opérateur matriciel A: $\boxed{(A^T)_{ij} = (A_{ji})^T}$ (transposition des éléments en plus)

***b - La base réciproque***

Si $b \in L(E;R^n)$ est un opérateur base dans E, alors b est inversible et $b^{-T}$ est aussi un opérateur base de E. Il en résulte que *lorsque l'on se donne une base b dans un espace vectoriel euclidien on s'en donne automatiquement une seconde*, que nous dirons *base réciproque* de la première et noterons $b^r$ (ne pas confondre avec le r de référence) Ces deux bases sont à priori différentes. Elles coïncident si et seulement si $b^{-T} = b$, donc ssi b est une isométrie de E dans $R^n$, c'est à dire ssi b est une base orthonormée. Utilisant (**M3**-c) les résultats précédants, et posant $\vec{b}^i = g^{-1}\overleftarrow{b}^i \equiv \overleftarrow{b}^{iT}$, il vient:

(5-b) $$\boxed{b^r = (b^{-1})^T = \begin{bmatrix} \overleftarrow{b}^1 \\ \cdot \\ \overleftarrow{b}^n \end{bmatrix}^T = [\vec{b}^1 \dots \vec{b}^n]}$$

La base réciproque est donc obtenue en transportant la base duale dans E par $g^{-1}$.
On en déduit l'analogue de (**M3**-c), à savoir la caractérisation suivante de $b^r$:

(5-c) $$b^{rT} b = 1 \quad \Leftrightarrow \quad \boxed{\vec{b}^i . \vec{b}_j = \delta^i_j}$$

Calculons la matrice de passage de la base réciproque $b^r$ à la base b:

(5-d) $$\boxed{b = b^r G} \Leftrightarrow \boxed{G = b^T b} \Leftrightarrow \boxed{G = [g_{ij}]} \text{ avec } \boxed{g_{ij} = \vec{b}_i . \vec{b}_j} \quad (\Leftrightarrow \boxed{\vec{b}_j = \vec{b}^i g_{ij}})$$

Cette matrice est donc la matrice de Gram G de b (**M3**-h). Elle est symétrique et deux fois covariante (ce qui est cohérent avec le fait qu'elle est la matrice de g élément de L(E;E*) isomorphe à E*⊗E*).
La base réciproque a elle même une base réciproque, mais dont on vérifie sans peine qu'elle est identique à la base de départ. La matrice de Gram de la base réciproque est donc la matrice de passage de la base b à la base réciproque, c'est à dire l'inverse de G:

(5-e) $$\boxed{(b^r)^r = b} \quad \boxed{G^{-1} = [g^{ij}]} \quad \boxed{g^{ij} = \vec{b}^i . \vec{b}^j} \quad \boxed{\vec{b}^j = \vec{b}_i g^{ij}} \quad \boxed{g^{ik} g_{kj} = \delta^i_j}$$

On en déduit également que la base duale de la base réciproque est la transportée dans E* par g de la base b. On note $\overleftarrow{b}_i$ ses éléments $g\vec{b}_i$.
Remarquons enfin que si une application linéaire $A \in L(F;E)$ est représentée par une matrice M dans des bases b et β des espaces euclidiens E et F, la transposée de M représente $A^T$ *dans les bases réciproques*:

(5-f) $$\boxed{A = b\, M\, \beta^{-1}} \quad \Rightarrow \quad \boxed{A^T = \beta^r M^T b^{r-1} = \beta G_\beta^{-1} M^T G_b b^{-1}}$$

(les indices des G indiquent de quelle base ils sont la matrice de Gram).

### c - *Composantes premières et secondes des tenseurs affines*

Puisque à une base dans un espace euclidien en est associée une seconde, tout vecteur a deux matrices colonnes de composantes reliées par la matrice de changement de base :

(5-g) $\boxed{\vec{U} = bU = b^r U^r}$ avec $\boxed{U^r = GU}$ $\Leftrightarrow$ $\boxed{U_i = g_{ij} U^j}$ $\Leftrightarrow$ $\boxed{U^i = g^{ij} U_j}$

Contrairement aux $U^i$ qui sont contravariants, les $U_i$ sont covariants. On dit que les $U^i$ et les $U_i$ sont respectivement les *composantes contravariantes* et les *composantes covariantes* (**M4-c**) de $\vec{U}$ *dans la base* b, sans faire allusion à la base réciproque qui correspond aux $U_i$ . Nous dirons aussi, dans cet ouvrage, que les $U^i$ sont les *composantes premières* de $\vec{U}$, car ce sont celles que l'on a quand E n'st pas euclidien. Les *composantes* $U_i$, qui s'ajoutent aux précédentes parce que E est euclidien, seront dites *secondes*.

Plus généralement, tout tenseur d'ordre k aura $2^k$ jeux de composantes, de toutes les variances possibles, et l'on passe d'un jeu à un autre en "montant" ou "descendant" les indices à l'aide des $g^{ij}$ et des $g_{ij}$. Un seul de ces jeux, constituera ses composantes premières, les seules que l'on aurait si E n'était pas euclidien, et tous les autres, sont des jeux de composantes secondes. Par exemple, pour un élément A de L(E), sans s'astreindre à utiliser la même base, b ou $b^r$, pour projeter un vecteur et son image par A :

(5-h) $\boxed{A = b[A^i{}_j]b^{-1} = b[A^{ij}]b^{r-1} = b^r[A_{ij}]b^{-1} = b^r[A_i{}^j]b^{r-1}}$

(5-i) $\boxed{A^{ij} = g^{jk}A^i{}_k}$ $\boxed{A_{ij} = g_{ik}A^k{}_j}$ $\boxed{A_i{}^j = g_{ik}g^{jm}A^k{}_m}$

Les $A^i{}_j$ sont les composantes premières de A et les autres matrices sont ses trois jeux de composantes secondes. Noter au passage que, pour $A^T$, l'on déduit de (f)

(5-j) $\boxed{A^{Ti}{}_j = A_j{}^i}$ $\boxed{A^{Tij} = A^{ji}}$ $\boxed{A^T{}_{ij} = A_{ji}}$ $\boxed{A^T{}_i{}^j = A^j{}_i}$

et que, g étant un champ uniforme donc à dérivée nulle, ce qui se traduit par $g_{ij|k} = 0$, on déduit de (i) :

(5-k) $A^{ij}{}_{|p} = g^{jk}A^i{}_{k|p}$ , $A_{ij|p} = g_{ik}A^k{}_{j|p}$ , $A_i{}^j{}_{|p} = g_{ik}g^{jm}A^k{}_{m|p}$ , ..

relations fournissant certaines des composantes secondes du tenseur du troisième ordre dA/dM en fonction de ses composantes premières $A^i{}_{k|p}$.

Enfin, lorsque b est ON, les divers jeux de composantes sont identiques. Pour marquer cela il nous arrivera de noter Ui à l'ordre un et Aij à l'ordre deux leur valeur commune.

### d - *Les tenseurs euclidiens*

• On vérifie sans peine que le covecteur $\overleftarrow{U} = g\vec{U}$ a le même double jeu de composantes que le vecteur $\vec{U}$ dont il est l'homologue dans l'isomorphisme g. A ceci près que ce sont les $U_i$ qui sont ses composantes premières (dans la base duale de b) et les $U^i$ qui sont ses composantes secondes (dans la seconde base, duale de la base réciproque). De même, on vérifie que les quatre matrices figurant dans (h) sont en fait les jeux de composantes non seulement de A, mais des quatre applications linéaires

(5-l) $\boxed{A}$ $\boxed{\bar{A} = gA}$ $\boxed{\underline{A} = Ag^{-1}}$ $\boxed{\underline{\bar{A}} = gAg^{-1}}$

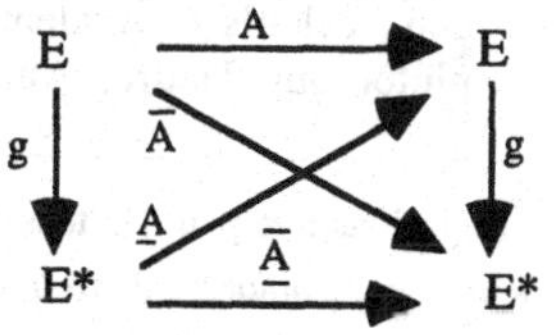


respectivement éléments de L(E), L(E;E*), L(E*;E) et L(E*), classés dans l'ordre où leurs composantes premières apparaissent dans (h) (remarquer que dans l'interprétation intrinsèque des notations indicielles, (i) équivaut à (l)). Au lieu de A, $\bar{A}$, $\underline{A}$, $\underline{\bar{A}}$ nous noterons aussi $A_1$, $A_2$, $A_3$, $A_4$ ces applications. A titre d'exemple, pour $A = 1_E$, on a les applications et les composantes:

(5-m)
$$1_E, \quad g, \quad g^{-1}, \quad 1_{E^*}$$
$$\delta^i_j, \quad g_{ij}, \quad g^{ij}, \quad \delta^i_j$$

• D'une façon générale, à l'ordre k on aura $2^k$ tenseurs $A_i$ et $2^k$ jeux de composantes, chacun de ceux ci étant le jeu des composantes premières d'un de ceux là.

Il s'agit là d'un effet induit par l'isomorphisme g de E sur E*, et si l'on procède à l'identification par g de ces deux espaces comme indiqué en **M1**, ces $2^k$ $A_i$ sont identifiés et constituent un seul objet appelé *tenseur euclidien* d'ordre k sur E.

Nous avons signalé que dans la pratique classique E* disparaît au profit de E. Ce qui signifie que l'on n'identifie pas E *et* E* mais E* *à* E. Ou encore que le *produit d'identification* par g de E et E* est choisi égal à E. Dans cette optique, un vecteur $\vec{U}$ est à la fois un vecteur (élément de E) et un tenseur euclidien d'ordre un. De même, $A \in L(E)$[1] est à la fois un endomorphisme de E et un tenseur euclidien d'ordre deux. Bien que, comme nous le verrons, les nuances entre ces deux rôles ne soient pas négligeables, cette pratique suffit pour un certain nombre d'usages et nous l'utiliserons. Mais elle a l'inconvénient d'être dissymétrique entre E et E*, ce qui se révélera un inconvénient majeur au niveau de la modélisation. Nous lui préférerons alors les produits d'identification suivants, construits dans une rigoureuse égalité entre E et E*.

### *e - Les tenseurs euclidiens d'ordre un*

A l'ordre un, cette identification symétrique a déjà été faite en **M1-b** où nous avons défini les tenseurs euclidiens d'ordre un sur l'espace euclidien E comme étant les éléments

$$\mathbf{U} = (\vec{U}, \overleftarrow{U}) \in E x E^* \qquad \text{avec} \qquad \overleftarrow{U} = g\vec{U}$$

du graphe **E** commun aux deux applications inverses g et $g^{-1}$. Ce graphe, que nous noterons aussi $\mathbf{E}^{(1)}$, est le produit d'identification de E et E* par g par excellence. Il ne privilégie ni E ni E*. On associera à tout **U** de **E** deux jeux de composantes "dans" toute base b de E : les $U^i$ composantes de $\vec{U}$ dans la base b et les $U_i$ composantes de $\overleftarrow{U}$ dans la base duale de b, liés par (g), *mais qui cette fois auront même statut, sans distinction de composantes premières et de composantes secondes*. Bien sûr, tout **U** est déterminé par la donnée de son $\vec{U}$ ou de son $\overleftarrow{U}$, dont nous dirons qu'ils sont ses *facettes*.

On a donc finalement trois espaces euclidiens différents, E, E* et **E**, respectivement pour les vecteurs, les covecteurs et les tenseurs euclidiens d'ordre un. Ces espaces sont isométriques, donc isomorphes, et de ce fait identifiables, ou interchangeables, d'un point de vue mathématique. Le troisième a l'intérêt de traiter de façon symétrique les deux aspects duaux segments-tranches, et le privilégier par rapport à E et E* constitue le processus d'identification "par le graphe" de E et E* que nous avons évoqué.

De par ces isomorphismes, tout calcul euclidien dans l'un des deux premiers a son homologue dans les deux autres. La particularité ici est que le calcul homologue dans le troisième est la juxtaposition des calculs homologuesdans les deux premiers. Sur un plan pratique, et en particulier calculatoire, il serait évidemment stupide de juxtaposer deux calculs équivalents sous prétexte qu'il n'y a aucune raison pour privilégier l'un plutôt que l'autre. Aussi pour un certain nombre de questions de cet ordre, nous

---

[1]Rappelons que pour les tenseurs d'ordre deux nous privilégions leur aspect application linéaire et non leur aspect isomorphe de forme bilinéaire.

travaillerons comme tout un chacun "dans E euclidien", sans autre forme de procès. Mais pour la modélisation, il sera parfois indispensable de distinguer E, E* et **E**.

***f* - Les tenseurs euclidiens d'ordre deux**

Il nous suffit pour l'instant de donner la définition et quelques propriétés concernant ces tenseurs. Une étude détaillée en sera faite en **M13**.

• On pourrait définir un tenseur euclidien d'ordre deux comme étant la collection de quatre applications vérifiant les relations (l) et constituant ses quatre facettes. Mais ce quadruplet est un objet inutilement lourd. Nous le définissons plus simplement comme étant le couple $\mathbf{A} = (\bar{A}, \underline{A})$ dont les éléments sont liés par $\underline{A} = g^{-1}\bar{A}g^{-1}$. D'une part cette définition traite symétriquement E et E*, ce qui est l'essentiel, et d'autre part il est toujours possible d'utiliser (l) pour considérer ensuite les deux autres facettes $A = g^{-1}\bar{A}$ et $\underline{\bar{A}} = g\underline{A}$. Rappelons si nécessaire qu'en mathématique il n'y a pas unicité de définition, et que ce qui compte , ce n'est pas la définition en elle-même mais le jeu relationnel qu'elle instaure entre les objets définis.

Noter encore que se donner un couple $(\bar{A}, \underline{A})$ équivaut à se donner une forme bilinéaire sur E et une sur E* (**M4-a**), et que les lier comme il a été dit signifie que la seconde est la transportée, ou l'homologue, de la première par g. Il nous arrivera aussi, afin de faire apparaître les quatre facettes, d'écrire **A** "=" $[A, (\bar{A}, \underline{A}), \underline{\bar{A}}]$.

Par exemple, (m) ci-dessus définit un tenseur euclidien d'ordre deux, que nous noterons $\mathbf{1_E}$ et qui est appelé *tenseur unité*, ou encore. *tenseur métrique* (attention: pour nous ce sera le *tenseur euclidien métrique* pour ne pas le confondre avec g qui était et reste ce que nous appelons le tenseur (affine) métrique):

$$\mathbf{1_E} = (g, g^{-1}) \text{ "=" } [1_E, (g\ , g^{-1}), 1_{E*}]$$

On ne peux pas dire que ses facettes se ressemblent et l'on se demande ce que cela pourrait signifier de les "identifier". Pire, elles sont tellement dissemblables, tout en ayant mêmes jeux de composantes dans toute base, que cet exemple peut faire apparaître les tenseurs euclidiens en général comme des bric-à-brac à la Prévert dont on est en droit de se demander quelle peut être l'utilité! Patience..., leur heure viendra.

• En tant qu'éléments de L(E) et L(E*), les facettes A et $\underline{\bar{A}}$ sont susceptibles d'avoir des éléments propres (en mécanique on dit principal plutôt que propre). Par contre, le concept d'éléments propres pour $\bar{A} \in L(E;E^*)$ et $\underline{A} \in L(E^*,E)$ n'a pas de sens. On vérifiera aisément que les valeurs propres de A et $\underline{\bar{A}}$ sont identiques, que ce sont les valeurs propres communes à leurs matrices de composantes premières $[A^i{}_j]$ et $[A_i{}^j]$, et que les vecteurs propres du premier et les covecteurs propres du second sont homologues par g. Les noyaux des covecteurs propres sont les plans vectoriels orthogonaux aux vecteurs propres. On peut donc par extension considérer qu'un tenseur euclidien d'ordre deux a des valeurs propres, et, pour éléments propres associés, autant des axes que les directions de plan orthogonales (attention, ces "plans propres" sont à priori différents des plans propres définis comme plans contenant deux vecteurs propres non parallèles de A).

• Pour tout endomorphisme $A \in L(E)$, son adjoint $A^T$ est aussi dans L(E) et nous avons vu en **M1** que, en dimension trois, selon que cet adjoint lui est égal ou opposé, A est dit symétrique ou antisymétrique. On a alors les relations (n) et (o) ci dessous:

$$\text{(5-n)}\quad A \in L_S(E) \;\Leftrightarrow\; \underline{\bar{A}} = gAg^{-1} \in L_S(E^*) \;\Leftrightarrow\; A = A^T \;\Leftrightarrow\; \underline{\bar{A}} = \underline{\bar{A}}^T$$

$$\Leftrightarrow\; A^i{}_j = A_j{}^i \;\Leftrightarrow\; A^{ij} = A^{ji} \;\Leftrightarrow\; A_{ij} = A_{ji}$$

Dans ce cas, A et $\underline{\bar{A}}$ ont même matrice de composantes premières, ainsi que mêmes trièdres orthogonaux d'éléments propres. Nous entendons par là le fait que pour tout triplet de directions propres de A deux à deux orthogonales (la symétrie de A, nous l'avons rappelé en **M1**, assure l'existence d'au moins un tel triplet), les trois plans deux à deux orthogonaux que ce triplet définit sont les noyaux d'éléments propres de $gAg^{-1}$. Et inversement. Les deux notions de plan propre signalées ci dessus coïncident.

(5-o) $A \in L_A(E) \Leftrightarrow \underline{\bar{A}} = gAg^{-1} \in L_A(E^*) \Leftrightarrow A = -A^T \Leftrightarrow \underline{\bar{A}} = -\underline{\bar{A}}^T$

$$\Leftrightarrow \quad A^i{}_j = -A_j{}^i \quad \Leftrightarrow \quad A^{ij} = -A^{ji} \quad \Leftrightarrow \quad A_{ij} = -A_{ji}$$

Dans ce cas, les vecteurs duaux de A et $\underline{\bar{A}}^T$ sont homologues par g

Les applications $\bar{A}$ et $\underline{A}$ ne sont pas des endomorphismes d'un espace euclidien et donc pour elles *les notions de symétrie ou d'antisymétrie telles qu'elles viennent d'être rappelées n'ont pas de sens, pas plus d'ailleurs, nous l'avons dit, que les notions d'éléments propres.* Elles peuvent toutefois être symétrique ou antisymétrique en un autre sens, intéressant car *ne faisant pas usage de la structure euclidienne* de E et E*, à savoir au sens des formes bilinéaires $<\bar{A}\vec{U},\vec{V}>$ et $<\overleftarrow{V},\underline{A}\overleftarrow{V}>$ qu'elles définissent sur E et E*. On vérifie d'ailleurs qu'elles le sont si et seulement si A, donc aussi $\underline{\bar{A}}$, le sont au sens précédent, et c'est alors le tenseur euclidien **A** qui est dit symétrique ou antisymétrique.

***g - Remarque***

Nous terminerons cette première approche des tenseurs euclidiens en faisant remarquer que nous nous garderons bien d'identifier ou de confondre systématiquement les facettes d'un tenseur euclidien entre elles et avec celui-ci comme c'est souvent le cas dans la littérature. Comment d'ailleurs pourrait-on renoncer à distinguer par exemple entre des applications aussi différentes que $1_E$, g, $g^{-1}$et $1_{E^*}$ qui se cachent derrière le tenseur euclidien unité d'ordre deux? Noter à ce sujet que prétendre pratiquer ces identifications, ou à tout le moins laisser un large flou sur le sujet, pour ensuite à propos d'un soit disant unique tenseur euclidien privilégier de fait selon les circonstances tel ou tel de ses jeux de composantes, donc telle de ses facettes, c'est, sans jeu de mot, jouer un double jeu.

---

## Math 6 : TRAVAIL EN BASE PROPRE

***a - Matrices diagonales***

Notons $[[\alpha_i]]$ la matrice réelle diagonale $\begin{bmatrix}\alpha_1 & 0 & 0\\ 0 & \alpha_2 & 0\\ 0 & 0 & \alpha_3\end{bmatrix}$ et $\mathcal{D}$ l'ensemble de ces matrices.

Nous noterons aussi α cette matrices diagonales, malgré la confusion possible avec l'élément $(\alpha_i)$ de $R^3$. La dimension trois n'est nullement essentielle

Les lois classiques de somme et de produit de matrices sont des lois internes pour $\mathcal{D}$ :

(6-a) $[[\alpha_i]] + [[\beta_i]] = [[\alpha_i+\beta_i]]$ et $[[\alpha_i]]\,[[\beta_i]] = [[\alpha_i\beta_i]]$ (sans sommation en i),

Muni de ces lois internes $\mathcal{D}$ est une sorte de corps, réplique à la puissance trois du corps des réels. La multiplication y est commutative.

L'ensemble $\mathcal{D}$ est un sous espace vectoriel de dimension trois de l'espace vectoriel des matrices (3,3). C'est donc en particulier un groupe commutatif pour la loi d'addition.

L'ensemble $\mathcal{D}^{\times} = \mathcal{D} - 0_{\mathcal{D}}$, où $0_{\mathcal{D}}$ est l'ensemble des $\alpha \in \mathcal{D}$ dont un au moins des $\alpha_i$ est nul, c'est à dire de déterminant nul, est un groupe multiplicatif commutatif, d'élément neutre la matrice unité.

L'ensemble $\mathcal{D}^{\times +}$ des $\alpha \in \mathcal{D}^{\times}$ dont tousles $\alpha_i$ sont >0 est un sous groupe de $\mathcal{D}^{\times}$. Enfin, l'ensemble $\mathring{\mathcal{D}}^{\times +}$ des $\alpha \in \mathcal{D}^{\times +}$ de déterminant égal à 1 est un sous groupe de $\mathcal{D}^{\times +}$

**b - *Bases parallèles.***

Dans un espace vectoriel V de dimension trois, à toute base b est associé l'ensemble B des trois directions (sous espaces de dimension un, non orienté) engendrées par chacun des éléments de b. Nous dirons aussi que B est la direction de b, et qu'une base b appartient au B qu'elle définit ($b \in B$). Deux bases (ordonnées) b et b' seront dites parallèles si leurs éléments de même rang sont parallèles, donc si elles appartiennent au même B. Il en est ainsi si et seulement si leur matrice de changement de base est dans $\mathcal{D}^{\times}$ :

$$b' // b \quad \Leftrightarrow \quad b' = b\alpha \ , \ \alpha \in \mathcal{D}^{\times}$$

**c - *Applications linéaires diagonales***

Soit V un espace vectoriel de dimension trois. Un élément $A \in L(V)$ sera dit diagonal (ou diagonalisable) si il existe une base b de V dans laquelle sa matrice est diagonale. Vu la commutativité du produit dans $\mathcal{D}$, sa matrice sera la même dans toute base b' parallèle à la première:

$$A = b\,[[A_i]]\,b^{-1} = b'\,[[A_i]]\,b'^{-1} \qquad \text{avec } b' // b \tag{6-b}$$

En d'autres termes, la matrice de A dans b ne dépend que de la direction B de b. Les trois directions constituant B sont des directions propres de A et les coefficients $A_i$ de la matrice diagonale de A sont les valeurs propres associées. Les éléments diagonaux de L(V) sont donc aussi ceux qui admettent au moins une base (réelle) de vecteurs propres. Nous noterons $\mathcal{D}(V)$ leur ensemble.

Si V est euclidien, $L_S(V)$ est strictement inclus dans $\mathcal{D}(V)$. Que V soit euclidien ou non, et notant (V,g) l'espace euclidien obtenu en dotant V du tenseur métrique g, $\mathcal{D}(V)$ est la réunion de tous les espaces $L_S(V,g)$ quand g décrit l'espace $L_S^+(V;V^*)$ des tenseurs métriques possibles pour V. C'est l'ensemble des endomorphismes de V qui sont symétriques pour au moins un produit scalaire dans V.

**d - *Structure de* $\mathcal{D}$(V)**

Il faut remarquer que $\mathcal{D}(V)$ n'est pas un espace vectoriel, ni un groupe multiplicatif en retirant l'élément nul. D'ailleurs, les lois d'addition et de produit de L(V) ne sont pas des lois internes pour $\mathcal{D}(V)$ (par exemple, il est classique que le produit de deux symétries par rapport à deux plans, qui sont diagonales, est une rotation autour de la droite d'intersection de ces plans et donc n'est pas diagonale).

Le sous espace $\mathcal{D}(V,B)$ des éléments de $\mathcal{D}(V)$ qui admettent un ensemble B donné de trois directions non coplanaires comme directions principales, c'est à dire l'ensemble des $A = b\,[[A_i]]\,b^{-1}$ avec $b \in B$ et $[[A_i]] \in \mathcal{D}$, a par contre une structure plus agréable, qui est exactement celle de $\mathcal{D}$ décrite au point a : l'addition et le produit sont des lois internes, le produit est commutatif, etc (l'application $A \in \mathcal{D}(V,B) \rightarrow [[A_i]] \in \mathcal{D}$, est un isomorphisme). On aura en particulier dans $\mathcal{D}(V,b)$ des groupes et sous groupes $\mathcal{D}(V,B)^{\times}$, $\mathcal{D}(V,B)^{\times +}$, etc. Pour toute base b, on notera $\mathcal{D}(V,b)$ le $\mathcal{D}(V,B)$ où B est la direction de b. Si les bases b et b' sont parallèles, $\mathcal{D}(V,b)$ et $\mathcal{D}(V,b')$ sont identiques, et réciproquement.

On peut toutefois procéder à certains calculs dans $\mathcal{D}(V)$, mais, comme on le constatera, en restant à l'intérieur des divers $\mathcal{D}(V,B)$. Par exemple, n étant un entier positif, on a:

$$\forall\ A = b\ [[A_i]]\ b^{-1} \in \mathcal{D}(V), \qquad A^n = b\ [[A_i^n]]\ b^{-1}$$

Plus généralement, soit f: R→ R une fonction réelle. On associe à tout $X = x\ [[X_i]]\ x^{-1} \in \mathcal{D}(V)$, où x est une base propre de X, l'élément de $\mathcal{D}(V)$ noté f(X) défini par

(6-c) $$f(X) = x\ [[f(X_i)]]\ x^{-1}$$

Cet élément a mêmes directions propres que X et des valeurs propres associées images par f de celles de X. Il est indépendant de la base x qui diagonalise X utilisée. On pourra définir ainsi par exemple $X^{1/2}$, LogX, $e^X$,..

***e - Attention***

On se méfiera toutefois de la notation trompeuse qui vient d'être introduite. En effet, l'application X → f(X) *agissant dans* $\mathcal{D}(V)$ qui vient d'être définie ne saurait être identique à l'application f initiale qui agit dans R. *Il s'ensuit qu'elle ne saurait avoir les mêmes propriétés* (il aurait fallu la noter autrement). Par exemple, on vérifiera aisément que si g est la dérivée de f en tant qu'applications agissant dans R, il n'en va pas de même en tant qu'applications agissant dans $\mathcal{D}(V)$. A titre d'exemple, $d\ (X^2) = X\ dX + dX\ X$, ce qui est différent de 2 X dX, sauf pour des valeurs de X et dX qui commutent. Ou encore, X et Y étant dans $\mathcal{D}(V)$ on peut définir et ajouter LogX et LogY, mais ceci ne saurait être qu'exceptionnellement égal à LogXY. D'ailleurs, XY n'étant pas dans $\mathcal{D}(V)$ en général, nous n'avons pas défini LogXY.

***f - Critère de commutativité dans*** $\mathcal{D}(V)$

Soient X et Y deux éléments de $\mathcal{D}(V)$. S'ils sont dans un même $\mathcal{D}(V,b)$, ils commutent: XY = YX. Supposons inversement qu'ils commutent. Si $(\lambda,\vec{u})$ est un couple propre (valeur et vecteur propres associés) de X, alors $(\lambda,Y\vec{u})$ en est un second. Il s'en suit que si λ est une valeur propre simple de X alors $Y\vec{u}$ est parallèle à $\vec{u}$ et donc $\vec{u}$ est aussi vecteur propre de Y. Il en résulte que si les trois valeurs propres de X sont distinctes, l'unique trièdre de directions propres de X est aussi trièdre propre de Y et donc X et Y sont dans un même D(V,b). Cette propriété est encore vérifiée si un des deux facteurs est sphérique puisque pour lui toute base, donc la base propre de l'autre facteur, est une base propre. On peut également montrer que dans le dernier cas possible, qui est celui où les deux facteurs ont une valeur propre double, la propriété demeure. Cela établit le théorème:

**Théorème 1**

*Deux éléments* X *et* Y *de* $\mathcal{D}(V)$ *commutent si et seulement si ils sont dans un même* $\mathcal{D}(V,b)$, *c'est à dire ssi ils ont en commun une base de vecteurs propres*

(6-d) $$XY = YX \quad \Leftrightarrow \quad \exists\ b = [\vec{b}_1 \vec{b}_2 \vec{b}_3]\ , \quad X = b\ [[X_i]]\ b^{-1}\ ,\ Y = b\ [[Y_i]]\ b^{-1}$$

*et leur produit est dans ce* $\mathcal{D}(V,b)$ *commun.*

***g - Quelques résultats***

Les deux théorèmes qui suivent sont des conséquences immédiates du précédent. Pour le second on remarquera que si $X^2$ est égal à A, alors X et A commutent et, utilisant le théorème ci dessus, on travaillera dans leur base propre commune

**Théorème 2**

*Si* X *et* Y *commutent, on a* : $$\text{LogX} + \text{LogY} = \text{LogXY} = \text{LogYX}$$

*et* $$e^X e^Y = e^Y e^X = e^{X+Y}$$

**Théorème 3**

*Soit* A *un élément de* $\mathcal{D}(V)^+$, *espace des éléments de* $\mathcal{D}(V)$ *à valeurs propres positives :*

$$A = b\,[[A_i]]\,b^{-1}, \qquad A_i \geq 0.$$

*Alors:* $X \in \mathcal{D}(V)^+,\ X^2 = A \quad \Leftrightarrow \quad X = A^{1/2} = b\,[[A_i^{1/2}]]\,b^{-1}$ ■

Le théorème qui suit est une conséquence immédiate du précédent

**Théorème 4**

*Soit* E *un espace vectoriel euclidien et* A *un élément de* $L_S^+(E)$, *espace des endomorphismes de E symétriques définis positifs :*

$$A = b\,[[A_i]]\,b^{-1}, \qquad A_i \geq 0, \quad b \text{ base orthonormée}$$

*Alors:* $X \in L_S^+(E),\ X^2 = A \quad \Leftrightarrow \quad X = A^{1/2} = b\,[[A_i^{1/2}]]\,b^{-1}$

Le théorème qui suit est évident, et le suivant en est la réciproque:

**Théorème 5**

*Si X évolue dans* $\mathcal{D}(V)$ *(par exemple au cours du temps) en conservant une base donnée constante b comme base propre (c'est à dire en restant dans un* $\mathcal{D}(V,b)$*), alors, pour toute application* $f: R \to R$ *dérivable, on a :*

$$\text{(6-e)} \qquad \frac{d}{dt} f(X) = f'(X)\,\dot{X} \qquad \text{et} \qquad f(X)\dot{X} = \dot{X}f(X)$$

**Théorème 6**

*On suppose que* X *évolue dans* $\mathcal{D}(V)$ *de façon continûment dérivable en* t, *et que ses valeurs propres gardent des multiplicités constantes. Alors, si il existe* $f_0: R \to R$ *strictement monotone telle que* $f_0(X)$ *et* $\dot{X}$ *commutent, les directions propres de* X *sont fixes dans* V. *Il existe donc une base propre* x *de* X *constante et les conclusions du théorème ci dessus sont vérifiées.*

**Preuve.** Dans le cas où X est sphérique, la propriété est évidente (l'hypothèse d'existence de $f_0$ n'est pas nécessaire dans ce cas). Examinons les autres cas.
Dérivant $X = x\,[[Xi]]\,x^{-1}$, où x est une base propre de X à priori variable, il vient

$$\dot{X} = x\,[[\dot{X}_i]]\,x^{-1} - X\,B + BX \quad \text{avec } B = \dot{x}\,x^{-1} \ (\Leftrightarrow \dot{x} = Bx)$$

(B serait un taux de rotation si V était euclidien et b orthonormé). La propriété de commutativité de $f_0(X)$ et $\dot{X}$ se traduit alors, en travaillant dans la base x, par

$$- f_0(X)XB + f_0(X)BX = - XBf_0(X) + BX\,f_0(X)$$

$$\Leftrightarrow \quad (\forall i)\ (\forall j) \quad B^i{}_j\,(f_0(X_i) - f_0(X_j))\,(X_i - X_j) = 0$$

Lorsque les trois valeurs propres de X sont distinctes il en résulte que B est diagonale, donc que x reste parallèle à elle même. Les directions propres de X sont donc fixes, ce qui établit la réciproque dans ce cas. Lorsque, enfin, $X_1 = X_2 \neq X_3$, on a $B^2{}_3 = B^1{}_3 = B^3{}_2 = B^3{}_1 = 0$. Il en résulte que le vecteur $x_3$, ainsi que (en utilisant (**M12**-d) qui entraîne $dx^d/dt = B^*x^d$ et la propriété qui fait que les matrices de B et B* sont transposées l'une de l'autre) le covecteur $x^3$, restent parallèles à eux mêmes. Les directions propres de X sont donc fixes, ce qui établit la réciproque dans ce dernier cas, et donc le théorème ■

## Math 7: JAUGES ET DÉTERMINANTS

### *a - Définition*

Soit V un espace vectoriel de dimension n. L'ensemble des n-formes alternées sur V (applications n-linéaires de $V^n$ dans R totalement antisymétriques) est un espace vectoriel de dimension 1. Deux n-formes alternées sont donc proportionnelles, et une base de cet espace est constituée par le choix d'une n-forme particulière non nulle. Quand il est fait choix d'une telle base nous l'appellerons *jauge de* V et la noterons $Vol_V$, et V sera dit être un *espace jaugé*. Par exemple, notre espace euclidien orienté E est canoniquement jaugé par la 3-forme produit mixte Vol.

Soient V et W deux espaces jaugés de même dimension n, et $A \in L(V;W)$. Quand on compose $Vol_W$ par A on obtient une n-forme alternée sur V dont le rapport à $Vol_V$ est par définition le déterminant de A, noté Dét A. On a donc par définition même, pour tout n-uplet d'éléments $\vec{v_i}$ de V:

(7-a) $$\boxed{Vol_W(A\vec{v_1},..., A\vec{v_n}) = \text{Dét } A \; Vol_V(\vec{v_1},...,\vec{v_n})}$$

### *b - Propriétés*

• Les isomorphismes d'espaces vectoriels jaugés sont les applications linéaires conservant la jauge, donc de déterminant égal à 1, dites unimodulaires.

• Un espace jaugé est canoniquement orienté: les bases positives sont celles dont le "volume" est positif.

• Une application A est dite positive (resp: négative) si elle est régulière et transforme une base positive de V en une base positive (resp: négative) de W. On a:

(7-b) $\text{Dét } A < 0 \Leftrightarrow A > 0\,, \quad \text{Dét } A < 0 \Leftrightarrow A < 0\,, \quad \text{Dét } A = 0 \Leftrightarrow A$ irrégulière

• Si V = W, le déterminant de $A \in L(V)$ est indépendant de la jauge utilisée. *La notion de déterminant a donc un sens pour les endomorphismes d'un espace vectoriel même si celui ci n'est pas jaugé.*

• (7-c) $\boxed{\text{Dét } 1_V = 1}$ $\boxed{\text{Dét } AB = \text{Dét } A \text{ Dét } B}$ $\boxed{\text{Dét } (A^{-1}) = (\text{Dét} A)^{-1}}$

• Soit $b \in L(R^3;V)$ une base d'un espace jaugé V. L'application b transforme les éléments de la base canonique de $R^3$, dont le "volume" vaut 1, en ceux de b. On a donc:

(7-d) $$\boxed{\text{Dét } b = Vol(\vec{b_1},\vec{b_2},\vec{b_3})}$$ ( = 1 si b est OND).

Nous dirons que Dét b est le volume de la base b.

• Si $V = W = R^n$ , le déterminant de $M \in L(R^n)$ tel qu'il vient d'être défini est identique au déterminant classique de la matrice M. Il en résulte que $M^T$ et M ont même déterminant.

• Il en résulte, en utilisant **(M5-f)** avec des bases OND: $\boxed{\text{Dét } A^T = \text{Dét } A}$

• Soit $A \in L(V)$ et M sa matrice dans une base b de V. On a

(7-e) $\boxed{A = bMb^{-1}}$ et donc $\boxed{\text{Dét } A = \text{Dét } M}$

• Si $A \in L(V;W)$ dépend d'un paramètre scalaire $\lambda$, on a:

(7-f) $$\left(\frac{d}{d\lambda}\text{DétA}\right)\text{DétA}^{-1} = \text{Tr}\left(\frac{dA}{d\lambda}A^{-1}\right)$$

ou Tr désigne l'opérateur trace (**M8**-a)

***c - Jauge du dual d'un espace jaugé***

• Soient n vecteurs $\vec{u_i}$ d'un espace V jaugé de dimension n, et $\overleftarrow{v}^j$ n éléments de son dual V*. Fixant d'abord les seconds puis les premiers on vérifie que la quantité 2n-linéaire Dét[$<\overleftarrow{v}^j,\vec{u_i}>$] se décompose sous la forme

(7-g) $$\text{Dét}\,[<\overleftarrow{v}^j,\vec{u_i}>] = \text{Vol}_{V*}(\overleftarrow{v}^1,..,\overleftarrow{v}^n)\ \text{Vol}_V(\vec{u_1},..,\vec{u_n}),$$

où $\text{Vol}_{V*}$ est une certaine trois forme alternée sur V*. Cette relation associe donc canoniquement une jauge dans le dual à la jauge de l'espace de départ.

• Avec ces jauges, une base b de V et sa base duale $b^d$ dans V* ont des "volumes" inverses, car le membre de gauche de (g) vaut 1 quand les $\overleftarrow{v}^j$ sont la base duale des $\vec{u_i}$.

• Soit E un espace euclidien, de tenseur métrique g. E est canoniquement jaugé par la forme volume associée à g, et son dual E* l'est par la jauge $\text{Vol}_{E*}$ définie comme il vient d'être dit. Mais E* est lui même euclidien, de tenseur métrique $g^{-1}$ induisant dans $E^*$ une forme volume $\text{Vol}'_{E*}$ à priori différente de la première. Soit b une base OND de E. Son volume vaut 1, celui de sa base duale $b^d$ vaut donc aussi 1 au sens de $\text{Vol}_{E*}$, et cette base duale est $b^d = gb$. On en déduit qu'en utilisant $\text{Vol}_{E*}$ dans $E^*$ le déterminant de g vaut 1. Mais g étant une isométrie, son déterminant vaut aussi 1 quand on utilise $\text{Vol}'_{E*}$ dans E*. Il en résulte que les deux formes volume dans E* sont identiques:

(7-h) $$\boxed{\text{Vol}_{E*} = \text{Vol}'_{E*}} \qquad \text{et} \qquad \boxed{\text{Dét}g = 1}$$

---

# Math 8: TRACE, DÉVIATEUR, ...

Comme simple espace d'endomorphismes d'un espace vectoriel E, sans donc utiliser une éventuelle structure euclidienne de celui ci, L(E) présente des propriétés que nous rassemblons ici.

● **Rappels**

L'espace vectoriel L(E) est de dimension 9. Il est doté en outre d'une double loi produit, puisque deux éléments A et B ont deux produits AB et BA en général distincts, ayant un élément neutre commun $1_E$. Il existe une application (non linéaire) de L(E) dans R appelée déterminant, dotée de propriétés que nous avons exposées, permettant d'associer à tout A∈L(E) le polynôme dit caractéristique P(x) = Dét (A - x$1_E$) dont les racines sont les valeurs propres de A, auxquelles sont associés des vecteurs propres et des axes vectoriels propres. Enfin, le sous espace des éléments de déterminant non nul (respt: positif, égal à ∓ 1, égal à 1) est un groupe pour les deux lois produit.

● **La trace**

La *trace* de A∈L(E) est l'unique application linéaire de L(E) dans R, donc l'unique élément de (L(E))*, notée Tr, qui pour les éléments dyadiques de L(E) prend les valeurs

(8-a) $$(\forall \vec{U} \in E)\ (\forall \overleftarrow{V} \in E^*), \qquad \text{Tr}(\vec{U}\overleftarrow{V}) = <\overleftarrow{V},\vec{U}>$$

(l'unicité résulte de ce que les éléments dyadiques engendrent L(E), car les éléments de la base de L(E) associée à une base b de E sont dyadiques)

(8-b) **Propriétés:**

▲ $A = b[A^i{}_j]b^{-1}$ avec b base de E ⇒ $\boxed{\mathrm{Tr}\,A = A^i{}_i = A^1{}_1 + \ldots + A^n{}_n}$

▲ $\boxed{\mathrm{Tr}\,1_E = n}$ $\boxed{\mathrm{Tr}A^* = \mathrm{Tr}\,A\ (= \mathrm{Tr}A^T \text{ si E est euclidien})}$

▲ Si E, F, G sont trois espaces vectoriels, et si $A \in L(G;E)$, $B \in L(F;G)$, $C \in L(E;F)$, alors $ABC \in L(E)$, $BCA \in L(G)$, $CAB \in L(F)$ (noter que CBA n'a pas de sens) et l'on a

$$\boxed{\mathrm{Tr}\,(ABC) = \mathrm{Tr}\,(BCA) = \mathrm{Tr}\,(CAB)}$$

▲ Pour toute jauge de E et tout n-uplet de vecteurs de E on a:

$$\boxed{\mathrm{Vol}\,(A\vec{U}_1, \vec{U}_2, \ldots, \vec{U}_n) + \ldots + \mathrm{Vol}\,(\vec{U}_1, \ldots, \vec{U}_{n-1}, A\vec{U}_n) = \mathrm{Tr}A\ \mathrm{Vol}\,(\vec{U}_1, \ldots, \vec{U}_n)}$$

● **Déviateurs, parties déviatorique et sphérique.**

Les éléments de L(E) de trace nulle sont appelés des *déviateurs*. Leur ensemble est le noyau de la forme linéaire Tr. Ils constituent donc un hyperplan de L(E) (de dimension 8 si n = 3), que nous noterons $L_D(E)$.

L'élément unité $1_E$ n'étant pas de trace nulle, il engendre un sous espace $L_{sph}(E)$ de dimension un, supplémentaire de $L_D(E)$ dans L(E). La projection associée s'écrit:

(8-c) $\boxed{A = A_{sph} + A_D}$ avec $\boxed{A_{sph} = A_m 1_E}$ $\boxed{A_m = \frac{1}{n}\mathrm{Tr}A}$ $\boxed{\mathrm{Tr}A_D = 0}$ $(\Leftrightarrow A_D \in L_D(E))$

Les composantes $A_{sph}$ et $A_D$ de A sont sa partie sphérique et son déviateur (ou partie déviatorique). Le scalaire $A_m$ est sa valeur moyenne. Comme on l'a fait pour D précédemment on peut montrer que c'est la moyenne de $A\vec{u}.\vec{u}$ sur la boule unité.

---

## Math 9: L'ESPACE EUCLIDIEN L(E)

On étudie ici les propriétés induites dans L(E) lorsque l'espace vectoriel E est euclidien.

**Théorème-définition.**

*Soit* E *un espace vectoriel euclidien et g son tenseur métrique.*

**1-** *Dans* L(E), *la forme bilinéaire* A:B *définie par*

(9-a) $\boxed{A{:}B = \mathrm{Tr}(AB^T) \equiv \mathrm{Tr}(A^TB)}$ $(= A^i{}_j\, g^{jk}\, B^l{}_k\, g_{li} = A_{ij}B^{ij}$ *dans toute base)*

*est bilinéaire, symétrique, définie positive. C'est un produit scalaire dans* L(E).

**2-** *Si* b *est une base orthonormée de* E, *alors la base qui lui est canoniquement associée dans* L(E) *est orthonormée pour ce produit scalaire.*

**Preuve.** La bi-linéarité et la symétrie sont évidents. La positivité et le 2 résultent immédiatement de ce que dans une base orthonormée $\mathrm{Tr}(AA^T)$ est égal à la somme des carrés des composantes de A.

**Propriétés**

Le produit scalaire qui vient d'être défini et plusieurs des propriétés qui suivent, que nous laissons le soin au lecteur de vérifier, sont d'une grande utilité dans les calculs :

▲ (9-b) $\boxed{(\vec{a}\vec{b}^T):(\vec{c}\vec{d}^T) = (\vec{a}.\vec{c})(\vec{b}.\vec{d})}$

▲ (9-c) $\boxed{TrA = A:1_E}$ ⇔ $L_D(E)$ est l'hyperplan orthogonal à $1_E$ .

▲ (9-d) $\boxed{A:B = \frac{1}{3}\ TrA\ TrB + A_D:B_D}$ (c'est $\frac{1}{\sqrt{3}}\ 1_E$ qui est normé , et non $1_E$)

▲ (9-e) $L_S(E)$ et $L_A(E)$ sont orthogonaux ⇔ $\boxed{A:B = A_S:B_S + A_A:B_A}$

▲ (9-f) $\boxed{(\vec{a}\Lambda):(\vec{b}\,\Lambda) = 2\vec{a}.\vec{b}}$

**Une remarque**

La transposition euclidienne qui à A dans L(E) associe son transposé euclidien $A^T$ lui aussi dans L(E) est "presque" un endomorphisme de L(E), mais pas totalement. Elle "conserve" presque tout (somme, produit, valeurs propres,...) mais elle commute les produits et ne conserve pas les éléments propres: l'axe propre de $A^T$ associé à une valeur propre commune à A et à $A^T$ est l'axe orthogonal au plan contenant les axes propres de A associés aux deux autres valeurs propres communes.

---

# Math 10: DIVERGENCE ET FORMULE DE STOKES

Dans un espace géométrique $\mathscr{E}$ (de dimension trois et orienté), nous considérons des champs scalaires $M \rightarrow \lambda \in R$, vectoriels $M \rightarrow \vec{U} \in E$ et d'endomorphismes $M \rightarrow X \in L(E)$ définis sur un ouvert $\Omega$ de frontière $\Gamma$ de normale unité extérieure $\vec{n}$. Nous travaillons de façon intrinsèque, mais nous donnons les écritures en coordonnées curvilignes, entre parenthèses, et cartésiennes orthonormées avec tous les indices en bas, entre crochets. Les définitions et relations que nous donnons sont valables pour des champs et des ouverts "suffisamment réguliers", sans que nous précisions plus les conditions requises.

## *a - Cas des champs de vecteur*

● **Définition.**

La divergence d'un (champ de) vecteurs $(M\rightarrow)\ \vec{U} \in E$ est le (champ) scalaire $(M\rightarrow)$ :

(10-a) $\boxed{\text{Div}\,\vec{U} = \text{Tr}\,\frac{d\,\vec{U}}{dM}}$ $(= U^i|_i)$ $[= U_{i,i} \equiv U_{1,1} + U_{2,2} + U_{3,3}]$

où $|_i$ désigne la dérivation covariante et $,_i$ la dérivation partielle **(M4-d)**

● (10-b) $\boxed{\text{Div}\,(\lambda\vec{U}) = \lambda \text{Div}\,\vec{U} + \overrightarrow{\text{Grad}}\,\lambda \,.\, \vec{U}}$ $\boxed{\text{Div}\,(\text{Rot}\,\vec{U}) = 0}$, avec

(10-c) $\boxed{(\text{Rot}\,\vec{U})\Lambda = \frac{d\,\vec{U}}{dM} - \frac{d\,\vec{U}}{dM}^T \equiv 2(\frac{d\,\vec{U}}{dM})_A}$ définissant Rot $\vec{U}$

- Réciproquement :

(10-d) $\boxed{\mathrm{Div}\,\vec{U} = O}$ $\Rightarrow$ $\exists$ un champ de vecteurs $M \to \vec{V} \in E$ tel que $\boxed{\vec{U} = \mathrm{Rot}\,\vec{V}}$

- **Formule de Stokes** :

(10-e) $$\boxed{\int_\Omega \mathrm{Div}\,\vec{U}\,dv = \int_\Gamma \vec{U}.\vec{n}\,dS}$$

- Intégrant (b-1) sur $\Omega$ et utilisant (e) il vient

(10-f) $$\boxed{-\int_\Omega \vec{U}.\vec{\mathrm{Grad}}\,\lambda\,dv = \int_\Omega \lambda \mathrm{Div}\,\vec{U}\,dv - \int_\Gamma \lambda\vec{U}.\vec{n}\,dS}$$

**b - *Divergence d'un champ d'endomorphismes***

Soit $M \to X \in L(E)$ un champ d'endomorphismes. Pour tout élément $\vec{a}$ de E (assimilable à un champ *uniforme*), le champ $M \to X^T\vec{a}$ est un champ de vecteur, et l'on a

$$\mathrm{Div}\,(X^T\vec{a}) = \mathrm{Tr}[\frac{d}{dM}(X^T\vec{a})] = \mathrm{Tr}\,(\frac{dX^T}{dM}\,\vec{a}),$$

qui pour tout M est un scalaire fonction linéaire de $\vec{a}$, donc est le produit scalaire de $\vec{a}$ par un vecteur évidemment fonction de M, appelé divergence de X :

**Définition**

*La divergence d'un (champ d') endomorphismes* $(M \to)X \in L(E)$ *est le (champ de) vecteur* $(M \to)\ \vec{\mathrm{Div}}\,X$ *défini par*:

(10-g) $(\forall M), (\forall \vec{a} \in E)$ $\boxed{\vec{\mathrm{Div}}\,X.\vec{a} = \mathrm{Div}\,(X^T\vec{a})}$

$(\Leftrightarrow\ (\vec{\mathrm{Div}}\,X)^j = X^{ji}|_i)$ $[\Leftrightarrow\ (\vec{\mathrm{Div}}\,X)_j = X_{ji,i}]$

(noter que les $X^{ji}$ ne sont pas les composantes premières de X)

**c - *Propriétés***

- **Formule de Stokes**. Intégrant (g) dans $\Omega$, utilisant (e) pour le second membre et le fait que $\vec{a}$ ne dépend pas de M, et identifiant en $\vec{a}$, il vient :

(10-h) $$\boxed{\int_\Omega \vec{\mathrm{Div}}\,X\,dv = \int_\Gamma X\,\vec{n}\,dS}$$

- Généralisation de (g) :

(10-i) $$\boxed{\mathrm{Div}\,(X^T\vec{U}) = \vec{\mathrm{Div}}\,X\,.\,\vec{U} + X : \frac{d\vec{U}}{dM}}$$ $[\Leftrightarrow (X_{ij}U_i)_{,j} = X_{ij,j}U_i + X_{ij}U_{i,j}]$

- Intégrant (i) sur $\Omega$ et utilisant (e), il vient

(10-j) $$\boxed{-\int_\Omega X : \frac{d\vec{U}}{dM}\,dv = \int_\Omega \vec{\mathrm{Div}}\,X\,.\,\vec{U}\,dv - \int_\Gamma X\,\vec{n}\,.\,\vec{U}\,dS}$$

# Math 11: *TRANSPORTS*

## *a* - *Définition*

Soient $S_1$ et $S_2$ deux ensembles structurés, et T: $S_1 \rightarrow S_2$ une application bijective de $S_1$ sur $S_2$. L'application T et son inverse permettent de "transporter" divers "objets" d'un ensemble dans l'autre. Citons le transport :

- D'un élément. On dira que $x_2 \in S_2$ est le transporté par T de $x_1 \in S_1$ si $x_2 = T(x_1)$. Par exemple, M est le transporté de $M_r$ par la transformation à t $d^t$: nous sommes donc bien au coeur de notre problème.

- D'une application interne, et plus généralement d'une relation. La transportée de $f_1{:}S_1 \rightarrow S_1$ dans $S_2$, est l'application $f_2{:}S_2 \rightarrow S_2$ définie par

$$(11\text{-a}) \qquad f_2(x_2) = T[\, f_1(T^{-1}(x_2))] \quad \Leftrightarrow \quad f_2 = T \circ f_1 \circ T^{-1}$$

Le graphe de $f_2$ est exactement le transporté par T de celui de $f_1$. En (**I**-7) nous avons explicité le transport d'une application linéaire d'un espace vectoriel euclidien dans lui même.

- D'une loi de composition, interne ou externe. Par exemple, si $S_1$ est un espace vectoriel sur R, on peut transporter dans $S_2$ ses lois d'addition et de multiplication par $\lambda \in$ R en posant dans $S_2$ :

$$(11\text{-b}) \qquad x_2 + y_2 = T[T^{-1}(x_2) + T^{-1}(y_2)] \quad \text{et} \quad \lambda x_2 = T[\lambda T^{-1}(x_2)]$$

- D'une structure algébrique. Dans l'exemple qui précède le transport des lois de composition induit dans $S_2$ une structure d'espace vectoriel, qui s'ajoutera à une éventuelle structure initiale.

## *b* - *Isomorphismes*

Dans un tel transport de structure, T et $T^{-1}$ deviennent des isomorphismes entre $S_1$ et $S_2$ *muni de la structure importée* (et aussi, stricto sensu, dépouillé de sa structure initiale) Dans le cadre du dernier exemple, sur lequel nous illustrons notre propos, ce seront des applications linéaires. Si à priori $S_2$ n'a initialement pas de structure, c'est-à-dire si c'est un ensemble amorphe, ce peut être le moyen de lui en procurer une. Si $S_2$ est déjà un espace vectoriel, et si T est linéaire, alors la structure importée est identique à la structure initiale. C'était le cas de nos isométries du chapitre précédent. Par contre, si T n'est pas linéaire, c'est à dire n'est pas un isomorphisme pour la structure d'espace vectoriel initiale de $S_1$ et $S_2$, alors on se retrouve avec deux structures vectorielles différentes pour un même ensemble $S_2$, situation qu'il conviendra de gérer. C'est celle de deux enfants qui sont cousin et cousine et qui jouent au papa et à la maman.

Les structures mathématiques un peu élaborées admettent des sous-structures, et il peut advenir que le transport T soit un isomorphisme pour un type de structure qui est sous structure commune des structures de $S_1$ et $S_2$. Le transport T et son inverses $T^{-1}$ seront alors des isomorphismes pour cette part de structure initiale commune et transporteront les compléments de structure. Ainsi, le déplacement local F et son inverse, applications linéaires, sont des isomorphismes pour les structures d'espace vectoriel que possèdent initialement $E_r$ et E, et qui ne sont qu'une sous structure de leur structure euclidienne. *Ils pourront donc être utilisés pour transporter dans* E *la structure euclidienne de* $E_r$ *et inversement. Ces deux espaces se verront ainsi dotés chacun de deux structures euclidiennes, c'est-à-dire de deux produits scalaires et deux tenseurs métriques, différentes car à priori* F *n'est pas une isométrie*. Nous sommes là au coeur de la problématique de nos milieux continus déformables

### c - *Identifications*

Au terme de la démarche on se retrouve avec deux ensembles dont les structures se sont enrichies et sont devenues identiques, et pour lesquels T est un isomorphisme. Situation typique dans laquelle le mathématicien pensera à les identifier par T. *Deux raisons impérieuses nous interdiront toutefois souvent de le faire.* La première est qu'en physique les ensembles structurés ont des fonctions de *modélisation* essentielles. Il n'est par exemple pas possible d'identifier par F les deux espaces $E_T$ et E affublés de leurs doubles produit scalaire pour la simple raison que, localement, le second modélise l'espace et le premier, de façon détournée, le corps matériel. Noter sur ce thème qu'une structure de $S_1$ transportée sur $S_2$ n'est qu'une façon de refléter dans $S_2$ ce que modélise $S_1$. La seconde est que lorsque, c'est le cas par exemple pour F, l'application T dépend du temps, l'identification ne peut donner que des ensembles éphémères changeant à chaque instant et difficiles à gérer. C'est le cas par exemple des espaces instantanés produits d'identification des référentiels par décalque.

---

## Math 12: LA TRANSPOSITION

### a - *Définition et premières propriétés*

Soient E et F deux espaces vectoriels. A toute application $A \in L(E;F)$ on associe une application $A^* \in L(F^*;E^*)$, dite *transposée de* A, définie par

(12-a) $(\forall \vec{U} \in E)\ (\forall \overleftarrow{V} \in F^*)$ $\boxed{\langle \overleftarrow{V}, A\vec{U} \rangle_F = \langle A^*\overleftarrow{V}, \vec{U} \rangle_E}$

$$\begin{array}{ccc} E & \xrightarrow{A} & F \\ E^* & \xleftarrow{A^*} & F^* \end{array}$$

Les propriétés suivantes, où B est une seconde application , λ un scalaire et $J_X$ l'injection canonique d'un espace X dans son bidual, sont évidentes:

(12-b) $\boxed{(A+B)^* = A^* + B^*}$ $\boxed{(\lambda A)^* = \lambda A^*}$ $\boxed{(AB)^* = B^* A^*}$

$\boxed{(A^*)^* = J_F A\, J_E^{-1}}$ $\boxed{1_E{}^* = 1_{E^*}}$ $\boxed{(A^{-1})^* = (A^*)^{-1}}$ (noté $A^{-*}$)

Noter que $A^{-*}$, qui n'est défini que si A est inversible, va de E* dans F*. Noter aussi que lorsqu'une dimension physique est attribuée à A, les applications A et A* ont même dimension physique. Cela résulte de (a) mais peut aussi se démontrer à partir de la relation $E(D)^* = E^*(D^{-1})$ rappelée en **II-3**.

### b - *Cas euclidien*

Si E et F sont euclidiens, (a) s'écrit : $g_F^{-1}\overleftarrow{V} \overset{F}{\cdot} A\vec{U} = g_E^{-1} A^* \overleftarrow{V} \overset{E}{\cdot} \vec{U}$.

$$\begin{array}{ccc} E & \underset{A^T}{\overset{A}{\rightleftarrows}} & F \\ {\scriptstyle g_E}\downarrow & & \downarrow{\scriptstyle g_F} \\ E^* & \xleftarrow{A^*} & F^* \end{array}$$

(12-c) On en déduit : $\boxed{A^T = g_E^{-1} A^* g_F}$

qui montre que $A^T$ est le transporté de A* dans L(F;E) par les tenseurs métriques de E et F. Cette relation montre bien comment le transposé euclidien dépend de ces métriques.

**c - Exemples**

- Transposée de $a \in R$ (identifié à $x \rightarrow ax$): $\boxed{a^* = a^T = a}$

- de $\vec{a} \in E$ (identifié à $x \rightarrow \vec{a}x$): $\boxed{\vec{a}^* = J_E\vec{a}} \in E^{**}$

d'où résulte, $\overleftarrow{b}$ étant un covecteur: $\boxed{<\vec{a}^*, \overleftarrow{b}>_{E^*} = <\overleftarrow{b}, \vec{a}>_E}$

- de $\overleftarrow{a} \in E^* = L(E; R)$: $\boxed{\overleftarrow{a}^* = \lambda \in R \rightarrow \lambda\overleftarrow{a} \in E^*}$

d'où résulte l'opérateur base associé à une base de E* composée des covecteurs $\overleftarrow{b}^i$:

$$\boxed{b = [\ \overleftarrow{b}^{1*}\ \overleftarrow{b}^{2*}\ \overleftarrow{b}^{3*}]}$$

- d'une matrice $M \in L(R^n; R^p)$ : $\boxed{M^*v = vM}$ (produit de la ligne v par M)

On déduit aussi de (c) que l'on a : $\boxed{M^* = g_n M^T g_p^{-1}}$

qui exprime, puisque $g_n$ et $g_p$ sont les opérateurs base associés aux bases canoniques des duaux de $R^n$ et $R^p$ (**M2-d**), que la matrice de l'application M* associée à ces bases est la matrice transposée $M^T$

**d - Opérateur-base pour la base duale**

Soit V un espace vectoriel, de dimension n, et $b \in L(R^n;V)$ un opérateur-base. Nous avons vu en (**M2-e**) que $b^d$, l'opérateur-base associé à la base duale, ne pouvait s'écrire sous forme de ligne des éléments de cette base duale car ceux ci sont déjà des applications, et qui ne vont pas de V* dans R.

Or on vérifie aisément que l'application b* transforme un élément de V* en la ligne de ses composantes dans la base duale. Il suffit alors de transposer cette ligne, c'est à dire de faire opérer $g_n^{-1}$, pour avoir la colonne des dites composantes. On a donc:

(12-d) $\boxed{b^d = b^{-*}g_n}$ ( $\boxed{= gb^r}$ si V est euclidien)

**e - Matrice d'une application transposée**

Soit $A \in L(F;E)$ une application linéaire d'un espace vectoriel F de dimension n dans un espace vectoriel E de dimension p. On a, β et b étant des base de E et F:

(12-e) $A = bM\beta^{-1} \quad \Rightarrow \quad \boxed{A^* = \beta^d M^T b^{d-1}}$

qui montre que, dans les bases duales de celles utilisées pour A, la matrice de la transposée A* est l'adjointe ou transposée euclidienne $M^T$ de la matrice M de l'application A, c'est à dire sa transposée au sens (classique pour les matrices) d'échange lignes-colonnes. Rapprochant de $A^T = \beta^r M^T b^{r-1}$ établi en (**M5-f**) on remarque que travailler en coordonnées, sur des matrices que l'on transpose par échange lignes colonnes, ne permet pas de faire la distinction entre le transposé A* et l'adjoint $A^T$ (nouvelle illustration de l'intérêt de travailler intrinsèquement).

Si E et F sont euclidiens, transposer la matrice des composantes premières de A donne les composantes premières de A*, mais qui sont un jeu de composantes secondes de $A^T$.

***f* - Symétrie**

Soit $A \in L(F;F^*)$. Identifiant F à son bidual, A* est comme A dans l'espace L(F;F*). Lorsque A et A* sont égales on dit que A est symétrique:

(12-f) A symétrique $\Leftrightarrow$ $A \in L_S(F;F^*)$ $\Leftrightarrow$ $\boxed{A^* = J_F^{-1}A = A}$

$$\Leftrightarrow \quad (\forall \vec{U} \in F)\ (\forall \vec{V} \in F) \quad \boxed{<A\vec{V},\vec{U}> = <A\vec{U},\vec{V}>} \quad \Leftrightarrow \quad \boxed{A_{ij} = A_{ji}}$$

C'est en ce sens que les tenseurs métriques sont symétriques. Si A et A* sont opposés, on a des relations analogues avec des signes moins et A est dit antisymétrique.

Exactement comme pour la symétrie des endomorphismes d'espace euclidiens (**M1**), les ensembles $L_S(F;F^*)$ et $L_A(F;F^*)$ des éléments de L(F;F*) symétriques et antisymétriques sont supplémentaires dans L(F;F*) et la décomposition associée s'écrit

(12-g) $\boxed{A = A_S + A_A}$, $\boxed{A_S = \frac{1}{2}(A + A^*)} \in L_S(F;F^*)$, $\boxed{A_A = \frac{1}{2}(A - A^*)} \in L_A(F;F^*)$

***g* - Cas des tenseurs euclidiens**

Si **A** et **B** sont deux tenseurs *euclidiens* du second ordre sur E (**M1-f**), alors

$$B = A^T \quad \Leftrightarrow \quad B = g^{-1}A^*g \quad \Leftrightarrow \quad \underline{\bar{B}} = A^*$$

Dit autrement, on en conclut que si pour $A \in L(E)$ les applications $A^T$ et A* sont différentes, nous avons insisté sur ce point, elles sont les première et quatrième facettes d'un tenseur euclidien qui, celui défini par A étant noté **A**, sera noté $\mathbf{A}^T$ et appelé transposé de **A**. Ceci explique peut-être pourquoi dans un formalisme exclusivement tenseurs euclidiens on n'introduit qu'une seule transposition. On a aussi:

(12-h) $$\mathbf{B} = \mathbf{A}^T \Leftrightarrow B = A^T \Leftrightarrow \bar{B} = \bar{A}^* \Leftrightarrow \underline{B} = \underline{A}^* \Leftrightarrow \underline{\bar{B}} = \underline{\bar{A}}^T$$

ou encore: $\boxed{\mathbf{A}^T = [A^T, (\bar{A}^*, \underline{A}^*), \underline{\bar{A}}^T]}$

***f* - Déterminant du transposé**

Soient E et F deux espaces vectoriels jaugés, $A \in L(E;F)$ et $A^* \in L(F^*;E^*)$ son transposé. Les duaux E* et F* sont jaugés (**M7**), et donc Dét A* a un sens. Pour toute base b de E, $\beta = Ab$ est une base de F, et l'on a, en utilisant en particulier (**M7**-d) et (d):

$$\text{DétAVolb} = \text{Vol}\beta = [\text{Vol}_{W^*}(\beta^d)]^{-1} = [\text{Dét}(A^{-*}b^d)]^{-1} = \text{DétA}^*\text{Vol}_{V^*}(b^d) = \text{DétA}^*\ \text{Volb}$$

(12-i) On en déduit la relation $\boxed{\text{Dét}\ A^* = \text{Dét}\ A}$

***h* - Une remarque**

La transposition associe à A dans L(E) un A* dans L(E*). Cette application est linéaire, inversible, elle "conserve" , la somme, le produit par un scalaire, le déterminant, le polynôme caractéristique, les valeurs propres, les parties sphérique et déviatorique. Elle est donc un isomorphisme pour ces éléments de la structure commune de L(E) et L(E*). Mais si elle conserve les produits, c'est en inversant les facteurs), et au niveau des éléments propres il y a discordance: le co-axe propre de A* associé à une valeur propre commune est la direction de plan définie par les axes propres de A associés aux deux autres valeurs propres communes. *La transposition n'est donc pas un isomorphisme complet entre* L(E) *et* L(E*).

---

## Math 13 : LES TENSEURS EUCLIDIENS (Suite)

Soit E un espace vectoriel (qui dans les applications sera soit le E attaché à un référentiel d'espace, dont nous adoptons ici les notations, soit l'espace $T_0$ des segments matériels en un point) et $g \in L_S^+(E;E^*)$ un tenseur métrique sur cet espace (qui sera donc soit le g invariant de l'espace, soit le $\gamma$ variable de $T_0$) lui conférant une structure d'espace euclidien. Nous avons vu en (**M1-a**) que $g^{-1}$ est un tenseur métrique sur le dual E* de E et que g et $g^{-1}$ sont des isomorphismes d'espaces euclidiens (isométries) inverses entre E et E* permettant l'identification de E et E*. Désirant traiter E et E* à égalité, nous avons été amené à proposer des procédures de prise en compte *symétrique* de ces deux espaces, en particulier dans l'introduction des tenseurs euclidiens. Nous explicitons ici cette démarche.

### *a - Tenseurs euclidien d'ordre un*

Ces tenseurs ont été introduits en **M1-b**. Indépendamment de toute métrique, l'espace produit cartésien d'un espace E et de son dual E*, espace des couples $U = (\vec{U},\overleftarrow{U})$ avec $\vec{U}$ dans E et $\overleftarrow{U}$ dans E*, est canoniquement doté de la forme bilinéaire,

(13-a) $$( U = (\vec{U},\overleftarrow{U}) \in ExE^*,\ V = (\vec{V},\overleftarrow{V}) \in ExE^* ) \rightarrow U.V = 1/2\ [<\overleftarrow{V},\vec{U}> + <\overleftarrow{U},\vec{V}>]$$

où <,> est la dualité entre E et E*. Cette forme bilinéaire n'est pas définie positive sur ExE*. Le carré $\mathbf{U.U} = <\overleftarrow{U},\vec{U}>$ d'un élément est le rapport de longueurs explicité en (**VII-15**). Les éléments isotropes, c'est à dire de carré nul, sont formés d'un vecteur et d'une tranche parallèles. Ces éléments isotropes constituent un cône dans l'espace ExE*. Les "axes" Ex{0} et {0}xE*, identifiés respectivement à E et E*, en font partie. Ce cône partage l'espace ExE* en deux zones selon que U.U est positif ou négatif, c'est à dire selon que le vecteur $\vec{U}$ est du coté positif ou négatif de la direction de plan orientée définie par le covecteur $\overleftarrow{U}$. Nous n'utiliserons pas ces propriétés ici. Une telle structure algébrique est utile par exemple quand on travaille avec le couple de variables duales déformation-contrainte, ce qui peut être très fructueux [Ladevèze, 1996], ou/et pour traduire et exploiter les propriétés de monotonie d'un opérateur, par exemple de comportement.

Considérons maintenant E muni de sa métrique caractérisée par le tenseur métrique g. En (**M1-b**) nous avons posé la définition et démontré le théorème suivants:

**Définition.**

*Un tenseur euclidien d'ordre un sur* E *est un élément de l'espace vectoriel:*

(13-b) $$\mathbf{E} = \mathbf{E}^{(1)} = \{\ \mathbf{U} = (\vec{U},\overleftarrow{U}) \in ExE^*\ ;\ \overleftarrow{U} = g\vec{U}\ \},$$

*graphe commun des isomrphismes inverses* g *et* $g^{-1}$ *entre* E *et* E*.

**Théorème**

*La restriction à* **E** *de la forme bilinéaire* (21-a) *est un produit scalaire et les projections canoniques* $\mathbf{U} = (\vec{U},\overleftarrow{U}) \rightarrow \vec{U}$ *et* $\mathbf{U} = (\vec{U},\overleftarrow{U}) \rightarrow \overleftarrow{U}$ *sont des isométries :*

(13-c) $\quad (\mathbf{U} = (\overrightarrow{U},\overleftarrow{U}) \in \mathbf{E}, \mathbf{V} = (\overrightarrow{V},\overleftarrow{V}) \in \mathbf{E}) \quad \rightarrow \quad \boxed{\mathbf{U.V} = \overrightarrow{U}.\overrightarrow{V} = \overleftarrow{U}.\overleftarrow{V}}$

Ainsi défini et structuré, **E** est donc une réplique à l'identique des espaces euclidiens E et E*. Evidemment, tout $\mathbf{U} \in \mathbf{E}$ est caractérisé soit par son $\overrightarrow{U}$ soit par son $\overleftarrow{U}$, et travailler avec les $\mathbf{U} = (\overrightarrow{U},\overleftarrow{U})$ de **E** c'est doubler un travail dans E par un travail identique et homologue dans E*. Nous renvoyons à **(M5-e)** pour les commentaires à ce propos.

Outre le respect de la symétrie de traitement de E et E*, cette approche des tenseurs euclidiens du premier ordre a l'intérêt de les faire apparaître comme éléments de l'espace vectoriel ExE* qui est indépendant du choix qui a été fait pour g. *On a donc dans cet espace* ExE* *tous les tenseurs euclidiens d'ordre un sur* E *associés à tous les tenseurs métriques* g *possibles sur* E. On conçoit qu'en mécanique des solides rigides dont l'état métrique est invariant, ou en cinématique des référentiels d'espace, cela soit sans intérêt. Mais c'est fondamental pour l'espace $T_0$ dont la métrique varie au cours du temps.

A toute base b de E sont associées deux bases **b** et $\mathbf{b^r}$ de **E**, définies par

(13-d) $\quad \mathbf{b}_i = (\overrightarrow{b_i}, \overleftarrow{b_i}), \quad \mathbf{b}^{ri} = (\overrightarrow{b^i}, \overleftarrow{b^i}) \qquad$ avec $\overleftarrow{b_i} = g\, \overrightarrow{b_i}$ et $\overrightarrow{b^i} = g \overleftarrow{b^i}$

Les composantes de **U** dans ces bases sont respectivement celles de $\overrightarrow{U}$ dans b et celles de $\overleftarrow{U}$ dans la base duale $b^\delta$. Ce sont des $U^j$ et des $U_i$ liés par $U_i = g_{ij}U^j$. Ces composantes sont de même rang: il n'y a pas de composantes premières et secondes pour **U**.

Une dernière remarque: **E** règle les rapports entre E et E* via la métrique. Il n'est pas question de mettre en scène son dual!

***b - Définition des tenseurs euclidiens d'ordre deux***

Rappelons la définition rapidement donnée en **(M5-f)**

**Définition**

*Un tenseur euclidien du second ordre sur* E *est un élément du sous espace vectoriel*

(13-e) $\quad \mathbf{E}^{(2)} = \{ \mathbf{A} = (\bar{A}, \underline{A}) \in L(E;E^*)xL(E^*;E)\ ,\ \bar{A} = g\, \underline{A}\, g \}$

*A un tel tenseur euclidien sont associés deux facettes supplémentaires* A *et* $\bar{\underline{A}}$, *de variances mixtes :*

(13-f) $\quad \mathbf{A}$ "=" $[A, (\bar{A}, \underline{A}), \bar{\underline{A}}], \quad \bar{A} = g\, \underline{A}\, g, \quad A = g^{-1}\, \bar{A} \in L(E) \quad$ et $\quad \bar{\underline{A}} = g\underline{A} \in L(E^*)$

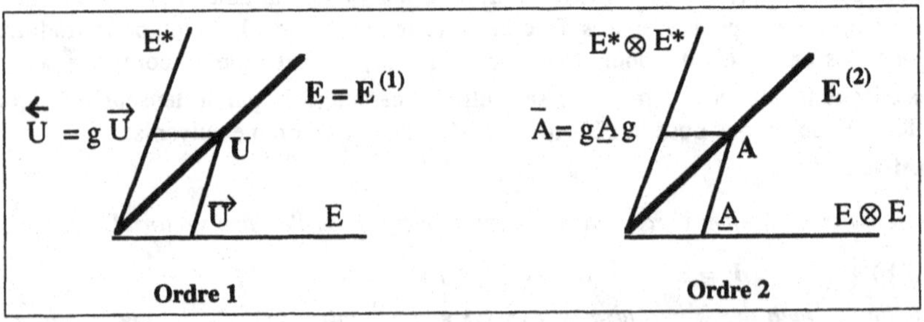


Nous avons, dans cette définition comme partout dans cet ouvrage, privilégié l'aspect application linéaire des tenseurs du second ordre, au détriment de leur aspect forme bilinéaire **(M4-a)** [Cela est pratique pour l'ordre deux, car l'essentiel des calculs mélangeant des tenseurs d'ordre zéro, un et deux se présente alors, avec les conventions mises en place en **M2**, sous forme pratique de produits d'applications linéaires. Mais à un ordre n supérieur à deux cet avantage tombe; en outre, dans la famille d'espaces d'applications linéaires et multilinéaires isomorphes cachée derrière un tenseur d'ordre supérieur à 2, il ya plusieurs espaces d'applications linéaires alors qu'il n'y a toujours qu'un espace de formes n-linéaires]. Mais étendant la relation de (**M4-a**) on a:

$$L(E^*;E) \stackrel{i}{=} B(E^*,E^*) \stackrel{i}{=} (E\otimes E) \quad \text{et} \quad L(E;E^*) \stackrel{i}{=} B(E,E) \stackrel{i}{=} (E^*\otimes E^*)$$

et donc un tenseur euclidien du second ordre peut aussi être interprété comme étant un couple de deux formes bilinéaires, l'une sur E et l'autre sur E*, homologues dans les isomorphismes réciproques g et $g^{-1}$ entre E et E*. A nouveau donc, la démarche tenseur euclidien consiste à juxtaposer à une démarche dans E son homologue par g dans E*. Cette symétrie se manifeste d'ailleurs sous diverses formes. Par exemple, de $E \stackrel{i}{=} E^{**}$ on déduit que $L(E^*;E) \stackrel{i}{=} L(E^*;E^{**})$, qui est à E* ce que L(E;E*) est à E.

***c - Propriétés des tenseurs euclidiens d'ordre deux***

• Il est tout d'abord évident que la relation entre $\bar{A}$ et $\underline{A}$ est linéaire, donc que $\mathbf{E}^{(2)}$ est bien un sous espace vectoriel et que les projections $\pi, \bar{\pi}, \underline{\pi}, \underline{\bar{\pi}}$ associant à **A** l'une de ses quatre facettes A, $\bar{A}$, $\underline{A}$ et $\underline{\bar{A}}$ sont linéaires bijectives. Ce sont des isomorphismes d'espaces vectoriels. En conséquence, un tenseur euclidien est défini par la donnée de l'une quelconque de ses facettes et tous les calculs *linéaires* le concernant sont le reflet des calculs analogues pour l'une quelconque de ses facettes. A toute base de E sont associées deux bases dans $\mathbf{E} = \mathbf{E}^{(1)}$ et quatre dans $\mathbf{E}^{(2)}$, et les quatre jeux de composantes de **A** sont les quatre jeux de composantes premières et secondes communs à ses quatre facettes, sans qu'aucun des quatre puisse cette fois être privilégié et déclaré premier. Pour les amateurs de composantes, on peut paraphraser la définition d'un tenseur euclidien d'ordre deux en disant que c'est un couple de matrices $(A_{ij}, A^{ij})$ liées par $A_{ij} = g_{ik}A^{kl}g_{lj}$, auquel on adjoint deux autres matrices $A^i{}_j = g^{ik}A_{kj}$ et $A_i{}^j = g_{ik}A^{kj}$.

• Il est classique que la forme bilinéaire

$$(A,B) \in L(E;E^*) \times L(E^*;E) \rightarrow \mathrm{Tr}(AB^*) = \mathrm{Tr}(BA^*) \quad (= A_{ij}B^{ij})$$

met les deux espaces L(E;E*) et L(E*;E) en dualité et permet d'identifier L(E;E*) au dual de L(E*;E) (de façon équivalente: $(E^*\otimes E^*) \stackrel{i}{=} (E\otimes E)^*$ ). Les tenseurs euclidiens d'ordre deux sont donc, comme ceux d'ordre un, dans le produit cartésien d'un espace vectoriel, à savoir $L(E^*;E) \stackrel{i}{=} (E\otimes E)$, par son dual. Procédant comme à l'ordre un on définit dans ce produit cartésien la forme bilinéaire symétrique canonique

$$\mathbf{A}:\mathbf{B} = (\bar{A}, \underline{A}) : (\bar{B}, \underline{B}) = 1/2[\mathrm{Tr}(\bar{A}\,\underline{B}^*) + \mathrm{Tr}(\bar{B}\,\underline{A}^*)] \qquad (13\text{-g})$$

qui, restreinte à $\mathbf{E}^{(2)}$, s'écrira:

$$\boxed{\mathbf{A}:\mathbf{B} = \mathrm{Tr}(\bar{A}\,\underline{B}^*) = \mathrm{Tr}(\bar{B}\,\underline{A}^*) = \mathrm{Tr}(AB^T) = \mathrm{Tr}(\underline{\bar{A}}\,\underline{\bar{B}}^T)} \qquad (13\text{-h})$$

$$= A_{ij}B^{ij} \qquad = B_{ij}A^{ij} \qquad = A^i{}_jB_i{}^j \qquad = A_i{}^jB^i{}_j$$

On reconnaît dans les deux dernières expressions les produits scalaires A:B dans L(E) et $\underline{\bar{A}}:\underline{\bar{B}}$ dans L(E*) (**M9**-a). On en déduit que:

$\mathbf{E}^{(2)}$ *est un espace euclidien et les projections* $\pi: \mathbf{A} \rightarrow A$ *et* $\underline{\bar{\pi}}: \mathbf{A} \rightarrow \underline{\bar{A}}$ *sont des isométries.*

• A tout $\mathbf{A} \in \mathbf{E}^{(2)}$ sont canoniquement associés la forme bilinéaire sur $\mathbf{E} = \mathbf{E}^{(1)}$ $\mathbb{a} \in B(\mathbf{E},\mathbf{E})$ et l'endomorphisme $\mathbb{A} \in L(\mathbf{E})$ définis par:

(13-i) $$\boxed{\mathbb{a}(\mathbf{U},\mathbf{V}) = <\overleftarrow{U},A\overrightarrow{V}> \quad = <\bar{A}\overrightarrow{V},\overrightarrow{U}> \quad = <\overleftarrow{U},\underline{A}\,\overleftarrow{V}> \quad = <\underline{A}\overleftarrow{V},\overrightarrow{U}>}$$

$$= A^i{}_jU_iV^j \quad = A_{ij}U^iV^j \quad = A^{ij}U_iV_j \quad = A_i{}^jU^iV_j$$

(13-j) $$\boxed{\mathbf{V} = \mathbb{A}\mathbf{U} \Leftrightarrow \overrightarrow{V} = A\overrightarrow{U} \Leftrightarrow \overleftarrow{V} = \bar{A}\overrightarrow{U} \Leftrightarrow \overrightarrow{V} = \underline{A}\overleftarrow{U} \Leftrightarrow \overleftarrow{V} = \bar{\underline{A}}\overleftarrow{U}}$$

$$\Leftrightarrow V^i = A^i{}_jU^j \Leftrightarrow V_i = A_{ij}U^j \Leftrightarrow V^i = A^{ij}U_j \Leftrightarrow V_i = A_i{}^jU_j$$

définissant ainsi une loi de composition $\mathbf{E}^{(2)}\mathrm{x}\mathbf{E}^{(1)}\rightarrow\mathbf{E}^{(1)}$ bilinéaire. Ces applications explicitent des isomorphismes canoniques:

$$\mathbf{E}^{(2)} \overset{i}{=} B(\mathbf{E},\mathbf{E}) \overset{i}{=} L(\mathbf{E})$$

• Par l'isomorphisme $\mathbf{E}^{(2)} \overset{i}{=} L(\mathbf{E})$, la structure d'espace L(E) avec E euclidien étudiée en **(M9)** se transporte sur les tenseurs euclidiens du second ordre, et les projections $\pi$ *et* $\bar{\underline{\pi}}$ sont des isomorphismes pour cette structure (c'est ce qui fait le succès de l'identification de $\mathbf{E}^{(2)}$ à L(E) résultant de l'identification de E* à E). On aura donc dans $\mathbf{E}^{(2)}$ :

✦ La loi de groupe de composition "produit d'applications linéaires" :

(13-k) $$\boxed{\mathbf{C} = \mathbf{AB} \Leftrightarrow \mathbb{C} = \mathbb{A}\mathbb{B} \Leftrightarrow C = AB \Leftrightarrow \underline{C} = \bar{A}\underline{B}} \Leftrightarrow \bar{C} = \bar{A}g^{-1}\bar{B} \Leftrightarrow \underline{C} = \underline{A}g\underline{B} \ldots$$

$$\Leftrightarrow \quad C^i{}_k = A^i{}_jB^j{}_k = A^{ij}B_{jk} \quad \Leftrightarrow \quad C_{ik} = A_{ij}B^{jl}B_{lk} = A_{ij}B^j{}_k = A_i{}^jB_{jk} \quad \Leftrightarrow \quad C^{ik} = A^i{}_jB^{jk}\ldots$$

(dans une approche plus "calcul tensoriel", cette loi de composition interne et la loi externe **V** = **AU** ci dessus auraient été appelées "produits une fois contracté" et auraient été notées **C** = **A.B** et **V** = **A.U**)

✦ Les opérateurs trace et déterminant :

(13-l) $$\boxed{\mathrm{Tr}\mathbf{A} = \mathrm{Tr}\mathbb{A} = \mathrm{Tr}A = \mathrm{Tr}\,\bar{\underline{A}} = \mathbf{A}:\mathbf{1}_E} \quad \text{et} \quad \boxed{\text{Dét}\,\mathbf{A} = \text{Dét}\,\mathbb{A} = \text{Dét}\,A = \text{Dét}\,\bar{\underline{A}}}$$

✦ Pour tout $\mathbf{A}\in\mathbf{E}^{(2)}$, un adjoint, ou transposé euclidien, dont on pourra vérifier qu'il n'est autre que le "transposé" $\mathbf{A}^T$ de **A** introduit en **(M12-g)** :

(13-m) $$\boxed{\mathbf{B} = \mathbf{A}^T \Leftrightarrow \mathbb{B} = \mathbb{A}^T \Leftrightarrow B = A^T \Leftrightarrow \bar{B} = \bar{A}^* \Leftrightarrow \underline{B} = \underline{A}^* \Leftrightarrow \bar{\underline{B}} = \bar{\underline{A}}^T}$$

✦ Un produit scalaire, identique à celui introduit en (h) :

$$\boxed{\mathbf{A}:\mathbf{B} = \mathrm{Tr}(\mathbf{AB}^T) = \mathbb{A}:\mathbb{B} = A:B = \bar{\underline{A}}:\bar{\underline{B}}}$$

✦ Pour tout $\mathbf{A}\in\mathbf{E}^{(2)}$, un déviateur, une partie sphérique des parties symétrique et antisymétrique .

En fait, continuant à privilégier l'aspect application linéaire, nous utiliserons le second isomorphisme canonique pour identifier $\mathbf{E}^{(2)}$ à L(**E**) et donc **A** à $\mathbb{A}$,, tout en gardant la notation **A**. Mieux; pour tout ce qui est calculatoire on peut, répétons le, continuer à identifier **A** à A, c'est à dire poursuivre l'identification de E* à E. Les raffinements que nous apportons à la notion de tenseur euclidien symétrique en E et E* sont surtout utiles dans les développements théoriques de **P3**.

• Il résulte de **(M12-g)** que l'on a

(13-n)) $\mathbf{A} = \mathbf{A}^T \Leftrightarrow A \in L_S(E) \Leftrightarrow \bar{A} \in L_S(E;E^*) \Leftrightarrow \underline{A} \in L_S(E^*;E) \Leftrightarrow \bar{\underline{A}} \in L_S(E^*)$

Il en résulte en particulier que $\mathbf{E}_S^{(2)} \overset{i}{=} L_S(\mathbf{E})$, ensemble des tenseurs euclidiens symétriques du second ordre sur E, est un sous espace (de dimension six) de l'espace (de dimension douze) $L_S(E;E^*) x L_S(E^*;E)$.

*Ce dernier espace, indépendant du tenseur métrique* g, *contient donc tous les tenseurs euclidiens symétriques sur* E *obtenus pour tous les tenseurs métriques* g *possibles. Il contient aussi la variété* $\mathbf{M}_E$ *des états métriques* $(1/2g, -1/2g^{-1})$ *à priori possibles pour l'espace vectoriel considéré.*

C'est, appliqué à $T_0$, dans cette structure que nous travaillons en Ch **XIII** et suivants.

### c - Le produit tensoriel U⊗V

A toute paire de tenseurs euclidiens d'ordre un $\mathbf{U} = (\vec{U},\overleftarrow{U}) \in \mathbf{E}$ et $\mathbf{V} = (\vec{V},\overleftarrow{V}) \in \mathbf{E}$ est canoniquement associé un tenseur euclidien d'ordre deux, appelé produit tensoriel de **U** par **V** et noté **U⊗V** , défini par:

(13-o) $\quad \mathbf{A} = \mathbf{U} \otimes \mathbf{V} \quad \Leftrightarrow \quad [\, A \in \mathbf{E}^{(2)}$ et $A = \vec{U}\overleftarrow{V} \in L(E)]$

Ce produit est bilinéaire et vérifie entre autres les relations :

(13-p) $\quad (\mathbf{U} \otimes \mathbf{V})^T = \mathbf{V} \otimes \mathbf{U} \;, \quad (\mathbf{U} \otimes \mathbf{V})_{ij} = U_i V_j \;, \quad (\mathbf{U} \otimes \mathbf{V})_i^{\ j} = U_i V^j \;, ...$

## BIBLIOGRAPHIE


Almansi E., 1911, Sullu deformazioni finite dei solidi elastici isotopi, I. Rend. Lincei, (5A) **20**$^{1}$, 705-714 et **20**$^{2}$, 287-296

Bacroix B., Gilormini P., 1995, Finite element simulations of earing in polycristalline materials using a texture-adjusted strain-rate potential, *Modelling Simul. Mater. Eng.*, **3**, 1-21

Bertram A., 1989, Axiomatische Einfuhrung in die Kontinuumsmechanik, BI-Wissenschaftsverlag

Boehler J.P., 1987, Applications of Tensor Funcyion in Solid Mechanics, Cours n° 292 du C.I.S.M. de Udine, Springer Verlag Wien - New York

Boucard P. A., 1995, Approche à grand incrément de temps en grandes transformations, Thèse de l'Ecole Normale Supérieure de Cachan, Cachan

Boucard P. A., Ladevèze P., Poss M., Rougée P., 1996, A non incremental approach for large displacement problems, *Computers and structures* (sous presse)

Bussy P., Rougée P., Vauchez P., 1990, The large time increment method for numerical simulation of forming processes, Int. Conf. on Numerical Methods in Ingineering : Th. and Ap., NUMETA, Swansea

Cartan E. , 1923, *Ann Sc. de l'Ecole Normale Supérieure,* **40**, 325-412

Cartan E. , 1924, *Ann Sc. de l'Ecole Normale Supérieure*, **41**, 1-25

Cauchy A. L., 1841, Mémoire sur les dilatations, les condensations et les rotations produites par un changement de forme dans un système de points matériels, in Oeuvres complètes d'Augustin Cauchy, **XII**, série **2**, Gauthier-Villars, 1916, 343-377

Chen Z.D., 1979, Geometric field theory of finite deformation in continuum mechanics, *Acta Mechanica Sinica*, **2**, 107-117 (en chinois)

Dafalias Y.F., 1983, Corotational Rates for Kinematic Hardening at Large Plastic Deformations, *Trans. of the ASME, J. Of Ap. Mech.* **50** (1983) 561-565

Damamme G., 1978, Minimum de la déformation généralisée d'un élément de matière pour des chemins de déformation passant d'un état initial à un état final donnés, *C.R. Acad. Sc. Paris, Série* A, **287**, 895-899

Delannoy-Coutris M., Toupance N., 1995, De l'usage de différentes mesures de déformation : application à la détermination théorique des coefficients de dilatation thermique pour les solides non cubiques, *C.R. Acad. Sc. Paris,* t **321**, Série II *b*, 413-419

Dogui A., 1983, Contribution à l'étude de l'écrouisage isotrope et anisotrope en grandes déformations élastoplastiques, Thèse 3ème cycle, Université Paris VI, 139-140

Dogui A. , Sidoroff F., 1987, Large strain formulation of anisotropic elasto-plasticity for metal forming. In "Computational methods for predicting material processing defects" *Predeleanu M. Ed., Elsevier Science, Amsterdam.*

Forest S., 1995, Modèles Mécaniques de la Déformation Hétérogène des Monocristaux, Thèse de l'Ecole Nationale Supérieure des mines de Paris, Paris

Germain P., 1973, Mécanique de milieux continus, Masson

Germain P., 1986, Mécanique (deux tomes), Ellipse-Paris

Gilormini P., 1994, Sur les référentiels locaux objectifs en mécanique des milieux continus, *C.R. Acad. Sc. Paris*, Série II, **318**

Gilormini P., Roudier P., Rougée P., 1993, Les déformations cumulées tensorielles, *C.R. Acad. Sci Paris,* **316**, Série II, 1499-1504 et 1659-1666.

Gilormini P., Rougée, P., 1994, Taux de rotation des directions matérielles dans un milieu déformable, *C.R. Acad. Sci Paris,* **318**, Série II, 421-427

Green G., 1841, On the propagation of light in crystallised media (1839). *Trans. Cambridge Phil. Soc.* **7** (1839-1842),121-140

Green A.E., Naghdi P.M., 1965, A general theory of Elastic-Plastic Continuum, *Arch. Rat. Mech. Anal.*, 18, 251-282

Gurtin M.E., Spear K., 1983, On the relationbship between the logarithmic strain rate and the stretching tensor, *Int. J. Solids Structures*, **19**, n° 5, 437-444

Halphen B., Nguyen Q. S., 1975, Sur les matériaux standard généralisés, J. *de Mécanique*, **14**, 39-62

Halphen B., Salençon J., 1987, Elasto-plasticité, Presses de l'Ecole Nationale des Ponts et Chaussées, Paris

Hamel G., 1912, Elementare Mechanik, Leipzig u. Berlin

Haupf P., Tsakmakis Ch., 1989, On the application of dual variable in continuum mechanics, *Continuum Mech. and Thermodyn.*, **I**, 165-196

Hencky H., 1928 Uber die Form des Elastizitatsgesetzes bei ideal elastischen Stoffen, *Z. Techn. Phys.*, **9**, 241-247

Hill R., 1968, On constitutive inequalities for simple materials, *J. Mech. Phys. Solids*, **16**, I, 229-242, II, 315-322

Hill R., 1970, On constitutive inequalities for isotropic solids under finite strain, *Proc.Roy. Soc. Lon.*, **A 314**,457

Hill R., 1978, Aspects of invariance in solid mechanics, Advances in Applied Mechanics, Yih Ed, Academic Press N.Y., **18**, 1-75

Hoger A., 1986, The material derivative of logarithmic strain, *Int. J. Solids Structures*, **22**, n° 9, 1019-1032

Kojic M., Barthe K.J., 1987, Studies of finite element procedures - Stress solution of a closed elastic strain path with stretching and shearing using the updated Lagrangian Jaumann, formulation, *Computer & structures*, **26**, No 1/2, 175-179

Krawietz A., 1986, Material theory, Springer Verlag

Ladevèze P., 1980, Sur la théorie de la plasticité en grandes déformations, Rapport LMT Cachan n° 9

Ladevèze P., 1991, Sur une théorie des grandes déformations : modélisation et calcul, Rapport LMT Cachan n° 116

Ladevèze P., 1996, Mécanique non linéaire des structures, Hermès, Paris

Lee E.H., Mallet R.L. , Wertheimer T.B., 1981, Stress Analysis for Kinematic Hardening of Finite-Deformation Plasticity, Stanford University, SUDAM report n° 81-11,Scientific Report to the Office of Naval Research, Department of the Navy

Lee E.H., Mallet R.L. , Wertheimer T.B., 1983, Stress analysis for anisotropic har dening in finite deformation plasticity., *J. Appl. Mech.*, **50**, 554-560

Lemaitre J., Chaboche J-L., 1985, Mécanique des matériaux solides, Dunod

Lipinski P., Krier J., Berveiller M, 1990, Elastoplasticité des métaux en grandes déformations : comportement global et évolution de la structure interne, *Revue Phys. Appl.* 25, 361-388

Liu B. S., 1992, Simulation numérique de l'emboutissage - Méthode à grand incrément de temps, Thèse de doctorayt de l'Université Paris 6

Mandel J., 1971, Plasticité et viscoplasticité, Cours n° 97 au C.I.S.M., Springer Wien

Mandel J., 1982, Définition d'un repère privilégié pour l'étude des transformations anélastiques du polycristal, *Journal de Mécanique théorique et appliquée,* **1**, N° 1, 7-23

Marsden J.E., 1981, Lectures on geometrics Methods in Mathematical Physics, SIAM, Philadelphia

Marsden J.E., Hughes T.J.R., 1983, Mathematical Foundation of Elasticity, *Prentice-Hall, Englewood Cliffs, NJ* .

Moreau J.J., 1945, Sur la notion de système de référence fluide et ses applications en aérodynamique, *Congrès nat. de l'Aviation Française*, Rapport n° 368

Moreau J.J., 1966, Fonctionnelles convexes, *Séminaire sur les équations aux dérivées partielles*, Collège de France, Paris, 108 p.

Moreau J.J., 1974, On unilateral constraints, friction and plasticity, *New Variationnal Technics in Math. Phys.*, Capriz G. et Stampacchia G. Eds, Edizioni Cremonese, Roma, 175-322

Moreau J.J., 1975, Application of convex analysis to the treatment of elastoplastic systems, *Application. of methods of functionnal analysis to problems in Mechanics*, Germain P. et Nayrole B. eds, Lecture Notes in Marhematics, Springer, 56-89

Naghdi P.M., 1990, A critical review of state of finite plasticity, *J. of Applied Math. and Physics* (ZAMP), **42**, 315-393

Nagtegal J.C., de Jonc J.E., 1981, Some Aspects of Non-Isotropic Workhardening in Finite Strain Plasticity, *Proceedings of the workshop on Plasticity of Metals at Finite Strain,* 65-102, Stanford University

Nayroles B., 1973, Point de vue algébrique. Convexité et intégrandes convexes en Mécanique des Solides, *New Variationnal Technics in Math. Phys.*, CIME, 324-404

Néfussi G., Dahan N., 1996, An algorithm for integrating the spin on convected bases, *Int. J. for Num. Meth. in Eng*, **39**, 2973-2985.

Nguyen Q. S., 1984, Bifurcation et stabilité des systèmes irréversibles obéissant au principe de dissipation maximale, *J. de Mécanique*, **3**, 41-61

Noll W., 1955, On the continuity of the Solid and Fluid states, *J. Rat. Mech. Anal.*, **4**, 3-81

Noll W., 1967, Space-Time structures in Classical Mechanics. *Delaware Seminar in the Foundations of physics,* Berlin-Heidelberg-New York, Springer Verlag, 28-34.

Noll W., 1972, A New Mathematical Theory of Simple Material. *Arch. Rat. Mech. Anal.*, **48** 1-50.

Ogden R. W., 1980, Elastic deformations of Rubberlike Solids

Peric D., Owen D.R.J., 1992, A model for finite strain elasto-plasticity based on logarithmic strains : Computational issues, *Computer Meth. in Ap. Mech. and Eng.*, **94**, 35-61

Pham Mau Quan, 1969, Introduction à la géométrie des variétés différentiables, Paris, Dunod

Rougée P., 1982, Mécanique générale, Paris, Vuibert.

Rougée P., 1974, Axiomatique pour les dimensions physiques, les scalaires et les vecteurs du physicien, Bul. de l'Ass. des Professeurs de Mathématiques, **283**, 295-325.

Rougée P., 1980, Formulation Lagrangienne Intrinsèque en Mécanique des Milieux Continus, *Journal de Mécanique,* **18 -1**, 7-32.

Rougée P., 1988, Analyse lagrangienne de la déformation - Modèles élastoplastique Rapport LMT Cachan n° 84

Rougée P., 1991, A new Lagrangian intrinsic approach to large deformations in continuous media. *Eur. J. Mech., A/Solids, Vol.* **10**, 15 - 39.

Rougée P., 1992-1, The Intrinsic Lagrangian Metric and Stress Variables, in "Finite Inelastic deformations, Theory and Applications", IUTAM Symposium Hannover, D. Besdo and E. Stein Eds., Springer Verlag, 217-226.

Rougée P., 1992-2, Kinematics of finite deformations, *Arch. Mech.*, **44-1**, 117-132

St Venant A.-J.-C.B. de, 1844, Sur les pressions qui se développent à l'intérieur des corps solides lorsque les déplacements de leurs points, sans altérer l'élasticité, ne peuvent cependant pas être considérés comme très petits, *Bull. Soc. Philomath.* **5**, 26-28

Sansour C., 1992, On the Geometric Structure of the Stress and Strain Tensors, Dual Variables and Objective Rates in Continuum Mechanics, *Arch. Mech.*, **44, 5-6**, 527-556

Seth B.R., 1964, Generalised strain measure with application to physical problems, in Second Order Effects in Elasticity, Plasticity and Fluid Dynamics, Reiner M. and Abir D. Eds, Macmillam N.Y., 162-171

Sidorof F., 1978, Sur l'équation AX + XA = H, *C. R. Acad. Sc. Paris*, **286**

Simo J.C., Ortiz M., 1985, A unified approach to finite deformation elastoplastic analysis based onthe use of hyperelastic constitutive equations, Comp. Meth. in Ap. Mech. and Eng., **49**, 221-245

Simo J.C., Pister K.S., 1984, Remarks on rate constitutive equations for finite deformation problems : computational implications, *Comp. Meth. in Ap. Mech. and Eng.*, **46**, 201-215

Smith G.F., 1970, On a Fundamental Error in Two Papers of C.C. Wang, *Arch. Rat. Mech. Anal.*, **36**, 161-1655.

Smith G.F., 1971, On Isotropic Functions of Symmetric Tensors, SkewSymmetric Tensors andVectors, *Int. J. Engng. Sci.*, **19**, 899-916

Spencer A. J. M. et Ferrier J. E., 1972, Some solutions for a class of plastic-elastic solids, Int. Symp. on Foundations of Plasticity, Sawczuk ed., Polish Academy of Sciences, Varsovie

Truesdell C., 1955, Hypo-elasticity, *J. Rational Mech. Analysis*, **4**, 83-133

Truesdell C., Toupin R, 1960, Principle of classical mechanis and field theory, Handbuch der physik, **III/1**, Flugge Ed., Springer-Verlag Berlin-Gottingen-Heidelberg

Wang C.C., 1968, On the Geometric Structures of Simple Bodies, a Mathematical Foundation for the theory of Continuous Distributions of Dislocations, *Arch. Rat. Mech. Anal.*, **27**, 33-94.

Wang C.C., 1969, On Representations for Isotropic Functions, Part I and II, *Arch. Rat. Mech. Anal.*, **33**, 249-287.

Wang C.C., 1970, A New Representation theorem for Isotropic Functions, Part I and II, *Arch. Rat. Mech. Anal.*, **36**, 166-223.

Wang C.C., 1971, Corrigendum, *Arch. Rat. Mech. Anal.*, **43**, 392-395.

**INDEX** (voir aussi la table des matières)


Accélération de déformation, 254
Adjoint, 341
Applications diagonales, 359

**B**ase duale, 345
Base (opérateur), 344, 368
Base réciproque, 353

**C**omposantes premières, secondes, 353
Contraintes (tenseur des) :
- de Cauchy, 80
- de Kirchhoff, 151
- de Piola-Lagrange (PK 1), 85
- de Piola-Kirchoff (PK 2), 324
- matérielle intrinsèque, 263

Coordonnée géodésique, 258
Coordonnées
- matérielles (lagrangiennes), 42
- spatiales (eulériennes), 42

**D**écomposition polaire, 64
Déformation cumulée (scalaire), 209
Déformations (tenseur des)
- cumulées, 203, 259
- des petites, 58
- pures, 65
- de Green, 280, 298
- d'Almansi, 280, 298
- logarithmique (Hencky), 284, 293, 302

Déplacement
-transformation déplacement, 40
- vecteur déplacement, 41

Dérivée convective, 115, 118
Dérivée covariante, 351
Dérivée de Jauman, 141, 235
Dimension ligne matérielle, 104
Directions princip. de déformation, 67
Distorsion, 76, 237

**É**lasticité, XII, XVII-6, XX-7
Élément de surface, 75
Espace géométrique, 9
Espace instantané, 10
Évènement, 11

**F**euille-référentiel, 9
Fluides, 157, 270, 272
Forme, 54, 145, 237, 239, 241

**G**randeurs tournées, 17, 165

**H**ypoélasticité, 159, 163, 201

**I**ndifférence matérielle : voir objectivité

**M**asse-éléments matériels, 105, 243
Matérialité ($\Omega_r$- ou $\mathscr{E}_r$-), 29, 41
Matrice de Gram, 127, 346
Méthode des grilles, 131
Métrique :
- état métrique (ou : métrique), 126, 145, 181, XIII-5
- tenseur métrique, 126
- tenseur euclidien métrique, 220

Modèle matière, 34, 40, VII
Modélisation hyper-euclidienne, 100
Modélisation hypo-euclidienne, 100

**O**bjectivité (ou indifférence matérielle), 29, 56

**P**lacement, 10, 96,
Plasticité, XI-11, XII, XVII-7,XX-3
Pré-vision (de référence), 15

**R**éférence :
- placement (ou position, ou configuration) de, 15, 40, 97
- instant de, 14, 40

Référentiel corotationnel, 50, 62, 134
Référentiel en rotation propre, 69, 135
Référentiel d'Espace, 9
Référentiel fixe, ou de travail, 17
Représentations matérielles (ou lagrangiennes),43, 47, 49, 59, 96
Représentations spatiales (ou eulériennes), 43, 47, 49, 59
Rotation propre,65

**S**olide suiveur, 52, 62, 71, 155

**T**aille, 239
Taux
- d'allongement relatif, 54
- d'épaisissement relatif, 54
- de déformation, 53, 57, XIII-4, XIII-5, 251
- de distorsion, 77, 244
- d'expansion isotrope, 77, 244
- de rotation, 25, 50

Tenseur de Cauchy-Green, 269, 272, 300
Tenseur en mouvement , 13
Tenseur euclidien, 341, 354, 370
Tenseur métrique, 126, 340
Tranches, 54, 74, 99
Transformation, 40, 60
Transposition euclidienne, 341
Transposition, 367

**V**ariables spatiales équivalentes, 28

Déjà parus dans la même collection

---

1.
T. Cazenave, A. Haraux
Introduction aux problèmes d'évolution semi-linéaires

2.
P. Joly
Mise en oeuvre de la méthode des éléments finis

3/4.
E. Godlewski, P.-A. Raviart
Hyperbolic systems of conservation laws

5/6.
Ph. Destuynder
Modélisation mécanique des milieux continus

7.
J. C. Nedelec
Notions sur les techniques d'éléments finis

8.
G. Robin
Algorithmique et cryptographie

9.
D. Lamberton, B. Lapeyre
Introduction an calcul stochastique appliqué

10.
C. Bernardi, Y. Maday
Approximations spectrales de problèmes
aux limites elliptiques

11.
V. Genon-Catalot, D. Picard
Eléments de statistique asymptotique

12.
P. Dehornoy
Complexité et décidabilité

13.
O. Kavian
Introduction à la théorie des points critiques

14.
A. Bossavit
Électromagnétisme, en vue de la modélisation

15.
R. Kh. Zeytounian
Modélisation asymptotique en mécanique
des fluides newtoniens

16.
D. Bouche, F. Molinet
Méthodes asymptotiques en électromagnétisme

Déjà parus dans la même collection

---

17.
G. Barles
Solutions de viscosité des équations de Hamilton-Jacobi

18.
Nguyen Quoc Son
Stabilité des structures élastiques

19.
F. Robert
Les Systèmes Dynamiques Discrets

20.
O. Papini, J. Wolfmann
Algèbre discrète et codes correcteurs

21.
D. Collombier
Plans d'expérience factoriels

22.
G. Gagneux, M. Madaune-Tort
Analyse mathématique de modèles
non linéaires de l'ingénierie pétrolière

23.
M. Duflo
Algorithmes stochastiques

24.
P. Destuynder, M. Salaun
Mathematical Analysis
of Thin Plate Models

25.
P. Rougee
Mécanique des grandes
transformations

Druck: STRAUSS OFFSETDRUCK, MÖRLENBACH
Verarbeitung: SCHÄFFER, GRÜNSTADT